"十三五"普通高等教育本科规划教材

U0288801

功能高分子材料

第二版

焦 剑 姚军燕 编著

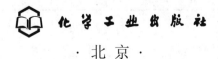

化学工业出版社

·北京·

功能高分子材料是高分子学科中的一个重要分支，本教材根据高分子材料与工程、复合材料等专业的特点，论述了一些具有重要应用价值的功能高分子材料品种，如已发展较为成熟的离子交换树脂、吸附树脂、高分子分离膜、液晶高分子、电功能高分子、高分子纳米复合材料、生物降解高分子材料等，对它们的研究和发展方向以及最新成果作了一定的介绍，同时对一些新的功能高分子材料如高分子催化剂，形状记忆高分子、智能型高分子凝胶、高吸油树脂等高分子也有所涉及。在阐述这些材料时，着重强调基本概念、基本原理，阐明了功能高分子材料的结构和组成与功能性之间的关系，同时对功能高分子材料的发展也作了扼要的介绍。

　　本书可作为高校高分子材料、复合材料、应用化学等相关专业的研究生和本科生的教学用书，也可供从事功能高分子材料生产和研究的科技人员参考。

图书在版编目（CIP）数据

功能高分子材料/焦剑，姚军燕编著 . —2 版 . —北京：化学工业出版社，2016.1（2024.7 重印）
"十三五"普通高等教育本科规划教材
ISBN 978-7-122-25665-2

Ⅰ．①功…　Ⅱ．①焦…②姚…　Ⅲ．①功能材料-高分子材料-高等学校-教材　Ⅳ．①TB324

中国版本图书馆 CIP 数据核字（2015）第 270946 号

责任编辑：杨　菁　王　婧　　　　　　　　　装帧设计：关　飞
责任校对：宋　夏

出版发行：化学工业出版社（北京市东城区青年湖南街 13 号　邮政编码 100011）
印　　刷：三河市航远印刷有限公司
装　　订：三河市宇新装订厂
787mm×1092mm　1/16　印张 22　字数 575 千字　2024 年 7 月北京第 2 版第 11 次印刷

购书咨询：010-64518888　　　　　　售后服务：010-64518899
网　　址：http://www.cip.com.cn
凡购买本书，如有缺损质量问题，本社销售中心负责调换。

定　　价：58.00 元　　　　　　　　　　　　　　　　版权所有　违者必究

前　言

　　功能高分子材料是在近年来发展最为迅速，与其他领域交叉最为广泛，现已取得巨大成就的一个领域。功能高分子材料学以有机化学、无机化学、高分子化学、高分子物理、高分子材料学为基础，并与物理学、医学、电学、光学、生物学、仿生学等多门学科紧密结合，为人们展示了一个丰富多彩的材料世界。功能高分子材料作为高分子材料的一个分支已有相当长的历史，在高分子材料科学中所占的地位也越来越重要，人们对于材料功能性的发掘一直热情不减，并在近年来发表了大量的研究论文和综述。

　　鉴于功能高分子材料种类及其应用日新月异的发展，作者根据本专业的特点以及多年的教学和科研经验，查阅了大量的近期相关资料和专著，对第一版《功能高分子材料》教材进行了修订。本教材在简介功能高分子材料的结构、性能基础理论与制备方法的基础上，既论述了在工程上应用较广和具有重要应用价值的一些功能高分子材料品种，如已发展较为成熟的吸附树脂、离子交换树脂、高分子絮凝剂、高吸液树脂、液晶高分子材料、电功能高分子材料、光功能高分子材料、高分子纳米复合材料、环境降解高分子材料等，也论述了近期异军突起，成为研究热点的新型功能高分子材料，如高分子试剂、高分子催化剂、智能高分子材料、高吸油树脂等，对它们的研究和发展方向以及最新成果作了一定的介绍。本教材的根本目的在于阐明材料的结构和组成与功能性之间的关系，为材料的设计和应用提供一定的借鉴，因此特别强调基本概念和基本原理，对功能高分子材料的发展也做了扼要的介绍。本书配有教学PPT，以丰富的资源将教学内容立体化地呈现出来，有助于教师备课和学生学习。请在化学工业出版社教学资源网www.cipedu.com.cn下载。

　　本教材的第1～4、6、11、12章由焦剑编写，第5、7～10章由姚军燕编写。全书由焦剑和姚军燕编著。张世杰、李武丹等对文稿进行了细致的校订，在此表示由衷的谢意。

　　由于功能高分子材料自身结构的复杂性，以及研究内容涉及很多跨学科的知识，同时限于编者的学识水平，文中难免有遗漏和不当之处。此外，很多相关内容涉及一些正在快速发展的新兴边缘学科，目前还没有得到一致认可的科学结论。因此，本书内容还不够完善和系统。书中不妥之处，恳请相关专家和广大读者批评指正。

编者

2015 年 5 月

目 录

第3章　高分子试剂及高分子催化剂　/ 63

第4章　高分子分离膜　/ 84

第5章 电功能高分子材料 / 112

第6章 高分子纳米复合材料 / 152

第9章 环境降解高分子材料 / 249

第10章　生物医用高分子材料 / 274

第11章　智能高分子材料 / 302

第 12 章　高吸液树脂 / 328

第1章 绪 论

1.1 功能高分子材料概述

　　功能高分子材料又称为特种高分子材料或精细高分子材料。功能高分子材料科学是研究功能高分子材料合成与制备、性能与功能、发展与应用规律的科学，是高分子材料科学领域发展最为迅速、与其他科学领域交叉度最高的一个研究领域。它是建立在高分子化学、高分子物理等相关学科的基础之上，并与物理学、医学、生物学等密切联系的一门学科。对功能高分子研究的主要目标是通过对其结构与性能及功能之间的关系、物理化学性能的研究，从而不断开发功能高分子材料的合成新方法，并不断拓展其应用领域。

1.1.1 功能高分子材料的概念及研究内容

　　材料的性能（performance）和功能（function）是两个不同的科学概念。一般说来，性能是指材料对外部作用的抵抗特性。例如，对外力的抵抗表现为材料的强度、模量等；对热的抵抗表现为耐热性；对光、电、化学药品的抵抗则表现为材料的耐光性、绝缘性、防腐蚀性等。功能则是指从外部向材料输入信号时，材料内部发生质和量的变化而产生输出的特性。例如，材料在受到外部光的输入时，材料可以输出电性能，称为材料的光电功能；材料在受到多种介质作用时，能有选择地分离出其中某些介质，称为材料的选择分离性。此外，如压电性、药物缓释放性等，都属于"功能"的范畴。由此可见，功能高分子材料和高性能高分子材料是不同的，但它们均可纳入特种高分子的范畴。

　　从工程应用观点出发，可将高分子材料分为结构高分子材料和功能高分子材料。

　　结构高分子材料包含了通用高分子材料以及工程高分子材料，它们通常具有较高的物理力学性能。通用高分子材料通常指产量大、用途广、成型性能好、价格相对低廉的一类高分子，如聚乙烯、聚氯乙烯、聚苯乙烯、聚甲基丙烯酸甲酯、酚醛树脂、环氧树脂等，通常以塑料、橡胶、涂料、胶黏剂、纤维的形式应用。工程高分子材料通常具有高的刚度、强度和韧性，其构件能承受高的载荷而不变形或断裂，在某些情况下可代替金属作为结构材料，如我们所熟知的工程塑料（聚苯硫醚、聚砜、聚碳酸酯、聚对苯二甲酰对苯二胺等）和纤维增强树脂基复合材料（即纤维增强塑料）。除力学性能外，它们还具有良好的防腐、隔热、消音、减震、绝缘等性能。

　　功能高分子材料目前尚无严格的定义。一般认为，是指除了具有一定的力学性能之外，还具有某些特定功能（如化学性，导电性、导磁性、光敏性、生物活性等）的高分子材料。

因此可见，功能高分子材料的概念是相对于结构高分子而言的。虽然材料的功能和性能之间存在着一定的区别，但材料在具备功能的同时，必须具有一定的性能。

基于上面的概念，有研究者将功能高分子和具有高性能的高分子合称为特种高分子。在本书中我们还是采用功能高分子材料的概念。

功能高分子材料是一门应用性很强的综合性学科。根据社会发展的需求，融合和应用高分子科学和相关科学的理论和知识，针对功能高分子材料，目前主要开展以下几方面的研究。

① 功能高分子的分子结构、二次结构及高次结构的设计，以及这些层次的结构与聚合物功能与性能之间的关系。

② 功能高分子材料的合成原理与制备方法，多种功能结构的复合及加工工艺。

③ 功能高分子材料的应用，各种功能及性能的表征及研究方法。

功能材料通常都具有技术密集、品种多，产品少，专用性强和附加值高的特点，功能高分子材料也不例外。与其他功能材料相比，功能高分子材料还具有以下特点。

① 重量轻，通过不同的加工方法可以成型各种形状和宏观形态的制品。如可以通过常规的热塑成型制造各种复杂的具有一定体积的零部件，通过压延、吹塑以及某些特殊的方法可以方便地成膜，通过溶液或熔融纺丝等方法可以形成纤维（如光导塑料纤维），因而可广泛地满足各种应用领域的各种要求。

② 功能高分子材料可以很方便地与其他的高分子材料以化学或物理的方式复合，结构和配方的可设计性强，这就为扩展功能高分子材料的品种和功能创造了极大的空间。

③ 有些功能高分子材料具有很高的力学性能和尺寸稳定性，可广泛应用于制作结构件，从而实现结构/功能一体化。例如，很早以前，人们就知道玻璃纤维增强塑料（或复合材料）具有低的介电损耗，可作为透波（电磁）结构材料，用于制造雷达天线罩。而金属纤维增强塑料则具有一定的导电性，可作为屏蔽电磁波的结构材料。在现代，又开发了具有吸波功能的树脂基复合材料（即隐身复合材料），作为飞机和导弹的结构件（如美国 B-2 和 F-22 等新一代隐身飞机的尾翼、机身蒙皮、机翼前缘进气道及 SSM-1 导弹弹翼部位均大量采用了吸波结构复合材料和吸波结构），可以显著地提升飞机和导弹的生存能力和突击能力。可以认为，与一般的功能材料相比，结构/功能高分子材料（或复合材料）能够更充分地发挥材料的效应，在国防和其他高科技中具有更重要的应用价值，是新材料的发展重点之一。

1.1.2 功能高分子材料的分类

功能高分子材料的分类并没有一个明确的标准，常用的分类方式有材料的组成和结构、材料的来源以及材料的功能和应用特点等。但这些分类方法也不是一成不变的，经常出现交叉，如结构型导电高分子材料和复合型导电高分子材料均包含了结构与功能的双重特点。

按照功能高分子材料的组成及结构，可以将其分为结构型功能高分子材料和复合型功能高分子材料。

结构型功能高分子材料是指在大分子链中具有特定功能基团的高分子材料，它们的功能性是由分子中所含的特定功能基团实现的，如高分子过氧酸、离子交换树脂等。复合型功能高分子材料通常指以普通高分子材料为基体或载体，与具有某些特定功能（如导电、电磁）的其他材料以一定的方式复合而成的材料，它们的功能性是由高分子材料以外的添加剂成分得到的，如添加银粉的复合型导电高分子材料、添加碳纳米管的高导热复合材料等。

按照功能高分子材料的来源可将其分为天然功能高分子材料、半合成功能高分子材料以及合成功能高分子材料。

天然高分子材料的突出代表是一些生物高分子，如酶、蛋白质、核酸、多肽等，它们在生命活动中扮演着极其重要的角色。如海参在受到刺激时，体内的组织产生收缩，变得僵硬，这就是一种天然的智能型凝胶；又如鳗鱼的表面有一层黏液，这是一种聚多糖物质，它能使水澄清，是一种天然的高分子絮凝剂。

半合成功能高分子材料是指以天然高分子材料为主体，通过对它们的改性而制备的功能高分子材料。如淀粉、纤维素可以通过化学反应向其引入功能性的基团，它们即可以作为高吸水性树脂或吸油树脂来应用；又如固定化酶，是将酶通过化学键合或物理包埋的方式固定在天然高分子或合成高分子载体上，从而使其具有良好的稳定性和特殊的反应催化活性。

上述两类功能高分子材料通常是可以进行生物降解的，因此具有良好的环境亲和性，但也由于其原料来源的问题，使其功能性的发挥受到一定的限制。目前应用最多的还是合成功能高分子材料，研究者可以根据功能性的需求，对其化学结构、凝聚态结构、复合结构以及宏观形态进行设计，从而充分发挥其功能性，如各种离子交换树脂、导电高分子材料、分离膜材料、生物组织工程材料、高分子药物等。在本书中也主要是对这一类功能高分子材料进行介绍，同时兼顾上述两种类型。

通常对功能高分子材料按照功能和应用特点进行分类，据此可大致将功能高分子材料分为化学、光、电磁、热、声、机械、生物8大类（见表1-1）。

表 1-1　功能高分子材料的分类

功能特性		种类	应用
化学	反应性	高分子试剂、高分子催化剂、可降解高分子	高分子反应、环保塑料制品
	吸附和分离	离子交换树脂、螯合树脂、絮凝剂	水净化、分离混合物
		高吸水性树脂	保水和吸水用品
光	光传导	塑料光纤	通讯、显示、医疗器械
	透光	接触眼镜片、阳光选择膜	医疗、农用膜
	偏光	液晶高分子	显示、记录
	光化学反应	光刻胶、感光树脂	电极、电池材料
	光色	光致变色高分子、发光高分子	防静电、屏蔽材料、接点材料
电	导电	高分子半导体、高分子导体、高分子超导体、导电塑料、透明导电薄膜、高分子聚电解质	透明电极、固体电解质材料
	光电	光电导高分子、电致变色高分子	电子照相、光电池
	介电	高分子驻极体	释电
	热电	热电高分子	显示、测量
磁	导磁	塑料磁石、磁性橡胶、光磁材料	显示、记录、储存、中子吸收
热	热变形	热收缩塑料、形状记忆高分子	医疗、玩具
	绝热	耐烧蚀塑料	火箭、宇宙飞船
	热光	热释光塑料	测量
声	吸音	吸音防震高分子	建筑
	声电	声电换能高分子、超声波发振高分子	音响设备
机械	传质	分离膜、高分子减阻剂	化工、输油
	力电	压电高分子、压敏导电橡胶	开关材料、机器人触感材料
生物	身体适应性	医用高分子	外科材料、人工脏器
	药性	高分子药物	医疗卫生
	仿生	仿生高分子、智能高分子	生物医学工程

在某些情况下，将一些具有特殊力学性能的高分子材料也列于功能高分子材料中，如超高强材料、高结晶材料、热塑弹性体以及具有高韧性、高强度的纳米复合材料等，正如前面所说的特种高分子材料的概念。

必须指出，许多高分子材料同时兼有多种功能。如纳米塑料通过不同的添加剂可以具有导热性、导磁性、导电性、气体阻隔性等。液晶高分子既可以作为添加剂提高材料的力学性能，也可以作为记录材料、分离材料等。不同功能之间也可以相互转换和交叉，如光电效应实质上是一种可逆效应，具有光电效应的材料可以说具有光功能，也可以说具有电功能。上述某些功能材料在一定条件下体现出智能化的特点，如形状记忆高分子、具有体积相转变特征的智能凝胶等。因此这种分类也不是绝对的。

1.1.3　功能高分子材料的发展

随着 H. Staudinger 建立大分子概念以来，高分子材料科学在理论与工程应用上都有了迅猛的发展，成为独立于金属材料、陶瓷材料的新的材料分支。功能高分子材料的发展脱胎于高分子科学的发展，并与功能材料的发展密切相关。国际上"功能高分子"的提法出现于 20 世纪 60 年代，当时主要指离子交换树脂，因其有特殊的离子交换作用，提取、分离某些离子化合物的特殊功能而得此名。之后这一研究领域的拓展十分迅速，并从 20 世纪 80 年代中后期开始成为独立的学科并受到重视，逐步拓展出分离膜、高分子催化剂、高分子试剂、高分子液晶、导电高分子、光敏高分子、医用高分子、高分子药物、相变储能高分子等十分宽广的研究领域。

最初的功能高分子可以追溯到 1935 年合成的酚醛型离子交换树脂，1944 年生产出凝胶型磺化交联聚苯乙烯离子交换树脂并成功地应用于铀的分离提取，20 世纪 50 年代末，以离子交换树脂、螯合树脂、高分子分离膜为代表的吸附分离功能材料和以利用其化学性能为主的高分子负载催化剂迅速发展起来，并初步实现产业化，成为当时功能高分子材料的代表。20 世纪 50 年代初，美国开发了感光树脂，将之应用于印刷工业，随后又将之发展到电子工业和微电子工业。1957 年发现聚乙烯基咔唑具有光电导特性，打破了高分子只能作为绝缘体的观念。1977 年发现了掺杂聚乙炔的导电性，从此导电功能聚合物的研究成为热点，先后合成了数十种导电聚合物。1966 年塑料光导纤维问世，目前光导纤维以 20% 的年增长率迅速发展，研究的重点是开发低光损耗、长距离传输的光纤制品。1972 年，美国杜邦公司推出一种超高强度、高模量的液晶高分子产品——Kevlar 纤维（聚芳香酰胺纤维），引起了宇航、国防和材料工业的极高重视，目前液晶高分子除了制造高强度、高模量的纤维材料外，还可以用于制备自增强的分子复合材料。

上述的几个例子只是功能高分子发展和应用的一小部分。目前功能高分子材料的研究形成了光、电、磁高分子和高分子信息材料研究及医用、药用高分子材料研究两个主要研究领域。

我国功能高分子的研究起步于 1956 年合成的离子交换树脂，但正式提出"功能高分子"研究是在 20 世纪 70 年代末。在"功能高分子"领域开展的工作有：吸附和分离功能树脂研究、高分子分离膜研究、高分子催化剂研究、高分子试剂研究、导电高分子研究、光敏及光电转化功能高分子研究、高分子液晶功能材料研究、磁性高分子研究、高分子隐身材料研究、高分子药物研究、医用高分子材料研究、相变储能材料及纤维研究等。

为了满足新世纪国民经济各领域的新技术发展需求，功能高分子材料正在往高功能化、多功能化（包括功能/结构一体化）、智能化和实用化方面发展。

（1）聚合物纳米复合材料和分子自组装　纳米材料（尺寸为 1～100nm）是介于宏观物

体与微观分子之间的介观系统，它所具有的体积效应、表面效应、量子尺寸效应和宏观量子隧道效应使它在力学、电学、磁学、热学和化学活性等方面具有奇特的性能和功能。因此纳米材料最有可能成为高性能和高功能的材料。

聚合物纳米复合材料的研制始于 20 世纪 80 年代末，90 年代已有很大的发展，研制出的纳米塑料大多是以无机纳米粒子和聚合物复合而成。传统的制造方法有原位聚合法、原位生成法和溶胶-凝胶法。采用这些方法制得了磁功能和电功能的聚合物纳米复合材料，不过它们大多是微球和薄膜。

对纳米高分子而言，意义重大的是制备高功能（电、磁、光）纳米高分子。现已制得了聚乙炔、聚吡啶、聚噻吩和聚苯胺等纳米粒子，正在向纳米管（nanotubes）方向发展。纳米管可作为分子导线，这对微电子技术的发展至关重要。1991 年制成的碳纳米管就是世界上最细的分子导线，其直径仅 1.5nm。目前仅制备出聚乙炔、聚噻吩和聚苯胺等微管，如何制备纳米管仍是难题。

纳米材料的发展依赖于分子设计和制造手段。传统的制造方法难以精确调控纳米材料的结构和形态。1988 年美国科学家 Cram 和法国科学家 Lehn 在诺贝尔颁奖会上发表的演说中，提出了用分子识别引导分子自组装来合成材料的新思路。从此，分子自组装技术在合成纳米材料和其他新材料中很快发展起来，已经合成出了许多纳米级的金属、陶瓷、聚合物和复合材料。

所谓分子自组装，是指在平衡条件下分子间通过非共价的相互作用（即氢键、静电力和配位键）自发缔合形成稳定结构的超分子聚集体的过程。若在分子聚集体中进一步引发成键，则可得到具有高度精确的多级结构的材料。如果将这种精确操作用于高分子材料的合成，则可以准确地实现高分子的设计。

实际上，分子自组装普遍存在于生物体系之中，是形成复杂的生物结构的基础。因此，分子自组装还可以模拟生物体的多级结构，从而有可能获得新功能的高分子材料。

近 10 年来，研究者用分子自组装技术合成了许多聚合物纳米复合材料和新的功能高分子材料，其中，能规模化生产的、廉价的插层纳米复合材料是最典型的例子。

插层纳米复合材料的制备过程为：将单体（客体）插入到具有层状结构的硅酸盐黏土（如蒙脱土）主体中，在后者层间活性中心的纳米反应器中进行定量原位聚合，实现纳米相的分散和分子链自组装排列，从而形成二维有序的纳米复合材料。此外，在某些情况下，聚合物分子链也可使黏土层剥离，其层片在聚合物基体中无序分散，形成聚合物纳米复合材料。显然，相比之下，单体插层原位聚合更能实现分子自组装。

目前，科研工作者已制备了许多以热塑性树脂和热固性树脂为客体，蒙脱土为主体的纳米插层复合材料。它们综合了无机、有机和纳米化带来的特性，具有许多优良的性能和功能。其中具有代表性的是最早合成的聚酰胺/蒙脱土纳米复合材料。在蒙脱土层间的聚酰胺分子链整齐地线性排列，其分子链一端的氮鎓离子与蒙脱土片层表面上的负电荷形成了离子键，增强了界面键合。这种纳米塑料（其中黏土含量质量分数仅为 5%）与纯聚酰胺塑料相比，具有更高的耐热性和力学性能以及对气体的抗渗透性，可作为结构材料和阻隔材料。另一方面，如果将相关的单体在层状氧化物、黏土等中进行原位氧化聚合，则可制得具有光、电和磁功能的纳米塑料。由于可供选择的自组装主、客体很多，以及许多纳米尺寸效应尚未被发现，因此纳米插层复合材料的许多功能尚待挖掘和开发。

分子自组装在合成高分子方面的另一进展是设计和合成液晶高分子。传统观念认为，液晶高分子主要有两类，即介晶基团位于直链的主链型液晶高分子和介晶基团位于侧链的侧链型液晶高分子。但是，随着人们对液晶现象的深入研究，发现了糖类分子和某些不含介晶基团的柔性聚合物也可以形成液晶，其液晶性是由于体系在熔融状态时存在着分子间氢键作用而形成的有序分子聚集体所致。这种由分子间氢键作用形成的液晶高分子可称为第 3 类液晶高分子。其实，分子间相互作用不仅限于氢键，还有静电力等。靠分子间非共价相互作用而使分子自组装形成液晶高分子，是近年来液晶高分子设计和合成的重要手段。这类新型液晶高分子具有高度的有序性和热稳定性。

目前，分子自组装技术及其应用正处于蓬勃发展阶段，今后将会有更多新型纳米材料和新型高分子材料出现。

（2）智能型高分子材料　智能材料是指能够感知环境变化，自我判断和作出结论再自动执行的材料。因此，感知、信息处理和执行 3 个功能是智能材料必须具备的基本功能。

高分子属于软物质，其特点是当受到环境的物理、化学甚至生物信号刺激时，其结构和性能能够作出相应显著的响应。因此，智能材料向智能高分子方向发展是必然的趋势。

目前研究很活跃的智能高分子是高分子凝胶。当它受到环境刺激时，凝胶网络内链段的构象会发生较大的变化，形成溶胀相向收缩相或相反的转变。因此凝胶的体积会发生突变，即体积相转变。而当环境刺激消失时，凝胶又会自动恢复到内能较低的稳定状态。高分子凝胶的这种智能性在柔性执行元件、微机械、药物释放体系、分离膜、生物材料方面有广泛的应用前景。

由于智能本身的复杂性，开发智能高分子无疑是一项十分深刻和艰难的任务，这有赖于智能机制的深入研究，寻找出实现材料智能化的途径。在这方面，深入剖析生物智能性的分子机理，从而进行仿生分子设计和合成可能是开发智能高分子最重要的途径。另一方面，还应发掘现有功能高分子（比如导电高分子）的特性，使其智能化。

（3）环境友好高分子材料　环境友好材料是指在光与水或其他条件的作用下，产生分子量下降与物理性能降低等现象，并逐渐被环境消纳的一类材料，也称为可降解材料。

目前，世界塑料年产量已达 1.5 万吨，产生的塑料废弃物每年高达 5000 万吨以上，我国一次性塑料废弃物每年也达到 200 万吨左右，塑料废弃物严重污染环境。为了从根本上解决这个全球性的问题，必须开发环境适应性的降解塑料。在已开发的降解塑料中，完全生物降解性塑料由于原料来源广泛，降解彻底，降解产物适应环境等而被作为主要的发展方向。

完全生物降解性塑料，按其制备方法可分为微生物合成型、化学合成型和天然高分子型。前 2 种合成型聚合物主要是脂肪族聚酯。如聚 3-羟基丁酸酯（PHV）（微生物合成型）、聚己内酯（PCL）和聚乳酸（PLA）等（化学合成型）。这些聚酯均为热塑性塑料，可用传统的方法成型，但其缺点是价格较高。

天然高分子型完全降解性塑料通常由天然物质如淀粉、纤维素和甲壳质作为主要原料并经改性制得，由于其原料皆为可再生资源，不依赖于石油化学工业，自然成为人们关注的热点。在这类降解性塑料中，全淀粉塑料（淀粉质量分数大于 90%）以其可热塑性加工、原料易得和价格低廉而引起了各国的重视，美国、日本和意大利等发达国家已形成了规模化的生产。中国是农业大国，应该善用剩余农作物和其废弃物，开发出能取代通用塑料、价格适中的一次性使用完全降解性塑料制品。

以上仅对一些重要的功能高分子材料发展作了简短的评述。应该看到，由于高分子材料结构及结构层次的多样性，内容十分丰富，其功能性远未被充分挖掘，因此还有极大的发展空间，而不断深入探讨高分子结构与功能性之间的关系，应用准确的分子设计对高分子的各层次结构进行设计，并发展精确的合成方法是今后开发新功能高分子材料的原则。

1.2　功能高分子材料的结构与功能

功能高分子材料的研究目的是为现有材料的利用和新型功能的开发提供理论依据。因此研究材料的功能与结构的关系具有重要的地位。

功能高分子材料之所以能够在应用中表现出许多独特的性质，主要与其结构中所含的功能性基团有关，同时承载这些官能团的高分子骨架对功能性发挥也起着至关重要的作用，另外通过一些特殊的工艺所得到的凝聚态结构与宏观形态也将影响高分子材料的功能性。

1.2.1　高分子骨架

高分子骨架在功能性高分子材料中不仅起承载官能团的作用，其自身的骨架结构包括化学结构（一级结构）、分子链结构（二级结构）、凝聚态结构（三级结构）以及其宏观形态均对其物理化学性质及功能性的发挥具有不可忽视的影响。如离子交换树脂要求在其结构中存在着微孔，以利于被交换的离子通过，并且其分子链应当是部分交联的，以避免在某些溶剂中被溶解，且在工作条件下有良好的力学性能、耐热性、耐化学药品性等。高分子功能膜材料要求聚合物要有微孔结构，或者具有与被分离物质的亲和作用，以利于扩散功能，满足被分离物质在膜中的选择性透过功能。某些导电高分子要求其在化学结构中存在共轭结构，以利于电子形成通路，但这种共轭结构又将影响其溶解性、熔融性，并最终影响到导电高分子的成型加工性。

（1）高分子链的形态及拓扑结构　根据分子链的结构，通常可将高分子分为线形高分子、支化高分子、交联高分子，不同的分子形态对其物理化学性质的影响是不同的。

线形高分子是由重复单元在一个连续长度上连接而成的高分子，分子链形态呈现线形，可以含有数量不等的侧基（如图 1-1），其凝聚态结构可以为非晶态或者不同程度的结晶态。线形聚合物在适宜的溶剂中可以溶解，在一定的温度下也可以熔融。某些线形高分子玻璃化温度较低，小分子和离子在其中比较容易进行扩散与传导，这一点在聚合物电解质以及离子导电型高聚物中是相当重要的。但是这种易于溶解的性质在某些情况下则会降低它的机械强度和稳定性，如作为离子交换树脂、高分子反应试剂、高吸水性树脂等使用时不利于它们各自功能性的发挥。

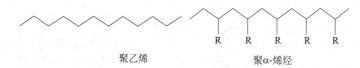

聚乙烯　　　　　　　　　　聚 α-烯烃

图 1-1　线形高分子聚乙烯以及聚 α-烯烃的结构图

支化高分子含有连接 3 个以上子链的支化点，这些子链可以是侧链或主链的一部分。支化高分子根据其支链的长短及支链在主链上的排列可以分为长支链、短支链、星形支化及梳形支化结构等（如图 1-2）。支化高分子在适宜的条件下也可以溶解或熔融，但由于支链的

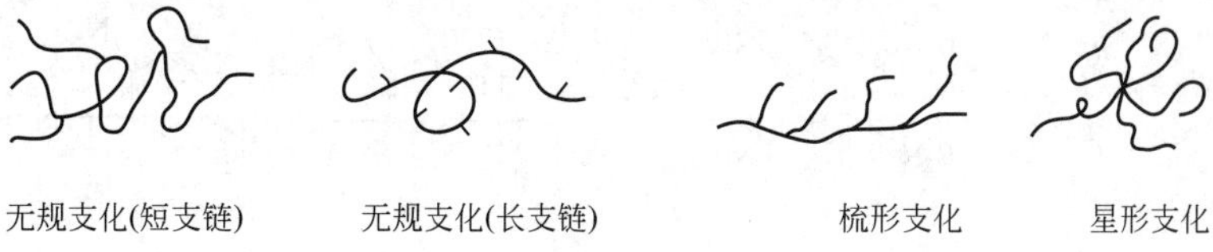

无规支化(短支链)　　　无规支化(长支链)　　　　梳形支化　　　星形支化

图 1-2　支化高分子的结构示意图

存在，其熔体性能和溶液性能不同于类似的线形高分子。

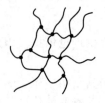
图1-3 交联结构示意图

　　交联聚合物由于各分子链间相互交联，形成空间的立体网状结构（如图1-3），因此在高温下不能熔融，在溶剂中也不能溶解，而只能在适当的溶剂中溶胀，溶胀后聚合物的体积大大增加，溶胀度强烈地受到交联度的影响。同时交联度还直接影响聚合物的机械强度、物理、化学稳定性以及其他与材料功能发挥相关的性质。交联聚合物的不溶性克服了线形聚合物对产物的污染和高分子试剂回收困难等问题，机械强度同时得到提高。

　　除上述常见的高分子链形态外，目前还合成了多种具有特殊拓扑结构的高聚物。

　　若线形高分子的两个末端分子内连接成环则可形成环形高聚物（如图1-4）。在环形高分子的合成过程中，可得到称为polycatenanes的副产物，其中环形分子彼此相连，而环之间不形成共价键（如图1-5）。多个环形高聚物的中心由一线形高分子链贯穿，则可形成类似项链的分子结构（如图1-6），称为分子项链（polyrotaxane）。一些环形高聚物通过超分子化学自组装可以合成高聚物管，如环形八肽通过分子间氢键可形成内径约0.8nm，长度100～1000nm超分子管。

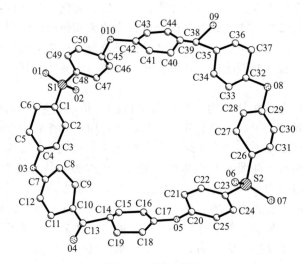
图1-4 环形高聚物

图1-5 由环形高分子形成的polycatenanes结构

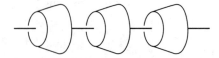
图1-6 分子项链的结构示意图

　　当两个平行高分子链规整地以共价键连接时，可以形成梯形高分子，如以均苯甲酸二酐和四氨基苯聚合得到的梯形高分子（如图1-7）。这类高分子的链在受热时不易被坏，一般

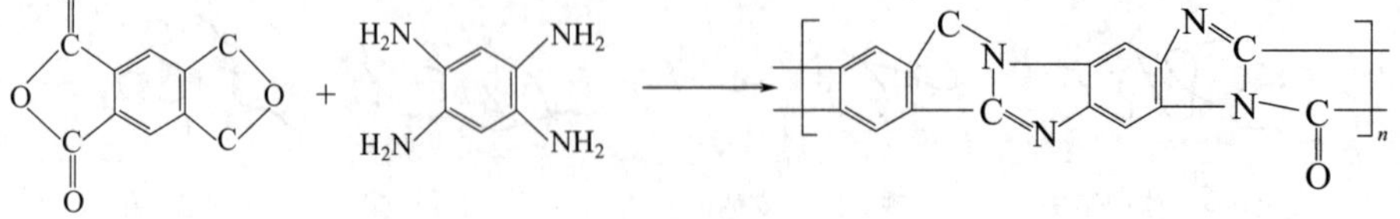

图1-7 梯形高分子

具有优异的耐热性。

利用分子的自组装，还可以得到片形的高分子，如具有一个丙烯酸端基 CH₂＝CHCOO—和在中心有一个腈基的 N≡C— 大单体自发地二聚成双层、自组装成近晶型液晶（如图 1-8）。

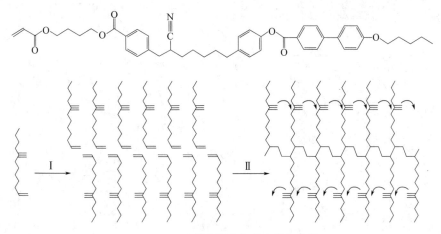

图 1-8　通过半液晶聚合成片形聚合物

同样也合成了一些新型的高分子支化结构，如树枝链（如图 1-9）。高度支化的结构使它们的物理化学性质有时与线形分子很不相同，比如其溶液的黏度随分子量增加出现极值。这一类分子在有机合成和生物医学材料中有着重要的用途。

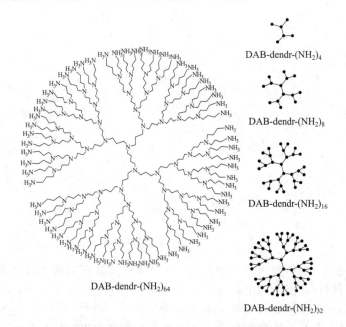

图 1-9　1,4-二氨基丁烷聚丙烯亚胺树枝链的分子结构和较低级的树枝链

介于树枝链高分子在合成中工艺复杂，成本较高，研究者从工程的角度合成了超支化高分子。其结构相对于树形高分子的对称性差，但其合成单简，应用领域广泛，如图 1-10。

随着合成方法及技术的发展，会有越来越多拓扑结构的高分子出现，从而促进功能高分子科学的发展。

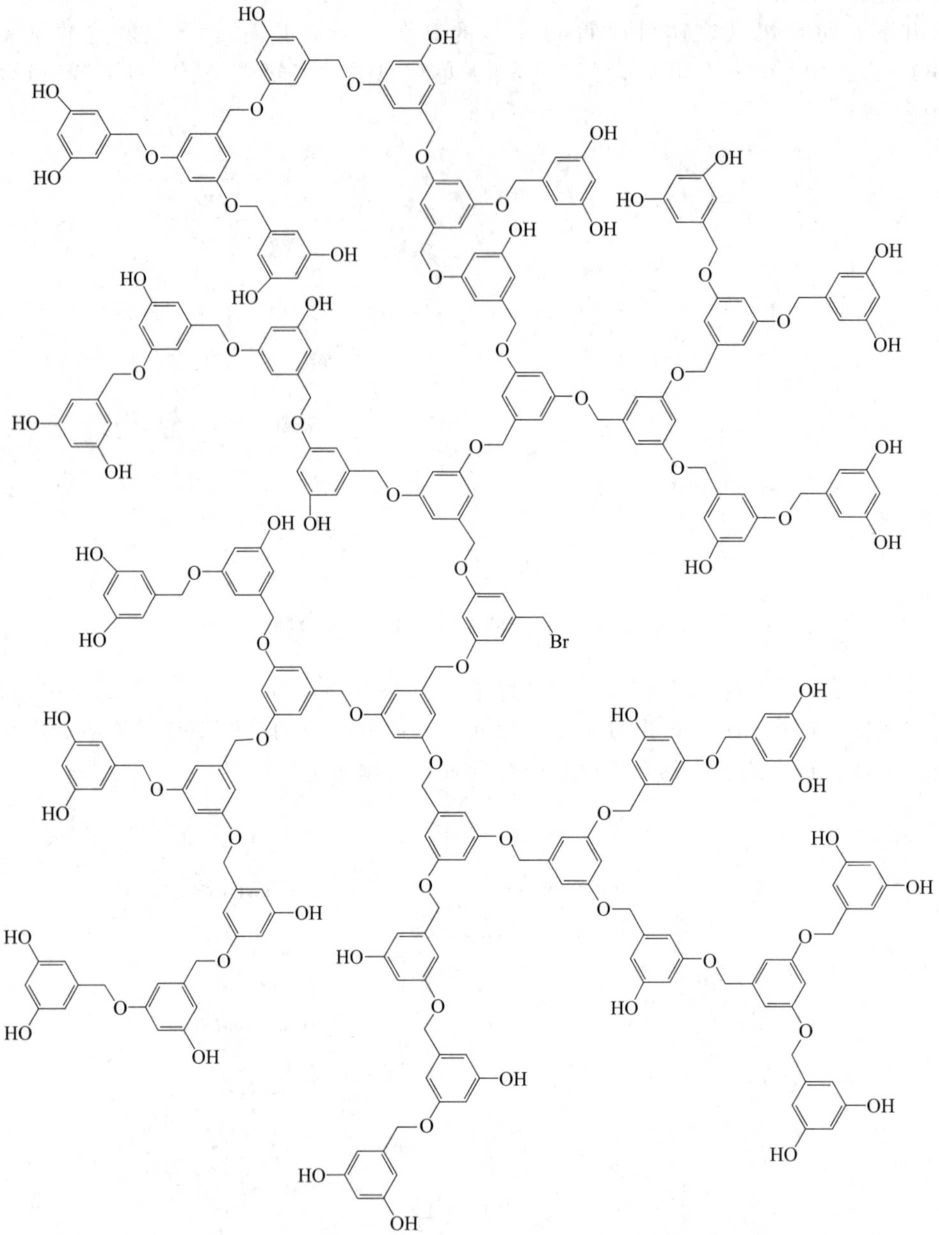

图 1-10　Frechet 和 Hawler 等合成端羟基超支化聚醚

（2）高分子效应　功能性高分子与功能性小分子本质的区别在于其高分子骨架，通过比较可以发现，带有同样功能基团的高分子化合物的物理化学性质不同于其小分子，这种由于引入高分子骨架后产生的性能差别被定义为高分子效应。高分子效应（polymer effects）的提出始于 20 世纪 60 年代，表现在高分子骨架的机械支架作用、邻基效应、协同效应、模板效应、包络效应、聚合物形态、聚集态效应等方面。

① 高分子骨架的机械支架作用。高分子骨架起着承载功能基的作用，从而为功能性的发挥提供依据。如功能基连接在交联的高分子骨架上，其不溶性为高分子试剂、离子交换树脂、螯合树脂、高分子催化剂、固定化酶等在应用上带来易与液相分离的许多优点。高分子骨架提供的空间位阻，使功能基反应时提高了选择性、也有利于不对称合成。连有功能基的

高分子存在着疏水性、亲水性、静电场，当低分子试剂接近此微环境进行反应时，由于微环境效应而呈现出一定程度的特殊性。另一方面，功能基在骨架上的分布密度是可以人为调节的。稀疏分布在高分子链上的功能基处于"高度稀释"状态，避免了功能基之间的相互缔合、反应及影响。当功能基高密度地连接在高分子骨架上则出现高容量功能基的树脂，则会体现出功能基"高度浓缩"的状态。因而，控制树脂的功能基容量是重要的。

② 邻基效应。在同一高分子链上的相邻功能基，尤其是相邻而又不相同的功能基之间的相互影响是十分普遍而又显著的，这种影响称之为邻基效应。这明显地表现在高分子化学反应的过程中，相邻功能基对反应速率的影响以及最终对功能转化率的影响。

③ 协同效应。协同效应是指连接在高分子链上的 2 种或 2 种以上的功能基在高分子化学反应中互相配合，对反应发挥更佳的作用。在酶促反应、高分子催化剂催化的反应中充分显示出了这种效应的存在及其优越性。

④ 模板效应。模板聚合是在模板聚合物存在的条件下，单体在模板聚合物分子提供的特殊的反应场中进行聚合，聚合反应的速率、制得的子体聚合物的聚合度、立体规整性、序列结构、性能等受到模板聚合物特殊的影响，因此它是高分子设计及仿生高分子合成方面的重要手段。如生物体内蛋白质的合成、脱氧核糖核酸遗传信息的贮存和复制都与模板聚合有密切关系。在模板聚合中，聚合物模板与反应单体之间可以以共价键、酸碱基团的相互作用、氢键作用、电荷转移作用、偶极作用、立体选择作用、模板离子的交联反应等结合，从而完成模板聚合过程。

1.2.2 官能团与功能性的关系

在功能性高分子材料中，功能性的发挥除与高分子骨架有关，与其上的功能性官能团的性质有着更为密切的关系。在功能高分子材料中官能团的作用一般表现出下面几种情况。

(1) 官能团在功能高分子材料中起主要作用 当官能团的性质对材料的功能起主要作用时，高分子仅仅起支撑、分隔、固定和降低溶解度等辅助作用。如高分子氧化剂中的过氧羧基，具有电显示功能的电活性聚合物中的 N,N'-二取代联吡啶结构，侧链聚合物液晶中的刚性侧链等。

在这一类功能高分子材料的研究开发中都是围绕着发挥官能团的作用而展开的，这一类材料一般都是从小分子化合物出发，通过高分子化过程得到的。高分子化过程往往使小分子化合物的性能得到改善和提高。

(2) 官能团与功能高分子骨架产生协同作用 官能团的作用需要通过与高分子的结合或者通过高分子与其他官能团相互结合而发挥作用。固相合成用高分子试剂是比较有代表性的例子，它采用了反应体系中不会溶解的聚合物作载体，固相试剂与小分子试剂进行单步或多步高分子反应，过量的试剂和副产物通过简单的过滤方法除去，得到的产物通过固化键的水解从载体上脱下。

(3) 官能团作为功能高分子骨架的主要部分起作用 官能团与聚合物骨架无法区分，也就是说官能团是聚合物骨架的一部分，或者说聚合物本身起着官能团的作用。电子导电型聚合物是具有线形共轭结构的大分子，如聚乙炔、芳香烃以及芳香杂环聚合物，其中线形共轭结构是高分子骨架的一部分，对导电过程起主要作用。聚合物电解质是由对离子有较强的溶剂化能力，同时黏弹性较好，允许离子在其中做相对扩散运动的聚合物组成，如聚环氧乙烷等，对离子起上述作用的仍然是聚合物的主链，或者说起作用的官能团处在聚合物骨架上。主链型聚合物液晶也是类似的情况。

(4) 官能团起辅助作用 这种情况下，聚合物骨架为完成功能过程的主体，而官能团只起辅助效应，利用引入官能团改善溶解性能、降低玻璃化温度、改变润湿性和提高机械强度等。如在主链型液晶高分子的芳香环上引入一定体积的取代基，可以降低玻璃化温度从而降低液晶相温度。在高分子膜材料中引入极性基团可以改变润湿性。在这种情况下，一般官能团对功能的实现贡献很小，是次要结构。

1.3 功能高分子材料的设计方法

具有良好功能与性质的高分子材料的制备成功与否，在很大程度上取决于设计方法和制备路线的制订。在功能高分子的结构中，官能团和聚合物骨架均起着重要的作用，功能高分子材料的设计就是以此为基础，将各种功能和效应加以结合、组配，从而实现预期的功能。下面是几种有代表性的功能高分子材料设计的基本思路和方法。

1.3.1 依据已知功能的小分子设计

许多功能高分子材料是从相应的小分子材料发展而来的，这些已知功能的小分子材料一般已经具备了我们所需要的部分主要功能，但是从实际使用角度来讲还存在许多不足，无法满足特定需要。经过高分子化过程和结构改进，将小分子材料的功能与高分子骨架的性能相结合，即有可能开发出新的功能高分子材料。比如，小分子过氧酸是常用的强氧化剂，在有机合成中是重要的试剂。但小分子过氧酸的主要缺点在于稳定性不好，容易发生爆炸和失效，不便于储存，反应后产生的羧酸也不容易除掉，经常影响产品的纯度。将其引入高分子骨架后，其挥发性和溶解性下降，稳定性提高。小分子染料虽然溶解度好，使用方便，但是这些性质也成为易流失性的原因之一，造成色牢度不足。因此，开发高分子染料成为解决这一问题的方法之一。此外，某些 N, N'-二甲基联吡啶在不同氧化还原态具有不同颜色，经常作为显色剂在溶液中使用。经过高分子化后将其修饰固化到电极表面，即可以成为固体显色剂和新型电显示装置。

以已知功能的小分子为基础设计功能高分子要注意以下几点。首先，引入高分子骨架后应有利于小分子原有功能的发挥，并能弥补不足，两者功能不要互相影响；其次，高分子化过程要尽量不破坏小分子功能材料的作用部分，如主要官能团；最后，小分子功能材料能否发展成为功能高分子，还取决于小分子结构特征和选取的高分子骨架的结构类型是否匹配。

1.3.2 根据小分子或官能团与聚合物骨架之间的协同作用进行设计

作为功能高分子材料，其许多功能是相应小分子材料和采用的聚合物骨架都不具备的，这些功能的产生是由于小分子或者官能团与聚合物骨架协同作用的结果。显然，根据这一思路进行设计的难度和复杂性要比前者大，许多作用机理有待于探讨，大部分这种协同作用需要依靠实验验证。根据已知的协同作用机制，可以得到以下几种设计思路。

（1）利用高分子骨架的空间位阻作用 这方面最成功的例子是立体选择性高分子试剂的设计。高分子骨架的空间位阻在立体选择性合成中主要可以有 3 方面的作用。一是交联的高分子骨架经溶剂溶胀之后形成具有立体选择性的三维网状结构，小分子在与高分子骨架上的官能团进行反应时，通过这一网状结构要受到一次立体选择；二是高分子骨架与反应性官能团连接，在官能团的某一方向形成立体屏障，阻碍小分子试剂在这一方向的攻击，因此产生立体选择性；三是在高分子骨架反应官能团附近形成手性空穴，造成光学异构体选择性局部环境，制成不对称高分子合成试剂。如图 1-11 中给出了制备这种不对称高分子合成试剂以及用其生产光学纯苯基乳酸的合成路线。

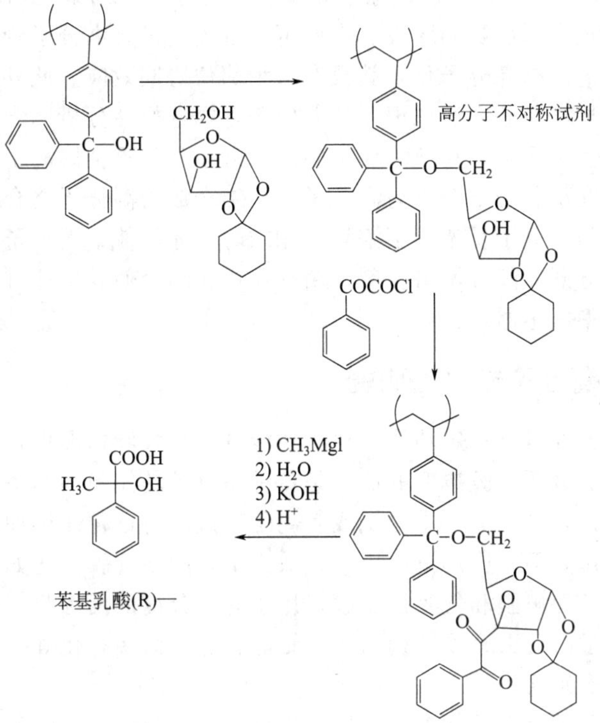

图 1-11　利用高分子试剂的空间位阻作用的不对称合成

（2）根据聚合物骨架与功能基团的邻位协同作用　许多小分子化合物在单独存在下不能发挥指定的作用，只有在与高分子骨架结合后，与骨架本身或者与骨架上的某些基团发生相互作用才能使其功能显现出来。在这方面的例子很多，比较典型的包括一些双功能基的高分子催化剂和高分子试剂。

图 1-12 中给出的是由双功能基的高分子催化剂利用邻位协同作用催化反应的示意图。高分子催化剂中的功能基 X 以静电引力或者其他性质的亲核力吸引住底物的一端 Z，将底物

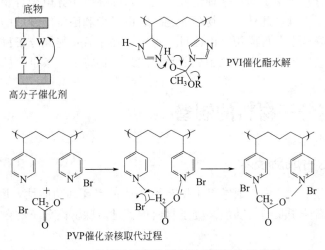

图 1-12　高分子试剂及催化剂的邻位协同效应

固定，同时高分子催化剂中的另一个功能基 Y 就近攻击底物的另一端 W，进行化学反应。在化学反应中，高分子催化剂中的 X 和 Y 功能基起着协同作用。从上图给出的反应式中，高分子催化剂聚乙烯咪唑（PVI）催化酯水解反应和高分子试剂聚乙烯吡啶（PVP）的亲核取代反应过程，都表现出邻位协同效应。由此可以看出，没有高分子骨架的参与，或者说小分子催化剂和反应试剂没有高分子化，就没有这种邻位协同效应。此外，小分子络合试剂对金属离子的络合作用早已经被人们认识并加以应用，如选择性分析测定中加入络合剂用来消除某些金属离子的干扰。但是，在环境保护中用来富集某些重金属离子，或者去除水溶液中某些有毒离子，则是在小分子络合物与高分子骨架结合成为高分子络合剂之后才实现的。络合功能基的络合作用与高分子骨架的不溶解性相结合，才能使金属离子在被络合的同时产生相分离，得以与水相分开。高分子络合剂这两种作用相结合使其更适宜作为电极表面修饰材料制备各种离子敏感型敏感器。

1.3.3 拓展已有高分子材料的功能

许多高分子材料已经具有一定功能，对其功能进行扩大和拓展也是发展新型功能高分子材料的一种方法，在这方面比较典型的例子是各种高分子功能膜的制备。众所周知，许多高分子膜具有一定半透性，允许一些小分子或者离子透过。将这种作用加以扩大和拓展就可以制备具有类似透过作用，但是应用范围更广、效果更好的半透膜。比如用于气体分子分离的气体分离膜、富氧膜、保鲜膜和气氛控制膜，用于盐水分离的反渗膜、用于固体性微粒去除的超滤膜等都可以通过改变聚合物结构组成、结晶状态和微多孔化等措施实现，使其成为重要的功能高分子材料类别之一。

同样，我们从高分子材料的加工工艺研究中可知，高分子排列的各向异性会影响材料的力学性能，比如经过拉伸，聚合物分子结构排列有序化后，沿着拉伸方向的力学强度大大提高。聚合物液晶正是利用这一特点而具有优异的机械强度。

1.3.4 从其他科学领域的理论和方法中借鉴

随着各个研究领域的发展和进步，大量理论研究成果和先进研究手段不断涌现，学科间的交叉和渗透也越来越深入。学科间的理论和方法互相借鉴越来越频繁促使了功能高分子材料发展。如电子导电聚合物的研究和发展就采用了许多金属导电的理论和研究成果，特别是借鉴了无机半导体材料科学中的掺杂理论和方法，对提高电子导电聚合物的性能和发展新型导电材料作出了很大贡献。此外，生物学、光学、电子学和医学等领域的研究成果也有很多在功能高分子化学领域中获得应用。由此可以肯定，在今后功能高分子科学研究中，采用类比、归纳等方法继续借鉴和引用其他领域的科研成果，仍将是一条重要的设计思路。

1.4 功能高分子材料的制备

1.4.1 高分子的合成新技术

在各种功能高分子材料中，通常仅采用高聚物即可实现其功能性，因此合成形态各异、富含各种官能团的高分子是制备功能高分子材料的关键步骤。高分子的合成通常有加成聚合和缩合聚合两种。

加成聚合是指含有不饱和键（双键、叁键、共轭双键）的化合物或环状低分子化合物，在催化剂、引发剂或辐射等外加条件作用下，同种单体间相互加成形成新的共价键相连大分子的反应，相应的产物称为加成聚合物。单体在聚合过程中不失去小分子，无副产物产生，它的重复结构单元与单体的组成是一致的，如聚乙烯、聚苯乙烯、聚氯乙烯等。具体的合成方法则有溶液聚合、本体聚合、乳液聚合以及悬浮聚合。

缩聚反应是指具有两个或两个以上官能团的单体，相互反应生成高分子化合物，同时生成小分子副产物（如 H_2O、醇等）的化学反应，目前也把形成以酯键、醚键、酰胺键相连接的重复单元的合成反应称为缩聚反应，相应的产物称为缩聚物。这类反应产物的重复单元与单体是不一致的，如聚氨酯、聚酯、聚酰胺等，某些天然高分子如纤维素、淀粉、羊毛、丝等也被划为缩聚物。缩聚反应根据反应条件可分为熔融缩聚反应、溶液缩聚反应、界面缩聚反应和固相缩聚反应 4 种。

为了合成一些特定结构及结构规整的高分子，近年来发展了多种高分子合成新方法，其中活性聚合是目前最受科学界及工业界关注的方法。

活性聚合是 1956 年由美国科学家 Szware 等研究开发的，它首先确定了阴离子的活性聚合，阴离子活性聚合也是迄今为止唯一得到工业应用的活性聚合方法。

活性聚合最典型的特征是引发速率远远大于增长速率，并且在特定条件下不存在链终止反应和链转移反应，亦即活性中心不会自己消失。这些特点导致了聚合产物的分子量可控、分子量分布很窄，并且可利用活性端基制备含有特殊官能团的高分子材料。

目前已经开发成功的活性聚合除阴离子活性聚合外，还有阳离子聚合、自由基聚合等，但这两种聚合中的链转移反应和链终止反应一般不可能完全避免，只是在某些特定的条件下，链转移反应和链终止反应可以被控制在最低限度，使链转移反应和链终止反应与链增长反应相比可忽略不计。这类类似活性聚合的聚合反应也为"可控聚合"。目前，阳离子可控聚合、原子转移自由基聚合、基团转移聚合、活性开环聚合、活性开环歧化聚合等一大批"可控聚合"反应被开发出来，为制备特种与功能高分子提供了极好的条件。

(1) 阴离子活性聚合　阴离子活性聚合相对于自由基聚合，具有聚合反应速率极快、单体对引发剂有强烈的选择性、无链终止反应、多种活性种共存、产生的分子量分布很窄的特点。目前已知通过阴离子活性聚合得到的最窄聚合物分子量分布指数为 1.04。适用于活性阴离子聚合的单体主要有 4 类，包括非极性单体（如苯乙烯、共轭二烯等）、极性单体（如甲基丙烯酸酯、丙烯酸酯等）、环状单体（如环氧烷、环硫烷、环氧硅烷等）、官能性单体。官能性单体的研究开发，不但大大拓宽了活性阴离子聚合的研究范畴，而且可以从分子设计入手合成各种各样结构明确的功能高分子。阴离子聚合常用的引发剂为丁基锂、萘钠、萘锂等，合成过程中单体、溶剂以及引发剂在使用前均需精制。

阴离子活性聚合是常用的合成嵌段共聚物的方法，此外还可用于合成结构可控的接枝共聚物、星状聚合物以及环状聚合物等。

(2) 阳离子活性聚合　阳离子聚合不像阴离子聚合那样容易控制，阳离子活性中心的稳定性极差。因此，自从 1956 年发现阴离子活性聚合以来，阳离子活性聚合的探索研究一直在艰难进行，但长期以来成效不大。直到 1984 年，Higashimura 首先报道了烷基乙烯基醚的阳离子活性聚合，随后又由 Kennedy 发展了异丁烯的阳离子活性聚合，阳离子聚合取得了划时代的突破。在随后的数年中，阳离子活性聚合在聚合机理、引发体系、单体和合成应用等方面都取得了重要进展。

目前用于阳离子活性聚合的单体通常有异丁烯、乙烯基醚类单体，引发剂体系可用 HI/I_2 体系，HI/ZnI_2 体系，磷酸酯/ZnI_2 体系，以及由 $AlCl_3$、$SnCl_4$ 等路易斯酸性很强的金属卤化物与可生成阳离子的化合物组合而成的体系等。以 HI/I_2 体系引发烷基乙烯基醚阳离子聚合为例，阳离子活性聚合有以下特点：数均相对分子质量与单体转化率呈线性关系；向已完成的聚合反应体系中追加单体，数均相对分子质量继续成比例增长；聚合速率与 HI 的初始浓度 ［HI］₀ 成正比；引发剂中 I_2 浓度增加只影响聚合速率，对分子量无影响；在任意转化率下，产物的分子量分布均很窄，分布指数小于 1.1。

阳离子聚合除可用于合成各种单分散的带不同侧基的聚合物、带特定端基的聚合物、大单体外，还可以合成各种嵌段共聚物、接枝共聚物、星状共聚物、环状聚合物等。

（3）基团转移聚合　基团转移聚合反应是 1983 年由美国杜邦公司的 O. W. Webster 等首先报道的。它是除自由基、阳离子、阴离子和配位阴离子型聚合外的第 5 种连锁聚合技术。基团转移聚合是以 α、β-不饱和酸、酮、酰胺和腈类等化合物为单体，以带有 Si、Ge、Sn 烷基等基团的化合物为引发剂，用阴离子型或路易斯酸型化合物作催化剂，选用适当的有机物为溶剂，通过催化剂与引发剂端基的 Si、Ge、Sn 原子配位，激发 Si、Ge、Sn 原子，使之与单体羰基上的 O 原子或 N 原子结合成共价键，单体中的双键与引发剂中的双键完成加成反应，Si、Ge、Sn 烷基团移至末端形成"活性"化合物的过程。以上过程反复进行，得到相应的聚合物。

利用基团转移聚合可以合成端基官能团聚合物、侧基官能性聚合物、结构和分子量可控的无规共聚物和嵌段共聚物、梳状聚合物、接枝聚合物、星状聚合物和不同立构规整性聚合物，还可以实现高功能性有机高分子材料的精密分子设计，进行高分子药物的合成，如生理活性高分子载体、高分子-抗体复合型药物载体以及某些功能性共聚物等。

（4）活性自由基聚合　除阴离子活性聚合外，其他的活性聚合虽能够制备一些结构可控的聚合物，但真正能大规模工业化生产的并不多。其主要问题是它们的反应条件一般都比较苛刻，反应工艺也比较复杂，导致产品的工业化成本居高不下。同时，现有的活性聚合技术的单体适用范围较窄，主要为苯乙烯、（甲基）丙烯酸酯类等单体，使得分子结构的可设计性较低，因此大大限制了活性聚合技术在高分子材料领域的应用。

传统的自由基聚合具有单体广泛、合成工艺多样、操作简便、工业化成本低等优点，同时还有可允许单体上携带各种官能团、可以用含质子溶剂和水作为聚合介质、可使大部分单体进行共聚等特点。但是，自由基聚合存在与活性聚合相矛盾的基元反应或副反应，使聚合反应过程难以控制。"活性"自由基聚合反应则解决了这一困境。

所谓的"活性"自由基聚合，即是采取一定措施，使在聚合反应中产生的短寿命的自由基长寿命化，最关键的是要阻止双基偶合终止。为此可采取两种方法：一是降低自由基的易动性如将生长着的自由基用沉淀或微凝胶包住，使其在固定的场所聚合；二是在高黏度溶剂中及冻结状态下聚合。目前研究的活性自由基聚合有引发-转移-终止法（iniferter 法）、采用自由基捕捉剂的 TEMPO 引发体系、可逆加成-断裂链转移自由基聚合（RAFT）、原子转移自由基聚合（ATRP）以及反相原子转移自由基聚合（RATRP）。

"活性"自由基聚合并不是真正意义上的活性聚合，只是一种可控聚合，聚合物的分子量分布可控制在 1.10～1.30。

1.4.2　功能高分子材料的制备

功能高分子材料可以通过化学合成制备，也可以利用物理方法制备。制备功能高分子材料原则是通过化学反应或物理反应引入功能基团、多功能材料的复合及已有功能材料的功能扩展，从制备方法上有功能性小分子的高分子化、已有高分子的功能化、通过特殊的加工方法制备功能高分子以及将普通高分子材料与功能性材料复合的方法等。

（1）功能性小分子的高分子化　许多功能高分子材料是从其相应的功能性小分子发展而

来的, 这些已知功能的小分子化合物一般已经具备了部分功能, 但是从实际使用角度来看, 还存在着一些问题, 通过将其高分子化即可避免其在使用中存在的问题。如小分子过氧酸是常用的强氧化剂, 在有机合成中是重要的试剂; 但是, 这种小分子过氧酸的主要缺点在于稳定性不好, 容易发生爆炸和失效, 不便于储存, 反应后产生的羧酸也不容易除掉, 经常影响产品的纯度, 若将其高分子化制备高分子过氧酸, 则挥发性和溶解性下降, 稳定性提高。

功能性小分子的高分子化, 通常是在一些功能性小分子中引入可聚合的基团, 如乙烯基、吡咯基、羧基、羟基、氨基等, 然后通过均聚或共聚反应生成功能聚合物, 如图 1-13 中所列举的一些常用于合成功能性高分子的功能性小分子结构示意图。从其结构可以发现, 在这些结构中除存在可聚合基团外, 还存在着间隔基 Z。间隔基 Z 的存在, 可以避免在聚合过程中聚合基团对功能性基团产生影响。

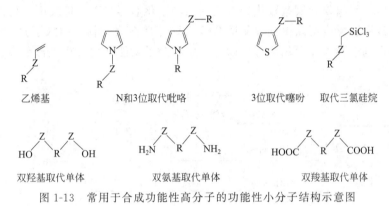

图 1-13 常用于合成功能性高分子的功能性小分子结构示意图

根据功能性小分子中可聚合基团与功能基团的相对位置, 可以制备功能基在聚合物主链或功能基在聚合物侧链上的功能高分子。当反应性官能团分别处在功能基团的两侧时, 得到主链型功能高分子; 而当反应性官能团处在功能基团的同一侧时, 则得到侧链型功能高分子。

具体的实施方法可以采用本体聚合、溶液聚合、乳液聚合、悬浮聚合、电化学聚合等。如高吸水性树脂可以将含亲水基团的丙烯酸钠利用悬浮聚合来实现, 导电高分子聚苯胺可以通过苯胺的溶液聚合来得到。电化学聚合在制备新型的功能高分子材料中也占据着重要的地位。如对于含有端基双键的单体可以用诱导还原电化学聚合; 对于含有吡咯或者噻吩的芳香杂环单体, 氧化电化学聚合方法已经被用于导电型聚合物的合成和聚合物电极表面修饰等。

利用功能性小分子的聚合反应制备功能高分子材料的主要优点有以下几点: 生成的功能高分子功能基分布均匀; 生成的聚合物结构可以通过小分子分析和聚合机理加以预测; 产物的稳定性高。但这种方法需在功能性小分子中引入可聚合单体, 从而使反应较为复杂, 同时在反应中反应条件对功能基会产生一定的影响, 需对功能基加以保护, 使材料的成本增加。

某些分子链刚性很大的功能聚合物难于熔融或溶解, 因此在制备此聚合物时, 常采用控制聚合或缩合反应的方法, 先合成可溶性前驱体聚合物或预聚体, 然后将其加工成制品, 再通过热处理等方法进一步转化为预期的聚合物。

(2) 已有高分子材料的功能化 目前已有众多的商品化高分子材料, 它们可以作为制备功能高分子材料前体。这种方法的原理是利用高分子的化学反应, 在高分子结构中存在着的活性点上引入功能性基团, 从而实现普通高分子材料的功能化。如高分子骨架上所含的苯环的邻对位、羟基、羧基、氨基均可以作为引入功能性基团的活性点。有时这些基团的活性还不足以满足进行高分子化学反应的要求, 需对之进行改性以进一步提高其活性。通常用于这种功能化反应的高分子材料都是较廉价的通用材料。在选择聚合物母体的时候应考虑许多因素，首先应较容易地接上功能性基团，此外还应考虑价格低廉、来源丰富，同时具有机械、化学、热稳定性等性能。目前常见的品种包括聚苯乙烯、聚氯乙烯、聚乙烯醇、聚（甲基）丙烯酸酯及其共聚物、聚丙烯酰胺、聚环氧氯丙烷及其共聚物、聚乙烯亚胺、纤维素等。下面以最为常用的聚苯乙烯为例来说明普通高分子材料的结构改造及其功能化。

聚苯乙烯与多种常见的溶剂相容性比较好，通过调整加入的交联剂二乙烯苯的用量可以方便地控制交联度，还可通过合成条件的改变得到不同形态的树脂，如凝胶型、大孔型、大网型树脂，其机械性能和化学稳定性也较好，因而对制成的功能高分子的使用范围限制较小。聚苯乙烯分子中的苯环比较活泼，可以进行一系列的芳香取代反应，如磺化、氯甲基化、卤化、硝化、锂化、烷基化、羧基化、氨基化等（如图 1-14）。例如，对苯环依次进行硝化和还原反应，可以得到氨基取代聚苯乙烯；经溴化后再与丁基锂反应，可以得到含锂的聚苯乙烯；与氯甲醚反应可以得到聚氯甲基苯乙烯等活性聚合物。引入了这些活性基团后，聚合物的活性得到增强，在活化位置可以与许多小分子功能性化合物进行反应，从而引入各

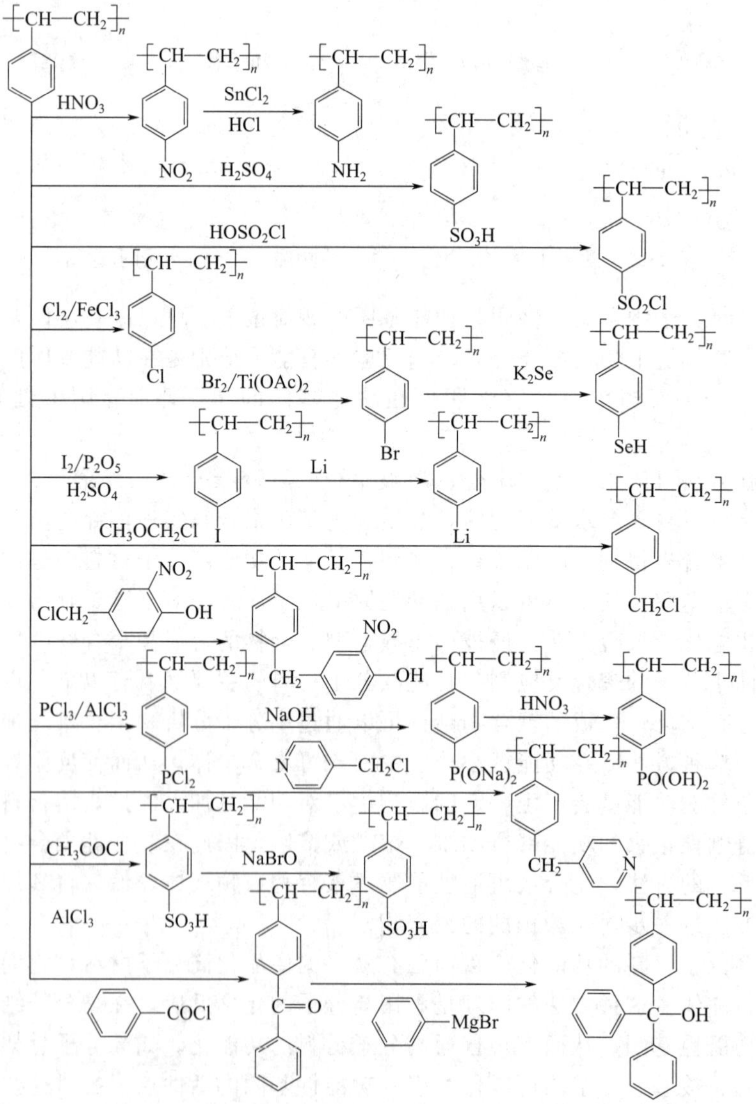

图 1-14　对聚苯乙烯的结构改造示意图

种功能基团。

在上述结构改性的基础上，可以通过化学反应引入多种功能性基团，制备出如离子交换树脂、吸附树脂、螯合树脂等多种功能性高分子材料，如图 1-15 所示。

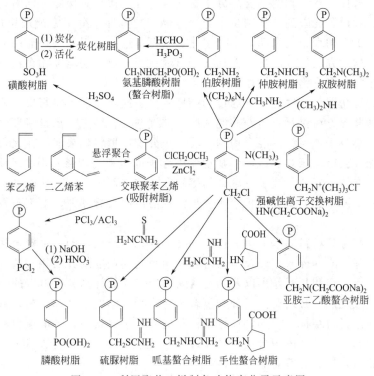

图 1-15　利用聚苯乙烯制备功能高分子示意图

上述讨论的是对有机聚合物的改性及其功能化，无机聚合物也可以作为功能性基团的载体，如硅胶和多孔玻璃珠等。硅胶和玻璃珠表面存在大量的硅羟基，这些羟基可以通过与三氯硅烷等试剂反应，直接引入功能基，或者引入活性更强的官能团，为进一步功能化反应做准备。这类经过功能化的无机聚合物可作为高分子吸附剂、高分子试剂和高分子催化剂使用。无机高分子载体的优点在于机械强度高，可以耐受较高压力。

利用高分子化学反应制备功能性高分子的主要优点在于合成或天然高分子骨架是现成的，可选择的高分子母体品种多，来源广，价格低廉。但是在进行高分子化学反应时，反应不可能 100% 地完成，尤其在多步的高分子化学反应中，制得的产物中可能含有未反应的官能基，即功能基较少；功能基在分子链上的分布也不均匀。尽管如此，许多功能高分子材料还是利用各种高分子母体进行高分子化学反应来制备的。

（3）通过特殊加工赋予高分子功能性　许多聚合物通过特定的加工方法和加工工艺，可以较精确地控制其聚集状态结构及其宏观形态，从而具备功能性。例如，将高透明性的丙烯酸酯聚合物，经熔融拉丝使其分子链高度取向，可得到塑料光导纤维，从而具有光学功能性。又如，许多通用塑料（如聚乙烯、聚丙烯等）和工程塑料（如聚碳酸酯、聚砜等）通过适当的制膜工艺，可以精确地控制其薄膜的孔径，制成具有分离功能的多孔膜和致密膜。正是这些塑料分离膜的出现，才奠定了现代膜分离技术的发展。

（4）普通聚合物与功能材料复合制备功能高分子材料　利用物理方法，将功能性填料或功能性小分子与普通高分子复合，也可制备功能高分子材料。这是目前经常采用的一种制备功能性高分子材料的方法，如将绝缘塑料（如聚烯烃、环氧树脂等）与导电填料（如炭黑、金属粉末）共混可制得导电塑料；与磁性填料（如铁氧体或稀土类磁粉）共混可制得磁性塑料。

利用物理方法制备功能高分子材料的优势在于可以利用廉价的商品化聚合物，并且通过对高分子材料的选择，使得到的功能高分子材料力学性能比较有保障。同时，物理方法相对简单，不受场地和设备的限制，特别是不受聚合物和功能性小分子官能团反应活性的影响，适用范围宽，有更多的聚合物和功能小分子化合物可供选择，得到的功能高分子中功能基的分布也较均匀。这种方法生成的功能性高分子材料在聚合物与功能性化合物间通常无化学键连接，固化作用通过聚合物的包络作用完成。

聚合物的物理功能化方法主要是通过功能性小分子或功能性填料与聚合物的共混和复合来实现的。物理共混方法主要有熔融共混和溶液共混两类。熔融共混是将聚合物熔融，在熔融态加入功能性小分子或填料，混合均匀。功能小分子或填料如果能够在聚合物中溶解，将形成分子分散相，获得均相共混体，否则功能小分子或填料将以微粒状态存在于高分子中，得到的是多相共混体。溶液共混是将聚合物溶解在一定溶剂中，而将功能性小分子或填料或者溶解在聚合物溶液中成分子分散相，或者悬浮在溶液中成悬浮体，溶剂蒸发后得到共混聚合物。

这种功能性高分子材料基本上由 3 种不同结构的相态组成，即：由聚合物基体组成的连续相，由功能填料组成的分散相以及由聚合物和填料之间构成的界面相。这 3 种相的结构与性能，它们的配置方式和相互作用以及相对含量决定了功能性高分子材料的性能。因此，为了获得某种功能或性能，必须对其组分和复合工艺进行科学的设计和控制，从而获得与该功能和性能相匹配的材料结构。例如，在导电性功能高分子材料中，导电填料粉末必须均匀分散于聚合物连续相中，且其体积含量必须超过某一定值，以致在整个材料中形成网络结构，即导电通路时，材料才具有所需的导电性。

除了将普通聚合物与功能性填料或小分子相复合的方法外，还可以利用聚合单体的聚合包埋制备这种复合型的功能高分子，其基本的方法有两种。一种是在聚合反应之前，向单体溶液中加入小分子功能化合物，在聚合过程中功能性小分子被生成的聚合物所包埋。得到的功能高分子材料聚合物骨架与小分子功能化合物之间没有化学键连接，固定化作用通过聚合物的包络作用来完成。这种方法制备的功能高分子类似于用共混方法制备的高分子材料，但是均匀性更好。此方法的优点是方法简便，功能小分子的性质不受聚合物性质的影响，因此特别适宜酶等对环境敏感材料的固定化。缺点是在使用过程中包络的小分子功能化合物容易逐步失去，特别是在溶胀条件下使用，将加快固化酶的失活过程。另一种方法是以微胶囊的形式将功能性小分子包埋在高分子材料中。微胶囊是一种以高分子为外壳，功能性小分子为核的高分子材料，可通过界面聚合法、原位聚合法、水（油）中相分离法、溶液中干燥法等多种方法制备。高分子微胶囊在高分子药物、固定化酶的制备方面有独到的优势。例如，维生素 C 因其分子中含有相邻的二烯醇结构，在空气中极易被氧化而变黄，而采用溶剂蒸发法研制的以乙基纤维素、羟丙基甲基纤维素、苯二甲酸酯等聚合物为外壳材料的维生素 C 微胶囊，达到了延缓维生素 C 氧化变黄的目的。

1.4.3　功能高分子材料的多功能复合

随着功能高分子材料的发展及其应用领域的拓展，单一功能的高分子材料有时难以满足某种特定情况的需要，如聚合物型光电池中，光电转换材料不仅需要光吸收和光电子激发功能，还要具有电荷分离功能，这种情况下必须要有多种功能材料复合才能完成。此外，某些功能聚合物的功能单一，功能化程度不够，也需要对其用化学或者物理的方法进行二次加工。基于这种情况，科学家们提出了多功能复合的技术。

多功能复合的方法之一是将两种以上功能高分子材料以某种方式结合，形成新的功能材料，使其具有任何单一功能高分子均不具备的性能，如单向导电聚合物的制备。带有可逆氧化还原基团的导电聚合物，其导电是没有方向性的，但如果将带有不同氧化还原电位的两种聚合物复合在一起，放在两电极之间，可发现导电是单方向性的。这是因为只有还原电位高的处在氧化态的聚合物能够还原另一种还原电位低的处在还原态的聚合物，将电子传递给它，而无论还原电位低的导电聚合物处在何种氧化态，均不能还原处在氧化态的高还原电位聚合物。这样，在两个电极上交替施加不同方向的电压，将只有一个方向电路导通，呈现单向导电。

多功能复合的另一种方法是在同一种功能材料中，甚至在同一个分子中引入两种以上的功能基。以这种方法制备的聚合物或者集多种功能于一身，或者两种功能起协同作用，产生出新的功能。如在离子交换树脂中的离子取代基邻位引入氧化还原基团，如二茂铁基团，以该法制成的功能材料对电极表面进行修饰，修饰后的电极对测定离子的选择能力受电极电势的控制。当电极电势升到二茂铁氧化电位以上时，二茂铁被氧化，带有正电荷，吸引带有负电荷的离子交换基团，构成稳定的正负离子对，使其失去离子交换能力，被测阳离子不能进入修饰层，而不能被测定。又如在高分子试剂中引入两个不同基团，并固定在相邻位置，可以实现所谓的邻位协同作用。这时高分子试剂中的一个功能基团以静电引力或者其他性质的亲核力吸引住底物的一端，将底物固定，同时相邻的另一个功能基就近攻击底物的另一端，即反应中心，进行化学反应。在这种化学反应中，由于高分子试剂中存在着邻位协同作用，因而反应速度大大加快，选择性提高。

思 考 题

1. 什么是材料的功能和性能？指出功能高分子材料的特点。
2. 功能高分子材料按其功能性可以分为哪几类？并举例说明。
3. 功能高分子材料和功能高分子有何区别？
4. 什么是高分子效应？试举例说明。
5. 在功能高分子中，高分子骨架和官能团对功能性有什么影响？
6. 说明制备功能高分子材料的途径，并比较它们的优缺点。
7. 为什么通常要对高分子材料进行改性？如对于聚苯乙烯，可采用什么方法进行改性？
8. 在由功能性小分子制备功能性高分子时，为什么在功能性基团与可聚合基团间引入间隔基？
9. 不用聚合反应，能否由功能性小分子制备功能性高分子？如何来实施？

参 考 文 献

[1] 王国建. 功能高分子材料 [M]. 上海：同济大学出版社，2014.
[2] 赵文元，王亦军. 功能高分子材料 [M]. 第2版. 北京：化学工业出版社，2013.
[3] 罗祥林. 功能高分子材料 [M]. 北京：化学工业出版社，2010.
[4] 马建标. 功能高分子材料 [M]. 北京：化学工业出版社，2010.
[5] 陈立新，焦剑，蓝立文. 功能塑料 [M]. 北京：化学工业出版社，2005.
[6] 王国建，刘琳. 特种与功能高分子材料 [M]. 北京：中国石化出版社，2004.

[7] 刘引烽．特种高分子材料［M］．上海：上海大学生出版社，2001.

[8] 何天白，胡汉杰．功能高分子与新技术［M］．北京：化学工业出版社，2001.

[9] 蓝立文．功能高分子材料［M］．西安：西北工业大学出版社，1994.

[10] Carraher G E, Swift G G. Functional Condensation Polymers［M］. New York：Kluwer Academic Publishers，2002.

[11] 张洪敏，侯元雪．活性聚合［M］．北京：中国石化出版社，2004.

[12] 陈义镛．高分子效应［J］．高分子通报，1989，(1)：24-39.

[13] 万梅香．导电高分子［J］．高分子通报，1999，(3)：47-53.

[14] 蔡元霸，梁玉仓．纳米材料的概述、制备及其结构表征［J］．结构化学，2001，20 (6)：425-438.

[15] 段旭，赵晓鹏．纳米材料的分子自组装合成述评［J］．材料导报，2001，15 (4)：44-47.

[16] 乔放，李强．聚酰胺/黏土纳米复合材料的制备，结构表征及性能研究［J］．高分子通报，1997，(3)：135-143.

[17] 洪伟良，刘剑洪．无机-有机纳米复合材料研究进展［J］．中国塑料，2000，14 (5)：8-13.

[18] 李敏，周恩乐．新型液晶聚合物的分子设计及功能［J］．高分子通报，1996，(1)：45-50.

[19] 黄格省．降解塑料发展现状述评 (I)［J］．石化技术与应用，2001，19 (4)：276-281.

[20] 黄根龙．治理塑料废弃物新技术途径探讨：专论可降解塑料的研究开发［J］．化学进展，1998，10 (2)：215-227.

[21] Tjong S C. Structural and mechanical properties of polymer nanocopmosites［J］. Materials Science and Engineering R，2006，53：73-197.

[22] 张志庆，王芳，蒋晓霞，等．环境响应性两亲嵌段共聚物的自组装及其药物控释研究进展［J］．胶体与聚合物，2014，(1)：44-48.

[23] 张来新，胡小兵．新型超分子化合物的合成自组装及应用研究的新进展［J］．合成材料老化与应用．2014，(2)：54-57.

[24] 许小丁，陈昌盛，陈荆晓，等．多肽分子自组装［J］．中国科学：化学，2011，41 (2)：221-238.

[25] Arumugam P，Xu Hao，Srivastava S，et al. "Bricks and mortar" nanoparticle self-assembly using polymers［J］. Polymer international，2007，56 (4)：461.

[26] Wang Y J，Wang J，Ge L. Synthesis，Properties and self-assembly of intelligent core-shell nanoparticles based on chitosan with different molecular weight and N-isopropylacrylamide［J］. Journal of Applied Polymer Science，2013，127 (5)：3749.

[27] Tan Lili，Yu Xiaoming，Wan Peng，et al. Biodegradable materials for bone repairs：A review［J］. Journal of Materials Science & Science，2013，29 (6)：503.

[28] Zini E，Scansola M. Green composites：An overview［J］. Polymer Composites，2011，32 (12)：1905.

第2章 吸附分离高分子材料

2.1 概 述

吸附分离功能高分子材料是利用高分子材料与被吸附物质之间的物理或化学作用,使两者之间发生暂时或永久性结合,进而发挥各种功效的材料。

吸附性质是功能高分子材料的重要功能性之一,许多功能性高分子可以以化学键(如离子键、配位键)、氢键或分子间作用力的形式去吸附其他的物质,从凝聚态上可以分为在气体中吸附以及在液体中吸附,被吸附的物质可以是气体、液体、离子等,甚至一些溶液中的胶体粒子也可以被吸附。

吸附通常是有选择性的,这一功能目前被广泛地用于物质的分离与提纯。物质的分离与纯化对开发和应用新材料起着极大的推动作用,同时它也是现代工业的基础,在环境治理、医疗卫生、生物工程、冶金工业、核能应用、化工、农业等各领域均有重要的应用价值。不同尺寸不同性状的物质需采用不同的分离和提纯方法,分离的类型可以是不同物质的分离,也可以是同种物质不同尺寸的分离,或者是同种物质不同状态的分离和综合分离。

通常物质的分离与提纯方法主要有筛分、蒸馏、萃取、过滤、重结晶、离心分离等,它们在分离物质质量较高时有着极好的效果,但对于一些分子尺寸的物质的分离以及含量较少、甚至痕量物质的分离则不尽如人意,而且这些方法在使用的过程中通常需要消耗大量的能源,对于一些生物体组分还会产生一些变性反应,这使它们的应用具有很大的局限性。采用吸附分离材料则可弥补它们的缺陷,同时也为物质的分离提纯开辟了一条新的途径。

通过吸附不仅可以实现物质的分离与纯化、微量物质的检测等,还可实现分子的组装,使材料具有特殊的光、电、磁功能等,因此它在工业生产和科学研究中具有重要的作用。

在吸附分离的过程中,涉及两类物质,即吸附剂与吸附质。吸附质(absorbate)是指被吸附的分子,如各种小分子液体、气体等。吸附剂(absorbent)是指从液体或气体中选择吸附某种或某类分子的材料。吸附剂不仅包括有机的高分子,也包括一些无机的材料;有人工合成的,也有天然或半天然的材料,其分类如图2-1所示。

上述的分类是针对通常意义的吸附分离高分子材料,主要包括吸附树脂、离子交换树脂和螯合树脂等,但某些高分子电解质,如高分子絮凝剂等也同样具有吸附的功能,因此在本书中也将其放在这一章中,在下一章中所要讲述的高分子试剂及高分子催化剂,有些也体现出吸附的功能。

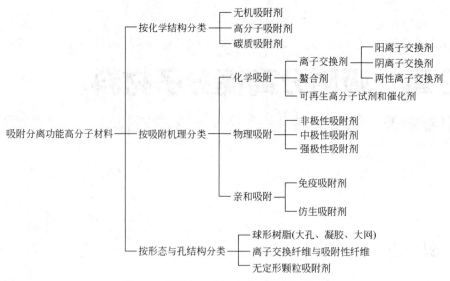

图 2-1　吸附分离功能高分子材料的分类

2.2 吸附树脂

　　吸附树脂是指一类多孔性的、适度交联的高分子共聚物。这类高分子材料具有较大的比表面积和适当的孔径，可从气相或溶液中吸附某些物质。吸附树脂与被吸附物质之间的作用主要是物理作用，如范德华力、偶极-偶极相互作用、氢键等较弱的作用力。

2.2.1 吸附树脂的分类及品种

2.2.1.1 吸附树脂的分类

　　吸附树脂有许多品种，吸附能力和所吸附物质的种类也有区别，但其共同之处是具有多孔性，并具有较大的表面积（主要是孔内的表面积）。

　　吸附树脂按其化学结构可分为以下几类。

　　(1) 非极性吸附树脂　非极性吸附树脂中电荷一般分布均匀，在分子水平上不存在正负电荷相对集中的极性基团。目前工业上生产和应用的非极性吸附树脂均为由二乙烯苯（DVB）交联的聚苯乙烯大孔树脂，根据孔径和比表面积的不同，从而对吸附质的分子大小呈现出不同的选择性。如美国 Rohmhaas 公司的 Amberlite XAD-1、XAD-2、XAD-3、XAD-4，国内南开大学研制和生产的 D14、D16、D3520 等。非极性吸附树脂主要是通过范德华力从水溶液中吸附具有一定疏水性的物质。

　　(2) 中极性吸附树脂　此类树脂内存在像酯基一类的极性基团，具有一定的极性。如交联聚丙烯酸甲酯、交联聚甲基丙烯酸甲酯及（甲基）丙烯酸与苯乙烯的共聚物等。如 Amberlite XAD-6、XAD-7、XAD-8 和南开大学的 AB-8 等，中极性吸附树脂从水中吸附物质，除范德华力外，氢键也起一定的作用。

　　(3) 强极性吸附树脂　此类吸附树脂含有极性较强的极性基团，如吡啶基、氨基等。主要有亚砜类（Amberlite XAD-9）、聚丙烯酰胺类（Amberlite XAD-10）、氧化氮类（Amberlite XAD-11）、脲醛树脂类（南开大学 ASD-15、ASD-16、ASD-17）、复合功能类（南开大学的 S-8、S-038)等，这类树脂对吸附质的吸附主要是通过氢键作用和偶极-偶极相互作用进行的，因此其中的一些品种也可以称之为氢键吸附剂。

但是要注意的是，这种按极性对吸附树脂的分类并不严格，如有一些吸附树脂中含有少量中极性基团的交联聚苯乙烯，是介于非极性与中极性之间的弱极性吸附树脂，这类吸附树脂最大的优点在于，在保持了非极性吸附树脂特征的前提下，其上少量的极性基团提高了它在溶液中的润湿性，使被吸附的物质从水中到吸附树脂上的传质阻力减小，从而简便了工业应用中的前期处理过程。另外，还有一些含有复合结构的吸附树脂，如具有微相分离结构的聚氨酯微球吸附树脂，是难以根据其极性进行分类的。

一些具有代表性的吸附树脂的性能指标见表 2-1。

表 2-1　一些具有代表性的吸附树脂

型号	生产厂名或国家	极性	树脂结构	比表面积/(m²/g)	孔径/nm
上试 101	上海试剂厂	非极性	苯乙烯	—	—
上试 102	上海试剂厂	非极性	苯乙烯	—	—
上试 401	上海试剂厂	非极性	苯乙烯	—	—
上试 402	上海试剂厂	非极性	苯乙烯	—	—
南大 3520	南开大学化工厂	非极性	苯乙烯	—	—
D1	南开大学化工厂	非极性	乙基苯乙烯	—	—
D2	南开大学化工厂	非极性	乙基苯乙烯	382	133
D3	南开大学化工厂	非极性	乙基苯乙烯	—	—
D4	南开大学化工厂	非极性	乙基苯乙烯	—	—
D5	南开大学化工厂	非极性	乙基苯乙烯	—	—
D6	南开大学化工厂	非极性	乙基苯乙烯	466	73
D8	南开大学化工厂	非极性	乙基苯乙烯	712	66
Ds$_2$	南开大学化工厂	非极性	苯乙烯	642	59
Ds$_5$	南开大学化工厂	非极性	苯乙烯	415	104
Dm$_2$	南开大学化工厂	非极性	α-甲基苯乙烯	266	24
Dm$_5$	南开大学化工厂	非极性	α-甲基苯乙烯	413	32
X-5	南开大学化工厂	非极性	聚苯乙烯	500～600	290～300
D-3520	南开大学化工厂	非极性	聚苯乙烯	480～520	85～90
D-4006	南开大学化工厂	非极性	聚苯乙烯	400～440	65～75
H-107	南开大学化工厂	非极性	聚苯乙烯	1000～1300	—
AB-8	南开大学化工厂	弱极性	聚苯乙烯	480～520	130～140
NKN-9	南开大学化工厂	极性	聚苯乙烯	250～290	155～165
S-8	南开大学化工厂	强极性	聚苯乙烯	100～120	280～300
新华大孔 100	华北制药厂	强极性	聚苯乙烯		
新华大孔 122	华北制药厂	强极性	聚苯乙烯		
新华大孔 CAD40	华北制药厂	强极性	聚苯乙烯		
MD	天津制胶厂	强极性	聚苯乙烯	300	
D	天津制胶厂	强极性	聚苯乙烯	400	100
DA	天津制胶厂	弱极性	丙烯腈	200～300	
XDA-1	美国	非极性	苯乙烯	100	200
XDA-2	美国	非极性	苯乙烯	330	90
XDA-3	美国	非极性	苯乙烯	526	44
XDA-4	美国	非极性	苯乙烯	750	50

型号	生产厂名或国家	极性	树脂结构	比表面积/(m²/g)	孔径/nm
XDA-5	美国	非极性	苯乙烯	415	68
XDA-7	美国	中性	2-甲基丙烯酸酯	450	80
XDA-8	美国	中等极性	2-甲基丙烯酸酯	140	250
Diaion HP-10	日本	非极性	苯乙烯	400	小
Diaion HP-20	日本	非极性	苯乙烯	600	大
Diaion HP-30	日本	非极性	苯乙烯	500～600	大
Diaion HP-40	日本	非极性	苯乙烯	600～700	小

除上述几类外，以物理作用作为吸附动力的还有一类特殊的吸附剂，即亲和吸附剂。这是一类由生物亲和原理设计合成的，对目标物质的吸附呈现专一性或高选择性的吸附剂，在生化物质的分离、临床检测、血液净化治疗等方面具有重要的用途。这种吸附专一性或分子识别性能来源于氢键、范德华力、偶极-偶极作用等多种键力的空间协同作用，是生命体系中普遍的现象，如抗体-抗源、酶-底物、互补的 DNA 链等。将这些相互识别的主客体中的主体分子或客体分子固定在高分子载体上，就形成了亲和吸附剂，能够专一地识别主体或客体分子。这类吸附剂又可称为仿生吸附剂，它们成本低、制备工艺容易控制，适用于大规模的生产与应用。

2.2.1.2　吸附树脂的主要品种

按照吸附树脂的高分子主链的化学结构，吸附树脂主要有聚苯乙烯型、聚丙烯酸酯型以及其他的各类树脂。

（1）聚苯乙烯型吸附树脂　80%以上的吸附树脂是聚苯乙烯型的吸附树脂，它们主要是以苯乙烯为主要的合成单体，以二乙烯苯作为交联单体制备的。聚苯乙烯是最早工业化的塑料品种之一，其苯环上的邻、对位具有一定的活性，便于与其他的化合物反应，引入各种化学基团，实现对聚苯乙烯的改性，同时将其作为吸附树脂使用时，为了提高其稳定性，还需对其进行一定的交联。聚苯乙烯的主要缺点在于机械强度不高，抗冲击性和耐热性较差。

在水溶液中悬浮聚合得到的聚苯乙烯型吸附树脂的外观是白色或浅黄色，直径不同的多孔球粒。通过选择不同的引发剂，苯乙烯可以实现光引发、热引发聚合，利用所加入的交联剂如二乙烯苯的用量来调节其交联度。直接合成的苯乙烯-二乙烯苯共聚物可以作为非极性的吸附树脂，同时聚苯乙烯上的活性点为其改性提供了条件，可以引入各种极性基团制备极性的吸附树脂，甚至可以引入配位结构形成螯合树脂或引入离子型基团得到离子交换树脂。有关聚苯乙烯的制备及改性如图 1-15 所示。

（2）聚甲基丙烯酸-双甲基丙烯酸乙二酯吸附树脂　除聚苯乙烯外，聚甲基丙烯酸酯树脂也是吸附树脂重要的品种之一，它通常以双甲基丙烯酸乙二酯作为交联剂，因在其结构中存在着酯基，因此是一种中极性吸附树脂。这种树脂具有较好的耐热性，软化点在 150℃ 以上。这一类树脂极性适中，与被吸附物质中的疏水基团和亲水基团都可以发生作用，因此能从水溶液中吸附亲脂性物质，也可以在有机溶液中吸附亲水性物质。在其上也可以通过改性引入强极性基团，如将其中的酯键部分水解，可以制备含羧基的树脂，这是一种弱酸性的离子交换树脂。其制备反应方程式如图 2-2 所示。

（3）其他类型的吸附树脂　除了上述的主要两类外，聚乙烯醇、聚丙烯酰胺、聚酰胺、聚乙烯亚胺、纤维素衍生物等也可作为吸附树脂使用，它们在应用中同样需进行一定程度的交联，所用的交联剂仍以二乙烯苯为主，如丙烯腈与二乙烯苯的共聚物是强极性的吸附树

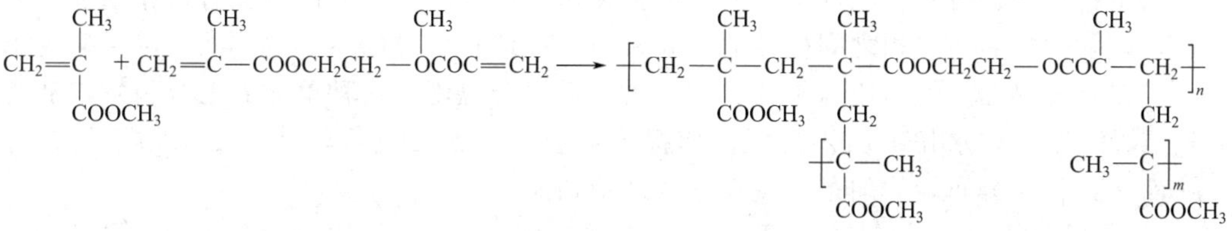

图 2-2　聚甲基丙烯酸-双甲基丙烯酸乙二酯吸附树脂

脂，聚 2,6-二苯基对苯醚的同类共聚物为弱极性吸附树脂，而与聚异丁烯共聚物为非极性吸附树脂。它们都是色谱分析中常用的高分子吸附剂。根据这些聚合物的骨架特征和所代基团的性质不同，上述吸附树脂的吸附性能和应用领域也不尽相同。如将聚偏氯乙烯脱除 HCl 后形成的梯形聚合物表现出优异的耐高温性，可以在 500℃ 以上使用，主要用于吸附永久性气体和低级烷烃。

2.2.2　吸附树脂的合成

按照应用的要求，吸附树脂通常是一些球形的微小颗粒，直径约为 0.1～1.0mm，并具有一定的交联度，在水或溶剂中可以被溶胀而不被溶解。为了使其保持足够的吸附面积，还应具有多孔性（赋予其较大的比表面积），此外还应有较好的机械强度和较好的力学性能以及物理、化学稳定性。因此在吸附树脂的合成与制备中，成球与成孔技术是相当重要的。

2.2.2.1　吸附树脂的成球方法

几乎所有的高分子体系都可以通过适当的工艺形成粒径可控的球形，国内外对此都做了大量的工作，除交联聚烯烃高聚物体系外，还开发了许多球形吸附分离功能高分子材料新体系。其中悬浮聚合和反相悬浮聚合是制备球形高分子材料的重要方法，下面将对不同的单体制备球形高分子材料的方法进行简单的介绍。

（1）疏水性单体的悬浮聚合　疏水性单体上通常不含极性基团，如苯乙烯和二乙烯苯（作为交联剂）是制备吸附树脂及许多高分子载体（如高分子试剂、高分子催化剂等所用的高分子载体）的重要疏水性的单体。交联聚苯乙烯具有较高的机械强度和较好的热稳定性，而且能在酸性或碱性水溶液条件下保持稳定，另外其来源广泛，价格也相对便宜。

对于疏水性单体，通常可以采用悬浮聚合直接成球。球形交联聚苯乙烯的直径在 0.007～2mm，球体的直径和分散性可通过调节分散剂的类型与加入量、搅拌速度、油相/水相比例、反应器及搅拌装置的结构进行控制。

吸附树脂通常在溶剂或水中使用，因此通常将其制备成交联结构，使其在这些溶液中不被溶解。在苯乙烯悬浮聚合成球的过程中，通常加入二乙烯苯作为交联剂，这也是一种疏水性单体。利用二乙烯苯的结构及用量，如采用纯度较高的 m（间位）-二乙烯苯等，可控制苯乙烯-二乙烯苯共聚物球粒的交联度大小及交联结构的均匀性，从而控制交联聚苯乙烯微球的强度、溶胀度等。另外也可以用二丙烯苯或长链二烯交联剂，如双甲基丙烯酸乙二醇酯作交联剂与苯乙烯共聚，也可制备比较均匀的交联聚合物。

例如，最普通的吸附树脂是由苯乙烯和二乙烯苯经悬浮聚合制成的，在聚合的过程中加入致孔剂。用此法合成的多孔树脂，比表面积在 $600m^2/g$ 左右，是一种性能良好的非极性吸附树脂。

（2）含极性基团的取代烯烃单体的悬浮聚合　某些含有极性基团的烯烃单体如丙烯酸甲酯、甲基丙烯酸甲酯、丙烯腈、乙酸乙烯、丙烯酰胺等，虽然与水具有一定的亲和性，但它们也可以用悬浮聚合技术合成球形材料。通常在水相中加入食盐或同时在有机相中加入非极性溶剂，以增大它们与水相之间极性的差异，减少单体在水中的溶解度，从而尽量避免单体在水相或在两相界面上的非成球聚合。此外为降低聚合温度，这种单体的聚合引发剂通常采用偶氮二异丁腈。在水相中加入自由基捕捉剂如亚甲基蓝，也可以减少在水相中的聚合反应，从而得到粒径分布较均匀，外观规整的球形树脂。

在这一体系中，二乙烯苯也是重要的交联剂，但其与反应单体的聚合速率差异较大，会导致交联的不均匀性，为解决这一问题，可以采用衣康酸-α-单烯丙酯、三聚异氰酸三烯丙酯和甲基丙烯酸甲酯作为交联剂，交联结构比较均匀，树脂在使用过程中的强度有明显的提高。为降低成本，也可用二乙烯苯与上述的交联单体混合使用。

对于一些极性较强的单体如丙烯酰胺，因其酰氨基团的极性较强而能够溶于水，因此必须采用反相悬浮聚合技术制备聚合物微球。通常以 N,N-亚甲基双丙烯酰胺为交联剂，以非离子表面活性剂（如 Span-80）作为分散剂，使丙烯酰胺的饱和水溶液的液珠悬浮在有机相中进行聚合，可以得到规整性很好、表面光滑的交联聚丙烯酰胺球粒。过去多采用氯苯作为有机相，但由于其毒性较大，目前倾向于以其他有机溶剂替代，如液体石蜡是一种较为理想的反相悬浮聚合有机相，它无毒性、成本低，不仅可以用于丙烯酰胺的悬浮聚合，而且在其他反相悬浮聚合和水溶性高分子的悬浮交联工艺中也得到了越来越广泛的应用。

（3）水溶性单体的悬浮缩聚反应　在早期合成的吸附树脂中，酚醛树脂是重要的品种之一，它们通常是由缩聚反应制备的。以酚醛树脂为代表的一类缩聚产物很难制成规则的球粒，因此逐渐被自由基聚合的高分子材料所代替，但其在结构分析及某些特殊的场合具有自由基聚合产品所不能替代的优点，因此近年来对其成球技术进行了深入的研究，使之成为吸附分离材料发展的新增长点之一。

利用缩聚反应制备吸附树脂所用的单体多为水溶性的，故必须采用反相悬浮缩聚反应进行成球聚合，其中反应相为水相，介质相为密度较大、黏度较高、化学惰性的有机液体，如氯苯、液体石蜡、变压器油、邻苯二甲酸二乙酯、邻苯二甲酸二辛酯、四氯化碳等。在工业上通常采用的是液体石蜡。

在反相悬浮聚合中控制粒径及其分布的技术与通常的悬浮聚合类似。反相悬浮缩聚反应是先将聚合单体（两种或两种以上）、交联剂、致孔剂溶于水中，在适当温度下预聚合，然后再进行黏稠预聚物的悬浮聚合，最终在较高的温度下固化成球。采用反相悬浮缩聚反应，可以合成多种类型的球形吸附树脂，如酚-醛、胺-醛、脲-醛、胍-醛、酰胺-醛、多胺-环氧氯丙烷、聚氨酯等体系。

需要注意的是这种缩聚产物通常不耐酸碱，因此在强酸、强碱作用下易产生降解，但作为吸附树脂，接触酸碱的概率较少，一般不会影响到它的使用，但作为离子交换树脂时则需要注意。

（4）线形高分子的悬浮交联成球反应　对于一些线形的高分子，它们可以在交联剂作用下，通过悬浮交联或反相悬浮交联制备成有一定交联度的球粒。如将水溶性高分子化合物和亲水性交联剂一起溶于水中，加入致孔剂（有时水自身即可起致孔剂的作用），在有机分散相中分散成粒径适当的水珠，在较高的温度下进行反相悬浮交联，从而可以使高分子因发生交联而硬化成球。在反相悬浮交联体系中，高分子的水溶性越强，硬化成球所需要的交联度越高；反之，较少的交联剂就可以使高分子成球。

原则上讲，所有含有反应性基团的水溶性高分子，都可以由反相悬浮交联反应制备成多孔球形树脂。带有反应性基团的油溶性高分子则能够通过正相悬浮交联反应成球。但是，由于悬浮交联成球采用的是高分子化合物而不是单体，制备成本要高于直接由单体聚合成球。

因此，悬浮交联主要用于天然来源高分子的交联成球，如明胶用醛交联成球，壳聚糖用戊二醛交联成球、葡聚糖及其他多糖可采用环氧氯丙烷交联成球等。由于采用悬浮交联成球技术制备的球形树脂交联密度比较均匀，孔结构的单分散性较好，因此有时也针对某些特殊用途用人工合成的线形高分子经悬浮交联制备球形树脂，如某些大孔型吸附树脂的后交联技术。

2.2.2.2 吸附树脂的成孔技术

要使吸附树脂有足够的吸附容量，树脂在使用状态下要有较高的比表面积，否则将会使材料内部的功能基不能发挥吸附作用，其表观吸附容量严重下降。为了提高吸附树脂的比表面积，从而提高吸附容量，通常使吸附树脂在制备过程中形成大量的微孔结构，这就是吸附树脂的成孔。成孔技术主要研究孔的形成及孔径大小、孔径分布、孔隙率的控制等。目前，研究较多并被广泛采用的成孔技术包括惰性溶剂致孔、线性高分子致孔、后交联成孔。

（1）惰性溶剂致孔 惰性溶剂致孔是在聚合过程中实现的。在悬浮聚合体系的单体相中，加入不参与聚合反应、能与单体相溶、沸点高于聚合温度的惰性溶剂，在聚合完成后，溶剂保留在聚合物球粒中。通过蒸馏（有机溶剂为水替代）或溶剂提取（惰性溶剂被其他溶剂替代）或冷冻干燥处理，除去聚合物球粒中的惰性溶剂，这样原来为惰性溶剂所占据的空间成为聚合物球粒中的孔，从而得到大孔聚合物球粒。惰性溶剂致孔中常用的溶剂可以是水、甲苯、烷烃（如正庚烷、环己烷）、脂肪醇（如戊醇、苯甲醇）、脂肪酸（如乙基己酸）、汽油、煤油、液体石蜡等，也可采用一些混合溶剂如癸烷/甲苯、辛烷/甲苯、正庚烷/甲苯、己烷/甲苯、丁酮/甲苯。

如以液体石蜡、甲苯和环己酮作致孔剂，采用悬浮聚合合成 S-MMA-DVB 大孔吸附树脂，液体石蜡和环己酮分别适宜于使树脂内部生成起扩散通道作用的大孔和发挥物理吸附作用的微孔，两者的比例一般控制在致孔剂总量的 20%～30% 和 12%～15%。

通过改变交联度，致孔剂用量、种类以及引入适量的功能基，可以得到高表面积和高极性的大孔吸附树脂。图 2-3 给出不同致孔剂存在下的交联聚苯乙烯球粒中凝胶孔/大孔的分区曲线，抛物线左方为凝胶孔区，右方为大孔区。

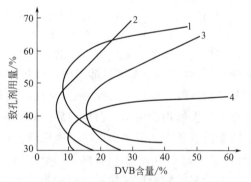

图 2-3 不同致孔剂和不同交联度对交联聚苯乙烯树脂孔结构的影响
1—苯甲醇；2—乙基己酸；3—正庚烷；4—戊醇

（2）线形高分子致孔 在悬浮聚合的单体相中加入线形高分子也可以合成大孔树脂，可用的线形高分子有聚苯乙烯、聚乙酸乙酯、聚丙烯酸酯类等。在聚合过程中，线形高分子促进相分离的发生。随着聚合反应的进一步进行，作为线形高分子溶剂的单体逐渐减少和消失，使线形高分子卷曲成团。悬浮聚合反应完成后，采用适宜的溶剂抽出聚合物球粒中的线形高分子，可得到孔径较大的大孔树脂。

采用线形高分子致孔制备的多孔树脂具有特大孔，但比表面积较小，因此线形高分子可以与良溶剂或非良溶剂混合使用，可以通过增加小孔的比例提高比表面积。线形高分子的分子量对其致孔性能会有影响，如分子量较低的线形高分子在单体中的溶解度大，故引起相分离的作用较小，形成特大孔的能力也较弱。对于苯乙烯/二乙烯苯悬浮共聚体系，采用相对分子质量大于 5 万的线形聚苯乙烯作为高分子致孔剂致孔作用比较稳定。

（3）后交联成孔 由悬浮聚合制备大孔树脂，其交联结构不均匀，树脂的机械强度欠佳，孔结构的多分散性较大。因此，目前高比表面积吸附树脂的制备通常采用后交联法，即先制备低交联度或线形的高分子，然后再将其进行化学反应以达到所需的交联度。

具体的实施过程为：首先用苯乙烯和少量二乙烯苯以悬浮聚合制成凝胶（不加致孔剂）或多孔性（比表面积不大）的低交联（通常在1%以下）的共聚物，再用氯甲醚进行氯甲基化反应（弗里德尔-克拉夫茨反应），所用的催化剂可以为 $FeCl_3$、$ZnCl_2$、$SnCl_4$、$AlCl_3$，溶剂通常采用二氯乙烷、卤代芳烃、硝基苯及其混合物等，使用的交联剂中两个反应基团之间的间隔臂可以很短，如一氯二甲醚等，也可以较长，如 4,4'-二氯甲基联苯、二氯甲基苯和含双键的芳香化合物等。其反应如下所示：

引入的氯甲基在较高的温度下，可与邻近的苯环进一步发生弗里德尔-克拉夫茨反应。

这样分属两个高分子链上的苯环通过亚甲基实现了交联。因未用另外的交联剂，又是在聚合之后实现的，故称"自交联"或"后交联"。这种方法制备的交联聚合物，由于交联点均匀发生在高分子链上较远的位置，形成大网均孔结构，故这类树脂称为大网均孔树脂，其比表面积可高达 $1000m^2/g$ 以上，是其他成孔方法难以达到的。

利用后交联法不仅可以制备非极性的吸附树脂，如上述的聚苯乙烯系的吸附树脂，也可以制备弱极性和中极性的吸附树脂。如分别利用四氯化碳、氰脲酰氯、二甲亚砜作为交联剂，使低交联聚苯乙烯进行后交联，可制备不同交联结构、具有一定极性的大网均孔树脂。将含有4%或8%甲基丙烯酸甲酯、丙烯酸甲酯、甲基丙烯酸、丙烯腈等极性单体的低交联聚苯乙烯球粒，通过 Friedel-Crafts 反应进行后交联，得到高比表面积（$129\sim837.1m^2/g$）的中极性大网均孔树脂，而树脂后交联之前的比表面积均在 $40m^2/g$ 以下。如在含砜基的吸附树脂的制备中，可采用低交联度聚苯乙烯，以二氯亚砜为后交联剂，在无水 $AlCl_3$ 催化下于 80℃下反应 15h，制得含砜基的吸附树脂，比表面积在 $136m^2/g$ 以上。

部分非极性或弱极性后交联聚苯乙烯球形树脂的孔结构参数见表 2-2。

表 2-2　大网均孔聚苯乙烯树脂的孔结构参数

树脂牌号	表观密度 /(g/ml)	骨架密度 /(g/ml)	比表面积 /(m²/g)	平均孔径 /nm	孔隙率/%	孔容 /(ml/g)	粒度/mm
H105	0.69	1.15	900~1000	10.9	40	0.58	0.3~0.6
H103	0.52	1.22	约1000	8.9	57	1.10	0.3~0.6
H107	0.50	1.37	1100~1300	—	66	1.27	0.3~0.6
H108	0.53	1.31	1100~1300	4.1	58	1.12	0.3~0.6
NKA	0.73	1.16	482	25.0	—	0.52	0.3~0.6
AASI-1	0.43	1.28	1459	2.15	67	1.57	0.3~0.6
AASI-2	0.60	1.29	1041	1.73	54	0.90	0.3~0.6
AASI-3	0.62	1.26	1251	1.32	51	0.83	0.3~0.6

（4）致孔技术的新发展　除上的几种制孔技术外，近年来又发展了一些新的制孔技术，用于合成均孔和贯穿孔吸附分离材料。

① 乳液致孔法。以可聚合物单体为油相制备油包水（W/O）乳液，在聚合过程中分散在油相中的水珠发挥致孔作用。采用乳液致孔技术制备的吸附分离材料孔径比较均匀，这类材料在吸附分离过程上表现出良好的吸附动力特征和较高的吸附选择性。通过控制分散剂类型与用量、油相与水相的比例、搅拌速度等因素，调节孔径（通过水珠的直径）和孔度（通过水珠的含量）。

② 无机微粒致孔。采用溶胶-凝胶工艺过程，可以方便地制备粒度均一的无机纳米粒子，如果这些纳米粒子在一定条件下能够溶解（如 SiO_2、TiO_2 在碱性条件下的溶解），则这些粒子可以用作合成多孔材料的致孔剂。将均一粒度的无机粒子分散在单体相中，聚合后再将无机粒子溶出，则原来由无机粒子占据的空间形成了孔。由于聚合过程中起致孔作用的物质为外形稳定的无机粒子，因此这种孔很规整，如果无机粒子的用量较大，则粒子间会发生部分接触，形成连通的孔结构，这种连通的孔称为贯穿孔。连通的孔道使被分离物质的传质阻力明显减小，保留时间下降，同时，均匀的孔结构有利于提高对不同大小物质的选择性。

2.2.3 吸附树脂的性能及吸附分离原理

吸附树脂通常为白色的颗粒，粒径在 $20 \sim 60$ 目，不溶于水、酸、碱及有机溶剂，在水和有机溶剂中可吸收溶剂而膨胀，在室温下对稀、酸稀碱稳定。从显微结构上看，大孔吸附树脂包含有许多具有微观小球组成的网状孔穴结构，因此颗粒的总表面积很大，加上合成时引入了一定的极性基团，使大孔树脂具有较大的吸附能力；另一方面，这些网状孔穴在合成树脂时具有一定的孔径，使它们对通过孔径的化合物根据其分子量的不同而具有一定的选择性。通过以上这种吸附性和筛选原理，有机化合物根据吸附力的不同及分子量的大小，在大孔吸附树脂上经一定的溶剂洗脱而达到分离的目的。

2.2.3.1 吸附平衡

吸附剂既可以吸附气体，也可以从溶液中吸附溶质，但是这两种吸附情况是有区别的。

在吸附气体时，往往发生多分子层吸附。所谓多分子层吸附，就是除了吸附剂表面接触的第一层外，还有相继各层的吸附，在实际应用中遇到的很多情况都是多分子层吸附。布龙诺、埃梅特、特勒（Brunauer、Emmett、Teller）三人提出了多分子层理论的公式，简称为 BET 公式。他们的理论基础是朗缪尔（Langmuir）理论，改进之处是认为表面已经吸附了一层分子之后，由于被吸附气体本身的范德华力，还可以继续发生多分子层的吸附。当吸附达到平衡时（即吸附与脱附的量大体相等时），气体的吸附量（V）等于各层吸附量的总和，可以证明在等温下有如下关系：

$$V = V_m \frac{C_p}{(p_s - p) \left[1 + (C-1) \dfrac{p}{p_s} \right]} \tag{2-1}$$

上式即为 BET 多分子层吸附等温式（由于其中包括两个常数 C 和 V_m，所以又叫做 BET 二常数公式）。式中，V 为在平衡压力 p 时的吸附量；V_m 为在固体表面上铺满单分子层时所需气体的体积；p_s 为实验温度下气体的饱和蒸气压；C 为与吸附热有关的常数。为了使用方便，可以把上式改写为：

$$\frac{p}{V(p_s - p)} = \frac{1}{V_m C} + \frac{(C-1)p}{V_m C p_s} \tag{2-2}$$

如以 $\dfrac{p}{V(p_s - p)}$ 对 $\dfrac{p}{p_s}$ 作图，为一直线，则：

$$斜率 = \frac{(C-1)}{V_m C}$$

$$截距 = \frac{1}{V_m C} \tag{2-3}$$

以上推导是假设吸附层数可以无限增加，如果吸附的层数有一定的限制（n 层），则可得到 BET 三公式常数：

$$V = V_m \frac{C_p}{(p_s - p)} \left[\frac{1 - (n+1)\left(\dfrac{p}{p_s}\right)^n + n\left(\dfrac{p}{p_s}\right)^{n+1}}{1 + (C-1)\left(\dfrac{p}{p_s}\right) - C\left(\dfrac{p}{p_s}\right)^{n+1}} \right] \tag{2-4}$$

如果 $n=1$，即为单分子层吸附，上式可简化为朗缪尔公式。

由朗缪尔等温式及 BET 等温式求得 V_m。可应用于计算固体表面吸附剂的比表面积 S：

$$S = \frac{V_m(STP)}{22.414} L\sigma \tag{2-5}$$

式中，L 为阿佛伽德罗常数；σ 为每个吸附分子所占的面积。测定时，常用的吸附剂是 N_2，其中 $\sigma = 16.2 \times 10^{-20}\ m^2$。

由于气态分子处于自由运动状态，达到吸附平稳时吸附剂对气体物质的吸附量与气体的压力 p 有关，当压力增大时，吸附会继续进行；而当压力降低时，部分被吸附的分子就会脱附出来，经过足够长的时间又会按照变化了的压力达成新的平衡。

在从溶液中吸附某种物质时，情况就有所不同。因为溶液中的溶质通常是被溶剂化了的，这就是说存在着溶剂与溶质的相互作用，存在着吸附剂对溶质的吸附与溶剂使被吸附物质脱附之间的竞争，因而吸附剂对溶质的吸附量既与溶质的浓度有关，也会受到溶剂性质的影响。但不管在什么溶剂中，都同样存在吸附平衡，只是溶剂不同，吸附平衡点也不同，即吸附剂对某一物质的吸附量不同。溶液吸附的另一特点是多为单分子层吸附，其吸附规律往往符合朗缪尔公式

$$V = \frac{V_m aC}{1 + aC} \tag{2-6}$$

式中，V 为吸附量；C 为溶质的浓度；V_m 为吸附剂表面被吸附物质盖满时的饱和吸附量，a 为朗缪尔常数。

不论是对气体还是对液体的吸附，当吸附过程在达到平衡时，一部分物质被吸附，但总有部分物质不被吸附，残留在气相或溶液中。如果在达到吸附平衡时，被吸附物质在吸附剂中的浓度以 $\bar{c}$ 表示，残留在溶液中的物质浓度以 c 表示，则

$$\alpha = \bar{c}/c \tag{2-7}$$

此处 α 为分配系数。若吸附剂和溶液的体积分别为 $\bar{V}$ 和 V，则

$$\alpha' = \overline{cV}/cV \tag{2-8}$$

此处 α' 称为分配比。α 和 α' 与吸附平衡点有关，从其值的大小可以看出物质被吸附的难易程度。

2.2.3.2 吸附等温线

吸附剂的吸附量除与被吸附物质的压力或在溶液中的浓度有关，还会受温度的影响。一般说来，温度升高吸附量降低，尤其是吸附剂对气体物质的物理吸附更是如此。在溶液吸附时，有时会出现相反的情况，如用活性炭从水溶液中吸附正丁醇，由于升高温度使正丁醇在水中的溶解度降低，反而会使吸附量增大。因此在研究吸附剂的吸附性能和吸附机理时，必

须在恒温下进行，将在恒温下测得的吸附量与压力或浓度的关系画成曲线，这便是吸附等温线。研究证明气体吸附等温线有 5 种基本类型（图 2-4）。

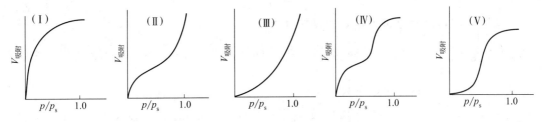

图 2-4　吸附等温曲线

图中纵坐标代表吸附量，横坐标为比压 p/p_s。p_s 代表在该温度下被吸附物质的饱和蒸气压，p 是吸附平衡时的压力。Ⅰ型为朗缪尔型，随着压力的增大吸附量也增大，并逐渐达到一个饱和值，这相当于在吸附剂的表面上形成了一个单分子吸附层，符合朗缪尔公式，78K 时在活性炭上的吸附属于此类型。Ⅱ型曲线是最普通的多分子层物理吸附，曲线的前段是表面吸附，符合 BET 公式；曲线的后段是气体在微孔中发生凝聚（相当于液化），使曲线上扬，78K 时 N_2 在硅胶上或 Fe 催化剂上的吸附属于这种类型。Ⅲ型比较少见，特点是吸附时放出的热量与气体的液化热大致相等，352K 时 Br_2 在硅胶上的吸附属于类型（Ⅲ），Ⅳ（如 323K 时 C_6H_6 在 Fe_2O_3 凝胶上的吸附）和 Ⅴ 型（如 373K 时水汽在活性炭上的吸附）是由明显的毛细管凝聚现象所形成的。

溶液吸附时的情况比较复杂，其原因一方面是溶剂可能被吸附，形成溶质与溶剂在被吸附时的"竞争"；另一方面是溶剂与溶质之间的亲和性没有差别，影响到吸附剂对溶质的吸附，因而吸附等温线可多达十几种。当从水溶液中进行吸附时，吸附剂对水的吸附作用往往可以忽略不计，吸附等温线的类型就大大减少。

2.2.3.3　吸附动力学

吸附动力学是指吸附过程的速度问题。研究表明影响分子"吸附"速度的因素可以分为膜扩散和粒扩散。

（1）膜扩散　这是指分子从溶液中"跑"到吸附剂的表面要越过包围吸附剂的一层液膜。如果这一过程较慢，就会成为整个"吸附"过程的控制因素。在吸附为膜扩散所控制时，吸附的饱和度 $F(t)$ 与时间 t 的关系遵循下列方程：

$$F(t)=1-\exp\left(-\frac{3Dct}{r_0\delta\overline{c}}\right) \tag{2-9}$$

式中，D 为被吸附分子在溶液中的扩散系数；c 和 $\overline{c}$ 分别为分子在溶液中和吸附剂中的浓度；r_0 为吸附剂的颗粒半径；δ 为液膜的厚度，一般为 10^{-3} 数量级。

当吸附的饱和度达到一半时，所需的时间为

$$t_{1/2}=0.23\frac{r_0\delta\overline{c}}{Dc} \tag{2-10}$$

由上式可知，被吸附分子在溶液中浓度和扩散系数越大，达到一半的吸附饱和度所需的时间越短；相反，吸附剂的粒径、饱和吸附量和液膜厚度较大时，$t_{1/2}$ 就会变大。

当被吸附分子越过液膜的速度较慢时，整个吸附过程的速度就被膜扩散所控制，若想加快吸附过程的速度就需要增加溶液的浓度。

（2）粒（内）扩散　如果被吸附分子从溶液中越过液膜进入吸附剂表面之后，在吸附剂内的运动（扩散）速度较慢，则吸附速度就被粒内扩散所控制。这时吸附的饱和程度 $F(t)$

与时间 t 的关系符合下面公式：

$$F(t) = 1 - \frac{6}{\pi^2} \sum_{n=1}^{\infty} \frac{1}{n^2} \exp\left(-\frac{\overline{D} t \pi^2 n^2}{r_0^2}\right) \tag{2-11}$$

当吸附的饱和程度为 50% 时，所需的时间为：

$$t_{1/2} = 0.030 \frac{r_0^2}{D} \tag{2-12}$$

式中，$\overline{D}$ 为粒（内）扩散系数。

由上式可知，吸附速度与溶液中被吸附物质的浓度无关。$\overline{D}$ 越大，$t_{1/2}$ 越小，即吸附速度越快。吸附剂的粒径对吸附速度的影响很大，粒径 r_0 增大 1 倍，$t_{1/2}$ 增大 4 倍。这比在膜扩散中粒径对吸附速度的影响要大得多。在膜扩散为控制步骤时，r_0 增大 1 倍，$t_{1/2}$ 也仅增加 1 倍。因此，无论什么情况，尽量采用较小粒径的吸附剂，对增加吸附速度都是有利的。

吸附过程本身一般被认为是较快的，不会成为吸附速度的控制步骤。但也有例外，在化学吸附时可能出现这种状况。在粒扩散和膜扩散速度均较大且比较接近时，还可能存在粒扩散和膜扩散联合控制的情况。这时两个扩散过程对吸附速度均有影响。

2.2.3.4 吸附选择性

吸附树脂对不同物质的吸附选择性是不一样的，存在着一些普遍的原则。

① 水溶性不大的有机化合物易被吸附，且在水中的溶解性越差越易被吸附，因此对不同的物质的吸附程度有差别，如有机酸盐或生物碱盐在水中的溶解度很大，树脂对其吸附能力就弱，可依据这种现象对混合物进行分离和提纯。如研究对黄连水提取液吸附纯化效果时发现，不同浓度的 NaCl 和高浓度的 KCl 均会降低其吸附量。无机酸、碱、盐不能被吸附树脂吸附，因此酸性化合物宜在酸性溶液中进行吸附，碱性化合物宜在碱性溶液中进行吸附。使用过的树脂再生时，常采用稀酸或稀碱溶液洗涤也是为了增大被吸附的化合物溶解度，从而降低吸附力达到再生的目的。

② 吸附树脂难于吸附溶于有机溶剂中的有机物，如溶于水中的苯可被吸附，但溶于乙醇或丙酮中的苯就很难被吸附。

③ 当化合物含有极性基团时，极性的树脂对其吸附力也随之增加，如果树脂和化合物之间能发生氢键作用，吸附作用也将加强。

④ 在同一种树脂中，树脂对体积较大的化合物的吸附作用较强，如对多糖的吸附作用就较单糖和双糖大。

吸附树脂的选择性不仅表现在对某些物质的吸附与不吸附这种极端的情况，有时对许多有机物都能吸附，但吸附程度有一定的差别，这样也可用于混合物的分离、纯化，同样属于吸附选择性。如含有不同取代基 R 的苯酚在吸附树脂上的分配系数有一定差别，见表 2-3。表中的数据说明在达到吸附平衡时，各化合物被吸附的量是不同的，这些化合物的混合物虽然不能用一次简单的吸附过程被完全分离，但可用色谱分离的方法进行分离。

表 2-3 一些极度性化合物在不同树脂上的分配系数

化合物	树　　脂	
	苯乙烯/DVB	丙烯腈/DVB
⬡—OH	106.7	230.2

化合物	树　脂	
	苯乙烯/DVB	丙烯腈/DVB
 HO—⬡—OH	17.8	61.4
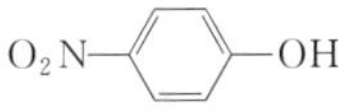 O$_2$N—⬡—OH	332.1	613.9

2.2.3.5　脱附

吸附于树脂上的化合物,当完成了吸附过程后,还应当很容易地从吸附树脂上分离,也就是要求它有脱附性,脱附后的吸附树脂可再次使用。脱附的过程除可以通过升高温度使气体脱附外,对于水溶液中,还可以选用另一种有机溶剂,将被吸附的物质淋洗下来,也就是洗脱。根据极性"相似相溶"原理,对非极性大孔吸附树脂来说,洗脱剂极性越小,其洗脱能力越强,而对于中极性大孔树脂和极性较大化合物,则用极性较大的溶剂较为合适。如大孔吸附树脂吸附纯化银杏叶黄酮的研究结果表明,D204、XDA-2 树脂吸附黄酮后,可用80%乙醇较好地解吸下来,而 D254、D113 则以 90%乙醇洗脱效果好。另外洗脱剂与提纯物质间不应有反应,同时易于蒸馏,以提高工效。

2.2.4　吸附树脂的应用

吸附树脂具有物理化学性能稳定、吸附选择性独特、不受无机物影响、再生简便、高效节能等特点,广泛地应用于有效成分的分离提纯。它在工业脱色、环境保护、抗生素的提取分离、中药制剂纯化等方面显示出独特的作用。南开大学的聚苯乙烯系吸附树脂是国内第一个工业规模应用的高分子吸附剂,在我国工业化应用只有十多年的时间。现在吸附树脂的品种越来越多,应用领域也逐渐增大。

2.2.4.1　在天然食品添加剂提取中的应用

天然食品添加剂与人工合成的相比,其安全性高,生产过程中环境污染小,因而得到广泛的青睐,如甜味剂、色素、保健品等来自植物的制品,但天然产物的成分较为复杂,难于得到高纯度的产品,利用吸附树脂并结合其他的一些方法,可得到高质量的产品。

如甜菊糖中的甜菊苷,其结构中一部分为亲水的糖基,使甜菊苷能够溶于水和低级醇,另一部分为疏水的双萜苷元,使其易被吸附树脂吸附。在吸附分离的同时可以完成对产物的浓缩。甜菊苷的结构及利用吸附树脂进行分离提纯的过程如图 2-5 所示。

为了得到纯白的产品,需经阳离子交换树脂和阴离子交换树脂进一步脱色。用大孔吸附树脂从甜叶菊中提取分离甜菊苷,产品纯度高,含量可达 87.5%。

利用类似的方法还可提取和纯化栀子黄色素、叶绿素、大豆皂甙等。

2.2.4.2　中草药有效成分的提取

从中草药中提取其有效成分,对于中医药学的发展有着至关重要的作用,吸附树脂在此领域有着重要的作用,目前已从中成功地提取了三七总皂苷、白芍药总苷、川草乌中总生物碱、绞股蓝皂苷等多种成分。

如从银杏叶中提取黄酮类药物。银杏叶的主要有效成分是黄酮苷和萜内酯,其结构如图2-6 所示。

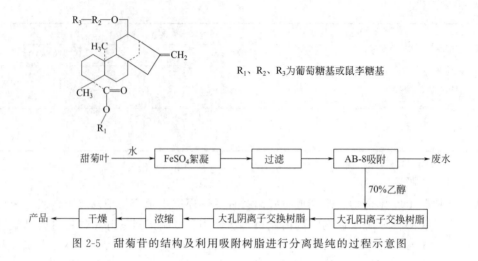

图 2-5　甜菊苷的结构及利用吸附树脂进行分离提纯的过程示意图

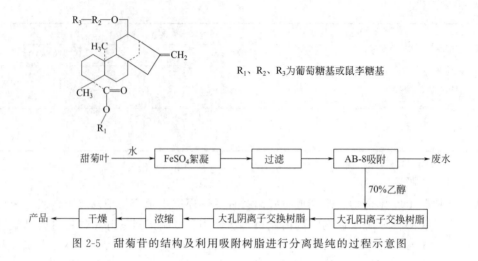

图 2-6　银杏叶的主要有效成分

其提取的过程为：将银杏叶粉碎，用乙醇浸泡，提取数次。蒸出乙醇，将提取液转成水溶液，滤去悬浮物，用吸附树脂吸附，经适当水洗之后用 $50\%\sim70\%$ 乙醇洗脱，再经浓缩、干燥，得到银杏叶提取物。可选择的吸附树脂为一些中性的吸附树脂，如 Amberlite XAD-7、Duolite S-761 等。若吸附树脂中有能与黄酮苷和萜内酯形成氢键的功能基，将使吸附选择性大大提高，提取得到的银杏叶提取物中黄酮苷和萜内酯的含量也大大提高。

2.2.4.3　抗生素的分离提取

许多抗生素是在发酵液中制备的，利用吸附树脂可以有效地从发酵液中提取各种抗生素如青霉素、先锋霉素、头孢霉素、红霉素以及维生素 VB_{12} 等。

Amberlite XAD-2、XAD-4、Diaion 以及国产 H 型等非极性吸附树脂对青霉素均有较好的吸附能力，吸附后可用 10% 异丙醇洗脱。

XAD-2、XAD-4、XAD-16 等均可从红霉素发酵液中提取红霉素，pH 值为 9.2，吸附后可用乙酸丁酯解吸。当用溶剂法从发酵液中提取维生素 B_{12} 时，无法彻底除去蛋白质，当采用大孔型吸附树脂时，则会得到良好的效果。

2.2.4.4　在环境保护中的应用

环境是当今世界普遍关注的问题，而一些含有机物废水的处理可借助于吸附树脂来实现，同时还可对其中的一些有用的物质回收利用，使废水的处理成本大大降低。

在苯酚、水杨酸、双酚A、煤气和炼焦生产过程中都有大量含酚废水产生。苯酚的—OH使其在水中有相当的水溶性，苯环的疏水性使其易被吸附树脂吸附，因此用非极性或中极性的吸附树脂处理含酚废水可取得良好的效果。采用树脂吸附法处理高浓度含酚化工废水，不仅能实现酚污染的有效治理，而且能实现酚类资源回收利用。含硝基酚和氯代苯酚的废水经酸化后也能用吸附树脂处理。

苯胺有微弱的碱性，通常用非极性吸附树脂（如 H-103、WA 或 MD-4 树脂）在偏碱性条件下进行吸附。在 pH 值为 8～9 时，H-l03 对苯胺的去除率高达 99.9%。用乙醇或盐酸溶液洗脱被吸附的苯胺，洗脱率可达 99.9% 以上。

用树脂吸附法还可以处理对硝基苯乙酮生产废水，如采用 AM-1 型吸附树脂与 ND-900 型络合树脂对这种废水进行处理，利用吸附树脂上的酚羟基吸附废液中的对硝基苯乙酮及其他的羟基化合物，利用络合树脂的功能基吡啶与废液中的对硝基苯甲酸及其他羧基化合物进行作用。两种树脂共同作用可除去废水中大部分有机物，从而使其达到污水排放要求。

利用吸附树脂，还可以对其他的一些有机废水进行处理，见表 2-4。

表 2-4 吸附树脂处理有机废水的情况

废水种类	吸附树脂	洗脱剂	处理效果	去除率/%	吸附量/mg·mL^{-1}
染料中间体 β-萘磺酸	CAH-101	75%乙醇	回收 β-萘磺酸	75	75
染料中间体 2-萘胺-1-磺酸	CAH-101	丙酮	排放水近无色	70	
造纸废水	XAD-8		脱色	80	
尼龙生产废水			去除氨基己酸	99	
印染废水	XAD-2	异丙醇	脱色	75,90,90	
农药废水					
1605	DA-201	2%NaOH	回收 p-硝基苯酚		250mg/g
1606	CAH-101	乙醇	回收 p-硝基苯酚	99.7	
嘧啶氧磷	H-103	甲醇	去除嘧啶氧磷		
7841	H-103	50%乙醇	回收 7841	>90	70
鞣革废水		丙酮	回收丹宁	90	

此外，吸附树脂在医疗上也有重要的应用价值，如对于血液的净化，清除血液中的毒素等，利用吸附树脂可以清除血液中的安眠药；利用一些极性和大孔型吸附树脂可以除去人体的代谢产物胆红素和胆酸；将吸附树脂应用于血液透析中，可以除去尿毒症和肾功能衰竭病人血液中的肌酐、尿酸、尿素等小分子。但由于这一类吸附树脂与人体的组织相接触，因此具有一些特殊的要求，目前用吸附树脂进行血液解毒的新技术已开始在临床上使用。

2.3 离子交换树脂

离子交换树脂是结构上带有可离子化基团的一类高分子，它由高分子骨架、与高分子骨架以化学键相连的固定离子以及可在一定条件下离解出来并与周围的外来离子相互交换的反离子组成。其功能基为固定离子与反离子组成的离子化基团。功能基中的可交换离子与外来离子完成交换过程后，通过改变条件又可再生为原有的反离子。

最初发现的具有离子交换功能的树脂是甲醛与苯酚和甲醛与芳香胺的缩聚产物，它是在

1935 年由英国的 Adams 和 Holmes 研究发现的，这成为离子交换树脂发展的开端，也是功能高分子（虽然当时还未提出功能高分子这个概念）发展的开端。离子交换树脂可以使水不经过蒸馏而进行脱盐，既简便又节约能源。在此基础上，带有磺酸基和氨基的酚醛缩聚树脂很快就实现了工业化生产并在水的脱盐中得到了应用。1944 年 D′Alelio 合成了具有优良物理和化学性能的磺化珠状苯乙烯-二乙烯苯加聚型离子交换树脂及交联聚丙烯酸树脂，奠定了现代离子交换树脂的基础。1947 年，美国原子能委员会的 Manhattan 计划成功地将离子交换树脂运用于稀土和其他金属的分离，从而加快了离子交换树脂的合成及应用的发展。20世纪 50 年代末，大孔树脂的开发成为离子交换树脂发展的又一个里程碑。与凝胶型相比，大孔树脂具有机械强度高、交换速度快和抗有机污染的优点，因而很快得到广泛的应用。

离子交换树脂除应用于水的脱盐精制外，还用于药物提取纯化、稀土元素的分离纯化、蔗糖及葡萄糖溶液的脱盐脱色、催化化学反应等。在离子交换树脂的基础上，还发展了一些很重要的功能性高分子的分支，如吸附树脂、螯合树脂、聚合物固载催化剂、高分子试剂、固定化酶等。

2.3.1 离子交换树脂的分类

离子交换树脂的品种很多，其分类方式也较为复杂，下面对其常用的分类方式进行简单的介绍。

根据离子交换树脂的合成方式，可以将其分为缩聚型和加聚型。缩聚型离子交换树脂如早期合成的甲醛与苯酚或甲醛与芳香胺的缩聚产物，多乙烯多胺与环氧氯丙烷反应形成带有氨基的交联聚合物等。加聚型指离子交换树脂或其前体是通过含烯基的单体与含双烯基或多烯基的交联剂通过自由基聚合反应形成的，如由苯乙烯与二乙烯苯的共聚物合成的离子交换树脂。离子交换树脂的发展是以缩聚产品开始的，然后出现了加聚产品。但由于加聚产品的优良性能，其用量很快超过了缩聚产品。现在使用的离子交换树脂几乎都是加聚产品，只有少数的一些特殊用途仍在使用缩聚型离子交换树脂。

根据树脂的物理结构，可分为凝胶型、大孔型和载体型离子交换树脂，其结构如图 2-7 所示。

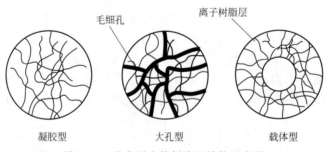

毛细孔　　　　　　离子树脂层

凝胶型　　　　　　大孔型　　　　　　载体型

图 2-7　3 种离子交换树脂的结构示意图

凝胶型离子交换树脂在干态和溶胀态都是透明的，呈现均相结构。树脂在溶胀状态下存在聚合物链间的凝胶孔，小分子可以在凝胶孔内扩散。凝胶型离子交换树脂的优点是体积交换容量大、生产工艺简单，成本低；其缺点是耐渗透强度差、抗有机污染差。

大孔型离子交换树脂内存在海绵状的多孔结构，因而是不透明的。大孔型离子交换树脂的孔径从几纳米到几百纳米甚至到微米级，比表面积可以达到每克几百甚至几千平方米。大孔型离子交换树脂的优点是耐渗透强度高、抗有机污染、可交换分子量较大的离子；其缺点是体积交换容量小、生产工艺复杂、成本高、再生费用高。实际应用中，根据不同的用途及要求选择凝胶型或大孔型树脂。

载体型的离子交换树脂具有特殊的用途，主要用作液相色谱的固定相，一般是将凝胶型离子交换树脂包覆在硅胶或玻璃珠表面上制成的，可经受液相色谱中流动介质的高压。

大多数离子交换树脂的高分子骨架为苯乙烯或丙烯酸与二乙烯苯的交联产物，根据所带离子化基团的不同，通常可分为阳离子交换树脂和阴离子交换树脂，其中阳离子交换树脂又可分为强酸性（功能基团为磺酸基，—SO_3H）和弱酸性（功能基团为羧酸基—COOH 或膦酸基—PO_3H_2 等酸性较弱的基团），阴离子交换树脂可分为强碱性〔功能基团为季铵基，如 Ⅰ 型〔—$N^+(CH_3)_3$〕，Ⅱ 型〔—$N^+\!\!\begin{smallmatrix}(CH_3)_2\\CH_2CH_2OH\end{smallmatrix}$〕〕和弱碱性（功能基团为伯胺—$NH_2$、仲胺—NHR 和叔胺—$NR_2$），其结构如图 2-8 所示。

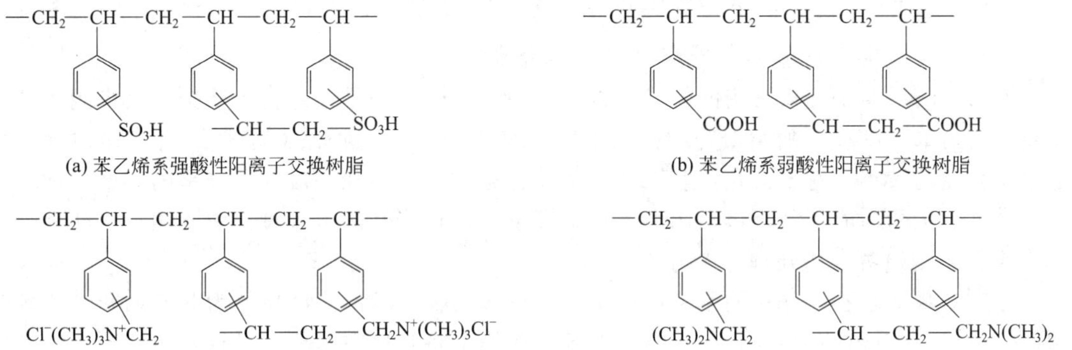

(a) 苯乙烯系强酸性阳离子交换树脂　　　　　　　(b) 苯乙烯系弱酸性阳离子交换树脂

(c) 苯乙烯系强碱性阴离子交换树脂　　　　　　　(d) 苯乙烯系弱碱性阴离子交换树脂

图 2-8　常用的几种离子交换树脂的化学结构式

此外还有两性离子交换树脂（阴、阳离子同时存在于一个高分子骨架上）、氧化还原树脂、螯合树脂等。离子交换树脂的名称及分类见表 2-5。

表 2-5　离子交换树脂的分类

分类名称	功能基	分类名称	功能基
强酸	磺酸基（—SO_3H）	螯合	胺羧基〔—$CH_2N\!\!\begin{smallmatrix}CH_2COOH\\CH_2COOH\end{smallmatrix}$〕等
弱酸	羧酸基（—COOH），膦酸基（—PO_3H_2）等	两性	强碱-弱酸〔—$N^+(CH_3)_3$，—COOH 等〕
		氧化	弱碱-强酸（—NH_2，—COOH）等
强碱	季铵基〔—$N^+(CH_3)_3$，—$N\!\!\begin{smallmatrix}(CH_3)_2\\CH_2CH_2OH\end{smallmatrix}$〕等	还原	硫醇基（—CH_2SH），对苯二酚基（ HO—◯—OH ）等
弱碱	伯、仲、叔氨基（—NH_2，—NHR，—NR_2）		

离子交换树脂的骨架结构除上述的苯乙烯和丙烯酸系外，还可以有酚醛系、环氧树脂系、脲醛树脂系、乙烯基吡啶系和氯乙烯系等。

2.3.2　离子交换树脂的合成

实际中使用的离子交换树脂通常为宏观的球粒状，其中存在着许多的凝胶孔或大孔结构，因此在离子交换树脂的制备过程中，成球和成孔技术至为关键。离子交换树脂在使用中不溶于任何溶剂，也不熔融；同时有较高的机械强度，以减少在使用过程中的破碎；要有高的亲水性和交换容量；具有一定的热稳定性和化学稳定性；有均匀的粒度。在达到上述使用要求的前提下，还要求合成工艺简单、成本低及环境污染小等。离子交换树脂的合成原理相当简单，即为典型的自由基加聚反应或缩合反应机理，因而它在合成过程中更多地涉及工艺和技术问题，通过工艺的控制来得到优良的物理外观、耐用性、孔度、优良的动力学和其他方面的重要性能。

目前离子交换树脂的高分子载体主要为聚苯乙烯系，这一类离子交换树脂占总用量的95%以上。这类离子交换树脂价格便宜且来源广泛，共聚物具有优良的物理力学性能，并且不易因氧化、水解或高温而降解，聚合物的芳香环易与许多试剂反应引入功能基。另外聚丙烯酸系离子交换树脂也有一定的用量，它在亲水性和抗有机污染性方面优于聚苯乙烯系离子交换树脂。本节将从高分子载体的合成及功能基化出发，对这两种树脂的合成及其功能化进行介绍，同时对缩聚型离子交换树脂和两性树脂也作一定的介绍。

2.3.2.1 聚苯乙烯系离子交换树脂的合成

聚苯乙烯系离子交换树脂的合成通常分为两个步骤：一是通过自由基聚合反应制备苯乙烯和二乙烯苯（DVB）的共聚物球粒，在这一步骤中要注意控制共聚物结构的均匀性，控制球粒粒径的大小，对于大孔树脂而言，成孔也是在这一步骤完成的；二是向共聚物球粒上引入可离子化的功能基团，包括阳离子和阴离子，在功能基的引入过程中要注意保证高分子载体的稳定性和功能基分布的均匀性。

（1）交联聚苯乙烯球粒的制备　制备交联聚苯乙烯球粒所用的单体为苯乙烯和二乙烯苯（通常为间位和对位的混合物），在热引发剂的作用下将它们在水相中进行悬浮聚合，得到珠状苯乙烯-二乙烯苯共聚物（称为"白球"）。聚合完成后，清洗聚合物球粒以除去黏附的分散剂，然后脱水、干燥。常用的自由基引发剂为过氧化苯甲酰或偶氮二异丁腈，分散剂可用天然高分子或其衍生物（如明胶、淀粉和甲基纤维素等）、亲水性合成有机高分子（如聚乙烯醇和含羧基聚合物等）、难溶性无机物（如碳酸钙、磷酸钙、滑石粉、硅藻土、膨润土等）。

苯乙烯-二乙烯苯共聚物球粒的最佳尺寸和均一性是在聚合过程中获得的。悬浮聚合中液滴的大小与反应器和搅拌器的尺寸、搅拌速度、温度、水相与单体混合物的比例、悬浮稳定剂、引发剂和单体的类型及用量有关。

离子交换树脂粒径的均一性对其性能的影响较大，但由悬浮聚合得到的聚合物球粒的大小是很不均匀的，即使经过筛分，其均一系数也在1.6左右。若将共聚单体和引发剂或其预聚体通过大小相近的许多毛细管喷射成大小均匀的液滴，液滴分散到含有稳定剂的水相中进行悬浮聚合，可得到均一系数小于1.1的均粒树脂。

交联剂二乙烯苯的纯度将会影响到产物的交联均匀性，从而影响离子交换树脂的性能。对位二乙烯苯比间位异构体的共聚速率快，共聚开始时引进网络的二乙烯苯的比例比起始单体混合物中的多，结果形成的网络在大的凝胶结构中有微凝胶结构而且不均匀。间位二乙烯苯与苯乙烯的聚合活性差异比其对位异构体与苯乙烯的聚合活性差异小，因此由间位二乙烯苯制备的共聚物结构较均匀，由此制得的离子交换树脂的强度和耐渗透性能也较好。

在苯乙烯与二乙烯苯共聚过程中加入极性单体如丙烯腈、乙酸乙烯酯等，将使苯乙烯与二乙烯苯的聚合活性更接近。如丙烯腈的加入使苯乙烯-二乙烯苯共聚物的网络结构更均匀，由此制得的离子交换树脂的性能也有所改善。

大孔树脂的成孔也是在这一过程中完成的。常用的成孔方式有溶剂致孔和可溶性线性高聚物致孔。

（2）交联聚苯乙烯的功能基化　通过向上述合成的聚苯乙烯共聚物珠粒上引入不同的功能基，可分别得到阳离子交换树脂和阴离子交换树脂。利用其苯环的活性点，还可以引入其他许多功能基，得到其他的一些功能性高分子，如高分子试剂，高分子催化剂等。

① 苯乙烯系强酸性阳离子交换树脂的合成。苯乙烯系强酸性阳离子交换树脂目前是离子交换树脂产品中应用最广的品种。通过对上述交联聚苯乙烯共聚物的磺化即可得到磺酸型强酸性阳离子交换树脂，常用的磺化剂有浓硫酸、发烟硫酸、氯磺酸和 SO_3 等，通过控制磺化剂的品种和磺化条件可得到不同磺化度的强酸性阳离子交换树脂。

其中浓硫酸为最为常见的磺化剂，它的磺化反应可表示如下。

$$\text{—CH}_2\text{—CH—} \xrightarrow{\text{H}_2\text{SO}_4} \text{—CH}_2\text{—CH—} \quad (\text{SO}_3\text{H})$$

交联聚苯乙烯球粒在浓硫酸中不能溶胀，而磺化后的球粒可以在浓硫酸中溶胀，因而磺化反应是从树脂的表层向内完成，为非均相反应，需要较高的反应温度和较长的反应时间才能使反应进行得较为彻底，否则只能在树脂的表层引入磺酸基。

为解决上述问题，可以从磺化剂和磺化条件着手。如提高磺化剂硫酸的浓度将使磺化速度提高，磺化度也随之增大。但硫酸浓度太高时，由于非均相的不均匀磺化及磺化后树脂在硫酸中的高度溶胀性，磺化过程中树脂球粒易开裂。综合考虑磺化速度、磺化度和磺化过程中树脂的开裂程度，工业上一般使用 92.5%～93% 的硫酸作为磺化剂。磺化反应完成后，过量的浓硫酸用水稀释时会大量放热且树脂高度膨胀，树脂球粒极易开裂。为了避免树脂球粒的开裂，可以用较稀的硫酸或浓盐水进行稀释，也可以用水很缓慢地稀释。后一过程虽然需时较长，但费用较低且操作过程简单，工业上多采用此方法。

另外在磺化反应中加入聚苯乙烯的溶胀剂（如全氯乙烯、三氯乙烯、二氯甲烷、二氯乙烷或二甲基亚砜等）先使球粒溶胀，则不仅可大大加快磺化反应的速度，而且可以使磺化后的树脂表面更加光滑均匀。溶胀的球粒比相同未预溶胀的球粒磺化后交换容量高约 0.1mmol/ml。工业上一般用相当于交联聚苯乙烯树脂重量 0.4 倍的二氯乙烷作为溶胀剂。

除了磺化条件外，苯乙烯-二乙烯苯共聚物的结构对磺化速度和磺化度有很大的影响。交联度愈大则磺化速度和磺化度愈小。交联剂二乙烯苯异构体的组成对磺化速度和磺化度也有很大的影响，如图 2-9 所示。大孔苯乙烯-二乙烯苯共聚物比相同交联度的凝胶型共聚物的磺化速度快得多，且前者在磺化及磺化完成后的稀释过程中树脂球粒不易开裂。

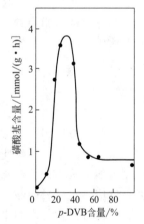

图 2-9　对位、间位二乙烯苯混合物的比例对磺化速度的影响

② 苯乙烯系强碱性和弱碱性阴离子交换树脂的合成。将聚苯乙烯球粒进行氯甲基化，然后用不同的胺进行胺化则可分别得到聚苯乙烯系强碱性和弱碱性阴离子交换树脂。交联聚苯乙烯的氯甲基化可通过弗里德尔-克拉夫茨烷基化反应来实现，反应如下所示。

$$\text{—CH}_2\text{—CH—} \xrightarrow[\text{ZnCl}_2]{\text{ClCH}_2\text{OCH}_3} \text{—CH}_2\text{—CH—} \quad (\text{CH}_2\text{Cl})$$

在此反应中可用的氯甲基化试剂包括氯甲醚、二氯甲醚、甲醛/HCl 水溶液、多聚甲醛/HCl 和甲醛缩二甲醇等。其中氯甲醚由于其优良的氯甲基化性能及较低的价格，一直作为工业上使用的氯甲基化原料，但氯甲醚是一种剧毒性物质，如工业氯甲醚中含有的少量二氯甲醚为强致癌性物质，因此在使用时要注意操作的安全性。

上述反应形成的氯甲基苯基仍然是一个活泼的烷基化基团，可继续与其他苯环发生烷基化反应而形成亚甲基桥，从而使树脂中的氯甲基含量减少，并可能使树脂的交联度过高，采用活性较低的弗里德尔-克拉夫茨反应催化剂 ZnCl$_2$、较低的反应温度（约 40℃）和高过量的氯甲醚可在一定程度上抑制上述的副反应。

氯甲基化树脂与叔胺反应可形成季铵型强碱性阴离子交换树脂。当叔胺为三甲胺时，则形成强碱 I 型阴离子交换树脂；当叔胺为 N,N-二甲基乙醇胺时，则形成强碱 II 型阴离子交换树脂，这两种反应如下所示。

与磺化类似，凝胶型氯甲基化苯乙烯-二乙烯苯共聚物与三甲胺反应时树脂易破裂。加入盐（如 NaCl）可抑制树脂的破裂，工业上常使用的盐为上次胺化回收的三甲胺盐酸盐。

当氯甲基树脂与氨、伯胺或仲胺反应时，则分别形成弱碱性的伯胺、仲胺或叔胺阴离子交换树脂。工业上常用下列的反应来得到弱碱性阴离子交换树脂。

在此反应过程中形成的叔氨基可进一步与尚未反应的氯甲基反应，形成季铵基，使最终的弱碱性阴离子交换树脂工业品中含有少量的季铵基团。同理，由氯甲基树脂与氨或伯胺反应制备的伯胺或仲胺树脂也会含有仲胺或叔胺基团。由氯甲基树脂与六亚甲基四胺（乌洛托品）反应，然后经盐酸水解，可得到含纯伯胺基且交换容量大的弱碱性阴离子交换树脂，这个方法已得到大规模的工业应用，其反应如下所示。

③ 苯乙烯系弱酸性阳离子交换树脂的合成。将上述的氯甲基化交联聚苯乙烯氧化，可得到聚乙烯系苯甲酸树脂，这是一种弱酸性的阳树脂，其反应如下所示。

2.3.2.2 丙烯酸系离子交换树脂的合成

通过丙烯酸或丙烯酸酯与二乙烯苯的共聚反应，也可以得到阳树脂或阴树脂，与苯乙烯系树脂相比，它的亲水性高，耐有机污染性好，但其耐氧化性差，因此其应用受到了限制，不如聚苯乙烯系广泛。

（1）丙烯酸系弱酸性阳离子交换树脂的合成　由于其结构特点，丙烯酸系树脂通常不能用于合成强酸性阳树脂。首先丙烯酸甲酯或甲基丙烯酸甲酯与二乙烯苯进行自由基悬浮共聚合，然后在强酸或强碱条件下使酯基水解，即可得到丙烯酸系弱酸性阳离子交换树脂。由丙烯酸甲酯制得的弱酸性阳离子交换树脂有较高的交换容量，因此应用也较广。工业上常用的弱酸性阳离子交换树脂的合成如下所示。

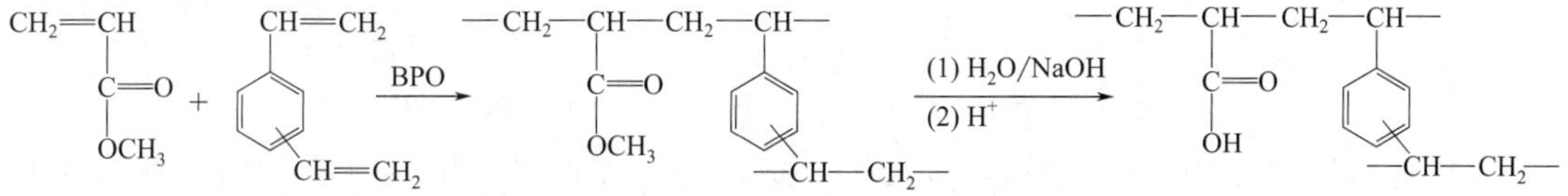

在此反应中，丙烯酸甲酯与二乙烯苯的竞聚率相差较大（二乙烯苯的竞聚率比丙烯酸甲酯的大很多），使共聚物的交联结构很不均匀，树脂由 H 型转变为 Na 型时的体积膨胀率高，机械强度特别是耐渗透强度低，体积交换量低，放置及使用过程中易抱团结块等。为了克服这些缺点，常采取使用第二交联剂的方法，所采用的第二交联剂可为双甲基丙烯酸乙二醇酯（EGDM）、甲基丙烯酸烯丙基酯（AMA）、衣康酸双烯丙基酯（DAI）和三聚异氰酸三烯丙基酯（TAIC）等，它们的结构如下。

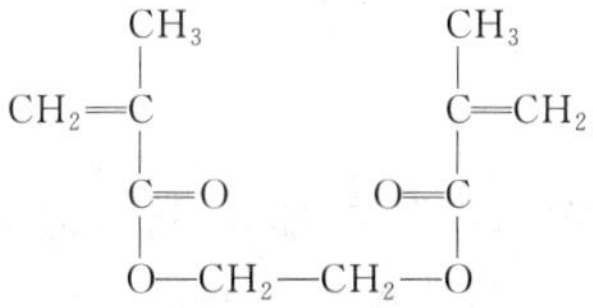

EGDM 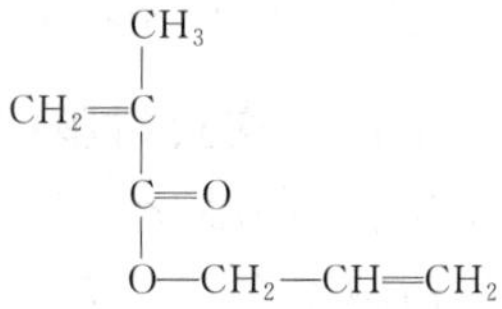　　　　　　　AMA

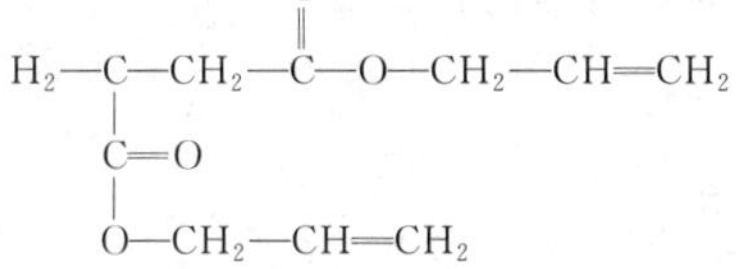

DAI 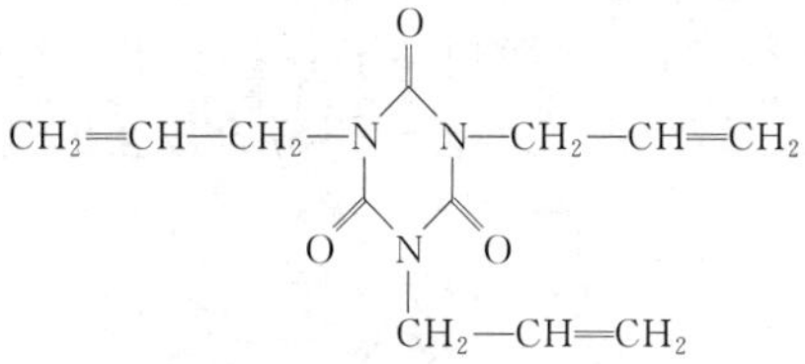　　　　　　　TAIC

这一类树脂也可采用丙烯酸或甲基丙烯酸与二乙烯苯的共聚反应得到，并且它们的竞聚率相差不大，树脂的结构较均匀，性能较好。但丙烯酸和甲基丙烯酸都是水溶性的，因此应在水相中加入高浓度的盐以减小其水溶性，或采用反相悬浮聚合。引发剂应为油溶性的，如过氧化苯甲酰或偶氮二异丁腈，并加入水不溶性的有机物，如甲苯。

丙烯腈也可作为制备丙烯酸系弱酸性阳离子交换树脂的单体，通过腈基的水解得到弱酸性的阳树脂，并且它的价格较丙烯酸或丙烯酸酯便宜，但其与二乙烯苯的竞聚率的差异相当大，使所得产物的结构很不均匀，因此它通常不单独与二乙烯苯反应，而是采用其他的一些交联剂（如衣康酸双烯丙基酯或三聚异氰酸三烯丙基酯等），组成复合交联剂与丙烯腈共聚，在聚合的前期主要由聚合活性大的交联剂交联，而在聚合的后期主要由聚合活性小的交联剂交联，形成的聚合物有较均匀的结构，水解后得到性能优良的弱酸性阳离子交换树脂。

（2）丙烯酸系碱性阴离子交换树脂的合成　聚丙烯酸甲酯或聚甲基丙烯酸甲酯与多胺反应，可形成含有氨基的弱碱性阴离子交换树脂，其反应式如下所示。

$$\begin{array}{c}-CH_2-CH- \\ | \\ C=O \\ | \\ OCH_3\end{array} \xrightarrow{\ H_2N(CH_2CH_2NH)_nH\ } \begin{array}{c}-CH_2-CH- \\ | \\ C=O \\ | \\ NH(CH_2CH_2NH)_nH\end{array}$$

$$n=2,3,4,\cdots$$

多乙烯多胺中的任何一个氨基都有可能与酯基反应，一个多乙烯多胺分子中也可能有多于一个的氨基参与反应，结果产生附加交联，从而可形成机械强度高的弱碱性阴离子交换树脂。

上述的弱碱性阴离子交换树脂含有伯胺基和仲胺基，伯胺基和仲胺基的耐氧化性能比叔胺基的差，为了增加树脂的耐氧化性能，可将上述的含伯胺基和仲胺基的树脂用甲醛和甲酸进行甲基化，反应式如下。

$$\begin{array}{c}-CH_2-CH- \\ | \\ C=O \\ | \\ NH(CH_2CH_2NH)_nH\end{array} \xrightarrow{\ \dfrac{HCHO}{HCOOH}\ } \begin{array}{c}-CH_2-CH- \\ | \quad\quad CH_3 \\ C=O \quad | \\ | \quad\quad / \\ NH(CH_2CH_2N)_nCH_3\end{array}$$

聚丙烯酸甲酯与 N,N-二甲基-1,3-丙二胺反应，然后用碘甲烷（实验室）或氯甲烷（工业）季铵化，则得到丙烯酸系强碱性阴离子交换树脂，其反应如下所示。

$$\begin{array}{c}-CH_2-CH- \\ | \\ C=O \\ | \\ OCH_3\end{array} \xrightarrow{\ H_2N(CH_2)_3N(CH_3)_2\ } \begin{array}{c}-CH_2-CH- \\ | \\ C=O \\ | \\ NH(CH_2)_3N(CH_3)_2\end{array} \xrightarrow{\ CH_3X\ } \begin{array}{c}-CH_2-CH- \\ | \\ C=O \\ | \\ NH(CH_2)_3N^+(CH_3)_3X^-\end{array}$$

$$X=I,Cl$$

丙烯酸系弱碱性阴离子交换树脂具有交换容量高、机械强度高的优点，但其耐氧化性能低、酰胺键易水解，因此其应用不如苯乙烯系阴离子交换树脂广泛。

2.3.2.3 缩聚型离子交换树脂的合成

最初的离子交换树脂即为苯酚-甲醛的缩聚产物，但目前缩聚型树脂在工业生产中不再常用，但由于其结构清晰，在实验室研究中还有一定的地位，近年来，由于自由基加聚型材料不能很好地满足一些特殊的吸附分离需求，缩聚型树脂又快速发展起来，而且能够合成出规整的球形材料。下面列举了一些反相悬浮法生产球形缩聚树脂的反应。

先合成苯酚-磺酸，再与甲醛合成强酸性阳树脂。

3,5-二羟甲基苯甲酸与过量甲醛合成弱酸性阳树脂。

间苯二胺与甲醛及多乙烯多胺合成弱碱性的阴树脂。

由三聚氰胺与双氰胺、甲醛合成弱碱性的阴树脂。

由环氧氯丙烷与多乙烯多胺制备阴树脂。

2.3.2.4 两性树脂的合成

两性树脂是在同一个高分子载体上同时存在着阴离子交换基团和阳离子交换基团。如下面的结构，为阳离子与阴离子同时存在于聚苯乙烯骨架上。

两性树脂的合成与上面的合成方法基本相同，只在功能基的引入时需考虑两种不同的功能基之间的相互影响。

另有一种两性树脂称为蛇笼树脂，它是一条线形高分子为蛇，另一个网状高分子为笼来得到的，线形高分子贯穿于网状高分子中。蛇笼树脂是先将一种单体进行网状聚合，然后将此网状聚合物在某种溶剂中溶胀，再将另一种单体在此溶胀聚合物中进行聚合制得的，相当于一种半互穿网络。

2.3.3 离子交换树脂的性能

离子交换树脂最重要的功能是其离子交换的功能，为保证其功能的正常发挥，还必须具有一些必要的物理化学性能，如合适的粒度、机械强度、化学稳定性、热稳定性等，下面对其性能及其测试方法作一简单的介绍。

(1) 树脂的外形结构 离子交换树脂在使用中由于受到流体的冲击，要求其外形为球形颗粒，颗粒的大小将会影响到它的使用性能，因此树脂颗粒的直径（粒径）是其重要的性能指标。通过悬浮聚合得到的离子交换树脂球粒的大小是不均一的，需经过筛分使之处于一定的粒径范围。我国通用工业离子交换树脂的粒径范围为 $0.315 \sim 1.2$mm，也有一些特殊的产品粒径范围在此之外。除了用粒径范围表示粒度外，另外两个常用参数为有效粒径和均一系数。有效粒径为保留 90% 树脂样品（湿态）的筛孔孔径，以 mm 表示。均一系数为保留 40% 树脂样品（湿态）的筛孔孔径与有效粒径之比值。均一系数为表示粒径均一程度的参数，其数值愈小，则表示颗粒大小愈均匀。

对于大孔树脂而言，其比表面积也是重要指标，它主要指大孔树脂的内表面积。因为相对于大孔树脂的内表面积（$1 \sim 1000$m^2/g 以上），树脂的外表面积（约 0.1m^2/g）是非常小的，在一定的粒径范围内变化不大。树脂的孔容为单位质量树脂的孔体积。孔度为树脂的孔容占树脂总体积的百分比。孔径是把树脂内的孔穴近似看作圆柱形时的直径。

（2）树脂的含水量　绝大部分的离子交换树脂是在水溶液中使用的。水的存在一方面使树脂上的离子化基团和要交换的化合物分子离子化，以便进行交换；另一方面使树脂溶胀，产生内部的凝胶孔，以利于离子能以适当的速度在其中扩散。但如果含水量太大，则会降低离子交换树脂的机械强度和体积交换量。离子交换树脂的含水量一般为30%～80%，随树脂的种类和用途而变。

（3）树脂的密度　树脂的密度包括表观密度（干态树脂的质量与树脂颗粒本身的体积之比）、骨架密度（干态树脂骨架本身的密度）、湿真密度（湿态树脂的质量与树脂颗粒本身的体积之比）和湿视密度（湿态树脂的质量与树脂本身与其间的空隙所占据的体积之比）。

（4）树脂的交换容量　离子交换树脂的交换容量是指单位质量或单位体积树脂在一定条件下表现出的可进行离子交换的离子基团的量。它可分为总交换容量、工作交换容量和再生交换容量，此外还有贯流交换容量。

总交换容量同树脂的化学结构有关，但树脂上的离子基团不一定能全部进行离子交换，树脂的交换容量有时与树脂上所含的离子基团的总量不一致，其交换的比例与测定条件有关，在一定工作条件下测定的交换容量为工作交换容量，当存在再生剂时测定的交换容量为再生交换容量，工作交换容量和再生交换容量总是小于总交换容量的。交换容量可以用质量单位（mmol/g 干树脂）和体积单位（mmol/ml 湿树脂）表示，因离子交换树脂通常在湿态下使用，因而后者更为重要。一般情况下，总交换容量、工作交换容量与再生交换容量之间存在着如下的关系：

$$再生交换容量＝0.5～1.0 总交换容量$$
$$工作交换容量＝0.3～0.9 再生交换容量$$
$$离子交换树脂的利用率＝工作交换容量/再生交换容量$$

贯流交换容量是离子交换树脂填充在交换柱中，注入被处理液时，在流出液中出现的被交换离子达到一定浓度以上的点称为破过点或贯流点，以上所示的离子交换容量称为贯流交换容量。

（5）树脂的热稳定性　离子交换树脂的热稳定性决定了树脂可应用的温度上限，一般盐型的稳定性大于自由酸型或碱型的稳定性。H 型苯乙烯系强酸性阳离子交换树脂的最高使用温度为120℃，Na 型可达 150℃。丙烯酸系弱酸性阳离子交换树脂的热稳定性很高，在200℃下短时间使用时，其交换量的下降并不明显。OH 型Ⅰ型和Ⅱ型苯乙烯系强碱性阴离子交换树脂的最高使用温度分别为 60℃ 和 40℃，Cl 型为 80℃。OH 型丙烯酸系强碱性阴离子交换树脂的最高使用温度为 40℃。自由胺型苯乙烯系弱碱性阴离子交换树脂的最高使用温度为 100℃，丙烯酸系为 60℃。离子交换树脂的耐热性受交联度的影响，交联度越高其耐热性越好，但将会使树脂的离子交换性能下降。

（6）化学稳定性　离子交换树脂一般对酸的稳定性高，耐碱性稍差，阴离子交换树脂对碱都不稳定，交联度低的树脂长期放在强碱中容易破裂，所以通常都是以比较稳定的氯型储存。阳离子交换树脂也有类似的情况。

各种树脂耐氧化性能有很大的差别，其中聚苯乙烯树脂耐氧化性较好，而且交联度越高耐氧化性越好。

孔结构对离子交换树脂的化学稳定性也有很大的影响，大孔树脂耐酸碱及耐氧化性能均比凝胶型的要好。

（7）树脂的机械强度　在离子交换树脂的研究论文中，研究树脂的机械强度较少。在实际应用中，其实机械强度是离子交换树脂的一个非常重要的指标，因为它直接影响树脂的使用寿命及其他使用性能。树脂机械强度的表示方法有耐压强度、滚磨强度和渗磨强度。树脂的力学性能与其交联度有关，也同合成的原料及工艺有关。

2.3.4 离子交换树脂的工作原理

2.3.4.1 离子交换过程及交换中的化学反应

离子交换树脂由高分子骨架和固定在上面的固定离子以及与高聚物骨架以离子键结合并可在溶液中解离出来的反离子两部分组成，其上的功能基是可离子化的基团，与溶液中的离子可以进行可逆交换。在水中的离子交换过程可描述为：在水的作用下，化合物和离子交换树脂发生解离，化合物解离产生的离子由溶液中逐渐扩散到树脂表面并穿过树脂表面进入树脂内部，与树脂上解离出的反离子发生离子交换反应，化合物中的离子被吸附在树脂上，被交换下来的反离子按与上述相反的方向扩散到溶液中。上述的过程在一定的条件下可以发生逆转，使树脂恢复到原来的离子形式，因此离子交换树脂是可以再生而重复使用的。

常用的离子交换反应有以下几种类型（R 代表高聚物骨架）。

（1）中性盐分解反应

$$R—SO^-H^+ + Na^+Cl^- \Longrightarrow R—SO^-Na^+ + H^+Cl^-$$
$$R—N^+(CH_3)_3OH^- + Na^+Cl^- \Longrightarrow R—N^+(CH_3)_3Cl^- + Na^+OH^-$$

（2）中和反应

$$R—SO^-H^+ + Na^+OH^- \Longrightarrow R—SO^-Na^+ + H_2O$$
$$R—COOH + Na^+OH^- \Longrightarrow R—COO^-Na^+ + H_2O$$
$$R—N^+(CH_3)_3OH^- + H^+Cl^- \Longrightarrow R—N^+(CH_3)_3Cl^- + H_2O$$
$$R—N(CH_3)_2 + H^+Cl^- \Longrightarrow R—N^+H(CH_3)_2Cl^-$$

（3）复分解反应

$$2R—SO_3^-Na^+ + Ca^{2+}Cl_2^- \Longrightarrow (R—SO_3^-)_2Ca^{2+} + 2Na^+Cl^-$$
$$2R—COO^-Na^+ + Ca^{2+}Cl_2^- \Longrightarrow (R—COO^-)_2Ca^{2+} + 2Na^+Cl^-$$
$$R—N^+(CH_3)_3Cl^- + Na^+Br^- \Longrightarrow R—N^+(CH_3)_3Br^- + Na^+Cl^-$$
$$R—N^+H(CH_3)_2Cl^- + Na^+Br^- \Longrightarrow R—N^+H(CH_3)_2Br^- + Na^+Cl^-$$

前面谈到，离子交换树脂的上述化学反应均是在树脂的内部进行的，因此控制离子交换速率的主要步骤有离子穿过树脂表面液膜进入树脂内部的扩散（即膜扩散）和离子在树脂内部的扩散（即粒扩散）。膜扩散速度可通过提高釜式交换器的搅拌速度、提高交换温度和增加树脂的表面积（如采用大孔型树脂）来提高；粒扩散速度可通过提高交换温度、减小粒度和增加树脂的表面积来提高。但即便是这样，在树脂上特别是中心部分仍有相当的离子未被交换，这就使树脂的实际工作交换容量总是小于树脂由化学结构决定的总交换容量。

离子交换树脂是强极性物质，在有机溶剂中，体积要收缩，结构更紧密，所以在非水溶液中离子交换速度比在水溶液中慢，交换容量小，但是溶剂性质对大孔型树脂的交换速度及交换容量的影响较小。

2.3.4.2 离子交换树脂的离子交换选择性

离子交换反应是一种可逆反应，若 A、B 两种离子的离子价相同，则其离子交换反应可表示为：

$$B + R—A \Longrightarrow A + R—B$$

若视 R 为高分子骨架，则上式向右的反应可视为离子吸附反应，向左可视为解吸附反应。当达到离子交换平衡时，这种平衡关系可表示为：

$$\frac{q_A/q_0}{q_B/q_0} = K' \frac{C_A/C_0}{C_B/C_0}$$

其中，q_A 为与液相平衡着的树脂相中 A 离子的浓度；q_B 为与液相平衡着的树脂相中 B 离子的浓度；q_0 为与液相平衡着的树脂相中 A 与 B 离子的浓度；C_A 为与树脂相平衡着的液相中 A 离子的浓度；C_B 为与树脂相平衡着的液相中 B 离子的浓度；C_0 为与树脂相平衡着的液相中 A 与 B 离子的浓度；K' 为选择系数。因此：

$$K_B^A = \frac{q_A/q_B}{C_A/C_B}$$

选择系数除与离子交换树脂的化学结构（如高分子骨架、官能基）有关外，还与其交联密度等有关。

不同的离子与离子交换树脂的离子交换平衡是不同的，即离子交换树脂对不同离子的选择性不同。一般来说，离子交换树脂对化合价较高的离子的选择性较大，如对二价的离子比一价离子的选择性高。对于同价离子，原子序数大的离子的水合半径小，因此对其选择性高。在含盐量不太高的水溶液中，一些常用离子交换树脂对一些离子的选择性顺序如下。

苯乙烯系强酸性阳离子交换树脂：

$Fe^{3+} > Al^{3+} > Ca^{2+} > Na^+$

$Tl^+ > Ag^+ > Cs^+ > Rb^+ > K^+ > NH_4^+ > Na^+ > H^+ > Li^+$

$Ba^{2+} > Pb^{2+} > Sr^{2+} > Ca^{2+} > Ni^{2+} > Cd^{2+} > Cu^{2+} > Co^{2+} > Zn^{2+} > Mg^{2+} > Mn^{2+}$

丙烯酸系弱酸性阳离子交换树脂：

$H^+ > Fe^{3+} > Al^{3+} > Ca^{2+} > Mg^{2+} > K^+ > Na^+$

苯乙烯系强碱性阴离子交换树脂：

$SO_4^{2-} > NO_3^- > Cl^- > OH^- > F^- > HCO_3^- > HSiO_3^-$

苯乙烯系弱碱性阴离子交换树脂：

$OH^- > SO_4^{2-} > NO_3^- > Cl^- > HCO_3^- > HSiO_3^-$

在高浓度溶液中，树脂对不同离子的选择性的差异几乎消失，甚至出现相反的选择顺序，尤其是阴离子交换树脂，情况更为复杂。

一般树脂对尺寸较大的离子（如络阴离子、有机离子）的选择性较高。树脂的主链结构对离子的选择性也有很大的影响，树脂的交联度越大，选择性越高，但过高的交联度反而会使选择性降低。

树脂的选择性将影响到树脂的交换效率。树脂的选择系数越大，漏过的离子越少，处理后的溶液越纯，树脂的实际交换吸附能力越高，与此对应的是再生越不容易。

2.3.4.3 离子交换树脂的再生

离子交换树脂的离子交换反应是可逆的，这就为再生提供了先决条件，当离子交换树脂的反应发生到一定的程度时，采用合适的方法即可使之再生。不同的离子交换树脂的再生液和再生条件见表2-6。

表2-6 不同类型的离子交换树脂的常用再生液和用量

离子交换树脂类型	要求再生后的离子式	再生液（1mol/L溶液）	再生液需要量（mol再生液/mol树脂）
强酸性阳离子树脂	H^+	HCl	3~5
	H^+	H_2SO_4	3~5
	Na^+	NaCl	3~5
弱酸性阳离子树脂	H^+	HCl	1.5~2
	H^+	H_2SO_4	1.5~2
	Na^+	NaOH	1.5~2

离子交换树脂类型	要求再生后的离子式	再生液(1mol/L 溶液)	再生液需要量(mol 再生液/mol 树脂)
Ⅰ型强碱性阴离子树脂	OH^-	NaOH	4～5
	Cl^-	NaCl	4～5
	Cl^-	HCl	4～5
	SO_4^{2-}	$1/2Na_2SO_4$	4～5
	SO_4^{2-}	$1/2H_2SO_4$	4～5
Ⅱ型强碱性阴离子树脂	OH^-	NaOH	3～4
弱碱性阴离子树脂	OH^-	NaOH	1.5～2
	OH^-	NH_4OH	1.5～2
	OH^-	$1/2Na_2CO_3$	1.5～2
	Cl^-	HCl	1.5～2
	SO_4^{2-}	$1/2H_2SO_4$	1.5～2

除了使用再生液外，通过改变工作条件也可以使其再生。如热再生树脂，当离子交换反应达到一定程度后，将其浸于热水中，即可完成再生反应。

目前对于再生进行了大量的研究，探索了一些新的再生工艺。如可用超声波强化再生阴离子，在一定的功率和频率下，将大大提高离子交换树脂的解吸速度。采用还原性的 $FeSO_4$ 作为再生剂，对吸附了 Cr^{6+} 的强碱性离子交换树脂进行再生时，再生效率保持在 0.85 以上。

从前面的论述可知，不同离子的交换反应难易程度是不同的，当离子交换平衡倾向于向应用所需的交换方向移动，则对应用是有利的，但对树脂的再生是不利的；如果离子交换平衡倾向于向再生所需的交换方向移动，则对再生是有利的，但对应用是不利的。为了解决这一矛盾，在实际应用中往往采用交换柱的方式。一个柱色谱相当于许多个罐式平衡，使离子交换平衡向所需的方向移动。柱色谱方式操作方便，易实现自动化。

2.3.5 离子交换树脂的应用

离子交换树脂在重金属的提取、水处理、化学反应的催化方面均有重要的应用，下面举几个例子对其进行说明。

2.3.5.1 离子交换树脂在水处理中的应用

离子交换树脂在水处理中的应用比例最大，它的应用最初就是从水的纯化开始的，随着它在其他应用领域的不断开发，在水处理中的应用比例逐渐减少，由最初的 90% 以上减小到目前的 70% 左右。水的处理中有用于低压锅炉给水的软水制造，火力发电、原子能发电厂锅炉给水的高纯水制造，电子工业、半导体工业洗涤水的超纯水制造，医药、制药工业的不含热原物质的水的制造，饮料水中硝酸离子的除去，理化研究、试验用的高纯水等。

下面对离子交换树脂在水的软化、脱盐和废水处理中的应用大致进行说明。

(1) 水的软化　天然水中往往含有 Ca^{2+}、Mg^{2+} 等，称为硬水，这种水在锅炉中加热时会在锅炉壁上生 $CaCO_3$、$CaSO_4$、$CaSiO_3$、$MgSiO_3$、$MgOH$ 等沉积物水垢，给锅炉的使用带来极为不利的影响，如传热效率下降，安全性降低等。因此，低、中压锅炉用水必须除去其中的 Ca^{2+}、Mg^{2+} 等离子，即水的软化。水的软化有单纯软化和水的脱碳酸盐软化两种情况。

单纯软化是指脱除水中的 Ca^{2+}、Mg^{2+}、Al^{3+} 等多价离子，通常采用填充了 Na 型阳离子交换树脂的装置。将原水通过 Na 型阳离子交换树脂柱时，水中的 Ca^{2+}、Mg^{2+} 等离子与树脂上的 Na^+ 进行交换而保留在树脂上，从而将 Ca^{2+}、Mg^{2+} 等离子从水中除去，使水得到软化。其交换过程可用下式表示：

$$2RSO_3^- Na^+ + \left.\begin{cases} Ca^{2+} \\ \\ Mg^{2+} \end{cases}\right\} \begin{cases} 2HCO_3^- \\ SO_4^{2-} \\ 2Cl^- \end{cases} \Longleftrightarrow 2RSO_3^- \begin{cases} Ca^{2+} \\ \\ Mg^{2+} \end{cases} + \begin{cases} NaHCO_3 \\ Na_2SO_4 \\ 2NaCl \end{cases}$$

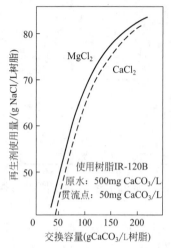

图 2-10　再生剂用量与离子
交换容量的关系

经软化后的水硬度大大降低或基本消除，水的碱度（HCO_3^-）基本不变，含盐量稍有增加。当上述软化过程达到贯流点时，可用 8%～10% 的工业食盐水使树脂再生，再生剂的使用量与离子交换容量的关系如图 2-10 所示。

但通过上述的单纯软化发现，若原水的硬度或碱度较高，所得软化水的含盐量和含碱量均较高。因此对这类原水，还应进行脱碱处理，如向其中加入适量的硫酸中和，或原水先加石灰沉淀，然后再进行软化处理。这样处理后的水碱度虽有所降低，但对含盐量影响不大，因此还需对之进行脱碳酸盐处理，通常是采用 H-Na 离子交换处理法。

含盐原水经过 H 型强酸性阳离子交换树脂时发生如下交换反应。

$$2RSO_3^- H^+ + \left.\begin{cases} Ca^{2+} \\ Mg^{2+} \\ 2Na^+ \end{cases}\right\} \begin{cases} 2HCO_3^- \\ SO_4^{2-} \\ 2Cl^- \end{cases} \Longleftrightarrow 2RSO_3^- \begin{cases} Ca^{2+} \\ Mg^{2+} \\ 2Na^+ \end{cases} + \begin{cases} 2H_2O + 2CO_2 \\ H_2SO_4 \\ 2HCl \end{cases}$$

树脂的再生可用盐酸或硫酸，当用盐酸再生时，盐酸的浓度为 3%～4%。

原水经过 H 型强酸性阳离子交换树脂后，出水含有游离酸，将它与未处理的原水混合后，将碳酸氢盐分解，再将混合水通过脱碳酸塔，除去 CO_2 后，通入填充有 Na 型强酸性阳离子交换树脂的软化装置，得脱碳酸盐软化水；也可将经过 H 型强酸性阳离子交换树脂后所得的酸性水与 NaOH 中和后脱除 CO_2。通过上述反应，即可达到去除硬度、降低碱度和含盐量的目的。

采用弱酸性阳离子树脂和 Na 型强酸性阳树脂也可同时除去水的硬度和碱度，弱酸性阳离子树脂可用盐酸对其再生。这一方法树脂再生容易，交换容量大，但价格较高。

（2）水的脱盐　水的脱盐是指除去水中的阳离子与阴离子，如硫酸离子、硝酸离子、氯化物离子等，这种方式得到的处理水适用于电解用水、蓄电池用水、冷却水等化学工业用水。它所用的阳离子交换树脂一般是标准交联（8%DVB 含量）的 H 型强酸性阳离子交换树脂，所用的阴离子交换树脂为游离碱型弱碱性阴离子交换树脂。

当采用阳离子交换树脂时，含盐原水经过 H 型强酸性阳离子交换器时，水中的阳离子与树脂上的 H^+ 交换，阳离子吸附在树脂上，出水呈酸性，形成的 CO_2 由除碳器除去。酸性水经过 OH 型碱性阴离子交换器，发生中和反应，将水中的阴离子吸着于树脂上，从而将水中的盐除去，反应式如下。

$$2RSO_3^- H^+ + \left.\begin{cases} Ca^{2+} \\ \\ Mg^{2+} \\ \\ 2Na^+ \end{cases}\right\} \begin{cases} 2HCO_3^- \\ SO_4^{2-} \\ 2Cl^- \\ 2HSiO_3^- \end{cases} \Longleftrightarrow 2RSO_3^- \begin{cases} Ca^{2+} \\ \\ Mg^{2+} \\ \\ 2Na^+ \end{cases} + \begin{cases} 2H_2O + 2CO_2 \\ H_2SO_4 \\ 2HCl \\ 2H_2SiO_3 \end{cases}$$

$$2R\equiv N^+\,OH^- + \begin{cases} H_2SO_4 \\ 2HCl \\ 2H_2SiO_3 \end{cases} \longrightarrow 2R\equiv N^+ \begin{cases} SO_4^{2-} \\ 2Cl^- \\ 2HSiO_3^- \end{cases} +2H_2O$$

当原水中碱度较大时，可在 H 型强酸性阳离子交换器前加 H 型弱酸性阳离子交换器，原水经过时将其中的 HCO_3^- 去掉。因为弱酸性阳离子交换树脂较强酸性阳离子交换树脂的交换容量大，再生也容易，而且可利用再生强酸性阳离子交换树脂的排出液作为弱酸性阳离子交换树脂的再生剂。所以弱酸性阳离子交换树脂与强酸性阳离子交换树脂配合使用可以提高效率，减少再生剂的用量。

上述由 H 型强酸性阳离子交换器的出水为酸性水，其中的强酸盐酸和硫酸用弱碱性阴离子交换树脂也能除去。与强碱性阴离子交换树脂相比，弱碱性阴离子交换树脂有交换容量大和再生容易（再生剂比耗为 1.1~1.2）的优点，但弱碱性阴离子交换树脂不能除去硅酸。

（3）废水处理　用离子交换树脂可从废水中去除的有害物质包括重金属离子、有机酸或碱和某些无机阴离子等，同时可以对其中有用的成分进行回收利用。

强酸性阳离子交换树脂对高价金属离子的选择性比对低价金属离子及 H^+ 高，因此它能从含有较大量碱金属离子的中性及酸性水溶液中选择性地吸附重金属离子，用强酸性阳离子交换树脂处理含 Ni^{2+}、Cr^{3+}、Hg^{2+} 或 Cu^{2+} 等离子的废水，树脂失效后可用酸［如硫酸（H 型的情况）］或盐［如硫酸钠（Na 型情况）］再生。

弱酸性阳离子交换树脂对高价金属离子与碱金属离子的选择性差异有时更大，其 Na 型形式也可以从废水中除去重金属离子，而且用酸再生很容易。如 D152 大孔弱酸性阳离子交换树脂处理硬脂酸铅生产厂排出的浓度为 35~100mg/L 的含 Pd^{2+} 的废水，可将 Pd^{2+} 含量降至 0.2mg/L，但弱酸性阳离子交换树脂的交换速度较慢。

在配位性较大的阴离子（如 Cl^-）存在下，某些重金属离子往往以络阴离子的形式存在。在这种情况下，可用碱性阴离子交换树脂去除这些络阴离子。如用 Cl 型强碱性阴离子交换树脂去除废水中的 $(HgCl_4)^{2-}$、$[Ni(CN)_4]^{2-}$、$[Cu(CN)_4]^{2-}$ 等。

含有机酸或碱的废水也可分别用阴离子交换树脂或阳离子交换树脂处理，但由于有机酸或碱都有一定的疏水性，在离子交换过程中，除了离子的静电引力外，疏水基团部分往往与树脂上的有机骨架部分存在疏水作用力，使树脂的再生较困难。如用 OH 型强碱性阴离子交换树脂很容易从废水中除去酚类化合物，但吸附酚类化合物后的树脂很难再生。用弱型树脂，则再生要容易得多。如用 D301 弱碱性阴离子交换树脂处理含酚废水，用 2%氢氧化钠的甲醇溶液即可再生。同样，用阳离子交换树脂可以处理含有机胺的废水。

离子交换树脂处理含重金属离子及有害无机离子废水归纳在表 2-7 中。

表 2-7　离子交换树脂处理含重金属离子及有害无机离子废水

废水种类	废水组成	树脂类型	处理液成分	再生剂	再生液处理和回收
食盐电解工业含汞废水	Hg　5~10mg/L Ca,Na　10~20mg/L pH 值 1~3	Cl 型大孔强碱性树脂	Hg<0.02mg/L 无害排放	33% HCl 或氨水	中和回收汞
氯乙烯合成含汞废水	$HgCl_2$　100mg/L HCl　16%	Cl 型强碱性树脂	Hg<0.01mg/L 无害排放	33% HCl	浓缩回收 $HgCl_2$
铬冷却废水	Cr^{6+}　1~10mg/L	SO_4^{2-} 型弱碱性树脂	Cr<0.05mg/L 无害排放	NaOH 和 H_2SO_4	以 Na_2CrO_4 回收
铬洗涤废水	CrO_3　120mg/L pH 值 3~4	Cl 型大孔强碱性树脂	Cr<0.05mg/L 无害排放	10% NaCl,1% NaOH	还原中和后回收

废水种类	废水组成	树脂类型	处理液成分	再生剂	再生液处理和回收
镀铬浴含铬废水再生	Cr^{3+}，CrO_3，Fe^{3+}，Cu^{2+}，H_2SO_4	H 型大孔强酸性树脂	除去 Fe^{3+} 后循环使用	H_2SO_4	中和后析出金属
铜线表面处理废水	$CuSO_4$　100mg/L H_2SO_4　300mg/L	H 型强酸性树脂	不含 Cu,中和后处理排放	20% H_2SO_4	Cu、硫酸回收
铜氨人造丝工厂的废水	Cu　30~40mg/L $(NH_4)_2SO_4$ 700~800mg/L	NH_4^+ 型强酸性树脂移动床	Cu<0.1mg/L	6%H_2SO_4 废液和 NH_3	Cu 回收
中性含铜废水		NH_4^+ 型弱酸性树脂	Cu<0.1mg/L	5%~7%$(NH_4)_2SO_4$	Cu 回收
镀镍废水和精炼镍的中和沉淀处理废水	Ni　100~200mg/L	Na 型弱酸性树脂	不含 Ni	8% HCl,预处理可用 Na_2CO_3 或 NaOH	浓缩后中和回收 $Ni(OH)_2$
含铬、锌废水	Cd^{2+}，Zn^{2+}	Na 型和 H 型强酸性树脂	除去 99.5%	NaCl,HCl,Na_2SO_4	氨中和,以氢氧化物回收
含四乙基铅废水	$(C_2H_5)_4Pb$	H 型大孔强酸性树脂	除去 99.5%	NaOH,预处理用 HCl	用氧氧化降解变成无机 Pb 回收
含氰废水	CN　100mg/L	OH 型强碱性树脂		NaOH	氧化分解无害排放
磷矿石焙烧废气废水	HF　200~300mg/L H_2SO_4,Na_2SiO_3	强酸性树脂加弱碱性树脂	消石灰,回收 CaF_2,MgF_2	氨水	废弃
洗钢板废水	Fe　160mg/L, HCl　15~30mg/L	强酸性树脂	Fe<1mg/L 循环使用	H_2O	中和沉淀金属
不锈钢板表面处理废水	Fe^{3+},Cu^{2+},Ni^{2+},HNO_3,HF	弱酸性树脂	除去 Fe,Cu,Ni 后再使用		浓缩、固化废弃
放射性废水	各种离子	强酸性树脂加强碱性树脂	放射能率<$10^{-3}\mu C$/mL	HCl,H_2SO_4,NaOH	

2.3.5.2 离子交换树脂在食品工业中的应用

离子交换树脂在食品工业中主要用于糖类的精制、果汁饮料脱酸脱涩、烧酒的精制（醛的除去）、色层分离（果糖与葡萄糖的分离）等。

在食品及食品添加剂的生产过程中，往往存在色素，这些色素大多是离子型化合物，可用离子交换树脂进行脱色。甜叶菊糖苷脱色、味精脱色、蔗糖脱色、酶法生产葡萄糖的脱色等都可用离子交换树脂。如用 Cl 型强碱性阴离子交换树脂在 70~75℃使蔗糖糖浆脱色，同时也除去了糖浆中的 SO_4^{2-} 和 PO_4^{3-}，被色素饱和的树脂可用廉价的食盐溶液（约 10%）再生。

当食品及食品添加剂本身是离子型化合物时，则可通过离子交换用离子交换树脂进行分离纯化。如通过发酵法制备味精、柠檬酸、酒石酸、赖氨酸等时，都要用到离子交换树脂。用离子交换树脂还可以从发酵液中提取乳酸，分离出产物后的发酵液返回反应器再利用，成功地消除了产物的反馈抑制作用，从而可以提高乳酸的生产效率。

在制酒行业中，杂醇油和醛要求极低的含量，否则将对人体造成损害。利用离子交换树脂的吸附作用，可以将其从乙醇液中除去。

2.3.5.3　离子交换树脂作为催化剂

H 型强酸性阳离子交换树脂和 OH 型强碱性阴离子交换树脂为固体强酸和强碱，其酸性和碱性分别与无机强酸（如硫酸）的酸性和无机强碱（如氢氧化钠）的碱性相当，因此在某些情况下可以代替无机强酸和无机强碱作为酸、碱催化剂。

使用离子交换树脂作为酸、碱催化剂的优点有：避免了无机强酸、强碱对设备的腐蚀；反应完成后，通过简单的过滤即可将树脂与产物分离，避免了从产物中去除无机酸、碱的繁琐过程；避免了废酸、碱对环境的污染；H 型强酸性阳离子交换树脂作为催化剂时，避免了使用浓硫酸时的强氧化性、脱水性和磺化性引起的不必要的副反应；另外，由于离子交换树脂的高分子效应，通过调整树脂的结构，有时树脂催化反应的选择性和产率会更高。但离子交换树脂的热稳定性较低，限制了其在高温下的应用；而且价格较昂贵，一次性投资较大。

2.3.5.4　离子交换树脂在制药行业的应用

离子交换树脂在制药行业的应用与在食品工业中的应用类似，可离子化的药品通过离子交换进行提纯分离，去除可离子化的色素、盐等杂质。

最典型的应用是抗生素的分离纯化。大部分抗生素是由发酵法生产的，在发酵液中，抗生素的浓度很低，而且含有色素、盐等杂质。通过离子交换，可得到高收率、高纯度的抗生素。在抗生素的分离中所用的离子交换树脂主要为弱酸性和弱碱性的大孔树脂。如链霉素的生产中使用弱酸性阳离子交换树脂使其浓缩、纯化，再用伯胺型树脂进行最后的纯化，工艺简单，产品纯度高。表 2-8 列出了离子交换树脂在抗生素提取中的应用实例。

表 2-8　离子交换树脂在抗生素提取中的应用

抗生素	树脂类型	抗生素	树脂类型	抗生素	树脂类型
碳霉素	弱酸树脂	争光霉素	弱酸树脂	瑞斯托菌素	弱酸树脂
金霉素	弱酸树脂	链霉素	弱酸树脂	肉桂霉素	弱酸树脂
丁胺卡那霉素	弱酸树脂	庆大霉素	弱碱树脂	满霉素	弱酸树脂
新霉素	弱酸树脂	先锋霉素 C	强碱树脂	先锋霉素	弱酸树脂
黏杆霉素	弱酸树脂	新生霉素	强碱树脂	春雷霉素	弱酸树脂
巴龙霉素	弱酸树脂	抗生素 8510	弱酸树脂	结核霉素	强酸树脂（Na$^+$）
杆菌肽	弱酸树脂	土霉素	强碱树脂（Cl$^-$）	夹竹桃霉素	强酸树脂（Na$^+$）
万古霉素	弱酸树脂	肉瘤霉素	强碱树脂	红霉素	强酸树脂（Mg^{2+}）

另外，离子交换树脂在天然产物如生物碱的提取、氨基酸分离、多糖等的分离纯化中都有应用。

离子交换树脂还可以作为药物的载体，用于药物的控制释放体系，靶向给药系统等。

2.3.5.5　其他方面的应用

离子交换树脂还应用于稀土元素的分离、湿法冶金、碘的提取精制、金属离子痕量分析等许多化学品的纯化。

2.4　高分子絮凝剂

随着中国国民经济的发展，用水量急剧增加，大量工业、生活污水的产生对环境造成了极大的污染。水污染在世界上也是一个急待解决的问题。国内外在水处理上都做了大量的研究工作，开发了多种水处理工艺，如絮凝沉淀法、生化法、离子交换法、吸附法、化学氧化法、电渗析法和污水生态处理技术等。

絮凝沉淀法是指在废水中加入一定量的絮凝剂，使其进行物理化学反应，达到水体净化的目的。利用高分子絮凝剂处理各种工业用水、工业废水、生活用水及生活污水时，具有促进水质澄清，减少泥渣数量，便于滤饼处理，焚烧灰分少等优点。作为一种低成本的处理方法，絮凝沉淀法得到了广泛的应用，在废水的一级处理中占有重要地位。

2.4.1 高分子絮凝剂的种类及结构特点

按照絮凝剂的原料来源，可以将絮凝剂分为无机高分子絮凝剂、微生物絮凝剂以及有机高分子絮凝剂。

（1）无机高分子絮凝剂　无机高分子絮凝剂是 20 世纪 60 年代发展起来的一类絮凝剂，相对于传统的无机小分子絮凝剂（如硫酸铝、氯化铁等），它不仅成本低，而且功效更好。这一类絮凝剂包括如聚合硫酸铝，聚合硫酸铁等聚铁、聚铝以及一些复合改性的产品，如聚硅铝（铁）、聚磷铝（铁）等。在这类絮凝剂中存在多羟基络合离子，以 OH^- 为架桥形成多核络合离子，从而变成了巨大的无机高分子化合物，相对分子质量高达 1×10^5。上述大量存在的络合离子能够强烈吸附胶体微粒，通过黏附、架桥和交联作用，促使胶体凝聚，从而使无机聚合物絮凝剂比其他无机絮凝剂具有更好的絮凝效果和能力。同时它还可以中和胶体微粒及悬浮物表面的电荷，降低了 Zeta 电位，使胶体粒子由原来的相斥变成相吸，破坏胶团的稳定性，促使胶体微粒相互碰撞，从而形成絮状混凝沉淀，而且沉淀的表面积可达 $200 \sim 1000 m^2/g$。也就是说，聚合物既有吸附脱稳作用，又可发挥黏附、桥联以及卷扫絮凝作用。

（2）微生物絮凝剂　微生物絮凝剂是利用生物技术通过微生物的发酵、抽提和精制而得到的一类大分子物质，微生物的絮凝现象最早发现于酿造工业，人们发现在发酵后期的酵母菌具有絮凝能力，能使细胞体从发酵液中分离出来。微生物絮凝剂主要有糖蛋白、多糖、蛋白质、纤维素和 DNA 等，一般是利用生物技术，通过细菌、真菌等微生物发酵、抽提、精炼而得到的。虽然它们性质各异，但均能快速絮凝各种颗粒物质，在废水脱色和食品工业废水的再生利用等方面具有独特的效果。尤其是其具有可生物降解性，克服了铝盐、丙烯酰胺等毒性问题，安全可靠，对环境无二次污染，故受到国内外研究者的广泛重视，成为絮凝剂研究的重要方向之一。

（3）有机高分子絮凝剂　有机高分子絮凝剂（OPF）可分为两大类，即天然高分子絮凝剂及合成高分子絮凝剂。根据有机絮凝剂所带基团能否解离及解离后所带离子的电性，可将其分为阴离子、阳离子、非离子型和两性型高分子絮凝剂。目前两性型高分子絮凝剂在水处理中的应用还比较少见。与无机絮凝剂相比，高分子絮凝剂用量少，pH 适用范围广，受盐类及环境因素影响小，污泥量少，处理效果好，应用十分广泛。在本文中主要介绍有机高分子絮凝剂。

天然有机高分子絮凝剂是一类生态安全型絮凝剂，目前研究较多的是美国、德国、法国和日本。中国的研究起步较晚，商品化速度较慢，现仍处于研究开发阶段。天然高分子有机絮凝剂具有基本无毒，易生化降解，不造成二次污染的特点，且分子结构多样，分子内活性基团多，可选择性大，易于根据需要采用不同的制备方法进行改性。目前，天然有机高分子絮凝剂主要包括淀粉衍生物、纤维素衍生物和甲壳素衍生物等，另外木质素衍生物、海藻酸钠等也可以作为天然有机高分子絮凝剂。

人工合成有机高分子絮凝剂由于产品性能稳定、容易根据需要控制合成产物分子量等特点，近年来得到了迅速发展和广泛应用。

阴离子型高分子絮凝剂中所含的可电离基团常为羧基（—COOM，M 为 H^+ 或金属离子）、磺酸基（—SO_3H）、磷酸基（—PO_3H）等，主要的品种有聚丙烯酰胺（PAM）、聚丙烯酸钠（PAA）、聚苯乙烯磺酸钠等。其中阴离子型 PAM 的阴离子基团是通过酰氨基水解得到的，或通过酰氨基的反应接枝聚合上去的。聚丙烯酸钠是以丙烯酸钠为原料，在水溶液中以过氧化物为引发剂，经聚合、浓缩而得。它具有较高的分子量，在水溶液中有很好的溶解度，呈真溶液；它本身带电荷，可促使带有不同表面电荷的悬浮粒子凝聚；它还具有活性吸附机能，能将悬浮粒子吸附在其表面，使悬浮粒子互相凝聚，形成大块絮凝团，因此具有净化、促进沉降和有利过滤等作用。

阳离子型高分子絮凝剂一般是通过阳离子基团与有机物接枝获得的，常用的阳离子基团有季铵盐基、吡啶鎓离子基或喹啉鎓离子基。主要的品种有聚二烯丙基二甲基氯化铵（PD-MDAAC）、环氧氯丙烷与胺的反应产物、胺改性聚醚和聚乙烯吡啶等。其中，聚二烯丙基二甲基氯化铵是一种高效阳离子型高分子絮凝剂，它在油田污水、含油污水和除浊处理中都有很好的性能，此外，它对含色污水处理也有很好的效果，同时也能降低 COD 值。与其他阳离子絮凝剂相比，环氧氯丙烷与胺的反应产物在含氯分散相的分散体中不与氯化物起作用，从而不会降低其絮凝效果。阳离子型有机絮凝剂近年来已成为国内外的研究热点，国内由于阳离子单体生产有限，对其发展产生一定阻碍。

非离子型高分子絮凝剂不带电荷，在水溶液中借质子化作用产生暂时性电荷，其凝集作用是以弱氢键结合，形成的絮体小且易遭受破坏。主要的品种有非离子型聚丙烯酰胺和聚氧化乙烯（PEO）等。其中，PEO 是由环氧乙烷在催化剂存在下经开环聚合而成，高聚合度的 PEO 对水中悬浮的细小粒子具有絮凝作用，其相对分子质量越高絮凝效果越好。该化合物在用量大时表现出分散性，只有用量小时才表现出絮凝性。PEO 用于洗煤水的处理时比PAM 的效果好，用量为 5mg/L 时即可明显加快沉降速率，并且处理后的泥浆比较紧密，易去垢，尤其对氧化煤悬浮液絮凝更有效，不需调 pH。PEO 对黏土（如高岭土、蒙脱土、利伊石、活性白土）的絮凝沉降也特别有效。

两性离子型高分子絮凝剂兼有阴、阳离子基团的特点，在不同介质条件下，其离子类型可能不同，适于处理带不同电荷的污染物，特别是对于污泥脱水，它不仅有电性中和、吸附架桥作用，而且有分子间的"缠绕"包裹作用，使处理的污泥颗粒粗大，脱水性好，同时，其适应范围广，在酸性、碱性介质中均可使用，抗盐性也较好。

常用的有机高分子絮凝剂的结构见表 2-9。

表 2-9　常用的有机高分子絮凝剂的结构

名称	分子式	类型	特点
聚氧乙烯(PEO)	—$(CH_2CH_2O)_n$—	非	对某些情况有效
聚乙烯吡咯酮	—$(CH_2—CH)_n$—	非	
聚乙烯磺酸盐(PSS)	—$(CH_2—CH)_n$— SO—M	阴	负电性强，电荷对 pH 不敏感。M 为金属离子

名称	分子式	类型	特点
聚乙烯胺	$-(CH_2CH_2N)_n-$ $\mid$ H	阳	电荷与 pH 有关
聚羟基丙基甲基氯化铵	OH CH$_3$ $-(CH_2CHCH_2N^+Cl^-)_n-$ $\mid$ H	阳	电荷与 pH 有关
聚羟基丙基二甲基氯化铵	CH$_3$ $-(CH_2OHCH_2N^+Cl^-)_n-$ $\mid$ CH$_3$	阳	电荷对 pH 不敏感,正电性强
聚二甲基胺甲基丙烯酰胺	$+CH_2-CH\frac{}{n}$ $\mid$ CNHCH$_2$N$\overset{CH_3}{\underset{CH_3}{\diagdown}}$ $\parallel$ O	阳	电荷与 pH 有关,主要属阳离子型
聚二甲基胺基丙基丙烯酰胺	CH$_3$ $+CH_2-C\frac{}{n}$ $\mid$ C—NHCH$_2$CH$_2$CH$_2$N$\overset{CH_3}{\underset{CH_3}{\diagdown}}$ $\parallel$ O	阳	水解后形成稳定阳离子丙烯酰胺衍生物

（4）无机/有机复合絮凝剂　由于无机、有机絮凝剂各有优点，同时也都存在不尽如人意之处，所以无机/有机复合絮凝剂作为污水处理中较新的手段日益受到重视。无机/有机复合絮凝剂一般是将铝系、铁系、铁铝系、聚硅酸盐等无机絮凝剂与有机高分子絮凝剂（如甲壳素、PAM、PDMDAAC 等）进行组合。这种复合絮凝剂的优点在于：提高絮凝效果，提高澄清度；加快絮体形成、沉淀、过滤等过程的速度，从而提高絮凝处理能力；提高固液分离时的浓缩、过滤和离心分离效率；增大絮凝体的体积、强度和吸附活性；改善和提高污泥的可压缩性，减小其含水量；降低絮凝剂用量，节省成本；扩大絮凝剂的有效作用 pH 范围。

2.4.2　高分子絮凝剂的作用原理

在工业和生活污水中存在着大量的胶体粒子和悬浮颗粒，这些大小不一的微粒在水中处于不停的布朗运动中，且粒子的粒径越小，运动的距离就越远，运动能力就越强。在重力作用下，分散体系中粒子的沉降速率 v 可用 Stokes 公式表示为：

$$v = 2r^2 \Delta\rho g / 9\eta$$

式中，r 为粒子的粒径，$\Delta\rho$ 是粒子与介质间的密度差，g 为重力加速度，η 为体系的黏度。

由此可见，对这些粒径很小的单个粒子来说，其自然沉降的速度是很慢的，再加上布朗运动和热对流等因素的影响，要完全依赖重力作用是很难沉降的。但粒子与粒子之间可能产生碰撞，并且粒子越小，其表面能越高，粒子与粒子之间越容易合并，因此粒子之间存在着因碰撞而形成大粒子的可能性，从而有可能加快其沉降的速度。

但这些分散体系中的颗粒表面通常是带电荷的，其原因是电离基团的电离、对溶液中离子的吸附以及由于介电常数的差异而造成的电子在界面上的迁移。在介质中的微粒由于带有同性电荷而相互排斥，减少了碰撞聚集的概率。因此微粒在体系中得以稳定存在的另一个重要原因就是微粒的带电特性。粒子表面带电，在其周围形成双电层结构，双电层的厚度 δ 可定义为从粒子表面到溶液中电势降为其表面电势的 $1/e$ 值时所处位置的距离，在 25℃下可表示为

$$\frac{1}{\delta} = 2.90 \times 10^{10} \times Z \times \sqrt{C/\varepsilon_r}$$

式中，Z 为溶液中电解质离子的价数，C 为电解质溶液的浓度（mol/L），ε_r 是介质的相对介电系数。双电层厚度越厚，粒子间就越不容易碰撞，粒子就越稳定。可见溶液中电解质离子的价数和电解质溶液浓度的提高，会使双电层的厚度降低，从而破坏粒子的稳定性。

通过上面的分析可知，要加快沉降速度，须使微粒之间相互碰撞以增大粒径，或加入其他的电解质以破坏双电层。若微粒相互接触后，聚集长大并自然下沉，形成细密的沉淀积于底部，这种方式称为凝聚，可以使微粒间碰撞概率增加并使其凝聚的试剂则称为凝聚剂，如一些无机盐类。若微粒在沉降过程中，相互聚集并形成一种松散结构，同时又可以夹带其他小微粒一起沉降，最终形成松散沉淀的过程称为絮凝，能使分散的微粒絮凝的试剂称为絮凝剂。

高分子絮凝剂的作用一般认为有 3 种方式。

① 带电的絮凝剂可以与带相反电荷的微粒作用使电荷中和，降低微粒的双电层厚度，促进微粒间的相互碰撞。

② 一个分散微粒可以同时吸附两个以上的高分子链，在高分子链间起吸附架桥的作用，由于高分子链包覆使微粒变大而加速沉降。

③ 一个高分子链也可以同时吸附两个以上的微粒，高分子可以在多处与微粒结合一同下降。

在上述 3 种方式的作用下，高分子链的架桥作用可以将多个微粒连接在一起，形成絮团，这个絮团又不断增大而促进沉降过程，其作用模型如图 2-11 所示。

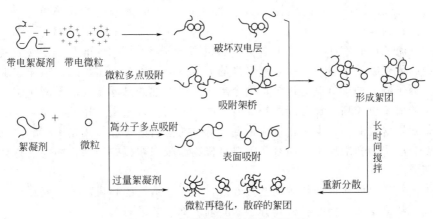

图 2-11　高分子絮凝剂的作用模型

但是，如果高分子絮凝剂过量，微粒表面全被高分子链所覆盖，没有空位吸附其他起架桥作用的分子链时，微粒仅在尺寸上有所增大，而各个微粒的表面性质又趋向相同，高分子链反而起到表面活性剂的作用使微粒重新分散，这种作用称之为再稳化。如果已形成了絮团，还对体系进行剧烈或长时间的搅拌，则絮团将被打散，打散的粒子通过本身所带的高分子链的二次吸附，也有可能形成再次稳定的散碎絮团。

2.4.3　影响高分子絮凝剂絮凝效果的因素

高分子絮凝剂本身的性质、悬浮固体的性质、悬浮液的性质以及絮凝剂的应用方法等都

将影响到高分子絮凝剂的絮凝效果。

(1) 分子链结构的影响　高分子絮凝剂的作用原理主要是在微粒间吸附架桥，因而絮凝剂分子量的大小及分布、分子链上所带的吸附点的数目、分子链在溶液中的形态、分子链上所带电荷的性质等都对絮凝效果有很大影响。

分子量的大小是表征高分子絮凝剂性质的重要参数。一般说来，分子量越大，分子链越长，所含的有效官能团就越多，对微粒的吸附量就越大，絮凝效果越好，如果絮凝剂的分子量很小，对胶体颗粒的捕集和桥连都是不利的。所以，絮凝剂的分子量不宜过小，一般情况下其分子量在 10^7 以上。但分子量过大时，它在水中的溶解性下降，且分子链的运动缓慢，对微粒的捕获效果反而不好。但不是在任何情况下都选用分子量大的絮凝剂，在有的情况下，需选用分子量较小的絮凝剂，如采用阳离子絮凝剂时，应先用相对较低分子量的成分将质点捕获形成细小絮凝体，然后采用高分子量的絮凝剂再进一步将细小的絮凝剂经桥连成为粗大的絮状物，以有利于沉淀分离。一般来说，分子量较高的絮凝剂用于固体含量较低的悬浮液效果较好。

高分子絮凝剂上应有足够多的吸附点，并且有大量的亲水性基团，以利于分子在溶液中呈伸展的状态，捕获更多的微粒。如非离子型的聚丙烯酰胺在水溶液中呈无规线团，其絮凝效果较差。当分子链上带有电荷时，受同性电荷相斥的作用，分子链将较为伸展，絮凝效果得以提高。分子链上所含电荷的不同，引起的斥力不同，分子链的伸展程度就不同。如聚丙烯酰胺部分水解，当水解度为 10% 时，聚丙烯酰胺中的—CONH 和水解产生的—COOH 酸碱性相当，链上的吸引力反而使分子链更加蜷曲；当水解度达到 30% 时，分子链上的—COO$^-$ 的负电排斥超过了—CONH$_3^+$，使分子链伸展程度大大增加。

有机高分子絮凝剂的官能团性质对絮凝剂的性质起着决定性的作用。对带电微粒的吸附，高分子链上应有足够多的可电离基团。不同的官能团，其极性、亲水性、电荷的性质及电荷的中和能力对胶体颗粒的吸附和反应都不同。有机高分子絮凝剂的主要官能团有—COONa、—R$_3$NRCl、—CONH$_2$、—SO$_3$Na、—N—（CH$_3$）$_3$、—OSO$_3$CH$_3$、—N—（CH$_3$）$_2$、—R—NH—、—CH$_2$—CH$_2$—、—O—等。有机高分子絮凝剂的分子中，含官能团越多，电荷密度越高，絮凝效果越差，并且絮凝剂的成本越高。因为大多数悬浮微粒在水溶液中带有负电荷，分子链上如果负电荷过多，则会影响对负电性的悬浮微粒的絮凝作用。同时发生再稳化现象的概率也较高。含官能团较少时，电荷密度低，絮凝作用好，而且絮凝剂的成本也低。但是如果含官能团过少时，电荷密度过低，对电荷的中和作用是不利的，也会影响絮凝效果。就非离子型和阳离子型而言，因对有机物起吸附絮凝的作用，因此应具有适当的亲水亲油平衡值。

大分子链的几何形状也会影响到絮凝效果，如线形结构的有机高分子絮凝剂，其絮凝作用大，而成环状或支链结构的有机高分子絮凝剂的絮凝效果较差。

(2) 悬浮体系的性质　悬浮体系中固体微粒的种类、粒径、电量及其在介质中的含量、介质的酸碱性、悬浮体系的温度等都会明显影响到絮凝效果。

如前所述，悬浮体系中微粒能否自由沉降与粒径的大小有关，同时与固体微粒的密度和液体介质的密度差也存在关系。对于粒径较小的悬浮微粒，自然沉降的速率较慢，采用阴离子型或非离子型高分子絮凝剂可以促进其沉降的速率，对于不能自然沉降的胶体分散体系以及浊度较高的废水、含有大量有机物的污水等则可以采用阳离子型絮凝剂。在加入高分子絮凝剂之前，如果先向悬浮液中加入硫酸矾土或聚合氯化铝等无机凝聚剂中和微粒电性，使它逐渐凝聚到较大的体积，然后再加入高分子絮凝剂，可以达到加速沉降，降低成本的目的。

悬浮液中的微粒带有不同的电荷，在絮凝过程中微粒必须与絮凝剂发生吸附作用，因此，当微粒表面带有负电荷时，应使用阳离子型或非离子型絮凝剂，如果微粒表面带有正电荷，则应使用阴离子型絮凝剂。在絮凝过程中还应考虑微粒的等电点，然后再选择絮凝剂。

高分子絮凝剂的效果对悬浮液中固体粒子的含量有一定的要求。当微粒的含量很高时，线形高分子链难以均匀分布于整个体系中，且分子链得不到充分伸展，因此不能与固体微粒充分接触吸附而影响絮凝效果，在悬浮物浓度过低时，絮凝剂分子难以捕获到微粒，因此也难以架桥。这种情况下，可以向其中加入一定的助剂（如黏土、皂土、硅藻土、高岭土、活性碳等），以提高分散体系的悬浮物浓度。同时这类助剂还具有吸附等加和效应，从而有效地提高絮凝效果。

非离子型絮凝剂对 pH 的敏感性不大，但离子型高分子絮凝剂因在不同的 pH 条件下电离度不同，在溶液中所具有的形态也不相同，因此絮凝效果也不相同。阴离子型絮凝剂适用于中性至碱性的体系，而阳离子型絮凝剂则在酸性至中性条件下絮凝效果较好。

悬浮液的温度会影响到溶液的黏度，当提高温度时，将提高微粒及絮凝剂的运动能力，使絮凝速率加快。但在温度高于 70℃ 时，絮凝剂大分子会产生水解，使分子链断裂并造成其他性质的变化，从而严重影响絮凝的效果。

（3）使用方法的影响　一般情况下，絮凝效果随着絮凝剂用量的增大而增大，但当用量达到一个定值时将会产生一个极值，此时再增加絮凝剂的用量反而会使絮凝效果下降。絮凝剂的最佳用量用理论计算难以得到，通常是通过实验来确定的。在实际应用中，通常是将其配制成质量分数为 0.02%～0.1% 的稀溶液使用。

在使用过程中，搅拌速率也将影响絮凝效果，一般是先用较快的速率进行搅拌，使之在溶液中均匀分布，当絮凝作用产生时，再降低搅拌速率，以免破坏形成的絮团。

一般非离子型或阳离子型高分子絮凝剂对配制溶液的水质的要求不严格，而阴离子絮凝剂因分子上带有羧酸官能团，羧基在碱性溶液中解离度较好，酸性越强解离度越低，因此在酸性溶液中影响了吸附，故使用阴离子型絮凝剂时应使用纯水及去离子水。

在实际的应用中，通常将无机絮凝剂与高分子絮凝剂配合使用，或将两种不同的高分子絮凝剂配合使用，以提高絮凝效果。如在絮凝过程中常先用廉价的无机凝聚剂降低微粒表面电荷密度然后再加入高分子絮凝剂，使之形成大块絮团，以提高絮凝速率。又如阳离子型聚乙烯亚胺絮凝剂对黏土悬浊液几乎无效，而对纸浆废液略有效果。另一方面，阴离子型聚丙烯酰胺单独使用时则反之，当将两者并用时，对上述两种水质都具有良好的絮凝效果。

2.4.4　高分子絮凝剂的应用

高分子絮凝剂在水处理中占有十分重要的地位，它不仅具有除浊、脱色的作用，还可除去废水中所含的小分子和高分子物质，如病毒，细菌，微生物，焦油，石油及其他油脂等有机物，表面活性剂，农药，含氮、磷等富营养物质以及汞、铬、镉、铅等金属和放射性物质。

根据絮凝机理，可将絮凝剂的大致应用分为以下几类，但通常是将不同类型的絮凝剂配合使用。

对于阴离子型高分子絮凝剂，适用于带有正电荷的悬浮物，也即适用于 pH 大于等电点条件下的污水处理。大部分无机盐类悬浮固体在中性及碱性条件下可用此类絮凝剂来进行处理。对于分散体系中固体含量高，微粒粒径大的悬浮液，也常优先选用阴离子型絮凝剂，如造纸、选矿、电镀、洗煤及机械工业等行业的废水。

阳离子型絮凝剂则适用于 pH 在等电点以下的体系，即偏酸性条件比较适合。因此阳离子絮凝剂对各种有机酸、酚及酸性染料等有机物悬浊体系较好的絮凝效果。对于分散体系中固体含量较低、微粒粒径小、呈现胶体状的有机分散体系，一般首先选择阳离子型絮凝剂，它在印染行业、油漆、食品加工等工业废水处理中有广泛的应用。

非离子型絮凝剂的作用主要是靠高分子链上的极性基团与微粒的相互作用，通过吸附架桥来加快沉降和过滤速率。它对悬浮固体含量高、微粒粗、pH 为中性或酸性的体系较为合适，应用于沙砾开采、黏土废水和矿泥废水的处理。

思考题

1. 吸附树脂的结构特点是什么？吸附树脂有哪几类？其上的特征基团是什么？

2. 对不同的单体，如何制备球粒状吸附树脂？如何制备多孔型的球粒状吸附树脂？

3. 用良溶剂和不良溶剂致孔，哪一种致孔剂所得的树脂的孔径较大？为什么？

4. 什么是吸附平衡？吸附平衡时是否还有物质的交换？

5. 吸附树脂的吸附选择性是什么？如何选定吸附树脂优先吸附的成分？

6. 试举例说明吸附树脂的应用。

7. 说明离子交换树脂的类型。凝胶型、大孔型与载体型离子交换树脂在结构、性能和应用上有何不同？

8. 两性离子交换树脂和蛇笼树脂在结构上有何不同？

9. 提高离子交换树脂的交联度对其性能有何影响？

10. 什么是交换容量？交换容量可以分为哪几种？它们之间有什么关系？

11. 描述苯乙烯系强酸性阳离子交换树脂和阴离子交换树脂的合成过程。在其合成过程中要注意什么问题？

12. 如何制备丙烯酸系阳离子交换树脂？是否可以制备丙烯酸系阴离子交换树脂和强酸性阳离子交换树脂？为什么？

13. 含有 Fe^{3+}，Ca^{2+}，Mg^{2+}，Na^+ 的被处理液自上而下通过 H 型强酸型阳离子交换树脂柱，达到贯流点的标志是什么？为什么？

14. 分别举例说明离子交换树脂的离子交换反应。弱酸性和弱碱性离子交换树脂为何不能分解中性盐？

15. 离子交换树脂有哪些功能？

16. 试述离子交换树脂的主要用途。

17. 弱酸性阳离子交换树脂（R—COOH）吸附 Ni^{2+} 达到饱和后可用酸再生，强酸性阳树脂（R—SO₃H）吸附 Ni^{2+} 饱和后采用什么药剂再生效果较好？为什么？

18. 什么是絮凝剂？什么是絮凝作用？絮凝剂的絮凝机理是什么？

19. 高分子絮凝剂有何特点？试讨论影响絮凝剂絮凝效果的因素。

20. 不同类型的高分子絮凝剂可分别应用于哪些场合？

参 考 文 献

[1] 王国建，刘琳．功能高分子材料［M］．上海：同济大学出版社，2014．
[2] 赵文元，王亦军．功能高分子材料［M］．第 2 版．北京：化学工业出版社，2013．
[3] 罗祥林．功能高分子材料［M］．北京：化学工业出版社，2010．
[4] 马建标．功能高分子材料［M］．北京：化学工业出版社，2010．

[5] 陈立新，焦剑，蓝立文. 功能塑料 [M]. 北京：化学工业出版社，2005.

[6] 王国建，刘琳. 特种与功能高分子材料 [M]. 北京：中国石化出版社，2004.

[7] 刘引烽. 特种高分子材料 [M]. 上海：上海大学生出版社，2001.

[8] 何天白，胡汉杰. 功能高分子与新技术 [M]. 北京：化学工业出版社，2001.

[9] 何炳林，黄文强. 离子交换与吸附树脂 [M]. 上海：上海科技教育出版社，1995.

[10] 王国建，王公善. 功能高分子 [M]. 上海：同济大学出版社，1996.

[11] 韩春雨，李雅静，吴俊鹏. 离子交换树脂最新发展趋势及应用 [J]. 山东化工，2014，43（7）：64.

[12] 周永华，钟宏，曹智. 新型两性吸附树脂 PSN 的合成 [J]. 现代化工，2002，22（4）：34.

[13] 许景文. 离子交换树脂（三）[J]. 净水技术，1994，47（1）：41.

[14] 许景文. 离子交换树脂（四）[J]. 净水技术，1994，48（2）：42.

[15] 许景文. 离子交换树脂（五）[J]. 净水技术，1994，49（3）：39.

[16] 赵会义，王岩，骆广生，等. 强碱性离子交换树脂再生新工艺的研究 [J]. 化工环保，2003，23（1）：6.

[17] 谢昭明，周柏青. 有机物污染离子交换树脂的复苏及应用 [J]. 华北电力技术，2000，（10）：14.

[18] 柳萍，王建龙，周定. 固定化乳杆菌细胞的离子交换吸附发酵生产乳酸 [J]. 离子交换与吸附，1994，（5）：385.

[19] 郑洪，魏东芝，涂茂兵，等. 离子交换树脂催化合成丙基葡萄糖苷 [J]. 华东理工大学学报，2002，28（1）：36.

[20] 王为强，杨建明，李亚妮. 强碱型阴离子交换树脂的耐热性改进研究进展 [J]. 化工新型材料，2013，41（7）：26.

[21] 韩春雨，李雅静，吴俊鹏. 离子交换树脂最新发展趋势及应用 [J]. 山东化工，2014，43（7）：64.

[22] Hirai Y. 离子交换纤维 [J]. 国际纺织导报，2014，（6）：10.

[23] 徐子潇，双陈冬，姜笔存，等. 阴离子交换树脂脱附液混凝处理及回用的研究 [J]. 离子交换与吸附，2014，30（3）：203.

[24] 傅颖怡，丁新更. 吸附技术在高放废液中的应用 [J]. 材料导报，2013，27（E22）：255.

[25] 任君，岳霞丽. 聚合物催化剂的合成及应用研究 [J]. 胶体与聚合物，2001，19（2）：42.

[26] 蒋庆哲，宋昭峥，赵密福. 表面活性剂科学与应用 [M]. 2006，北京：中国石化出版社.

[27] 李振华，平其能. 离子交换树脂控制药物释放研究进展 [J]. 离子交换与吸附，1997，13（6）：613.

[28] 范云鸽，刘永宁. 大孔交联聚苯乙烯吸附树脂的合成及其对叶绿素铜的吸附机理 [J]. 高等学校化学学报，1994，14（9）：1412.

[29] 陈金龙，沈春银. 具有高比表面积的极性吸附树脂的合成和性能研究 [J]. 高分子学报，1994，（2）：168.

[30] 朱浩，毛声俊. 大孔吸附树脂吸附纯化不同中药有效部位特性研究 [J]. 中国中药杂志，1998，23（10）：607.

[31] 刘永宁，史作清. 交联聚苯乙烯强——弱碱树脂的合成及脱色性能研究 [J]. 离子交换与吸附，1994，10（3）：198.

[32] 卢锦花，胡小玲. 大孔吸附树脂提取银杏黄酮 [J]. 应用化学，2002，19（5）：486.

[33] 何炳林，陈金龙，王钒，等. 一种高比表面吸附树脂的合成 [J]. 离子交换与吸附，1988，4（5）：321.

[34] 陈骏，宁方红，张志丕，等. 一种大孔吸附树脂的合成及在红霉素提取中的应用 [J]. 中国抗生素杂志，2002，27（5）：270.

[35] 王京平，唐树和，费正皓，等. 吸附树脂和络合树脂联合处理对硝基苯乙酮生产废水的研究 [J]. 离子交换与吸附，2002，18（1）：51.

[36] 王学江，张全兴，等. ND-100 超高交联吸附树脂对水中苯酚的吸附行为研究 [J]. 离子交换与吸附，2002，18（6）：529.

[37] 豆宝娟，郝郑平，梁晓霞. 一步法合成多级孔超高交联吸附树脂 [J]. 功能材料. 2014，45（1）：114.

[38] 杨旸，李宏平，陈振斌，等. 大孔吸附树脂 D101 胺羧酸的功能化改性 [J]. 功能高分子学报. 2013，26（3）：274.

[39] 刘海艳，马玉龙，孔祥明. CT-101 大孔吸附树脂再生工艺的研究 [J]. 食品工业科技. 2013，34（18）：262.

[40] 马青山，贾瑟，孙丽珉. 絮凝化学与絮凝剂 [M]. 北京：中国环境科学出版社，1988.

[41] 徐晓军. 化学絮凝作用原理 [M]. 北京：科学出版社，2005.

[42] 刘睿，周启星，张兰英，等. 水处理絮凝剂研究与应用进展 [J]. 应用生态学报，2005，16（8）：1558.

[43] 胡瑞，周华，李田霞，等. 阳离子有机高分子絮凝剂的研究进展及其应用 [J]. 化工进展，2006，25（6）：600.

[44] 刘佳佳，康勇. 绿色试剂——天然高分子絮凝剂的研究与利用进展 [J]. 化学工业与工程，2005，22（6）：476.

[45] 肖俊岩，林莉莉，郑晓宇. 悬浮聚合制备两性多功能高分子絮凝剂及应用 [J]. 水处理信息导报，2013，（6）：18.

[46] 陈金苹，朱斌，张建法. 复合高分子絮凝剂的研究进展 [J]. 水处理技术，2014，40（4）：6.

［47］ Pan Bingjun，Pan Bingcai，Zhang Weiming，et al. Development of polymeric and polymer-based hybrid adsorbents for pollutants removal from waters ［J］. Chemical Engineering Journal，2009，151 (1-3)：19.

［48］ Vadim D，Ludmila P，Maria T，et al. Polymeric adsorbent for removing toxic proteins from blood of patients with kidney failure ［J］. Journal of Chromatography B：Biomedical Sciences and Applications，2000，739 (1)：73.

［49］ Pan B C，Xiong Y，Su Q，et al. Role of amination of a polymeric adsorbent on phenol adsorption from aqueous solution ［J］. Chemosphere，2003，51 (9)：953.

［50］ Li Haitao，Xu Mancai，Shi Zuoqing，et al. Isotherm analysis of phenol adsorption on polymeric adsorbents from nonaqueous solution ［J］. Journal of Colloid and Interface Science，2004，271 (1)：47.

［51］ Lou S，Liu Y F，Bai Q Q，et al. Adsorption Mechanism of Macroporous Adsorption Resins ［J］. Progess in Chemistry，2012，24 (8)：1427.

［52］ Bilge A，Sevil V. Kinetics and equilibrium studies for the removal of nickel and zinc from aqueous solutions by ion exchange resins ［J］. Journal of Hazardous Materials，2009，167 (1-3)：482.

［53］ Cavaco S A，Fernandes S，Quina M M，et al. Removal of chromium from electroplating industry effluents by ion exchange resins ［J］. Journal of Hazardous Materials，2007，144 (3)：634.

［54］ Michelle C，César V，Adriana F，et al. Phenol removal from aqueous solution by adsorption and ion exchange mechanisms onto polymeric resins ［J］. Journal of Colloid and Interface Science，2009，388 (2)：402.

［55］ Zhang H Y，Lu R H，Mu B，Treatment of drilling wastewater using a weakly basic resin ［J］. Petroleum Science，2008，5 (3)：275.

第3章　高分子试剂及高分子催化剂

3.1　概　述

3.1.1　高分子试剂及高分子催化剂

高分子试剂和高分子催化剂均为反应型功能高分子，它们是将反应活性中心或催化活性中心与高分子骨架相结合，从而将小分子试剂或催化剂高分子化的产物，同时这种高分子化还为其带来了与小分子同类物质不同的特殊性质。反应型功能高分子材料主要用于化学合成和化学反应，有时也利用其反应活性制备化学敏感器和生物敏感器。

随着化学工业的发展和合成反应研究的深入，对新的化学反应试剂和催化剂的要求也越来越高，不仅要求其有高的收率和反应活性，而且要具有高选择性，甚至专一性。同时绿色化学概念的普及，要求简化反应过程，提高材料的使用效率，减少废物排放甚至达到零排放，这一点也对化学试剂和催化剂提出了新的要求。这些要求在很大程度上推动了高分子试剂及催化剂的研究进程。同时，在高分子试剂和高分子催化剂研制基础上发展起来的固相合成法和固定化酶技术成为了反应型功能高分子材料研究的重要突破，它们对有机合成方法等基础性研究和化学工业工艺流程的改进作出了巨大贡献。

化学反应试剂直接参与合成反应，并在反应中消耗掉。将小分子试剂高分子化或者在聚合物骨架上引入反应活性基团，可得到具有化学试剂功能的高分子化学反应试剂。利用高分子化学试剂在反应体系中的不溶性、立体选择性和良好的稳定性等所谓的高分子效应，它可以在多种化学反应中获得特殊应用。其中部分高分子试剂也可以作为化学反应载体，用于固相合成反应，称为固相合成试剂。常见的高分子化学试剂根据其具有的化学活性可分为高分子氧化还原试剂、高分子磷试剂、高分子卤代试剂、高分子烷基化试剂、高分子酰基化试剂等。除此之外，用于多肽和多糖等合成的固相合成试剂也是一类重要的高分子试剂。

催化剂自身虽然在反应前后并没有发生变化，但它可以明显地提高化学反应速度，促进化学反应的进行。常用催化剂多为酸或碱性物质（用于酸碱催化），或者为金属或金属络合物。通过聚合、接枝、共混等方法将小分子催化剂高分子化，使具有催化活性的化学结构与高分子骨架相结合，可得到的具有催化活性的高分子化学反应催化剂。与高分子化学反应试剂类似，高分子催化剂可以用于多相催化反应；同时又具有许多同类小分子催化剂所不具备的性质。常见高分子催化剂包括酸碱催化用的离子交换树脂、聚合物氢化和脱羰基催化剂、聚合物相转移催化剂、聚合物过渡金属络合物催化剂等。固定化酶作为一种特殊催化剂，在保持其高效专一及温和的酶催化反应特性的同时，还克服了小分子游离酶的不足，呈现出储存稳定性高、分离回收容易、可多次重复使用、操作连续可控、工艺简便等一系列优点。

3.1.2 高分子试剂及催化剂的结构特点及应用特点

高分子试剂及高分子催化剂与普通高分子材料在结构上的最大不同在于其上存在的具有反应活性或催化活性的基团。另外从宏观层面上看，高分子试剂及高分子催化剂多不溶于反应介质，反应是发生在界面上的，因此需要有较大的比表面积，为此其在宏观上多为多孔型的颗粒状材料。

化学反应通常可以分为两大类，即均相反应和非均相反应（多相反应）。在化学反应中如果原料、试剂、催化剂能互溶，在反应体系中处在同一相态中（相互混溶或溶解），则为均相化学反应，其中催化剂与反应体系成一相的催化反应称均相催化反应。在均相反应中，物料充分接触，反应速度较快，反应装置简单，但是反应后在产物的分离、纯化等方面有一定困难。在化学反应中，如果原料、试剂和催化剂中至少有一种在反应体系中不溶解或不混溶，因而反应体系不能处在同一相态中，这种类型的化学反应称为多相化学反应，其中催化剂独立成相的称为多相催化反应。多相化学反应中，反应过后产物的分离、纯化、催化剂回收等过程比较简单、快速，但是化学反应只能在两相的界面进行，因而反应速度受物料扩散速度的控制，反应速度一般较慢。

除了小分试剂及催化剂通常表现出的均相反应所固有的问题外，有时小分子试剂和催化剂在选择性和环境保护等方面也无法满足科研和生产对试剂的特殊要求。针对上述小分子试剂和催化剂的缺点及某些特殊化学反应对化学试剂的特别要求，研究者将小分子化学反应试剂和催化剂进行高分子化，使其分子量增加，溶解度减小，从而获得聚合物的某些优良性质，并保持或基本保持其小分子试剂的反应性能或催化性能。

高分子试剂及催化剂具有不溶性、多孔性、高选择性和化学稳定性等性质，对它们进行研究，能够改进化学反应工艺过程、提高生产效率和经济效益、发展高选择性合成方法、消除或减少对环境的污染和探索新的合成路线等。相对于小分子化学试剂和催化剂，高分子试剂及催化剂具有明显的优点。

（1）简化操作过程　一般来说，经高分子化后得到的高分子反应试剂和催化剂在反应体系中仅能溶胀，而不能溶解，这样在化学反应完成之后，可以借助简单的过滤方法使之与小分子原料和产物相互分离，从而简化操作过程，提高产品纯度，同时高分子催化剂的使用可以使均相反应转变成多相反应，可以将间断合成工艺转变成连续合成工艺，这样都会简化工艺流程。

（2）有利于贵重试剂和催化剂的回收和再生　利用高分子反应试剂和催化剂的可回收性和可再生性，可以将某些贵重的催化剂和反应试剂高分子化后在多相反应中使用，回收再用后可以达到降低成本和减少环境污染的目的。这一高分子化技术对贵金属络合催化剂和催化专一性极强的酶催化剂（固化酶）的广泛使用，以及消除化学试剂对环境产生的污染具有特别重大意义。

（3）可以提高试剂的稳定性和安全性　高分子骨架的引入可以减小试剂的挥发性，能够增加某些不易处理和储存试剂的安全性和储存期。如小分子过氧酸经高分子化后稳定性大大增加，使用更加安全。高分子试剂的分子量增加后，其挥发性的减小也在一定程度上增大易燃易爆试剂的安全性。挥发性减小还可以消除某些试剂的不良气味，净化工作环境。

（4）固相合成工艺可以提高化学反应的机械化和自动化程度　采用不溶性高分子试剂作为反应载体连接多官能团反应试剂（如氨基酸）的一端，可以使反应只在试剂的另一端进行，这样可以实现定向连续合成。反应产物连接在固体载体上不仅使之易于分离和纯化，而且由于该类化学反应的可操控性大大提高，有利于实现化学反应的机械化和自动化。

（5）可以提高化学反应的选择性　利用高分子载体的空间立体效应，可以实现所谓的

"模板反应（template reaction）"。这种具有独特空间结构的高分子试剂，通过利用它的高分子效应和微环境效应，可以实现立体选择合成。在高分子骨架上引入特定手性结构，可以完成某些光学异构体的合成和拆分，使合成反应的选择性提高，副产物减少，原料利用率提高，符合绿色化学要求。

（6）可以提供在均相反应条件下难以达到的反应环境　将某些反应活性结构有一定间隔地连接在刚性高分子骨架上，使其相互之间难于接触，可以实现常规有机反应中难以达到的所谓"无限稀释"条件。利用高分子反应试剂中官能团相互间的难接近性和反应活性中心之间的隔离性，可以避免化学反应中试剂的"自反应"现象，从而避免或减少副反应的发生。同时，将反应活性中心置于高分子骨架上特定官能团附近，可以利用其产生的邻位协同效应，加快反应速度、提高产物收率和反应的选择性。

（7）可以拓展化学试剂和催化剂的应用范围　利用化学试剂和催化剂的化学活性，可以制作用于化学分析的各类化学敏感器。相对于小分子试剂和催化剂，高分子试剂和高分子催化剂的稳定性提升，力学性能增强，非常适合这类化学敏感器的制作。化学敏感器的大量使用为分析化学向微型化、原位化和即时化分析方向发展提供了有利条件。

当然，多数化学试剂和催化剂在引入高分子骨架以后，在带来上述优点的同时也会带来不利之处，比如增加生产成本和降低化学反应速率。在试剂生产中高分子骨架的引入和高分子化过程都会使高分子化学试剂和催化剂的生产成本提高，而且由于高分子骨架的立体阻碍和多相反应的特点，与相应的小分子试剂相比，由高分子化学试剂进行的化学反应，其反应速度一般比较慢，对大规模工业化合成是不利因素。

3.2　高分子试剂

3.2.1　概述

高分子试剂在有机合成中的应用始于 20 世纪 60 年代。1963 年 Merrifeld 提出了用固相法合成多肽，其主要目的是为了改进液相法合成多肽过程中非常繁杂的氨基酸保护和去保护过程，使多肽的合成更加简便、快速、有效，极大地提高了多肽合成的效率。1984 年 Merrifield 因此获得了诺贝尔化学奖。从 20 世纪 70 年代起，在普通有机合成领域广泛开展了使用高分子试剂的研究。20 世纪 80 年代末，在固相有机合成基础上发展起来的组合化学技术的开发和应用开辟了新药开发的全新途径。

小分子试剂参与的化学反应通常在均相反应下进行，而在多数情况下有高分子试剂参与的化学反应为多相反应。

小分子试剂参与的均相反应，过程包括反应、分离和纯化（如图 3-1），其中分离和提纯过程所需要的时间有可能远超过反应时间，这将大大降低生产效率。

高分子试剂参与的有机合成反应与常规有机合成反应最大的差别在于有不易溶解和熔融的高聚物参与。高分子试剂主要可分为高分子负载的反应底物和高分子负载的小

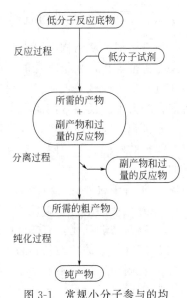

图 3-1　常规小分子参与的均相反应有机合成过程

分子试剂。

高分子负载的反应底物是将底物通过适当的化学反应固载到聚合物载体上，然后这种高分子底物与低分子试剂反应得到聚合物负载的产物，再通过一定的方法将产物从聚合物上脱除，滤去高分子载体，所得粗产物留在滤液中，经简单的纯化后得到所需的产物，其过程如图 3-2 所示。高分子底物也可以与多种小分子试剂进行多步反应，经过多次过滤后，在最后一步将反应产物从底物上切割下来，例如多肽、多糖和寡核苷酸的固相合成过程即是此类反应的代表。

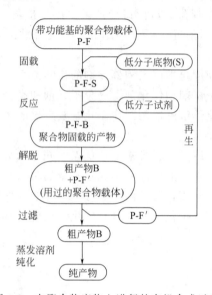 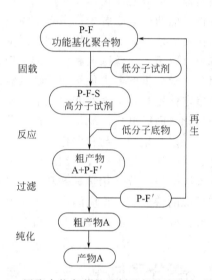

图 3-2　在聚合物底物上进行的有机合成过程　　图 3-3　用聚合物负载的试剂进行的有机合成反应

高分子负载的反应试剂是将低分子的反应试剂通过一定的结合方式固载到聚合物上，然后，按化学式计算量或过量进行反应，通常这种试剂经过一次反应后必须再生。图 3-3 为高分子负载的反应试剂参与有机合成反应的过程。

3.2.2　高分子试剂的制备

高分子试剂从结构上可以分为聚合物骨架以及反应官能团两部分。高分子试剂的载体可以是有机聚合物，如聚苯乙烯，也可以是无机聚合物，如硅胶。相比较而言，前者的热稳定性和机械稳定性较差，而后者则易在碱性介质中溶解。目前用于高分子试剂的载体仍然以有机聚合物为主。反应官能团是参与后续有机合成的各种基团，如酯基、酰氨基、羟基等。

有机聚合物方便易得，价格相对低廉，并且能够为其所负载的反应提供可利用的环境效应，如扩散效应、基位隔离效应、协同作用等。对于高分子试剂所用的聚合物，要求具有以下的特性。

① 不溶于普通的有机溶剂，但要能够溶胀。
② 有一定的刚性和柔性，机械稳定性好，不易破损。
③ 容易功能基化，有较高的功能基化度，功能基分布较均匀。
④ 聚合物上的功能基容易为反应试剂所接近。
⑤ 在固相反应中不发生副反应。
⑥ 能通过简单、经济和转化率高的反应进行再生，重复使用。

目前制备高分子试剂的路线主要有两条，一是利用化学键合将小分子试剂或化学反应活性官能团负载在聚合物上，二是利用络合、离子交换、吸附等作用力将小分子试剂与高分子络合剂、离子交换树脂、有机吸附剂等相结合，将上述聚合物试剂化。第一种方法所得的试剂相对稳定，但将最终产物从聚合物上切割下来较困难，第二种方法小分子试剂与聚合物的结合力相对较弱，易于将最终产物与聚合物进行分离。基于反应时稳定性的考虑，高分子试剂在结构上以化学键负载小分子试剂为主。

如前所述，以化学键合的高分子试剂有两种制备途径。第一种途径是从合成单体出发，首先制备含有化学反应活性中心结构并具有可聚合基团的活性单体，然后利用聚合反应将单体聚合制备成高分子反应试剂。第二种途径是以某种商品聚合物为载体，利用特定化学反应，将具有化学反应活性中心结构的小分子试剂接枝到聚合物骨架上，构成具有相同氧化还原反应活性的高分子反应试剂。用这两种方法得到的高分子试剂在结构特点上有所不同。前一种方法得到的试剂反应活性中心在整个聚合物中分布均匀，活性中心的密度较大，但是形成的高分子试剂的机械强度受聚合单体的影响较大，难以得到保障。用后一种方法得到的高分子试剂其反应活性中心一般主要分布在聚合物表面和浅层，活性点担载量较小，试剂的使用寿命受到一定限制，但是其机械强度受活性中心的影响不大。下面举例说明这两种制备方法。

（1）利用含可聚合基团小分子试剂的聚合反应制备　这种方法中，主要要注意对反应活性基团的保护，同时控制聚合物的交联密度、孔隙率等，从而增大试剂的比表面积及通透性，以利于后续固相有机化学反应的进行。

如醌型氧化还原高分子反应试剂的合成即可从合成可聚合的小分子单体出发，利用小分子试剂的聚合实现，如图 3-4 所示。首先以溴取代的二氢醌为起始原料，经与乙基乙烯基醚反应，对酚羟基进行保护，形成酚醚。再在强碱正丁基锂的作用下，在溴取代位置形成正碳离子；正碳离子与环氧乙烷反应，得到羟乙基取代物；羟乙基在碱性溶液中发生脱水反应，得到可聚合基团——乙烯基，再经聚合反应生成聚烯烃类高分子骨架，脱去保护基团即可得到具有与常规醌型氧化还原试剂同样性能的高分子反应试剂。

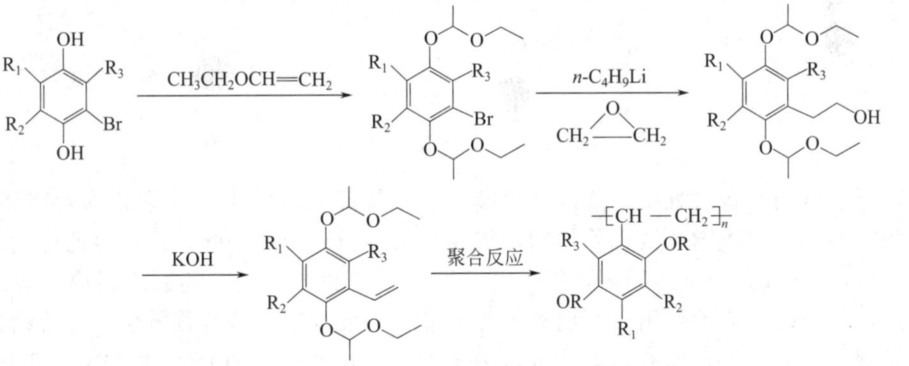

图 3-4　利用小分子反应试剂的聚合制备醌型高分子试剂

（2）利用高分子反应向聚合物载体上引入反应活性基团　这种合成方法主要有两个步骤，即聚合物载体的合成过程以及向载体上引入反应活性基团的功能基化过程。在固相有机合成中，最普遍使用的载体是由烯类单体和二烯类单体通过悬浮共聚合制得的球状交联共聚物，因为这类共聚物载体有固定的物理形态，容易进行批量处理和化学修饰。最常用的烯类单体有苯乙烯、丙烯酸酯、甲基丙烯酸酯等，二烯类单体有二乙烯基苯、双丙烯酸乙二醇酯，此外还有丁二烯、马来酸双烯丙酯。其中用得最多的是苯乙烯/二乙烯基苯的共聚物。这是由于合成这种载体的单体价格适宜，性能满足需求，聚合物链上悬挂的苯环很容易通过芳环的取代反应引入各种所需的功能基团。采用不同的聚合方法可以得到线形、凝胶型、大孔或大网状的载体，可满足不同有机反应条件的需要。在上述合成的聚合物载体的基础上，通过大分子的化学反应，引入所需要的化学反应活性基团，从而得到目标高分子试剂。

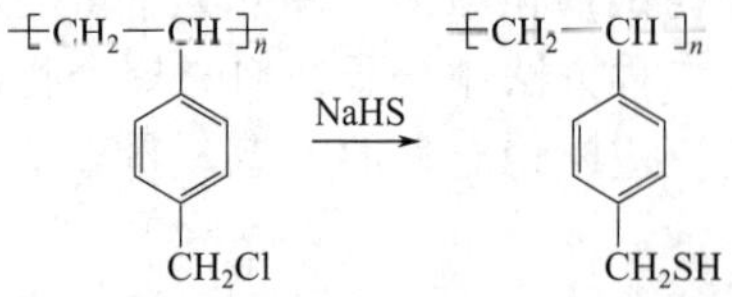

图 3-5 利用高分子的化学反应制备含硫醇基的高分子试剂

如硫醇型高分子试剂即可利用高分子反应向作为聚合物载体的聚苯乙烯上引入硫醇基团，如图 3-5 所示。首先利用合成的苯乙烯-二乙烯苯共聚物，利用氯甲醚与苯环的反应向苯环上引入氯甲基制备氯甲基化聚苯乙烯，然后与 NaHS 发生亲核聚代反应，直接生成含硫醇基的聚苯乙烯聚合物。

除有机聚合物外，一些无机聚合物也可作为高分子试剂的载体，如硅胶和玻璃这些聚合物是由—Si—O—Si—O—键结构组成，其结构中还含有大量的羟基，这些羟基可以通过适当的反应将功能基连接到载体上，如图 3-6 所示。

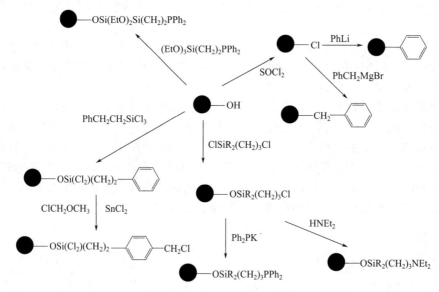

图 3-6　利用硅胶上的羟基反应制备高分子试剂

在高分子试剂制备过程中，除以共价键的形式将反应活性中心与聚合物骨架相连之外，还通过离子键或者配位键与聚合物作用，将其与聚合物结合在一起。比如聚乙烯吡啶树脂可以与 BH_3 络合形成高分子还原剂，用于将活性苯甲醛和二苯酮等还原成相应的醇。强碱型离子交换树脂与硼氢化钠作用，利用离子交换过程，可以制备具有硼氢化季铵盐结构的高分子还原试剂。除此之外，弱碱性阴离子交换树脂与 $H_3PO_2^-$、SO_3^{2-}、$S_2O_3^{2-}$、$S_2O_4^{2-}$ 等还原性阴离子作用，可以生成具有不同还原能力的高分子试剂。采用强酸型阳离子交换树脂与各种氧化还原型阳离子反应，可以生成具有不同氧化还原能力的高分子试剂。相对来说，这种高分子化方法制备得到的高分子试剂虽然在稳定性方面稍差一些，但是制备方法相对简单，回收和再生容易，因此也具有良好的发展前途。

3.2.3　高分子试剂的种类及应用

如前所述，高分子试剂主要有高分子氧化还原试剂、高分子磷试剂、高分子卤代试剂、高分子烷基化试剂、高分子酰基化试剂等，在本文中针对常用的几种试剂进行简单的说明。

3.2.3.1　高分子氧化还原试剂

高分子氧化还原试剂包括高分子氧化试剂、高分子还原试剂和高分子氧化还原型试剂。在这些试剂参与的反应中存在着电子转移过程。

（1）氧化还原型高分子试剂　氧化还原型高分子试剂是一类既有氧化作用，又有还原功能，自身具有可逆氧化还原特性的一类高分子化学反应试剂。根据其分子活性中心的结构特征，常见的有以下 5 类，即含醌式结构的高分子试剂、含硫醇结构的高分子试剂、含吡啶结构的高分子试剂、含二茂铁结构的高分子试剂和含多核杂环芳香烃结构的高分子试剂。图 3-7 中给出了它们的母核结构类型和典型的氧化还原反应，其中的高分子骨架在试剂中一般只起担载活性中心的作用。

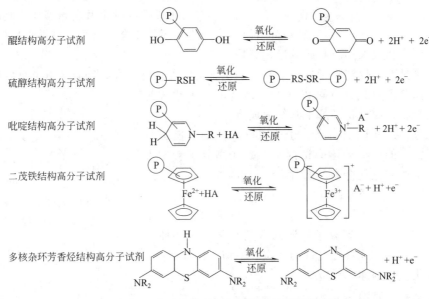

图 3-7　典型高分子氧化还原试剂及其反应

高分子氧化还原试剂不仅可用于有机合成反应，还可以用于环境保护领域。以醌型高分子氧化还原试剂为例，它具有选择性氧化作用，在不同条件下可以使不同有机化合物氧化脱氢，生成不饱和键，如使均二苯肼氧化脱氢生成偶氮苯染料中间体 ［图 3-8(a)］，还可以与二氯化钯催化剂组成一个反应体系，以廉价石油工业产品乙烯连续制取在化工上具有重要意义的乙醛 ［图 3-8(b)］。醌型高分子氧化还原反应试剂与 Na_2CO_3 和 NaOH 配成水溶液，可将导入

（省略反应图式，图 3-8 的 (a)(b)(c) 反应图）

图 3-8　醌型高分子化学反应试剂的一些应用

的污染气体 H_2S 氧化成固体硫磺，消除气味，从而在环保方面得到应用 [图 3-8(c)]。

醌型氧化还原高分子反应试剂还有一些其他用途，如作为厌氧细菌培养时的氧气吸收剂，化学品储存和化学反应中的阻聚剂，彩色照相中使用的还原剂以及用于制作氧化还原试纸等。

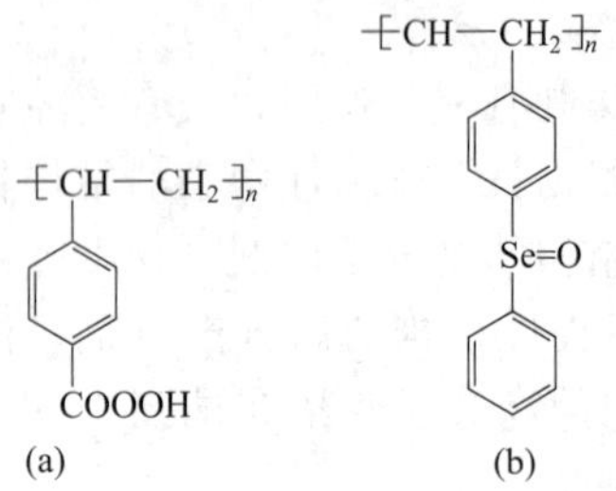

图 3-9　高分子过氧酸（a）及高分子硒试剂（b）的结构示意图

（2）高分子氧化试剂　高分子氧化试剂只能用于氧化反应，它在保持试剂氧化活性的前提下，通过高分子化可以降低试剂的挥发性和敏感度，增加其物理和化学稳定性。目前常用的高分子氧化试剂有高分子过氧酸试剂和高分子硒试剂，其结构如图 3-9 所示。

上述高分子过氧酸稳定性好，不会爆炸，在 20℃ 下可以保存 70 天，-20℃ 时可以保存 7 个月无显著变化。高分子过氧酸可以使烯烃氧化成环氧化合物（采用芳香骨架型过氧酸）或邻二羟基化合物（采用脂肪族骨架过氧酸）。

高分子硒试剂不仅消除了低分子有机硒化合物的毒性和气味，而且还具有良好的选择氧化性。这种高分子氧化试剂可以选择性地将烯烃氧化成为邻二羟基化合物，或者将环外甲基氧化成醛。

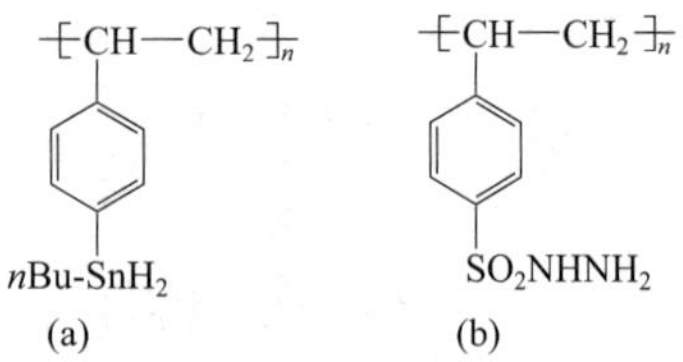

（3）高分子还原试剂　高分子还原反应试剂只能进行还原反应。常见的高分子还原试剂主要是在高分子骨架上引入还原性金属有机化合物（如有机锡）[图 3-10(a)]，或者还原性基团（如肼类基团）[图 3-10(b)]。

高分子锡还原试剂可以将苯甲醛、苯甲酮和叔丁基甲酮等邻位具有能稳定正碳离子基团的含羰基化合物还原成

图 3-10　高分子有机锡（a）及肼类（b）还原试剂

相应的醇类化合物，并具有良好的反应收率和选择性。肼是一种温和的还原性官能团，主要用于不饱和化合物的加氢反应。

3.2.3.2　高分子卤代试剂

高分子卤代试剂能够将卤素原子按照一定要求选择性地转递到反应物的特定部位，其反应得到的卤代烃是重要的化工原料和反应中间体。高分子卤代试剂克服了常用卤化试剂挥发性和腐蚀性较强、容易恶化工作环境并腐蚀设备的缺点，还可以简化反应过程和分离步骤。卤代试剂中高分子骨架的空间和立体效应也使其具有更好的反应选择性。目前常见高分子卤代试剂主要有二卤化磷型、N-卤代酰亚胺型、三价碘型 3 种，如图 3-11。

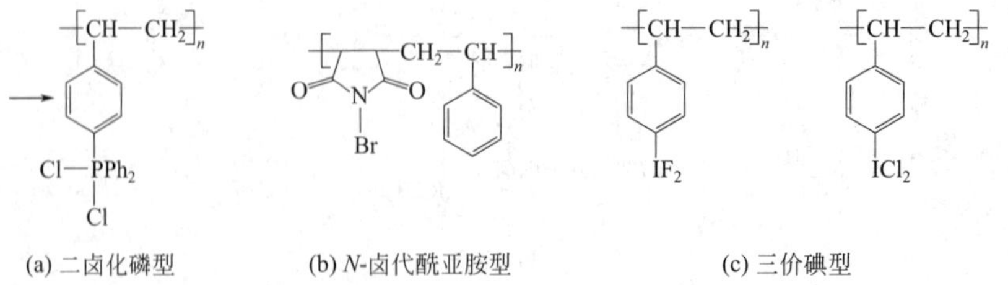

(a) 二卤化磷型　　(b) N-卤代酰亚胺型　　(c) 三价碘型

图 3-11　高分子卤代试剂

二氯化磷型高分子氯化试剂的主要用途是从羧酸制取酰氯和将醇转化为氯化烃，其优点是反应条件温和，收率较高，试剂回收后经再生可以反复使用。高分子 N-溴代酰亚胺（NBS）可以对羟基或其他活泼氢进行溴代反应，还可以用于对不饱和烃的加成反应以制备

饱和双取代卤代烃。相对于小分子同类试剂，高分子 NBS 试剂的转化率有所降低，原因可能是高分子骨架对小分子试剂有屏蔽作用。经过高分子化后 NBS 试剂的选择性有所提高。三价碘型高分子卤代试剂主要用于氟代和氯代反应，也用于上述两种元素的加成反应。应当指出，当采用三价碘高分子氟化剂进行氟的双键加成反应时，常常伴有重排反应发生，得到的产物常为偕二氟化合物，应当注意。

3.2.3.3 高分子酰基化试剂

酰基化反应是对有机化合物中氨基、羧基和羟基进行酰化反应，分别生成酰胺、酸酐和酯类化合物。这一类反应是可逆的，为了使反应进行完全，往往要求加入的试剂过量，因此反应后过量试剂以及反应产物的分离就成了合成反应中比较耗时的步骤。高分子酰基化试剂由于其在反应体系中的难溶性，使其在反应后的分离过程相对容易。目前应用较多的高分子酰基化试剂有高分子活性酯和高分子酸酐。

高分子活性酯试剂在结构上分成两部分：高分子骨架和与之相连的酯基（图 3-12）。在高分子活性酯中，酰基是通过共价键以活性酯的形式与聚合物中的活泼羟基相连接，生成的高分子活性酯有很高的反应活性，可以与有亲核特性的化合物发生酰基化反应，将酰基转递给反应物。

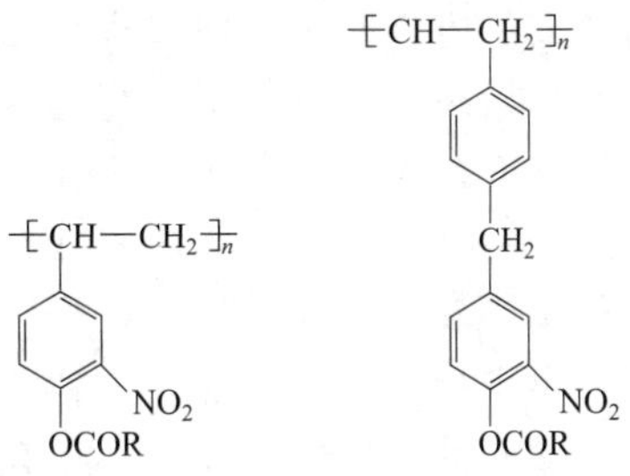

图 3-12 高分子活性酯的结构

高分子酸酐也是一种很强的酰基化试剂，其结构如图 3-13 所示。

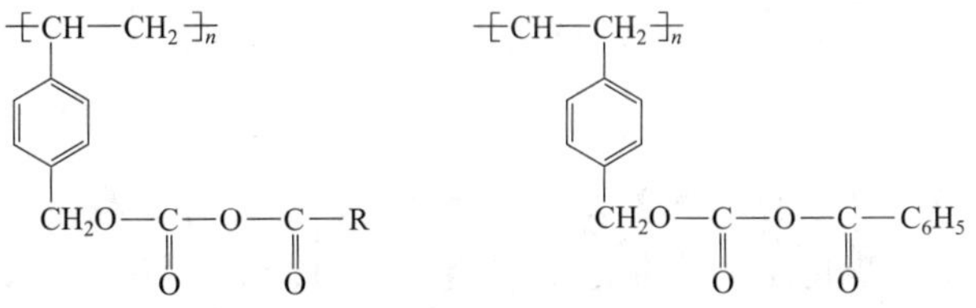

图 3-13 高分子酸酐的结构

高分子活性酯酰基化试剂主要用于肽的合成，它可以将均相的溶液合成转变为固相合成，从而大大提高合成的效率。为了提高收率，活性酯的用量是大大过量的，反应过后多余的高分子试剂用比较简单的过滤方法即可分离，试剂的回收再生容易，可重复使用，反应选择性好。高分子酸酐可以使含有 S 和 N 原子的杂环化合物上的胺基酰基化，而对化合物结构中的其他部分没有影响。这种试剂在药物合成中已经得到应用，如经酰基化后对头孢菌素中的氨基进行保护，可以得到长效型抗菌药物。

除了以上介绍的高分子试剂以外，其他类型的高分子试剂还包括高分子烷基化试剂、高分子亲核试剂、高分子缩合试剂、高分子磷试剂、高分子基团保护试剂和高分子偶氮传递试剂。它们的制备方法与前面介绍的方法有相类似的规律，其应用范围也呈日趋扩大之势。

3.2.4 在高分子载体上的固相合成

（1）固相合成法概述 1963 年，Merrifield 报道了在高分子载体上利用高分子反应合成肽的固相合成法（solid phase synthesis），从而为有机合成史揭开了新的一页。采用常规的液相合成法合成舒缓激肽的九肽化合物，一般需要 1 年时间才能完成；而 Merrifield 用他发明的固相合成法合成同样的化合物仅仅用了 8 天的时间。因此固相合成法以其特有的快速、简便、收率高的特点而引起人们的极大兴趣和关注，获得了飞速发展。

固相合成通常是指利用连接在固相载体上的活性官能团与溶解在有机溶剂中的不同试剂进行连续多步反应，得到的合成产物最终与固相载体之间通过水解进行分离的合成方法。其主要特点是简化了多步骤的合成，可通过快速的抽滤、洗涤进行反应的后处理，避免了液相肽合成中复杂的分离纯化步骤。通过使用大大过量液体反应试剂，可以提高反应产率。目前这种固相合成方法已经广泛应用于多肽、寡核苷酸、寡糖等生物活性大分子的合成研究。某些难以用普通方法合成的大环化合物，以及光学异构体的定向合成等也通过固相合成方法得到解决或改善，极大地推动了合成化学研究的进展。有机固相合成法还是组合化学中的重要基石之一。

有机固相合成是指在合成过程中采用在反应体系中不溶的有机高分子试剂作为载体进行的合成反应，整个反应过程自始至终在高分子骨架上进行。在整个多步合成反应过程中，中间产物始终与高分子载体相连接。在固相合成中，含有双官能团或多官能团的低分子有机化合物试剂首先与高分子试剂反应，以共价键的形式与高分子骨架相结合。这种一端与高分子骨架相接，另一端的官能团处在游离状态的中间产物能与其他小分子试剂在高分子骨架上进行单步或多步反应。反应过程中过量使用的小分子试剂和低分子副产物用简单的过滤法除去，再进行下一步反应，直到预定的产物在高分子载体上完全形成。最后将合成好的化合物从载体上脱下即完成固相合成任务。在图 3-14 中给出最简单的固相合成示意图。图中 Ⓟ—X 表示高分子固相合成试剂，X 表示连接官能团。

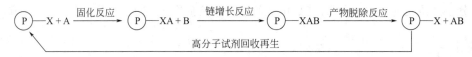

图 3-14　固相反应示意图

固相合成用的高分子试剂必须具备以下两种结构，即高分子载体以及连接反应性小分子和高分子载体并能够用适当化学方法断键的连接官能团。

高分子载体通常为苯乙烯和二乙烯基苯的共聚物以及它们的衍生物，如氯甲基树脂、Pam 树脂、Waq 树脂和氨基树脂等，也有采用聚酯等其他类型的聚合物，甚至可以采用功能化纤维如纸片、棉花等。

连接结构首先要有一定反应活性，能够与参与反应的小分子发生化学反应，并在两者间生成具有一定稳定性的化学键，并要保证在随后的合成反应中该键不断裂，在整个合成过程中十分稳定。其次，生成的连接键又要有一定的化学活性，能够采用特定的方法使其断裂，而不破坏反应产物的结构，保证固相合成反应后可以定量地切割下反应产物。连接结构需要根据固相合成的对象进行选择，由于目前固相合成主要用于多肽、寡核苷酸和寡糖的合成，因此连接用官能团主要为活性酯、酸酐、酰卤、羟基、氨基、氯甲基苯等。此外用于其他有机合成反应的连接分子还有一些双官能团化合物，如含氨基、羟基、巯基、溴、羧基、醛基等的化合物。

（2）多肽的固相合成　在本文中我们以多肽的固相合成来说明有机固相合成的应用。

肽是由多种氨基酸相互之间进行缩合反应形成酰胺键（肽键）构成的。多肽合成对于人工合成蛋白质及核酸有着重要的意义。如蛋白质是由以氨基酸为基本单元，按照一定次序连接而成的各种肽组合构成的，因此人工合成蛋白质必须以肽的合成为起点。在多肽的合成中，保证氨基酸的序列是相当重要的，因此需要大量的基团保护、分离过程，采用有机固相合成则可大大简化这一过程，提高合成效率。

在肽的固相合成中最常用的载体是氯甲基苯乙烯和二乙烯基苯的共聚物，它具有良好的力学性能和理想的活性基团。固相法合成肽的基本步骤如图 3-15 所示。

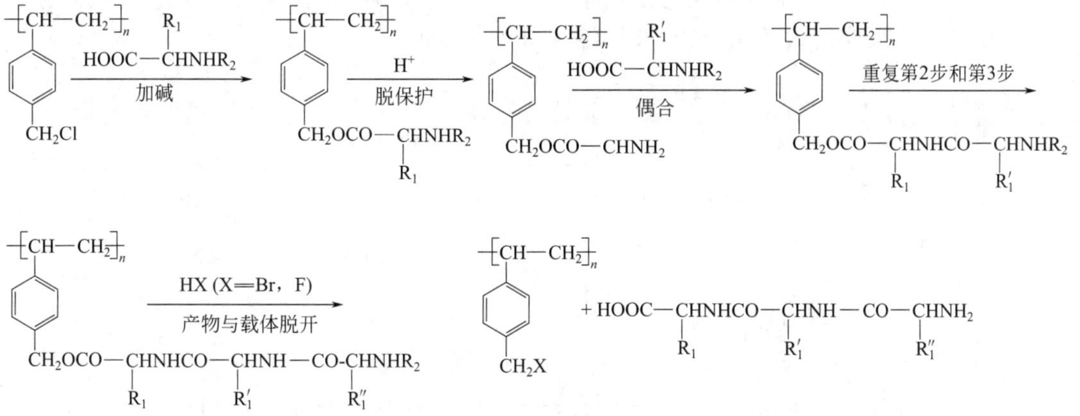

$$\left[\text{CH}-\text{CH}_2\right]_n\ (\text{C}_6\text{H}_4)\ \text{CH}_2\text{Cl} \xrightarrow[\text{加碱}]{\text{HOOC}-\text{CHNHR}_2,\ \text{R}_1} \left[\text{CH}-\text{CH}_2\right]_n\ (\text{C}_6\text{H}_4)\ \text{CH}_2\text{OCO}-\underset{\text{R}_1}{\text{CHNHR}_2}$$

$$\xrightarrow[\text{脱保护}]{\text{H}^+} \left[\text{CH}-\text{CH}_2\right]_n\ (\text{C}_6\text{H}_4)\ \text{CH}_2\text{OCO}-\underset{\text{R}_1'}{\text{CHNH}_2} \xrightarrow[\text{偶合}]{\text{HOOC}-\text{CHNHR}_2,\ \text{R}_1} \left[\text{CH}-\text{CH}_2\right]_n\ (\text{C}_6\text{H}_4)\ \text{CH}_2\text{OCO}-\underset{\text{R}_1}{\text{CHNHCO}}-\underset{\text{R}_1'}{\text{CHNHR}_2}$$

$$\xrightarrow{\text{重复第2步和第3步}}$$

$$\left[\text{CH}-\text{CH}_2\right]_n\ (\text{C}_6\text{H}_4)\ \text{CH}_2\text{OCO}-\underset{\text{R}_1}{\text{CHNHCO}}-\underset{\text{R}_1'}{\text{CHNH}}-\text{CO}-\underset{\text{R}_1''}{\text{CHNHR}_2} \xrightarrow[\text{产物与载体脱开}]{\text{HX (X=Br, F)}} \left[\text{CH}-\text{CH}_2\right]_n\ (\text{C}_6\text{H}_4)\ \text{CH}_2\text{X} + \text{HOOC}-\underset{\text{R}_1}{\text{CHNHCO}}-\underset{\text{R}_1'}{\text{CHNH}}-\text{CO}-\underset{\text{R}_1''}{\text{CHNH}_2}$$

图 3-15　固相法合成肽的基本步骤

首先氨基得到保护的氨基酸与高分子载体（高分子氯甲基苯试剂）反应，分子间脱 HCl。产物以酯基的形式与载体相连接，在载体上构成一个反应增长点。然后在保证生成的酯基不破坏的条件下进行脱氨基保护反应，一般是条件温和的酸性水解反应。脱保护的氨基作为进一步反应的官能团。第三步是取另外一个氨基受到保护的氨基酸与载体上的氨基发生酰化反应，或者通过与活性酯的酯交换反应形成酰胺键。反复重复第 2 步和第 3 步反应，直到所需要序列的肽链逐步完成。最后用适宜的酸（氢溴酸和乙酸的混合液，或者用三氟乙酸及氢氟酸）水解解除端基保护，并使载体和肽之间的酯基断开制得预期序列的多肽。

用固相合成法合成多肽时，由于是在最后一步反应时才把合成好的肽从载体上脱下来，在此之前的反应中间环节，只需将不溶解的载体及其固化的反应物滤出洗净即可达到纯化的目的，因此在合成的全过程中不需要再精制和提纯。但是为了使每一步反应都能定量进行，以保证生成的肽的序列不发生错误，在反应中氨基酸等反应试剂都是大大过量的，反应过后过量的试剂可以回收再用。固相合成法已经成为多肽的标准合成方法，目前已经广泛采用自动蛋白质合成仪进行多肽的自动合成。此外对多肽和蛋白质的结构分析也往往需要借助于固相合成方法，目前它的应用已经大大超出了原来的范围。

（3）固相合成法在有机合成中的应用　固相合成法在一些特殊拓扑结构的化合物的合成中也有重要的地位，如在化学和数学上都有重要意义的 hooplanes 化合物或轮烷（rotaxanes），这是一种很特殊的轮形结构。从拓扑学的观点看，这种化合物的合成是非常困难的，甚至得到仅供分析用的微量产品都非常难。固相合成法具有分离纯化相对容易、反应试剂可以大大过量、反应可以多次重复、试剂可以回收等优点，因此是解决上述合成困难的有效方法之一。

如图 3-16 所示的 hooplane1 的合成。hooplane1 的结构由两部分组成。一是由 10 个碳原子组成的饱和碳链构成的"轴"，"轴"两端通过醚键与大体积的三苯基甲基相连接，与轮子部分锁定在一起。另一部分由 30 个碳原子构成的大环构成，大环如同"车轮"一样套在"轴"上。首先以常规合成方法合成其中的大环结构部分，然后将此大环结构通过酯基临时固定到高分子载体上。将此带有大环的高分子载体在适宜的反应条件下与癸二醇（"车轴"）和三苯甲基氯（"螺栓"）一起进行固相反应，按概率推算至少应有小部分癸二醇分子能够插入大环中，并在插入期间与三苯甲基氯反应而"拧紧螺栓"，得到预期产物。大量没有插入大环而又套上"螺栓"的癸二醇反应副产物以及过量的试剂通过过滤和清洗除去，高分子载体上只留下套在一起的产品和仍在"守株待兔"的固化大环。反复重复以上反应过程（＞70次），理论上即可产生一定量的固化在载体上的产物。经水解反应将产物与聚合物载体分离；再经纯化除去未反应的大环化合物，即可得到 hooplanel。

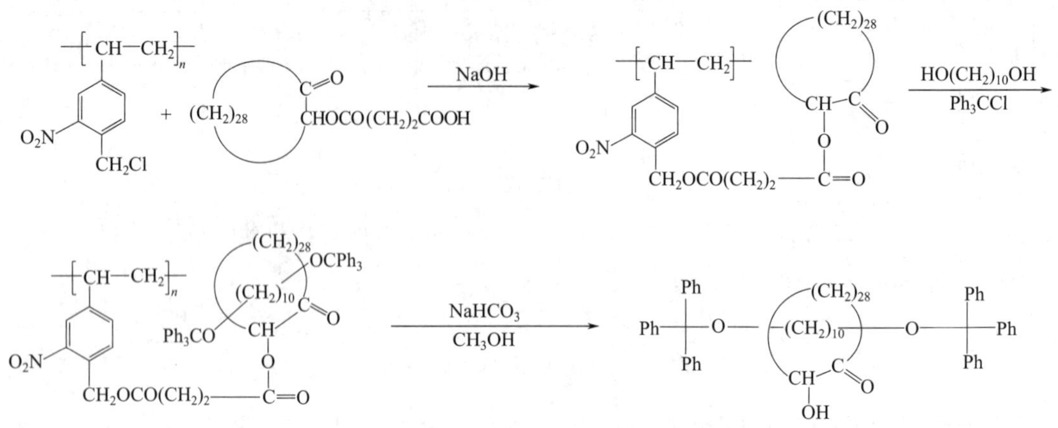

图 3-16　hooplanel 的合成

3.3　高分子催化剂

在有机化学反应中，催化剂起着重要的作用。相对于均相催化反应，多相催化反应的后处理过程简单，催化剂与反应体系分离容易（简单过滤），回收的催化剂可以反复多次使用，特别是对于那些生产困难，价格昂贵，又没有理想替代物的催化剂，如稀有金属络合物等，实现多相催化工艺是非常有吸引力的，对工业化大生产更是如此。利用高分子催化剂则可实现多相催化反应，满足现代有机合成工业的要求。

高分子催化剂是将催化活性物种（如金属离子、络合物等）以物理方式（吸附、包埋）或化学键合作用（离子键、共价键）固定于线形或交联聚合物载体上所得到的具有催化功能的高分子材料。20 世纪 60 年代末期，有机聚合物（聚苯乙烯磺酸）负载的络合物 $[Pt(NH_3)_4]^{2+}$ 问世，为高分子催化剂在有机多相催化聚合的发展奠定了基础，其研究工作立即激起世界各国催化学家广泛的关注和兴趣，从此高分子催化剂成为化学界的一个独立的交叉学科研究领域。在其后近 30 年的时间里已经设计和合成了为数众多的不同结构和不同用途的高分子催化剂，其中有许多无论在催化活性还是催化选择性方面均大大超过对应的均相络合催化剂。目前常用的高分子催化剂有用于酸碱催化反应的离子交换树脂催化剂、聚合物相转移催化剂和用于加氢和氧化等催化反应的高分子过渡金属络合物催化剂，生物催化剂——固化酶从原理上讲也属于这一类。

3.3.1　高分子催化剂的合成

高分子催化剂的合成方法可大致分为两类，即化学键联法和物理浸渍法。

（1）化学键联法　催化活性金属原子通过离子键或共价键被固载于聚合物载体上，这是高分子负载催化剂最主要的制备方法。离子键合的方法简单易行，但此类催化剂使用时应谨慎选择反应介质（溶剂），否则有可能在实际催化过程中发生二次离子交换而导致催化活性物种的脱落。相对而言，共价键合法制备的催化剂较为牢固，但使用时也应严格控制反应条件（适宜温度、惰性气体保护等）。

　　金属的络阴离子或络阳离子可采用离子交换的原理被固载于聚合物载体上，如图 3-17 所示。催化剂（a）是羰基化催化剂，催化剂（b）是高效环氧化催化剂。

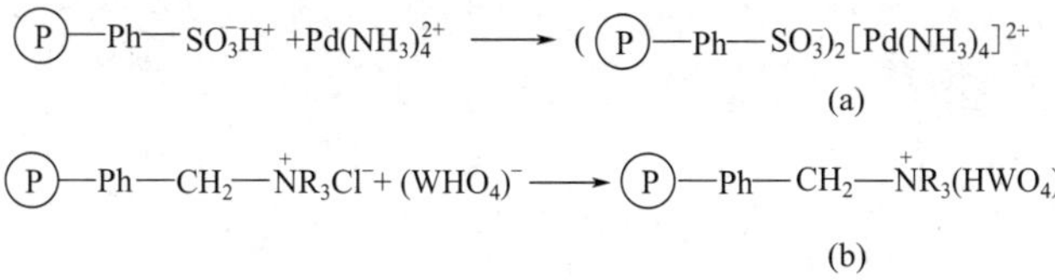

$$\text{P}\!-\!Ph\!-\!SO_3^-H^+ + Pd(NH_3)_4^{2+} \longrightarrow (\text{P}\!-\!Ph\!-\!SO_3)_2[Pd(NH_3)_4]^{2+}$$
(a)

$$\text{P}\!-\!Ph\!-\!CH_2\!-\!{}^+NR_3Cl^- + (WHO_4)^- \longrightarrow \text{P}\!-\!Ph\!-\!CH_2\!-\!{}^+NR_3(HWO_4)^-$$
(b)

图 3-17　高分子络合物催化剂

　　催化活性中心金属原子可通过共价键与聚合物载体键合，通常是先制备聚合物载体，再经系列功能基化反应制成带配位功能基的高分子配体，后者与金属的盐或络合物反应即可制得高分子共价键联金属络合物催化剂，如图 3-18 所示。此催化剂可作为烯烃氢甲酰化反应催化剂，其中的氯甲基化聚苯乙烯是高分子负载催化剂中最常用的高分子载体，经它可引入各种不同的配位基，如不同施主原子配位基、单齿及多齿配位基、同类配体但施主原子上带不同取代基。

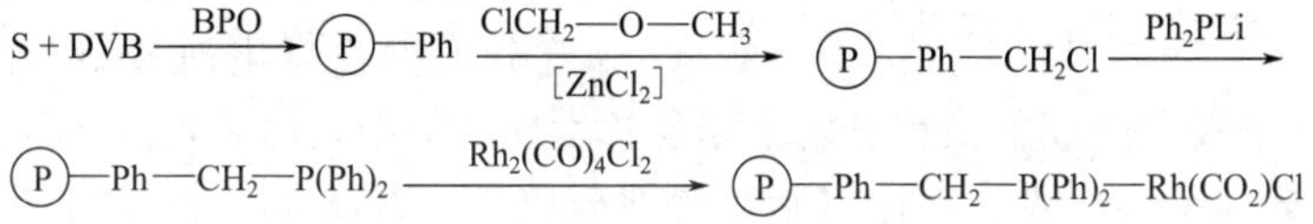

$$S + DVB \xrightarrow{BPO} \text{P}\!-\!Ph \xrightarrow[\text{[ZnCl}_2]}{ClCH_2\!-\!O\!-\!CH_3} \text{P}\!-\!Ph\!-\!CH_2Cl \xrightarrow{Ph_2PLi}$$

$$\text{P}\!-\!Ph\!-\!CH_2\!-\!P(Ph)_2 \xrightarrow{Rh_2(CO)_4Cl_2} \text{P}\!-\!Ph\!-\!CH_2\!-\!P(Ph)_2\!-\!Rh(CO_2)Cl$$

图 3-18　共价键合的高分子催化剂

　　除聚苯乙烯这种最常用的有机聚合物载体，还可以用 SiO_2 作为无机聚合物载体，其表面的羟基可与烷氧基（甲氧基、乙氧基）硅烷反应，可借助于这一反应在其表面上锚定苯基烷氧基硅烷，再经修饰反应引入配位功能基从而制备各种各样的负载金属络合物，如图3-19 所示的 SiO_2 负载金属络合物催化剂的制备过程。

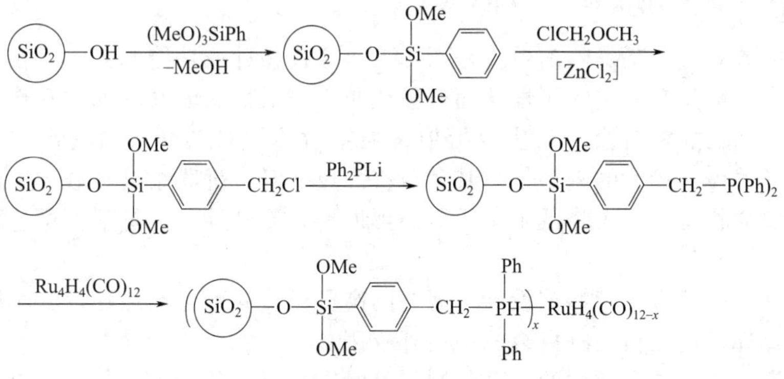

图 3-19　SiO_2 负载金属络合物催化剂的制备

　　硅胶不仅有很好的吸附性能，而且高温活化后其表面羟基具有一定弱酸性，将其浸入可溶性碱性聚合物（如线形聚乙烯基吡啶）溶液中，后者的碱性功能基与前者羟基间会产生一种弱的静电（成盐）相互作用，后者即被吸附、涂覆在前者表面上，得到以无机聚合物为核、以有机高分子为壳的高分子配体，然后将之用于键合金属离子，制备高分子负载催化剂（图 3-20）。

　　上面介绍的制备高分子负载催化剂的方法都是先制备高分子载体然后通过不同的方法将

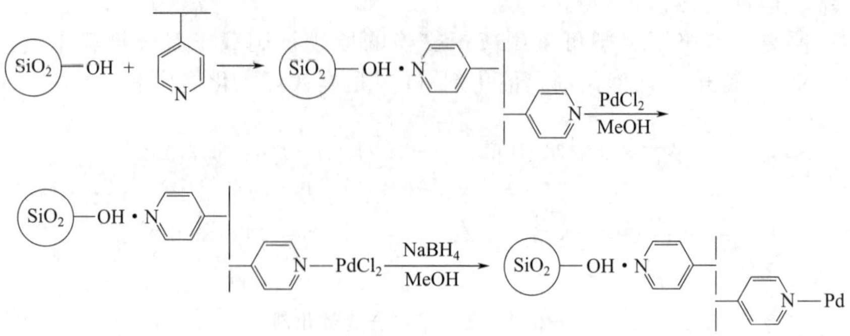

$$\text{(SiO}_2\text{)}-\text{OH} + \text{(pyridine)} \longrightarrow \text{(SiO}_2\text{)}-\text{OH}\cdot\text{N} \xrightarrow[\text{MeOH}]{\text{PdCl}_2}$$

$$\text{(SiO}_2\text{)}-\text{OH}\cdot\text{N}-\text{PdCl}_2 \xrightarrow[\text{MeOH}]{\text{NaBH}_4} \text{(SiO}_2\text{)}-\text{OH}\cdot\text{N}-\text{Pd}$$

图 3-20　高分子配体键合金属离子制备高分子催化剂

催化活性金属物种固载化于聚合物载体上，这种方法称为预制聚合物法。也可以先合成带催化活性物种的烯基单体，然后再经均聚或共聚合反应制成高分子负载金属络合物催化剂。如图 3-21 所示的几种带催化活性物种的烯基单体。

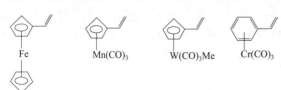

图 3-21　几种带催化活性物种的烯基单体

（2）物理浸渍法　物理浸渍法是制备高分子负载催化剂最简单的方法，又分干法和湿法。所谓干法是将金属盐或络合物溶于易挥发性溶剂中，然后把多孔性聚合物载体（如微孔高比表面积交联聚苯乙烯、碳化树脂、活性硅胶等）加入其中，搅拌下浸渍一段时间，过滤后干燥（除去挥发性溶剂）即得。另一种方法是湿法，即将金属盐或络合物溶于由易挥发性溶剂（苯、丙酮、氯仿等）和非挥发性溶剂（二苯醚、三氯苯等）组成的混合溶剂中，然后将多孔性载体加入其中浸渍一段时间。过滤后除去挥发性溶剂，溶于非挥发性溶剂的金属络合物即以溶液状态被吸附、锁闭在多孔性载体的孔道内。浸渍法虽然简单易行，但催化活性组分与载体的结合不甚牢固，在使用过程中金属往往容易脱落流失，这是其主要缺点。

3.3.2　高分子催化剂的高分子效应

（1）基位隔离效应　基位隔离效应是指当催化活性物种或功能基被键联在高分子载体上以后，由于聚合物链具有一定的刚性从而避免或减少了活性功能基间的相互作用。

如均相二茂钛在加氢时会二聚生成无催化加氢活性的双二茂钛二氢络合物。交联度为20%的聚苯乙烯载体有较大的刚性，当其负载有二茂钛时，键联于这种载体上的活性二茂钛物种处于彼此隔离状态，大大降低了其二聚的可能性，使其催化加氢活性可达到相应的均相二茂钛的 25～120 倍。

（2）选择性提高效应　经特定设计、裁制的高分子负载催化剂往往较其小分子对应体有更高的催化选择性，这在精细有机合成中格外有用。

对于交联聚合物载体孔结构的认真裁制，可赋予高分子负载金属催化剂以明显的尺寸选择性。将孔径分别为 32nm、20nm、15nm 的 3 种载体用于制备高分子钌络合物催化剂并用于环十二碳三烯（CDT）催化选择加氢反应时，发现孔径为 20nm 的催化剂的生成选择性最高，并超过对应的均相络合物催化剂。

（3）活性提高效应　当均相催化活性物种被负载到经仔细裁制的聚合物载体上时，保持原均相物种催化活性或得到活性高于均相物种的高分子催化剂是完全有可能的，高度不安定的催化活性物种被固载化于聚合物载体上可因明显提高了其稳定性而使催化活性和选择性同时得到提高。如利用聚合物负载的 $WCl_6\text{-}Et_2AlCl$ 进行双环戊二烯的开环歧化反应时催化剂活性明显提高，同时生成聚合物的力学性能也大大提高。

（4）协同效应 若高分子负载金属催化剂的高分子链上除催化功能基外尚存在另一个功能基，它能以不同方式（如静电引力、配价键力等）吸引底物分子使其快速接近催化功能基，使催化反应更容易进行，这种情况叫作协同效应。如高分子磷酸树脂可用于催化乙酸烯丙酯的水解反应，采用部分负载 Ag^+ 高分子磺酸作为催化剂时其催化水解效率大大提高。

3.3.3 高分子催化剂的类型及应用

高分子催化剂包括高分子酸碱催化剂、高分子金属络合物催化剂、高分子相转移催化剂、高分子路易斯酸和过酸催化剂、聚合物脱氢和脱羰基催化剂、聚合物型 pH 指示剂和聚合型引发剂等。本文中将对前 3 者的结构和用途进行简单的说明。

（1）高分子酸碱催化剂 酸、碱催化剂是有机合成中常见的催化剂，某些用于催化水解反应、酯化反应的小分子酸碱催化剂可以由阳离子或阴离子交换树脂所替代，因此商品化的强酸和强碱型离子交换树脂可以作为酸碱催化剂，其中常见为聚苯乙烯型酸、碱树脂，其分子结构如图 3-22 所示。

图 3-22 高分子酸碱催化剂

酸性或碱性离子交换树脂可以催化酯化反应、醇醛缩合反应、烷基化反应、脱水反应、环氧化反应、水解反应、环合反应、加成反应、分子重排反应以及某些聚合反应等。它们参与的反应为多相反应，其参与反应的方式也多种多样，既可以像普通反应一样将催化剂与其他反应试剂混在一起加以搅拌在反应釜内进行，反应后得到的反应混合物经过过滤等简单纯化分离过程与催化剂分离；也可以将催化剂固定在反应床上进行反应，反应物作为流体通过反应床，产物随流出物与催化剂分离。后一种反应方式可以连续进行反应，在工业上可以提高产量，降低成本，简化工艺。

（2）高分子金属络合物催化剂 金属络合物催化剂由于其易溶性常常与反应体系成为均相，多数只能作为均相反应的催化剂，因此将金属络合物催化剂负载在高分子骨架上制备高分子金属络合物催化剂，从而实现多相催化。

通常，高分子金属络合物催化剂是利用高分子骨架上的配位体与金属中心离子之间的络合反应来实现的，配位体提供的电子与中心金属离子提供的空轨道形成配位化学键。高分子骨架上的配位体主要有两类，一是 P、S、O、N 等可以提供未成键电子的原子，含有这类结构的有机官能团有羟基、羰基、硫醇、胺类、醚类及杂环类等；二是分子结构中具有离域性强的 π 电子体系，如芳香族化合物和环戊二烯等。

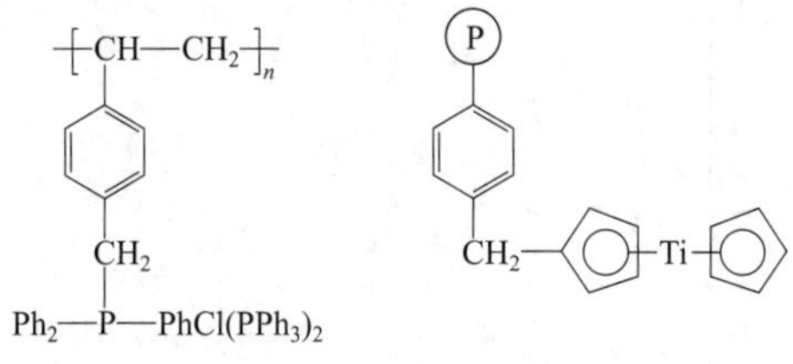

图 3-23 高分子金属络合物催化剂

目前常用的高分子金属络合物催化剂有聚苯乙烯型三苯基磷铑络合催化剂 [图 3-23（a）]、聚苯乙烯型高分子二茂钛催化剂 [图 3-23（b）]。聚苯乙烯型三苯基磷铑络合催化剂可用于室温下对烯烃进行催化加氢，在氢气压力只有 1MPa 的温和条件下即可进行加氢反应，与相应的低分子催化剂相比降低了氧敏感性和腐蚀性，反应物可以在空气中储存和处理。高分子二茂钛催化剂不仅具有多相催化的特征，使催化剂的回收和产品的纯化变得容易，而且由于聚合物刚性骨架的分隔作用，克服了均相催化剂易生成二聚物而失效的弊病。

（3）高分子相转移催化剂　有些化学反应中，反应物之间的溶解度差别很大，无法在单一溶剂中溶解，因而两种反应物分别处于两个相态中，反应过程中反应物需要从一相向另外一相转移与另一反应物质发生化学反应，因此分子碰撞概率减少，反应速度通常很慢。此时需要一类能够加速反应物从一相向另一相转移过程，进而提升反应速度的化学物质，即相转移催化剂。相转移催化剂主要包括亲脂性有机离子化合物（季铵盐和磷鎓盐）和非离子型的冠醚类化合物。一般而言，磷鎓离子相转移催化剂的稳定性和催化活性都要比相应季铵盐型催化剂要好，而聚合物键合的高分子冠醚相转移催化剂的催化活性最高。一些具有代表性的各种高分子相转移催化剂的结构和主要用途见表 3-1。

表 3-1　高分子相转移催化剂

高分子相转移催化剂	主要应用 RX+Y $\longrightarrow$ RZ
P—〇—$N^+ \cdot R_3X^-$　X=Cl^-,Br^-,F^-,I^-	Y=Cl^-,Br^-,F^-,I^-
P—〇—$CH_2OCO(CH_2)_n$—$N^{\pm}$—R_3^-X　　X=卤素负离子	Y=CN^-,I^-
P—〇—CH_2—N^+（环）Cl^-	Y=Ph-CH^--CN
P—〇N—N^+—RCl^-　R=H,n-Bu,PhCH$_2$,CH$_2$CHMeEt	Y=PhO^-
C—O—$Si(OMe)_2$—$(CH_2)_3$—$N^+Bu_3X^-$　　C=纤维素	Y=I^-,CN^-,还原
P—〇—$(CH_2)_n$—$P^+Bu_3X^-$	Y=CN^-,ArO^-,Cl^-,I^-,AcO^-,ArS^-, $ArCHCOMe^-$,N_3^-,SCN^-
P—〇—CH_2—$\begin{array}{l}CHR—P^+Ph_3\\ CMe\\ CHR—P^+Ph_3\end{array}$　2Br$^-$	Y=PhS^-,PhO^-
P—$CH_2NHCH_2CH_2$—（冠醚结构）	Y=CN^-
（聚苯并冠醚结构）$_n$	Y=I^-,CN^-,PhO^-
P—CH_2O—R—（穴醚结构）	

3.3.4　酶的固化及其应用

酶是具有催化生物化学反应作用的一类蛋白质，它在医疗领域广泛用于疾病的诊治，在工业上用于合成催化剂和发酵行业，在分析化学和临床检验中制作生物化学传感器。

与常规催化剂相比，酶作为催化剂最大的特点是催化效率高，选择性极好，大多数情况下是专一性催化，但稳定性不好，很容易变性失活，且其在水性介质中为均相催化剂，不利于反应后的分离、纯化和回收。基于这样的原因，研究者提出了在不减少或少减少酶的活性的前提下使酶成为不溶于水的所谓"固化酶"（immobilized enzyme），大大拓展了酶在有机合成等各个领域里的应用范围。酶的固化不仅提高了酶的稳定性，而且简化了反应步骤，使酶促反应可以实现连续化、自动化，为制造所谓"生物反应器"（bioreactor）打下基础。

3.3.4.1 固化酶的制备方法

酶的固化过程以及固化酶应满足以下要求：固化酶不溶于水或化学反应中使用的其他反应介质，以保证酶催化剂的分离和回收工艺的简单性，这是酶固化过程的基本目的和要求；固化过程应不影响或少影响酶的活性；固化方法的选择应考虑到酶自身的特点和结构，不要引入多余化学结构而影响酶的性质，应尽可能利用酶结构中各种非催化活性官能团进行固化反应；作为酶固化的载体应有一定的机械强度和化学稳定性，以适应反应工艺要求和有一定的使用寿命。

针对上述的要求，酶的固化应在温和的条件下进行，不能使用强酸、强碱和某些有机溶剂，反应的温度也有一定限制。酶的固化方法可以分成化学法和物理法两种。化学法是将酶连接到一定高分子载体上，或者采用交联剂通过与酶表面的特定基团发生交联反应将酶交联起来，构成分子量更大的蛋白分子使其成为不溶性的固化酶，物理法包括包埋法和微胶囊法等，其目的是使酶被高分子包埋或用微胶囊包裹起来，使其不能在溶剂中自由扩散，但是被催化的小分子反应物和产物应可以自由通过包埋物或胶囊外层，使之与酶催化剂接触反应。

（1）化学键合酶固化方法　通过化学键将酶键合到高分子载体上是酶固化的一种方法。可供选用的聚合物载体可以是人工合成的或是天然的有机高分子化合物。有些情况下也可以用无机高分子材料。对载体的要求除了不溶于反应溶剂等基本条件外，还要求载体分子结构中含有一定的亲水性基团，以保证有一定的润湿性。高分子载体应带有活性较强的反应基团，如重氮盐、酰氯、醛、活性酯等高活性基团，以保证后续的键合反应能在温和的反应条件下进行。

如图 3-24 所示以聚苯乙烯作为固化酶的高聚物骨架，利用在苯环上引入的高活性重氮盐基团与酶蛋白质中存在的酪氨酸中的苯酚羟基［图 3-24(a)］或者与组氨酸的咪唑基中的

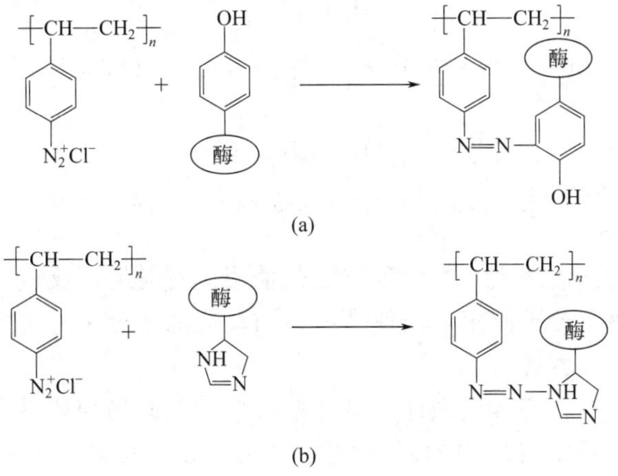

(a)

(b)

图 3-24　以化学键合进行酶的固化

饱和氮原子［图 3-24(b)］进行偶联反应，即可达到酶蛋白的键合固化。一般来说，采用这种固化方法得到的固化酶稳定性比较好，催化活性不易丢失。

除聚苯乙烯外，含有缩醛结构的聚合物、一些聚酰胺或多肽高分子化合物经过活化预处理后也可以作为载体与酶结合形成不溶性的固定化酶。某些无机材料如多孔性玻璃或硅胶也可以作为固化酶的载体。离子交换树脂也可作为固化酶的载体，其中阳离子交换树脂可与酶中的氨基相结合，阴离子交换树脂与酶中的羧基相结合而实现酶的固化。此方法操作简单，反应条件温和，对酶活性影响不大，但离子交换树脂与酶的结合力较弱，且易受反应溶液中酸碱度的影响，因此形成的固化酶的稳定性较差。某些天然的产物，如纸片、纤维素等也可以作为固化酶的载体，如图 3-25 所示。

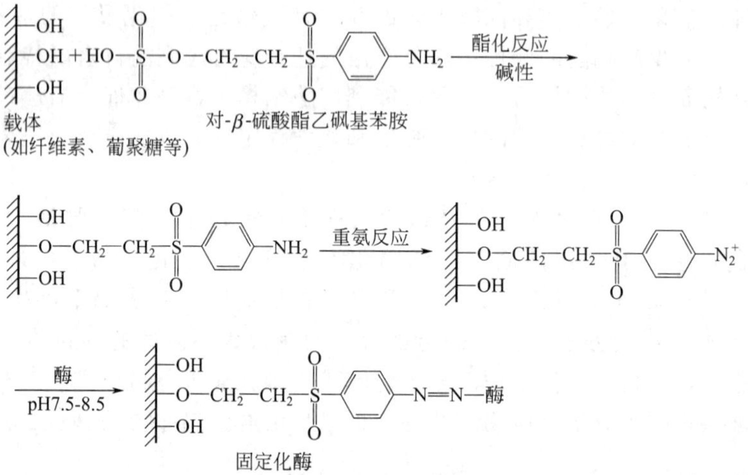

图 3-25　酶的固定化及其结构示意图

（2）化学交联酶固化法　这种方法是利用一些带有双端基官能团的化学交联剂，通过与酶蛋白中固有的活性基团进行化学反应，生成新的共价键将各个单体酶连接起来，形成不溶性链状或网状结构，从而将酶固化。图 3-26 给出一些常用的可用于酶交联固化的交联剂和它们的使用情况。

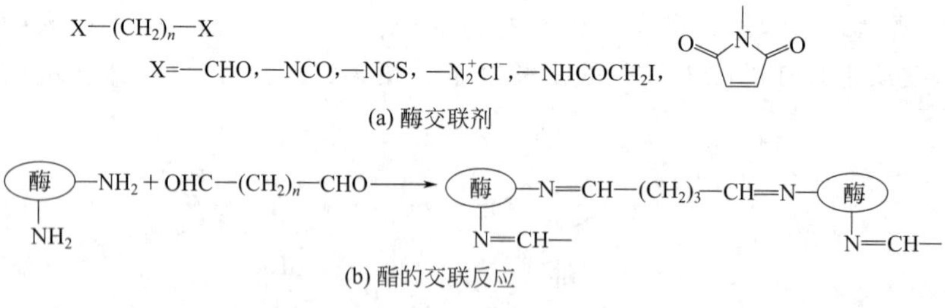

图 3-26　化学交联法固化酶的交联剂及酶的交联反应

（3）酶的物理固化法　酶固化的物理方法是使用具有对酶促反应中反应物和生成物有选择透过性能的材料将酶大分子固定，而使那些参与反应的小分子透过的酶固定方法。物理固化方法主要有包埋法和微胶囊法。

包埋法是将酶溶解在含有合成载体的单体溶液中。在此均相体系中进行合成载体的聚合反应，聚合反应进行过程中溶液中的酶被包埋在反应形成的聚合物网络之中，不能自由扩散，从而达到酶固化的目的。此法要求形成的聚合物网络在溶胀条件下要允许反应物和生成物小分子通过。例如以苯酚类（如对苯二酚）和甲醛经缩聚而成的新一类凝胶状树脂（phenolic formaldehyde resins，PF 凝胶）即属于此类高分子材料，其结构如图 3-27 所示。

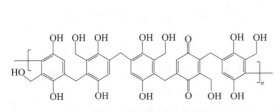

图 3-27　PF 凝胶的分子结构

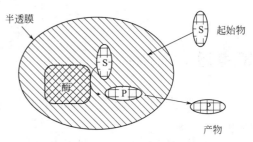

图 3-28　酶微胶囊固化法示意图

微胶囊法是用有半通透性能的聚合物膜将酶包裹在中间，构成酶藏在微囊中的固化酶。在酶催化反应中反应物小分子可以通过半透膜与酶接触进行酶促反应，生成物可以通过半透膜逸出囊外，而酶则由于体积较大被留在膜内，其原理如图 3-28 所示。

物理酶固化法的有利之处在于在制备过程中酶没有参与化学反应，因而其整体结构保持不变，催化活性亦保持不变。但是由于包埋物或半透膜有一定立体阻碍作用，对所进行酶促反应的动力学过程不利。

3.3.4.2　固化酶的特点和应用

酶的催化反应具有高活性和高选择性，因此酶促反应可在相对温和的反应条件下进行，使制备工艺得到简化，设备要求降低，并且提高生产效率；同时可以提高原料的利用率，减少副反应产物，更加符合绿色化学的要求。此外，以酶为催化剂常常可以制备用常规方法难以或不能合成的有机化学产品。固化酶则大大扩大了酶这种生物催化剂的应用领域。但固化酶法也有其不足之处，其制备技术要求高，制备成本昂贵也限制了固化酶法在工业上的大规模应用。寻找廉价的载体，研究更简单的固化方法，将是下一步研究的主要目标。

固化酶的研究和应用不仅在化学生物学、生物工程医学及生命科学等领域异常活跃，而且因其具有节省能源与资源、减少污染的生态环境效应而符合可持续发展的战略要求，目前固化酶已被广泛应用于医药、食品行业、化工行业、材料科学、环境保护、能源等领域。下面举例说明酶在化学合成等方面的应用。

（1）光学纯氨基酸的合成　利用酶催化的专一性可以合成预定结构的光学异构体，比如 L-蛋氨酸的合成，采用常规合成方法仅能获得外消旋体产物，而采用物理吸附的方法固化在 N,N-二乙基胺乙基葡聚糖树脂上酰化氨基酸水解酶作为催化剂，则可得到光学纯的 L-蛋氨酸。

（2）6-氨基青霉素酸的合成　将青霉素酰胺酶接枝到经过活化处理的 N,N-二乙基胺乙基纤维素上，以此为固相催化剂分解原料苄基青霉素，产物即为 6-氨基青霉素酸。这种方法得到的产品，相对于传统的微生物法生产的产品纯度更高，质量更好。

（3）固化酶在分析化学和化学敏感器制作方面的应用　固化酶在临床医学和化学分析方面也有广泛应用，酶电极就是其中一种。将活性酶用特殊方法固化到电极表面就构成了酶电极。用酶电极可以测定极微量的某些特定物质，不仅灵敏度高，而且选择性好。它的最大优势在于酶电极可以做得非常小，甚至小到可以插入某些细胞内测定细胞液的组成，因此在生物学研究和临床医学研究方面意义重大。固化酶与生物传感技术结合制成的乳酸盐分析仪则具有快速、准确、自动化、微量取血等四大优点。此外，固定化酶还可以与安培检流计配合，应用于啤酒中亚硫酸盐和磷酸盐的检测。乙酰胆碱酯固化酶还被用于蔬菜中农药残留的分析测定。

思 考 题

1. 反应型功能高分子材料具有的主要性质有哪些？这些性质都可以在哪些领域获得应用？

2. 与相应的小分子反应试剂和催化剂相比，反应型功能高分子具有哪些特点？产生的原因是什么？

3. 根据本章中列举的高分子试剂的制备方法，分析讨论各种制备方法的特点并提出自己的改进意见。

4. 对比分别采用相同功能的小分子试剂和高分子试剂进行的化学反应，讨论在反应工艺、分离纯化工艺和对环境影响等方面可能产生的差异。

5. 作为固相合成使用的高分子试剂具有哪些结构特征？为什么固相合成可以使用大大过量的反应试剂？固相合成给有机合成研究带来的直接意义是什么？

6. 固相合成工艺适应于哪些类型化合物的合成？举例说明这些化合物合成的基本原理和特点。对比多肽的固相合成与常规液相合成工艺的主要差别有哪些？

7. 常见的催化剂有哪些种类？其中哪些种类的催化剂适合进行高分子化？与小分子同种催化剂相比，高分子催化剂的特点有哪些？

8. 消除酶的水溶性，保持酶的催化活性和选择性是酶固化过程的基本要求，讨论如何才能做到上述两点？

9. 列举出酶固化的主要方法，这些方法的固化依据和固化效果如何？固化酶的意义是什么？为什么说经过固化后酶的应用领域可以扩大？

10. 简述固化酶制备的一般方法、基本原理以及各自的优缺点。

11. 试述共价键结合法制备固化酶的一般"通式"，及共价结合法的优缺点。

参 考 文 献

[1] 王国建．功能高分子材料［M］．上海：同济大学出版社，2014．

[2] 赵文元，王亦军．功能高分子材料［M］．第2版．北京：化学工业出版社，2013．

[3] 罗祥林．功能高分子材料［M］．北京：化学工业出版社，2010．

[4] 马建标．功能高分子材料［M］．北京：化学工业出版社，2010．

[5] 陈立新，焦剑，蓝立文．功能塑料［M］．北京：化学工业出版社，2005．

[6] 何天白，胡汉杰．功能高分子与新技术［M］．北京：化学工业出版社，2001．

[7] 张政朴，反应性与功能性高分子材料［M］．北京：化学工业出版社，2005．

[8] 何天白，胡汉杰．功能高分子与新技术［M］．北京：化学工业出版社，2001．

[9] 曹林秋．载体固定化酶——原理、应用和设计［M］．杨晟，袁中一，译．北京：化学工业出版社，2008．

[10] 李婷，东为富，陈明清．酶催化合成新型功能高分子的研究进展［J］．化工新型材料，2012，40（3）：38-40，66．

[11] 黄文强，何炳林．功能基化聚合物作为高分子试剂在固相有机合成中的应用研究［J］．离子交换与吸附，1993，9（1）：77．

[12] 黄文强，李晨曦．应用手性高分子试剂和催化剂的不对称有机合成反应［J］．高分子通报，1992，（1）：16．

[13] 娄忠良，孟子晖，王鹏，等．分子印迹技术用于模拟酶及分子反应器的研究进展［J］．有机化学，2009，

(11)：1744.

[14] 马兴科，苏致兴，沈伟国. 高分子催化剂研究进展 [J]. 周口师范学院学报，2004，21（5）：66.

[15] 李彦峰. 高分子金属催化剂的合成及性能研究 [J]. 高分子通报，1989，(3)：12.

[16] Wang B H，Dong J S，Chen S，et al. ZnCl$_2$-modified ion exchange resin as an efficient catalyst for the bisphenol-A production [J]. Chinese Chemical Letters，2014，25（11）：1423.

[17] Borugadda V B，Goud V V. Epoxidation of castor oil fatty acid methyl esters（COFAME）as a lubricant base stock using heterogeneous ion-exchange resin（IR-120）as a catalyst [J]. Energy Procedia，2014，54：75.

[18] Mukhopadhyay C，Tapaswi P K. Dowex 50W：A highly efficient and recyclable green catalyst for the construction of the 2-substituted benzimidazole moiety in aqueous medium [J]. Catalysis Communications，2008，9（14）：2392.

[19] Kumari K A，Sreekumar K. Polymeric acyl transfer reagents：Synthesis of amides using polystyrene supported oximino esters [J]. Polymer，1996，37（1）：171.

[20] George B K，Pillai V N R. Poly-N-haloacrylamides as polymeric solid phase synthetic reagents for α-halogenation of ketones [J]. Polymer，1989，30（1）：178.

[21] Hodge P. Polymeric reagents and catalysts：W. T. Ford（ed.）ACS symposium series 308，American Chemical Society，Washington，1986 [J]. Polymer，1988，29（2）：380.

第4章 高分子分离膜

4.1 概　述

　　膜是一种二维材料，具有分隔、分离、保护等重要功能。利用膜选择透过性对混合组分进行物质的分离是一种很重要的分离技术，它的分离过程通常称为膜过程，在膜过程中通常需要一定的推动力。利用高性能分离膜可以实现物质的浓缩、纯化、分离和反应促进等功能。膜技术在许多领域已得到了广泛的应用，如食品、饮料、冶金、造纸、纺织、制药、汽车、乳品、生物、化工以及在工业及民用用水的处理方面，它在环保方面的应用也日益广泛。

4.1.1 分离膜与膜分离的特点

　　(1) 分离膜及其发展　很早人们就认识到固体薄膜能选择性地使某些组分透过。早在1748年，Nollet 发现水能自发地扩散到装有酒精溶液的猪膀胱内，这一发现可以说开创了膜渗透的研究。但直到1854年，Graham 发表了可利用膜渗透分离混合物的文章后，分离膜的研究才受到人们的重视。1855年，Fick 等用陶瓷管浸入硝酸纤维素乙醚溶液中制备了囊袋型"超滤"半渗透膜，用以透析生物学流体溶液，定量地测定了扩散和渗透压，并把渗透压与溶液的浓度和温度联系起来。1907年，Bechlod 发表了第一篇系统研究滤膜性质的报告，指出滤膜孔径可以通过改变火棉胶（硝酸纤维素）溶液的浓度来控制，从而制备出不同孔径的膜，并列出了相应的过滤颗粒物质梯级表。1918年，Zsigmondy 等提出了商品规模生产硝酸纤维素微孔滤膜的方法，并于1921年获得了专利。最早的工业用膜是第一次世界大战后由德国 Sartorius 制造的，然而此时制备的多孔硝酸纤维素或硝酸纤维素-乙酸纤维素膜只能用于实验室规模。1931年，Elford 报道了一个新的适于微生物应用的火棉胶滤膜系列，并用它来分离和富集微生物和极细粒子。20世纪40年代出现了基于渗析原理的人工肾脏，Kolff 等将之用于实际的血液透析。20世纪50年代初期，Juda 研制成功离子交换膜，从而使电渗析获得了工业应用，这种膜由阳离子或阴离子的迁移所产生的选择性比任何非离子系统的选择性都大。20世纪60年代，Leob 和 Sourirajan 研制成功乙酸纤维素非对称膜，60年代末期又研制成功中空乙酸纤维素膜，这在膜分离技术的发展中是两个重要的突破，对膜分离技术的发展起到了重要的推动作用，使反渗透、超滤和气体分离进入实用阶段。这些膜是由一个很薄的致密皮层（厚度$<0.5\mu m$）和一个多孔的亚层（厚度为$50\sim200\mu m$）构成的。皮层决定了传递速率，多孔亚层仅起支撑作用，渗透速率反比于实际屏障层的厚度，

因此不对称膜的渗透速率（水通量）远大于相同厚度的（均质）对称膜。

具有分离选择性的人造液膜是 Martin 在 20 世纪 60 年代初研究反渗透时发现的，这种液膜是覆盖在固体膜之上的，为支撑液膜。20 世纪 60 年代中期，美籍华人黎念之博士在测定表面张力时观察到含有表面活性剂的水和油能形成界面膜，从而发现了不带有固膜支撑的新型液膜，并于 1968 年获得纯粹液膜的第一项专利。20 世纪 70 年代初，Cussler 又研制成功含流动载体的液膜，使液膜分离技术具有更高的选择性。

从 20 世纪 50 年代以来，与膜分离有关的产业以每年 10％以上的速度稳定增长，已形成一个年产值超过百亿美元的重要新兴产业。

从技术上来看，膜过程正由微滤（MF）、超滤（UF）、纳滤（NF）、反渗透（RO）、电渗析（ED）、膜电解（ME）、扩散渗透（DD）及透析等第一代过程向气体分离（GS）、全蒸发（PV）、蒸气渗透（VP）、膜蒸馏（MD）、膜接触器（MC）、膜萃取等发展。

（2）膜分离的特点　相对于其他的分离方法，膜分离技术具有以下的优点：除个别情况，如渗透汽化分离外，分离过程没有相变，因此分离物质的损耗小，能源消耗小，是一种低能耗、低成本的分离技术；膜分离过程通常在温和的条件下进行，因而对需避免高温分级、浓缩与富集的物质，如果汁、药品、蛋白质等，具有明显的优点；膜分离装置简单、操作容易、制造方便，易于与其他分离技术相结合，其分离技术应用范围广，对无机物、有机物及生物制品均可适用，并且不产生二次污染。但是膜过程中容易出现膜污染，降低分离效率，膜的分离选择性较低，同时膜的使用有一定的寿命。

4.1.2　高分子分离膜的定义及分类

目前对膜没有一个准确的定义，一般认为，如果在一个流体相内或两个流体相之间有一薄层凝聚相物质能把流体相分隔开来成为两部分，那么这一凝聚相物质就可称为分离膜，这一层凝聚相物质可以是固态的，也可以是液态的。因此分离膜是两相之间的屏障，且具有选择性透过的固有特性。

依据膜的结构、形态和应用的场合有不同的分类方法。如从材料的来源可分为合成膜和天然膜；依据膜的形态可分为液态膜和固体膜；依据膜的化学性质可以是中性膜，也可以是带电膜；根据分离膜分离时所选择的球粒的大小，还可分为微滤膜、超滤膜、纳滤膜、反渗透膜等。

膜的结构将决定其分离机理，对于固体合成膜，依据其结构主要分为两大类：对称膜和不对称膜，每种膜又可由均质膜（致密膜）和多孔膜或两者共同组成。均质膜中没有宏观的孔洞，某些气体和液体的透过是通过分子在膜中的溶解和扩散运动实现的；而多孔膜上有固定的孔洞，是依据不同的孔径对物质进行截留来实现分离过程的。其结构如图 4-1 所示。

对称膜的厚度一般在 $10\sim200\mu m$，传质阻力由膜的总厚度决定，降低膜的厚度将提高渗透速率。不对称膜一般由厚度为 $0.1\sim0.5\mu m$ 的很致密皮层和 $50\sim150\mu m$ 厚的多孔亚层构成，如图 4-2 所示，它结合了致密膜的高选择性和多孔膜的高渗透速率的优点，其传质阻力主要或完全由很薄的皮层决定。复合膜同样具有皮层和亚层，其中的皮层和亚层是由不同的聚合物制成，因此

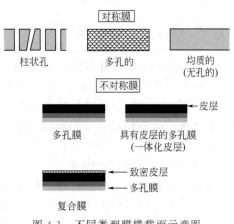

图 4-1　不同类型膜横截面示意图

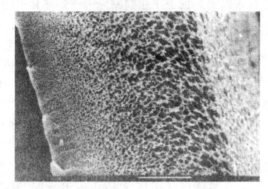

图 4-2　不对称聚砜超滤膜的横断面

每一层均可独立地发挥最大作用。通常亚层本身也是不对称膜，其上沉积着一个薄的致密切层。

从膜的宏观形态来分，还可将膜分为平板膜、管状膜和中空纤维膜。

平板膜是分离膜中宏观结构最简单的一种，它还进一步分为无支撑膜（膜中仅包括分离用膜材料本身）、增强型分离膜（膜中还包含用于加强机械强度的纤维性材料）和支撑型分离膜（膜外加有起支撑增强作用的材料）。它可以制成各种各样的使用形式，如平面型、卷筒型、折叠型和三明治夹心型等，适用于超细滤、超滤和微滤等各种形式。平面型分离膜容易制作，使用方便，成本低廉，因此使用的范围较广。

管状膜的侧截面为封闭环形，被分离溶液可以从管的内部加入，也可以从管的外部加入，在相对一侧流出。在使用中经常将许多这样的管排列在一起组成分离器。管状分离膜最大的特点是容易清洗，适用于分离液浓度很高或者污物较多的场合。在其他构型中容易造成的膜表面污染、凝结、极化等问题，在管型膜中由于溶液在管中的快速流动冲刷而大大减轻，而且在使用后管的内外壁都比较容易清洗。但其使用密度较小，在一定使用体积下，有效分离面积最小。同时，为了维持系统循环，需要较多的能源消耗。因此在实际大规模应用中只在其他结构的膜分离材料不适合时才采用管状分离膜。

中空纤维是由半透性材料通过特殊工艺制成的，其外径为 $50\sim300\mu m$，壁厚约 $20\mu m$。在使用中通过纤维外表面加压进料，在内部收集分离液。中空纤维的机械强度较高，可在高压力场合下使用，具有高使用密度，但中空纤维易在使用中受到污染，并且难以清洗。中空纤维的重要应用场合在血液透析设备（采用大孔径中空纤维）和人工肾脏的制备方面。

4.1.3　分离膜的膜组件

膜分离过程可以是主动的（如渗透），也可以是被动的，此时的推动力可以是压力差、浓度差、电场力等，从膜的化学性质上看可以是中性的，也可以是带电的。

在这些过程中，膜通常不能直接用于分离，而需要将一定面积的膜装填到某种开放式或封闭的壳体空间内构造成一定形式的结构单元，即膜组件。因此膜的材料性能在膜分离技术的实现，还必须以合理的膜组件作为载体。

在开发膜组件的过程中必须考虑以下几个基本要求（其中部分是相互矛盾的）：适当均匀的流动，无静水区；具有良好的机械稳定性、化学稳定性和热稳定性；装填密度大；制造成本低；易于清洗；更换膜的成本低；压力损失小。膜组件主要可分为毛细管/中空纤维式、平板/框式和卷式膜组件。图 4-3 中列举了一些膜组件。

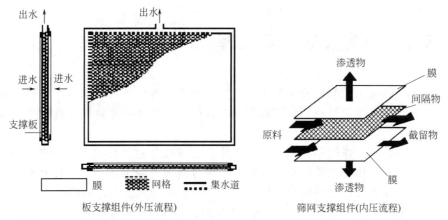

板支撑组件(外压流程)　　　　　筛网支撑组件(内压流程)

(a) 平板膜框式膜组件的基本结构和流体流程

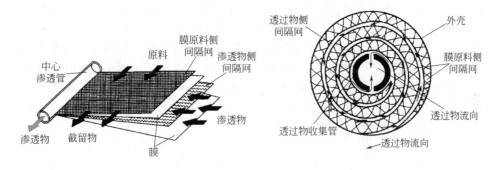

(b) 平板膜卷式样组件结构展开与横向示意

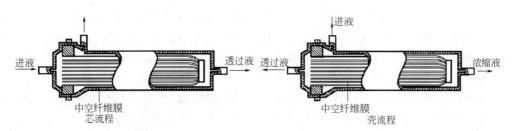

(c) U形中空纤维膜组件的基本结构

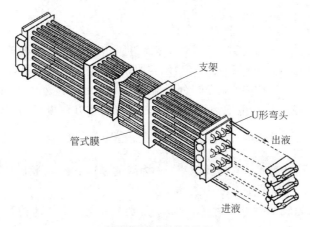

(d) 管式膜组件的结构与流程

图 4-3　某些膜组件及流程

4.2 高分子分离膜的分离原理

作为分离膜，其最为重要的两个指标是选择性和透过性。透过性是指测定物质在单位时间内透过单位面积分离膜的绝对量，选择性是指在同等条件下测定物质透过量与参考物质透过量之比。

各种物质与膜的相互作用不一致，其分离作用主要依靠过筛作用和溶解扩散作用两种。聚合物分离膜的过筛作用类似于物理过筛过程，被分离物质能否通过筛网取决于物质粒径尺寸和网孔的大小，物质的尺寸既包括长度和体积，也包括形状参数。同时分离膜和被分离物质的亲水性、相容性、电负性等性质也起着相当重要的作用。膜分离的另一种作用形式是溶解扩散作用。当膜材料对某些物质具有一定溶解能力时，在外力作用下被溶解物质能够在膜中扩散运动，从膜的一侧扩散到另一侧，再离开分离膜。这种溶解扩散作用对用致密膜对气体的分离和用反渗透膜对溶质与溶液的分离过程起主要作用。

膜对被分离物质的透过性和对不同物质的选择性透过是对分离膜最重要的评价指标。在一定条件下，物质透过单位面积膜的绝对速率称为膜的透过率，通常用单位时间物质透过量为单位。两种不同物质（粒度大小或物理化学性质不同）透过同一分离膜的透过率比值称为透过选择性。

4.2.1 多孔膜的分离原理

多孔膜的分离机理主要是筛分原理，可以截留水和非水溶液中不同尺寸的溶质分子，也可以用于气体的分离。依据表面平均孔径的大小可分为微滤（$0.1 \sim 10 \mu m$）、超滤（$2 \sim 100 nm$）、纳滤（$0.5 \sim 5 nm$）。多孔膜表面的孔径有一定的分布，其分布宽度与制膜技术有关。

除孔径外，在多孔膜的分离中还存在着其他的一些影响因素，如分离膜与被分离物质的亲水性，相容性，电负性等，因此膜的分离过程不仅与膜的宏观结构密切相关，而且还取决于膜材料的化学组成和结构，以及由此而产生的与被分离物质的相互作用关系等。

如亲水性的多孔膜表面容易吸附活动性的、相对较小的水分子层而使有效孔径相应变小，因此实际膜的孔径要大于被截留的分子的尺寸。表面荷电的多孔膜可以在表面吸附一层以上的对离子，因而荷电膜有效孔径比一般多孔膜更小。而相同标称孔径的膜，荷电膜的水通量比一般多孔膜大得多。

下面对多孔膜的分离机理作一简单的介绍。

用多孔膜分离混合气体，是借助于各种气体流过膜中细孔时产生的速度差来进行的，流体的流动，可用努森（Knudsen）系数 K_n 表示：当 $K_n \ll 1$ 时，属黏性流动；当 $K_n \gg 1$ 时，属分子流动；当 $K_n \approx 1$ 时，属中间流动。分子流动时，表示气体分子之间几乎不发生碰撞，而仅在细孔内壁间反复碰撞，并呈现独立飞行状态。按气体方程可导出气体透过膜的速度为

$$v_i = \frac{4}{3} r \varepsilon \sqrt{\frac{2RT}{\pi M_i}} \frac{\Delta p}{lRT} A \tag{4-1}$$

式中，r 为膜上细孔的半径；ε 为孔隙率；l 为膜的厚度；A 为膜的面积；Δp 为膜前后的压力差；M_i 为气体 i 的分子量；R 为气体常数。

若设 p_1、p_2 分别为膜前后的压力，x_i、y_i 分别为膜前后 i 气体的摩尔分数，则：

$$\Delta p_i = p_1 x_i - p_2 y_i \tag{4-2}$$

努森系数 K_n 的表达为：

$$K_n = \frac{4}{3} r\varepsilon \sqrt{\frac{2}{\pi R}} \qquad (4\text{-}3)$$

将式（4-2）和式（4-3）带入式（4-1）中，可得：

$$v_i = \frac{K_n A (p_1 x_i - p_2 y_i)}{l \sqrt{M_i T}} \qquad (4\text{-}4)$$

定义分离系数 α 为

$$\alpha \equiv \frac{y_1/y_2}{x_1/x_2} \qquad (4\text{-}5)$$

式中，x_i 表示分子 i 在膜前方的摩尔分数；y_i 表示分子 i 在膜后方的摩尔分数。显然，$y_1/y_2 = v_1/v_2$，因此，式（4-5）可表示为：

$$\alpha = \frac{v_1/v_2}{x_1/x_2} = \sqrt{\frac{M_2}{M_1}} \left(\frac{p_1 x_1 - p_2 x_2}{p_1 x_2 - p_2 y_2} \right) \frac{x_2}{x_1} \qquad (4\text{-}6)$$

若 $p_2 \rightarrow 0$ 时，有：

$$\alpha = \sqrt{\frac{M_2}{M_1}} \qquad (4\text{-}7)$$

式（4-7）说明，分子量相差越大，分离选择性越好。

在 $K_n \ll 1$ 时，分子运动以分子间的碰撞为控制因素，混合气体呈连续状流动，膜不起分离作用；在 $K_n \approx 1$ 时，流动状态介于分子流动和黏性流动之间，分离效率不高。这一理论表明，多孔膜对混合气体的分离主要决定于膜的结构，而与膜材料的性质无关。

多孔膜在分离液体时，高分子量的组分可以在膜的表面被滤掉，而小分子（如水）组分则能以黏性流动的方式穿过膜孔。小分子液体在单位时间内透过半径为 r，孔隙率为 ε，厚度为 l 的毛细管的体积 q（渗透速度）可按 Poiseulle 方程计算：

$$q = \frac{\varepsilon \pi r^4 \Delta p \beta}{8 \eta l} \qquad (4\text{-}8)$$

式中，η 为液体黏度；Δp 为毛细管两端的压力差；β 为沟路曲折因数，使毛细管有效长度从 1 增大到 $1/\beta$，则单位时间内透过单位面积的毛细管的量为：

$$q = \frac{\varepsilon r^2 \beta \Delta p}{8 \eta l} \qquad (4\text{-}9)$$

设 $\overline{p} = \frac{\varepsilon r^2 \beta}{8 \eta}$ 为渗透系数，则式（4-9）可写为：

$$q = \overline{p} \frac{\beta}{l} \qquad (4\text{-}10)$$

因此其过滤的效率取决于小分子流体的渗透系数。

4.2.2　致密膜的分离机理

绝对无孔的致密膜是不存在的，即使在完整晶体表面的晶格中仍有 0.4nm 左右的孔道存在。在膜分离技术中通常将孔径小于 1nm 的膜称为致密膜。

致密膜的传质和分离机理为溶解-扩散机理，即在膜上游的溶质（溶液中）分子或气体分子（吸附）溶解于高分子膜界面，按扩散定律通过膜层，在下游界面脱溶。溶解速率取决于该温度下小分子在膜中的溶解度，而扩散速率则由 Fick 扩散定律决定。

一般认为，小分子在聚合物中的扩散是由高聚物分子链段热运动的构象变化引起所含自由体积在各瞬间的变化而跳跃式进行的，因而小分子在橡胶态中的扩散速率比在玻璃态中的扩散速率快，自由体积愈大扩散速率愈快，升高温度可以促进分子链段的运动而提高扩散速率，但相应不同小分子的选择透过性则随之降低。因此影响膜的分离过程的因素有被分离物质的极性、结构相似性、酸碱性质、尺寸、形状等，膜的凝聚态结构和化学组成等对其也有影响。

下面同样以气体的分离来说明其分离机理。

气体选择性透过非多孔均质膜分为 4 步进行：气体与膜接触；分子溶解在膜中；溶解的分子由于浓度梯度进行活性扩散；分子在膜的另一侧逸出。逸出的气体分子使低压侧压力增大，且随时间变化。

设膜两侧的气体浓度分别为 c_1、c_2，膜厚为 l，D 为扩散系数。当扩散达到稳定状态后，可用扩散方程来描述：

$$\frac{\mathrm{d}c}{\mathrm{d}t} = D\frac{\mathrm{d}^2 c}{\mathrm{d}x^2} \tag{4-11}$$

利用边界条件，可解出上述方程。由于气体的扩散呈稳态，则：

$$\frac{\mathrm{d}c}{\mathrm{d}t} = 0$$

同时，当 $x=0$ 时，$c=c_1$；当 $x=l$ 时，$c=c_2$，因此：

$$c_x = c_1 - \frac{(c_1 - c_2)x}{l} \tag{4-12}$$

$$-\frac{\mathrm{d}c}{\mathrm{d}t} = \frac{c_1 - c_2}{l} \tag{4-13}$$

在 t 时间内，通过面积为 A，厚度为 l 的膜的气体量 q 为：

$$q = \int_0^l DA\left(-\frac{\mathrm{d}c}{\mathrm{d}x}\right)_{x=l} \mathrm{d}t \tag{4-14}$$

解此方程，得：

$$q = \frac{D(c_1 - c_2)At}{l} \tag{4-15}$$

根据亨利（Herry）定律：

$$c_i = sp_i$$

式中，p_i 为气体分压，s 为亨利系数，也称为溶解系数。因此式(4-15) 可写为：

$$q = \frac{Ds(p_1 - p_2)At}{l} \tag{4-16}$$

若令 $\overline{p_i} = D_i s_i$，其中 $\overline{p_i}$ 称为气体渗透系数，则上式变为：

$$q_i = \frac{\overline{p_i}\Delta p_i}{l}At \tag{4-17}$$

同样定义分离系数 α 为：

$$\alpha \equiv \frac{y_1/y_2}{x_1/x_2}$$

显然 $y_i = q_i$，而 $\Delta p_i = p_1 x_i - p_2 y_i$，则有：

$$\alpha = \frac{\overline{p_1}(p_1 x_1 - p_2 y_1)}{\overline{p_2}(p_1 x_2 - p_2 y_2)} \times \frac{x_2}{x_1} \tag{4-18}$$

当 $p \to 0$ 时，有：

$$\alpha = \frac{\overline{p_1}}{\overline{p_2}} \tag{4-19}$$

从上述的推导过程，可得出如下的结论：①气体的透过量 q 与扩散系数 D、溶解度系数 s 和 $\bar{p}$ 成正比，而溶解度系数 s 与膜材料的性质直接有关；②在稳态时，气体透过量 q 与膜面积 A 和时间 t 成正比；③气体透过量与膜的厚度 l 成反比。

扩散系数 D 和溶解度系数 s 与物质的扩散活化能 E_D 和渗透活化能 E_p 有关，而 E_p 又直接与分子大小和膜的性能有关。分子越小，E_p 也越小，就越易扩散。这就是膜具有选择性分离作用的重要理论依据。高聚物膜在其玻璃化温度以上时，链段可以运动，自由体积增大。因此对大部分气体而言，在高分子膜的玻璃化温度前后，D 和 s 将出现明显的变化。

需要提出的是，在实际应用中，通常不是通过加大两侧压力差来提高透过量，而是采用增加表面积，增加膜的渗透系数和减小膜的厚度的方法来提高膜的透过量。

对于流体而言，因为扩散分子与高聚物之间可以存在强的相互作用，因此其扩散系数 D 随着浓度的变化而变化，使情况变得复杂，而不能服从上述的数学关系。特别是对于溶质的分离，目前对物质在膜中通过的情况很不清楚，因而尚无完善的理论，只是把它作为一个"黑箱"问题。虽然现在提出了很多的假说，如微孔筛孔学说、静电排除学说、选择吸附学说、均相体系学说、自由体积学说等，但都只能在一定程度上解释某些实验现象，存在着很大的缺陷。

4.3 高分子分离膜的材料及制备

4.3.1 高分子分离膜的材料

不同的膜分离过程对膜材料有不同的要求，如反渗透膜材料必须是亲水性的；气体分离膜的透过量与有机高分子膜材料的自由体积和内聚能的比值有直接关系；膜蒸馏要求膜材料是疏水性的；超滤过程膜的污染取决于膜材料与被分离介质的化学结构等。因此，根据不同的膜分离过程和被分离介质，选择合适的聚合物作为膜材料是制备高效分离膜的关键所在。

实用的有机高分子膜材料有纤维素类、聚砜类、聚酰胺类及其他种类，目前已有上百种膜被制备出来，其中约 40 种已被用于工业和实验室中。以日本为例，纤维素类膜占 53%，聚砜膜占 33.3%，聚酰胺膜占 11.7%，其他材料的膜占 2%，可见纤维素类材料在膜材料中占主要地位。

4.3.1.1 纤维素衍生物类

纤维素是由几千个椅式构型的葡萄糖基通过 1,4-β-甙键连接起来的天然线形高分子化合物，其结构式为：

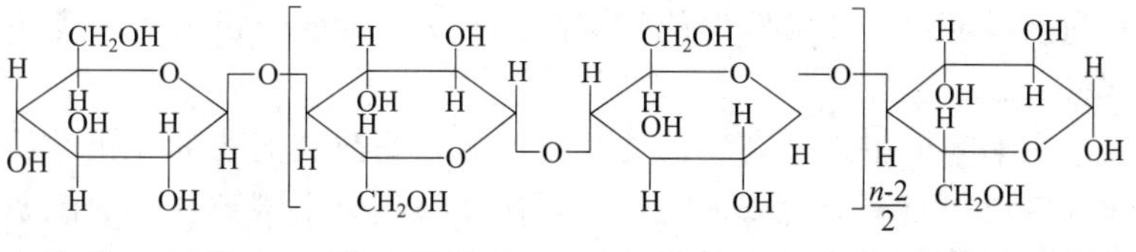

由于纤维素的分子量较大，结晶性很强，因而很难溶于一般的溶剂，通常对之进行改性使之醚化或酯化。纤维素衍生物材料包括再生纤维素（Cellu）、硝酸纤维素（CN）、乙酸纤维素（CA）、乙基纤维素（EC）以及其他纤维素衍生物（氰乙基乙酸纤维素、羟丙基乙酸纤维素、纤维素氨基甲酸酯）等。

乙酸纤维素是由纤维素与乙酸反应制成的，是最常用的制备分离膜的材料，主要用于反渗透膜材料，也用于制造超滤膜和微滤膜。乙酸纤维素膜价格便宜，膜的分离和透过的性能良好，但 pH 使用范围窄（pH 值＝4～8），容易被微生物分解以及在高压操作下时间长了容易被压密，引起透过性下降。

硝酸纤维素（CN）是由纤维素和硝酸制成的。价格便宜，广泛用作透析膜和微滤膜材料。为了增加膜的强度，一般与乙酸纤维素混合使用。

纤维素本身也能溶于某些溶剂，如铜氨溶液、二硫化碳、N-甲基吗啉-N-氧化物（NMMO），在溶解过程中发生降解，相对分子质量降至几万到几十万。纤维素在成膜过程中又回复到纤维素的结构，称为再生纤维素。再生纤维素广泛用于人工肾透析膜材料和微滤、超滤膜材料。

4.3.1.2　非纤维素类

用于制备高分子分离膜的非纤维素类材料应具有以下的基本特征：分子链中含有亲水性的极性基团；主链上通常含有苯环、杂环等刚性基团，使之有高的气密性和耐热性；化学稳定性好；通常具有可溶性，以利于制膜。

常用于制备分离膜的合成高分子材料有聚砜类、聚酰胺类、芳香杂环类、乙烯类和离子聚合物等。

（1）聚砜类　聚砜类是一类具有高机械强度的工程塑料，它耐酸、耐碱，缺点是耐有机溶剂的性能差。自双酚 A 型聚砜（PSF）出现后，即发展成为继乙酸纤维素之后目前最重要、生产量最大的高聚物膜材料。它可用作超滤和微滤膜材料，并且是多种商品复合膜（反渗透膜、气体分离膜）的支撑层膜材料。

聚砜类材料可以通过化学反应，制成带有负电荷或正电荷的膜材料。荷电聚砜可以直接用作反渗透膜材料，用它制成的荷电超滤膜抗污染性能特别好。

聚芳醚砜（PES）、酚酞型聚醚砜（PESC）、聚醚酮（PEK）、聚醚醚酮（PEEK）也是制造超滤、微滤和气体分离膜的材料。经磺化的聚醚砜（SPES-C）可用于制造均相离子交换膜。

（2）聚酰胺类及聚酰亚胺类　乙酸纤维素（CA）膜不能经受反渗透海水淡化高压操作，20 世纪 60 年代中期芳香聚酰胺（APA）、芳香聚酰胺-酰肼（APAH）首先被选中作为制造耐高压的反渗透膜材料。随后，聚苯砜酰胺（APSA）、聚苯并咪唑（PBI）、聚苯并咪唑酮（PBIL）等也相继用于制造耐高压非对称反渗透膜的材料。目前性能最好的海水淡化反渗透复合膜，其超薄皮层都是芳香含氮化合物。这类复合反渗透膜的分离与透过性能都很好，也耐高压，其缺点是耐氯性能差。

聚酰亚胺（PI）耐高温、耐溶剂，强度高，一直是用于耐溶剂超滤膜和非水溶液分离膜研制的首选膜材料。在气体分离和空气除湿膜材料中，它亦具有自己的特色。

聚酯酰亚胺和聚醚酰亚胺的溶解性能较聚酰亚胺大有改善，已成为一类新兴的有实用前景的高性能膜材料。

（3）聚酯类　聚酯类树脂强度高，尺寸稳定性好，耐热、耐溶剂和化学品的性能优良。

聚碳酸酯薄膜广泛用于制造经放射性物质辐照、再用化学试剂腐蚀的微滤膜。这种膜是高聚物分离膜中唯一的孔呈圆柱形、孔径分布非常均匀的膜。

聚四溴碳酸酯由于透气速率和氧、氮透过选择性均较高，已被用作新一代的富氧气体分离膜材料。

聚酯无纺布是反渗透、气体分离、渗透汽化、超滤、微滤等一切卷式膜组件最主要的支撑底材。

（4）聚烯烃类　低密度聚乙烯（LDPE）和聚丙烯（PP）薄膜通过拉伸可以制造微孔滤

膜。孔一般呈狭缝状，也可以用双向拉伸制成接近圆形的椭圆孔。高密度聚乙烯（HDPE）通过加热烧结可以制成微孔滤板或滤芯，它也可作为分离膜的支撑材料。

聚 4-甲基 1-戊烯（PMP）已用作氧、氮分离的新一代膜材料。表面氟化的 PMP 非对称膜的氧、氮分离系数高达 7～8。

（5）乙烯基类高聚物　乙烯类高聚物是一大类高聚物材料，如聚丙烯腈、聚乙烯醇、聚氯乙烯、聚偏氟乙烯、均已用于分离膜材料。

聚丙烯腈（PAN）是仅次于聚砜和乙酸纤维素的超滤和微滤膜材料，也可用作渗透汽化复合膜的支撑体。由聚乙烯醇与聚丙烯腈制成的渗透汽化复合膜的通透量远远大于聚乙烯醇与聚砜支撑体制成的复合膜。此外它在生物催化剂的固定、分子识别、血液透析等方面也有成功的应用。

以二元酸等交联的聚乙烯醇（PVA）是目前唯一获得实际应用的渗透汽化膜。交联聚乙烯醇膜亦用于非水溶液分离的研究。水溶性聚乙烯醇膜用于反渗透复合膜超薄致密层的保护层。聚氯乙烯和聚偏氟乙烯用作超滤和微滤的膜材料。

（6）有机硅聚合物　有机硅聚合物是一类半有机结构的高分子聚合物，其分子结构的特殊性赋予硅聚合物许多独特的性质，如耐热性和憎水性好、具有很高的机械强度和化学稳定性、能耐强侵蚀介质等，是具有良好前景的膜材料。硅聚合物对醇、酯、酚、酮、卤代烃、芳香族烃、吡啶等有机物有良好的吸附选择性，因此成为目前研究得最广泛的有机物优先透过的渗透汽化膜材料。目前，研究较多的有机硅材料有聚二甲基硅氧烷（PDMS）、聚三甲基硅丙炔（PTMSP）、聚乙烯基三甲基硅烷（PVTMS）、聚乙烯基二甲基硅烷（PVDMS）、聚甲基丙烯酸三甲基硅烷甲酯（PTMS-MA）、聚六甲基二硅氧烷（PHMDSO）等。在硅橡胶膜中充填对有机物有高选择性的全硅沸石，能明显改善膜的渗透汽化性能，提高分离系数和渗透通量。

（7）含氟聚合物　目前研究的用于膜材料的含氟聚合物主要有聚四氟乙烯（PTFE）、聚偏氟乙烯（PVDF）、聚六氟丙烯（PHFP）、Nafion（聚磺化氟乙烯基醚与聚四氟乙烯的共聚物）、聚四氟乙烯与聚六氟丙烯共聚物等。

PTFE 可用拉伸法制成微滤膜。这种膜化学稳定性非常好，膜不易被污染物堵塞，且极易清洗。在食品、医药、生物制品等行业很有优势。PVDF 化学性质稳定，耐热性能好，抗污染，可溶于某些溶剂（DMF、DMAC、NMP），易于用相转化法成膜，且对卤代烃、丙酮、乙醇和芳香烃等有良好的选择性，具有较强的疏水性能，除用于超滤、微滤外，还是膜蒸馏和膜吸收的理想膜材料。

这类材料的缺点是价格昂贵，除 PVDF 外，其他氟聚合物难以用溶剂法成膜，一般采用熔融-挤压法由熔体制备膜或在聚合期间成膜，制膜工艺复杂。

（8）甲壳素类　这一类材料包括脱乙酰壳聚糖、氨基葡聚糖、甲壳胺等。

壳聚糖是存在于节肢动物如虾、蟹的甲壳中的天然高分子，是一种氨基多糖，分子链上的氨基可与酸成盐，易改性且成膜性良好，膜材亲水并有抗有机溶剂性，是极有潜力的膜材料之一。同时它具有生物相容性，可用于生物化工和生物医学工程等领域。

甲壳胺（chitosan）是脱乙酰壳聚糖，溶于稀酸即可制造成薄膜。有希望用于渗透汽化以及一些智能型的膜材料。

（9）高分子合金膜　液相共混高分子合金分离膜是将两种或两种以上的高分子材料用液相共混的方式配制成铸膜液，然后以 L-S 法制成的高分子分离膜。高分子合金分离膜起源于20 世纪 60 年代，这一类材料研究较多的有二乙酸纤维素/三乙酸纤维素合金反渗透膜、环氧/聚砜共混制备合金超滤膜、以聚酰胺为主要材料的合金渗透汽化膜超滤膜、共聚酰胺与亲水性的聚乙烯醇（PVA）、聚丙烯酸（PAA）材料共混制备合金渗透汽化膜等，并进行了高分子合金渗透汽化、气体分离膜材料与膜性能相关性的研究，在提高渗透性和选择性方面取得了一些进展。

高分子膜材料液相共混可用于调节分离膜的膜结构并改善其亲水性、抗污染性以及其他理化性能。该方法简便、经济、膜材料的选择范围广，可调节的参数多，膜性能改善幅度大，为膜的材料改性及结构设计开辟了一条新路，有着广阔的发展前景。

（10）液晶复合高分子膜　高分子与低分子液晶构成的复合膜具有选择渗透性。普遍认为，液晶高分子膜的选择渗透性是由于球粒（气体分子、离子等）的尺寸不同，因而在膜中的扩散系数有明显差异，这种膜甚至可以分辨出球粒直径小到 0.1nm 的差异。功能性液晶高分子膜易于制备成较大面积的膜，强度和渗透性良好，对电场甚至对溶液 pH 有明显响应。

如将高分子材料聚碳酸酯（PC）和小分子液晶对（4-乙氧基苄亚基氨基）丁苯（EBBA）按 40∶60 混合制成复合膜，可用于 $n\text{-}C_4H_{10}$、$i\text{-}C_4H_{10}$、C_3H_8、CH_4、He 和 N_2 的气体分离。在液晶相，气体的渗透性大大增强，而且更具选择性。

4.3.2　高分子分离膜的制备

膜的制备方法包括膜制备原料的合成、膜的制备及膜的功能化，其中膜原料的合成属于化学过程，膜制备及功能的形成属于物理过程或物理化学过程。膜的制备方法很多，主要有烧结法、拉伸法、径迹蚀刻法、相转化法、溶胶-凝胶法、蒸镀法和涂敷法等，此外还有复合膜的制备。烧结法、拉伸法、径迹蚀刻法只能制备多孔膜，这种膜还可作为复合膜的支撑层。采作相转化法可以制备多孔膜，也可以制备致密膜。涂敷法通常用来制备很薄但很致密的膜，有很高的选择性和较低的通量。一般说来，制膜方法、膜的形态以及膜的分离原理将受到所选用材料本身的性质的约束。

（1）烧结法　将聚合物微粒通过烧结能形成多孔膜，这是一种相当简单的制备方法，这种方法也可以制备无机膜。烧结聚合物分离膜的过程是将经过分级具有一定粒径的聚合物微粒（如超高分子量聚乙烯、高密度聚乙烯、聚丙烯等）初步成型后在聚合物的熔融温度或略低一点的温度下处理，使微粒的外表面软化，相互黏接在一起，冷却固化成多孔性材料。超细纤维网压成毡，用适当的黏合剂黏合或进行热压也可得到类似的多孔柔性板材，如聚四氟乙烯和聚丙烯，平均孔径为 $0.1\sim1\mu m$。这种方法对一些耐热性好、化学稳定性好的材料特别适用，如聚四氟乙烯，不能溶于任何溶剂，采用这种方法则可很方便地制膜。

这种方法只能用于制备微滤膜，膜的孔隙率较低，仅为 $10\%\sim20\%$。

（2）拉伸法　拉伸法是由部分晶体状态的聚合物膜经拉伸后在膜内形成微孔而得到的。部分结晶的聚合物中晶区和非晶区的力学性质是不同的，当受到拉伸时，非晶区受到过度拉伸而局部断裂形成微孔，而晶区则作为微孔区的骨架得到保留，以这种方法得到的微孔分离膜称为拉伸半晶体膜，其过程及所得膜的结构如图 4-4 所示。这种方法得到的膜孔径最小约

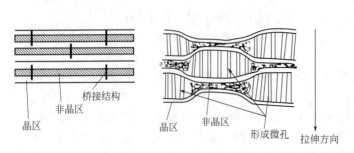
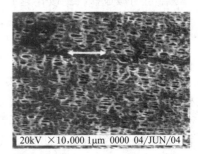

图 4-4　拉伸半晶膜的原理示意及 HEPE 拉伸后的 TEM 照片

为 $0.1\mu m$，最大约为 $3\mu m$，膜的孔隙率远高于烧结法。

拉伸法可以制备平板膜和中空纤维膜。与其他分离膜制备方法相比，拉伸半晶体膜成型法具有生产效率高、制备方法相对容易、价格较低的优点，而且孔径大小比较容易控制，分布也比较均匀。在制备过程中生成半晶态聚合物是整个制备过程中的关键技术。

(3) 径迹蚀刻法　最简单的膜孔结构呈现等孔径圆柱状平行孔，可以采用径迹蚀刻法得到。当高能球粒（质子、中子等）穿透高分子膜时，在一定条件下可以形成细小的径迹，径迹处的高分子链发生断裂，形成活性很高的新链端。当把这种膜浸入酸性或碱性的侵蚀液中时，细小的径迹被侵蚀扩大，形成微孔膜。

如用 ^{235}U 的核分裂碎片对聚碳酸酯等高分子膜进行轰击，然后用 NaOH 为侵蚀液侵蚀，可制得孔径为 $0.01\sim12\mu m$ 的微孔膜。

用这种方法得到的膜，膜孔呈贯穿圆柱状，孔径分布可控，且分布极窄，在许多特别要求窄孔径分布的情况下是不可取代的膜材料，但这种膜开孔率较低，因而单位面积的水通量较小。

(4) 相转化法　相转化法是分离膜制备最重要的方法，1950 年 Loeb 和 Sourirajin 利用这一方法用乙酸纤维素溶液制得了不对称膜，并成为第一张有实用价值的商业化膜，聚砜膜、聚丙烯腈膜等也可以用这种方法制备。

这一方法不仅可以制备致密膜，也可以制备多孔膜，大多数的工业用膜都是用相转化法制备的。相转化法制膜是指首先配制一定组成的均相聚合物溶液，然后通过一定的物理方法改变溶液的热力学状态，使其从均相的聚合物溶液发生相分离，最终转变成凝胶结构。这一过程的关键是制备均一溶液，并通过控制相转化的过程来控制膜的形态，从而得到多孔膜或致密膜。

相转化法也包括了多种方法，如溶剂蒸发、控制蒸发沉淀、热沉淀、蒸汽相沉淀及浸没沉淀，大部分的相转化方法是利用浸没沉淀来实现的。下面对其中常用的几种方法进行介绍。

① 浸没沉淀法。在浸没沉淀相转化法制膜过程中，聚合物溶液先流涎于增强材料上或从喷丝口挤出，后迅速浸入非溶剂浴中，溶剂扩散浸入凝固浴（J_2），而非溶剂扩散到刮成的薄膜内（J_1），经过一段时间后，溶剂和非溶剂之间的交换达到一定程度，聚合物溶液变成热力学不稳定溶液，发生聚合物溶液的液-液相分离或液-固相分离（结晶作用），成为两相，即聚合物富相和聚合物贫相，聚合物富相在分相后不久就固化构成膜的主体，贫相则形成所谓的孔。其过程如图 4-5 所示。

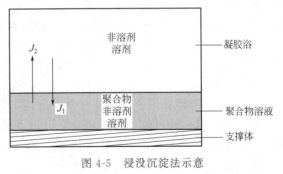

图 4-5　浸没沉淀法示意
J_1—非溶剂通量；J_2—溶胶通量

浸没沉淀相转化法制备的膜常由表层和多孔底层组成，表层的结构可为多孔或致密，不同的表层结构将影响膜的多孔底层的结构形态。可有胞腔状结构、粒状结构、双连续结构、胶乳结构、大孔结构，其结构如图 4-6 所示。

② 热诱导相分离法。许多结晶的、带有强氢键作用的聚合物在室温下溶解度差，难有合适的溶剂，故不能用传统的非溶剂诱导相分离的方法制备的膜，可以用热诱导相分离法（TIPS）法制备。TIPS 技术是在 20 世纪 80 年代发展起来的，制备微孔膜主要步骤有溶液

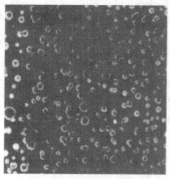
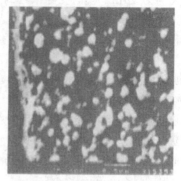

(a) 乳胶状结构(7%PES的NMP
溶液浸没到凝固浴水中)

(b) 球粒状双连续结构(5%丙交酯的NMP
溶液浸没到凝固浴水中)

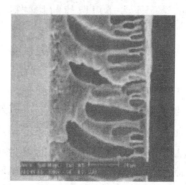

(c) 胞腔状结构(7%丙交酯的氯
仿溶液浸没到凝固浴甲醇中)

(d) 大孔结构(15%PVDF的DMSO
溶液浸没到凝固浴水中)

图 4-6　浸没沉淀相转化法制备膜的几种基本结构的 SEM 图

的制备、膜的浇铸和后处理 3 步。首先将聚合物与高沸点、低分子量的液态稀释剂或固态稀释剂混合，在高温时形成均相溶液；然后将溶液制成所需要的形状，如平板、中空纤维或管状，并将之冷却，使之发生相分离；除去稀释剂（常用溶剂萃取）及萃取剂（蒸发）即可得到微孔结构。可用于 TIPS 法制备微孔膜的材料很多，不仅可以用疏水性的聚合物（如聚丙烯、聚乙烯），也可以用于亲水性的聚合物（如尼龙、聚乙烯-丙烯酸盐等），还可以用于无定形聚合物（如聚苯乙烯、聚甲基丙烯酸甲酯等）。根据需要，TIPS 可以制备平板膜、中空纤维膜、管状膜。

　　TIPS 法制备微孔膜拓宽了膜材料的范围，如 PE 或其共聚物均可利用这种方法制备孔径可控的微孔膜；通过改变 TIPS 条件可得到蜂窝状结构（cellular）或网状结构（lacy），膜内的孔可以是封闭的（close）或开放的（open）；可以制备各向同性的膜，也可以通过温度梯度或浓度梯度而得到各向异性的膜；孔径及孔隙率可调控，孔隙率高，孔径分布可相当窄；且其制备方法易于连续化。

　　（5）复合膜的制备　为了扩展分离膜的性能和应用领域，还发展了由多种膜结合在一起的复合膜。复合膜的制备方法包括浸涂、界面聚合、原位聚合和等离子聚合等。

　　这种结合两种以上膜特征的分离膜可以集二者的优点，克服各自的缺点。比如将多孔型膜与很薄的致密膜结合到一起，克服了致密膜力学性能差的缺点。这种膜的渗透性和选择性主要取决于致密膜，多孔膜主要起支撑作用。复合膜的制备主要有以下几种方式。

　　① 两种分离膜分开制备，然后将两种膜用机械方法复合在一起。

　　② 先制备多孔膜作为支撑膜，然后将第二种聚合物溶液滴加到多孔膜表面，直接在第

一种膜表面上形成第二种膜，膜的形成与复合一次完成。

③ 第一步与方法②相同，先制备多孔膜，再将制备第二种聚合物膜的单体溶液沉积在多孔膜表面，最后用等离子体引发聚合形成第二种膜，并完成复合。

④ 在已制备好的多孔膜表面沉积一层双官能团缩合反应单体，将其与另一种双官能团单体溶液接触并发生缩合反应，在多孔膜表面生成致密膜。如聚砜支撑膜（可用无纺布增强）经单面浸涂芳香二胺水溶液，再与芳香三酰氯的烃溶液接触，即可在位生成交联聚酰胺超薄层与底膜较牢地结合成复合反渗透膜，这种制膜方法已实现大规模的连续生产。

（6）聚合物/无机支撑复合膜　聚合物膜具有性能优异、品种多等优点，从而大规模应用于水处理、化工、生物、医药、食品等领域。但聚合物膜存在不耐高温、抗腐蚀性差、机械强度不好、化学稳定性差等缺点，并且易堵塞，不易清洗。无机膜则具有许多独特的性质，如机械强度高、热稳定性好、耐化学和生物侵蚀、使用寿命长，并且易于消毒和清洗。但是无机膜的不足之处在于抗污染能力差，分离选择性差，而且陶瓷膜大多数由无机氧化物制得，因而不能在碱性条件下使用。

将聚合物膜与无机膜复合则可以充分利用这两种膜各自的优点。复合膜按结构可以分为 3 类，即无机物填充聚合物膜，聚合物填充无机膜（聚合物/无机支撑复合膜），无机/有机杂聚膜。其中聚合物/无机支撑复合膜的结构如图 4-7 所示，它可以采用以下的几种方法制备。

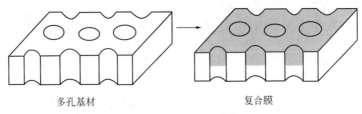

多孔基材　　　　　　　复合膜

图 4-7　聚合物/无机支撑复合膜的结构示意图

① 聚合物溶液沉淀相转化法：将聚合物溶液刮涂到无机支撑物上，无机物可以是多孔的或无孔的，然后使溶剂挥发，加热得到均匀致密的聚合物膜皮层。

② 表面聚合法：通过化学方法使聚合物复合在无机支撑膜的表面或孔中。

③ 部分热解法：通过部分热解，控制结构中无机组分和有机组分的比例，从而调节其性能。

除上述常用的制膜方法外，目前还发展了许多新的制备方法，如高湿度诱导相分离法制备微孔膜、利用超临界 CO_2 制备微孔膜以及利用自组装技术制膜等。

4.4　膜过程及其应用

膜对被分离物质的透过起阻碍作用，包括机械的和物理化学的阻碍作用。根据膜的性质的不同，其对不同物质的阻碍作用是不同的，这种不同的阻碍作用力是膜分离的主要依据。物质选择透过膜的能力可分为两类：一种是借助外界能量，物质由低位向高位流动；另一种是以化学位差为推动力，物质发生由高位向低位的流动。

所有分离膜的共同特征是通过膜实现物质分离过程，由于膜与渗透组分之间的物理性质或化学性质不同，膜可以使某一特定组分更容易通过。由于膜阻力的存在，任何物质透过分离膜都需要一定的驱动力。在膜分离过程中的驱动力可以是压力梯度、浓度梯度、电位梯度和温度梯度。通常通过膜的渗透速率正比于驱动力，即通量与驱动力之间的关系为正比关系。根据驱动力可以将膜过程分为不同的类别。主要的膜过程见表 4-1。

表 4-1　主要的膜过程的性质及特征

分离方法	分离结果及产物	驱动力	分离依据	分离机理	迁移物质
气体、蒸汽、有机液体分离	某种成分的富集	浓度梯度驱动(压力和温度起间接作用)	立体尺寸和溶解度	扩散与溶解	所有组分
透析	脱除大分子溶液中的小分子溶质	浓度梯度	立体尺寸和溶解度	扩散、溶解、过滤	小分子溶质
电渗析	1. 脱除离子型溶质	电场力	离子移动性	反离子通过离子聚合膜	小分子离子
	2. 浓缩离子型溶液	电场力	离子交换能力	反离子通过离子聚合膜	小分子离子
	3. 离子置换	电场力	离子交换能力	反离子通过离子聚合膜	小分子离子
	4. 电解产物分离	电场力	离子移动性	反离子通过离子聚合膜	小分子离子
微滤	消毒、脱微粒	压力	立体尺寸	过筛	溶液
超滤	1. 脱除大分子溶液中的小分子溶质	压力	立体尺寸	过筛	小分子溶质
	2. 大分子溶液的分级	压力	立体尺寸	过筛	体积较小的大分子溶质
反渗透	1. 纯化溶剂	有效压力	立体尺寸和溶解度	选择吸附和毛细流动	溶剂
	2. 脱盐	有效压力	溶解度和吸附性	选择吸附和毛细流动	水

下面对常用的一些不同驱动力时的膜过程及其应用进行简单的介绍。

4.4.1　浓度差驱动的膜分离过程

自然界中溶液和气体都有一种从浓度高的位置向浓度低的位置迁移的趋向，我们称其为扩散，扩散的产生是由于布朗运动的结果。当溶液中存在浓度梯度时，从高浓度区向低浓度区运动的分子总要比从低浓度区向高浓度区移动的分子要多，这就导致在经过一段时间的扩散后，浓度趋向于平衡。这种在统计上分子主动从高浓度区向低浓度区转移的趋势被称为浓度梯度驱动力。因此，当两种不同浓度溶液或者气体用具有一定透过性的分离膜分隔开时，液体或气体分子会受到浓度梯度驱动力的驱动，从浓度高的一侧向浓度低的另一侧迁移。

浓度差驱动的膜过程有气体的分离、可液化气体或蒸气分离（渗透汽化）和液体的分离（透析）。它们共同的特征是均采用无孔膜。所分离的液体或气体可能与高分子产生一定的亲和性，从而影响高分子的链段运动，使通量增大。因此在考虑这类膜过程时，需从高聚物与被分离物质的亲和性和被分离物质的浓度两方面考虑。

（1）透析　最早发明的膜过程是透析。透析是溶质在其自身浓度梯度下从膜的一侧（原料侧）传向另一侧（透析物侧或渗透物侧）的过程。由于分子大小及溶解度不同，使得扩散速率不同，从而实现分离。

透析过程中的传递是通过对致密膜的扩散进行的。为了减小阻力，膜应高度溶胀。溶胀后的扩散系数要高于未溶胀膜。但溶胀后的膜的选择性下降，因此要在两者间寻求一个平衡点。透析膜要足够薄，而且这种方法效率较低，速度慢，处理量小。

目前透析主要应用于水溶液，因此膜材料多采用一些亲水性聚合物，如再生纤维素，乙酸纤维素，乙烯-乙酸乙烯酯共聚物、聚丙烯酸、聚乙烯醇、聚甲基丙烯酸甲酯、聚碳酸酯和聚醚共聚物等。

目前透析的主要用途是血液透析。其他较重要的应用包括在黏胶生产中从胶质半纤维素中回收苛性钠及从啤酒中除去醇。此外还可用于生物及制药行业中生物产品的脱盐和分馏脱盐。

（2）气体分离膜　气体的分离可以采用多孔膜和致密膜，但多孔膜的分离因子低，在经济上不合算，因此只在一些特殊的场合上有所应用，大部分的气体分离是采用致密膜完成的。致密膜中气体的分离是基于不同气体在给定膜中渗透系数不同来实现的。表 4-2～表 4-4 为不同的气体及高聚物材料的渗透系数。

表 4-2　二氧化碳和甲烷在各种聚合物中的渗透系数

聚合物	P_{CO_2}/Barrer	P_{CO_2}/P_{CH_4}	聚合物	P_{CO_2}/Barrer	P_{CO_2}/P_{CH_4}
聚三甲基甲硅烷基丙炔	33100	2.0	聚对苯二甲酸乙二醇酯	0.14	31.6
硅橡胶	3200	4.4	聚砜	4.4	30.0
天然橡胶	130	4.6	乙酸纤维素	6.0	31.0
聚苯乙烯	11	8.5	聚醚酰胺	1.5	45.0
聚酰胺-5	0.16	11.2	聚醚砜	4.4	50.0
聚氯乙烯	0.16	15.1	聚酰亚胺	0.2	64.0
聚碳酸酯	10.0	26.7			

注：1Barrer＝10^{-10}cm³（STP）·cm·(cm²·s·cmHg)；1STP＝0.1MPa；1cmHg＝1.33kPa。

表 4-3　某些聚合物材料的氧气透过率 P　　　　单位：$\times 10^{-2}$/kPa

品种	P	品种	P
聚乙烯	0.4		
聚丙烯	1.63		
聚异丁烯	1.3		
1,2-聚丁二烯	9.0		
1,4-聚丁二烯	29.5		
3,4-聚异戊二烯	4.8		
1,4-聚异戊二烯	23.0		
[结构式]	6.8	[结构式]	5.9
[结构式]	1.4		
[结构式]	142	[结构式]	7.5
[结构式]	5.59	[结构式]	34
聚乙烯基三甲硅烷	32.3	[结构式]	
[结构式 ROOC—C=C—COOR]		R＝C_6H_{13}	20
R＝乙基	11	R＝C_3H_7	100
R＝异丙基	26	R＝C_2H_5	700
R＝叔丁基	130	R＝CH_3	5000

表 4-4　氧和氮在某些聚合物中的渗透系数

聚合物	$T_g/\text{℃}$	P_{O_2}/Barrer	P_{N_2}/Barrer	P_{O_2}/P_{N_2}
PPO	210	16.8	4.8	4.4
PTMSP	200	10040.0	6745.0	1.5
乙基纤维素	43	11.2	4.3	4.4
聚异戊二烯	29	37.2	8.9	4.2
聚丙烯	−10	1.6	0.3	5.4
氯丁橡胶	−73	4.0	1.2	4.3
低密度聚乙烯	−73	2.9	1.0	2.9
高密度聚乙烯	−23	0.4	0.14	2.9

用于氢气和氦气分离富集的聚合物膜可以选用聚砜、乙酸纤维素以及聚酰亚胺等；富氧膜主要应用在医用和工业燃烧等两个方面，所选用的高分子主要是一些硅烷类聚合物，如改性的聚二甲基硅氧烷（PDMS）、聚［1-(三甲基硅烷)-1-丙炔］（PTMSP）等；一般富氧膜大多可作为 CO_2 分离膜使用，为进一步提高其渗透系数和分离系数，可在材质中导入亲 CO_2 的基团；硅氧烷、乙基纤维素、三乙酸纤维素、聚丙烯酸酯/涤纶、聚偏氟乙烯、聚环氧乙烷等均可作为 SO_2 分离膜，为提高其渗透性和分离性，可向其中引入对 SO_2 具有很高溶解度的亚砜化合物，如二甲基亚砜或环丁砜。

气体分离膜的应用领域十分广泛，目前在工农业生产和科学研究中大量被采用。比如某些特殊气体的富集，调节环境气氛用于蔬菜、水果保鲜，合成氨等工业中氢气分离、高纯气体制备、三次采油等领域都有气体分离膜的应用。

（3）渗透汽化膜　渗透汽化（Pervaporation，PV）又称渗透蒸发，是利用料液膜上下游某组分化学势差为驱动力实现传质，利用膜对料液中不同组分亲和性和传质阻力的差异实现选择性。膜材料是 PV 过程能否实现节能、高效等特点的关键。

渗透汽化主要包括 3 个步骤：原料侧膜的选择性吸附；通过膜的选择性扩散；在渗透物侧脱附到蒸气相。具体过程如图 4-8 所示。由高分子膜将装置分为两个室，上侧为储放待分离混合物的液相室，下侧是与真空系统相连接或用惰性气体吹扫的气相室。通过高分子膜渗透到下侧的组分，由于蒸气分压小于其饱和蒸气压而在膜表面汽化，随后进入冷凝系统，用液氮将蒸气冷凝下来即得渗透产物，过程的推动力是膜内渗透组分的浓度梯度。由于用惰性气体吹扫涉及大量气体的循环使用，而且不利于渗透产物的冷凝，所以一般采用真空汽化的方式。

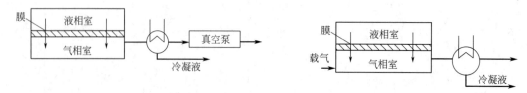

图 4-8　渗透汽化分离示意图

渗透汽化所用的膜是致密的高分子膜，在结构上可以是对称膜（或称均质膜）、非对称膜、复合膜。

基于溶解扩散理论，只有对需要分离的某组分有亲和性的高分子物质才可能作为膜材料。如透水膜都是亲水膜，以聚乙烯醇（PVA）及乙酸纤维素（CA）最为普遍，而憎水性的聚二甲基硅烷（PDMS）则属于透醇膜材料的范畴。对于二元液体混合物，要求膜与每一组分的亲和力有较大的差别，这样才有可能通过传质竞争将二组分分开。

表 4-5 列出了 PDMS 膜对几种有机物/水溶液的渗透汽化分离性能。

表 4-5　PDMS 硅橡胶膜对有机物/水溶液的渗透汽化性能

分离体系	进料液浓度（质量分数）/%	进料液温度/℃	分离因子 α	分离因子 β	渗透通量 J /[g/(m²·h)]
乙醇/水	5	30	—	6.7	136
丙酮/水	10	40	33.6	—	730
正丁醇/水	1	50	—	37	70
氯仿/水	0.01	22	—	11.1	800
乙酸乙酯/水	1.16	25	—	60.3	71
苯酚/水	1.16	25	97	—	—

作为一种无污染、能效高的膜过程，渗透汽化具有广泛应用前景，目前最为成功的应用是醇-水的分离。如用亲水膜或荷电膜对醇类或其他有机溶剂进行脱水；利用憎水膜去除水中的少量有机物，如卤代烃、酚类等；对石油工业中的烃类等有机物进行分离；在有机合成如酯化反应中连续除去水，以提高转化率。

4.4.2　压力驱动的膜过程

压力驱动的膜过程，主要是用于稀溶液的浓缩、净化，或除去溶液中悬浮的微粒，它是所有膜过程中使用频率最高的一种方法，且设备简单、分离条件可控性高。根据所分离的物质的大小及所用的膜结构，可以分为微滤、超滤、纳滤、反渗透，被分离物质的粒径越来越小，传质阻力越来越大，所用的压力也越来越大。因而所用的膜结构通常为不对称膜，由致密的皮层和多孔的支撑层组成，且皮层在超滤和纳滤时较薄，以减小传质阻力，这几种膜过程的比较见表 4-6。

表 4-6　各种压力驱动膜的比较

项目	微滤	超滤	纳滤/反渗透
膜结构	对称多孔膜（10～150μm）或非对称膜多孔膜，（分离层约为 1μm）	非对称膜，表层有微孔（分离层约为 0.1～1.0μm）	非对称膜（分离层约为 0.1～1.0μm）
膜材料	纤维素，聚酰胺等	聚丙烯腈，聚砜等	纤维素，聚氯乙烯等
渗透压	可忽略	可忽略	渗透压高
操作压力/MPa	0.01～0.2	0.01～0.5	2～10
分离的物质	粒径大于 0.1μm 的球粒，如细菌、酵母等	分子量大于 500 的大分子和细小的胶体微粒	分子量小于 500 的小分子物质，如盐、葡萄糖、乳糖、微污染物等
分离机理	筛分，膜的物理结构起决定性作用	筛分，膜表面的物化性质对分离有一定的影响	非简单筛分，膜物化性能起主要作用
水的渗透通量 /[m³/(m²·d)]	20～200	0.5～5	0.1～2.5

（1）微滤　微滤膜是孔结构高度均匀的多孔薄膜，可制成指定孔径，通过电子显微镜观察微滤膜的断面结构，常见的结构类型有通孔型、海绵型、非对称型 3 种（图 4-9）。

微滤的特点如下：微滤膜的孔径十分均匀，能将液体中所有大于指定孔径的微粒全部截留；微滤膜的空隙率高达 80% 左右，因而阻力小，对清液或气体的过滤速度可比同样效果

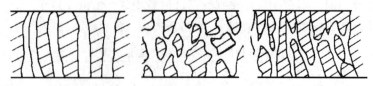

| 通孔型 | 海绵型 | 非对称型 |

图 4-9　3 种典型的微孔滤膜的断面结构

的常用过滤材料快数十倍；滤膜为均一连续的高分子材料，过滤时没有纤维和碎屑脱落，从而能得到高纯度的滤液；大于孔径的微粒不会因压力增高而穿过滤膜，当压力波动时也不会影响过滤效率；滤层薄，质量小，对滤液或滤液中有效成分的吸附量小，因而可减少贵重物料的损失。

微滤膜可以用烧结法、拉伸法、径迹蚀刻法和相转化法制备，不同的方法所得的膜结构不同，根据需要可以制成平面型、管型、中空纤维型、或者卷筒形状，以适应不同用途和减少占用体积。可选用的膜材料有疏水化合物，如聚四氟乙烯、聚偏二氟乙烯、聚丙烯等，或一些亲水性聚合物，如纤维素酯、聚碳酸酯、聚砜/聚醚砜、聚酰亚胺/聚醚酰亚胺、脂肪族聚酰胺等。

微滤膜广泛用于除去大于 $0.05\mu m$ 左右的微细球粒，如在食品和制药工业中用于饮料和制药产品的除菌和净化，在半导体工业中超纯水的制备，在生物技术和生物工程中用于细胞捕获及用于膜反应器，从血细胞中分离血浆等物质。

（2）超滤　超滤是指用多孔膜滤除胶体级的微粒以及大分子溶质，超滤膜为多孔的不对称膜，膜的应用形式可为平板膜或中空纤维膜。其结构如图 4-10 所示。超滤所用的平板膜由较为致密的表面层与大孔支撑层组成，表面层很薄，厚度 $0.1\sim1.5\mu m$，表面层孔径为 $1\sim20nm$，膜的分离性能主要取决于这一层；支撑层的厚度为 $50\sim250\mu m$，起支撑作用，它决定膜的机械强度，呈多孔状，超滤膜的大孔支撑层为指状孔。超滤所用的中空纤维膜的外径为 $0.5\sim2mm$，其直径小，强度高，管内外能承受一定的压差，使用时不需专门的支撑结构。

(a) 平板膜

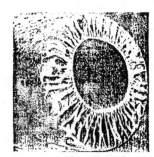
(b) 中空纤维膜

图 4-10　超滤膜结构

超滤膜的材料主要有聚砜/聚醚砜/磺化聚砜、脂肪族聚酰胺、聚酰亚胺、聚丙烯腈和乙酸纤维素等，超滤膜的工作条件取决于膜的材质。

超滤膜在使用过程中，同微滤膜一样，也存在着浓差极化和污染的问题，也就是在溶液透过膜的同时，粒径较大的溶质被截留，而在膜的表面积聚，形成被截留的溶质的浓度边界层，使超滤过程的有效压差减小，渗透通量降低。

超滤主要用于溶液中分子量 $500\sim500000$ 的高分子物质与溶剂或含小分子物质的溶液的分离，超滤在目前应用很广，涉及化工、食品、医药、生化等领域。

（3）反渗透和纳滤 当位于分离膜两侧的溶液浓度不同，或一边是纯溶剂，另一边是溶质时，由于膜允许溶剂通过而不允许溶质通过，将会产生渗透压，这一过程称为渗透，此时对于稀溶液，渗透压 π 与溶质的摩尔浓度 c 之间的关系可表示为：

$$\pi = cRT$$

这一关系称为范特霍夫（Van't Hoff)方程，其中 R 为气体常数。对于微滤和超滤过程，渗透压很小，而对于纳滤和反渗透过程，渗透压很大，必须要考虑到渗透压对膜过程的影响。

反渗透（reverseosmosis）与浓度梯度驱动的透析过程相反，溶剂是从高浓度一侧向低浓度一侧渗透，过滤的结果是两侧的浓度差距拉大，因此要考虑渗透压的作用。

如海水（约 4.5％NaCl）的渗透压在 25℃时约为 2.42MPa，也就是说，如果用一个反渗透膜将海水和淡水分开，在没有外加压力的情况下，淡水在渗透压作用下将渗透过反渗透膜到海水一侧，将其稀释。这种溶剂从低浓度一侧透过半透膜向高浓度一侧迁移的现象为渗透。如果在浓溶液一侧施加压力，施加的压力将阻止溶剂的渗透。当施加的压力等于渗透压时，溶剂的渗透达到平衡，将没有净溶剂透过。而当施加的压力超过渗透压时，溶剂的渗透方向将发生逆转，从高浓度一侧向低浓度一侧迁移，形成反渗透。施加的压力超过渗透压的部分称为有效压力，是驱动溶剂迁移的动力。其过程如图 4-11 所示。

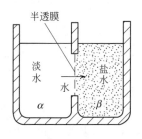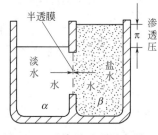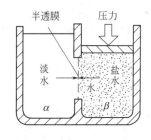

图 4-11 反渗透过程示意图

反渗透膜在结构上可以是不对称膜、复合膜和中空纤维膜，不对称膜通常由致密的皮层（厚度小于 $1\mu m$）和多孔的亚层（厚度约为 $50\sim150\mu m$）组成，致密层上的微孔约 2nm，大孔支撑层为海绵状结构；复合膜由超薄膜和多孔支撑层等组成，图 4-12 所示为复合膜的结构示意图。超薄膜很薄，只有 $0.01\mu m$，有利于降低流动阻力，提高透水速率；中空纤维反渗透膜的直径极小，壁厚与直径之比较大，因而不需支持就能承受较高的外压。

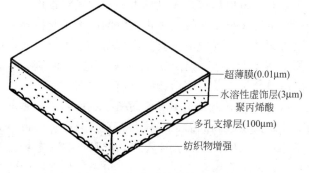

图 4-12 复合膜的结构示意图

反渗透膜的材料主要有乙酸纤维素、芳香聚酰胺和芳香聚酰胺-酰肼、聚苯并咪唑、无机的多孔膜、磺化聚苯醚、聚芳砜、聚醚酮、聚芳醚酮、聚四氟乙烯接枝聚合物等。

反渗透过程是从溶液（主要是水溶液）中分离出溶剂（水），并可对溶质进行浓缩，其很重要的应用是海水的淡化，另外可用于硬水软化制备锅炉用水，高纯水的制备等，此外，在医药、食品工业中用以浓缩药液，如抗生素、维生素、激素和氨基酸等溶液的浓缩，果汁、咖啡浸液的浓缩，处理印染、食品、造纸等工业的污水，浓缩液用于回收或利用其中的有用物质。

近几年来，微滤（MF）、超滤（UF）、反渗透（RO）出现相互重叠的倾向，反渗透和超滤之间出现交叉，这就是纳滤。纳滤膜可使 90% 的 NaCl 透过膜，而使 99% 的蔗糖被截留。

纳滤膜与其他分离膜的分离性能比较如图 4-13 所示，纳滤恰好填补了超滤与反渗透之间的空白，它能截留透过超滤膜的那部分小分子量的有机物，透析被反渗透膜所截留的无机盐。实际上纳滤使用脱盐截留率较低的芳香聚酰胺反渗透膜，用于染料等中等分子量的物质（相对分子质量为 500）的截留而容许盐和水通过。

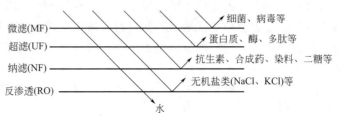

图 4-13 膜分离特性示意图

纳滤膜的分离机理与反渗透膜的相似，由于无机盐能透过纳滤膜，使其渗透压远比反渗透膜的低，因此，在通量一定时，纳滤过程所需的外加压力比反渗透的低得多；而在同等压力下，纳滤的通量则比反渗透大得多。此外，纳滤能使浓缩与脱盐同步进行，所以用纳滤代替反渗透，浓缩过程可有效、快速地进行，并达到较大的浓缩倍数。

纳滤为硬水的软化提供了新的途径，在海水淡化中也有重要的应用价值。利用纳滤技术可以分离非水溶液的溶质和溶剂，如在食用油提取中的应用可大大降低其加工过程中的环境污染问题。

4.4.3 电场力驱动膜过程

这种膜过程是利用带电离子或分子传导电流的能力来实现的，如向盐溶液中施加电压，则正负离子将向符号相反的电极方向移动，离子的移动速度取决于电场强度和离子的电荷密度，以及溶液的阻力。如果在离子运动的路线上存在一个半透性分离膜，移动速度还将受到膜半透性制约。各种带电和不带电球粒将在电场力和分离膜双重作用下得到分离。依据膜所带的电荷，可以分为带正电的阳离子交换膜和带负电的阴离子交换膜。

（1）电透析 电场力驱动膜过程中最重要的应用是电透析。电透析可以用于将电解质与非电解质分离、大体积电解质与小体积电解质的分离、电解质溶液的稀释和浓缩、离子替换、无机置换反应、电解质分级以及电解产物的分离等方面。

电透析分离的主要依据是在电场力作用下，同离子、反离子和非电解质在电场内的受力大小和方向不同，透过离子交换膜的能力也有较大差别。只有那些带电离子才能受到电场力驱动，所带电荷种类不同，受到的驱动方向不同，非荷电物质电场力对其没有作用。透过率与透过物质的物理化学性质关系密切，同时还与被分离物质在膜中的穿透和扩散能力、溶质与膜的相互作用、两者的立体因素等参数有关。

电透析膜分离的应用比较广泛，其中水溶液脱矿物质和脱酸是电透析的重要应用。电透析脱矿物质装置如图 4-14 所示。

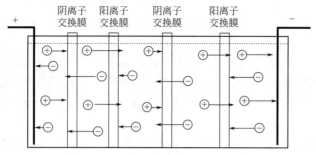

图 4-14　电透析脱矿物质装置示意图

该装置采用阳离子和阴离子交换膜将电解池依次分隔构成串联式电透析装置。在电场力作用下，阳离子和阴离子只能分别通过相应的离子交换膜，其结果是在交替构成的电透析池中，有一半的矿物质得到浓缩，另一半的矿物质被稀释。这一过程可以用于柠檬汁脱酸工艺，并已经实现工业化生产，采用这种脱酸工艺具有简便、快速、成本低的特点，对柠檬汁的风味影响比较小。

（2）膜电解　膜电解法采用阳离子交换膜将电解池分成两个部分，在阴极一侧注入食盐水，经电解产生氯气放出；同时生成的 Na^+ 透过分离膜进入阳极一侧，与电解生成的 OH^- 结合成烧碱流出；电解产生的氢气也在阴极一侧放出。由于这种膜只允许阳离子透过，因此在阳极一侧没有 NaCl 原料出现，产品烧碱的纯度比用隔板法生产高得多。离子交换膜的离子电导大，电解时产生的电压降小，因此电流效率较高。

用于膜电解的高聚物材料有 60 年代美国杜邦公司开发的全氟磺化聚合物（Nafion 膜），含有碳酸根为离子交换基团的全氟树脂以及它们的复合物，有时为了增强分离膜的机械强度，在膜中往往加入聚四氟乙烯纤维或者网状增强物质。

膜电解主要用于电化学工业中的氯碱工业，并取得了明显的经济效益和社会效益，除此之外，离子交换膜在其他电化学工业中也有广泛的应用，如应用于各种电解装置中。Nafion 膜在氢氧燃料电池的研究中起着重要的作用，并已有 Nafion 膜燃料电池样机在运行。

（3）极性膜　双极性膜由层压在一起的阳离子交换膜、阴离子交换膜及两层膜之间的中间层构成，当在阳极和阴极间施加电压时，电荷通过离子进行传递，如果没有离子存在，则电流将由水解出来的 OH^- 和 H^+ 传递。

双极性膜的一个应用实例就是生产 H_2SO_4 和 NaOH。双极性膜位于阳离子交换膜和阴离子交换膜之间。把 Na_2SO_4 溶液加入到阳离子交换膜和阴离子交换膜之间的膜池内。SO_4^{2-} 通过阴离子交换膜移向阳极方向，与双极性膜提供的 H^+ 结合形成 H_2SO_4。同时，Na^+ 通过阳离子交换膜向阴极方向移动，与来自双极性膜的 OH^- 形成 NaOH，从而实现由 Na_2SO_4 制备 H_2SO_4 和 NaOH。该过程也可用于单极性膜的膜电解过程中。但此时 H^+ 和 OH^- 要靠 H_2O 在两个电极处电解来形成，因而能耗较双极性膜过程高。

4.5　液膜分离

4.5.1　液膜的结构和分类

液膜分离技术于 1968 年由美国登埃克森公司的美籍华人黎念之博士首先提出。顾名思义，液膜是一层很薄的液体，这层液体可以是水溶液也可以是有机溶液。它能把两个互溶的、组成不同的溶液隔开，并通过这层液膜的选择性渗透作用实现分离。显然当被隔开的两个溶液是水溶液时，液膜应该为油型；而被隔开的两个溶液是有机溶液时，液膜则应该为水型。

液膜主要组分包括膜溶剂、表面活性剂、流动载体以及膜增强添加剂。

膜溶剂应当对欲提取的溶质能优先溶解，对其他欲除去的溶质则溶解度愈小愈好。膜溶剂不能溶于欲被液膜分隔的溶液，且与被其分隔的溶液有一定的相对密度差，以利膜液与料液的分离。

表面活性剂是制造液膜固定油水分界面的最重要的组分，它直接影响膜的稳定性、渗透速度和膜的复用。

流动载体使指定的溶质或离子进行选择性迁移，因此其对分离指定的溶质或离子的选择性和通量起决定性的作用，它的研究是液膜分离的关键。

膜增强添加剂使膜具有合适的稳定性，即要求液膜在分离操作过程中不过早破裂，以保证待分离溶质在内相中富集，而在破乳时又容易被破碎，便于内相与膜相的分离。

一般，液膜溶液中表面活性剂占 1%～5%，流动载体占 1%～5%，其余 90% 以上是膜溶剂。

液膜从形状上可分为支撑型、单滴型和乳液型 3 种。

支撑型液膜把微孔聚合物膜浸在有机溶剂中，溶液即充满微孔形成液膜（图 4-15）。此类液膜目前主要用于支撑液膜萃取的研究，支撑液膜作为萃取剂从料液中萃取被萃组分，被萃组分即从膜的料液侧传递到反萃液侧，接着被反萃到反萃液中。但此种液膜传质面积小，稳定性也较差，支撑液体容易流失。

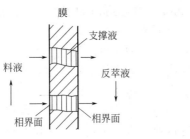

图 4-15　支撑型液膜

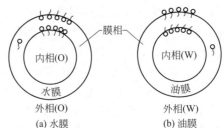

图 4-16　单滴型液膜

单滴型液膜为一个较大的单一的球面薄层，如图 4-16 所示。根据成膜材料分为水膜和油膜。图 4-16(a) 为水膜，内、外相为有机物，即 O/W/O 型，图 4-16(b) 为油膜，内、外相为水溶液，即 W/O/W 型。这种单滴型液膜寿命较短，所以目前主要用于理论研究。

乳液型液膜首先把两种互不相溶的液体制成乳状液，然后再将乳状液分散在第三相（连续相），即外相中。乳状液滴内被包裹的相为内相，内、外相之间的部分是液膜。一般情况下乳状液小球直径为 0.1～1mm，液膜本身厚度为 1～10μm。根据成膜材料也分为水膜和油膜两种。图 4-17 所示是由表面活性剂、流动载体和有机膜溶剂（如烃溶剂）组成的乳液型液膜，膜相溶液与水和水溶性试剂组成的内相水溶液在高速搅拌下形成油包水型与水不相溶的小珠粒，内部包裹着许多微细的含有水溶性反应试剂的小水滴，再把此珠粒分散在另一水相（料液）即外相中，就形成了一种油包水再水包油的薄层结构。料液中的渗透物就穿过两水相之间的这一薄层的油膜进行选择性迁移。乳液型液膜传质比表面最大，膜的

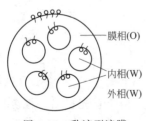

图 4-17　乳液型液膜

厚度小，因此传质速度快，分离效率高，处理量大，具有实现工业化的前途。

4.5.2 液膜分离机理

（1）单纯迁移　膜中不含流动载体，液滴内、外相也不含有与待分离物质发生化学反应的试剂，只是单纯靠待分离的不同组分在膜中的溶解度和扩散系数的不同导致透过膜的速率不同来实现分离，这种液膜分离属单纯迁移渗透机理。如图 4-18 所示。A、B 两种物质被包裹在膜内，若要实现 A、B 的分离，就必须要求其中的一种溶质 A 透过膜的速率大于 B。渗透速率与扩散系数和溶质的分配系数成正比，在此体系中，扩散系数与分配系数与溶质在膜及料液相中的溶解度有关。若 A 易溶于膜，B 难溶于膜，那么 A 透过膜的速度就大于 B，经过一定时间后，在外部连续相中 A 的浓度大于 B，液滴内相中 B 的浓度大于 A，从而实现有效分离。

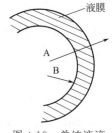

图 4-18　单纯液滴原理示意图

但是当进行到膜两侧被迁移的溶质浓度相等时，此种单纯迁移液膜分离过程的输送便自行停止，因此它不能产生浓缩效应。

（2）滴内化学反应（Ⅰ型促进迁移）　在溶质的接受相内添加与溶质能发生化学反应的

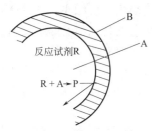

图 4-19　滴内化学反应（Ⅰ型促进迁移）原理示意图

试剂，可通过化学反应来促进溶质迁移，从而提高分离效率。如图 4-19 所示，在乳液型液膜的内相添加一种能与特定的迁移溶质或离子 A 发生不可逆化学反应的试剂 R，则 A 与 R 变成一种不能逆扩散的新产物 P，从而使内相中的渗透物 A 的浓度实质上为零，保持 A 在液膜内、外相两侧有最大的浓度梯度，促进 A 的输送。直到 R 被反应完为止。而在料液中与 A 共存的 B 即使部分渗透到内相，由于 B 不能与 R 反应，B 在内相的浓度很快即达到使其渗透停止的浓度，从而强化了 A 与 B 的分离。因此这种通过滴内发生化学反应促进渗透物输送的机理又叫Ⅰ型促进迁移。此种液膜的膜相也不含有流动载体。

（3）膜相化学反应（载体输送Ⅱ型促进迁移）　在膜相中加入一种流动载体，载体分子 R_1 先在料液（外相）侧选择性地与某种溶质（A）发生化学反应，生产中间产物（R_1A），然后这种中间产物扩散到膜的另一侧，与液膜内相中的试剂（R_2）作用，并把该溶质（A）释放出来，这样溶质就被从外相转入到内相，而流动载体又扩散到外相侧，重复上述过程。不难看出，在整个过程中，流动载体并没有消耗，只起了搬移溶质的作用，被消耗的只是内相中的试剂。这种含流动载体的液膜在选择性、渗透性和定向性三方面更类似于生物细胞膜的功能，它使分离和浓缩两步合二为一。这种迁移机理称为Ⅱ型促进迁移。

4.5.3 液膜的应用

（1）液膜在生物化学中的应用　液膜用于生物化学无需破乳，而且用量小，所以应用简单，很有前途。在生物化学中常常为了防止酶受到活性物质的干扰而需要使酶"固定化"。与传统的酶固定的方法相比，利用液膜封闭使固定酶容易制备，便于固定低分子量的和多酶的体系，在系统中加入辅助酶时，无需借助小分子载体吸附技术。如将提纯的酚酶用液膜包裹，再将液膜分散在含酚水相中，酚则有效地扩散穿过膜与酶接触后转变为氧化物而积累在内相中，而且液膜的封闭作用不会降低酶的活性。

（2）液膜在医学中的应用　液膜在医学上用途也很广泛，也不需要破乳等复杂的操作，作为药物口服用量不大，因此也具有十分广阔的前景。如液膜人工肺脏、液膜人工肝脏、液膜人工肾脏以及液膜解毒，液膜缓释药物等。

（3）液膜分离技术在废水处理中的应用　液膜萃取可处理含铬、硝基、酚基的废水，液膜分离技术还可以用于矿物浸出液的加工和稀有元素的分离。

4.6　新型膜分离过程

膜分离技术与传统的分离技术相结合发展出一些崭新的膜过程。这些新的膜过程在不同程度上吸取了二者的优点而避免了某些原有的弱点。如膜蒸馏、膜萃取、亲和膜分离等。这类新的膜过程大都是 20 世纪 80 年代前后才出现的，还有一些理论和重大关键技术需要解决，距大规模应用还有一段时间。

4.6.1　膜蒸馏

膜蒸馏是膜技术与蒸发过程相结合的新型膜分离过程，它应用疏水微孔膜，其特点是分离过程在常压和低于沸点条件下进行，热侧溶液可以在较低的温度下操作，因而可以使用低温热源或废热。与反渗透比较，它在常压下操作，过程中溶液浓度变化的影响小；与常规蒸馏比较，它具有较高的蒸馏效率，蒸馏液更为纯净，无需复杂的蒸馏设备。但它是一个有相变的膜过程，热能的利用率较低。膜蒸馏主要应用在制取纯水与浓缩溶液两个方面。

膜蒸馏实际是一种充气膜过程，即依靠不被液体亲润的充满气体的微孔膜，膜一侧溶液中的挥发性物质汽化，扩散通过膜到膜的另一侧，然后用冷凝、吸收、惰性气体携带等方法带走这些挥发性物质。

渗透膜蒸馏是另一种形式的膜蒸馏，其膜的下游侧不是冷水而是盐的浓溶液，过程的推动力是由浓盐溶液较低的水蒸气压所形成的膜两侧的蒸汽压差，因此，它的优点是料液侧的温度可以更低，更适合于热敏性物质的水溶液浓缩。

4.6.2　膜萃取

膜萃取是膜技术与萃取过程相结合的新型膜分离技术，又称固定膜界面萃取。与通常的液-液萃取中一液相以细小液滴形式分散在另一液相中进行两相接触传质的情况不同，膜萃取过程中，萃取剂与料液分别在膜的两侧流动，传质过程是在分隔两液相的微孔膜表面进行的，没有相分散行为发生。

膜萃取有以下特点。膜萃取由于没有相的分散和聚结过程，可以减少萃取剂在料液相中的夹带损失；在过程中不形成直接的液-液两相流动，因此在选择萃取剂时对其物性（如密度、黏度、界面张力等）的要求可以大大放宽；一般萃取柱式设备中，由于连续相与分散相液滴的逆流流动，返混现象十分严重，在膜萃取过程中，两相在膜两侧分别流动，使过程很少受返混的影响；膜萃取过程可以较好地发挥化工单元操作中的某些优势，提高过程的传质效率。

4.6.3　亲和膜分离技术

亲和膜分离是基于在膜分离介质上（一般为超滤或微滤膜）利用其表面及孔内所具有的官能团，将其活化，接上具有一定大小的间隔臂，再选用一个合适的亲和配基。在合适的条件下使其与间隔臂分子产生共价结合，生成带有亲和配基的膜，再将样品混合物缓慢地通过膜，使样品中能与亲和配基产生特异性相互作用的分子产生偶联或结合，生成相应的络合物，然后通过改变条件，如洗脱液组成、pH、离子强度、温度等，使其解离。

随着生命科学和生物工程的迅速发展，对生物大分子纯化分离的要求越来越高。对一些分子量差别很小的大分子就要用亲和介质所具有的特异性将其分离出来。

其他膜分离过程还有膜反应、膜分相以及控制释放、膜电极等。

思 考 题

1. 与其他的分离方法相比，膜分离有什么特点？
2. 请简述高分子分离膜的分类。
3. 平板膜、管式膜和中空纤维膜的结构特点有何不同？
4. 膜是否可以单独使用？为什么？什么是膜组件？
5. 分离膜的分离机理如何？请简述不同结构的膜的分离机理。
6. 什么是致密膜？什么是多孔膜？请说明它们各自的用途和分离原理？
7. 如何制备多孔膜？如何制备致密膜？试说明采用相转化法制备多孔膜的原理。
8. 可用于制备高分子分离膜的高分子材料有哪些？它们都可用于制备何种分离膜？
9. 请分析影响膜制造过程中的各种因素对膜结构和膜性能的影响。
10. 在膜的分离过程中，可以有哪些驱动力，它们各自驱动的膜过程是什么？
11. 微滤、超滤和反渗透所用的膜的结构、分离的物质有何不同？
12. 为什么反渗透分离过程所需的压力比微滤大得多？
13. 如何利用电渗析法从海水制备淡水和盐？它与电解食盐水制备盐酸和烧碱有何不同？
14. 请简述渗透汽化过程的原理和过程。在渗透汽化过程中，膜与待分离组分间的相互作用对其渗透性、选择性有何影响？
15. 乙酸纤维素反渗透膜的水透过能力很低，但当把诸如高氯酸盐和甲酰胺之类的化合物加入浇铸液后，其透水率提高了10～20倍，试解释之。
16. 试说明化学结构相同，而密度不同的高密度聚乙烯和低密度聚乙烯的气体渗透系数不同的原因。
17. 当将聚乙烯淬火时，由它所制备的气体分离膜的性能会有什么变化？
18. 什么是液膜？请简述液膜的结构和分类。液膜主要用于什么场合？

参 考 文 献

[1] 王国建. 功能高分子材料 [M]. 上海：同济大学出版社，2014.
[2] 赵文元，王亦军. 功能高分子材料 [M]. 第2版. 北京：化学工业出版社，2013.
[3] 罗祥林. 功能高分子材料 [M]. 北京：化学工业出版社，2010.
[4] 马建标. 功能高分子材料 [M]. 北京：化学工业出版社，2010.
[5] 陈立新，焦剑，蓝立文. 功能塑料 [M]. 北京：化学工业出版社，2005.
[6] 王国建，刘琳. 特种与功能高分子材料 [M]. 北京：中国石化出版社，2004.
[7] 刘引烽. 特种高分子材料 [M]. 上海：上海大学生出版社，2001.
[8] 何天白，胡汉杰. 功能高分子与新技术 [M]. 北京：化学工业出版社，2001.
[9] 蓝立文. 功能高分子材料 [M]. 西安：西北工业大学出版社，1994.
[10] 徐又一，徐志康. 高分子膜材料 [M]. 北京：化学工业出版社，2005.

[11] Marel Mulder. 膜技术基本原理 [M]. 李琳，译. 北京：清华大学出版社，1999.

[12] 郑领英，王学松. 膜技术 [M]. 北京：化学工业出版社，2000.

[13] 郑领英. 膜分离与分离膜 [J]. 高分子通报，1999，（3）：134.

[14] 李娜，刘忠洲. 再生纤维素分离膜制备方法研究进展 [J]. 膜科学与技术，2001，21（16）27.

[15] 郭群晕，苑学竟. 高取代氰乙基纤维素膜材料的合成及其性能 [J]. 水处理技术，1999，（1）：34.

[16] 吴春金，张国亮，蔡邦肖，等. 有机混合物渗透汽化分离膜材料及成膜技术的研究进展 [J]. 水处理技术，2002，28（1）：6.

[17] 汪勇，程博闻，等. 分离膜用纤维素材料改性研究的进展 [J]. 膜科学与技术，2002，2（4）：60.

[18] 高洁，汤烈贵. 我国纤维素科学展近况 [J]. 纤维素科学与技术，1993，1（1）：1.

[19] 方军，黄继才. 有机物优选透过的渗透汽化分离膜 [J]. 膜科学与技术，1998，18（5）：1.

[20] 严勇军，丁孟太. 液晶复合分离膜及其研究进展 [J]. 功能材料，1994，25（2）：121.

[21] 吴麟华. 分离膜中的新成员——纳滤膜及其在制药工业中的应用 [J]. 膜科学与技术，1997，17（5）：11.

[22] 李明春，陈国华. 智能型高分子分离膜 [J]. 化工进展，1997，（6）：6.

[23] 吴学明，赵玉玲，王锡臣. 分离膜高分子材料及进展 [J]. 塑料，2001，30（2）：42.

[24] 李娜，刘忠洲，等. 再生纤维素分离膜制备方法研究进展 [J]. 膜科学与技术，2001，21（6）：27.

[25] 张守海，蹇锡高，杨大令. 新型耐高温分离膜用高分子材料 [J]. 现代化工，2002，22（增刊）：204.

[26] 陈世英，冯朝阳. 以 CA 为基质中空纤维分离膜与血液成分的相互作用 [J]. 纤维素科学与技术，1993，1（1）：61.

[27] 祁喜旺，陈翠仙. 聚酰亚胺气体分离膜 [J]. 膜科学与技术，1996，16（2）：1.

[28] 李悦生，丁孟贤. 聚酰亚胺气体分离膜材料的结构与性能 [J]. 高分子通报，1998，（3）：1.

[29] 陈桂娥，许振良，房鼎业. 单外皮层 PES 中空纤维气体分离膜制备的研究 [J]. 化学世界，2006，47（1）：29.

[30] 聂富强，郭冬梅，等. 丙烯腈共聚物分离膜材料的应用 [J]. 化学通报，2002，65（7）：464.

[31] 杨丽芳，沈锋. 壳聚糖基分离膜的研究进展与开发 [J]. 化工进展，1999，18（4）：32.

[32] 许晨，丁马太. 渗透汽化分离膜及膜反应器：I. 聚离子复合膜性能的研究 [J]. 福建师范大学学报：自然科学版，1996，12（3）：48.

[33] 罗川南，杨勇. 高分子合金分离膜材料及结构研究进展 [J]. 化学研究与应用，2003，15（2）：177.

[34] 郝继华，王世昌. 致密皮层非对称气体分离膜的制备 [J]. 高分子学报，1997，（5）：559.

[35] 邢英. 高分子分离膜的研究及应用 [J]. 广东化工，2011，38（1）：94.

[36] 王春龙，吴礼光，高从堦. 荷电高分子分离膜研究进展 [J]. 水处理技术，2006，32（6）：1.

[37] 李敏哲，栾兆坤. 高分子分离膜及其在水处理技术中的应用 [J]. 塑料工业，2005，33（B5）：182.

[38] 汪多仁. 高分子分离膜的研制与应用 [J]. 过滤与分离，1999，（1）：36.

[39] 李明春. 智能型高分子分离膜 [J]. 化工进展，1997，（6）：6.

[40] 王学军. 含氟离子液体与分离膜材料 [J]. 化工新型材料，2013，41（11）：13.

[41] 谭婷婷，展侠. 高分子基气体分离膜材料研究进展 [J]. 化工新型材料，2012，40（10）：4.

[42] 刘一凡，马玉玲. 支撑型离子液体膜的制备、表征及稳定性评价 [J]. 化学进展，2013，25（10）：1795.

[43] 张启修. 液体膜分离技术在冶金中的应用现状 [J]. 膜科学与技术，2010，30（5）：1.

[44] Nishioka N，Uno M，Kosai K. Permeability through cellulose membranes grafted with vinyl monomers in a homogeneous system. VII. Acrylamide grafted cellulose membranes [J]. Journal of Applied Polymer Science，1990，41（11-12）：2857.

[45] Fu Y J，Lai C L，Chen J T，et al. Hydrophobic composite membranes for separating of water-alcohol mixture by pervaporation at high temperature [J]. Chemical Engineering Science，2014，111：203.

[46] An Q F，Qian J W，Zhao Q，et al. Polyacrylonitrile-block-poly（methyl acrylate）membranes 2：Swelling behavior and pervaporation performance for separating benzene/cyclohexane [J]. Journal of Membrane Science，2008，313（1-2）：60.

[47] Li K，Meichsner J. Gas-separating properties of membranes coated by HMDSO plasma polymer [J]. Surface and Coatings Technology，1999，116-119：841.

[48] Zhu G Q，Li T. Properties of polyurethane-polystyrene graft copolymer membranes used for separating water-ethanol mixtures [J]. European Polymer Journal，2005，41（5）：1090.

[49] Alexander V M，Vladimir D M，Nina D S，et al. Composite gas-separating membranes with polymerized LB films [J]. Thin Solid Films，1996，（284-285）：866.

[50] Pavlov S A, Teleshov E N. Use of radiation graft polymerization for synthesizing and modifying gas-separating membranes—Review [J]. Polymer Science U. S. S. R. 1991, 33 (7): 1259.

[51] Yu S C, Huang C W, Liao C H, et al. A novel membrane reactor for separating hydrogen and oxygen in photocatalytic water splitting [J]. Journal of Membrane Science, 2011, 382 (1-2): 291.

[52] Maximini A, Chmiel H, Holdik H, Maier N W. Development of a supported liquid membrane process for separating enantiomers of N-protected amino acid derivatives [J]. Journal of Membrane Science, 2006, 276 (1-2): 221.

[53] Viktoria B, Remigiusz W, Petra S. Effect of temperature on the formation of liquid phase-separating giant unilamellar vesicles (GUV) [J]. Chemistry and Physics of Lipids, 2012, 165 (6): 630.

[54] Jiang Z Q, Jiang Z J. Plasma techniques for the fabrication of polymer electrolyte membranes for fuel cells [J]. Journal of Membrane Science, 2014, 456: 85.

[55] David F S, Zachary P S, Guo R L, et al. Energy-efficient polymeric gas separation membranes for a sustainable future: A review [J]. Polymer, 2013, 54 (18): 4729.

第5章 电功能高分子材料

5.1 概　述

绝大部分的高聚物属于电绝缘体，直到 1977 年美国科学家黑格（A. F. Heeger）、麦克迪尔米德（A. G. Macdiarmid）发现掺杂聚乙炔（polyacetylene，PA）具有金属导电特性，从此，"有机高分子不能作为导电材料"的概念被彻底改变。当绝缘性的高聚物与金属或石墨等导体材料共混时，可使这种共混材料具有导体的某些特征。导电高分子材料具有质量轻、易成型、成本低、电导率范围宽且可调、结构多变等优点，其独特的电学、光学及磁学性质使得导电高分子材料可以克服使用时静电积累、电磁波干扰等危害，在电极材料、电磁屏蔽材料、防腐材料、传感器材料、隐身材料、电致变色材料等领域具有广泛的应用。

根据已有的技术，经加碘掺杂的聚乙炔的电导率接近室温下铜的电导率。导电高聚物具有独特的结构特征和掺杂机制、优异的物理化学性能和诱人的技术应用前景，使其成为材料科学的热门领域。

5.1.1　高分子材料的导电特点

在导电高分子材料两端施加一定的电压，材料中会有电流通过，即具有导电体的特征。导电高分子材料的结构和导电方式与传统的金属导体不同，导电高分子材料属于分子导电材料，而金属导体属于晶体导电材料。

材料在电场作用下能产生电流是由于介质中存在能自由迁移的带电质点，这种带电质点被称为载流子。载流子在电场作用下沿着电场方向定向迁移构成电流。在不同的材料中，产生的载流子是不同的，常见的载流子包括自由电子、空穴、正负离子以及其他类型的荷电微粒。载流子是物质在电场作用下产生电流的物质基础，同时，载流子的密度是衡量材料导电能力的主要参数之一，通常材料的电导率与载流子的密度成正比。

假定长方体材料的截面积为 S，载流子的浓度（单位体积中载流子数目）为 N，每个载流子所带的电荷量为 q，载流子在外加电场 E 作用下，沿电场方向运动速度为 v，则单位时间流过长方体的电流 I 的表达式为：

$$I = NqvS \tag{5-1}$$

而载流子的迁移速度 v 通常与外加电场强度 E 成正比，如式(5-2)所示。

$$v = \mu E \tag{5-2}$$

式中，比例常数 μ 为载流子的迁移率，是单位场强下载流子的迁移速度，$cm^2/(V \cdot s)$。

电导率 σ （S/cm）可表示为式(5-3)。

$$\sigma = Nq\mu \tag{5-3}$$

当材料中存在 n 种载流子时，电导率 σ 可表示为式(5-4)。

$$\sigma = \sum_{i=1}^{n} N_i q_i \mu_i \tag{5-4}$$

由此可见，载流子浓度和迁移率是表征材料导电性的微观物理量。

根据电导率的大小，通常将材料分为绝缘体、半导体、导体和超导体 4 大类，从最好的绝缘体到导电性非常好的超导体，电导率可相差 40 个数量级以上。表 5-1 列出了这 4 类材料的电导率及其典型代表。在本章中，高分子半导体和高分子导体一律被称为导电高分子。

表 5-1　材料电导率范围

材料	电导率/(S/cm)	典型代表
绝缘体	$<10^{-10}$	石英、聚乙烯、聚苯乙烯、聚四氟乙烯
半导体	$10^{-10} \sim 10^{2}$	硅、锗、聚乙炔
导体	$10^{2} \sim 10^{8}$	汞、银、铜、石墨
超导体	$>10^{8}$	铌(9.2K)、铌铝合金(23.2K)、聚氮硫(0.26K)

大多数高分子材料都存在离子电导，那些带有强极性基团的高分子由于本征解离，可以产生导电离子。此外，在合成、加工和使用过程中，加入的添加剂、填料以及水分和其他杂质的解离都会提供导电离子，特别是在没有共轭双键的电导率较低的非极性高分子中，外来离子是导电的主要载流子，其主要导电机理是离子电导。在共轭聚合物、电荷转移络合物、聚合物的离子自由基盐络合物和金属有机高分子材料中则含有很强的电子电导。如在共轭高分子中分子内存在空间上一维或二维的共轭键，π电子轨道相互交叠使π电子具有许多类似于金属中自由电子的特征。π电子可以在共轭体系中自由运动，分子间的迁移则通过跳跃机理实现。离子电导和电子电导有各自的特点，但大多数高分子材料的导电性很小，直接测定载流子的种类较为困难，一般用间接的方法区分。用电导率的压力依赖性来区分比较简单可靠。离子传导时，分子聚集越密，载流子的转移通道越窄，电导率的压力系数为负值；电子传导时，电子轨道的重叠加大，电导率加大，压力系数为正值。大多数聚合物中离子电导和电子电导同时存在，视外界环境的不同，温度、压力、电场等外界条件中某一种处于支配地位。

5.1.2　导电高分子材料的分类

导电高分子材料按照结构、组成及制备方法的不同可以分为复合型导电高分子材料和结构型导电高分子材料两大类。

结构型（或称本征型）导电高分子本身具有"固有"的导电性，由聚合物结构提供导电载流子（电子、离子或空穴）。这类聚合物经掺杂后，电导率可大幅度提高，其中有些甚至可达到金属的导电水平。复合型导电高分子是在不具备导电性的高分子材料中混入大量导电物质，如碳系材料、金属粉（箔）等，通过分散复合、层积复合、表面复合等方法构成的复合材料，其中以分散复合最为常用。

结构型导电高分子材料主要有：①π共轭系高分子，如聚乙炔、线型聚苯、氮硫高聚物等；②金属螯合物型高分子，如聚酮酞菁等；③电荷转移型高分子络合物，如聚阳离子、TCNQ（tetracyanoquinodimethamide，四氰代对二次甲基苯醌）金属络合聚合物等。

目前，对结构型导电高分子的导电机理以及聚合物结构与导电性关系的理论研究十分活跃，应用性研究也取得很大进展。但由于大多数结构导电高分子在空气中不稳定，导电性随时间明显衰减，导致结构型导电高分子的实际应用尚不普遍。通过改进掺杂剂的品种和掺杂技术，采用共聚或共混的方法，可以在一定程度上克服导电高分子的不稳定性，改善其加工性能。

复合型导电高分子材料包括通常所见的导电橡胶、导电塑料、导电涂料、导电胶黏剂和导电性薄膜等。与结构型导电高分子不同，在复合型导电高分子中，高分子材料本身并不具备导电性，只充当了黏合剂的角色，其导电性是通过混在其中的导电性物质（如碳系材料、金属粉末等）获得的。复合型导电高分子材料制备方便，有较强的实用性。

按照导电机理进行分类，可将导电高分子材料分为 3 类。①离子导电聚合物：载流子是能在聚合物分子间迁移的正负离子的导电聚合物，其分子的亲水性好，柔性好，在一定温度下有类似液体的特性，允许相对体积较大的正负离子在聚合物中迁移。②电子导电聚合物：载流子为自由电子，其结构特征是分子内含有大量的共轭电子体系，为载流子-自由电子的离域提供迁移的条件。③氧化还原型导电聚合物：以氧化还原反应为电子转化机理的氧化还原型导电聚合物。其导电能力是由于在可逆氧化还原反应中电子在分子间的转移产生的。该类导电聚合物的高分子骨架上必须带有可以进行可逆氧化还原反应的活性中心。

5.2 复合型导电高分子材料

复合型导电高分子材料是采用各种复合技术将导电性物质与树脂复合而成的。复合技术主要包括导电表面膜形成法、导电填料分散复合法、导电填料层压复合法 3 种。

导电表面膜形成法，就是在材料机体表面涂覆导电性物质，进行金属镀膜或金属熔射等处理。分散复合法，是在材料基体内混入抗静电剂、炭黑、石墨、金属粉末、金属纤维等导电填料。层压复合法则是将高分子材料与碳纤维栅网、金属网等导电性编织材料一起层压，并使导电材料处于基体之中。其中，分散复合法最为常见。

从原则上讲，任何高分子材料都可用作复合型导电高分子的基质。在实际应用中，要根据使用要求、制备工艺、材料性质和来源、价格等因素综合考虑，选择合适的高分子材料。目前常用的复合型导电高分子的基质材料主要有聚乙烯、聚丙烯、聚氯乙烯、聚苯乙烯、ABS、环氧树脂、丙烯酸酯树脂、酚醛树脂、不饱和聚酯、聚氨酯、聚酰亚胺、有机硅树脂等。高分子基质材料的作用是将导电颗粒牢固地黏结在一起，使导电高分子有稳定的导电性，同时还赋予材料加工性。高分子材料的性能对导电高分子的机械强度，耐热性，耐老化性都有十分重要的影响。

导电填料在复合型导电高分子中起提供载流子的作用，其形态、性质和用量直接决定材料的导电性。常用的导电填料有金粉、银粉、铜粉、镍粉、钯粉、钼粉、铝粉、钴粉、镀银二氧化硅粉、镀银玻璃微珠、碳系材料、碳化钨、碳化镍等。

高分子材料一般为有机材料，而导电填料通常为无机材料或金属。两者性质相差较大，复合时不容易紧密结合和均匀分散，影响材料的导电性，故通常还需对填料颗粒进行表面处理。如用表面活性剂、偶联剂、氧化还原剂对填料颗粒进行处理后，分散性可大大增加。

复合型导电高分子材料的制备工艺简单，成型加工方便，且具有较好的导电性。例如在聚乙烯中加入粒径为 $10 \sim 300 \mu m$ 的导电炭黑，可使聚合物变为半导体（$\sigma = 10^{-6} \sim 10^{-12} S/cm$），而将银粉、铜粉等加入环氧树脂中，其电导率可达 $10^{-1} \sim 10 S/cm$，接近金属的水平。目前，结构型导电高分子研究尚未达到实际应用水平，而复合型导电高分子作为一类较为经济实用的材料，已得到了广泛的应用。如酚醛树脂-炭黑导电塑料，在电子工业中用作有机实芯电位器的导电轨和碳刷；环氧树脂-银粉导电黏合剂，可用于集成电路、电子元件，PTC陶瓷发热元件等电子元件的黏结；用涤纶树脂与炭黑混合后纺丝得到的导电纤维，可用作工业防静电滤布和防电磁波服装。

5.2.1 复合型导电高分子材料的结构和导电机理

复合型导电高分子材料的导电性主要由填料的分散状态所决定。实验发现，将各种金属粉末或炭黑颗粒混入绝缘性的高分子材料后，材料的导电性随导电填料浓度的变化规律为：在导电填料浓度较低时，材料的电导率随浓度增加很少；而当导电填料浓度达到某一数值时，电导率急剧上升，变化值可达 10 个数量级以上；超过这一临界值后，电导率随浓度的变化又趋于缓慢（图 5-1）。

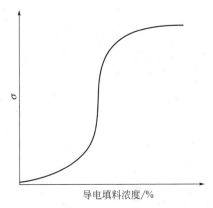

图 5-1　电导率与导电填料量的关系

用电子显微镜技术观察导电材料的结构发现，当导电填料浓度较低时，填料颗粒分散在聚合物中，互相接触很少，导电性很低。随着填料浓度增加，填料颗粒接触机会增多，电导率逐步上升。当填料浓度达到某一临界值时，体系内的填料颗粒相互接触形成无限网链。这个无限网链就像金属网贯穿于高聚物中，形成导电通道，电导率急剧上升，使聚合物成为导体。再增加导电填料的用量，对聚合物的导电性不会再有更多的贡献了，故电导率变化趋于平缓。在此，发生突变的导电填料浓度称为"渗滤阈值"。这就是复合型导电高分子材料的导电"渗流理论"。

复合型导电高分子材料能导电的条件是填料粒子既能较好地分散，又能形成三维网状结构或蜂窝状结构。对于一个聚合物来说，需要加入多少导电填料才能形成无限网链，也就是说渗滤阈值如何估算，这一问题具有十分重要的现实意义。Gurland 在大量的研究基础上，提出了平均接触数的概念。所谓平均接触数，是指一个导电颗粒与其他导电颗粒接触的数目。如果假定颗粒都是圆球，通过对电镜照片的分析，可得式(5-5)。

$$\overline{m}=\frac{8}{\pi^2}\left(\frac{M_s}{N_s}\right)^2\frac{N_{AB}+2N_{BB}}{N_{BB}}\tag{5-5}$$

式中，$\overline{m}$ 为平均接触数；M_s 为单位面积中颗粒与颗粒的接触数；N_s 为单位面积中的颗粒数；N_{AB} 为任意单位长度的直线上颗粒与基质（高分子材料）的接触数；N_{BB} 为上述单位长度直线上颗粒与颗粒的接触数。

Gurland 研究了酚醛树脂-银粉体系电阻与填料体积分数的关系，并用公式计算了平均接触数 $\overline{m}$，结果表明，在 $\overline{m}=1.3\sim1.5$，电阻发生突变，$\overline{m}>2$ 时电阻保持恒定。

从直观考虑，$\overline{m}=2$ 是形成无限网链的条件，故似乎应该在 $\overline{m}=2$ 时电阻发生突变，然而实际上，$\overline{m}<2$ 时就发生电阻值的突变，这表明导电颗粒填料并不需要完全接触就能形成导电通道。

当导电颗粒间不相互接触时，颗粒间存在聚合物的隔离层，使导电颗粒中自由电子的定向运动受到阻碍，这种阻碍可看作一种具有一定势能的势垒。根据量子力学的概念可知，对于一种微观粒子来说，即使其能量小于势垒的能量，它除了有被反弹的可能性外，也有穿过势垒的可能性。微观粒子穿过势垒的现象称为贯穿效应，也称为"隧道效应"。电子是一种微观粒子，因此它具有穿过导电颗粒之间隔离层阻碍的可能性。这种可能性的大小与隔离层的厚度 a 及隔离层势垒的能量 u_0 与电子能量 E 的差值（u_0-E）有关，a 值与（u_0-E）值越小，电子穿过隔离层的可能性就越大。当隔离层的厚度小到一定值时，电子就能容易地穿过，使导电颗粒间的绝缘隔离层变为导电层。这种由隧道效应而产生的导电层可用一个电阻和一个电容并联来等效。

根据上述分析可知，导电高分子内部的结构有 3 种情况：①一部分导电颗粒完全连续地相互接触形成电流通路，相当于电流流过一只电阻；②一部分导电颗粒不完全连续接触，其中不相互接触的导电电容并联后再与电阻串联的情况；③一部分导电粒子完全不连续，导电颗粒间的聚合物隔离层较厚，是电的绝缘层，相当于电容器的效应。图 5-2 较直观地反映了上述的机理。

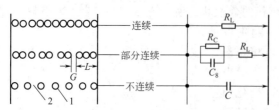

图 5-2　复合型导电高分子的导电机理模型
1—导电颗粒，2—导电颗粒间隔离层

F. Buche 借助于 Flory 的网状缩聚凝胶化理论，成功地估算了复合型导电高分子中无限网链形成时的导电填料重量分数和体积分数。

Flory 理论认为，对官能度为 f 的单体来说，如果每个单体的支化率（反应程度）为 α，当每个单体有 $\alpha \cdot f$ 个官能团起反应时，体系发生了凝胶，则此时其凝胶部分的质量分数 W_g 的表达式为(5-6)。

$$W_g = 1 - \frac{(1-\alpha)^2 \alpha'}{(1-\alpha')^2 \alpha} \tag{5-6}$$

式中，α' 是方程 $\alpha(1-\alpha)^{f-2} = \alpha'(1-\alpha')^{f-2}$ 的最小根值。对于每一个 α 值，都可得到相应的 α' 值，然后根据上式求出 W_g 值。

如果将导电颗粒看作缩聚反应中单体，则在形成无限网链时，相当于体型缩聚中的凝胶化。导电颗粒的最大可能配位数相当于单体的官能度 f，与颗粒的形状有关。在导电高分子中，导电颗粒不可能密集堆砌，它的周围有可能被聚合物部分所占据。因此，每个导电颗粒周围被其他颗粒堆积的几率 α 可由式(5-7)求得。

$$\alpha = \frac{V_p}{V_0} = \frac{\text{体系中实际占据空间的填料体积分数}}{\text{体系中最大可能占据空间填料体积分数}} \tag{5-7}$$

式中分母 V_0 的数值，对不同堆砌形式取不同值。当配位数相等的颗粒将一个颗粒完全包围时，V_0 为 1。但当颗粒与颗粒之间存在空隙并有聚合物嵌入其中时，就不可能为 1。

由 Flory 凝胶化理论可知，当发生凝胶时，亦即形成无限网链时，可得式(5-8) 和 (5-9)。

$$\alpha = \frac{1}{f-1} \tag{5-8}$$

$$V_p = \alpha V_0 = \frac{V_0}{f-1} \tag{5-9}$$

从式(5-8) 和式(5-9)可求出当体系电导率发生突变时导电填料的质量分数和体积分数。

实验结果表明导电填料的填充量与导电高分子的电导率之间存在以下的关系，见式(5-10)。

$$\sigma = \sigma_m V_m + \sigma_p V_p W_g \tag{5-10}$$

式中，σ 为导电材料的电导率；σ_m 为高分子的电导率；σ_p 为填料的电导率；V_m 为高分子基质的体积分数；V_p 为导电填料的体积分数；W_g 为导电填料无限网链的重量分数。

在实际应用中，为使导电填料用量接近理论用量，必须使导电颗粒充分分散。若颗粒分散不均匀，或在加工中发生颗粒凝聚，则即使达到临界值，无限网链也不会形成。

5.2.2 金属填充型高分子材料的导电性

对金属填充型导电高分子材料的研究始于 20 世纪 70 年代。将金属制成粉末、薄片、纤维以及栅网，填充在高分子材料中制成导电高分子材料。金属填充型导电高分子材料主要是导电塑料，其次是导电涂料。该类塑料具有优良的导电性能（体积电阻为 $10^{-3} \sim 10\Omega \cdot cm$），与传统的金属材料相比，质量轻，易成型，生产效率高，总成本低。20 世纪 80 年代后，在电子计算机及一些电子设备的壳体材料上获得了飞速发展，称为最有发展前途的新型电磁波屏蔽材料。

导电高分子材料的金属粉末填料主要有金粉、银粉、铜粉、镍粉、钯粉、钼粉、铝粉、钴粉、镀银二氧化硅粉、镀银玻璃微珠等，部分导电填料的电导率列于表 5-2 中。从表中可见，银粉具有最好的导电性，故应用最广泛。炭黑虽电导率不高，但其价格便宜，来源丰富，因此也广为采用。根据使用要求和目的不同，导电填料还可制成箔片状、纤维状和多孔状等多种形式。

表 5-2　部分导电填料的电导率

材料	电导率/(S/cm)	材料	电导率/(S/cm)
银	6.17×10^5	锡	8.77×10^4
铜	5.92×10^5	铅	4.88×10^4
金	4.17×10^5	汞	1.04×10^4
铝	3.82×10^5	铋	9.43×10^3
锌	1.69×10^5	石墨	$1 \sim 10^3$
镍	1.38×10^5	炭黑	$1 \sim 10^2$

银粉具有优良的导电性和化学稳定性。它在空气中氧化速度极慢，在聚合物中几乎不被氧化，即使已氧化的银粉，仍具有较好的导电性。银粉可用多种方法制得，不同方法制备的银粉其粒径和形状都不一样。如用真空蒸发法制得扁平的片状银粉，用高压水喷射法制得的球粒状银粉，用电解法制得的针状银粉，用氢气还原法制得的球状超细银粉，用银盐热解法制得的海绵状银粉和鳞片状银粉等。

金粉是利用化学反应由氯化金制得的或由金箔粉碎而成。金的化学性质稳定，导电性好，但价格昂贵，远不如银粉应用广泛，在厚膜集成电路的制作中，采用金粉填充。

铜粉、铝粉和镍粉都具有较好的导电性，而且价格较低。但它们在空气中易氧化，导电性能不稳定。用氢醌、叔胺、酚类化合物作防氧化处理后，可提高导电稳定性，目前主要用作电磁波屏蔽和印刷线路板引线材料等。

将中空微玻璃珠、炭粉、铝粉、铜粉等颗粒的表面镀银后得到的镀银填料，具有导电性好、成本低、相对密度小等优点。尤其是铜粉镀银颗粒，镀层十分稳定，不易剥落，是一类很有发展前途的导电填料。

金属性质对导电高分子电导率起决定性的影响。在金属颗粒的大小、形状、含量在聚合物中的分散状况都相同时，如果掺入的金属粉末本身的电导率越大，则导电聚合物的电导率一般也越高。

导电填料与聚合物应有一个适当的比例，这个比例与导电填料的种类和比重有关。聚合物中金属粉末的含量必须达到能形成无限网链才能使材料导电。因为金属粉末的导电不可能发生电子的隧道跃迁，因此金属粉末含量越高，导电性能相对越好。但导电填料加入量过多，起黏结作用的聚合物量太少，导致力学性能下降，导电性不稳定。

金属粉末在聚合物中的连接结构因导电颗粒的形状而异，因而导电性也相应地呈现不同值。如球状银粉颗粒易形成点接触，而片状颗粒易形成面接触。显然片状的面接触比球状的点接触更容易获得好的导电性。实验结果表明，当银粉的含量相同时，用球状银粉配制的导电材料的电导率为 10^2S/cm，而片状银粉配制的导电材料，电导率高达 10^4S/cm。如果将球状银粉与片状银粉按适当比例混合，则可得到更好的导电性。

导电颗粒的大小对导电性也有一定的影响。对银粉来说，若颗粒大小在 $10 \mu m$ 以上，并且分布适当，能形成最密集的填充状态，导电性最好。若颗粒太细，达到 $10 \mu m$ 以下，则反而会因接触电阻增大，导电性变差。

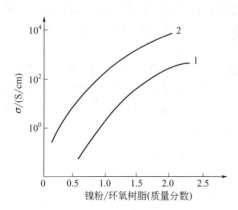

图 5-3　外磁场对电导率的影响
（1Oe＝79.5775A/m）
1—H＝0Oe；2—H＝530Oe

顺磁性金属粉末复合导电高分子材料的电导率受外磁场的影响。将顺磁性金属粉末掺入聚合物，并在加工时加以外磁场，则材料的电导率上升。如图 5-3，当含镍粉的环氧树脂固化时，施加外磁场后，电导率有所上升。

含金属粉末导电高分子的导电性主要来自导电颗粒表面的相互接触，聚合物的存在是使导电颗粒达到相互接触的必要条件。聚合物与金属颗粒的相容性对金属颗粒的分散状况有重要影响。任何聚合物与金属表面都有一定的相容性，宏观表现为聚合物对金属表面的湿润黏附。如果导电颗粒表面被聚合物所湿润，导电颗粒就会部分地或全部被聚合物所黏附包覆，这种现象称为湿润包覆。导电颗粒湿润包覆的程度决定导电高分子的导电性能。被湿润包覆程度越大，导电颗粒相互接触的概率就越小，导电性就越不好。而在相容性较差的聚合物中，导电颗粒有自发凝聚的倾向，则有利于导电性增加。如聚乙烯与银粉的相容性不及环氧树脂与银粉的相容性，在相同银粉含量时，前者的电导率比后者要高两个数量级左右。将环氧树脂与银粉混合后立即固化，电导率可达 10^2S/cm，而若将环氧树脂与银粉混合后，于 $100℃$ 下放置 30min，再加入固化剂固化，电导率降至 10^{-10}S/cm 以下，几乎不导电。

5.2.3　碳系列复合高分子材料

目前制备导电高分子复合材料的填料主要有碳系材料和金属系材料两大类，碳系导电填料主要包括炭黑、石墨、石墨烯、碳纤维、碳纳米管等，由于碳系导电填料复合的导电高分子材料性能优异而得到广泛应用，近年来石墨烯凭借其优良的导电、导热性能及优异的机械特性而得到更广泛的研究。

碳的存在形式是多种多样的，有晶态单质碳（如金刚石、石墨）、无定形碳（如煤）、复杂的有机化合物（如动植物等）、碳酸盐（如大理石）等。单质碳的物理和化学性质取决于它的晶体结构。

碳单质的形态有很多种：金刚石、石墨、C60（又称富勒烯或足球烯）和石墨烯，此外，还有 C36、C70、C84、C240、C540、碳纳米管等，另外还有无定形碳。碳同素异形体的晶体结构各异，具有不同的外观、密度、熔点等。碳的同素异形体及其结构见表 5-3。其中，高硬度的金刚石晶体中每个碳原子都以 sp^3 杂化轨道与另外 4 个相邻的碳原子形成共价键，每四个相邻的碳原子均构成正四面体。因金刚石中所有的价电子都参与了共价键的形成，没有自由电子，所以金刚石不导电。无定形碳包括炭黑、木炭、焦炭、活性炭、骨炭、糖炭、其具有和石墨一样结构的晶体，只是由碳原子六角形环状平面形成的层状结构零乱而不规则，晶体形成有缺陷，而且晶粒微小，含有少量杂质。关于石墨、石墨烯、富勒烯等碳的同素异形体作为高分子材料的导电填料的研究受到了人们的关注。

表 5-3　碳的同素异形体

结构	碳的同素异形体物质
sp^3 杂化	金刚石(立方晶系)、蓝丝黛尔石(六方晶系金刚石)
sp^2 杂化	石墨、石墨烯、富勒烯($C60$,巴基球)、碳70、高碳富勒烯、碳纳米管、碳纳米芽、碳玻璃
sp 杂化	直链乙炔碳
sp^3/sp^2 杂化	无定形碳、碳化物衍生碳、碳纳米泡沫
其他	原子碳($C1$)、双原子碳($C2$)、三原子碳($C3$)
假想形态	环丙三烯($C3$)、苯三炔($C6$)、碳 8($C8$)、立方碳、金属碳
相关形态	蜡石、活性炭、炭黑、木炭、碳纤维、聚合钻石纳米棒、纳米碳管

5.2.3.1　炭黑导电填料复合高分子材料

炭黑是一种在聚合物工业中大量应用的填料，是由烃类化合物经热分解而成的。在制备过程中，炭黑的初级球形颗粒彼此凝聚，形成大小不等的二级链状聚集体，粒径尺寸分布在 $14\sim300nm$。链状聚集体越多，称为结构越高。炭黑的结构因其制备方法和所用原料的不同而异。炭黑以碳元素为主要成分，结合少量的氢和氧，吸附少量的水分，并含有少量硫、焦油、灰分等杂质。炭黑由于廉价易得已广泛应用于聚合物导电复合材料的制备，但其导电性较石墨差，且由于自身色泽深，不适合用于浅色制品。

炭黑用于聚合物中通常起着色、补强、吸收紫外线和导电 4 种作用。用于着色和吸收紫外线时，炭黑浓度仅需 2%；用于补强时，约需 20%；用于消除静电时，需 5%～10%；而用于制备高导电材料时，用量可高达 50% 以上。含炭黑聚合物的导电性主要取决于炭黑的结构、形态和浓度。

炭黑的生产有许多种方法，因此品种繁多，性能各异。若按生产方法分类，基本上可分为两大类，一是接触法炭黑，包括天然气槽法炭黑、滚筒法炭黑、圆盘法炭黑、槽法混气炭黑、无槽混气炭黑等；另一类是炉法炭黑，包括气炉法炭黑、油炉法炭黑、油气炉法炭黑、热裂法炭黑、乙炔炭黑等。若按炭黑的用途分，可分为橡胶用炭黑、色素炭黑和导电炭黑。根据制备方法与导电特性的不同，导电炭黑可分为导电槽黑、导电炉黑、超导电炉黑、特导电炉黑和乙炔炭黑 5 种（表 5-4）。

表 5-4　导电炭黑的性能

名称	代号	平均粒径 /μm	比表面积 /(m^2/g)	吸油值 /(mg/g)	挥发分 /%	特性
导电槽黑	CC	$17.5\sim27.5$	$175\sim420$	$1.15\sim1.65$		粒径细，分布困难
导电炉黑	CF	$21\sim129$	$125\sim200$	1.3	$1.5\sim2.0$	粒径细，表面孔度高，结构高
超导电炉黑	SCF	$16\sim25$	$175\sim225$	$1.3\sim1.6$	0.05	防静电，导电效果好
特导电炉黑	XCF	<16	$225\sim285$	2.60	0.03	表面孔度高，结构高，导电性好
乙炔炭黑	ACET	$35\sim45$	$55\sim70$	$2.5\sim3.5$		粒径中等，结构高，导电耐久

含炭黑聚合物导电性受到对外电场强度、温度和加工方法等因素的影响。

（1）电场强度对导电性的影响　含炭黑聚合物的导电性对外电场强度有强烈的依赖性。

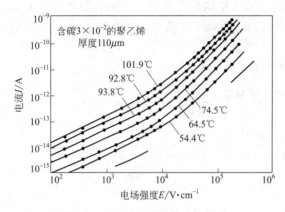

图 5-4 炭黑/聚乙烯-体系的等温
电流对电场的特性曲线

对炭黑/聚乙烯的研究表明，在低电场强度下（$E < 10^4 \, V/cm$），电导率符合欧姆定律；而在高电场强度下（$E > 10^4 \, V/cm$），电导率符合幂定律（图5-4）。这是由于在不同外电场作用下其导电机理不同。在低电场强度下，含炭黑聚合物的导电主要是由界面极化引起的离子导电。这种界面极化发生在炭黑颗粒与聚合物之间的界面上，有时也发生在聚合物晶粒与非晶区之间的界面上。这种极化导电的载流子数目较少，故电导率低。而在高电场强度下，炭黑中的载流子（自由电子）获得足够的能量，能够穿过炭黑颗粒间的聚合物隔离层而使材料导电，隧道效应起主要作用。因此，含炭黑高聚物在高电场强度下的导电本质上是电子导电，电导率较高。

（2）温度对导电性的影响　在不同的电场强度下，含炭黑聚合物的导电性与温度的关系表现出不同的规律。如图5-5中曲线1为含炭黑25%的聚丙烯在高电场强度时的电导率与温度关系，曲线2为含炭黑20%、厚100μm的聚乙烯薄膜在低电场强度时的电导率与温度之间的关系。

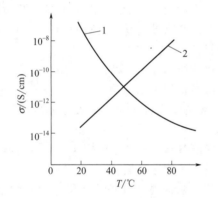

图 5-5　高、低电场强度时电导率与温度的关系
1—高电场强度；2—低电极强度

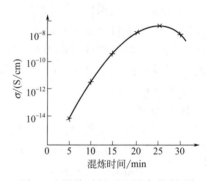

图 5-6　混炼时间对电导率的影响

从图中可见在低电场强度时，电导率随温度降低而降低，而在高电场强度时，电导率随温度降低而增大，这同样是由于其不同的导电机理所引起的。低电场强度下的导电是由界面极化引起的，温度降低使载流子动能降低，极化强度减弱，导致电导率降低；反之，高电场强度下的导电是自由电子的跃迁，相当于金属导电，温度降低有利于自由电子的定向运动，故电导率增大。

（3）加工方法对导电性的影响　大量事实表明，含炭黑聚合物的导电性能与加工方法和加工条件关系极大。例如，聚氯乙烯-乙炔炭黑的电导率随混炼时间的延长而上升，但超过一定混炼时间，电导率反而下降（图5-6）。又如将导电性炭黑与聚苯乙烯形成的完全分散的混合料在低的物料温度和较高的注射速度下注射成型，电导率下降；若将产品再粉碎，混炼后压制成型，电导率几乎可完全恢复。

研究认为上述现象都是由于炭黑无限网链重建的动力学问题。在高剪切速率作用下，炭黑无限网链在剪切作用下被破坏。而聚合物的高黏度使得这种破坏不能很快恢复，因此导电性下降。经粉碎再生后，无限网链重新建立，电导率得以恢复。

在制备炭黑/高分子导电材料时，炭黑经钛酸酯类偶联剂改性，可以改善炭黑在聚合物基体内的分散性能，而且能够改善炭黑与聚合物基体的相容性，提高熔体流动性能和材料的力学性能。

5.2.3.2 石墨导电填料复合高分子材料

在碳的同素异形体中，石墨最常作为复合导电高分子材料的导电填料。石墨是最软的矿物之一，不透明，触感油腻，颜色由铁黑到钢铁灰色，形状呈晶体状、薄片状、鳞状、条纹状、层状体或散布在变质岩中。相比炭黑，石墨由于是片状六方晶系晶体，每个碳原子周边联结着另外 3 个碳原子，其排列方式呈蜂巢式的多个六边形，每层间有微弱的范德华引力。石墨是由碳原子组成六角环网状结构的多层叠合体，碳原子以 sp^2 杂化轨道电子形成的共价键，层间结合力较弱，易于滑动，具有一定的自润滑能力，其独特的层状堆叠结构，赋予了其丰富的嵌入化学性能。由于石墨的每个碳原子均会放出一个电子，晶体结构中存在大量能够自由移动的离域电子，因此石墨属于导电体。石墨晶体层平行方向的电阻率为（2.5～5.0）×$10^{-6}\Omega \cdot m$，层垂直方向的电阻率为 $3×10^{-3}\Omega \cdot m$。然而，研究发现石墨的化学性质不活泼，具有耐腐蚀性。

5.2.3.3 石墨烯导电填料复合高分子材料

2004 年石墨烯（Graphene，Gr）被英国曼彻斯特大学两位科学家 Andrew Geim 和 Konstantin Novoselov 用一种简单的胶带剥离法首次制得，其严格的二维结构使其具有优异的晶体特性和导电特性，很快成为了材料科学研究的热点，在能源电池、电容导体、传感元器件、吸波材料、防腐材料等领域有十分广泛的应用前景。以石墨烯为填料可显著改善聚合物的导电、导热及力学性能。

石墨烯又称"单层石墨片"，其结构类似石墨的单原子层，由一层紧密堆积排列的、包裹在蜂巢晶体点阵上的碳原子组成，碳原子排列成具有"微波状"单层结构的二维结构。石墨烯是目前世界上已知的最薄的二维材料，厚度只有原子直径大小（约为 0.35nm）。在石墨烯中，相邻两个碳原子以共价键结合，每个碳原子发生 sp^2 杂化，这使得每个碳原子剩余的 p 轨道上都有一个电子，这些电子之间相互作用，在石墨烯垂直平面上形成一个无穷大的离域大 π 键，图 5-7 为石墨烯的结构示意图。

石墨烯中 C 原子存在未成键的 π 电子，与平面成垂直的方向形成 π 轨道，且 π 电子可在晶体中自由移动。由于石墨烯具有这种特殊的杂化结构，大的共轭

图 5-7　石墨烯的结构示意图

体系使其电子传输能力很强，从而使石墨烯有良好的导电性。石墨烯电导率高达 $10^6 s/m$。合成石墨烯的原料是石墨，价格低廉。

由于石墨烯的特殊结构形式，使其具有优异的物理性质。如室温条件下石墨烯内部载流子可达到 $15000cm^2/(V \cdot s)$。在通过调节外部条件的情况下，如液氮的温度下，其载流子可达到 $250000cm^2/(V \cdot s)$，超过了半导体。研究发现石墨烯结构中电子的移动不会发生散射，因此使其具有优良的电学性质。石墨烯除了具有优异的力学、电学性能外还具有优异的热学性能，石墨烯的传热主要是靠声子传热，热导率达到 $5000W/(m \cdot K)$，比金属高 10 倍

以上。对石墨烯的铁磁性研究发现，由于在石墨烯的边缘处存在大量的孤对电子，使石墨烯具有了一定的磁性。同时，石墨烯的比表面积达到 $2630m^2/g$，而且单层石墨烯具有较好的透光性，透过性达到 97%。因此石墨烯的这些优异性能使其在复合材料、纳米器件、传感器、场发射等领域具有广泛的应用前景。

在石墨烯复合材料的制备过程中发现，石墨烯在材料基体中的分散情况显著影响了材料的性能，石墨烯的团聚将会严重影响材料的力学、电学等性能。在制备过程中石墨烯片层之间存在较强的范德华力，易于团聚使其在应用过程中受到极大限制。然而，氧化石墨烯（graphene oxide，简称 GO）作为石墨烯制备过程的中间体，具有较好的分散性能，表面含有大量的官能团，如羟基、羧基、环氧基等，其导电性能较差，但功能性官能团的存在为石墨烯的修饰改性及其功能化提供了可能。因此，将氧化石墨烯作为初始填料来制备功能性聚合物纳米复合材料，经还原后成为导电性良好的石墨烯，从而改善石墨烯在聚合物基体中的分散性能，由此提高聚合物复合材料的力学、热学、电学等综合性能。

制备石墨烯/聚合物导电复合材料的方法有熔融共混法、溶液共混法、原位聚合法、原位还原法以及聚合物插层法等。因石墨烯的比表面积很大，片层之间具有较强的范德华力，所以石墨烯极易团聚。制备石墨烯/聚合物导电复合材料的关键在于提高石墨烯在聚合物基体中的分散程度。通常要采用机械搅拌、超声分离和加入表面活性剂对石墨烯表面进行修饰等方法来提高石墨烯在聚合物基体中的分散性。

熔融共混法是将氧化石墨烯经过剥离及还原制成石墨烯，然后将石墨烯加入到黏流状态的聚合物基体中，通过密炼、挤出、注塑和吹塑成型制得复合材料。在加工过程中需要严格控制混合工艺的条件，避免石墨烯微片结构的破坏，使得石墨烯能均匀分散在基体中。研究表明复合材料电导率能达到 $10^{-4}s/cm$，石墨烯微片母料导电复合材料渗滤阀值约为 3%（体积分数）。

溶液共混法通常是将石墨烯稳定地分散在有机溶剂中，然后将聚合物基体加入到石墨烯分散液中，也有将聚合物基体分散于有机溶剂中，再向分散液中加入石墨烯，再通过机械搅拌、超声分散以及冷冻干燥等技术制得石墨烯/聚合物导电复合材料。一般来说，溶液共混法通过机械搅拌或超声分散等物理作用能将石墨烯更均匀地分散于聚合物基体中，所制得的导电复合材料的导电性要比采用熔融共混法制得的材料高。

原位聚合法是将石墨烯与聚合物单体混合，然后通过加入引发剂等方法使单体聚合，最后制得石墨烯/聚合物复合材料。原位聚合法可在一定程度上在石墨烯和聚合物基体间引入化学键，这些化学键的引入对导电复合材料的导电、导热及力学性能的提高有一定的作用。

原位还原法是将氧化石墨烯分散于溶剂中，通过充分搅拌、超声振荡等手段将氧化石墨烯与聚合物基体充分混合均匀，然后加入还原剂（如水合肼）使氧化石墨烯还原为石墨烯，由此获得石墨烯/聚合物复合材料。这种方法能将石墨烯均匀地分散于基体中。

聚合物插层法是通过机械剪切力或溶剂作用将聚合物分子插入到石墨烯片层中去，从而得到石墨烯/聚合物复合材料。通过这种方法制得复合材料中聚合物分子与石墨烯之间的相互作用更加显著，因次通过此方法更能提升材料各方面的性能。

5.2.3.4 碳纳米管导电填料复合高分子材料

日本科学家 Iijima 等于 1991 年首先发现了碳纳米管（CNTs），研究发现 CNTs 具有典型的层状中空结构，其主要分为多壁碳纳米管（MWNTs）和单壁碳纳米管（SWNTs）两种，相对于多壁碳纳米管，单壁碳纳米管由于是单层结构，直径的分布范围小，缺陷少，具有较高的一致性，且当碳纳米管的管径小于 6nm 时，可以被看成具有良好导电性能的一维量子纳米线。同时，碳纳米管由于具有独特的一维结构和C—C结构，使其可能与聚合物基体产生有机结合，大大提升复合材料的综合性能，从而制备出性能优异的纳米复合材料。

碳纳米管由于具有独特的结构和优异的性能，自从被发现以来便引起了全世界材料科学家的极大兴趣，科学家甚至预测碳纳米管将成为21世纪最有前途的一维纳米材料，并将成为构成未来智能社会的四大支柱之一。

碳纳米管聚合物基复合材料的制备主要采用溶液共混法、熔融共混法、原位聚合法。由于碳纳米管粒子之间具有较强的范德华力，且长径比较大，粒子之间易发生缠绕，所以在应用过程中不易分散。在聚合物复合材料制备过程中，需要加入分散剂、超声波等外界因素促使其在聚合物基体中的分散。另外，在高温熔融挤出过程中碳纳米管受到摩擦力和剪切力共同作用，破坏了CNTs本身的固有结构，会影响CNTs在聚合物基体内的增强效果。

5.2.3.5 碳纤维导电填料复合高分子材料

碳纤维（carbon fibre，CF）不仅具有碳材料的固有本征特性，又兼具纺织纤维的柔软可加工性，是新一代增强纤维。碳纤维的杨氏模量是传统的玻璃纤维（GF）3倍多，是凯芙拉纤维（KF-49）2倍左右，而且在有机溶剂、酸、碱中不溶不胀，耐蚀性优异。碳纤维也是一种常用的聚合物导电填料，其具有较好的电学性能、力学性能以及耐久性能，且在聚合物基体中具有一定的取向性，能够起到有效的长程导电的效果。由于碳纤维的取向性，可以通过改变碳纤维的分布状态来决定复合材料的导电性能，实现电学性能的可控性。碳纤维品种繁多，性能优异使其在各个领域得到广泛的应用。其中，气相碳纤维物具有缺陷数量少、石墨化程度高、比表面积大、导电性能好、结构致密等优点。与此同时，碳纤维基聚合物复合材料现已广泛应用于航空航天、军用器材及化工防腐领域。

5.2.4 复合型导电高分子材料的应用

复合型导电高分子材料可用作防静电材料、导电涂料、电路板的制作、压敏元件、感温元件、电磁波屏蔽材料、半导体树脂薄膜等。

（1）导电塑料的应用 以聚烯烃或其共聚物如聚乙烯、聚苯乙烯、ABS等为基料，加入导电填料、抗氧剂、润滑剂等经混炼加工而制得的聚烯烃类导电塑料可用作电线、高压电缆和低压电缆的半导体层、干电池的电极、集成电路和印刷电路板及电子元件的包装材料、仪表外壳、瓦楞板等。

以聚对苯二甲酸丁二醇酯（PBT）为基材加入碳纤维、金属纤维、炭黑可制得PBT导电塑料，主要用作一般导电塑料、电磁波屏蔽材料、防静电材料等。一般说来，体积电阻率在10^{-2}以下的导电塑料才显示出良好的屏蔽效果。

以炭黑、碳纤维为填料的导电尼龙主要用于消除静电和防静电材料。最近，以高频振动切削法生产的金属纤维为填料制得的导电尼龙已应用于许多新的部门。以黄铜纤维填充的导电尼龙具有优异的导电性、耐热性、耐久性，机械强度高，耐摩擦性好。可用于制作发动机机壳和高温下工作的仪器外壳等。

以聚苯硫醚、聚苯醚、酚醛塑料等材料为基料加入导电性填料制得的导电性塑料具有比重小、耐热性高、尺寸稳定性好等特性，可用作要求电磁屏蔽的仪器外壳等。

（2）导电涂料的应用 电磁涂料一般是将合成树脂溶解在溶剂中，再加入导电填料、助剂等配制而成。涂料用的合成树脂主要有ABS、聚苯乙烯、聚丙烯酸、环氧树脂、酚醛树脂、聚酰亚胺等。导电填料主要有Au、Ag、Cu、Ni、合金、金属氧化物、炭黑等。在导电涂料的配方中，要尽力减少导电填料用量以保证涂膜的稳定性、力学性能和附着力。在配料时，注意加料顺序以便形成导电通路，切忌导电粒子被包得太紧而造成导电性能下降。以银粉为填料的导电涂料，为防止银的迁移而常加入 Mo、In、Zn、V_2O_5 等。导电涂料的用途很广，主要用作电磁屏蔽材料、电子加热元件和印刷电路板用的涂料、真空管涂层、微波电视室内壁涂层、录音机磁头涂层、雷达发射机和接收机的导电涂层。导电涂料的另一重要用途是作"发热漆"。以银粉、超细微粉石墨为填料的高温烧结型导电涂料可代替金属作加热管、加热片和电炉。

（3）导电橡胶　导电橡胶一般是在通用橡胶或特种橡胶中加入导电填料，经混炼加工而成。产品有薄膜、片材、棒材、泡沫体等。导电橡胶按功能可分为普通导电橡胶、各向异性导电橡胶和加压性导电橡胶 3 类。普通导电橡胶是以炭黑为填料，这类导电橡胶主要用作防静电材料（医用橡胶制品、导电轮胎、复印机用辊筒、纺织用辊筒等）。如果要求有更低的电阻率时，则以金属为填料。各向异性导电橡胶，其各个方向的电阻率不同，主要用于液晶显示装置、电子仪器和精密机械等方面。加压性导电橡胶与普通导电橡胶的区别在于加压时才出现导电性，而且仅在加压部位显示导电性，未受压部位仍保持绝缘性。加压性导电橡胶的用途很广，如作防爆开关、音量可变元件、各种压感敏感元件、高级自动仪器的把柄等。此外，导电性硅橡胶还用作医疗用电极（高频外科用电极、心电图仪和脑电图仪的测量电极）和加热元件。

5.3　结构型导电高分子的结构与性能

结构型（或本征型）导电高分子是其化学结构中含有导电基团的聚合物，虽然同为导电体，导电聚合物与常规的金属导电体不同：它属于分子导电物质，而后者是金属晶体导电物质，因此其结构和导电方式也就不同。导电性高聚物中的载流子有电子和离子，对不同的高分子，其导电机理也不同。在许多情况下，这两种导电形式同时存在。纯粹的结构型导电高分子材料至今只有聚氮化硫 $[—(SN)_x—]$ 类，其他许多导电聚合物几乎均采用氧化还原、离子化或电化学等手段进行掺杂之后，才能有较高的导电性。研究较多的结构型导电高分子是以 π 共轭二聚或三聚为骨架的高分子材料。

根据导电载流子的不同，结构型导电高分子材料有两种导电形式：电子传导和离子传导。有时，两种导电形式会共同作用。按高分子材料的结构特征和导电机理还可以进一步分成 4 类：共轭体系聚合物、高分子电解质、电荷转移络合物和金属有机螯合物。其中高分子电解质以离子传导为主，其余 3 类以电子传导为主。

5.3.1　电子导电高聚物

目前，对电子导电高聚物，共轭体系高聚物的研究最为广泛和深入。关于这一类导电材料的导电机理和结构特征已经有了比较成熟的理论。

5.3.1.1　共轭高聚物

一般情况下，将整个分子是共轭的体系称作共轭高聚物。共轭聚合物中碳碳单键和碳碳双键交替排列，也可以是碳-氮、碳-硫、氮-硫等共轭体系。具有结构型共轭体系必须具备以下条件：第一，分子轨道能够强烈离域；第二，分子轨道能够互相重叠。满足这样条件的共轭体系的聚合物，可通过自身的载流子产生和输送电流。

（1）共轭高聚物的导电机理　在电子导电聚合物的导电过程中，载流子是聚合物中的自由电子或空穴，导电过程需要载流子在电场作用下能够在聚合物内做定向迁移形成电流。因此，在聚合物内部具有定向迁移能力的自由电子或空穴是聚合物导电的关键。

在有机化合物中电子以 4 种形式存在：内层电子、σ 电子、n 电子和 π 电子。其中只有π 电子在孤立存在时具有一定的离域性。与金属导电体不同，有机材料，包括聚合物，是以分子形态存在的。当有机化合物中具有共轭结构时，π 电子体系增大，电子的离域性增强，可移动范围扩大。当共轭结构达到足够大时，化合物即可提供自由电子。共轭体系越大，离域性也越大。因此说有机聚合物成为导体的必要条件是应有能使其内部某些电子或空穴具有跨键离域移动能力的大共轭结构。在天然高分子导电体中石墨是最典型的平面型共轭体系。事实上，所有已知的电子导电型聚合物的共同结构特征为分子内具有大的共轭 π 电子体系，具有跨键移动能力的价电子成为这一类导电聚合物的唯一载流子。目前已知的电子导电聚合物，除了早期发现的聚乙炔外，大多为芳香单环、多环以及杂环的共聚或均聚物。部分常见的电子导电聚合物的分子结构见表 5-5。

表 5-5 电子导电高聚物的分子结构

名称	缩写	分子结构	发现年代	$\sigma_{max}/(S/cm)$
聚乙炔	PA		1977 年	103
聚吡咯	PPY		1978 年	103
聚噻吩	PTH		1981 年	103
聚对亚苯	PPP		1979 年	103
聚苯乙炔	PPV		1979 年	103
聚苯胺	PAN		1985 年	102

但是具有上述结构的高聚物，其电导率大多数只处于半导体甚至绝缘体范围，还不能称其为导电体，这可以从分子轨道和能带理论对其结构的分析得到合理的解释。

以聚乙炔为例，在其链状结构中，每一结构单元（—CH—）中的碳原子外层有 4 个价电子，其中有 3 个电子构成 3 个 sp³ 杂化轨道，分别与一个氢原子和两个相邻的碳原子形成σ 键。余下的 p 电子轨道在空间分布上与 3 个 σ 轨道构成的平面相垂直。在聚乙炔分子中相邻碳原子之间的 p 电子在平面外相互重叠构成 π 键。因此上述聚乙炔结构可以看成由众多享有一个未成对电子的 CH 自由基组成的长链，当所有碳原子处在一个平面内时，其未成对电子云在空间取向为相互平行，并互相重叠构成共轭 π 键。根据固态物理理论，这种结构应是一个理想的一维金属结构，π 电子应能在一维方向上自由移动，这是聚合物导电的理论基础。

但是，如果考虑到每个 CH 自由基结构单元 p 电子轨道中只有一个电子，而根据分子轨道理论，一个分子轨道中只有填充两个自旋方向相反的电子才能处于稳定态。每个 p 电子占据一个轨道构成上述线性共轭 π 电子体系，应是一个半充满能带，是非稳定态。它趋向于组

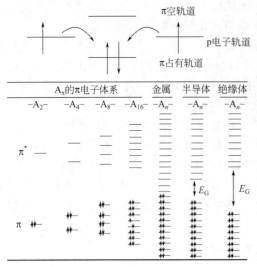

图 5-8　分子共轭体系中能级分裂示意图

成双原子对使电子成对占据其中一个分子轨道，而另一个成为空轨道。由于空轨道和占有轨道的能级不同，使原有 p 电子形成的能带分裂成两个亚带，一个为全充满能带，另一个为空带。如图 5-8 所示，两个能带在能量上存在着一个差值，即能隙（或称禁带），而导电状态下 p 电子离域运动必须越过这个能级差。这就是线性共轭体系中的阻碍电子运动，因而影响其电导率的基本因素。

电子的相对迁移是导电的基础。电子如若要在共轭 π 电子体系中自由移动，首先要克服能隙，因为满带与空带在分子结构中是互相间隔的。这一能级差的大小决定了共轭型聚合物的导电能力的高低。正是由于这一能级差的存在决定了共轭型聚合物不是一个良导体，而是半导体。

因此要使材料导电，高聚物必须具有足够的能量以越过能隙 E_G，也就是电子从其最高占有轨道（基态）向最低空轨道（激发态）跃迁的能量 ΔE（电子活化能）必须大于 E_G。Ele 和 Parfitt 利用一维自由电子气模型，通过量子力学计算得到 E_G 与共轭体系中 π 电子数 N 的关系。

对于线型共轭体系，能隙 E_{Gl} 与的 N 的关系见式(5-11)。

$$E_{Gl} = 19.08 \frac{N+1}{N^2} [eV] \qquad (5-11)$$

对于环型共轭体系，E_{Gc} 与的 N 的关系见式(5-12)。

$$E_{Gc} = 38.06 \frac{1}{N} [eV] \qquad (5-12)$$

因此，随着共轭高分子链的延长，π 电子数增多，能隙减小，高聚物的导电性能提高。但共轭结构的延长，也会对材料的力学性能、加工性能带来不利的影响。

除了分子链的长度和 π 电子数目外，共轭链的结构也将影响到导电性。从结构上看，共轭链可分为"受阻共轭"和"无阻共轭"。受阻共轭是指共轭分子轨道上存在缺陷。当共轭链中存在庞大的侧基或强极性基团时，会引起共轭链的扭曲、折叠等，使 π 电子离域受到限制。π 电子离域受阻程度越大，分子链的导电性能越差。如聚烷基乙炔和脱氯化氢聚氯乙烯，都属受阻共轭高聚物，其主链上连有烷基等支链结构，影响了 π 电子的离域。

无阻共轭是指共轭链分子轨道上不存在"缺陷"，整个共轭链的 π 电子离域不受阻碍。这类聚合物是较好的导电材料或半导体材料，如反式聚乙炔、聚对亚苯、聚并苯、多省醌、热解聚丙烯腈等等。顺式聚乙炔的分子链发生扭曲，π 电子离域受到限制，其电导率低于反式聚乙炔。所以说，受阻共轭的高聚物没有半导性，无阻共轭的高聚物具有半导性。

（2）共轭高聚物的掺杂（dopping）与掺杂剂　研究发现，真正纯净的导电聚合物，或者说真正无缺陷的共轭结构高分子，其实是不导电的，它们只表现绝缘体的行为。完全不含杂质的聚乙炔其电导率很小。然而共轭聚合物的能隙很小，电子亲和力较大，容易与适当的电子受体或电子给予体发生电荷转移，因此它们经过掺杂后可以得到好的导电性。如在聚乙炔中添加碘或五氟化砷等电子受体，聚乙炔的 π 电子向受体转移，电导率可增至 $10^4 S/cm$，达到金属导电的水平。聚乙炔的电子亲和力很大，也可以作为电子给体的碱金属接受电子而使电导率上升。这种因添加电子受体或电子给体来提高导电性能的方法称为"掺杂"。

"掺杂"是最常用的产生缺陷和激发的化学方法。实际上，掺杂就是在共轭结构高分子上发生的电荷转移或氧化还原反应。共轭结构高分子中的 π 电子有较高的离域程度，既表现出足够的电子亲和力，又表现出较低的电子离解能，因而视反应条件，高分子链本身可能被氧化（失去或部分失去电子），也可能被还原（得到或部分得到电子），相应地，借用半导体科学的术语，称作发生了"p-型掺杂"或"n-型掺杂"。从能带理论来解释掺杂，其目的都是为了在聚合物的空轨道中加入电子，或从占有轨道中拉出电子，进而改变现有 π 电子能带的能级，出现能量居中的半充满能带，减小能带间的能量差，使自由电子或空穴迁移时的阻碍减小。

导电高聚物的掺杂与无机半导体的概念完全不同：首先无机半导体的掺杂是原子的替代，但导电高聚物的掺杂却是氧化-还原过程，其掺杂的实质是电荷转移；其次无机半导体的掺杂量极低（万分之几），而导电高聚物的掺杂量很大，可高达 50%；第三，在无机半导体中没有脱掺杂过程，而导电高聚物不仅有脱掺杂过程，而且掺杂/脱掺杂过程是完全可逆的。

式(5-13) 和式(5-14) 以反式聚乙炔 $(CH)_n$ 为例可以说明掺杂的过程。

$$(CH)_n + nxA \longrightarrow [(CH)^{+x} \cdot xA^{-1}]_n \quad \text{氧化掺杂或 p-型掺杂} \quad (5-13)$$

$$(CH)_n + nxD \longrightarrow [(CH)^{-x} \cdot xD^{+1}]_n \quad \text{还原掺杂或 n-型掺杂} \quad (5-14)$$

其中，A 和 D 分别代表电子受体和电子给体掺杂剂（假定为 1 价），前者的典型代表如 I_2、AsF_5 等，后者的典型代表如 Na、K 等，x 表示参与反应的掺杂剂的用量，也是高分子被氧化或还原的程度，对聚乙炔来说，可以在 $0\sim0.1$ 变化，相应地，聚乙炔表现出半导体（x 较小时）、导体（x 较大时）的特性。

掺杂的方法有化学掺杂和物理掺杂两大类。

化学掺杂包括质子酸掺杂、气相掺杂、液相掺杂、电化学掺杂等。气相掺杂与液相掺杂是掺杂剂直接与高聚物接触完成氧化-还原过程。电化学掺杂是将聚合物涂覆在电极表面上，或者使单体在电极表面上直接聚合，形成薄膜。改变电极的电位，表面的聚合物膜与电极之间发生电荷的传递，聚合物失去或得到电子，变成氧化或还原状态，而电解液中的对离子扩散到聚合物膜中，保持聚合物膜的电中性。质子酸掺杂是向绝缘的共轭聚合物链上引入一个质子，聚合物链上的电荷分布状态发生改变，质子本来携带的正电荷转移和分散到分子链上，相当于聚合物链失去一个电子而发生氧化掺杂。这种掺杂现象在聚乙炔中首先观察到，聚苯胺表现得尤为突出。由于聚苯胺特殊的化学结构，在一定条件下，它的成盐反应就是掺杂反应。

除化学方法外，物理方法也可以实现导电聚合物的掺杂，如对导电聚合物进行离子注入的离子注入式，如注入 K^+，聚合物则被 n-型掺杂。又如对导电聚合物进行"光激发"，当聚合物吸收一定波长的光之后表现出某些导体或半导体性能，如导电、热电动势、发光等。

常用的作为电子受体的掺杂剂主要有以下几大类：卤素，如 Cl_2、Br_2、I_2、IBr 等；路易斯酸（Lewis酸），PF_5、AsF_5、BF_3、SbF_5 等；质子酸，HF、HCl、HNO_3、$ClSO_3H$ 等；过渡金属卤化物，NbF_5、TaF_5、MoF_5、$ZrCl_4$、TeI_4 等；过渡金属化合物，$AgClO_4$、$AgBF_4$、H_2IrCl_6 等；有机化合物，四氰基乙烯（TCNE）、四氰代对二次甲基苯醌（TCNQ）、四氯对苯醌、二氯二氰代苯醌（DDQ）等。

常用的电子给体掺杂剂为碱金属，如 Li、Na、K 等；电化学掺杂中常用 R_4N^+、R_4P^+、（R=CH_3、C_6H_5 等）等。

共轭高聚物经掺杂后，其电导率均有很大的提高，经掺杂导电高分子材料的电导率见表5-6。

表5-6　经掺杂的导电高分子材料的电导率

导电性高分子	掺杂剂	电导率/(S/cm)	导电性高分子	掺杂剂	电导率/(S/cm)
顺式聚乙炔	无	1.7×10^{-9}	聚苯基乙炔	AsF_5	2.8×10^3
反式聚乙炔	无	4.4×10^{-9}	聚苯硫醚	AsF_5	2×10^2
聚乙炔	AsF_5	3.5×10^3	聚吡咯	C	10^3
顺式聚乙炔	AsF_5	3.5×10^3	聚噻吩	C	10^2
反式聚乙炔	Na	8.0×10	聚吡啶	C	10
聚对亚苯	AsF_5	5×10^2			

必须指出，在共轭聚合物的掺杂反应中，掺杂剂的作用并不止于前述的电荷转移。用五氟化砷掺杂 PPS 时，可得到高电导率的络合物。但当掺杂程度提高后，由元素分析及红外光谱结果可知，链上相邻的两个苯环的邻位 C—C 原子间发生交联反应，形成了噻吩环（表5-7）。

用氯或溴对聚乙炔掺杂，在掺杂剂浓度小时优先进行电荷转移反应，而在高浓度条件下在掺杂的同时发生取代和亲电加成等不可逆反应，这对提高电导率是不利的。

共轭高聚物掺杂过程中可能发生的化学反应如表 5-7 所示。

表 5-7　共轭高聚物中掺杂剂的作用

反 应		举 例	特 征
可逆	电子转移	$3AsF_5 + 2e^- \longrightarrow 2AsF_6^- + AsF_3$	电导率增加
不可逆	分子间交联		聚合度增加、电导率增加
	分子内交联		共振稳定效应增加、电导率增加
	亲电子加成	$-CH=CH- + X_2 \longrightarrow -\overset{\overset{\displaystyle X\ \ H}{\displaystyle |\ \ \ |}}{\underset{\underset{\displaystyle H\ \ X}{\displaystyle |\ \ \ |}}{C-C}}-$	共轭体系消失，呈绝缘体
	取代反应	$-CH=CH- + X_2 \longrightarrow -CH=CX-$	电导率降低

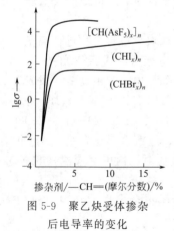

图 5-9　聚乙炔受体掺杂后电导率的变化

（3）影响掺杂共轭高聚物导电性能的因素　影响掺杂共轭高聚物导电性能的因素主要包括掺杂剂的用量及种类、温度、聚合物电导率与分子中共轭链长度之间的关系。

在诸多共轭聚合物中，聚乙炔的掺杂效果是最显著的。但不同的掺杂方法和掺杂剂对其电导率的影响是不同的。图 5-9 是聚乙炔膜中掺杂 AsF_5、I_2、Br_2 时电导率的变化。从图中可以看出，在掺杂量为 1% 时电导率上升 5～7 个数量级，出现半导体-金属相变。当掺杂量增至 3% 时电导率已趋于饱和。由电导率的温度依赖关系计算活化能，未掺杂聚乙炔为 0.3～0.5eV，掺杂后则急剧减少，当掺杂浓度达 2%～3% 时趋于一恒定值（0.02eV）。由此，从电导率变化的角度来看，半导体-金属相变时掺杂剂阈值浓度为 $2\%\sim3\%$。从图中还可以看出，掺杂效果最佳是 AsF_5，其次是 I_2，Br_2 较差。

电子导电聚合物的电导率除了上面所述的与结构和掺杂剂掺杂程度的关系之外，它的另外一个引人注意的性质是它的电导率与温度的关系。

在图 5-10 中给出了掺碘聚乙炔的电导率-温度关系图。从给出的关系图可以看出，与金属材料的特性不同，电子导电聚合物的温度系数是正的；即随着温度的升高，电阻减小，电导率增加。

这一现象可以从下面的分析中得到解释：在电子导电聚合物中阻碍电子移动的主要因素来自于 π 电子能带间的能级差。从统计热力学来看，电子从分子的热振动中获得能量，显然有利于电子从能量较低的满带向能量较高的空带迁移，从而较容易完成其导电过程。然而，随着掺杂度的提高，π 电子能带间的能级差越来越小，已不是构成阻碍电子移动的主要因素。因此，在上图中给出的结果表明，随着导电聚合物掺杂程度的提高，电导率与温度曲线的斜率变小。即电导率受温度的影响越来越小，温度特性逐渐向金属导体过渡。

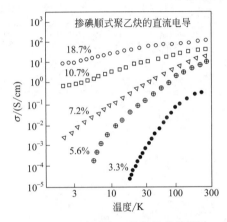

图 5-10　温度对聚乙炔电导率的影响

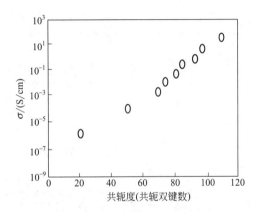

图 5-11　聚乙炔的电导率与分子共轭链长度的关系
（掺碘浓度为 3.5%，测试温度为室温）

电子导电聚合物的电导率还受到聚合物分子中共轭链长度的影响。线形共轭导电聚合物分子结构中的电子分布不是各向同性的，聚合物内的价电子更倾向于沿着线形共轭的分子内部移动，而不是在两条分子链之间。随着共轭链长度的增加，有利于自由电子沿着分子共轭链移动，导致聚合物的电导率增加。从图 5-11 中可以看出，线形共轭导电聚合物的电导率随其共轭链长度的增加而呈指数增加。因此，提高共轭链的长度是提高聚合物导电性能的重要手段之一，这一结论对所有类型的电子导电聚合物都适用。值得指出的是，这里所指的是分子链的共轭长度，而不是聚合物分子长度。

除上面提到的影响因素之外，电子导电聚合物的电导率还与掺杂剂的种类、制备及使用时的环境气氛、压力和是否有光照等因素有直接或间接的关系。

（4）共轭高聚物的合成　从上面的介绍可知，电子导电聚合物是由大共轭结构组成的，因此导电聚合物的制备研究就围绕着如何形成这种共轭结构。从制备方法上来划分，可以将制备方法分成化学聚合和电化学聚合两大类，化学聚合法还可以进一步分成直接法和间接法。直接法是直接以单体为原料，一步合成大共轭结构，间接法在得到聚合物后需要一个或多个转化步骤，在聚合物链上生成共轭结构。在图 5-12 中给出了上述几种共轭聚合物的可能合成路线。

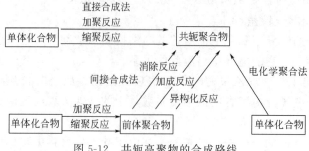

图 5-12 共轭高聚物的合成路线

下面举几个例子对这些合成方法作一说明。

如可以采用图 5-13 中所示的方法来合成聚苯型的导电高聚物。

其他的导电高聚物也可采用这种方法来合成，但这种方法得到的高聚物溶解性差，在反应过程中常以沉淀的方式使反应停止，所得产物的分子量不高，产物的加工也较困难。

利用可溶性前体的方法则可解决这一问题，如图 5-14 所示。

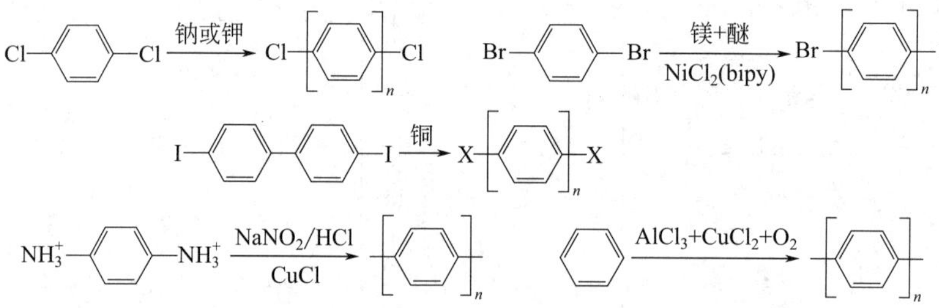

图 5-13 采用缩聚反应直接合成聚苯型导电高聚物

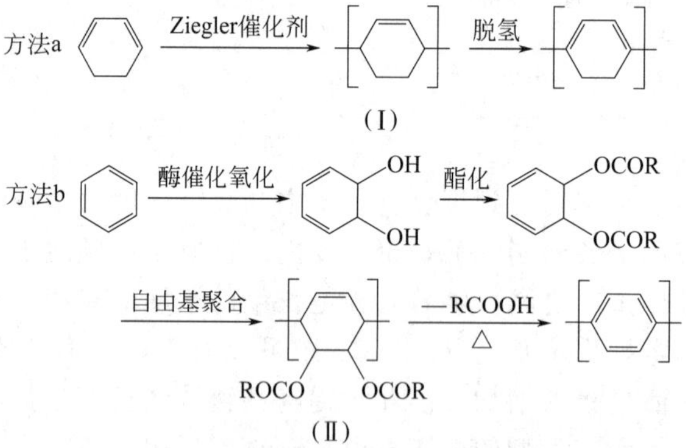

图 5-14 可溶性前体合成导电高聚物

图 5-14 中高聚物（Ⅰ）是稳定的也是可溶的，用溶液浇铸法加工成薄膜，经 220℃ 热处理，则转换为高分子量的聚苯。这种方法也可用于聚乙炔等的生产。这就是间接法合成的典型例子。

电化学方法也是制备导电高聚物的重要方法，式(5-15) 所示的吡咯在酸性水溶液中即可电化学聚合：

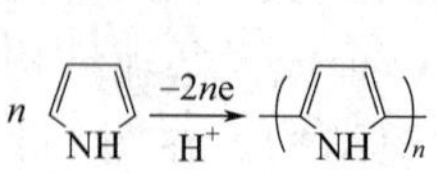

$$n\ \underset{NH}{\bigcirc}\ \xrightarrow[H^+]{-2ne}\ \left(\underset{NH}{\bigcirc}\right)_n \tag{5-15}$$

其中酸可以是盐酸、硫酸、硝酸、高氯酸等无机酸，也可以是对甲基苯磺酸、十二烷基苯磺酸等有机酸，聚合电极可以是 Pt、Pd 等贵金属，也可是不锈钢、热解炭等，聚合溶液中的支持电解质为 KCl 等。

聚苯胺也可采用电化学方法制备，见式(5-16)。

$$n\ \overset{}{\underset{}{\bigcirc}}\!\!-\!\!NH_2\ \xrightarrow[H^+]{[O]} PAn \qquad n\ \overset{}{\underset{}{\bigcirc}}\!\!-\!\!NH_2\ \xrightarrow[H^+]{-ne} PAn \tag{5-16}$$

5.3.1.2 高分子电荷转移络合物

电荷转移络合物是由容易给出电子的电子给体 D 和容易接受电子的电子受体 A 之间形成的复合体（CTC），见式(5-17)。

$$D+A \Longleftrightarrow D^{\delta+}\cdots A^{\delta-} \Longleftrightarrow D^+\cdots A^-$$
$$\text{Ⅰ}\text{Ⅱ}\text{Ⅲ} \tag{5-17}$$

当电子不完全转移时，形成络合物Ⅱ，而完全转移时，则形成Ⅲ。电子的非定域化，使电子更容易沿着 D—A 分子叠层移动，$A^{\delta-}$ 的孤对电子在 A 分子间跃迁传导，加之在 CTC 中由于 D—A 键长的动态变化（扬-特尔效应）促进电子跃迁，因而 CTC 具有较高的电导率。

高分子电荷转移络合物可分为两大类：一类是主链或侧链含有 π 电子体系的聚合物与小分子电子给体或受体所组成的非离子型或离子型电荷转移络合物；第二类由侧链或主链含有正离子自由基或正离子的聚合物与小分子电子受体所组成的高分子离子自由基盐型络合物。表 5-8 给出一些高分子电荷转移络合物的例子。其中受体 A 与聚合物组成的电荷转移络合物属第一类，受体 B 与聚合物组成的电荷转移络合物属第二类，可称之为正离子自由基盐型络合物。第二类中还包括负离子自由基盐型络合物，即由主链型聚季铵盐或侧基型聚季铵盐与 TCNQ 负离子自由基组成的负离子自由基盐络合物，这是迄今最重要的电荷转移型导电络合物。它们通常是由芳香或脂肪族季铵盐聚合物与 Li^+TCNQ^- 进行交换反应制备的，所得负离子自由基盐不含中性 TCNQ（以 $TCNQ^0$ 表示）时称之为简单盐，而由高分子正离子、$TCNQ^-$、$TCNQ^0$ 三组分所构成的盐型络合物称之为复合盐。

表 5-8　高分子电荷转移络合物及其电导率

聚合物	电子受体		受体分子/聚合物结构单元		电导率/(S·m)	
	受体 A	受体 B	受体 A	受体 B	受体 A	受体 B
聚苯乙烯	AgCQO₄		0.89		2.3×10^{-7}	
聚二甲氨基苯乙烯	P-CA		0.28		10^{-8}	
聚萘乙烯	TCNE		1.0		3.2×10^{-13}	
聚三甲基苯乙烯	TCNE		1.0		5.6×10^{-12}	
聚蒽乙烯	TCNB	Br_2 I_2	0.71 0.58		8.3×10^{-2}	1.4×10^{-11} 4.8×10^{-5}
聚芘乙烯	TCNQ	I_2	0.13	0.19	9.1×10^{-13}	7.7×10^{-9}
聚乙烯咔唑	TCNQ	I_2	0.03	1.3	8.3×10^{-11}	10^{-5}
聚乙烯吡啶	TCNE	I_2	0.5	0.6	10^{-3}	10^{-4}
聚二苯胺	TCNE	I_2	0.33	1.5	10^{-4}	10^{-4}
聚乙烯咪唑	TCNQ		0.26		10^{-4}	

注：P-CA：四氯对苯醌；TCNE：四氰基乙烯；TCNB：1,3,5-三氰基苯；TCNQ：7,7,8,8-四氰基对苯醌二甲烷。

这些负离子自由基盐一般都有颜色，可溶于二甲基甲酰胺、乙腈等溶剂，溶液可成膜，见式(5-18)。

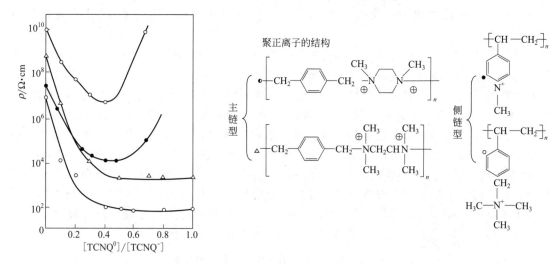

$$\sigma=20^{-2}\,\text{S/m} \qquad \sigma=10^0\,\text{S/m} \qquad\qquad \sigma=10^{-1}\,\text{S/m} \tag{5-18}$$

它们的电导率与 $TCNQ^-$ 的含量有关，其含量越高，聚合物的电导率越大，见式(5-19)。

$$m=2,\sigma=3\times10^{-5}\,\text{S/m}$$
$$m=3,\sigma=5\times10^{-1}\,\text{S/m} \tag{5-19}$$

另外，复合盐的电导率比相应的简单盐要大得多，数量级通常可达 $10^4\sim10^7$，且随加入的中性 TCNQ 量及 $TCNQ^0/TCNQ^-$ 的比例的改变而明显变化（图 5-15）。

图 5-15　聚正离子-TCNQ 复合物 $TCNQ^0/TCNQ^-$ 中比值与电导率的关系

在高分子聚阳离子的主链上引入适当分子量的聚环氧乙烷或聚四氢呋喃等软链段可得到有高弹性的正离子聚合物，其与 TCNQ 的络合物具有较好的力学性能和导电性。

5.3.1.3　金属有机聚合物

将金属引入聚合物主链即得到金属有机聚合物。由于有机金属基团的存在，使聚合物的电子电导增加。其原因是金属原子的 d 电子轨道可以和有机结构的 π 电子轨道交叠，从而延伸分子内的电子通道，同时由于 d 电子轨道比较弥散，它甚至可以增加分子轨道交叠，在结晶的近邻层片间架桥。

（1）主链型高分子金属络合物　由含共轭体系的高分子配位体与金属构成主链型络合物是导电性较好的一类金属有机聚合物，它们是通过金属自由电子的传导性导电的，其导电性往往与金属种类有较大的关系，见式(5-20)。

$$\text{Me}=\text{Cu},\sigma=4\times10^{-3}\,\text{S/m}$$
$$\text{Me}=\text{Ni},\sigma=4\times10^{-3}\,\text{S/m}$$
$$\text{Me}=\text{Pd},\sigma=4\times10^{-4}\,\text{S/m} \tag{5-20}$$

这类主链型高分子金属络合物都是梯型结构，其分子链十分僵硬，因此成型较困难。

（2）金属酞菁聚合物　1958年，Woft等首次发现了聚酞菁酮具有半导体性能，其结构如图5-16所示。其结构中庞大的酞菁基团具有平面状的π电子体系结构。中心金属的d轨道与酞菁基团中的π轨道相互重叠，使整个体系形成一个硕大的大共轭体系，这种大共轭体系的相互交叠导致了电子流通。常见的中心金属除Cu外，还有Ni、Mg、Al等。在分子量较大的情况下，σ 为 $10^0 \sim 10^1 S/m$。

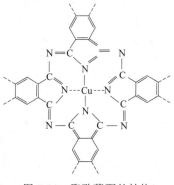

图5-16　聚酞菁酮的结构

这类聚合物柔性小，溶解性和熔融性都极差，因而不易加工，若将芳基和烷基引入金属酞菁聚合物后，其柔性和溶解性都有所改善。

（3）二茂铁型金属有机聚合物　纯的含二茂铁聚合物的电导率并不高，一般为 $10^{-8} \sim 10^{-12} S/m$。但是当将这类聚合物用 Ag^+、P-CA等温和的氧化剂部分氧化后，电导率可增加5～7个数量级。这时铁原子处于混合氧化态，见式(5-21)。

$$(5\text{-}21)$$

电子可直接在不同氧化态的金属原子间传递，电导率可增至 $4 \times 10^{-3} S/m$。

一般情况下，二茂铁聚合物的电导率随氧化程度的提高而迅速上升，但通常氧化度约为70%时电导率最高。另外，聚合物中二茂铁的密度也影响电导率。

二茂铁型金属有机聚合物的价格低廉，来源丰富，有较好的加工性和良好的导电性，是一类有发展前途的导电高分子。

5.3.1.4　电子导电高聚物的应用

由于导电高聚物的结构特征和独特的掺杂机制，使导电高聚物有优异的物理化学性能。这些性能使导电高聚物在能源（二次电池，太阳能电池）、光电子器件、电磁屏蔽、隐身技术、传感器、金属防腐、分子器件和生命科学等技术领域都有广泛的应用前景，有些正向实用化的方向发展。

（1）二次电池　由于导电高聚物具有高电导率、可逆的氧化/还原特性、较高的室温电导率、较大的比表面积（微纤维结构）和密度小等特点，使导电高聚物成为二次电池的理想材料。1979年A. G. MacDiarmid首次制成聚乙炔的模型二次电池并在当年的美国物理年会上演示了第一个全塑电池，引起人们极大兴趣；但是由于聚乙炔的不稳定性，使其研究陷入低谷。然而不到10年时间，日本的精工电子公司和桥石公司联合研制出3V纽扣式聚苯胺电池。与此同时，德国的BASF公司研究出聚砒咯二次电池。90年代初日本关西电子和住友电气工业合作试制聚苯胺为正极，Li-Cl合金为负极，电解液为 $LiBF_4$/硫酸丙烯酸酯的锂-聚合物二次电池，该电池的输出可达106.9W，电容量为855.2W·h。这些电池体积小，能量密度高，加工方便，可作为家庭储存电力用的电池。

由于聚合物电池储存容量为铅蓄电池的4倍，能量密度为其2倍以上，最大功率为其30倍，而且质轻容量大，可做成市场所需任何形状，使用方便，在节能方面潜力更大。目前汽车上一般采用的蓄电池重量在15kg以上，采用聚合物电池仅有2kg，因此在航天、交通工具上有广泛的应用。

（2）传感器　实践证明气体（N_2、O_2、Cl_2 等）和环境介质（H_2O，HCl 等）都可以看成导电高聚物的掺杂剂。同时，它的掺杂具有可逆性。因此，原则上利用环境介质（气体）对导电高聚物电导率的影响和可逆的掺杂/脱掺杂性能可以开发导电高聚物传感器，也称之为"电子鼻"。导电高聚物掺杂经历掺杂剂的扩散和电荷转移两个过程，其后者的速度大大超过前者。从这种意义上讲，导电高聚物传感器的响应速度是有局限性的。这也就是说，器件达到稳定态所需的时间较长。显然，改善气体或介质在导电高聚物薄膜内的扩散或传导是提高导电高聚物传感器响应速度的关键。从器件角度出发，制备无针孔的导电高聚物的薄膜或超薄薄膜是改善器件响应速度的技术关键。

由于导电高分子的电导率依赖于温度、气体、杂质，可将导电高分子用作温度或气体的敏感器。美国 Allied-Signal 研究和技术公司正在开发一种导电高分子的温度敏感器，用来指示冷冻食物的解冻。

（3）电磁屏蔽　电磁屏蔽是防止军事秘密和电子讯号泄漏的有效手段，它也是 21 世纪"信息战争"的重要组成部分。通常所谓电磁屏蔽材料是由炭粉或金属颗粒-纤维与高聚物共混构成。虽然金属或炭粉具有高的电导率而屏蔽效率高，但是兼顾电学和力学性能却有局限性。为此，研制轻型、高屏蔽效率和力学性能好的电磁屏蔽材料是必需的。由于高掺杂度的导电高聚物的电导率在金属范围（$10^0 \sim 10^5$ S/m）对电磁波具有全反射的特性，即电磁屏蔽效应，尤其可溶性导电高聚物的出现，使导电高聚物与高力学性能的高聚物复合或在绝缘的高聚物表面上涂敷导电高聚物涂层已成为可能。因此，导电高聚物在电磁屏蔽技术上的应用已引起广泛重视。

（4）隐身材料　隐身材料是实现军事目标隐身技术的关键。所谓隐身材料是指能够减少军事目标的雷达特征、红外特征、光电特征及目视特征的材料的统称。由于雷达技术是军事目标侦破的主要手段，因而雷达波吸收材料是当前核心的隐身材料。

现有的雷达波吸收材料如铁氧体、多晶铁纤维、金属纳米材料等技术工艺成熟，吸收性能好，已得到广泛应用。但是，由于它们密度大，难于实现飞行器的隐身。

自从导电高聚物出现，导电高聚物作为新型的有机和聚合物雷达波吸收材料成为导电高聚物领域的研究热点和导电高聚物实用化的突破点。与无机雷达波吸收材料相比，导电高聚物雷达波吸收材料具有结构多样化、电磁参量可调、易复合加工和密度小等特点，是一种新型的、轻质的聚合物雷达波吸收材料。但是实验发现导电高聚物属电损耗型的雷达波吸收材料。根据电磁波吸收原理，吸波材料具有磁损耗是展宽频带和提高吸收率的关键。因此，改善导电高聚物的磁损耗是解决导电高聚物雷达波吸收材料实用化的关键。

（5）新型金属防腐材料　通常，富锌和金属铬、铜的涂料是传统的金属防腐材料，但这些金属防腐材料在环境保护、资源及成本等方面都有一定的局限性。

导电高聚物作为新型的金属防腐材料，自 20 世纪 90 年代中期以来，已成为它在技术上应用的新方向，尤其美国洛斯阿拉莫斯国家实验室和德国一家化学制品公司将导电高聚物成功地应用到火箭发射架上，更刺激了导电高聚物作为新型金属防腐材料的研制与开发。

（6）药物释放　导电高聚物的掺杂和脱杂是一个阴离子嵌入和脱嵌入的过程。在医学上，离子电疗法就是电化学过程驱动药物通过皮肤而进入体内。因此 Miller 设想可研究一种含药物的导电高分子电池，当需要时，只要接通电流，药物就能释放出来通过皮肤而进入血液。

（7）发光二极管　全塑发光二极管一直是科学家奋斗的目标之一。近几年国外研究已取得实质性进展。这种发光二极管与通常的发光二极管所不同的是可以重复卷曲而不损坏。这为柔韧可弯曲的全塑发光二极管的研究开创了新途径。虽然新型发光二极管尚需进一步完善,例如钙电极在空气中的稳定性、量子效率等较差,但具有潜在的应用前景。

(8) 气体分离膜　1990 年美国 R. Kaner 首次报道聚苯胺薄膜对 He、H_2、N_2、O_2、CO_2、CH_4 等气体有很好的分离特性。进一步的研究可开发新型的气体分离膜材料。

5.3.2　离子导电高聚物

离子导电体最重要的用途是作为电解质用于工业和科研工作中的各种电解和电分析过程,以及作为各种电池等需要化学能与电能转换场合中的离子导电介质。但通常使用的液体电解质(即液体离子导电体)在使用过程中容易发生泄漏和挥发而缩短使用寿命,或腐蚀其他器件,无法成型加工或制成薄膜使用,其体积和重量一般都比较大,制成电池的能量密度较低,不适合于在需要小体积、轻重量、高能量、长寿命电池的使用场合。因此人们迫切需要发展一种能克服上述缺点的固态电解质。从基本意义上来说,固态电解质就是具有液态电解质的允许离子在其中移动,同时对离子有一定溶剂化作用,但是又没有液体流动性和挥发性的一种导电物质。高分子电解质的研究可以解决这一问题。作为离子导电的高分子材料必须含有并允许体积相对较大的离子在其中作扩散运动,同时聚合物对离子有一定的溶解作用。

5.3.2.1　离子导电高聚物的组成

高聚物电解质的种类相当多,但并不是所有的均有导电性。在固体高聚物中,黏度相当高,离子的迁移很困难,如果没有水的存在,它们只能与普通塑料一样作为绝缘体使用。然而在 PEO 或 PPO 交联体聚醚中,在室温下即有较高的载流子迁移率。聚醚-碱金属盐组成的络合物体系中,作为离子传导介质的高分子的作用为:高密度的醚键(—O—)环境促进盐的离解;保持材料的柔性;基于同盐的相互作用,高分子内聚能的减小有利于离子的运动。这种电解质称为高分子快离子导体,它是由高分子母体和作为载流子源的金属盐类化合物组成的。

作为固态离子导体的高聚物,必须对离子化合物具有溶剂化作用。在这类聚合物中聚合物分子本身并不含有离子,也没有溶剂加入。但是聚合物本身一方面有一定溶解离子型化合物的能力,另一方面允许离子在聚合物中有一定移动能力(扩散运动)。在作为电解质使用时将离子型化合物"溶解"在聚合物中,形成溶剂合离子,构成含离子聚合物。其所含离子在电场力作用下可以完成定向移动。由于其中不含任何液体物质,是真正的固态电解质。此外一些聚合物本身带有离子性基团,同时对其他离子也有溶剂化能力,能溶解的有机离子和无机离子,也具有离子导电能力。

离子导电聚合物主要有以下几类:聚醚、聚酯和聚亚胺。它们的结构、名称、作用基团以及可溶解的盐类列于表 5-9 中。

表 5-9　常见离子导电聚合物及使用范围

名　称	缩写符号	作用基团	可溶解盐类
聚环氧乙烷	PEO	醚基	几乎所有阳离子和一价阴离子
聚环氧丙烷	PPO	醚基	几乎所有阳离子和一价阴离子
聚丁二酸乙二醇酯	PES	酯基	$LiBF_4$
聚癸二酸乙二醇	PEA	酯基	$LiCF_3SO_3$
聚乙二醇亚胺	PEI	胺基	NaI

除了上面提到的几种类型的离子导电聚合物之外,最近还有报道聚叠氮磷型聚合物

(polyphosphazenes) 也有良好的离子导电性能。

对于有实际应用意义的聚合电解质，除要求有良好的离子导电性能之外，还需要满足下列要求。

① 在使用温度下应有良好的机械强度。

② 应有良好的化学稳定性，在固态电池中应不与锂和氧化性阳极发生反应。

③ 有良好的可加工性，特别是容易加工成薄膜使用。

但是，增加聚合物的离子电导性能需要聚合物有较低的玻璃化温度，而聚合物玻璃化温度低又不利于保证聚合物有足够的机械强度，因此这是一对应平衡考虑的矛盾。提高机械强度的办法包括在聚合物中添加填充物，或者加入适量的交联剂。经这样处理后，虽然机械强度明显提高，但玻璃化温度也会相应提高，影响到使用温度和电导率。对于玻璃化温度很低、对离子的溶剂化能力也低、导电性能不高的离子导电聚合物，用接枝反应在聚合物骨架上引入有较强溶剂化能力的基团，有助于离子导电能力的提高。采用共混的方法将溶剂化能力强的离子型聚合物与其他聚合物混合成型是又一个提高固体电解质性能的方法。最近的研究表明，采用在聚合物中溶解度较高的有机离子，或者采用复合离子盐，对提高聚合物的离子电导率有促进作用。

迄今为止合成的聚醚络合物中阳离子多为一价的碱金属离子，除碱金属外，碱土金属离子也可以与氧、氮产生强烈的相互作用，生成高分子金属络合物，如 Mg、Ca、Cu、Sr、Zn等均可与 PEO 形成具有一定离子电导性的金属络合物盐，但是由于二价金属盐具有较高的晶格能，生成金属络合物盐的过程较为困难。

5.3.2.2 高聚物离子导电的机理

对于高聚物离子导电，主要有以下两种机理：非晶区扩散传导离子导电和自由体积导电。

(1) 非晶区扩散传导离子导电　高聚物均为非晶态或部分结晶的，因此它存在着玻璃化转变和玻璃化温度。在玻璃化温度以下时，聚合物主要呈固态晶体性质；但是在此温度以上，聚合物的物理性质发生显著变化，类似于高黏度液体，有一定的流动性。当聚合物中含有小分子离子时，在电场力作用下该离子受到一个定向力，可以在聚合物内发生一定程度的定向扩散运动，因此具有导电性，呈现出电解质的性质。随着温度的提高，聚合物的流变性等性质愈显突出，离子导电能力也得到提高，但是其机械强度有所下降。在玻璃化温度以下，聚合物的流变性质类似于普通固体，离子不能在其中做扩散运动，因而离子电导率很低，且基本不随温度变化，不能作为电解质使用。由此可见，除了对离子的溶剂化能力之外，决定聚合物离子导电能力和可使用温度的主要因素之一是聚合物的玻璃化转变温度。过高的玻璃化转变温度将限制聚合电解质的使用范围。

(2) 自由体积导电　根据自由体积理论，在一定温度下聚合物分子要发生一定幅度的振动，其振动能量足以抗衡来自周围的静压力，在分子周围建立起一个小的空间来满足分子振动的需要。这个来源于每个聚合分子热振动形成的小空间被称为自由体积。当振动能量足够大，自由体积可能会超过离子本身体积，在这种情况下，聚合物中的离子可能发生位置互换而移动。在电场力的作用下，聚合物中包含的离子受到一个定向力，在此定向力的作用下离子通过热振动产生的自由体积而定向迁移。因此，自由体积越大，越有利于离子的扩散运动，从而增加离子电导能力。自由体积理论成功地解释了聚合物中离子导电的机理以及导电能力与温度的关系。

因此作为离子导电高聚物，要求有较低的玻璃化温度和对于离子化合物较强的溶剂化能力。

5.3.2.3 离子导电聚合物的应用

离子导电聚合物最主要的应用领域是在各种电化学器件中替代液体电解质使用，虽然目前生产的多数聚合电解质的电导率还达不到液体电解质的水平，但是由于聚合电解质的机械强度较好，可以制成厚度小、面积很大的薄膜，因此由这种材料制成的电化学装置的结构常数 (A/l) 可以达到很大数值，使两电极间的绝对电导值可以与液体电解质相比，满足实际需要。按照目前的研制水平，聚合电解质薄膜的厚度一般为 $10\sim100\mu m$，其电导率可以达到 $100S/m$。由固态聚合电解质和聚合物电极构成的全固态电池已经进入实用化阶段。

与其他类型的电解质相比较，由这些离子导电聚合物作为固态电解质构成的电化学装置有下列优点：容易加工成型，力学性能好，坚固耐用；防漏、防溅、对其他器件无腐蚀之忧；电解质无挥发性，构成的器件使用寿命长；容易制成结构常数大，因而能量密度高的电化学器件。

由固态电解质制成的电池特别适用于像植入式心脏起搏器、计算机存储器支持电源、自供电大规模集成电路等应用场合。当然，由于技术方面的限制，目前已经开发出的离子导电聚合物作为电解质使用，也有其不利的一面：①在固体电解质中几乎没有对流作用，因此物质传导作用很差，不适用于电解和电化学合成等需要传质的电化学装置；②如何解决固体电解质与电极良好接触问题要比液态电解质困难得多，由于电极和电解质两固体之间表面的不平整性，导致实际接触面积仅有电极表面积的 1% 左右，给使用和研究带来不便，特别是当电极或者电解质在充放电过程中有体积变化时，问题更加严重，经常会导致电解质与电极之间的接触失效；③目前开发的固态电解质其离子导电能力一般相对比较低，并要求在较高的使用温度下使用，低温聚合固体电解质目前还是空白。

5.4 电功能高分子材料的应用

导电高分子一开始就有着非常明确的应用目的，早在 20 世纪 50、60 年代，填充型的复合高分子已应用于电子工业，尤其是作为防静电和电磁干扰的屏蔽材料。近年来，随着欧美一些工业发达国家规定电器设备必须设有防电磁干扰的屏蔽措施，更加促进了导电高分子材料工业的发展。导电高分子具有优异的性能，应用前景广阔。随着高分子材料应用范围不断拓宽，导电高分子在能源、光电子器件、信息、传感器、分子导线和分子器件以及电磁屏蔽、金属防腐和隐身技术等方面逐渐得到了广泛应用。

5.4.1 电致发光高聚物

无机半导体电致发光器件在通讯、光信息处理、视频器件、测控仪器等光电子领域有着广泛而重要的应用价值。特别是伴随着全球信息高速公路的发展，作为信息终端的显示器件必将呈现蓬勃发展的势头。

无机半导体二极管、半导体粉末、半导体薄膜等电致发光器件尽管已取得了巨大的成就，但由于其复杂的制备工艺、高驱动电压、低发光效率、不能大面积平板显示、能耗较高以及难以解决短波长（如荧光）等问题，使得无机电致发光材料的进一步发展受到影响。

经过十几年的研究，有机化合物电致发光的研究已经取得了令人瞩目的成就，有机化合物可通过分子设计的方法合成数量巨大、种类繁多的有机化合物发光材料，使由有机材料构成的电致发光器件有着众多的优势：可实现红绿蓝多色显示；具有面光源共同的特点，亮度高；不需要背照明，可实现器件小型化；驱动电压较低（直流 10V 左右），节省能源；器件很薄，附加电路简单，可用于超小型便携式显示装置；响应速度快，是液晶显示器的 1000 倍；器件的像元素为 320 个，显示精度超过液晶显示器的 5 倍；寿命可达 10^4 h 以上。但是用有机小分子制备的电致发光器件的发光稳定性差，距实用要求还相差甚远。

自从 1990 年英国剑桥大学 Friend 首次报道 Al/PPV/SnO$_2$ 夹心电池在外加电压的条件下可发出黄绿光以来，聚合物发光二极管（LED）已成为全世界发光材料研究的热点。聚合物发光二极管不仅具有小分子有机电致发光材料的特点，而且有可弯曲、大面积、低成本的优点，尤其以聚苯亚乙烯（PPV）及其衍生物为代表的聚合物发光材料更为突出，其潜在的市场前景已吸引了众多的国际著名公司，如美国的柯达、日本的先锋与 TDK、荷兰的 Philip 等相继投入巨资进行研究和开发，相信在不远的将来，它可能使显示领域出现新的突破性进展。

（1）电致发光的机理　共轭结构高分子的另一个特性是它的发光性能，包括光致荧光和电致发光。一般说来，电子聚合物的光致荧光与一般有机化合物的光致荧光没有多大的区别，都是在吸收一定波长的光后，发射出较长波长的光。与荧光有机化合物相比，共轭结构高分子的共轭程度大得多，因而能隙相对较小，吸收可以覆盖从紫外线到红光很宽的光谱范围。由于吸收的干扰，大多数共轭聚合物颜色很深，不表现出有价值的荧光。但对于聚苯亚乙烯（PPV）等聚合物，荧光波段和吸收波段没有重叠或重叠很小，则表现出独特的荧光性质，甚至在一定条件下还表现出受激辐射和激光现象。

与光致发光相比，电致发光具有更大的实用价值。20 世纪 80 年代以 8-羟基喹啉铝为发光物质的有机发光二极管（OLED）取得重大突破，展现了 OLED 平板显示的可能，同时暴露了其在稳定性方面的某些不足。因此当 1990 年 Friend 小组观察到 PPV 的电致发光特性后，很快出现了研究聚合物发光二极管（PLED）的热潮。OLED 和 PLED 研究相互借鉴、相互促进，在短短的 10 年内，在理论和技术上都有了长足的发展。

所谓电致发光，就是在两电极间施加一定电压后，电极间的聚合物薄膜发出一定颜色的光，其原理见图 5-17。图中的 ITO（掺铟氧化锡）和 Ca（金属钙）电极分别是正负电极，ITO 是透明的，因而从 ITO 侧可以进行颜色和强度的观测。

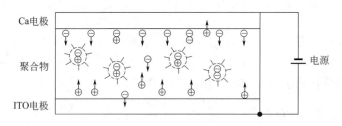

图 5-17　聚合物电致发光原理示意图

一般说来，发光聚合物的电致发光与光致荧光的光谱非常相似。据此有理由认为，两者具有类似的发光机理，即"激子"机理。光致荧光的激子是光照形成的，而电致发光的激子是从正负极注入的载流子复合形成的。所以整个 PLED 的发光过程可概括为：载流子注入—载流子迁移—载流子复合即激子形成—激子辐射跃迁而发光。到目前为止，发光聚合物中的载流子以及它们复合所形成的激子的本质，还没有一个公认的确切说法。基于对聚合物电子结构的认识，一般认为电极注入的是电荷的极化子（polaron），正负极化子相遇、复合而形成激子。但由于习惯的原因，在许多文献中，都简单地将这些载流子称作电子和空穴，将它们的复合产物称作电子-空穴对。其过程可用图 5-18 表示。

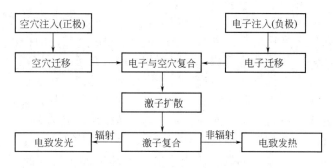

图 5-18　电致发光示意图

（2）电致发光高聚物 PPV　从结构上看，聚苯亚乙烯（PPV，polyphenylenevinylene）是苯和乙炔的交替共聚物，采用"可溶性前体"方法制备，具有导电性，而且掺杂方法比较简单易行，是为数不多的浅色导电聚合物之一，是导电性、溶解加工性、应用诸方面兼备的导电高分子品种。

PPV 的可溶性前体合成方法见式（5-22）。

$$XH_2C-\!\!\!\!\left\langle\bigcirc\right\rangle\!\!\!\!-CH_2X \longrightarrow \ \cdots \ \ (\text{I}) \ \cdots \ \xrightarrow{\text{加热}} \left(\!\!\left\langle\bigcirc\right\rangle\!\!-CH=\!CH\right)_n \tag{5-22}$$

其中卤素 X 可以是 Br 或 Cl，四氢噻吩可以用二甲基硫醚或二乙基硫醚代替。前体聚合物（I）溶在水中，用渗析法除去反应中生成的 NaX，浇铸成膜或旋涂成膜后，在 150～300℃内真空处理，即转化为最终产物 PPV。显然，热处理的条件和时间将决定转化的程度和产品的纯度，决定 PPV 中有效共轭长度的大小，不但影响 PPV 发光的颜色，而且影响 PPV 的发光效率。

大约在 1990 年，在测定 PPV 的电流-电压曲线的实验中，意外地发现加到一定的电压后，样品发出了黄绿色的光线，从此揭开了高分子 LED 研究的新篇章。

为了获得严格的苯环-乙烯交替结构，人们发展了一系列 PPV 制备方法，主要是 Wittig 反应，利用醛基—CHO 与甲基—CH$_3$ 的缩合反应，形成亚乙基（—CH＝CH—），见式（5-23）。

$$-\!\!\left\langle\bigcirc\right\rangle\!\!-CHO+CH_3-\!\!\left\langle\bigcirc\right\rangle\!\!- \longrightarrow -\!\!\left\langle\bigcirc\right\rangle\!\!-CH=\!CH-\!\!\left\langle\bigcirc\right\rangle\!\!- \tag{5-23}$$

其中，常采用季磷盐缩合反应，见式（5-24）。

$$-\!\!\left\langle\bigcirc\right\rangle\!\!-CH_2X \xrightarrow{P(\bigcirc)_3} -\!\!\left\langle\bigcirc\right\rangle\!\!-CH_2\overset{+}{P}(\bigcirc)_3\ X^- \longrightarrow$$

$$-\!\!\left\langle\bigcirc\right\rangle\!\!-CH=\!P(\bigcirc)_3 \xrightarrow{CHO-\left\langle\bigcirc\right\rangle-} -\!\!\left\langle\bigcirc\right\rangle\!\!-CH=\!CH-\!\!\left\langle\bigcirc\right\rangle\!\!- \tag{5-24}$$

将反应式中的苯环换成联苯、萘、吡咯、噻吩、噁二唑等，则可生成相应的交替结构聚合物，在新型发光聚合物的设计与合成中有重要的应用。但这个反应很难获得高分子量的产物。

（3）电致发光聚合物器件　最简单的高分子发光二极管（PLED）如图 5-19（a）所示。它由 ITO 正极、金属负极和高分子发光层组成。从正、负极分别注入正负载流子，它们在电场作用下相向运动，相遇形成激子，发生辐射跃迁而发光。PLED 的发光效率取决于正负极上的注入效率及正负载流子数的匹配程度、载流子的迁移率、载流子被陷阱截获的概率等，这些都与 PLED 的结构和操作条件密切相关。

为提高发光效率，从器件设计上主要有两个方向。一是由单层结构变成多层结构，如图 5-19(b) 所示。即在发光层两侧，各增加一个载流子传输层，它们的作用为：与相关电极能级匹配，提高注入效率；传输相应载流子；阻挡相反的载流子。采用这种结构，可以确保载流子的复合发生在发光层内或发光层与传输层的界面上，远离电极表面，既改善载流子数的匹配程度，又减少了被电极表面陷阱截获的可能性。这种多层结构设计，弥补了一种高分子材料不能同时与两种电极材料能级相匹配、不能有效传输两种载流子的缺点，使器件的发光效率与单层结构相比，有数量级的提高；另一方面，多层结构在工艺上的复杂性和各层之间的扩散和干扰，也带来了相应的问题。应当指出，在图 5-19 中所画的是三层结构，在实际器件中，如果一种材料同时兼具发光和一种载流子传输功能，相关的两层合二而一，器件则简化为双层结构。第二种方向是改变电极材料或进行电极表面修饰，以便减小与相邻有机层之间的注入位垒，提高注入效率。有机 LED 在这方面的经验值得借鉴，如用金属酞菁修饰 ITO，可改善正极注入效率；Al 电极表面用 LiF 修饰，可达到 Ca 电极的注入效率。高分子修饰电极的主要报道有以下几种情况：用聚苯胺电极代替或修饰 ITO 电极，可显著改善注入效率；将聚苯胺沉积在可翘曲基材上，可制成柔性或可翘曲 PLED。在负极方面，用 Ca 电极代替 Al 电极，电子注入效率有大幅度提高；Mg/Ag 合金电极稳定性较好，又有较高的电子注入效率。

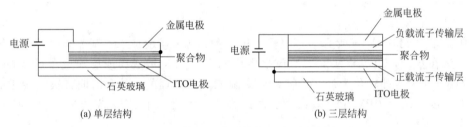

图 5-19　单层和多层结构 PLED 示意图

PLED 使用的材料，除了正、负极材料外，还包括发光材料和载流子传输材料。发光材料研究最多的是 PPV 类高分子，包括取代的 PPV、PPV 的共聚物。其中最有名的取代 PPV 是 MEH-PPV，即 2-甲氧基-5-(2-乙基) 己氧基取代的 PPV，它能够溶解在普通的有机溶剂中，因而可以用旋涂法成膜，比它的母体 PPV 要方便得多。苯环上的烷基取代或烷氧基取代，除了增溶作用外，还有隔离发色团的作用，减少了激基缔合物生成的概率，有利于提高发光效率。CN-PPV，即苯环上双己氧基取代，乙烯上氰基取代的 PPV，发光波长在 710nm（红光），它与 PPV 组成双层 PLED，发光量子效率高达 4%。除了 PPV 类聚合物外，还研究过取代聚对苯、取代聚吡啶、聚吡咯-亚乙烯、聚噻吩-亚乙烯、聚吡啶-亚乙烯、取代聚乙炔、取代聚芴等品种。连同 PPV 在内，这些聚合物在发光颜色上，覆盖了可见光的各个波段，显示了有机聚合物在发光颜色调节上的灵活性。但在发光效率上，目前仍以 PPV 类聚合物力最佳。但 PPV 类聚合物的发光稳定性尚不能令人满意，主要原因是分子链上的亚乙烯基不够稳定，容易氧化或电化学氧化。

（4）高分子电致发光材料的应用　高分子电致发光材料自问世以来就备受瞩目，已经对传统的显示材料构成强有力的竞争与挑战。许多国家都将其作为重要的新型材料展开研究和开发。高分子电致发光材料主要应用于平面照明和新型显示装置。如仪器仪表的背景照明、广告等大面积显示照明等、矩阵型信息显示器件（如计算机、电视机、广告牌、仪器仪表的数据显示窗等场合）。

有机电致发光材料是近年来发展非常迅速的照明材料，已经广泛应用到仪器仪表和广告照明等领域。与传统照明材料相比，有机电致发光材料具有以下特点。

① 有机电致发光材料是面发光器件。如果把第一代电光源白炽灯称为点光源，把第二代电光源日光灯称为线光源，那么电致发光将成为第三代电光源——面光源。这种发光器件的发光面积大，亮度均匀。但是发光亮度不及某些高照度的发光器件。

② 多数有机电致发光材料发出特定颜色的光线，颜色纯度高，颜色可调节范围大，视觉清晰度好，特别适合仪器、仪表、广告照明和需要营造特定气氛的节目照明场合。目前已应用于汽车和飞机仪表和手机背光照明等领域。但是这种照明场合容易造成物体颜色失真，不适合需要普通照明的场合。

③ 有机电致发光属于冷光照明，驱动功率低，对环境产生的热效应很小。

④ 高分子电致发光器件具有制作工艺相对简单，超薄、超轻、低能耗等特点。

显示器是信息领域的主要部件，承担着信息显示和人机交互的重要任务，同时还是电视机、手机等消费品的主要组成部分。目前大量使用的仍然是阴极射线管（CRT）等第一代显示装置，体积大、耗电高、制作工艺复杂。液晶和等离子体显示装置在相当程度上已经克服了上述缺点，被称为第二代显示装置，但制造成本高昂，具有视角限制。很多科学家预测，有机电致发光器件很有可能成为新一代显示装置。

同液晶显示器相比，有机电致发光显示器具有主动发光、亮度更高、质量更轻、厚度更薄、响应速度更快、对比度更好、视角更宽、能耗更低的优势。如果能够采用柔性电致发光材料代替目前使用的玻璃体 ITO 电极，将获得柔性电致发光显示器件，使显示器的重量更轻、更耐冲击、成本更低，甚至可以发展成为电子报纸和杂志。

5.4.2 电致变色高聚物

颜色是区分识别物质的重要属性之一，是物质内部微观结构对光的一种反应。变色性质是指物质在外界环境的影响下，其吸收光谱或者反射光谱发生改变的一种现象，其本质是构成物质的分子结构在外界条件作用下发生了改变，因而其对光的选择性吸收或者反射特性发生改变所致。目前人们研究的变色材料，根据施加变色条件的不同，可以分为电致变色材料、光致变色材料、热致变色材料、压致变色材料和气致变色材料等。变色材料在生产实践中有着广泛的应用潜力。

关于电致变色现象的研究已经有相当长的历史。早在 20 世纪 30 年代就出现了关于电致变色的报道。20 世纪 60 年代 Platt 对有机颜料的电致变色性能进行了系统研究，从 70 年代起，出现了大量关于电致变色机理和新型电致变色材料的报道，相继研究出薄膜型电致变色器件和环保节能的智能窗。

电致变色材料的显著特征是当施加外加电压时，材料表现出色彩的变化。其本质是材料的化学结构在电场作用下发生改变，进而引起材料吸收光谱的变化。根据变化过程划分，电致变色现象包括颜色单向变化的不可逆变色和颜色可以双向改变的可逆变色两大类。其中颜色可以发生双向改变的可逆电致变色材料更具有应用价值。

从材料的结构上划分，电致变色材料可以分为无机电致变色材料和有机电致变色材料。目前发现的无机电致变色材料主要是一些过渡金属的氧化物和水合物。有机电致变色材料又可以分为有机小分子变色材料和高分子变色材料。有机小分子电致变色材料主要包括有机阳离子盐类和带有有机配位体的金属络合物。高分子变色材料将在本节中重点介绍。

作为有应用价值的电致变色材料，要求其光谱吸收变化范围要在可见光范围内，即波长为 350～800nm，而且要有比较大的消光系数改变，这样才能获得明显的颜色改变。处在该能量范围的化学结构对应于部分金属盐、金属配合物和共轭型 π 电子结构。结构稳定、本底颜色较浅、反应速度较快的电致变色材料具有更广泛的应用。

5.4.2.1　高分子电致变色材料及其变色机理

通常所指的电致变色现象是指材料的吸收光谱在外加电场或电流作用下产生可逆变化的一种现象。从本质上说，电致变色是一种电化学氧化还原反应。材料在电场作用下发生了化学变化，化学结构发生相应改变，反应后材料在可见区域其最大吸收波长或者吸收系数发生了较大改变，在外观上表现出颜色的可逆变化。物质的吸收光谱取决于其分子结构中的分子轨道能级，处在分子低能级轨道上的电子吸收特定能量（表现为特定频率或者颜色）的光子，跃迁到高能级轨道，两个能级之间的能级差与吸收的光子能量相对应。

相对于稳定性较差和力学性能存在缺陷的无机和小分子电致变色材料，有机高分子电致变色材料因具有良好的使用和加工性能而成为人们研究的重点。目前人们研究的高分子电致变色材料按结构类型划分主要包括 3 类：主链共轭型导电高分子材料、侧链带有电致变色结构的高分子材料、高分子化的金属配合物和小分子电致变色材料与聚合物的共混物和接枝物。

（1）主链共轭型导电高分子材料　主链共轭型导电高分子材料在发生氧化还原掺杂时，分子轨道能级发生改变，引起颜色发生变化，而这种掺杂过程完全是可逆的。因此所有的导电高分子材料都是潜在的电致变色材料。特别是聚吡咯、聚噻吩、聚苯胺和它们的衍生物，在可见光区都有较强的吸收带，吸收光谱变化范围处在可见光区。同时，这些线性共轭聚合物发生氧化还原掺杂时，由于分子电子轨道能级的变化，其最大吸收波长将发生改变，因此在掺杂和非掺杂状态下颜色要发生较大变化。例如聚吡咯的氧化态呈蓝紫色，还原态产生黄绿色。导电聚合物可以用电化学聚合的方法直接在电极表面成膜，制备工艺简单、可靠，有利于电致变色器件的生成制备。导电聚合物既可以氧化（p-型）掺杂，也可以还原（n-型）掺杂。在作为电致变色材料使用时，两种掺杂方法都可以使用，但是以氧化掺杂比较常见。

电致变色材料的颜色取决于导电聚合物中价带和导带之间的能量差，颜色变化的幅度取决于在掺杂前后能量差的变化。在这类高分子电致变色材料中聚噻吩和聚苯胺化学稳定性好，电致变色性能优良。聚噻吩的氧化态呈蓝色，还原态呈红色。聚苯胺膜由于存在多种不同的掺杂状态，在电场作用下可以发生多种颜色变化，其氧化还原变色机理还涉及质子化/脱质子化或电子转移过程。表 5-10 是部分导电高分子材料的颜色变化。

表 5-10　部分导电高分子材料的颜色变化

高分子材料	氧化态颜色	还原态颜色
聚吡咯	蓝紫色	黄绿色
聚噻吩	蓝色	红色
聚苯胺	深蓝	绿色

聚吡咯化学稳定性较差，颜色变化有限，所以实际应用较少。聚噻吩电致变色性能比较显著，响应速度较快。取代基对聚噻吩的颜色影响较大，如 3-甲基-噻吩在还原态显红色，在氧化态呈深蓝色。而 3,4-二甲基-噻吩在还原态时显淡蓝色。调节噻吩环上的取代基还可以改善其溶解性能。以聚噻吩低聚物作为聚乙烯侧链，可以得到柔性薄膜，其吸收光谱带变窄，颜色更纯。

聚苯胺的最大优势在于它的多电致变色性，也就是说在改变电极电位过程中，聚苯胺可以呈现多种颜色变化。在−0.2～1.0V 电压范围内，聚苯胺颜色变化依次为淡黄—绿—蓝—深蓝（黑）；常用的稳定变色是在蓝—绿之间。聚苯胺通常在酸性溶液中利用化学或电化学方法制备，其电致变色性与溶液的酸度有关。引入樟脑磺酸，可有效降低聚苯胺的溶解过程，提高使用寿命。在苯环上，或者在氨基氮原子上引入取代基是调节聚苯胺电致变色性能和使用性能的主要方法。视取代基的不同，可以分别起到提高材料的调节性能、调整吸收波长、增强化学稳定性等作用，如聚邻苯二胺（淡黄—蓝），聚苯胺（淡黄—绿），聚间氨基苯磺酸（淡黄—红）。三者的变色态可以分别作为全彩色显示所必需的三基色（RGB）显示材料，将可以用于有机全彩色显示装置的制备。相对于电致发光材料制成的全彩色显示装置，两者的主要不同在于，电致变色是利用光吸收产生的色彩变化，需要有光源照射，属于被动显示装置；而电致发光则是利用了发射光谱的变化，直接产生色彩，不需要光源，属于主动发光过程。

属于主链共轭型的电致发光材料还有聚硫茚和聚甲基吲哚等。在这类材料中由于苯环参与到共轭体系中，显示出独特性质。苯环的存在允许醌型和苯型结构共振，在氧化时因近红外吸收而经历有色—无色的变化。这种颜色变化与其他导电聚合物相反。

（2）侧链带有电致变色结构的高分子材料　侧链带有电致变色结构的高分子材料的主链通常由柔性较好的饱和碳链构成，主要起固定小分子的结构，并调节材料的力学性能和改进可加工性的作用；侧链是具有电致变色性能的小分子结构，起电致变色作用。两者之间通过共价键连接。这种电致变色材料是通过接枝或共聚反应等高分子化手段，将小分子电致变色化学结构组合到聚合物的侧链上。

通过高分子化处理后，一般原有小分子的电致变色性能基本保留，或者改变很小。相对于主链共轭的电致变色材料，这种类型的电致变色材料集小分子变色材料的高效率和高分子材料的稳定性于一体，因此具有很好的发展前途。这种材料的电致变色原理与其带有的电致变色小分子相同，如带有紫罗精（1,1′-双取代基-4,4′-联吡啶）结构的高分子材料是由于不同氧化态时，紫罗精吸收光谱发生如同小分子状态时同样的变化而出现颜色变化。通过高分子化方法，可以将小分子电致变色材料的高效性和高分子材料的稳定性相结合，提高器件的性能和寿命。当采用导电高分子材料作为聚合物骨架时，还可以提高材料的响应速度。

（3）高分子化的金属配合物电致变色材料　将具有电致变色作用的金属配合物通过高分子化方法连接到聚合物主链上可以得到具有高分子特征的金属配合物电致变色材料。同侧链带有电致变色结构的高分子材料一样，其电致变色特征主要取决于金属络合物，而力学性能则取决于高分子骨架。高分子化过程主要通过在有机配体中引入可聚合基团，采用先聚合后络合，或者先络合后聚合方式制备。其中采用后者时，聚合反应容易受到配合物中心离子的影响；而采用前者，高分子骨架对络合反应的动力学过程会有干扰，均是必须考虑的不利因素。

目前该类材料中使用比较多的是高分子酞菁。当酞菁上含有氨基和羟基时，可以利用其化学特性，采用电化学聚合方法得到高分子化的电致变色材料。如 4,4′,4″,4‴-四氨酞菁镥、四（2-羟基-苯氧基）酞菁钴等通过氧化电化学聚合都得到了理想的高分子产物。含有氨基和苯胺取代的 2,2′-联吡啶，及氨基和羟基取代的 2,2′,6′,2″-三联吡啶与 Fe(Ⅱ) 和 Ru(Ⅱ) 形成的配合物通过氧化聚合直接在电极表面形成电致变色膜，在通过电极进行氧化时膜电极从红紫色变为桃红色。当金属配合物电致变色材料带有端基双键时还可以用还原聚合法实现高分子化。

（4）共混型高分子电致变色材料　将各种电致变色材料与高分子材料共混进行高分子化改性也是制备高分子电致变色材料的方法之一。其混合方法包括小分子电致变色材料与常规高分子混合，高分子电致变色材料与常规高分子混合，高分子电致变色材料与其他电致变材料的混合，以及与其他功能助剂混合四种。经过这种混合处理之后，材料的电致变色性质、使用稳定性、可加工性等可以得到一定程度的改善。特别是可以通过这种简单方法使原来不易制成器件使用的小分子型电致变色材料获得广泛应用。

5.4.2.2 电致变色高分子材料的应用

电致变色材料的基本性能是其颜色可以随着施加电压的不同而改变，其变化既可以是从透明状态到呈色状态，也可以是从一种颜色转变成另一种颜色。而表现出的颜色实质上是对透射光或者反射光的选择性吸收造成的。光作为一种能量、信息的载体，已经作为当代高技术领域中的主要角色。具有实用价值的电致变色高分子材料必须具备颜色变化的可逆性、颜色变化的方便性和灵敏性、颜色深度的可控性、颜色记忆性、驱动电压低、多色性和环境适应性强的特点。近年来研制开发的主要有信息显示器件、电致变色智能调光窗、无眩反光镜、电色信息存储器等。此外，在变色镜、高分辨率光电摄像器材、光电化学能转换和储存器、电子束金属版印刷技术等高新技术产品中也获得应用。

（1）信息显示器　电致变色材料最早凭借其电控颜色改变用于新型信息显示器件的制作，如机械指示仪表盘、记分牌、广告牌、车站等公共场所大屏幕显示等。与其他类型显示器件如液晶显示器件相比，具有无视盲角、对比度高、易实现灰度控制、驱动电压低、色彩丰富的特点。与阴极射线管型器件相比，具有电耗低、不受光线照射影响的特点。矩阵化工艺的开发，直接采用大规模集成电路驱动，很容易实现超大平面显示。日本夏普公司目前正在研究电致变色型计算机显示屏。

（2）智能调光窗　某些导电高分子在电化学掺杂时伴随着颜色的变化。这一特性可以用作电致变色器。这种器材不仅可用于军事上的伪装隐身，而且还可作为节能玻璃窗的涂层。在炎热的夏季，借助玻璃窗上的导电高分子涂层阻止太阳能热辐射到室内和汽车内，从而降低空调费用。

智能窗（smart window）也被称作灵巧窗，是指可以通过主动（电致变色）或被动（热致变色）作用来控制颜色，达到对热辐射（特别是阳光辐射）光谱的某段区产生反射或吸收，有效控制通过窗户的光线频谱和能量流，实现对室内光线和温度的调节。用于建筑物及交通工具，不但能节省能源，而且可使室内光线柔和，环境舒适，具有经济价值与生态意义。采用电致变色材料可以制作主动型智能窗。

（3）电色信息存储器　由于电致变色材料具有开路记忆功能，因此可用于储存信息。利用多电色性材料，以及不同颜色的组合（如将三原色材料以不同比例组合），甚至还可以用来记录彩色连续的信息，其功能类似于彩色照片。可以擦除和改写的性质又是照相底片类信息记忆材料所不具备的。

（4）无眩反光镜　在电致变色器件中设置一个反射层，通过电致变色层的光选择性吸收特性，调节反射光线，可以做成无眩反光镜。用于制作汽车的后视镜，可避免强光刺激，从而增加交通的安全性。

Mino Green 等利用紫罗精衍生物制作了商业化的后视镜，其结构为：一块涂在玻璃上的 ITO 导电层和反射金属层作为电池的两极，中间加入电致变色材料。其中紫罗精阳离子作为阴极着色物质，噻嗪或苯二胺作为阳极着色物质。当施加电压使其发生电致变色时，可以有效减少后视镜中光线的反射。

5.4.3　高分子压电材料

5.4.3.1 材料的压电效应及表征

材料的压电效应是指对某种电介质材料施加应力，则出现与此应力相应的极化，在电介质的两边就会产生电压，反之施加电场则产生应变的现象。压电材料是指材料在外力作用下产生电流，或反过来在电流作用下产生力或应变的一种功能材料。具有压电效应的材料可用于制造能量变换元件，从而获得重要的实用价值。

压电性是电介质力学性质与电学性质的耦合，最常用压电应变常数 d、压电电压常数 g、和机电耦合常数 K 来表征，其表达式分别为式(5-25)、式(5-26) 和式(5-27)。

$$d = \left(\frac{\partial D}{\partial T}\right)_E = \left(\frac{\partial S}{\partial E}\right)_T \tag{5-25}$$

$$g = -\left(\frac{\partial E}{\partial T}\right)_D = \left(\frac{\partial S}{\partial D}\right)_T \tag{5-26}$$

$$K = \frac{d}{\sqrt{\dfrac{\varepsilon}{\xi}}} \tag{5-27}$$

式中，T、S、E、D 分别表示应力、应变、电场及电位移；ε 和 ξ 分别为介电常数和弹性柔顺系数。通常用 d 判定压电材料压电性大小，即描述作为驱动材料运动和振动的能力（单位 C/N）；用 g 推断机械能转变为电能时的效果，即描述作为传感器材料在低应力下可产生高的电压信号的能力（单位 m^2/C），g 也常被称为传感器常数；用 K 表示压电体的机械能和电能耦合程度的参数，即压电材料的能量转换效率，它是衡量压电性强弱的重要物理量。此外常见的常数还有压电应力常数 e(C/m^2)、压电劲度常数 （N/C) 等。

压电常数为三阶张量，由于坐标系反转可以改变符号，所以有对称中心的物质无压电性。32 个点群中有 20 种有压电性。非极性分子基本不呈现压电性，空间电荷不均一分布的有可能出现压电性。

5.4.3.2 压电高分子材料的种类

最早发现的压电高分子是诸如木材、羊毛和骨头等生物物质，此后又在一些合成聚合物中发现了压电性。许多具有压电性的高分子材料也具有热电、铁电性。如聚偏氟乙烯就同时具有 3 种效应。压电高分子材料柔而韧，可制成大面积的薄膜，便于大规模集成化，具有力学阻抗低、易于与水及人体等声阻抗配合等优越性，比常规无机压电材料及热电材料（例如酒石酸钾钠、水晶、钛酸钡等）有更为广泛的应用前景。

通常可把具有使用价值的压电高分子材料分为 3 类：天然高分子压电材料；合成高分子压电材料；复合压电材料。

（1）天然高分子和合成多肽压电材料　晶格对称的天然高分子和合成多肽具有压电性，例如一些长骨头在弯曲时会产生电位，利用这种性质可以治疗骨折并进行外科整形手术。此外像腱、纤维素、羊毛、木材、青麻、绢等许多天然高分子都有某种程度的压电性，表 5-11 给出了一些天然高分子的压电常数。

表 5-11　一些天然高分子的压电常数

材　料	d_{25}/($\times 10^{-12}$C/N)	材　料	d_{25}/($\times 10^{-12}$C/N)
肠	0.007	壳质	0.06
主动脉	0.02	木材	0.10
骨	0.20	青麻	0.27
韧带	0.27	甲壳	0.70
肌肉	0.40	三醋纤维素薄膜	0.27
腱	2.33	二醋纤维素薄膜	0.53
角	1.83	氰乙基纤维素薄膜	0.83

从表 5-11 可以看出，生物高分子具有一定的压电性，对生物体压电性进行研究，可以更好地探索生物生长的奥妙，促进生物医学的发展。例如可以利用骨头的压电性，以电来刺激骨头的生长，治疗骨折；利用压电性来控制生长，进行外科整形等。

由 α-氨基酸聚合得到的合成多肽，可以是结晶的，也可以是非晶态的无规线团，后者由于有对称中心，不会有压电性；而具有高度结晶和高度取向结构的多肽，则具有压电性。压电性符号由具有光活性基团的手性决定。压电极化性与聚合物分子中手性的极性原子团内旋转有关系，表 5-12 给出了一些合成多肽的压电常数。

表 5-12 室温下合成多肽的压电常数

聚合物种类	分子结构	取向方法	拉伸比	$d_{25}/(\times 10^{-12}C/N)$
聚-L-丙氨酸	α	辊压	1.5	1
聚-γ-甲基-L-谷氨酸盐	α	拉伸	2	2
	β	辊压	2	0.5
聚-γ-甲基-D-谷氨酸盐	α	拉伸	2	−1.3
聚-γ-苄基-L-谷氨酸盐	α	磁场	—	4
	α	辊压	2	0.3
聚-β-苄基-L-天冬氨酸盐	ω	辊压	2	0.3
聚-γ-乙基-D-谷氨酸盐	α	辊压	2	−0.6
脱糖核糖核酸				0.03

由微生物发酵得到的一类热塑性、生物降解性聚合物——聚 β-羟基丁酸酯（PHB）及 β-羟基丁酸与 β-羟基戊酸共聚物（PHBV）也具有压电性，其压电机理与蛋白质类似，还具有与骨头相类似的压电效应，压电值与骨头相当。这对帮助骨折的治疗是个非常有用的性质。PHB 及其共聚物作为可降解的压电高分子有望作为未来的骨移植材料。

（2）合成高分子压电材料 聚乙烯、聚丙烯等高分子材料，在分子中没有极性基团，因此在电场中不会因偶极取向而极化，这类材料压电性不明显。而聚偏二氟乙烯（PVDF）、聚氯乙烯（PVC）、尼龙-11 和聚碳酸酯等极性高分子在高温下处于软化状态或熔融状态时，若加以高直流电压使之极化，并在冷却后才撤去电场，使极化状态冻结下来，则对外显示电场，这种半永久极化的高分子材料称为驻极体。驻极体内保持的电荷包括真实电荷（表面电荷及体电荷）与介质极化电荷。真实电荷是指被俘获在体内或表面上的正负电荷。极化电荷是指定向排列且被"冻住"的偶极子。高分子驻极体的电荷不仅分布在表面，而且还具有体积分布的特性。因此若在极化前将薄膜拉伸，可获得强压电性。高分子驻极体是最有使用价值的压电材料，表 5-13 给出了部分延伸并极化后的高分子驻极体的压电常数。

表 5-13 室温下高分子驻极体的压电常数

聚合物	$d_{31}/(\times 10^{-12}C/N)$	聚合物	$d_{31}/(\times 10^{-12}C/N)$
聚偏二氟乙烯	30	聚丙烯腈	1
聚氟乙烯	6.7	聚碳酸酯	0.5
聚氯乙烯	10	尼龙-11	0.5

在所有压电高分子材料中，PVDF 具有特殊的地位，它不仅具有优良的压电性，而且还具有优良的力学性能。表 5-14 给出了其压电性能。

表 5-14 **PVDF 在室温下的压电性能**

压电应变常数 d/($\times 10^{-12}$C/N)		机电耦合系数 K/%	
d_{33}	-30	K_{33}	19
d_{32}	4	K_{32}	3
d_{31}	24	K_{31}	15

PVDF 的密度仅为压电陶瓷的 1/4，弹性柔顺常数则要比陶瓷大 30 倍，柔软而有韧性，耐冲击，既可以加工成几微米厚的薄膜，也可弯曲成任何形状，适用于弯曲表面，易于加工成大面积或复杂的形状，也利于器件小型化。由于它的声阻低，可与液体很好地匹配。

已发现 PVDF 有 3 种晶相，即 α、β、γ。其中 β 晶相的分子呈反式构型，是平面锯齿结构，晶胞中偶极同向排列。在高压电场下，偶极子 CF_2 绕分子链旋转，沿电场方向取向排列，使微晶中的自发极化排列一致，从而显示宏观压电性。

PVDF 的结晶度为 35%～40%，当其挤压出来时，主要成分是 α 晶相，在高温延伸或压轧薄膜时，才会使其中一部分转换成压电性 β 相。

对于 PVDF 的压电起因，已经有多种解释模型。PVDF 的通常制法是在高温下施以高直流电场，然后保持在电场下冷却之。极化过程引起电荷的注入（同号电荷）以及空间电荷离子的分离及偶极子取向（异号电荷）。由于 PVDF 是半结晶高分子，片晶是镶嵌在非结晶相中的，如果每个片晶由于偶极子产生自发极化，则离子可在非晶相运动并被陷阱俘获在片晶表面上。因而陷阱俘获的离子及残余偶极子极化对压电及热电活性都会做出贡献。

除 PVDF 外，还有许多较重要的压电高分子，如亚乙烯二氰/乙酸乙烯酯共聚物 $d_{31}=5\times10^{-12}$C/N；尼龙 7、尼龙-9 及尼龙-11 的研究也有很大进展。尼龙-11 的剩余极化与 PVDF 相当，尼龙-7 在 T_g 以上 $d_{31}=17\times10^{-12}$C/N。

（3）压电复合材料 高分子压电材料有可挠性，但其压电常数小，使用上有局限性。如将具有高极化强度的铁电粉末混入高分子压电材料中，极化后得到具有较强压电性的可挠性高分子压电复合材料。这种材料兼具有压电陶瓷和合成高分子压电材料的优点，因此使用价值较高。

压电复合材料一般由压电陶瓷和聚合物基体按照一定的连接方式、一定的体积或质量比例和一定的空间几何分布复合而成。由于这种复合材料兼有组成复合材料各组分材料的性能，因而某些性能将得到大幅度的提高。传统的压电陶瓷 PZT（锆钛酸铅）、PT（钛酸铅）等，由于密度高、声阻抗大、性脆，不能制成大面积薄片和复杂的形状，还有不易与水和人体等轻质负载匹配的缺点。而压电聚合物（如 PVDF）具有密度低、柔性好、阻抗小、易与轻质负载匹配的特性，但缺点在于压电系数低，有强的各向异性以及极化困难等。压电复合材料克服了前两类材料的不足，具有强压电性、低脆性、低密度和低介电系数，且易制得大面积薄片以及复杂形状的制品，制造工艺简单。

影响压电复合材料性能的因素主要有连接类型、陶瓷含量、陶瓷空间尺寸、基体、成型工艺和极化工艺等几方面。

5.4.3.3 高分子压电材料的应用

压电材料具有类生物的功能，通过自身的感知与响应环境的变化，能达到自检测、自诊断、自适应的目的，实现动态、在线、实时、主动监测与控制。例如，利用压电效应制成的自适应装置——核航空发动机振动主控制系统使飞机的机动性显著提高。压电材料在智能材料系统中可作为压电陶瓷驱动器、压电传感器，用于信号检测。除此之外，它在机器人、医疗行业以及日常生活等领域都有许多的应用。

（1）音频换能器及机电换能器　利用聚合物压电的横向、纵向效应，可制成扬声器、耳机、扩音器、话筒等音响设备，也可用于弦震动的测量。

音频换能器或电声换能器是利用压电薄膜的横向压电性，设计换能器是基于双压电晶体或单压电晶体原理。利用这个原理可以方便地制成全指向性高音质扬声器及高保真立体声耳机，也可作为抗噪音压电送话器、乐器用拾音器的材料。音频范围的麦克风、耳机及高频扬声器都已商品化。机电换能器大都是低频器件，因而也是利用 PZT/PVDF 压电复合薄膜的横向压电性。一个明显的例子是非接触开关，它可用在电话盘、打字机、计算机及电脑的输入端，操作原理是手指压按钮而引起的压力能使压电薄膜长度变大，为得到足够大的力往往采用多层双压电晶体结构，其应用如光学显示、光快门、光纤开关和变焦镜等。在医学方面，压电复合材料还可用于制造血压计、心音计及血液诊断传感器。

双压电晶片是将两片压电薄膜反向黏合起来，当一方拉伸时，另一方压缩。PVDF 双压电晶片比无机双压电晶片产生大得多的位移量。用 PVDF 双压电晶片可制成无接点开关、振动传感器、压力检测器等。在同样应力情况下的输出电压是用锆钛酸铅 $Pb(Zr, Ti)O_3$（PZT）制造的传感器的 7 倍左右。

（2）超声及水声换能器　超声及水声换能器的应用则是基于压电复合材料的纵向压电性。PVDF 系列复合材料的研制目前十分成功，其方向性好、灵敏度高，给水声接收技术带来突破性进展。在水声方面应用如水听器、水下换能接收器、脉搏传感器等。为改善水听器灵敏度而开发的不同连接类型的压电复合材料也适于制作高频医疗诊断、无损检测、压电传感器的换能器。

由于 PVDF 压电薄膜与水的声阻抗接近，柔韧性好，能做成大面积薄膜和为数众多的阵列传感点，且成本低，是制造水声器的理想材料；可用于检测潜艇、鱼群或水下地球物理探测，也可用于液体或固体中超声波的接收和发射。

PVDF 压电塑料在超声技术方面也有非常广泛的应用，国内已有采用多层 PVDF 薄膜的电并联，声串联方法制成带宽 20MHz 的超声换能器。国外已经将其用在（1~100）MHz 高频范围内的换能器，实践证明即使超低温情况下，这类传感器仍具有良好的稳定性。

（3）医用仪器　由于 PVDF 的声阻抗与人体匹配得很好，可用来测量人体的心声、心动、心率、脉搏、体温、pH、血压、电流、呼吸等一系列数据。目前还可用来模拟人体皮肤。主要实例包括压电薄膜胎音传感器和血压传感器。

压电薄膜在外力作用下产生形变时，会在膜两侧的电极上聚集等量异号的正负电荷。由于两极间具有极高的绝缘电阻，因此，压电薄膜传感器可看成一个电荷发生器，或者一个电容器。由于压电薄膜传感器的输出阻抗很高，而输出的能量又非常微弱，所以在测量电路中要求前置放大器有极高的输入阻抗和较低的噪声系数，按其工作原理可分成电压放大器和电荷放大器两类。

（4）其他应用　压电高分子材料还可用于地震监测，大气污染检测，引爆装置检测，各种机械振动、撞击的检测，干扰装置，信息传感器，电能能源，助听器，计算机和通讯系统中的延迟线等方面，是一种具有十分广阔发展前景的多功材料。

5.4.4　超导高分子

1911 年，荷兰的 H. K. Onnes 在测定金属汞的电阻值时发现，当温度低于某一数值时，电阻变为零。也就是说，此时电子可以毫无阻碍地自由流过导体，而不发生任何能量的消耗。以后又发现了许多金属、合金在低温下具有类似的性质。金属汞的这种低温导电状态，称为超导态。使之从导体转变为超导体的转变温度，称为超导临界温度，记为 T_c。

超导态有下列特征：电阻为零；超导体内部的磁场为零；超导电只有在临界温度 T_c 以下才出现；超导现象存在临界磁场，磁场强度超越临界值，则超导现象消失。

超导现象和超导体的发现，引起了科学界极大兴趣。显然，超导输电的经济意义是巨大的。此外，超导体的应用必将使高能物理、核科学、计算机通讯等许多领域发生巨大变化。

目前研制出的无机、有机及高分子超导体只在非常低的温度下才具有超导电性。例如 $(SN)x$（$T_c=0.26K$），$Nb_3Al_{0.8}Ge_{0.2}$（$T_c=23.2K$），$(TMTSF)_2ClO_4$（$T_c=1.4K$），$(TMTSF)_2PF_6$（在 1200MPa，$T_c=0.9K$），β-$(BEDT-TTF)_2I_3$（$T_c=1.2K$，$1.3×10^8Pa$ 下，$T_c=7.6K$），$(BEDT-TTF)_2Cu(SCN)_2$（$T_c=10K$）等。显然，在这样低的温度下超导体的利用是得不偿失的。因此研制 T_c 为 20K（液氢温度）、77K（液氮温度）乃至室温或高温超导体是人们关切的研究课题。

1957 年，巴顿（Barden）、库柏（Cooper）和施里费尔（Schrieffer）提出了 BCS 超导理论。根据麦克斯威（Maxwell）等的同位素效应工作，得知 T_c 与金属的平均原子量 M 的平方根（$\sqrt{M}$）成反比，即原子质量影响超导态，也就是说超导电与晶格振动（声子 phonon）有关。因此 BSC 理论认为，超导态的本质是被声子所诱发的电子间的相互作用，也就是以声子为媒介面产生的引力克服库仑排斥力而形成电子对。由此得出式(5-28)。

$$T_c=\left(\frac{\omega D}{k}\right)\exp\left(-\frac{1}{NV}\right) \qquad (5-28)$$

式中，ωD 为晶格平均能，其值在 $10^{-2}\sim10^{-1}eV$；k 为玻尔兹曼常数；N 为费密面的状态密度；V 表示电子间的相互作用。由上式计算金属的 T_c 上限只有 30K 左右。

1964 年，利特尔（Little）提出了新的激发子理论，并提出了设想的超导聚合物模型，如图 5-20 所示。他认为，超导聚合物的主链应为高导电性的共轭双键结构，在主链上有规则地连接一些极易极化的短侧基，如图 5-20(b) 中的花青系色素分子。共轭主链上的 π 电子可在整个链上离域，类似于金属中的自由电子。当 π 电子流经侧基时，形成的电场使侧基极化，使侧基靠近主链的一端呈正电性。由于电子运动速度很快，而侧基极化的速度远远落

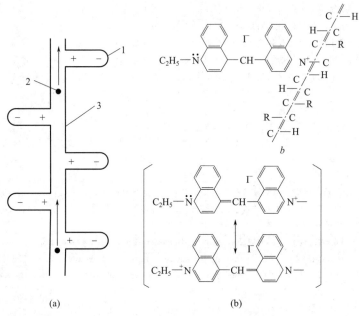

图 5-20　超导聚合物的 Little 模型
1—易极化侧基；2—库柏对；3—共轭主链

后于电子运动，于是在主链两侧形成稳定的正电场继续吸引第二个电子，结果在两个传导电子间引力发生作用，当引力战胜传导电子间的库仑斥力，就会形成电子对（库柏对），有利于超传导，共轭主链与易极化的侧基之间要用绝缘部分隔开，以避免主链中π电子与侧基中的电子重叠，使库仑力减少而影响库柏对形成。

利特尔利用 BSC 理论的临界温度表达式推算出该模型聚合物的 T_c 为 2200K。依据这一理论，高温超导体是可以制得的，但目前对这一模型还有不少异议。

近年来，不少科学家提出了许多其他超导聚合物的模型，各有所长，但也有不少缺陷，因此在超导聚合物的研究中，还有不少的工作要做。

思考题

1. 为什么绝大多数高分子材料都是绝缘体？导电性与分子结构有何关系？
2. 导电高分子材料有哪些种类？其导电载流子是什么？怎样判别载流子的类型？
3. 试设计一种能防静电的高分子材料作为电器外壳。
4. 复合型导电高分子的电导率与导电填料浓度间有何关系？
5. 碳系导电填料的种类有哪些？分析其结构和性能之间的关系。
6. 什么是掺杂？为什么掺杂后共轭高聚物的电导率可大幅度提高？
7. 金属有机聚合物的导电机理是什么？请举出一二例。
8. 什么是电致发光高分子？其典型代表是什么？

参 考 文 献

[1] 王国建. 功能高分子材料 [M]. 上海：同济大学出版社，2014.
[2] 赵文元，王亦军. 功能高分子材料 [M]. 第 2 版. 北京：化学工业出版社，2013.
[3] 马建标，李晨曦. 功能高分子材料 [M]. 北京：化学工业出版社，2000.
[4] 郭卫红，汪济奎. 现代功能材料及其应用 [M]. 北京：化学工业出版社，2002.
[5] 功能材料及其应用手册编写组. 功能材料及其应用手册 [M]. 北京：机械工业出版社，1991.
[6] 马如璋，将敏化，徐祖雄. 功能材料学概论 [M]. 北京：冶金工业出版社，1999.
[7] 杜仕国，李文钊. 复合型导电高分子 [M]. 现代化工，1998，(8)：12-16.
[8] 陈立新，焦剑，蓝立文. 功能塑料 [M]. 北京：化学工业出版社，2005.
[9] 蓝立文. 功能高分子材料 [M]. 西安：西北工业大学出版社，1994.
[10] 杨浩，陈欣方，罗云霞，等. 复合性导电高分子导电机理研究及电阻率计算 [J]. 高分子材料科学与工程，1996，12 (3)：1～4.
[11] 雀部博之. 导电高分子材料 [M]. 北京：科学工业出版社，1989.
[12] 张柏生，陈小凤. 不同聚合物基体对复合材料性能的影响 [J]. 现代化工，1994，(11)：25-29.
[13] 许佩新，陈治中，谢文明. 铜导电胶性能的研究 [J]. 材料科学与工程，1998，16 (1)：75-77.
[14] 孙鑫. 高聚物中的孤子和极化子 [M]. 成都：四川教育出版社，1987.
[15] Osterholm H，Fiebig W，Schmidt H W. Synthesis and characterization of a homologous series of aromatic-aliphatic polyesters with non-coplanar 2，2 prime-dimethylbiphenylene units [J]. Polymer，1994，35 (21)：4697-4701.
[16] Lightfoot P，Mehta M A，Bruce P G. Crystal structure of the polymer electrolyte poly (ethylene oxide) 3：LiCF_3SO_3 [J]. Science，1993，262，(5135)：883-885.
[17] Peng Z L，Wang B，Li S Q，et al. Free volume and ionic conductivity of poly (ether urethane)-LiClO_4 polymeric electrolyte studied by positron annihilation [J]. J. Appl. Phys.，1995，77 (1)：334.
[18] Huang J，Forsyth M. MacFarlane D R. Solid state lithium ion conduction in pyrrolidinium imide-lithium imide salt

mixtures [J]. Solid State Ionics，2000，136-137：447-452.

［19］ Murata K，Izuchi S，Yoshihisa Y. Overview of the research and development of solid polymer electrolyte batteries [J]. Electrochimica Acta，2000，45（8-9）：1501-1508.

［20］ Morales E，Acosta J L. Synthesis and characterization of poly（methylalkoxy siloxane）solid polymer electrolytes incorporating different lithium salts [J]. Electrochimica Acta，1999，45（7）：1049-1056.

［21］ 古宁宇，钱新明，程志亮，等. Al_2O_3 掺杂的复合聚合物电解质室温电导的研究 [J]. 高等学校化学学报，2001，22（8）：1403-1405.

［22］ Zhou Z，Nauka C，Zhao L，et al. Semiconducting polymer matrix as charge transport materials and its application in polymer electronic devices [R]. HP Laboratories Technical Report，n143，2012.

［23］ Ataeefard M. Production of carbon black acrylic composite as an electrophotographic toner using emulsion aggregation method：Investigation the effect of agitation rate [J]. Composites Part B：Engineering，2014，64：78-83.

［24］ Croce F，Appetecchi G B，Persi L，et al. Nanocomposite polymer electrolytes for lithium batteries [J]. Nature，1998，394（6692）：456-458.

［25］ Ziolo R F，Giannelis E P，Weinstein B A，et al. Matrix-mediated synthesis of nanocrystalline γ-Fe_2O_3. A new optically transparent magnetic material [J]. Science，1992，257（5067）：219-223.

［26］ 丁小斌，孙宗华，万国祥，等. 热敏性高分子包裹的磁性微球的合成 [J]. 高分子学报，1998，（5）：628-631.

［27］ Schoot C J，Punjee J I，Dam V H T，et al. New clectrochromic memory display [J]. Appl. Phys. Lett.，1973，23（2）：64-65.

［28］ Ichiro I，Kazunari N，Yutaka O，et al. Synthesis of a novel family of electrochemically-doped vinyl polymers containing pendant oligothiophenes and their electrical and electrochromic properties [J]. Macromolecules，1997，30（3）：380-386.

［29］ Hanly N M，Bloor D，Monkman A P，et al. Poly（N-methylisoindole），a color neutral conducting organic polymer [J]. Synthetic Metals，1993，60（3）：195-198.

［30］ 傅玉洁，玉荣顺. 取代聚吡咯自掺杂导电机理的理论研究 [J]. 高等学校化学学报，1993，14（10）：1442-1444.

［31］ Ding Y，Invernale M，Mamangun D，et al. A simple，low waste and versatile procedure to make polymer electrochromic devices [J]. Journal of Materials Chemistry，2011，21（32）：11873-11878.

［32］ Gulfidan D，Sefer E，Koyuncu S，et al. Neutral state colorless electrochromic polymer networks：Spacer effect on electrochromic performance [J]. Polymer（United Kingdom），2014，55（23）：5998-6005.

［33］ 胡洪亮. 碳基材料掺杂聚合物复合材料制备及 PTC 行为研究 [D]. 长春：吉林大学，2013.

［34］ 洪江彬，吴敬裕，陈国华. 聚碳酸酯/石墨烯微片复合材料的制备及其导电性 [J]. 塑料，2012，41（4）：3.

［35］ Yan D，Zhang H B，Jia Y，et al. Improved electrical conductivity of polyamide 12/grapheme nanocomposites with maleated polyethylene-octene rubber prepared by melt compounding [J]. ACS Appl Mater Interfaces，2012，4（9）：4740~4745.

第6章 高分子纳米复合材料

6.1 纳米效应及纳米复合材料

纳米概念是在 1959 年由诺贝尔奖获得者理查德·费曼提出的，在 20 世纪 60 年代，物理学家从理论上证明了纳米物质性能上的特点，在 20 世纪 90 年代，又从实验上对其独特的性质进行了验证，这期间，先进的分析仪器对纳米结构的研究起到了重要的作用，如扫描隧道显微镜（ATM）和原子力显微镜（AFM）使人们成功地从纳米尺度认识了物质的结构以及结构与性质的关系，从而推动了纳米技术的发展。

6.1.1 纳米效应

纳米材料是指在三维空间上至少有一维处于纳米尺度范围的物质，它们可以是膜形纳米材料、丝状纳米材料以及纳米颗粒。

纳米（nm）是一个长度的单位，$1nm = 10^{-9}m$。通常界定 $1 \sim 100nm$ 的体系为纳米体系。由于这个尺度略大于分子尺寸的上限，恰好能体现分子间强相互作用。因此，当材料的尺寸达到纳米尺度时，它将具有与宏观尺寸的材料不同的性质，这就是其纳米效应，它主要表现在以下三个方面。

（1）小尺寸效应　小尺寸效应是指随着颗粒尺寸变小所引起的宏观物理性质的变化，如纳米微粒在熔点、电磁性能、光学性能等方面均表现出与宏观材料迥然不同的性质。

纳米粒子的尺寸与传导电子的德布罗意波长以及超导态的相干波长等物理尺寸相当或更小时，其周期性的边界条件将被破坏，光吸收、电磁性、化学活性、催化特性等与普通材料发生很大的变化。如金属纳米颗粒对光的吸收率提高，反射率降低，使所有的金属纳米颗粒均呈现黑色。由于纳米粒子的尺寸小于可见光波长，因此纳米复合材料可以做到透明。纳米材料的熔点低于其原来材料的熔点，这为粉末冶金提供了一种新的工艺。纳米粒子具有高的矫顽力，可以作为高密度信息存储材料，利用等离子共振频率随颗粒尺寸变化的性质，制造具有一定频宽的微波吸收材料，可用于电磁波的屏蔽等。

（2）表面效应　由于纳米粒子的尺寸很小，因此它具有很高的比表面积，使处于表面的原子或离子所占的比例很高。由于缺少相邻的粒子则出现表面的空位效应，表现出表面粒子配位不足，表面能大幅度提高，这就是纳米材料的表面效应。表面效应使表面的原子或离子具有很高的活性，使纳米材料在催化、吸附等方面具有无可比拟的优势。同时表面效应也使表面原子或离子具有极高的活性，很不稳定，易于与外界原子结合。如金属的纳米颗粒在空气中会燃烧，无机的纳米颗粒在空气中会吸附气体并与气体发生反应。表6-1为表面原子数与纳米粒子尺寸之间的关系。

表6-1 纳米粒子尺寸与表面原子数之间的关系

粒子半径/nm	原子数/个	表面原子所占的比例/%	粒子半径/nm	原子数/个	表面原子所占的比例/%
20	2.5×10^5	10	2	2.5×10^2	80
10	3.0×10^4	20	1	30	90

（3）宏观量子隧道效应 微观粒子具有穿越势垒的能力称为隧道效应，近年来，人们发现一些宏观量，例如微颗粒的磁化强度，量子相干器中的磁通量以及电荷等也具有隧道效应，它们可以穿越宏观系统的势垒而产生变化，称为宏观量子隧道效应。利用宏观量子隧道效应可以解释纳米镍粒子在低温下继续保持顺磁性的现象。它的研究对基础研究及实际应用均有很大的意义，它限定了磁盘等对信息存储的极限，确定了现代微电子器件进一步微型化的极限。

6.1.2 纳米复合材料的定义及特点

纳米材料作为纳米技术的重要组成部分，它是在20世纪80年代提出的。它极大地丰富了材料科学的研究领域和研究内容。研究工作者发现，当金属或半导体的颗粒达到纳米尺度时，其电学性质会发生突变，同时其光学、磁学、光电性质也会有特殊的表现，甚至颜色也会发生改变。当将这些有着特殊性质的纳米颗粒加入到高聚物中时，也将对高聚物的性质产生巨大的影响，使它们具有特殊的功能和优异的力学性能。基于此种原因，提出了纳米复合材料的概念。

纳米复合材料是在20世纪80年代晚期提出的，它一经提出，便受到了各国科研工作者的广泛关注。纳米复合材料是以树脂、橡胶、陶瓷和金属等基体为连续相，以纳米尺寸改性剂为分散相，通过适当的制备方法将改性剂均匀地分散于基体材料中，形成至少一相含有纳米尺寸材料的复合体系。分散相通常至少在一维上为纳米级大小（1～100nm），可以是有机物，也可以是无机物，如金属及金属氧化物、半导体、陶瓷等无机粒子、有机高分子、纤维、碳纳米管等。纳米复合材料的分类如图6-1所示。

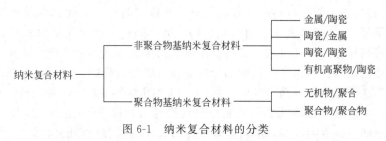

图6-1 纳米复合材料的分类

相对于普通的复合材料而言，纳米复合材料具有很高的性能和功能可设计性，通过改变其中纳米粒子的类型、活性、含量、分散粒度以及在高聚物中的分散状态、与高聚物的相容性等可以根据需要得到不同结构和性能的材料，同时赋予材料一些新的功能。纳米复合材料具有以下的特点。

① 它具有同步的增韧增强效果，避免了以前的增韧和增强不能同时进行，甚至相互干扰的情况。

② 加入少量的纳米粒子即可以大幅度提高材料的强度和模量，如加入约3%～5%的纳米粒子即可使高聚物的强度、模量、韧性、耐热性大幅度提高，其加入量是普通粉体材料的

$1/10\sim1/2$，同时纳米粒子的粒径越小，其效果越明显。

③ 利用纳米复合材料，可以开发新的功能性的材料，在赋予其功能性时，不需要对高聚物的化学结构进行改性，仅利用纳米粒子与高聚物的复合即可达到功能性的目的，如光电转换、紫外屏蔽、阻隔性等，因此它为功能性复合材料的制备提供了一条便捷的途径。

6.1.3 聚合物基纳米复合材料

聚合物基纳米复合材料是将金属、非金属和有机填充物以纳米尺寸分散于树脂基体中形成的。由于纳米微粒的纳米效应，聚合物基纳米复合材料具有一般复合材料及树脂基复合材料所不具备的优异性能，如高强度、高韧性、抗静电性、防辐射性等。目前的纳米复合材料可以作为复合材料、纤维、涂料、黏合剂与密封材料、催化剂等应用。

根据所加入的纳米微粒的不同，可以将聚合物基复合材料分为聚合物/聚合物纳米复合材料和无机/聚合物纳米复合材料。

聚合物/聚合物纳米复合材料是两种或两种以上的高聚物混合在一起，而其中一种高聚物是以纳米尺度分散于另外的高聚物中形成的，即分散相和连续相均为高聚物。按照这样的思想，只要两种高聚物以分子形式复合即可得到有机纳米复合材料，如一些互溶的高分子共混物，以及一些大分子所形成的互穿网络结构都属于这样的范畴。所谓的第三代环氧树脂，是将预聚合的球状交联橡胶粒子分散在环氧树脂中固化形成的，橡胶粒子的粒径在 $50nm$，这是一种典型的功能性微相分离型聚合物合金，也属于上述的范畴。此外以液晶高聚物原位增强的高聚物也可以认为在此范畴，其中的液晶高分子的直径在 $10nm$ 左右，分散相通常为刚性的棒状高分子，如溶致液晶高聚物、热致液晶高聚物或其他的刚直高分子，它们以分子水平分散于柔性的高聚物基体中。作为连续相的高聚物通常为一些相对柔性的高聚物，如热塑性高聚物或热固性高聚物。它也可以同时改善高聚物的性能和功能。如目前常用的液晶高分子的原位复合材料和分子复合材料等，在复合材料中加入刚性的聚对苯二甲基苯并噻唑，可以增加复合材料的机械强度，加入其他的纳米有机物提高复合材料的加工性、光学特性等。研究者将共聚酯型的液晶（PET 和 PHB 的共聚物）与聚丙烯混合，形成了液晶增韧的高分子材料，它极大地改善了 SiO_2 填充的聚丙烯材料的韧性，同时提高了其拉伸强度和模量。

无机/聚合物基纳米复合材料是在有机高分子基体树脂中加入无机的纳米微粒（也包括纳米的管、纤维等），如纳米金属、纳米氧化物、纳米陶瓷、纳米无机含氧酸盐、碳纳米管等，或两者以层间复合的方式出现，如石墨层间化合物、黏土/有机复合材料、沸石有机复合材料等。此处的纳米粒子在高聚物中的分散形式可以是一维的，也可以是二维的甚至三维的。由于两相是在纳米尺寸范围内复合，因此两相之间界面的面积很大，界面间具有很强的相互作用力，产生理想的黏接性能，从而体现出优异的物理-力学性能，如机械强度、耐热性、阻燃性、耐磨性、阻隔性等；同时这些纳米微粒本身具有一定的功能性，因此还可以赋予材料一定的功能性，如导电性、防辐射性、导磁性、抗静电性等。

根据复合材料的聚合物的性质，可以将之分为热固性纳米复合材料和热塑性纳米复合材料。热固性纳米复合材料中，常用的高聚物有环氧树脂、不饱和聚酯树脂、聚氨酯、酚醛树脂等，纳米微粒可以以层状的方式分散于聚合物中，如黏土/环氧树脂纳米复合材料、聚氨酯/改性蒙脱土纳米复合材料等，也可以粒子的形式分散，如纳米 SiO_2、TiO_2 等与环氧树脂、不饱和聚酯共混复合后，再进行固化反应所得的复合材料。热塑性纳米复合材料中既有通用复合材料（如聚乙烯、聚丙烯、聚氯乙烯等）与纳米微粒的复合，也有工程复合材料（如聚碳酸酯、聚砜、聚苯醚等）与纳米微粒的复合。

关于高聚物/高聚物纳米复合材料本节不作论述，而主要针对无机粒子/高聚物纳米复合材料进行讨论。

6.2 纳米复合材料的制备

纳米复合材料制备的关键在于使纳米粒子在高聚物中达到良好的分散，即达到热力学稳定性，避免相分离，否则一旦发生纳米微粒的集聚，则无法充分发挥其纳米效应，也就无法实现材料性能的改进和功能的体现。

近年来发展建立起来的无机/聚合物基纳米复合材料的制备方法多种多样，可大致归为共混法，溶胶凝胶法（Sol-Gel 法），插层法，其他还有原位聚合法、原位生成法、自组装技术、辐射合成法及 LB 膜制备等。这些方法的核心思想都是要对复合体系中纳米微粒的自身几何参数、空间分布参数和体积分数等进行设计和有效地控制，尤其是要通过对制备条件（空间限制条件、反应动力学因素、热力学因素等）的控制，以保证体系中某一相在一维上处于纳米的尺寸，其次是考虑控制纳米微粒聚集体的次级结构。不同的制备方法有时并不能够完全分开，而是相互交叉。

6.2.1 共混法

共混法是制备纳米复合材料最为简单的一种方法，它是将预先生成的纳米微粒，在一定的条件下，通过适当的方法（如超声波混合），直接与高聚物进行混合。利用这种方法可以制备三维的纳米复合材料，也可以制备两维的纳米复合材料。

6.2.1.1 实施方法

（1）机械分散　共混多为机械力分散，如胶体磨分散、研磨分散、球磨分散、高速搅拌等。

机械分散是将高分子材料与纳米粒子直接在研磨机中研磨分散。机械分散的过程中，还可能由于力化学作用，而使纳米微粒表面的物理化学性质发生一定的变化，从而形成有机化合物支链或保护层，使纳米粒子更易于分散。如利用普通的 Fe_3O_4 粉与微米级聚氯乙烯在高能球磨中球磨，借助力化学作用，能够形成 α-Fe_3O_4/聚氯乙烯纳米复合材料。

大多数的纳米微粒都可以用这种方法制备纳米复合材料，但采用这种方法存在一定的缺陷，所得复合体系的纳米单元的空间分布参数一般难于控制，且纳米微粒由于极高的表面活性易于团聚，无法形成真正的纳米尺度的复合，从而影响性能。

（2）超声分散　随着超声波技术的发展，发现超声波分散可以有效地减少纳米微粒的团聚现象，也就是利用超声波空化时产生的局部高温、高压或强冲击波和微射流等，大幅度地弱化纳米粒子间的纳米作用能，有效地防止纳米微粒团聚而使之充分分散。如将平均粒径的 $CrSi_2$ 粒子加入到丙烯腈-苯乙烯共聚物的溶液中，经超声波分散可得到聚合物包覆的纳米晶体。为帮助其分散，也可以用高能粒子的作用，或利用纳米粒子表面基团，在纳米粒子表面形成活性点或引入与聚合物相容性好的基团，以提高它与有机物的相容性。

（3）液相分散　有时为降低聚合物的黏度，还可将聚合物制备成溶液、乳液，或在熔融的状态下分散。

溶液分散法首先是将基体树脂溶于溶剂中，然后加入纳米粒子，并且充分搅拌，使粒子在溶液中分散混合均匀，除去溶剂或使之聚合制得样品。如将经过表面改性的 SiO_2 纳米粒子与聚甲基丙烯酸酯（PMMA）溶液混合，可以得到 SiO₂ 以纳米尺寸均匀分散的 SiO₂/PMMA 纳米复合体系。

乳液或悬浮液分散法与溶液共混法相似，只是用乳液或悬浮液代替溶液，主要适用于聚合物难于溶解的情况。如无机纳米微粒 AIN 是一种高热导性和低延伸率的陶瓷粉末，在纳米复合材料中起到增加硬度、降低热延展性、提高导热性的作用，可将它与 N-甲基吡咯烷酮（NMP）混合形成悬浮液，室温下长时间搅拌，最终形成没有沉淀的稳定悬浮液。所得悬浮液加入到 4,4-氧联二苯二甲酸酐和 4,4-亚甲基二苯二胺的 NMP 溶液中，得到 AIN 在聚酰胺酸（PAA）中的均匀分散体系，在一定条件下热固化后得聚酰亚胺-AlN 复合材料，其中 AIN 平均粒径小于 10nm。制备中 NMP 溶剂对 AlN 纳米微粒起到了稳定作用，阻止了团聚。将纳米银粒子的氯仿/丙酮均匀悬浮体加到环氧树脂溶液中，经搅拌和超声波分散，再脱除溶剂和气体，最后用氨的衍生物固化，可得到银/环氧树脂纳米复合材料。

熔融分散法是先对纳米粒子进行表面处理，防止其团聚，再加入聚合物中，在熔融状态下共混。这种方法与普通的聚合物共混改性相似，易于实现工业化生产。如可利用双辊机制备 DPE/SiC/Si₃N₄ 纳米复合材料，当 SiC/Si₃N₄ 的质量分数为 5 份时，其拉伸强度提高了 112%，断裂延伸率提高了 25%，缺口冲击强度提高了 103%。

6.2.1.2 纳米粒子的表面改性

共混法有利于工艺的选择，除直接加入纳米粒子外，还可加入非纳米的无机粒子，通过共研磨使粒子细化，因此便于控制纳米粒子的形态、尺寸等参数。但是由于纳米粒子的表面能很高，容易在共混的过程中造成二次团聚，使之难以达到纳米级的分散。为防止纳米粒子的团聚，使其能够达到良好的分散，通常要对纳米粒子进行表面改性。也就是要改善纳米粉体表面的可润湿性，增强纳米粉体在介质中的界面相容性，使纳米粒子容易在水或有机化合物中分散，以获得良好的纳米效应。主要采用的方法有表面覆盖改性和局部活性改性，此外还有外膜层改性、机械化学改性等。

根据表面改性剂与纳米微粒间的相互作用可以分为物理吸附和化学吸附。表面的物理吸附是采用低分子化合物如各种偶联剂改性，如用氨基硅烷偶联剂处理纳米 SiO₂ 粒子，然后将之与环氧树脂进行复合，发现在偶联剂的作用下，纳米粒子可以良好地分散于环氧树脂中，有效地增加环氧树脂的强度、韧性和耐热性。化学吸附是通过表面改性剂与纳米微粒表面进行化学反应，如将表面活性剂与纳米微粒混合，使两者在纳米微粒界面处发生化学变化，在纳米微粒表面形成一层使纳米微粒不能团聚增大的单分子或多分子隔离膜，也可以用锚固聚合方式在纳米微粒表面形成一层聚合物膜。这样表面改性剂分子在纳米微粒表面形成膜，同时又不完全包覆纳米微粒，而是每个微粒周围仅有若干的表面改性剂分子，一个改性剂分子可以贯穿于几个纳米微粒，从而固定纳米微粒的相对位置，这样表面改性剂既防止了纳米微粒的团聚，又不会掩盖纳米微粒的活性。另外也可以利用纳米微粒上已存在的或引入的官能团，引发聚合与单体或其他聚合物的反应，在粒子的表面接枝上不同功能基团的聚合物或单体。如图 6-2 所示的接枝了马来酸酐（MA）的聚丙烯（PP）与 SiO₂ 纳米粒子的复合，通过纳米 SiO₂ 上的羟基（—OH）与酸酐的反应，从而在无机纳米粒子与 PP 间形成化学键合，有效地控制了纳米 SiO₂ 的团聚。

6.2.2 溶胶-凝胶法

溶胶-凝胶法（Sol-Gel）是制备聚合物/无机纳米粒子复合材料的一种重要方法。当纳米

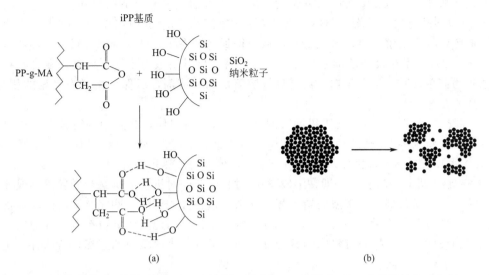

图 6-2　酸酐接枝聚丙烯与纳米 SiO_2 间的界面作用 (a) 及纳米 SiO_2 的分散状态示意图 (b)

微粒与高聚物或高聚物前驱体直接混合时，可能会由于纳米微粒的团聚产生相分离，从而失去纳米效应，而采用溶胶-凝胶法制备的复合材料则克服了纳米微粒相分离的可能性，在材料的结构上具有纳米杂化的微观构造，具有热力学上的稳定性。

(1) 溶胶-凝胶法的基本原理　溶胶-凝胶法的工艺可以简述为：烷氧基金属化合物〔如 $Si(OC_2H_5)_4$、$Ti(OC_4H_9)_4$ 等〕溶于溶剂中形成均匀的溶液，然后在催化剂（酸或碱）的作用下和水进行水解和缩聚反应，水解后的羟基化合物继续发生缩聚反应，通过控制水解条件使之逐渐形成无机网络，转变成凝胶；对凝胶进行干燥处理，即可制得纳米级的凝胶网络。

Sol-Gel 反应通常分为两步，其过程如下。

第一步，硅（或金属）烷氧基化合物的水解反应，生成硅醇。

$$C_2H_5O-\underset{\underset{OC_2H_5}{|}}{\overset{\overset{OC_2H_5}{|}}{Si}}-OC_2H_5 + 4H_2O \longrightarrow HO-\underset{\underset{OH}{|}}{\overset{\overset{OH}{|}}{Si}}-OH + 4C_2H_5OH$$

第二步，硅羟基化合物的缩聚过程，生成二氧化硅网络。

在前驱体形成的溶胶中可以很方便地加入有机单体或聚合物，使之在凝胶网络中得以良好地分散，从而达到真正意义上的分子水平的复合，制得性能优良的无机-有机纳米杂化材料。

(2) 溶胶-凝胶法制备无机/聚合物纳米复合材料的方法　溶胶-凝胶技术可在温和的条件下进行，将无机组分引入到高聚物中，合成相区尺寸接近分子水平的杂化聚合物基复合材料。根据无机相与有机相复合的过程不同，溶胶-凝胶法主要有以下三种方法。

① 原位溶胶化法。即将前驱体溶解于预形成的高聚物溶液中，在酸、碱或某些盐的催化下，前驱体进行水解缩合，形成凝胶，从而得到高聚物和无机物杂化材料，如四乙基硅氧烷（TEOS）/水体系在聚 2-乙烯基吡啶、聚 4-乙烯基吡啶溶液中水解形成纳米复合材料。这种方法较为简单，其关键在于选择具有良好溶解性的共溶剂，以保证两者有良好的相容性，在凝胶后不分相。

② 溶胶-原位聚合法。即在无机溶胶网络中加入有机单体，在其中进行聚合，从而得到杂化材料。如将水溶性丙烯酸酯类在 SiO_2 网络中聚合形成的纳米复合材料，由于所得的溶胶-凝胶体系具有透明性，因而可以采用光聚合也可以采用热聚合。

③ 有机-无机同步聚合法。即在溶胶-凝胶过程中，同时进行无机纳米微粒的形成和有机单体的聚合，从而得到原位生成的纳米复合材料，这种方法可使一些完全不溶的高聚物靠原位生成而均匀地分散于无机网络中，形成互穿网络结构，因此杂化材料有着更好的均匀性和更小的微相尺寸，但需控制有机物的聚合反应与无机物的水解反应的速率，若两者的速率相差过大，将会产生分相。

溶胶-凝胶法制备的纳米复合材料有着复杂的结构，可能出现以下几种情况。第一种情况为有机相包埋于无机网络中，其结构如图 6-3（a），如将聚乙烯基吡啶和硅酸乙酯水溶液一起溶解于有机酸的共溶剂中，通过溶胶-凝胶过程，可以得到聚合物均匀地包埋于三维 SiO_2 网络中的结构。

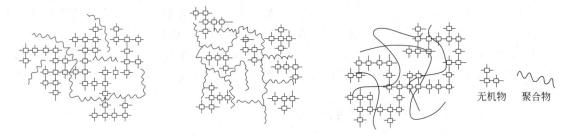

(a) 有机相包埋于无机网络中的结构　　(b) 无机相包埋于有机网络中的结构　　(c) 有机-无机相形成互穿网络

图 6-3　溶胶-凝胶法制得的聚合物/无机物纳米复合材料的结构示意图

第二种是无机相包埋于有机网络中，其结构如图 6-3（b）。如将 γ-缩水甘油丙基醚三甲氧基硅烷的水解物、苯乙烯、马来酸酐和少量引发剂的混合物通过溶胶-凝胶法制得的杂化体系，无机相以约 2nm 的尺寸均匀地分散于有机聚合物基体中，这一体系的模量和玻璃化温度相对于纯的高聚物有明显的提高。

第三种情况是有机相和无机相形成互穿网络结构，如图 6-3（c）。如将环氧化合物，硅酸甲酯或乙酯、催化剂在共溶剂中聚合，环氧化物的易位聚合和硅酸甲酯或乙酯的水解缩合同步进行，可以得到互穿网络结构，若所采用的聚合物不交联，则可以得到半互穿网络结构。相对于无机相中用预先形成的聚合物组合而得到的复合体系相比，形成互穿网络结构的复合材料有更好的均一性和更小的尺寸。

（3）溶胶-凝胶法的特点　溶胶-凝胶法制备纳米复合材料的特点是反应可以在温和的条件下进行，两相分散均匀，通过控制反应条件和有机、无机组分的比率，合成材料的性能可以在很大的范围内进行调整。但该法目前存在的问题是凝胶在干燥过程中，由于溶剂、小分子、水的挥发等可能导致材料的收缩脆裂，同时不容易制备厚的制件。

为解决上述问题进行了一些研究工作，也取得了一些进展，目前提出的方法有采用可聚合溶剂或分步聚合法。如将单体醇 ROH（如环烯醇或不饱和烷基醇，R 为可聚合基团）与 SiCl$_4$ 反应得到改性的 Si(OR)$_4$，将该前驱体溶解在相应的醇 ROH 中，加入准确计量的水，水解后产生的醇和溶剂均可通过可聚合基团产生聚合反应，形成有机/无机的互穿网络，在此过程中，体系中的所有组分均参与了反应，因而不必进行干燥，如果有机单体的密度与聚合物相似，也不会产生收缩。又如将 TEOS 在甲基丙烯酸羟乙酯存在下水解缩合，当溶液澄清后，加入一定量的引发剂，室温下缩合一定时间后，抽真空将产生的小分子物质（如醇、水等）与溶剂抽净，然后再进行聚合，得到了无机相与有机相以共价键结合的杂化材料，由于在杂化材料的形成过程中，不再有小分子的挥发，因而体系的收缩率很小，有效地控制了凝胶过程中的碎裂。

在溶胶-凝胶方法中，凝胶在干燥的过程中不应发生相分离，因此希望在聚合物的有机相和无机相之间形成一定的相容性，即其间应有一定的作用力，为此常选用在高分子链上带有羰基或羟基的聚合物，如聚乙烯醇、双酚 A 型聚碳酸酯、聚甲基丙烯酸甲酯等，使有机聚合物/无机物杂化功能材料的有机相和无机相之间是以氢键、范德华力、络合作用或亲水-憎水平衡等弱相互作用结合，其合成方法一般是先将聚合物、含功能基化合物和无机粒子或无机物前驱体在共溶剂中配成稳定的溶液或溶胶，然后旋涂成膜，经过干燥得到功能性的杂化材料。如将聚乙酸乙烯酯与正硅酸乙酯水解、缩合，制备了聚乙酸乙烯酯/二氧化硅的透明的杂化材料，其中有机相与无机相之间以氢键结合形成互穿网络，使材料的转变温度有了很大的提高。

为了提高无机粒子与有机相之间的结合，还可以在聚合物或有机单体中引入可与无机粒子形成化学键的基团，以增加两者之间相容性。如在有机聚合物的侧基或末端引入可参与水解、缩合过程的基团（如三甲氧基硅基）作为前驱体的一部分，当这种聚合物与无机前驱体进行溶胶-凝胶反应时，由于 C—Si 键不断裂，也不影响 R—O—Si 键的水解，当溶胶-凝胶反应完成后，聚合物通过悬挂的 C—Si 键与无机相相互交联，均匀分散在无机相中。或将前驱体进行有机改性，使其上带有可与聚合物反应的基团或能参与到聚合反应中的基团，如环氧基、乙烯基、甲基丙烯酸酯基等，它们通过一定的反应成为聚合物网络的一部分，从而得到稳定的杂化材料。如将甲基丙烯酸乙酯与甲基丙烯酸环氧丙酯进行共聚，将这种共聚物与 γ-氨丙基三乙氧基硅烷（APTES）进行共水解和缩聚，通过环氧基与氨基的反应得到了以共价键结合的有机-无机杂化材料，有效地抑制了相分离的产生。在这种凝胶-溶胶体系中加入适当的硅烷型的偶联剂也可以达到上述目的。

利用溶胶-凝胶法，还可以将纳米金属及半导体粒子引入到硅胶网络中，得到一种三相的复合体系。如采用溶胶-凝胶法结合水热合结晶技术，将半导体粒子引入到杂化网络中，形成了聚合物/无机硫化物的纳米复合材料，当聚合物为聚甲基丙烯酸甲酯时，其粒子的结构类似于核-壳结构，可以有效地防止半导体粒子的团聚，同时增加了硅胶的韧性和材料的耐热稳定性。

6.2.3　插层法

层状硅酸盐/聚合物纳米复合材料（PLS）是目前纳米复合材料实用性最佳的材料，它是指由层状无机物材料与嵌入物质构成的一类特殊的材料。无机层状物质作为主体，有机物质作为客体插入其中。可以选用的层状无机物有黏土（如高岭土、蒙脱土、海泡石）、云母、石墨以及一些人工合成的层状化合物（如 V$_2$O$_5$、MoO$_3$、WO$_3$）、过渡金属硫化物、金属磷酸盐类化合物等。客体可以是高聚物的本身，也可以是有机单体，在插入到层状无机物后在一定的条件下再进行聚合。

插层法工艺简单，原料来源广泛，且价格便宜；所选用的层状无机物不易团聚，在聚合物或有机单体中易于分散；通过控制其插层条件可以得到"嵌入纳米复合材料"和"剥离型纳米复合材料"两种不同的结构，从而使其性能有很大的不同；由于无机物的层状结构在高聚物中的分散有高度的有序性，因此最终产物有良好的阻隔性和性能的各向异性。层间嵌插复合不同于传统的复合材料，复合后不仅可大幅度提高力学性能，而且还能获得许多功能特性。近年来的研究结果表明，聚合物插层复合材料在导电材料、高性能陶瓷、非线性光学材料、液晶材料、分子自组装材料等方面也有良好的应用前景。

利用插层法已制备了多种聚合物/层状硅酸盐纳米复合材料，如环氧树脂、聚氧化乙烯（PEO）、聚酰胺、不饱和聚酯、酚醛树脂、聚烯烃、聚苯乙烯、聚酯、聚苯胺、聚酰胺、聚碳酸酯、聚酰亚胺插层复合材料。

（1）插层法制备无机/聚合物纳米复合材料的方法　根据插层的实现形式可以将插层纳米复合材料的制备方法分为以下几种。

① 插层聚合。即先将有机单体插入到片层中，再在光、热、引发剂等的作用下进行聚合反应，由于有机单体的体积较小，因而它们易于进入到无机物的层间。然后利用聚合时放出的大量热量，克服硅酸盐片层间的库仑力，使硅酸盐片层以纳米尺度与聚合物复合。如将己内酰胺在不同氨基酸改性的蒙脱土中嵌入，然后在夹层间原位开环聚合反应合成出尼龙 6/蒙脱土纳米复合材料。采用这种方法也可以制备聚苯胺、聚吡啶、聚噻吩等纳米导电复合材料。图 6-4 所示为聚苯乙烯在蒙脱土中的插层聚合过程。

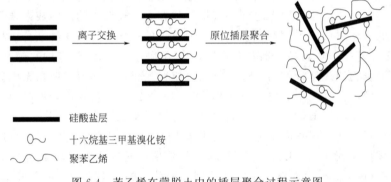

硅酸盐层

十六烷基三甲基溴化铵

聚苯乙烯

图 6-4　苯乙烯在蒙脱土中的插层聚合过程示意图

② 溶液或乳液插层。即将高聚物配制成溶液或乳液，使其黏度降低，同时利用溶剂与层状无机物的相互作用，使其进入到层状无机物的片层间，完成插层作用。如将丁苯橡胶溶于甲苯中或将其配制成丁苯胶乳，它们与黏土混合制备插层材料。但这种方法由于在后续的过程中需将溶液除去，有可能使插入其中的聚合物脱除，因此聚合物溶液插层法成功的例子不多。

③ 熔融插层。即将高聚物熔融，降低其黏度，提高高分子链的活动性，将它们与层状无机物混合，完成插层过程。这一方法不需溶剂，简便易行，对于大多数高聚物均实用。如聚乙烯或聚丙烯在熔融状态下与黏土混合，在大的剪切作用力下可实现插层过程，得到的材料具有优异的气液阻隔性。如图 6-5 为利用螺杆挤出机制备 MMT/尼龙 6 纳米复合材料的示意图。

（2）插层纳米复合材料的制备原理　制备插复合材料所用的的层状无机物中，近年来黏土特别是蒙脱土（MMT）受到了相当的重视，在一些热塑性复合材料（如聚苯乙烯、聚酯、聚乙烯、聚丙烯、聚酰胺）以及热固性复合材料（如环氧树脂）中均有广泛的应用。

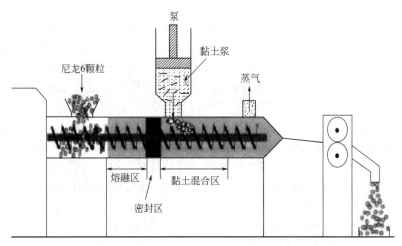

图 6-5　MMT/尼龙 6 纳米复合材料的制备过程

蒙脱土属于 2∶1 型结构的具有膨胀性的含水铝硅酸盐，其结构单元是由硅氧四面体夹杂一个铝氧八面体构成的（图 6-6），四面体与八面体依靠共同氧原子连结，形成厚约 1nm、宽厚比约为 100～1000 的高度有序的准二维晶片。层片与层片之间可完全随机旋转、平移，但单一片层一般不能单独存在，而是以多层聚集的晶体存在，在 X 射线衍射（XRD）中有较敏锐的（001）衍射。蒙脱土的四面体及八面体存在广泛的同晶置换，四面体中的 Si 常被 Al^{3+} 替代，八面体中的 Al^{3+} 常被 Mg^{2+}、Fe^{3+}、Fe^{2+}、Ni^{+}、Li^{+} 等替代，从而使层间产生弱的负电荷。在蒙脱土单元层间含有层间水，层间具有可交换的 Ca^{2+}、Mg^{2+}、K^{+}、Na^{+} 等离子，它们易被有机阳离子所取代，显示其独特的膨胀、收缩性，作为插层材料而言，尤其以 Na 基蒙脱土为好。

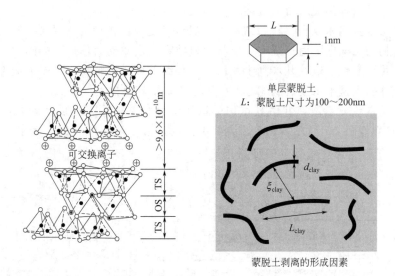

图 6-6　蒙脱土的结构

通常蒙脱土是亲水性的，这种特性不利于亲油性高聚物的插入，但由于其层间较弱的分子间作用力以及存在交换性的阳离子，因此可以用有机阳离子取代金属离子，以增加亲油性，并且降低其片层间的表面能，增大层间的距离，以利于高聚物进入到蒙脱土的片层间。这就是蒙脱土的有机化改性。通过有机化改性，还可进一步增大黏土片层的间距，有利于较高分子量的物质（如环氧树脂）进入。

目前对蒙脱土进行有机化改性的方法有两种形式，即物理改性与化学改性。物理改性方法在聚合物或单体与黏土间不存在化学键合的作用力，利用分子间的范德华力以及氢键的作用，通过物理扩散运动进入到黏土片层。如将甲基苯乙烯与聚丙烯共混，向其上引入羟基（—OH）和马来酸酐基团，羟基可以与黏土产生氢键的作用，使聚丙烯顺利地插入到黏土层间。由于两者间的作用力有限，因此进入到层间的聚合物或单体不稳定，易产生分离。化学改性方法即在聚合物或单体与黏土之间产生化学键合，由于化学键的作用力高，易使聚合物进入到黏土层间，同时可大幅度使层间距扩展，易于形成剥离型的插层材料。在这种方法中，黏土的有机化改性剂的选择是相当重要的，通常在其上引入可以与聚合物或单体产生化学反应的基团。如在环氧树脂的插层中，常采用含有一定的氨基的改性剂，使插层过程中，氨基上的活泼氢可以与环氧基发生反应。在其中引入双键，则可以使之与含乙烯基的单体进行插层聚合。如先将 ω-氨基酸嵌入到黏土片层间，在酸性条件下，它与黏土发生阳离子交换反应，向其上引入羧基（—COOH），它可以与另一分子的氨基发生缩合反应生成酰胺键，从而在黏土与聚酰胺间引入化学键合，其过程如下所示。

$$\boxed{MMT}-O^{\ominus}M^{\oplus} + H_3N^{\oplus}RCOOH \longrightarrow \boxed{MMT}-O^{\ominus}N^{\oplus}-RCOOH$$
$$H_3$$

$$\xrightarrow{{}_nH_2N-R-COOH} \boxed{MMT}-O^{\ominus}N^{\oplus}+\left(C-NH-R-CO\right)_n$$
$$\overset{\displaystyle O}{\underset{\displaystyle H_3}{}}$$

黏土与聚合物之间其若能形成良好的相互作用力，则所形成的复合体系有长期的悬浮稳定性，如有机化蒙脱土与环氧树脂所形成的复合体系在长期放置（半年以上）不会出现沉淀，经丙酮稀释也无沉淀产生，而是均匀地分散于溶液中，而普通蒙脱土与环氧树脂的复合体系在放置半个月后即出现大量的沉淀。

（3）插层法制备纳米复合材料的结构　插层纳米复合材料是由一层或多层聚合物或有机分子插入无机物的层间间隙而形成的，层状无机物在一定驱动力作用下能碎裂成纳米尺寸的结构微区，其片层间距一般在几埃到十几埃，可容纳单体和聚合物，不仅可让聚合物嵌入夹层空间，形成"插入型纳米复合材料"，进而还可能将其厚度为 1nm 左右、宽为 100nm 左右的片层结构基本单元剥离，并使其均匀分散于聚合物基体中，形成"剥离型纳米复合材料"，其结构模型如图 6-7 所示，图 6-8 为聚甲基丙烯酸甲酯（PMMA）/蒙脱土不同复合形

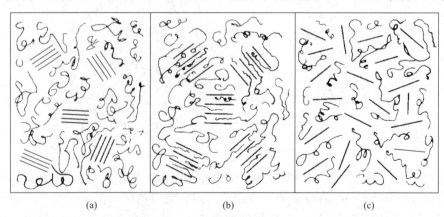

(a)　　　　　　　　　(b)　　　　　　　　　(c)

图 6-7　插层法制备纳米复合材料的结构示意图

(a) 层状硅酸盐在聚合物中的分散；(b) 插层型纳米复合材料；(c) 剥离型纳米复合材料

式的电镜照片。从图中可见，插层型纳米复合材料中，聚合物插层进入硅酸盐的片层，层间距有所扩大，但层状硅酸盐在近程仍保留其层状有序结构，远程是无序的；剥离型纳米复合材料中，层状硅酸盐的有序结构被破坏，无规地分散成一片一片的单元片层，此时层状硅酸盐与聚合物实现了纳米尺度上的混合。这两种不同的结构使它们在性能上也存在着很大的差异，由于高分子链输运特性在层间的受限空间与层外的空间有很大的差异，因此插层型纳米复合材料可作为各向异性的功能复合材料，而剥离型纳米复合材料具有很强的增强效应，是强而韧的材料。

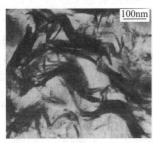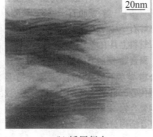

(a) 普通复合   (b) 插层复合   (c) 剥离型纳米复合

图 6-8　PMMA/蒙脱土复合体系的透射电镜

（4）插层热力学和动力学　插层复合时，客体插入到黏土主体中，黏土夹层以原层间距 h_0 状态膨胀到 h 状态，这一过程的自由能变化可描述为：

$$\Delta G = G(h) - G(h_0) = \Delta H - T\Delta S \tag{6-1}$$

聚合物的插层过程能否自发进行，取决于该过程的自由能变化（ΔG）是否小于零。即当 $\Delta G = \Delta H - T\Delta S < 0$ 时，过程可自发进行，否则过程不能自发进行。

以聚合物熔融插层为例，其中的蒙脱土通常用长链的有机改性剂进行改性形成有机化蒙脱土。由于硅酸盐层片面积大，并且在插层过程中它不发生变化，它的位移熵值也很小，因此，它对总熵变的贡献可以忽略不计。但是对于改性剂而言，层距的微小增加可使其长链得到可观的运动空间，即它的熵变与层间距关系密切，因此插层过程的总熵变可表示为：

$$\Delta S \approx \Delta S_{\text{chain}} + \Delta S_{\text{polymer}} \tag{6-2}$$

即层间距从 h_0 变到 h 时，改性剂的熵变（ΔS_{chain} 增加）与自由的聚合物分子进入受限空间后的熵变（$\Delta S_{\text{polymer}}$ 减少）之和。显然，合适的改性剂有利于促进插层材料的形成。长链有机改性剂对插层有利，但是，总熵变 $\Delta S \leq 0$。对于过程的焓变（ΔH），它主要由插主与嵌入物质（单体或聚合物）之间的相互作用程度所决定。

由于在式(6-1)中，$\Delta S \leq 0$，因此，要使 $\Delta G \leq 0$，则 ΔH 一定要出现较大的负值，即应尽可能增加插主与客体之间的相互作用力，这也正是化学插层法容易形成剥离型插层材料的原因，如环氧/蒙脱土层间距从 $1 \sim 1.5$nm 扩展至 10nm 以上，尼龙 6/蒙脱土层间距从 $1 \sim 1.5$nm 扩展到 $15 \sim 20$nm。而一般熔融插层法，大分子与黏土之间的作用力为较弱的范德华力，不易获得剥离型插层。

对于单体加聚或缩聚插层，聚合能所起的作用是十分重要的。黏土片层间的每单位面积具有的能量 V_a，可由式(6-3) 表示：

$$V_a = \frac{A}{48\pi} \times \left[\frac{1}{h^2} + \frac{1}{(\delta+h)^2} - \frac{2}{\left(h+\frac{\delta}{2}\right)^2}\right] \tag{6-3}$$

式中，δ 为片层厚度，约为 1nm；h 为层间距，$h=d_{001}-\delta$；A 为 Hamaker 常数，$A=9.5\times10^{-20}$J，是物质所特有的常数。

为了将黏土层间距推开 Δh 所需的力可由式（6-4）求得：

$$F_a=\frac{\mathrm{d}V_a}{\mathrm{d}h}=\frac{A}{24\pi}\times\left[\frac{1}{h^3}+\frac{1}{(\delta+h)^3}-\frac{2}{\left(h+\dfrac{\delta}{2}\right)^3}\right] \tag{6-4}$$

从上两式可知，层间距 h 愈小，推开间距所需的力（F_a）和能量（V_a）越大。

以已用有机季铵盐或 ω-氨基酸处理后的蒙脱土层间距 $h=1.58$nm 代入上式计算，蒙脱土开始膨胀所需的力（F_a）和能量（V_a）分别为 $4.8\times1.013\times10^5$Pa 和 0.001J/m^2。以己内酰胺的聚合焓（ΔH）为 -13.4kJ/mol、甲基丙烯酸甲酯的聚合焓（ΔH）为 -13.6kJ/mol 为基础，可估算出它们在单位面积黏土晶层内聚合时将放出的能量（E）为 -0.06J/mol。从这一数据可看出，单体聚合放出的能量足以克服打开晶层结构作功所需的能量。因此，单体聚合插层时关键不应在于插层过程将放出多少能量，而应考虑如何将聚合能集中在对黏土晶层的作功上。

6.2.4 其他方法

除了上面介绍的几种常用的方法之外，还可以通过原位聚合法、原位生成法、自组装技术等制备所需的各种功能性纳米复合材料。

原位聚合法是先将纳米粒子与聚合物单体混合均匀后，在适当条件下引发单体聚合。在这一过程中，纳米微粒在分散体系中也存在着团聚的问题，需对其进行表面改性，表面改性后的纳米粒子在聚合物单体中能均匀分散且保持其纳米尺度及特性。该法可一次聚合成型，可适用于各类单体，并保持杂化物的良好的性能。

原位生成法是指先制备适当的聚合物，然后纳米颗粒在聚合物提供的受控环境（纳米模板或纳米反应器）下通过化学反应原位生成，从而实现聚合物基无机纳米复合材料的制备；聚合物基质可以预先制备，也可以在复合过程中合成。这种方法是制备功能性纳米复合材料的重要方法，可以根据所需功能的不同，在聚合物基体中灵活地引入各种纳米粒子，从而充分发挥纳米复合材料的功能性。

近年来纳米复合材料的自组装技术已成为材料科学研究的前沿和热点。所谓分子的自组装技术是指利用分子内、分子与分子间、分子与基材表面间的吸附或化学作用力形成的具有空间有序排列结构的方法。它可以有效地控制有机分子、无机分子的有序排列，形成单层或多层相同组分或不同组分的复合结构。利用自组装技术，现已成功地合成了聚电解质-聚电解质、聚合物-黏土片状无机物、聚合物-无机纳米粒子、聚电解质-生物大分子等高分子纳米复合膜。

6.3 无机/聚合物纳米复合材料的表征与分析

相对于普通的材料，纳米复合材料的表征需借助于更为精细的表征技术。除运用红外光谱、核磁共振技术等跟踪其纳米结构的生成及其聚合物的反应过程外，对于其凝聚态结构及微观结构的表征常用扫描隧道显微镜、原子力显微镜、磁力显微镜、摩擦力显微镜、X-射线衍射、光电子能谱、小角中子扫描等。纳米复合材料的表征包括结构的表征和性能的表征，性能的表征根据材料应用的场合不同有很大的差异，纳米复合材料的结构表征包括化学成分的分析、纳米粒子结构分析、纳米粒子的表面分析，在本文中主要对此进行介绍。

6.3.1 纳米材料的化学成分的表征

化学成分是决定纳米粒子及其制品性能的最基本因素。常用的仪器分析法主要是利用各种化学成分的特征谱线，如 X 射线荧光分析（XRFS）和电子探针微区分析法（EPMA）可对纳米材料的整体及微区的化学组成进行测定；而且还可以与扫描电子显微镜（SEM）配合，使之既能利用探测从样品上发出的特征 X 射线来进行元素分析，又可以利用二次电子、背散射电子、吸收电子信号等观察样品的形貌图像，即可以根据扫描图像边观察边分析成分，把样品的形貌和所对应微区的成分有机地联系起来，进一步揭示图像的本质。此外，还可以采用原子发射光谱（AES）、原子吸收光谱（AAS）对纳米材料的化学成分进行定性、定量分析；采用 X 射线光电子能谱法（XPS）可分析纳米材料的表面化学组成、原子价态、表面形貌、表面微细结构状态及表面能态分布等。

6.3.2 纳米微粒结构的表征

纳米微粒的表征包括对颗粒度、形貌、分散状况特性和晶体结构的分析。

X 射线衍射（XRD）是对晶体结构进行表征的有效方法，依据 XRD 衍射图，利用 Scherrer 公式，用衍射峰的半高宽度（FWHM）和位置（2θ）可以计算纳米粒子的粒径。另外掠入射小角 X 射线衍射技术（GISAXS）已能够给出很小颗粒度的平均值，但它不能提供最小及最大尺寸等方面的信息。高分辨 X 射线粉末衍射（HRXRD）用于晶体结构的研究，可得到比 XRD 更可靠的结构信息，以及获取有关单晶胞内相关物质的元素组成比、尺寸、离子间距与键长等纳米材料的精细结构方面的数据信息。

透射电子显微镜（TEM）的分辨率大约为 1nm 左右，可用于研究纳米材料的结晶情况，观察纳米粒子的形貌、分散情况及测量和评估纳米粒子的粒径。用 TEM 可以得到原子级的形貌图像，但对于很小的颗粒度，特别是仅由几个原子组成的团簇，就只能用扫描隧道电子显微镜（STM）来分析。利用 TEM 能够较准确地分析纳米材料的晶体结构，但只有配合 XRD、小角 X 射线衍射（SAXS）、EXAFS 等技术才能有效地表征纳米材料。

扫描电子显微镜（SEM）是一种多功能的电子显微分析仪器，其分辨率小于 6nm，成像立体感强、视场大，主要用于观察纳米粒子的形貌，纳米粒子在基体中的分散情况，粒径的测量等方面。如用 SEM 可观察到一定程度团聚的、近似于立方体的粒子，团聚体的大小在 $1\mu m$ 左右，可见 SEM 一般只能提供微米或亚微米的形貌信息。另外，SEM 的图像不仅是样品的形貌，还有反映元素分布的 X 射线像，反映 PN 结性能的感应电动势像等，这一点与透射电镜有很大不同。

除上述几种方法外，激光小角散射法（small angle light scattering）能有效地检测纳米粒子团聚的分形结构，确定其分维、团聚体和一次颗粒的平均粒径。

6.3.3 纳米微粒的表面分析

纳米微粒的表面分析可以利用的技术有扫描探针显微技术、谱分析技术、场离子显微镜技术及热分析法等。

（1）扫描探针显微技术　扫描探针显微技术（scanning probe microscopy，SPM）是以扫描隧道电子显微镜 STM、原子力显微镜 AFM、弹道电子发射显微镜（BEEM）、扫描近场光学显微镜（SNOM）等新型扫描探针显微镜为主要实验技术，利用探针与样品的不同相互作用在纳米级至原子级的水平上研究物质表面的原子和分子的几何结构及与电子行为有关的物理、化学性质，在纳米尺度上研究物质的特性。

利用扫描隧道电子显微镜不仅可以观察到纳米材料表面的原子或电子结构，表面及有吸附质覆盖后表面的重构结构，还可以观察表面存在的原子台阶、平台、坑、丘等结构缺陷。另外 STM 在成像时对样品呈非破坏性，实验可在真空或大气及溶液中进行。

原子力显微镜是利用尖锐的传感器探针在表面上方扫描来检测样品表面的一些性质，它可能以极高的分辨率研究绝缘体表面。其横向分辨率可达 2nm，纵向分辨率为 1nm。这样的横向、纵向分辨率都超过了普通扫描电镜的分辨率，而且 AFM 对工作环境和样品制备的要求比电镜要求少得多。

近场光学显微镜根据非辐射场的探测与成像原理，能够突破普通光学显微镜所受到单位衍射极限，在超高光学分辨率下进行纳米尺度光学成像与纳米尺度的光学研究。SNOM 是探测隧道光子，由于光子具有一些特殊的性质，如没有质量、电中性、波长比较长、容易改变偏振特性、可以在空气及许多介电材料中传播等，近场光学在纳米尺度的光学观察起到扫描探针显微镜所不能取代的作用。

（2）谱分析技术　紫外-可见光谱能够获得关于粒子颗粒度、结构等方面的许多重要信息，此技术简单方便，是表征液相金属纳米粒子最常用的技术。

红外及拉曼光谱可用于揭示材料中的空位、间隙原子、位错、晶界和相界等方面的关系，提供相应信息，将其用于纳米材料（如硅纳米材料）的分析，可望得到纳米表面原子的具体位置。

傅里叶变换远红外光谱可检验金属离子与非金属离子成键、金属离子的配位等化学环境情况及变化。并可对材料的精细结构进行有效分析。

通过穆斯堡尔谱学可以得到最外层化学信息，它可提供物质的原子与其核外环境之间存在的细微的相互作用，如用该方法可得到二氧化锡纳米粉掺杂的显微结构。

通过正电子衍射技术可以得到纳米材料电子结构或缺陷结构的有用信息。

（3）场离子显微镜（FIM）　场离子显微镜是一种具有高放大倍数、高分辨率、能直接观察表面原子的研究装置。它能达到原子级分辨，可以比较直观地看到一个个原子的排列，便于从微观角度研究问题，FIM 在固体表面研究中占有相当的位置，尤其是在表面微结构与表面缺陷方面。

（4）热分析　纳米材料的热分析主要是指差热分析（DTA）、示差扫描量热分析（DSC）以及热重分析（TG）。三种方法常常相互结合，并与 XRD、IR 等方法结合用于研究纳米材料或纳米粒子的以下表征特征：表面成键或非成键有机基团或其他物质的存在与否、含量、热重温度等；表面吸附能力的强弱（吸附物质的多少）与粒径的关系；升温过程中粒径变化；升温过程中的相转变情况及晶化过程。

6.4　无机/聚合物纳米复合材料的性能及应用

相对于通常采用的从结构上对高聚物的性能进行改进和赋予功能的方法，纳米复合材料不失为一种更为行之有效的方法，由于其中纳米粒子的纳米效应，使之具有一些特殊的性能和功能。表 6-2 列举了纳米复合材料的一些应用场合。

表 6-2　聚合物纳米复合材料的应用

性能及功能	应用领域
催化	高分子催化剂
力学性能	增强、增韧高分子材料
磁学性能	高密度磁记录、磁存储、吸波隐形材料
电学性能	导电浆料、绝缘浆料、非线性电阻、静电屏蔽、电磁屏蔽材料
光学性能	光吸收材料、隐身材料、光通讯材料、光线性光学材料、光记录材料、光显示材料、光电子材料
热学性能	低温烧结材料、耐高温材料
敏感性能	压敏材料、湿敏材料、温敏材料
其他性能	仿生材料、生物活性材料、环保材料、耐磨材料、减磨材料、高介电材料等

6.4.1　力学性能

纳米复合材料中的纳米相可以是颗粒，也可以是层状的硅酸盐，也可以是纳米级的纤维。纳米材料增强的聚合物复合体系具有高的强度、模量，同时还具有高的韧性。在加入与普通粉体相同体积分数的情况下，强度和韧性一般要高出 1～2 倍，在加入相同质量分数的情况下，一般要高出 10 倍以上。如对纳米粒子增韧 LDPE 的研究中发现，当纳米粒子的含量在 5% 时，复合材料的冲击韧性达到最大，为纯 LDPE 的两倍，其延伸率达到 625% 时仍未断裂。

通常对复合材料的改性方法，如加入刚性粒子或加入橡胶组分以及增塑等，无法同时提高其强度和韧性，并且对耐热性也会造成不良的影响，但采用纳米粒子填充的聚合物体系，由于其纳米效应，在聚合物与纳米粒子间存在着很强的相互作用力，不仅可以同时增韧和增强，同时还能保持其原有的优良耐热性。关于增韧和增强的机理可以认为：当复合材料受到冲击时，填料粒子脱黏，基体产生空洞化损伤，若基体层厚度小于临界基体厚度，则基体层塑性变形大大加强，从而使材料的韧性提高。另外由于无机刚性粒子不会产生大的伸长变形，在大的拉应力作用下，基体和填料会在纳米微粒的界面首先产生界面脱黏，形成空穴，聚合物分子链纤维化，在局部产生屈服。应力集中产生的屈服和界面脱黏均会吸收大量的能量，从而起到增韧的效果。

图 6-9～图 6-11 为采用直接共混法制备的纳米复合材料，表明了纳米级粒子和微米级粒子对 LDPE、PP、PVC 的改性效果。

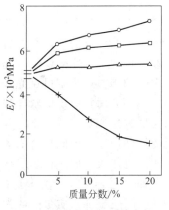

图 6-9　填料的粒径对填充的LDPE 复合材料的轴向拉伸杨氏模量的影响

○ 7nm；□ 16nm；△ 40nm；× 35μm

纳米级的粒子只有在聚合物中达到纳米尺度的分散才能发挥这一效应，因为纳米微粒粒径极小，表面缺陷少，表面活性高，比表面积大，与聚合物发生良好的物理或化学作用，起到增韧和增强的作用。但由于其较高的表面活性，纳米粒子极易团聚，因而会对性能造成不利的影响。表 6-3 为不同粒径的 CaCO₃ 填充的 RPVC 熔融共混制备的纳米复合材料的性能，结果表明纳米粒子的分散对性能的影响超过了纳米粒子含量的影响程度。因此通过对纳米粒子的表面处理和修饰，改进其在树脂基体中的分散状态对提高材料的性能是相当重要的。

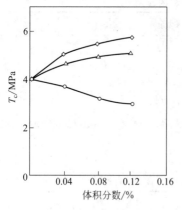

图 6-10　填料的粒径对填充的 PP 复合
材料剪切屈服应力的影响

◇ 7nm；△ 40nm；○ 105μm

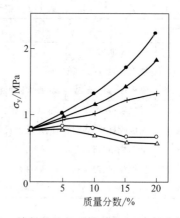

图 6-11　填料的粒径对填充的 PVC 复合材料在
100℃，20mm/min 条件下的屈服强度的影响

● 7nm；▲ 16nm；＋40nm　○ 65μm；△ 125μm

表 6-3　RPVC/CaCO₃ 的性能

性能 项 目	屈服强度/MPa	断裂伸长率/%	缺口冲击强度/(kJ/m²)
R-PVC	54.5	143	4.6
超细 CaCO₃/R-PVC	52.6	122	8.1
超超细 CaCO₃/R-PVC	50.8	95	7.7
CaCO₃/R-PVC	53.1	43.2	6.0

对于插层型的纳米复合材料，也可将无机物的刚性、尺寸稳定性和热稳定性与聚合物的韧性、可加工性完美地结合起来，使材料具有高的模量、高的强度、高耐热性和高韧性，同时由于纳米粒子小于可见光波长，纳米复合材料具有高的光泽和良好的透明性以及耐老化性。这一方面是由于层状硅酸盐的片层以纳米尺度与聚合物接触，增大了接触面积，另一方面是层状硅酸盐与聚合物大分子或其前驱体之间形成了离子键合，提高了无机相与有机相之间的界面作用。因此聚合物体系能否在层状硅酸盐中进行良好的插层与剥离将影响到材料的性能，也造成了同一种插层纳米复合材料的插层型与剥离型纳米复合材料在性能上的差异。

如尼龙 6/蒙脱土纳米复合材料（nc-PA6）与尼龙 6 的性能比较列于表 6-4 中，从中可见，当蒙脱土加入质量分数为 5%时，nc-PA6 的性能有很大的提高。

表 6-4　尼龙 6/蒙脱土（nc-PA6）纳米复合材料与尼龙 6 性能的比较

性能	尼龙 6	nc-PA6
相对黏度(25℃)	2.0～3.0	2.4～3.2
熔点/℃	215～225	213～223
断裂伸长率/%	30	10～20
拉伸强度/MPa	75～85	95～105
热变形温度(1.85MPa)/℃	65	135～160
弯曲强度/MPa	115	130～160
弯曲模量/GPa	3.0	3.5～4.5
Izod 缺口冲击强度/(J/m)	40	35～60

采用纳米级的微纤在树脂基体中也可以起到增强增韧的作用,而且由于纳米级的微纤的长径比较大,其增强作用一般要比粉体增强材料要好。如碳纳米管是一种典型的纳米级微纤,其长径比很高,一般大于1000。用碳纳米管制备复合材料时易于加工成型,而且碳纳米管密度较低,采用多壁碳纳米管制备的纳米复合材料,其韧性大增加,断裂前的变形率可达15%。

6.4.2 热性能

在纳米复合材料中,由于纳米粒子与聚合物之间强的相互作用,将限制其链段的运动,因而高聚物体现出较高的耐热性。

如聚二甲基硅氧烷(PDMS)-黏土纳米复合材料,由于PDMS分解成易挥发的环状低聚物,但纳米材料的透过性很低,从而使挥发性分解物不易扩散出去,大大提高了复合材料的热稳定性,其热分解温度可达400~500℃。在聚酰亚胺-蒙脱土体系中,随着蒙脱土含量的增加,热膨胀系数显著降低,蒙脱土含量为4%时,其值下降近半,热稳定性明显提高。

在纳米黏土/尼龙产物(NCH)中,当黏土加入量为5%时,其热变形温度提高了近1倍(NCH为135~160℃,纯尼龙为65℃)。

纳米粒子的存在对高聚物的结晶过程也将产生影响,从而影响到材料的耐热性。在聚酯(PET)/MMT的结晶过程和力学性能研究中,发现蒙脱土在结晶过程中可以起到成核剂的作用,使结晶速率比纯的PET树脂提高了4~5倍,使其热变形温度提高了近20℃,弯曲模量也大幅度提高。在尼龙6/MMT中也发现相对于纯尼龙6,纳米复合材料的熔点和热变形温度均有所提高。

将聚甲基丙烯酸甲酯乳液与TEOS进行共水解缩聚,随着无机网络的形成,对高分子链的运动起到了抑制的作用,制得的杂化材料耐热性有很大的提高,当其中SiO_2含量达到50%时,其复合物的玻璃化温度消失。

纳米复合材料还具有各向异性的特点,如在尼龙-层状硅酸盐纳米复合材料中,热胀系数就是各向异性的,在注射成型时流动方向的热胀系数为垂直方向的一半,而纯尼龙是各向同性的。从透射电镜照片可以看出,1nm厚的蒙脱土片层分散于尼龙基体中,其片层方向与流动方向一致,聚合物分子链也和流动方向相平行。

6.4.3 阻燃性

与普通复合体系相比,纳米复合材料体现出较高的阻燃性。将纳米材料用于阻燃可用两种方法,一种是将传统的阻燃剂纳米化,以提高其功效;另一种方法是采用层状硅酸盐制备插层纳米复合材料,利用其在聚合物基体中分散的无机片层结构达到阻燃的效果。

将传统的无机阻燃剂纳米化后与树脂复合制备纳米复合材料或采用插层法制备的纳米复合材料,还可能具有很高的自熄性、很低的热释放速率和较高的抑烟性,是理想的阻燃材料。将Sb_2O_3纳米化,经表面处理后可用作高效的阻燃剂,其氧指数是普通阻燃剂的数倍,当燃烧时其热分解速度可大大加快,吸热能力增强,降低材料表面温度,且超细的纳米材料粒子能覆盖在聚烯烃凝聚相的表面,能很好地促进碳化层的形成,在燃烧源和基材间形成不燃性屏障,从而起到隔离阻燃的作用。

聚合物/层状硅酸盐纳米复合材料对阻燃性能的提高主要来源于两个方面,一是在聚合物基体中以纳米尺度分散的硅酸盐片层对高分子链的运动起到了阻碍的作用,使聚合物有更高的热分解温度,同时由于层状硅酸盐片层的物理交联点的作用,使复合材料在燃烧时更容易保持初始的形状;另一方面由于层状硅酸盐的气液阻隔性,使氧气不易于进入到材料的内部,燃烧产生的小分子也不易从材料内部迁移到外部,因而延缓燃烧的进行,起到阻燃的效果。如尼龙6/硅酸盐纳米复合材料和未填充的尼龙6放在火中6min后，取出后纳米复合材料立即停止燃烧，并保持它的完整性，而未填充的聚合物则继续燃烧到材料破坏。Jeffery等利用锥形量热计对含6%硅酸盐的尼龙6纳米复合材料观察发现，炭化层提供了一个优良的绝热体和传质屏障，从而降低了分解产物的逸出速度，起到了很好的阻燃作用（表6-5）。

表6-5 尼龙及其纳米复合材料的锥形量热计实验数据

样　品	残余物的百分数/%±0.3%	热释放速率峰值/(kW/m²)±15%	平均燃烧热/(MJ/kg)±10%	平均熄灭比表面积/(m²/kg)±10%	CO的平均产率/(kg/kg)±10%
尼龙6	0.3	1011	27	197	0.01
尼龙6/黏土纳米复合材料(2%)	3.4	686(32%)	27	271	0.01
尼龙6/黏土纳米复合材料(5%)	5.5	378(63%)	27	296	0.02
尼龙66	0	1190	30	200	0.01
尼龙66-PO(含磷4%)	8.5	490(58%)	18	1400	0.16

聚合物基纳米复合材料还可以提供良好的耐烧蚀性。酚醛树脂作为烧蚀材料在固体火箭发动机中有着重要的应用价值，但其树脂在烧蚀后的残碳率低，成碳结构差，虽然通过改性开发了许多其他的酚醛类树脂，但其残碳率均难以超过60%，而其他的一些耐烧蚀材料（如聚苯并咪唑、聚喹噁啉、聚苯并噻唑等）在成型工艺、价格、原料来源等方面还存在着很多问题。利用纳米碳粉与酚醛树脂混合所制备的纳米复合材料，其在500℃时的残碳率达到87%，完全氧化温度达到900℃以上，在等离子及氧乙炔烧蚀试验中未发生分层现象，同时能大幅度提高其在高温下的力学性能，降低热膨胀系数。

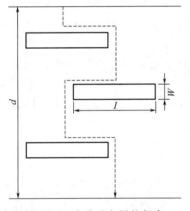

图6-12 小分子在层状复合
体系中的行走模型图

6.4.4　高阻透性

对于插层型纳米复合材料，由于聚合物基体与黏土片层的良好结合和黏土片层的平面取向作用，纳米复合材料表现出良好的尺寸稳定性和气体阻透性，可用于高级包装材料，如药品、化妆品、生物制品和精密仪器等。

究其原因如下，在纳米复合材料中的聚合物基体中存在着分散的、大尺寸比的硅酸盐层，对于水分子和单体分子来说是不能透过的，这样就提高了扩散的有机通道长度，达到阻隔性上升的目的（图6-12）。

与未填充的聚合物相比，纳米复合材料的气液透过性显著下降，并随着蒙脱土含量的增加而迅速下降，阻隔性上升。如在聚酰亚胺-蒙脱土纳米复合材料中，当蒙脱土含量为2%时，其气体渗透系数下降近一半，用不同的黏土时，随着黏土片层长度的增加，材料的阻隔性提高更显著，材料的热胀系数也显著下降。丙烯酸树脂/MMT插层薄膜材料对氧气和氮气的渗透性比原有的基体材料有很大的下降（表6-6）。

表6-6 丙烯酸树脂/MMT插层薄膜材料的气体渗透率

薄膜样品	MMT含量/%	O₂渗透率	N₂渗透率
纯丙烯酸树脂	0	1	1
丙烯酸树脂/MMT(A)	0.7	0.889	0.875
丙烯酸树脂/MMT(B)	2.2	0.595	0.581
丙烯酸树脂/MMT(C)	3.4	0.425	0.416
丙烯酸树脂/MMT(D)	5.6	0.209	0.203

将这种性质应用于黏土/聚氨酯层状硅酸盐纳米复合材料中，将提高聚氨酯对于水和空气的阻隔性，有利于其在血液接触材料上应用。

利用这种阻隔性，不仅将减小气体的渗透系数，而且还可以在增塑剂体系中抑制增塑剂的迁移。如 PVC/蒙脱土剥离型插层材料，其中增塑剂的迁移性得到良好的扼制，对于材料的抗老化性产生了积极的效果。

6.4.5 电性能

向聚合物中加入导电的成分（如炭黑、金属粉末等）是制备导电聚合物的重要方法，利用纳米填料取代微米级的导电填料不仅可以提高材料的力学性能和耐热性，同时可以大幅度地降低纳米填料的用量，减轻材料的重量。如在 UHMWPE 中加入碳纳米管，当碳纳米管的含量仅为 0.3% 时复合材料就达到抗静电材料的要求（体积电阻率 $< 1 \times 10^9 \Omega \cdot cm$），而纯 UHMWPE 的体积电阻率约为 $1 \times 10^{17} \Omega \cdot cm$。

MoS_2、TiS_2、V_2O_5、MoO_3、硅酸盐黏土、各类合成无机盐、沸石等层状或非层状多孔物质中，嵌入聚苯胺、聚吡咯、聚噻吩、PPV、联二炔等各类聚合物，可制得电子导电、离子导电或二者兼有的杂化材料。表 6-7 列出了一些杂化材料（OIH）的电性能。

表 6-7 某些无机/聚合物纳米复合材料的电导率

OIH 组成		电导率/(S/cm)	OIH 组成		电导率/(S/cm)
有机组分	无机组分		有机组分	无机组分	
PEO	M^+-蒙脱土（$M^+ = Li^+$、N^{3+}、K^+、Ba^{2+}、$CH_3CH_2CH_2NH_3^+$）	$10^{-5} \sim 10^{-4}$	PPY	Cu^{2+}-氟水辉石	1.2×10^{-2}
			PPY	FeOCl	$\sigma_{\parallel} = 5$
PEO	$V_2O_5 \cdot nH_2O$	5×10^{-4}	PPY	CuNa-Y 型沸石	$< 10^{-9}$
PEO	Li^+-MoS_2	10^{-3}	PTH	FeOCl	10^2
PANI	$Cu^{2+}(Fe^{3+})$-蒙脱土	5×10^{-2}	PTH	CuNa-Y 型沸石	$< 10^{-8}$
PANI	M^+-蒙脱土（$M^+ = Na^+$、Cs^+）	$\sigma_{\perp} = 10^{-6}$	PPV	MoO_3	0.5
PANI	$V_2O_5 \cdot nH_2O$	$\sigma_{\parallel} = 0.5 \sim 10^{-2}$	PS	MoS_2	$\sigma_{\parallel} = 0.1$
PANI	Y 型沸石	$< 10^{-8}$			

如用 SiO_2 气凝胶纳米粒子原位聚合制得的聚酰亚胺介电材料，其介电常数很低。通过电化学沉积将纳米 TiO_2 粒子引入到聚苯胺薄膜中，在紫外线照射下，纳米晶 TiO_2 发生电荷分离，电子向聚苯胺转移，诱发电致变色过程。如果在聚苯胺中引入能隙更小的 CdS 或硅晶纳米粒子，则可用可见光进行书写。PPY/Li-MnO_2 纳米复合体系具有较大的充-放电容量，用于制作可充电电池的电极材料。Butterworth 等用硅酸钠对纳米磁矿石进行处理，然后加入吡咯和氧化剂，制得的复合体系在室温下的电导率为 $10^{-3} S/cm$，而且材料显示出超顺磁性，其饱和磁化强度为 23emu/g。

聚合物/层状硅酸盐纳米复合材料可以作为一种新型的离子导电材料。PEO/钠或锂改性蒙脱土聚合物电解质纳米复合材料，由于 PEO 只能在夹层中呈线性的无序排列，不能形成三维结晶，有利于层间阳离子的迁移，从而提高了聚合物电解质的导电性。在纳米复合材料中的表面活化能（11.7N/m）和熔融聚合物电解质的类似，这表明锂离子的活动性在纳米复合材料中和在本体熔融的电解质中几乎相同，另外熔融插层的纳米复合材料的电导率比溶液插层的更高，而且各向异性也更为明显，这可能是由于在熔融插层材料中，存在着过量的聚合物，从而提供了一条更容易的电导途径。由于在纳米复合材料中硅酸盐片层是不能移动的，因此纳米复合材料的电导表现为单离子传导。在 PEO/钠蒙脱土体系中，随着温度的升高，电导率上升，直到 580K 时达到最高值，随后电导率又下降，这是由于在温度为

660K 左右时，插层的聚合物分解，这和其热稳定性是一致的，在聚吡咯-萤石体系中也有同样的现象。从 PEO/锂蒙脱土纳米复合材料（聚合物占 40%）的平面离子电导率的 Arrhenius 曲线可以看出，$LiBF_4$/PEO 电解质的电导率在熔化温度下降低了几个数量级，与此相反，在相同的温度范围内，温度对纳米复合材料的影响很小，电导率随温度降低只有很小的下降。这种复合材料与 PEO 相比热稳定性和力学性能均得到提高，再加上其本身的单离子导电性，成为具有应用前景的离子导电材料。

黏土/聚合物纳米复合材料的各向异性还体现在电性能上。如将聚苯胺、聚吡咯嵌入层状黏土中，可形成金属绝缘体纳米复合材料，其导电性具有很高的各向异性。在聚苯胺-蒙脱土体系中，经氯化氢蒸气处理后，材料的电导率大大上升，且为各向异性。平行于蒙脱土片层方向的电导率 σ 为 0.05S/cm，垂直蒙脱土片层方向的电导率 σ 为 10^{-7}S/cm，其原因为蒙脱土为绝缘体，分散在聚合物基体中并和平行方向一致，在垂直方向上由于蒙脱土的存在加长了导电离子的路径，在聚氧化乙烯/蒙脱土、聚吡咯/萤石体系中也有类似的情况。

在研究硅橡胶/炭黑复合体系中发现，在其中加入 SiO_2 纳米粒子时，其压阻效应随 SiO_2 含量的增加而显著，这是因为 SiO_2 与炭黑发生作用，造成炭黑团粒的均匀分布和链状附聚体的解离，这不仅增大了附聚体本身的电阻率，而且也导致团聚体间电子跃迁势垒高度和能隙宽度增大，导电网络减少，使初始电阻增大，当材料变形时，链状团聚体间隙加大，导电网络减少，使电阻率随形变显著增大，当外力撤去后，链状附聚体回复，电阻率也逐渐恢复到初始状态。

将纳米粒子与聚对乙烯基苯（PPV）复合可制得电致发光材料，其工作电压仅为 4V。而且，随着改变纳米 CdSe 颗粒的大小，发光的颜色可以在红色到黄色间持续变化。麻省理工学院利用嵌段共聚物的相分离现象在聚合物中合成了稳定的 PbS、CdS 及 ZnS 等半导体纳米颗粒，随后他们用类似的过程合成了层状的 ZnS 聚合物纳米多层复合结构，纳米 ZnS 层和聚合物层厚度均为纳米级，其中 ZnS 纳米簇的尺寸约为 2nm，能隙约为 6.3eV。能隙的改变对光电材料的性质有决定性的影响，可以创造不同的新型功能材料。

将 TiO_2、Cr_2O_3、Fe_2O_3、ZnO 等具有半导体性质的纳米粉体掺入到树脂中有良好的静电屏蔽性，日本松下电器公司的研究表明，这类复合材料静电屏蔽性能优于常规树脂基与炭黑的复合材料，同时可以根据纳米氧化物的类型来改变复合体系的颜色，在电器外壳涂料方面有广阔的应用前景。

6.4.6 光功能

将含有功能组元的无机成分作为无机/聚合物纳米复合材料的分散相可得到功能化的光学透明材料，因为纳米的量子限域效应导致了一些新的光学现象，如掺有 Cd（S，Se）纳米粒子的复合物有较高的三阶非线性光学系数和高的响应速度，因此在非线性光学材料中显示出潜在的应用价值，可以用在光电子装置上，如光数据存储器、高速光传输器及吸波材料。

聚对乙烯基苯（PPV）具有优异的光致发光性能，将 PPV 溶于 CH_3Cl，剧烈搅拌下加入 TiO_2 粒子（21nm，比表面50m^2/g），用超声波分散制备 PPV/TiO_2 纳米复合材料。由于 TiO_2 的掺入，该材料具有氧敏特性，可通过控制材料的吸氧量可逆调节 PPV/TiO_2 复合体的光致发光强度。

用 Cr-Mg_2SiO_4 纳米粒子和甲基丙烯酸酯、甲基丙烯酸硅烷酯与羟丙基纤维素为原料制备的无机/有机纳米复合材料能作为可调的固态激光材料使用。用紫外线引发单体聚合和金属离子还原同时发生，可制备具有光学非线性的 Ag/聚丁二炔纳米复合材料。另外，在采用 3-烯丙基-2,4-戊二酮为偶联剂时，发现所得复合材料具有热致变色性能。并利用电化学过程制备了聚苯胺（PAn）/纳米 TiO_2 复合膜，在适当波长光照下被照射区域会发生颜色改变，是一种高分辨的光致变色材料。

纳米微粒的量子尺寸效应等使它对某种波长的光吸收带有蓝移现象和各种波长光的吸收带有宽化现象。纳米微粒的紫外吸收材料就是利用这两个特性。如用纳米 $PbTiO_3$ 填充的环氧树脂体系，在固化电场作用下，复合材料的紫外线吸收向高波方向移动，其能隙从 2.95eV 变为 2.76eV，复合材料的光散射、光透过率也随固化电场的增加而变化。如体相的 TiO_2 晶体只有在 77K 时才能观察到光致发光现象，其最大光强在 500nm 波长处，而用自组装技术制备的 TiO_2/有机表面活性剂高度二维有序层状结构的纳米复合膜，在室温时就可观察到较强的光致发光性质，而且其发光波长蓝移到 475nm。利用纳米 TiO_2 对各种波长光的吸收带宽化和蓝移的特点，将 30～40nm 的 TiO_2 分散到树脂中制成薄膜，可对 400nm 以下波长紫外线有强的吸收作用，可作为食品保鲜袋。

纳米粒子还可以用于紫外线的吸收，如大气中的紫外线波长在 300～400nm，纳米 TiO_2、纳米 ZnO、纳米 SiO_2、纳米 Al_2O_3、纳米云母、纳米 Fe_2O_3 都有在这个波段吸收紫外线的特征，在防晒油、化妆品加入上述的纳米微粒有良好的抗紫外线作用；若在复合材料表面涂上一层含有上述纳米微粒的透明涂层，则可以避免复合材料在日光下的老化。

某些纳米微粒还具有很强的红外吸收特性，如纳米 TiO_2、纳米 Al_2O_3、纳米 SiO_2 和纳米 Fe_2O_3 的复合粉等，若在织物中加入上述的纳米微粒，则可以对人体红外线有强吸收作用，增加保暖作用，且可以减轻衣服的重量。

将纳米粒子加入到聚合物中，相对于微米级的填料，复合体系的透明性会得到提高。这是由于纳米粒子的尺寸低于可见光波长，对可见光有绕射行为，将不会影响光的透射，这样不仅力学性能有很大的提高，并能保持材料良好的透明性。

6.4.7 磁特性

将具有磁特性的纳米粒子（如 Fe_3O_4、V_2O_5 等）掺入聚合物基体中制得的无机/聚合物纳米复合材料，兼具磁特性和导电性能，是磁特性材料的研究热点。纳米磁性材料大致可以分为三类，其一是纳米颗粒型磁性材料，如磁记录介质材料、磁性液体磁封材料、磁性靶向药物、吸波隐身材料等；其二是纳米微晶型磁性材料，如纳米微晶永磁材料、纳米微晶软磁材料等；其三是纳米结构型磁性材料。

如用分散聚合法，采用醇/水体系，在 Fe_3O_4 磁流体存在下，通过苯乙烯（St）与 N-异丙基丙烯酰胺（NIPAM）共聚，合成出 Fe_3O_4/P（St-NIPAM）微球。该微球除具有一般磁性微球快速、简便的磁分离特性外，还具有热敏性，可望用于蛋白质和酶的纯化、回收以及酶的固定化等领域。Lee 等制备出核为 PSt、壳为 Fe_3O_4 的核壳形磁性高分子微球。将磁粒沉积到带有功能基的高分子乳胶粒子上后，再用种子聚合法得到夹心式结构的磁性微球。Vedera 等在 $FeCl_3$ 和 $ZnCl_2$ 溶液中合成苯胺-甲醛共聚物，然后加入 10% 的 NaOH 溶液，产生绿黄色沉淀，干燥得到具有磁性的纳米复合材料。Zaitsev 用超声均化器将 10% 的氧化铁磁性纳米粒子分散在水中，采用离心的方法用乙酸乙酯将水取代，再加入甲基丙烯酸和羟乙基甲基丙烯酸单体、引发剂、交联剂，进行沉淀聚合，得到的聚合物粒子重新分散在甲醇中，在电磁场下进行磁分离，得到聚合物包覆纳米粒子的磁性材料，可用于磁振成像中的显影剂。

利用纳米材料的电磁特性，可将之应用于隐身技术中。隐身技术在现代战争中的重要性日益彰显，这就要求材料具有红外和微波吸收能力，以逃避雷达的监视。目前应用的隐身材料中含有大量的超微粒子。由于纳米效应，相对于常规材料，它们表现出更强的电磁波吸收能力，许多纳米物质如纳米 Al_2O_3、Fe_2O_3、SiO_2 和 TiO_2 的复合粉体、纳米级的硼化物、碳化物、纳米纤维及纳米碳管等对红外有很强的吸收能力，而且有很宽频带吸收、反射率低的性质，同时由于它们的吸波效率高，可以减轻材料的质量。将这些纳米微粒与聚合物进行多元复合，有可能成为强吸收、宽频带、轻质、红外微波吸收兼容且具有良好综合性能的吸波材料，且能将电阻损耗、介电损耗、磁损耗有机地结合起来，还可以设计出波阻抗渐变利于匹配和吸波的梯度功能材料。

6.4.8 其他特性

聚合物/无机物纳米复合材料还具有很好的催化特性。纳米粒子由于粒径小，比表面积大，故纳米粒子表面活性中心数量多，因此，在一般情况下，粒径越小的纳米微粒作为催化剂的反应速率越高。如将 Pt、Rh、Ag 等离子与 PPY 或 PAn 复合，所得材料具有较好的催化活性，但因金属离子掺杂量限制，该类材料一直未达到期望的性能。而制备的 PPY/SiO_2、PAn/SiO_2 纳米复合体系，与纯 PPY 和 PAn 相比，可以更好地吸收 Pt、Cu、V 等金属离子，因而具有更高的催化活性。另外，Si-PAn-Pd 复合物具有从水溶液中驱除结合氧的能力，因此，还可用作回收贵金属的材料。采用电化学合成法将聚苯（PB）沉积在 Pt 基上，再覆盖一层 PPY 膜，此聚合物纳米复合膜可用于 CO_2 还原催化剂。此外，电化学法合成的 Pt、Sn、Pd、Cu、Pd/Cu 与 PAn、PPY 复合，亦具有优良的催化性能。将聚合物/半导体微粒纳米复合材料作催化剂，可能提高半导体微粒的光催化性能，甚至产生新的催化活性，建立新的催化体系。

纳米复合材料在生物医学工程上也有重要的用途，如聚吡咯-SiO_2（或 SnO_2）纳米复合材料，可用于生物医学，作为可见凝聚免疫测定中高显色的"标记器"微粒，也可应用于军事伪装中。美国 Arizona 材料实验室和 Princeton 大学选用聚二甲基丙烯酸甲酯和聚偏氟乙烯共混物作为基体，通过 Ti 的醇盐水解在基体中原位生成纳米 TiO_2 粒子，通过沉淀过程中拉伸来控制堆垛取向，在实验室制备出与动物骨头力学性能相近的人造骨头。

纳米粒子的生物活性还体现在其消毒杀菌的功能上。如许多重金属材料本身即具有抗菌作用，将之纳米化后由于其比表面积的增大，杀菌的能力会大大提高。如日本仓敷公司将纳米 ZnO_2 加入到聚酯纤维中制得了防紫外线纤维，该纤维还具有抗紫外线、消毒、除臭的功能。在医用纱布中加入纳米 Ag 粒子就可以具有消毒杀菌的作用。如 TiO_2 的纳米粒子，在可见光下即可有很高的催化作用，可以破坏细菌细胞中的蛋白质，从而杀灭细菌，将之与不同的高分子材料复合，可以得到具有杀菌功能的涂料、塑料、纤维等。

思考题

1. 什么是纳米复合材料？按照其组成可以分为哪几类？
2. 纳米效应有什么，它对纳米材料的性能有什么影响？
3. 如何制备无机/聚合物纳米复合材料？
4. 在共混法制备无机/聚合物纳米复合材料中，如何提高纳米粒子与聚合物之间的相容性？

5. 溶胶-凝胶法制备纳米复合材料的机理是什么？如何提高纳米相与聚合物相之间结合力，以制备均一的杂化材料？

6. 插层法制备纳米复合材料的过程中，可采用的制备方法有哪几种？

7. 纳米复合材料增强、增韧的机理是什么？

8. 纳米复合材料除增强、增韧外，还有什么功能？

参 考 文 献

[1] 赵文元，王亦军. 功能高分子材料 [M]. 第2版. 北京：化学工业出版社，2013.

[2] 陈立新，焦剑，蓝立文. 功能塑料 [M]. 北京：化学工业出版社，2005.

[3] 何天白，胡汉杰. 功能高分子与新技术 [M]. 北京：化学工业出版社，2001.

[4] 马晓燕，梁国正，鹿海军. 聚合物/天然硅酸盐黏土纳米复合材料 [M]. 北京：科学出版社，2009.

[5] 柯杨船. 聚合物纳米复合材料 [M]. 北京：科学出版社，2009.

[6] 张立德，牟季美. 纳米材料和纳米结构 [M]. 北京：科学出版社，2001.

[7] 徐国财，张立德. 纳米复合材料 [M]. 北京：化学工业出版社，2002.

[8] 黄锐，王旭，李忠明. 纳米复合材料 [M]. 北京：中国轻工业出版社，2002.

[9] 漆宗能，尚文宇. 聚合物/层状硅酸盐纳米复合材料理论与实践 [M]. 北京，化学工业出版社，2002.

[10] 柯扬船，皮特·斯壮. 聚合物-无机纳米复合材料 [M]. 北京：化学工业出版社，2003.

[11] 胡文祥，张杰，张泽强. 聚丙烯/累托石纳米复合材料的制备工艺 [J]. 武汉化工学院学报，2006，28 (4)：40.

[12] 邵鑫，田军，薛群基，等. 有机-无机纳米复合材料的合成、性质及应用前景 [J]. 材料导报，2001，15 (1)：50-53.

[13] 张剑峰，益小苏. 溶胶-凝胶法制备高分子/无机复合材料 [J]. 功能材料，2000，31 (4)：357.

[14] 牛余忠，曲荣君，孙昌梅，等. 树形大分子/金属配合物及其纳米复合材料的制备与性能研究进展 [J]. 离子交换与吸附，2006，22 (3)：277.

[15] 马洪洋，王静媛. 溶胶-凝胶法合成聚 (甲基丙烯酸乙酯-甲基丙烯酸环氧丙酯)/SiO$_2$ 杂化材料 [J]. 高分子学报，2000，(4)：402.

[16] 朱春玲，江万权，胡源. 溶胶-凝胶法制备 Polymer/MS/SiO$_2$ (M=Pb, Cd) 复合纳米材料 [J]. 化学物理学报，2001，14 (3)：335.

[17] 周克省，黄可龙，孔德明，等. 纳米无机物/聚合物复合吸波功能材料 [J]. 高分子材料科学与工程，2002，18 (3)：15.

[18] 李亚军，阮建明. 聚乳酸/羟基磷灰石复合型多孔状可降解生物材料 [J]. 中南工业大学学报：自然科学版，2002，33 (3)：261.

[19] 张力，吴俊涛，江雷. 石墨烯及其聚合物纳米复合材料 [J]. 化学进展，2014，26 (4)：560.

[20] 范家起，马永梅，漆宗能. 聚合物/黏土纳米复合材料的近期进展 [J]. 高分子通报，2013，(9)：18.

[21] 冯跃战，王波，陆波，等. 聚合物/SiO$_2$ 纳米复合材料的研究进展 [J]. 塑料科技，2013，41 (6)：92.

[22] 马志远，刘继纯，井蒙蒙. 聚合物/层状硅酸盐纳米复合材料阻燃性能的研究进展 [J]. 化工新型材料，2012，40 (4)：23.

[23] 张忠，贾玉. 聚合物纳米复合材料蠕变性能研究进展 [J]. 力学进展，2011，41 (3)：266.

[24] 张发爱，宋程，余彩莉. 聚合物介孔复合材料研究进展 [J]. 化工新型材料，2011，39 (3)：5.

[25] 欧育湘，赵毅，许冬梅. 聚合物/碳纳米管纳米复合材料性能研究进展 [J]. 高分子材料科学与工程，2011，27 (3)：167.

[26] 浦敏锋. 聚合物/黏土纳米复合材料中有机改性剂的研究进展 [J]. 高分子材料科学与工程，2010，26 (12)：168.

[27] 欧育湘，韩廷解，赵毅. 用于聚合物纳米复合材料的化学改性 POSS [J]. 化学通报，2009，(6)：484.

[28] 欧育湘，赵毅，李向梅. 聚合物/蒙脱土纳米复合材料阻燃机理的研究进展 [J]. 高分子材料科学与工程，2009，25 (3)：166.

[29] 刘文霞，张宝述，宋海明，等. 熔融插层法制备聚合物/黏土纳米复合材料的研究进展 [J]. 化工新型材料，2008，36 (9)：6.

[30] Lee M W, Hu X, Yue C Y, et al. Effect of fillers on the structure and mechanical properties of LCP/PP/SiO$_2$ in-situ hybrid nanocomposites [J]. Composite Science and Technology，2003，63 (3-4)：339.

［31］ Lee M W, Hu X, Li L, et al. Flow behaviour and microstructure evolution in novel SiO_2/PP/LCP ternary compos ites: Effects of filler properties and mixing sequence [J]. Polymer International, 2003, 52 (2): 276.

［32］ Lee M W, Hu X, Li L, et al. PP/LCP composites: Effects of shear flow, extensional flow and nanofillers [J]. Composites Science and Technology, 2003, 63 (13): 1921.

［33］ Li L, Ding S, Zhou C. Preparation and degradation of PLA/chitosan composite materials [J]. Journal of Applied Polymer Science, 2004, 91 (1): 274.

［34］ Mathew A P, Oksman K, Sain M. Mechanical properties of biodegradable composites from poly lactic acid (PLA) and microcrystalline cellulose (MCC) [J]. Journal of Applied Polymer Science, 2005, 97 (5): 2014.

［35］ Fitzgerald J J, Landry C J T, Pochan J M. Dynamic studies of the molecular relaxations and interactions in micro-composites prepared by in-situ polymerization of silicon alkoxides [J]. Macromolecules, 1992, 25 (14): 3715.

［36］ Landry C J T, Coltrain B K, Landry M R, et al. Poly (vinyl acetate)/silica filled materials: Material properties of in situ vs fumed silica particles [J]. Macromolecules, 1993, 26 (14): 3702.

［37］ Pandey J K, Reddy K R, Kumar A P, et al. An overview on the degradability of polymer nanocomposites [J]. Polymer Degradation and Stability, 2005, 88: 234.

［38］ Ray S S, Okamoto M. Polymer/layered silicate nanocomposites: A review from preparation to processing [J]. Progress in Polymer Science (Oxford), 2003, 28 (11): 1539.

［39］ Biswas M, Ray S S. Recent progress in synthesis and evaluation of polymer-montmorillonite nanocomposites [J]. Adv. Polym. Sci, 2001, 155: 167.

［40］ Ray S S, Maiti P, Okamoto M. New polylactide/layered silicate nanocomposites. 1. Preparation, characterization, and properties [J]. Macromolecules, 2002, 35 (8): 3104.

［41］ Pluta M, Galeski A, Alexandre M, et al. Poly (lactide)/montmorillonite nano-and micro-composites prepared by melt blending, Structure and some physical properties [J]. J. Appl. Polym. Sci. , 2002, 86: 1497.

［42］ Lee C H, Lim S T, Hyun Y H. Fabrication and viscoelastic properties of biodegradable polymer/organophilic clay nanocomposites [J]. Journal of Materials Science Letters, 2003, 22 (1): 53.

［43］ Devalckenaere N, Alexandre M, Dana K, et al. Poly (ε-caprolactone)/clay nanocomposites by in-situ intercalative polymerization catalyzed by dibutyltin dimethoxide [J]. Macromolecules, 2002, 35 (22): 8385.

［44］ Lepoittevin M, Devalckenaere N, Alexandre P M, et al. Poly (ε-caprolactone)/clay nanocomposites prepared by melt intercalation: Mechanical, thermal and rheological properties [J]. Polymer, 2002, 43: 4017.

［45］ Zheng X, Wilkie CA. Nanocomposites based on poly (ε-caprolactone) (PCL)/clay hybrid: Polystyrene, high impact polystyrene, ABS, polypropylene and polyethylene [J]. Polym Degrad Stab, 2003, 82 (3): 441.

［46］ Ray S S, Okamoto K, Okamoto M. Structure-property relationship in biodegradable poly (butylene succinate)/layered silicate nanocomposites [J]. Macromolecules, 2003, 36 (7): 2355.

［47］ Hiroshi U, Mai K, Takashi T, et al. Green nanocomposites from renewable resources: Plant oil-clay hybrid materials [J]. Chem. Mater. , 2003, 15 (13): 2492.

［48］ Miyagawa H, Misra M, Drzal L T, et al. Novel biobased nanocomposites from functionalized vegetable oil and organically-modified layered silicate clay [J]. Polymer, 2005, 46 (2): 445.

［49］ Tjong S C. Structural and mechanical properties of polymer nanocopmosites [J]. Materials Science and Engineering R, 2006, 53: 73.

［50］ Sadegh Abedi, Majid. A review of clay-supported Ziegler-Natta catalysts for production of polyolefin/clay nanocomposites through in situ polymerization [J]. Applied Catalysis A: General, 2014, 475: 386.

［51］ Peponi L, Puglia D, Torre L, et al. Processing of nanostructured polymers and advanced polymeric based nanocomposites [J]. Materials Science and Engineering: Reports, 2014, 85: 1.

［52］ Hu Kesong, Kulkarni D D, Choi I, et al. Graphene-polymer nanocomposites for structural and functional applications [J]. Progress in Polymer Science, 2014, 39 (11): 1934.

［53］ Sarita Kango, Susheel Kalia, Annamaria Celli, et al. Surface modification of inorganic nanoparticles for development of organic-inorganic nanocomposites—A review [J]. Progress in Polymer Science, 2013, 38 (8): 1232.

［54］ Ianchis R, Rosca I D, Ghiurea M, et al. Synthesis and properties of new epoxy-organolayered silicate nanocomposites [J]. Applied Clay Science, 2015, 103: 28.

［55］ Pavlidou S, Papaspyrides C D. A review on polymer-layered silicate nanocomposites [J]. Progress in Polymer Science, 2008, 33 (12): 1119.

［56］ Ray S S，Okamoto M. Polymer/layered silicate nanocomposites：a review from preparation to processing ［J］. Progress in Polymer Science，2003，28 (11)：1539.

［57］ Young R J，Kinloch I A，Gong L，et al. The mechanics of graphene nanocomposites：A review ［J］. Composites Science and Technology，2012，72 (12)：1459.

［58］ Azeez A A，Rhee K Y，Park S J，et al. Epoxy clay nanocomposites—Processing，properties and applications：A review ［J］. Composites Part B：Engineering，2013，45 (1)：308.

［59］ Choudalakis G，Gotsis A D. Free volume and mass transport in polymer nanocomposites ［J］. Current Opinion in Colloid & Interface Science，2012，17 (3)：132.

第7章 光功能高分子材料

7.1 概　述

　　光功能高分子材料是指能够对光能进行传输、吸收、储存、转换的一类高分子材料，在光的作用下能够表现出特殊的性能。从其作用机理看，可以简单地分为光物理材料和光化学材料两大类。

　　光物理材料着眼于材料对光的物理输出和转化特性，包括光的透过、传导、干涉、衍射、反射、散射、折射等普通光物理特性，在强光作用下所产生的非线性光学、光折变、电光、磁光、光弹等效应，以及在材料吸收能量后，以非化学反应的方式将能量转化为其他形式的能的特性。例如安全玻璃、透镜、光盘基材、塑料光学纤维等、高分子电光材料、光弹材料、光折变材料、高分子光致发光材料、光导电材料等。光化学材料则侧重于材料在光的作用下所发生的光化学变化，如光交联、光分解、光聚合及光异构等反应。由于发生了光化学反应，材料的其他特性如颜色、溶解性能、表面性能、光吸收特性等也发生了相应的变化。光化学材料主要包括光致抗蚀剂、光固化涂料及黏合剂等。

　　光功能高分子材料研究是光化学和光物理科学的重要组成部分，近年来有了快速发展，在功能材料领域占有越来越重要的地位。以此为基础，已经开发出众多具有特殊性质的光功能高分子材料产品，并在各个领域获得广泛应用。根据高分子材料在光的作用下发生的反应类型以及表现出的功能分类，光功能高分子可以分成以下几类。

　　(1) 光敏涂料　当聚合物在光照射下可以发生光聚合或者光交联反应，有快速光固化性能时，这种特殊材料可以用于材料表面保护。

　　(2) 光刻胶、光致抗蚀剂　在光的作用下可以发生光化学反应（光交联或者光降解），反应后其溶解性能发生显著变化的聚合材料，具有光加工性能，可以用于集成电路工业。

　　(3) 高分子光稳定剂　光稳定剂加入高分子材料中，由于光稳定剂能够大量吸收光能，并且以无害方式将其转化成热能，以阻止聚合材料发生光降解和光氧化反应，从而形成具有抗老化作用功能的高分子光稳定剂材料。

　　(4) 高分子荧光剂、高分子夜光剂　有光致发光功能的荧光或磷光量子效率较高的聚合物，用于制备各种分析仪器和显示器件。

　　(5) 光能转换聚合物　能够吸收太阳光，并具有能将太阳能转化成化学能或者电能的聚合物，起能量转换作用的装置称为光能转换装置，用于制造聚合物型光电池和太阳能水解装置。

（6）光导电材料　在光的作用下电导率能发生显著变化，可以制作光检测元件、光电子器件和用于静电复印、激光打印。

（7）光致变色高分子材料　在光的作用下其吸收波长发生明显变化，从而使材料外观的颜色发生变化。

光功能高分子材料是一种用途广泛，具有巨大应用价值的功能材料，其研究与生产发展的速度都非常快。本章将对一些光功能高分子材料的作用机理、研究方法、制备技术和实际应用等方面的内容进行讨论。

7.2　光功能高分子材料的结构与性能

光功能高分子材料各种功能的发挥都与光的参与有关，所以光（包括可见光、紫外线和红外线）是研究光功能高分子材料的主要内容。从光化学和光物理原理可知，包括高分子在内的许多物质吸收光子以后，可以从基态跃迁到激发态，处在激发态的分子容易发生光化学变化（如光聚合反应、光降解反应）和光物理变化（如光致发光、光导电）。

7.2.1　光物理和光化学原理

（1）光吸收和分子的激发态　光具有波粒二相性。光的微粒性是指光有量子化的能量，这种能量是不连续的。不同频率或波长的光有其最小的能量微粒，这种微粒称为光量子。光的波动性是指光线有干涉、绕射、衍射和偏振等现象，具有波长和频率。

在光化学反应中，光是以光量子为单位被吸收的，一个光量子的能量由式(7-1)表示。

$$E = h\nu = \frac{hc}{\lambda} \tag{7-1}$$

式中，h 是普朗克（Plank）常数；ν 为光的频率；λ 为光的波长；c 为光在真空中传播速度。

由此可以看出，不同波长的光具有不同能量。当光照到物质表面时，其能量可能被物质吸收，在物质内部消耗或转化，也可能发生透过或者反射，在物质内部不发生实质性变化。物质对光的吸收程度即透光率 T 可以用 Beer-Lambert 公式表示，见式(7-2)。

$$\lg T = \lg \frac{I}{I_0} = -\varepsilon l c \tag{7-2}$$

式中，I_0 为入射光强度；I 为透射光强度；c 为分子浓度；mol/l；l 为光程长度；ε 为摩尔消光系数，它是吸收光的物质的特征常数，表示该种物质对光的吸收能力，仅与化合物的性质和光的波长有关。需指出的是 Beer-Lambert 公式仅对单色光严格有效。

实际上，表征光吸收的更实用的参数是光密度 D，它的表达式见式(7-3)。

$$D = \lg \frac{1}{T} = \lg \frac{I_0}{I} = \varepsilon l c \tag{7-3}$$

光的吸收需要一定的分子结构条件，分子中对光敏感，能吸收紫外和可见光的部分被称为发色团。当光子被分子的发色团吸收后，光子能量转移到分子内部，引起分子电子结构改变，外层电子可以从低能态跃迁到高能态，此时分子处于激发态，激发态分子所具有的能量称为激发能。激发态的产生与光子能量和光敏材料分子结构有对应关系，只有满足特定条件激发态才会发生。激发态是一种不稳定的状态，很容易继续发生化学或物理变化。同时处于激发态的分子其物理和化学性质与处于基态时也有不同。

按泡利不相容原理，化合物在基态时，每个轨道上最多只能有两个电子，且自旋方向相反，在激发态时，两个电子分别在两个不同轨道上，所以激发态由两个半充满的轨道组成。这两个电子的自旋方向可以相同也可以相反。当一个分子束通过强磁场时，若分子中有两个自旋方向相同的电子，在磁场中就会分解成三种不同的态，这样就称分子处于三线态，记为 T；如果分子中两个电子自旋方向相反，则磁场不分解分子束，称这种分子处于单线态，记为 S。有机化合物分子在基态时，电子都自旋相反，所以均处于单线态，只是在被激发后的激发态才有单线态和三线态之分。一般激发三线态都是经激发单线态转变而成的，从能量的角度来看，激发三线态能量比激发单线态低，因而相对稳定。

（2）激发能的耗散　分子吸收光子后从基态跃迁到激发态，其获得的激发能有三种可能的转化方式，即：发生光化学反应；以发射光的形式耗散能量；通过其他方式转化为热能。激发能的耗散遵循 Jablonsky 光能耗散图（图 7-1）。

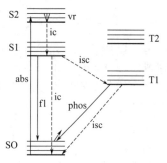

图 7-1　Jablonsky 光能耗散
abs—光吸收过程；f1—荧光过程；
vr—振动弛豫；ic—热能耗散；
isc—级间窜跃；phos—磷光
过程；S—单线态；T—三线态

其中从激发态直接通过发光回到基态的过程（f1）称为荧光过程；通过分子间的热碰撞过程失去能量回到基态（ic）称内部转变或者热能耗散；从单线态向三线态或从三线态向单线态转变的非光过程称为级间窜跃（isc），从三线态通过发光回到基态的过程称为磷光过程（phos）。

（3）光化学定律和量子效率　光化学第一定律指出：只有被分子吸收的光才能有效地引起化学反应。1908 年由 Stark 和 1912 年 Einstein 对光化学反应作进一步研究后，提出了光化学第二定律：一个分子只有在吸收了一个光量子之后，才能发生光化学反应。随后 Einstein 提出了量子效率的概念，对第二定律作了补充，量子效率 Φ 可定义为式(7-4)。

$$\Phi = \frac{\text{光化学过程中起反应的分子数}}{\text{吸收的光量子数}} \qquad (7-4)$$

相应地可以定义光化学反应的量子效率为光化学过程的速度与吸收光的速度的比值，荧光量子效率为荧光强度与入射光强度的比值。

（4）激发态的猝灭　能加速激发态分子衰减到基态或者低能态的过程叫激发态的猝灭，猝灭过程通常表现出光量子效率降低，荧光强度下降，甚至消失。根据猝灭的机理不同，猝灭过程可以分成动态猝灭和静态猝灭两种。当通过猝灭剂和发色团碰撞引起猝灭时，称为动态猝灭；当猝灭过程通过发色团与猝灭剂形成不发射荧光的基态复合物完成时，称这一过程为静态猝灭。猝灭过程是光化学反应的基础之一，芳香胺和脂肪胺是常见的有效猝灭剂，空气中的氧分子也是猝灭剂。猝灭剂的存在对光化学和光物理过程都有重要影响。

（5）分子间或分子内的能量转移过程　吸收光子后产生的激发态的能量可以在不同分子或者同一分子的不同发色团之间转移，转移出能量的一方为能量给体，另一方为能量受体。能量转移可以通过辐射能量转移机理完成，其中能量受体接收了能量给体发射出的光子而成为激发态，能量给体则回到基态，一般表现为远程效应。也可以通过无辐射能量转移机理完成，能量给体和能量受体直接发生作用，给体失去能量回到基态或者低能态，受体接受能量而跃迁到高能态，完成能量转移过程。这一过程要求给体与受体在空间上要互相接近，因此是一个邻近效应。能量转移在光物理和光化学过程中普遍存在，特别是在聚合物光能转化装置中起非常重要作用。

（6）激基缔合物和激基复合物　当处在激发态的分子和同种处于基态的分子相互作用，

生成的分子对被称为激基缔合物。而当处在激发态的物质同另一种处在基态的物质发生相互作用，生成的物质被称为激基复合物。激基缔合物也可以发生在分子内部，即处在激发态的发色团与同一分子上的邻近发色团形成激基缔合物，或者与结构上不相邻的发色团，但是由于分子链的折叠作用而处在其附近的发色团形成激基缔合物。

7.2.2 光化学反应

与高分子光敏材料密切相关的光化学反应是光聚合或光交联反应、光降解反应和和光异构化反应。它们都是在分子吸收光能后发生能量转移，进而发生化学反应。不同点在于前者反应产物是通过光聚合或光交联生成分子量更大的聚合物，溶解度降低。后者是生成小分子产物，溶解度增大。利用上述光化学反应性质可以制成许多在工业上有重要意义的功能材料。

7.2.2.1 光聚合与光交联

光聚合是指化合物由于吸收了光能而发生化学反应，引起产物分子量增加的过程，此时反应物是小分子单体，或者分子量较低的低聚物。光聚合除光缩合聚合外，就其反应本质而言，都是链反应机理。只不过光聚合和引发活性种由光化学反应产生，随后的链增长与链终止等过程都是相同的。因此光聚合只有在链引发阶段需要吸收光能。光聚合的主要特点是反应的温度适应范围宽，可以在很大的温度范围内进行，特别适合于低温聚合反应。

光交联反应是指线形聚合物在光引发下高分子链之间发生交联反应生成三维立体网状结构的过程。交联后，聚合物分子量增大，并失去溶解能力。交联反应可以通过交联剂进行，也可以发生在聚合物链之间。当反应物为分子量较低的低聚物或单体发生光聚合反应时，生成分子量更大的线形聚合物，同样引起溶解度的下降。光聚合和光交联反应的主要特点是反应的温度适应范围宽，可以在很大的温度范围内进行，特别适合于低温聚合反应。

根据反应类型分类，光聚合反应包括自由基聚合、离子型聚合和光固相聚合三种。可以作为光聚合反应的单体见表7-1。

表 7-1　可用于光聚合反应的单体结构

结构名称	化学结构	结构名称	化学结构
丙烯酸基	CH_2=CH—COO—	乙烯基硫醚基	CH_2=CH—S—
甲基丙烯酸基	CH_2=C(CH_3)—COO—	乙烯基氨基	CH_2=CH—NH—
丙烯酰氨基	CH_2=CH—CONH—	环氧丙烷基	CH_2—CH—CH_2—
顺丁烯二酸基	—OOCCH=CH—COO—		
烯丙基	CH_2=CH—CH_2—	炔基	CH≡C—
乙烯基醚基	CH_2=CH—O—		

（1）光引发自由基聚合　光引发自由基聚合可以由不同途径发生，一是由光直接激发单体到激发态产生自由基引发聚合，或者首先激发光敏分子，进而发生能量转移产生活性种引发聚合反应，二是由吸收光能引起引发剂分子发生断键反应，生成的自由基引发聚合反应；三是由光引发分子复合物，由受激分子复合物解离产生自由基引发聚合。

某些单体，例如苯乙烯、甲基丙烯酸甲酯、烷基乙烯基酮和溴乙烯等，在受紫外线或可见光照射时能发生光解反应而产生自由基活性中心，此后按一般热分解引发剂的自由基聚合和链增长过程发生聚合。发生单体直接光解引发的基本条件，是单体必须能吸收某一波长范围的光，然而有些不能发生直接光解引发反应的单体，在加入少量光引发剂或光敏剂后，仍有可能发生光引发聚合反应，因此光引发剂和光敏剂是光活性分子，如丙烯腈在芳胺存在时的光聚合反应。这些光活性分子能吸收光能，并能有效地发生光化学转变或能量转移，由此产生引发单体自由基聚合的初级自由基，这种光活性分子如芳酮、烷基苯基酮及芳杂环化合物等。

（2）光引发剂和光敏剂　为了增加光聚合反应的速度，经常需要加入光引发剂和光敏剂，二者均能促进光化学反应的进行。光引发剂和光敏剂的作用是提高光子效率，有利于自由基等活性种的产生。在给定光源条件下，光引发剂和光敏剂的引发效率与下列三个因素有关：分子的吸收光谱范围要与光源波长相匹配，并具有足够的消光系数；为了提高光子效率，生成的自由基的自结合率要尽可能小；在光聚合反应中使用的光引发剂和光敏剂及其断裂产物不参与链转移和链终止等副反应。

光引发剂和光敏剂的作用机理是不同的。光引发剂在吸收适当波长及强度的光能后，发生光物理过程至其某一激发态，若该激发态能量大于断裂键所需的能量，断键产生自由基，从而引发反应，光引发剂被消耗。其作用机理如式（7-5）、式（7-6）所示。

$$\text{光引发剂(PI)} \xrightarrow{h\nu} \text{(PI)}^* \text{（激发态生成）} \tag{7-5}$$

$$\text{(PI)}^* \xrightarrow{\text{断键}} \text{PI}^* \text{（初级自由基）} \tag{7-6}$$

光敏剂吸收光能发生光物理过程至它的某一激发态后，发生分子内或分子间能量转移，传递至另一分子（单体或引发剂）产生初级自由基，光敏剂回到基态。光敏剂的作用类似于化学反应的催化剂。其作用机理如式（7-7）、式（7-8）所示。

$$\text{光敏剂(PS)} \xrightarrow{h\nu} \text{(PS)}^* \text{（激发态生成）} \tag{7-7}$$

$$\text{(PS)}^* + \text{单体或引发剂} \longrightarrow \text{初级自由基} + \text{PS（基态）} \tag{7-8}$$

在这类能量转移机理中，光敏剂本身并不消耗或改变结构，可以看作是光化学反应的催化剂。常见的光引发剂和光敏剂列于表 7-2、表 7-3 中。

表 7-2　常见的光引发剂的种类和作用波长

种　类	感光波长/nm	举例	种　类	感光波长/nm	举例
羰基化合物	360～420	安息香	卤化物	300～400	卤化银、溴化汞
偶氮化合物	340～400	偶氮二异丁腈	色素类	400～700	核黄素
有机硫化物	280～400	硫醇、硫醚	有机金属	300～450	烷基金属
氧化还原对		铁(I)/过氧化氢	羰基金属	360～400	羰基锰
其他		三苯基磷			

表 7-3　常见的光敏剂的种类和相对活性

种　类	相对活性	种　类	相对活性
米蚩酮	640	2,6-二溴 4-二甲氨基苯	797
萘	3	N-乙酰基-4-硝基-1-萘胺	1100
二苯甲酮	20	对二甲氨基硝基苯	137

光敏剂的作用机理有三种，即能量转移机理、夺氢机理和生成电荷转移复合物机理。其中能量转移机理是指光激发的给体分子光敏剂和基态受体分子之间发生能量转移而产生能引发聚合反应的初级自由基。夺氢机理是由光激发产生的光敏剂分子与含有活泼氢给体之间发生夺氢作用产生引发聚合反应的初级自由基。而电荷转移复合物机理是电子给体与电子受体由于电荷转移作用生成电荷转移复合物，这种复合物吸收光后跃迁到激发态，在适当极性介质中解离为离子型自由基。

（3）阳离子光聚合与固态光聚合　除了自由基光聚合反应之外，光引发阳离子聚合也是一种重要光化学反应，包括光引发阳离子双键聚合和光引发阳离子开环聚合两种。光引发阳离子聚合不会被氧气阻聚，无需在聚合过程中使用惰性气体，在空气中即可获得快速而完全的聚合，因此有重要的工业意义。但由于这类光引发剂在光照射时一般都释放出路易斯酸，因而影响了聚合产品的质量，其使用寿命一般较差。

光引发阳离子双键聚合指由乙烯基不饱和单体进行的聚合，如由双环戊二烯基二氯化钛引发乙烯基醚和苯乙烯光聚合。光引发阳离子开环聚合适用于多种具有环张力的单体，如缩醛、环醚、环氧化物和 β-内酯、硫化物、硅酮等。

阳离子光聚合常用的引发剂有金属卤化物、重氮盐、二芳基碘鎓化合物和三芳基锍鎓化合物等。

固态光聚合，有时也称为局部聚合，是生成高结晶度聚合物的一种方法，二炔烃经局部光聚合可以得到具有导电能力的聚乙炔型聚合物。

（4）光交联反应　光交联反应与光聚合反应不同，是以线形高分子，或者线形高分子与单体的混合物为原料，在光的作用下发生交联反应生成不溶性的网状聚合物。它是光聚合反应在许多重要工业应用的基础，如光固化油墨、印刷制版、光敏性涂料、光致抗蚀剂、光敏性涂料等。

交联反应按照反应机理可以分为链聚合和非链聚合两种。能够进行链聚合的线性聚合物和单体必须含有碳碳双键，类型包括：①带有不饱和基团的高分子，如丙烯酸酯、不饱和聚酯、不饱和聚乙烯醇、不饱和聚酰胺等；②具有硫醇和双键的分子间发生加成聚合反应；③某些具有在链转移反应中能失去氢和卤原子而成为活性自由基的饱和大分子。非链光交联反应其反应速度较慢，而且往往需要加入交联剂，交联剂通常为重铬酸盐、重氮盐和芳香族叠氮化合物。

7.2.2.2 光降解反应

光降解反应是指在光的作用下聚合物链发生断裂，分子量降低的光化学过程。光降解反应的存在使高分子材料老化、力学性能变坏，从而失去使用价值。当然光降解现象的存在对环境保护具有有利的作用。高分子光降解除发生上述的老化现象外，还有另外一个重要的工业应用，典型的例子是可降解聚合物在电子工业中用于正性光致抗蚀剂。对于光刻胶等光敏材料，光降解改变高分子的溶解性，在光照区脱保护则是其发挥功能的主要依据。

光降解过程主要有三种形式，一种是无氧光降解过程，主要发生在聚合物分子中含有发色团时，或含有光敏性杂质时，但是详细反应机理还不清楚。一般认为与聚合物中羰基吸收光能后发生一系列能量转移和化学反应导致聚合物链断裂有关。如羰基吸收光后诱发 Norrish Ⅰ型和 Norrish Ⅱ型的断键过程，如下列反应式所示。

Norrish Ⅰ反应在酮基处断开高分子链，见式(7-9)。

$$\sim\!\!\sim\!\!-CH_2-CH_2-\underset{\underset{O}{\parallel}}{C}-CH_2-CH_2-\sim\!\!\sim \xrightarrow{h\nu} \sim\!\!\sim\!\!-CH_2-CH_2-\overset{\overset{O}{\parallel}}{C}\cdot+\cdot CH_2-CH_2-\sim\!\!\sim \qquad (7\text{-}9)$$
$$\downarrow$$
$$CO+CH_2-CH_2-\sim\!\!\sim$$

Norrish Ⅱ反应在 α 位断开高分子链，见式(7-10)。

$$\sim\!\!\sim\!\!-CH_2-CH_2-\underset{\underset{O}{\parallel}}{C}-CH_2-CH_2-\sim\!\!\sim \xrightarrow{h\nu} \sim\!\!\sim\!\!-CH_2-CH_2-\underset{\underset{O}{\parallel}}{C}-CH_3+CH_2=CH-\sim\!\!\sim \qquad (7\text{-}10)$$

至于不含有羰基发色团的聚合物，可能有两种光降解方式导致主链断裂：一种是首先发生侧基断裂，然后由所产生的自由基引起聚合物链断裂，另一种是主链键直接被光解成一对自由基。

第二种光降解反应是光参与的光氧化过程。光氧化过程是在光作用下产生的自由基与氧气反应生成过氧化物，过氧化物是自由基引发剂，产生的自由基能够引起聚合物的降解反应。其过程为高分子吸收光后激发成单线态（s_1），单线态转变成寿命较长的三线态（T_1），它与空气中的氧分子反应，生成高分子过氧化氢，后者很不稳定，在光的作用下很容易分解为自由基，产生的自由基能够引起聚合物的降解反应，见式(7-11)。

$$P—H(s_0) \xrightarrow{h\nu} P—H^*(s_1) \longrightarrow P—H^*(T_1)$$
$$P—H^*(T_1)+O_2 \longrightarrow POOH$$
$$POOH \longrightarrow PO\cdot + \cdot OH$$
$$或 \longrightarrow P\cdot + \cdot OOH$$

$$(7\text{-}11)$$

聚丙烯由于其上有大量的叔氢原子，因此易于发生光氧化降解，其降解过程见式(7-12)。

$$(7\text{-}12)$$

第三种光降解反应发生在聚合物中含有光敏剂时，光敏剂分子可以将其吸收的光能传递给聚合物，促使其发生降解反应。它的反应可按两种机理进行。第一种机理是光敏剂的激发态与高分子间进行氢自由基的授受，使分解反应的链引发发生，如黄色类还原染料在光作用下使染过色的棉布脆化，就是人们所共知的光敏分解反应的例子，其机理可表示为式(7-13)。

$$D \xrightarrow{h\nu} D^*$$
$$D^* +Cell—H \longrightarrow Cell\cdot +DH\cdot$$
$$(DH\cdot +O_2 \longrightarrow DOOH)$$
$$Cell\cdot +O_2 \longrightarrow CellOO\cdot$$
$$CellOO\cdot +H_2 \longrightarrow 氧化纤维素+\cdot OOH$$
$$Cell—H+\cdot OOH \longrightarrow 纤维素的氧化分解$$

$$(7\text{-}13)$$

式中，Cell—H 为纤维素分子；D 为发生光敏反应的染料分子。

第二种机理是在光作用下活化为三线态的光敏剂使氧分子活化为单线态，该氧分子导致高分子的分解，碱性亚甲兰就是其中一种光敏剂，其链引发反应可表示为式(7-14)。

$$D \xrightarrow{h\nu} D^*(T_1)$$
$$O_2+D^*(T_1) \longrightarrow O_2^*(s_1)$$
$$RH+O_2^*(s_1) \longrightarrow ROOH$$
$$ROOH \longrightarrow R\cdot + \cdot OOH$$

$$(7\text{-}14)$$

式中，RH 表示高分子。由于聚合物分子内没有光敏感结构，一般认为光氧化降解反应是聚合物降解的主要方式，在聚合物中加入光稳定剂可以减低其反应速度，防止聚合物的老化，延长其使用寿命。

7.2.3　感光高分子体系的设计与构成

从高分子设计角度考虑，有以下方法可构成感光高分子体系。

（1）将感光性化合物添加入高分子中的方法　常用的感光性化合物有：重铬酸盐类、芳香族重氮化合物、芳香族叠氮化合物、有机卤素化合物和芳香族硝基化合物等。其中重氮与叠氮化合物体系尤为重要。例如，由环化橡胶与感光性叠氮化合物构成的体系是具有优异抗蚀性、成膜性的负性光刻胶，其感度与分辨率好，价格也便宜。

（2）在高分子主链或侧链引入感光基团的方法　这是广泛使用的方法。引入的感光基团种类很多，主要有：光二聚型感光基团（如肉桂酸酯基）、重氮或叠氮感光基团（如邻偶氮醌磺酰基）、丙烯酸酯基团以及其他具有特种功能的感光基团（如具有光色性、光催化性和光导电性基团）等。

（3）由多种组分构成的光聚合体系　鉴于以单体和光敏剂所组成的光聚合体系在光聚合过程中收缩率大，实用性受到限制。因此，将乙烯基、丙烯酰基、烯丙基、缩水甘油基等光聚合基团引入到各种单体和预聚物中，作为体系的主要组成，再配以光引发剂、光敏剂、除氧剂和偶联剂等各种组分构成。这类体系的组分与配方可视用途不同而设计，配方多变，便于调整。在光敏涂料、光敏黏合剂和光敏油墨等的制造中常用这种方法。这种体系的缺点是不宜用作高精细的成像材料。

感光性高分子品种繁多，应用很广。目前常用的分类方法有以下几种。

① 根据光反应的类型分为光交联型、光聚合型、光氧化还原型、光分解型、光二聚型等。

② 根据感光基团的种类分为重氮型、叠氮型、肉桂酰型、丙烯酸酯型等。

③ 根据物性变化分为光致不溶型、光致溶解型、光降解型等。

④ 根据骨架聚合物种类分为聚乙烯醇型（PVA）、聚酯型、尼龙型、丙烯酸酯型、环氧型、氨基甲酸酯型等。

⑤ 根据聚合物组分可分为感光性化合物和聚合物混合型、具有感光基团的聚合物型、光聚合物组成型等。

⑥ 根据其在光参量作用下表现出的功能和性质，又可分为光敏涂料、高分子光致抗蚀剂、高分子光稳定剂、高分子荧光（磷光）材料、高分子光催化剂、高分子光导材料、光致变色高分子材料、高分子非线性光学材料以及高分子光力学材料等。

7.3　光功能高分子材料的应用

7.3.1　光敏性涂料

光敏涂料是光化学反应的具体应用之一。与传统的自然干燥或热固化涂料相比，光敏涂料具有下列优点：①固化速度快，可在数十秒时间内固化，适于要求立刻固化的场合；②不需要加热，耗能少，这一特点尤适于不宜高温烘烤的材料；③污染少，因为光敏涂料从液体转变为固体是分子量增加和分子间交联的结果，而不是溶剂挥发所造成；④便于组织自动化光固上漆生产流水作业线，从而提高生产效率和经济效益。

但是，光敏涂料也不可避免地存在一些缺点，如受到紫外线穿透能力的限制，不适合于作为形状复杂物体的表面涂层。若采用电子束固化，虽然它穿透能力强，但其射线源及固化装置较为昂贵。此外，光敏涂料的价格往往比一般涂料高，在一定程度上会限制其应用。

光敏涂料在使用上可分为两类。一类是作为塑料、金属（如包装罐）、木材（如家具）、包装纸（箱）、玻璃、光导纤维及电子器件的表面涂料，起装饰和保护层作用。另一类作抗蚀剂用，如制造印刷电路板等。

7.3.1.1 光敏涂料体系的组分

光敏涂料体系主要是由光敏预聚物、光引发剂和光敏剂、活性稀释剂（单体）以及其他添加剂（如着色剂、流平剂及增塑剂）等构成的。

（1）光敏预聚物　光敏预聚物是光敏涂料中最重要的成分之一。涂层的性能，如硬度、柔韧性、耐久性及黏附性等，在很大程度上与预聚物有关。光敏预聚物其相对分子质量一般为 $1000 \sim 5000$，其分子链中应具有一个或多个可供进一步聚合的反应性基团。以下是几种常用的光敏预聚物。

丙烯酸酯化环氧树脂是目前应用较多的一种光敏预聚物。环氧树脂分子骨架结构赋予光敏涂料韧性、柔顺性、黏结性及化学稳定性等优良性能。为了进一步提高丙烯酸酯化环氧树脂预聚物的性能，可在此基础上，加入丙烯酸酰氯或顺酐封闭其中的羟基，既提高了疏水性，又可引入更多的光敏基团。

不饱和聚酯预聚物最早用作光敏涂料，经紫外线照射后能形成较坚硬的涂膜，但附着力和柔韧性不好，在金属、塑料及纸张的涂饰中用得不多。不饱和聚酯常用苯乙烯为活性稀释剂，但后者沸点低，光固化速度慢。因此，有必要对不饱和聚酯进行改性，如为了改善涂料的力学性能，增加硬度，可由三羟基丙烷、丙烯酸及丙烯酸预聚物合成低分子量的不饱和聚酯；选用苯乙烯以外的活性稀释剂，如丙烯酸酯类，它们固化速度快，且可减少单体挥发的损失。

聚氨酯型光敏预聚物通常是由双或多异氰酸酯与不同结构和分子量的双或多羟基化合物反应生成端基为异氰酸酯基的中间化合物，再与含羟基的丙烯酸或甲基丙烯酸反应，获得带丙烯酸基的聚氨酯。聚氨酯涂层具有黏结力强、耐磨、坚韧而柔软的特点。主要缺点是日光长时间照射易使其漆膜发黄，这可能是聚氨酯分子中含氮原子发色团所造成的。

多硫醇/多烯光固化树脂体系光敏涂料的突出优点：一是空气对其没有阻聚作用；二是选用不同结构的硫醇与多烯基分子（如多硫醇的丙烯酸酯）反应可以获得某些特殊性能的树脂，例如，选用低黏度树脂可提高漆膜的柔顺性而不必加入低分子量的稀释剂，这是因为硫醚键在交联网状结构中旋转位垒较低的缘故。多硫醇价格较贵且有气味，使用上受到一定限制，目前在纸张、涂料、地板漆及织物涂层中有一定用途。

（2）光引发剂和光敏剂　光引发剂和光敏剂都是在光聚合中起到促进引发聚合作用的化合物，但两者有各自不同的机理。光引发剂作用过程大多是发生化学变化，是消耗性的。而光敏剂当其以能量转移机理催化化学反应时，过程是非消耗性的。有些化合物在一定条件下可兼有两方面的作用。

① 安息香及其衍生物。在烯类单体光聚合中应用最广的光引发剂首推安息香及其衍生物，这是因为它们具有近紫外吸收较高及光裂解产率高等特点。

安息香光分解后产生 2 个自由基，见式(7-15)。

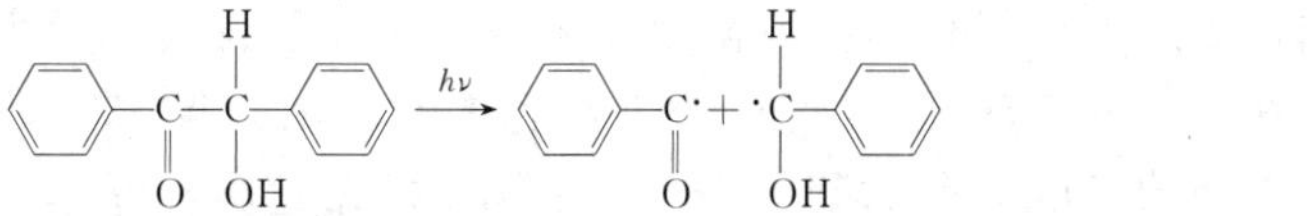

$$\text{(7-15)}$$

生成的两种初级自由基都可引发单体聚合，但若初级自由基扩散太慢，会导致其偶合而降低引发效率。

安息香具有强的分子内氢键。研究结果表明，将安息香的羟基醚化，破坏分子内氢键，可提高光分解速率。例如，在相同体系中，安息香甲醚往往会比安息香提高光固化速率 2 倍左右。需要指出的是安息香甲醚的贮存稳定性差，因此，要获得较好活性及长的使用寿命，以安息香异丙基醚为宜。

安息香最大的缺点是它在光聚合体系中易发生暗聚合，使储存稳定性下降，因此，目前更多的是用安息香的衍生物。一些常见的安息香衍生物的最佳紫外吸收范围见表 7-4。

表 7-4　一些常见的安息香衍生物的最佳紫外吸收范围

名称及结构	最佳 UV 吸收范围/nm	名称及结构	最佳 UV 吸收范围/nm
安息香甲醚 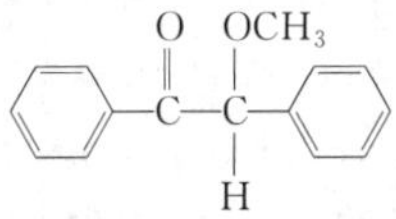	300～380	安息香异丙基醚 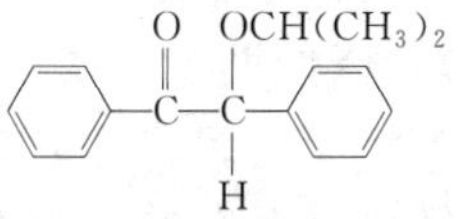	240～260
安息香二甲醚 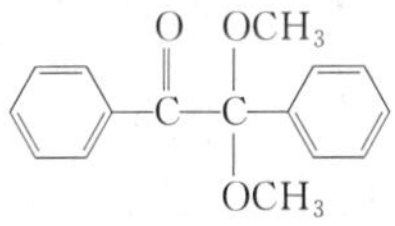	340～350	安息香异丁基醚 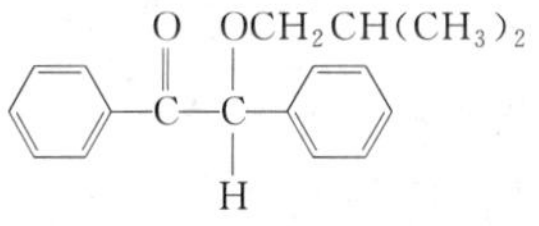	240～270

② 苯乙酮衍生物。常用的是二烷氧基苯乙酮，如二乙氧基苯乙酮，它是一种液体，最佳 UV 吸收范围是 240～350nm，其光裂解过程存在两种不同途径，见式(7-16)。

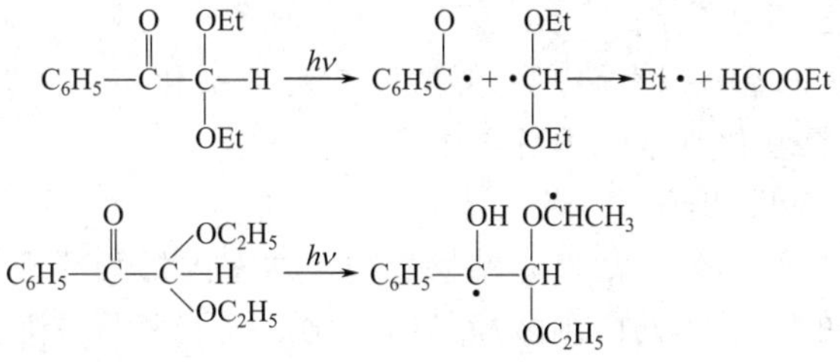

$$\text{(7-16)}$$

双自由基活性种

二烷氧基苯乙酮的引发速率比安息香烷基醚要快，这可能是由于它们光解产生的烷氧基烷基自由基发生与自由基重结合反应相竞争的次级断裂，产生了高活性的烷基自由基的缘故。

③ 三芳基锍鎓盐类。三芳基锍鎓盐类是目前最常用的一种光引发阳离子聚合的引发剂，通常是白色化合物。虽然它是高度光敏的，但对温度并不敏感，具有优良的热稳定性。它可与多种溶剂（如卤代烃、酮、醇和腈类等）互溶，特别是与大多数阳离子聚合单体（如乙烯基醚类）能很好地互溶，有优良的溶解性。

$$Ar_3S^+X^- \xrightarrow{h\nu} [Ar_3S^+X^-]^*$$
$$[Ar_3S^+X^-]^* \longrightarrow Ar_2S^+ + Ar\cdot + X^-$$
$$Ar_2S^+ + YH \longrightarrow Ar_2S^+{-}H + Y\cdot$$
$$Ar_2S^+{-}H \longrightarrow Ar_2S + H^+$$
$$2Ar\cdot \longrightarrow Ar{-}Ar$$
$$Ar\cdot + YH \longrightarrow ArH + Y\cdot$$
$$Ar=\text{芳基}，YH=\text{溶剂}，X=\text{阴离子}$$

图 7-2　三芳基锍鎓盐的光分解过程

三芳基锍鎓盐的光分解过程如图 7-2 所示。从中可看到在反应中间体中既有阳离子也有自由基生成，因此这种体系除引发阳离子聚合外也可引发自由基聚合。几种常见的三芳基锍鎓盐的一些性质见表7-5。这类光引发剂对近紫外区域的吸收较弱，限制了它对中、高压汞灯的利用。常用的光敏剂有二苯甲酮、米蚩酮、硫杂蒽酮和联苯酰等。

表 7-5　几种常见的三芳基锍鎓盐阳离子光引发剂

阳离子	阴离子	熔点/℃	λ_{max}/nm
[⬡₃S⁺]	BF₄⁻	191～193	227
[⬡₃S⁺]	AsF₆⁻	195～197	227
[H₃C, HO, H₃C 苯环 S⁺]₃	AsF₆⁻	245～251	263

（3）活性稀释剂　光敏预聚物通常黏度较大，施工性能差，在实际应用中需要配给性能好的活性稀释剂（单体），以便调节黏度。活性稀释剂在光固化前起溶剂作用，在聚合过程中起交联作用，随后成为漆膜的组成部分，对漆膜的硬度与柔顺性等有很大影响。

对活性稀释剂的选择要考虑它的光敏性、它对光敏涂料成膜后性能的影响、均聚物的玻璃化温度、聚合时的收缩率、黏度、相对挥发性、气味与毒性、对光敏预聚物的溶解能力及成本高低等。

一些常见的便宜的单体，如苯乙烯、丙烯酸甲酯、乙酸乙烯酯等由于挥发性大，聚合收缩率过大，目前已不是首选的活性稀释剂。目前使用最多的是丙烯酸或甲基丙烯酸甲酯类稀释剂，按其所含丙烯酸酯官能团的多少可分为单、双、三和四的丙烯酸酯。

① 单丙烯酸酯类。丙烯酸羟乙酯、甲基丙烯酸羟乙酯、丙烯酸羟丙酯和丙烯酸异辛酯等。

② 双丙烯酸酯类。聚乙二醇（200）双丙烯酸酯、邻苯二甲酸二乙二醇二丙烯酸酯、丙氧基化新戊二醇双丙烯酸酯、三缩三丙二醇双丙烯酸酯等。

③ 三丙烯酸酯类。三羟甲基丙烷三丙烯酸酯、乙氧基化三羟甲基肉烷三丙烯酸酯、季戊四醇三丙烯酸酯、丙氧基化甘油三丙烯酸酯等。

④ 四丙烯酸酯类。季戊四醇四丙烯酸酯等。

人们比较了丙烯酸酯类的光学活性，结果发现，通常丙烯酸酯类比甲基丙烯酸酯类光学活性要高。此外，长链的二元醇的丙烯酸酯是活性比双键更多、位阻更大的单体，如季戊四醇四丙烯酸酯和三羟甲基丙烷三丙烯酸酯等。

此外，一种新型的光固化活性稀释剂乙烯基醚类也日益受到人们的注意。这类活性稀释剂的挥发性小，无异味，光固化速度快，黏度低，可实现喷涂而提高施工效率且毒性低等。通常可用于丙烯酸酯化环氧树脂、不饱和聚酯等体系中，常见的乙烯基醚活性稀释剂可分为单乙烯基醚［如乙二醇丁基乙烯基醚、1,4-丁二醇乙烯基醚、2-（二乙基胺）乙醇乙烯基醚等］和多乙烯基醚（如乙二醇二乙烯基醚、二乙二醇二乙烯基醚、三乙二醇二乙烯基醚、三羟甲基丙烷三乙烯基醚等）两大类。

（4）增塑性稀释剂　这类稀释剂旨在改善涂层的韧性及流动性。常用的有纤维素丁酯、磷酸三丁酯和聚醚202等。这类添加剂是非活性的，起外增塑作用，具迁移性，慎用为宜。

（5）流平剂　光敏涂料在施工过程中，刷涂时可能出现刷痕，喷涂时可能出现橘皮，辊压时产生辊痕，光固化时出现缩孔、针孔、流挂等现象，所有这些都是流平性不良的表现。

消除这些弊病的方法是加入适宜的流平剂。可以考虑使用平均相对分子质量在 1 万左右的低分子量聚丙烯酸酯、有机硅改性聚醚等，但要注意它们与所用光敏涂料的混溶性是否良好，在树脂中的添加量通常在 0.5%～1%左右。

(6) 其他添加剂与颜料　光敏涂料中除上面提到的一些组分外，根据需要还可加入一些其他添加剂，如润湿剂、消泡剂等，它们应尽量少加或不加。

此外，制备色漆需加入颜料，它们的加入会使光固化速度降低，视颜料及厚度的不同，影响不一。大多数彩色颜料都可试用，但像酞菁酮类有机颜料有严重的阻聚作用，不宜选取。在油墨中常使用炭黑，它强烈吸收紫外线，有阻聚作用，用量要少，在允许范围内宜选用粒径不太小的炭黑，涂层尽量薄一些为宜。二氧化钛是广泛使用的白色颜料。当采用金红石型二氧化钛时，不宜采用安息香乙醚、二苯甲酮等作光引发剂，建议采用联苯酰、苯甲酰基磷氧化合物等。锐钛型二氧化钛对紫外线的吸收主要在 360nm 左右，比金红石型的低，更适于光固化涂料用，但遮盖力小一些。

7.3.1.2　可视光固化材料

用紫外线作为固化光源虽然有很多优点，但也有不足之处，诸如：在有颜料配合的体系，固化程度不够高；对于容易被紫外线或热损伤的制品，不宜使用；紫外线对人体有不良影响；紫外线的装置成本较高。而若能采用可见光进行固化，其优点是固化交联程度较高；不损伤物品；对人体无影响；可见光装置成本较低。

由此可见，开发可见光固化的研究是很有意义的，目前在光固化黏合剂方面已有一些成果可资借鉴。可见光固化仍可考虑用以前介绍的光敏预聚物，如丙烯酸酯化环氧树脂、多硫醇-多烯树脂等。关键是要开发一系列适合于可见光固化用的光引发剂和光敏剂体系。

可见光固化用的引发剂有 α-萘基或苄基等的 α-二酮类化合物，樟脑醌，2,4-二乙基噻唑酮，三甲基苯甲酰基二苯氧膦，四溴荧光素/胺，核黄素，花青色素类。

可见光固化用的光敏剂有二甲氨基甲基丙烯酸乙酯，4-二甲氨基安息香异戊醚，苯甲酰类等。

7.3.1.3　光敏涂料的光固化反应

光敏涂料的光固化反应受多种因素影响，诸如辐射固化装置、光引发剂-光敏剂、涂膜厚度、底基性质、气氛介质、温度及涂料的配方等。

(1) 辐射固化装置

① 紫外线固化装置。紫外线可由碳弧光灯、超高压汞灯、金属卤化物灯、荧光灯和氙光灯产生。由于高压汞灯和金属卤化物灯的光源强度、发生稳定性、分光能量分布均匀性等都比较好，故较实用。

② 电子辐射固化装置。电子辐射固化装置具有很多优点，如能量效率高，穿透力强，甚至可固化厚的和着色的涂料，而且无需引发剂。但由于氧的阻聚作用，辐射区需要用氮气保护，这是一项较大的运转费用，再加上装置本身较贵，因而应用上受到一定限制。

(2) 光引发剂/光敏剂和涂层厚度的关系　涂层厚度对光固化有十分重要的影响。当膜厚很薄时（<5nm），固化后的涂膜耐溶剂性较差。当涂膜的厚度较厚时，则位于底物与涂层界面之间的涂料会呈现出交联不足的现象，其影响程度与所用光引发剂/光敏剂的消光系数有关。消光系数大者，易产生只能使表层固化的情况。通常，当光引发剂/光敏剂的浓度增加，光固化速度增大，但若使用过量的光引发剂/光敏剂时，有时适得其反，此时在靠近紫外线光源部分产生了较高浓度的自由基，自由基浓度的不均衡分布导致降低整体光交联速率，特别是涂膜底层的光交联速率降低，形成底部发软的"夹生"现象。

（3）固化时环境气氛的影响　空气中的氧对光交联过程有阻聚作用，为此可通入氮气等惰性气体，也可加入某些添加剂，如石蜡，它浮于表面，起隔绝空气的作用，但后处理较麻烦。也有人加入适量的干性油，利用干性油吸氧固化的特性，减轻氧的影响。

采用强光或高的光敏引发剂浓度可提高自由基生成的速度，它消耗了涂层表面的氧分子，可减轻空气阻聚作用的影响。但光敏引发剂浓度过高，将影响紫外线进入底层，为此，可选用具有两个吸收峰强度的光敏引发剂。

采用乙烯基醚类活性稀释剂按阳离子历程聚合也不易受空气中氧气阻聚的干扰。多元硫醇/多烯树脂光敏涂料体系也不会受空气中氧的阻聚影响。

空气的阻聚作用与涂层的厚度有关，涂层越薄，氧引起的固化不完全的影响越大，随着涂层的厚度增加，这种影响下降。

（4）底基的影响　底基对光固化影响比较复杂，通常具有反射的金属底基对整体光固化有利，冷的底基往往对光固化有阻滞作用。

（5）温度的影响　温度能影响光固化速度和漆膜最终固化程度。一般来说，应用于光敏涂料的中压汞灯发出的光除紫外线外，还有红外线辐射部分，它产生的热量被涂层吸收，加快了光交联反应，提高了光固化速率。通常温度不宜过高，否则又易产生一些涂层表面的缺陷，如针眼、鼓泡或皱纹等。

7.3.2　光致抗蚀剂

感光性高分子材料的研究和应用已有很长的历史，在电子工业中广泛使用的一类感光材料是光致抗蚀剂，最早用于印刷制版。1954 年美国柯达（Kodak）公司成功地开发出了聚乙烯醇肉桂酸酯，并作为光致抗蚀剂被大量应用。光致抗蚀剂的应用促使电子工业向高集成、微型化、高可靠性方向发展，在半导体器件、集成电路制作中，光致抗蚀剂具有十分重要的意义。

在集成电路生产工艺中利用一类感光性树脂涂在氧化层上作为抗腐蚀层，用照相法改变抗腐蚀层的性质。根据事先设计好的图案保护氧化层，首先根据事先设计的图案通过掩膜曝光和显影，通过光照感光使树脂发生化学反应，感光高分子材料的溶解性能在短时间内发生显著变化。用溶剂溶去可溶部分，不溶部分留在氧化层表面，在化学腐蚀阶段对氧化层起保护作用，这一方法称为光刻工艺。具有这种性能的感光高分子材料称为光致抗蚀剂或者光刻胶。

光致抗蚀剂按其光化学反应可分为光交联型和光分解型；根据聚合物的形态或组成又可分为感光性化合物与聚合物的混合型及具有感光基团的聚合物型；按成像作用的不同也可分为负性光致抗蚀剂和正性光致抗蚀剂两大类。负性光刻胶的性能与前面介绍过的光敏涂料相似，其感光性高分子是属光交联型的，在紫外线作用下，光刻胶中光照部分产生交联反应，溶解度变小，用适当溶剂即可把未曝光的部分显影后去除，在被加工表面上形成与曝光掩膜（通常用照相底版或其复制品）相反的负图像。而正性光刻胶的性能正好相反，其感光高分子属光分解型，在紫外线作用下，光刻胶的光照部分分解，溶解度增大，用适当溶剂可把光照部分显影后除去，即形成与掩膜一致的图像，因此称为正性光致抗蚀剂，图 7-3 是光刻工艺的示意图。

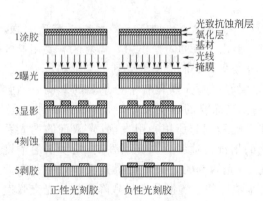

图 7-3　光刻工艺中光致抗蚀剂的作用原理

根据采用光的波长和种类，光刻胶还可以进一步分成可见紫外线刻胶、放射线光刻胶、电子束光刻胶和离子束光刻胶等。光刻工艺不仅应用于印刷电路板和集成电路的制作，也用于印刷制版业，根据不同工艺过程可以制备印刷用凸版和平版。

7.3.2.1 光致抗蚀剂的性能

作为光致抗蚀剂的感光高分子材料应具有一定的感光速度、分辨力、显影性及图像耐久性。

(1) 感光速度（感度） 感光高分子材料的感度（s），其定义为式(7-17)。

$$s=\frac{K}{E} \tag{7-17}$$

式中，K 为常数，E 为曝光能量，即感光性高分子材料在一定条件下曝光，使其转变为不溶性物质所需要的能量。能量 E 是由曝光光源的光强度（I）和曝光时间（t）所决定的，$E=It$。

直接测定曝光能量需特殊装置，所以一般采用相对方法来测定各种感光高分子材料的感度。由于感光高分子材料只对一定波长的光敏感，所以必须给出曝光光源的波长。感光高分子材料的感度主要取决于高分子的结构，尤其是分子中感光官能团的种类和数量（见表7-6）。显然，作为光致抗蚀剂的感光高分子材料必须具有足够高的感度。

表 7-6 感光官能团对感度的影响

感光高分子材料	感光官能团	感度
聚乙烯醇肉桂酸酯	$-O-\overset{\parallel}{\underset{O}{C}}-CH=CH-\text{（苯基）}$	2.2
聚乙烯醇氯代肉桂酸酯	$-O-\overset{\parallel}{\underset{O}{C}}-CH=CH-\text{（邻氯苯基）}$	2.2
聚乙烯醇硝基肉桂酸酯	$-O-\overset{\parallel}{\underset{O}{C}}-CH=CH-\text{（间硝基苯基）}$	350
聚乙烯醇叠氮苯甲酸酯	$-O-\overset{\parallel}{\underset{O}{C}}-\text{（对叠氮苯基 }N_3\text{）}$	440

(2) 分辨力 分辨力是指两条以上等间隔排列的线与线之间的幅度能够在感光面上再现的宽度（最小线宽）。也有的是用在单位长度上等间隔排列的线数来表示。如分辨力为 200 线/nm，是指能够清晰区别 $5\mu m$ 的间隔之意。

影响分辨力的主要因素，对于银盐照相来说是银粒子的大小，对于感光高分子来说，其粒子就是分子的大小，也不过是 10nm，所以分辨力还有增大的可能性。实际上在制造集成电路和大规模集成电路时，光致抗蚀剂对于再现 $1\mu m$ 是可能的。单凭目前使用的光学系统，要想测定 2000 线/nm 以上的分辨力是做不到的，故欲了解实际值是不可能的。从理论上看，所用光源可以紫外线波长为限，因此，忽略感光膜厚度，是有可能达到 $0.2\sim0.5\mu m$ 的。

(3) 显影性 显影性是指显影工序（操作）的各种条件和图像特性之间的相互关系。也就是显影液的组成、显影液的温度、显影时间、显影方法（浸显法、喷显法、刮显法）等的条件变化和感光高分子的感度、分辨力的关系。一般地说，显影条件对于感度和分辨力等特性变化影响小的材料，称之为显影性好。

开发高感光高分子时，显影性往往被忽略，然而它确实是非常重要的因素。比如说，即使获得了高感度、高分辨力的感光高分子，如果它只是在非常严格的显影条件下才能达到要求，那么要想投入生产是很困难的。因此，对于试制感光高分子来说，寻找一种最相宜的显影性良好的显影液，必须下一番工夫才行。图 7-4 表示显影性的相互关系（斜线内为适当的显影条件，具有此幅度大的性能的光致抗蚀剂即是适宜的材料）。

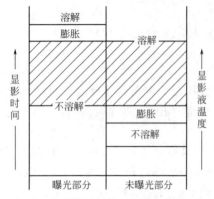

图 7-4　光致抗蚀剂的显影性相互关系图

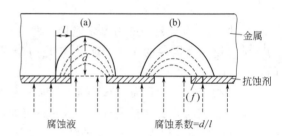

图 7-5　腐蚀示意图

（4）耐用性　对于照相来说，图像的耐候性是最重要的耐用性。但以光致抗蚀剂型的感光高分子作抗蚀膜时，在腐蚀、电镀或印刷等工序方面必须保持最大限度的耐用性。腐蚀是将腐蚀液垂直喷向抗蚀膜面来进行的（图 7-5），从而在垂直方向较快地进行了腐蚀，所以难以获得良好的凹凸面。不过，虽说是垂直地喷射，但也会发生少许的侧壁腐蚀。图 7-5（a）说明腐蚀进行得顺利。这时，设腐蚀的深度为 d，侧壁腐蚀的大小为 l，称 d/l 为腐蚀系数。腐蚀系数越大，腐蚀性越好。抗蚀性和金属面之间的黏合力越大，腐蚀系数也越大。抗蚀剂要具有优异的耐用性，除了应该不溶于腐蚀液和黏合力大之外，柔软性也必须大。如图 7-5（b）所示，侧壁腐蚀的部分（f）被腐蚀剂带走，从而促进了侧壁腐蚀，所以得不到所要求的形状。尤其是在要求有严格耐用性时，首先要选择在非感光性的状态下有耐用性的高分子材料，然后对它以某种形式赋予感光性。

（5）易剥膜性　在光刻和电成型的加工之后需要剥膜去除抗蚀剂，此时必须是不侵蚀金属，仅去除抗蚀剂。不论抗蚀剂性能多好，如若剥膜不顺利就会妨碍使用，在设计感光高分子时，必须考虑剥膜的难易程度。

感光高分子材料的性能受许多因素影响。如膜的厚度，一般说增加膜的厚度，感度和分辨力均有所降低；高分子材料的分子量和分子量分布也影响很大。通常，分子量越大，感度越高，但分辨力下降，而分子量分布越窄则有利于感度和分辨力的提高。此外，显影液的组成和配比对光刻质量也有明显影响，对于同一种感光高分子材料，显影剂不同，光刻精度也不同。

7.3.2.2　负性光致抗蚀剂

负性抗蚀剂的作用原理是利用光照使光致抗蚀剂（感光胶）发生光聚合或者光交联反应，生成的聚合物溶解度大大下降，在显影时留在氧化层表面。这一类材料中主要包括分子链中含有不饱和键或可聚合活性点的可溶性聚合物，它们在光敏剂存在时，在紫外线的作用下可产生交联或聚合反应，使其溶解度下降。下面介绍两类重要的负性光致抗蚀剂。

（1）聚乙烯醇肉桂酸酯类　由柯达公司发明的聚乙烯醇肉桂酸酯（KPR）是光二聚型感光高分子。聚乙烯醇肉桂酸酯是由聚乙烯醇与肉桂酰氯反应，引入双键制得的，反应温度一般为 50～60℃，其反应式见式(7-17)。

$$\cdots CH_2-CH \cdots_n + \quad \text{—CH=CH—C—Cl} \quad \xrightarrow{\text{吡啶}} \quad -CH_2-CH-CH_2-CH-CH_2-CH- \cdots \quad (7\text{-}18)$$

其交联机理是在紫外线（240～350nm）作用下发生的光二聚化作用，见式(7-19)。

$$\cdots CH_2-CH \cdots_n + \cdots CH_2-CH \cdots_m \xrightarrow{h\nu} \cdots CH_2-CH \cdots_n \qquad (7\text{-}19)$$

　　其他类型的负性光致抗蚀剂还包括：聚乙烯氧肉桂酸乙酯、聚对亚苯基二丙烯酸酯、聚乙烯醇亚肉桂基乙酸酯、聚乙烯醇（N-乙酸乙酯）氨基甲酸酯-亚肉桂基乙酸酯、肉桂酸与环氧树脂形成的酯类，其作用原理与上述过程基本相同。

　　聚乙烯醇肉桂酸酯虽是一种性能优良的光刻胶，但它的显影剂是有机溶剂，柔韧性及附着力还需进一步改进。目前，已经合成了一些改性产品，如聚乙烯醇的肉桂酸-二元酸混合酯（可用碱水显影）、乙烯-乙烯醇共聚物的肉桂酸酯（柔韧性较好）、环氧树脂的肉桂酸酯（附着力好）等。

　　由于合成方法的限制，聚乙烯醇肉桂酸酯中的感光基团含量不可能达到100%，因而影响了它的感光性能。于是，加藤政雄在肉桂酰基与乙烯基之间引入了苯基或烷基的烯类单体，如乙烯氧乙基肉桂酸酯，然后溶于甲苯中，通氮气，在低温下以 $BF_3 \cdot OEt_2$ 为催化剂进行阳离子聚合，制得了聚乙烯氧乙基肉桂酸酯，其反应过程见式(7-20)。这种树脂具有更高的感光度。加入增感剂、溶剂等就成为抗蚀剂，其商品名为 OSR。OSR 中含有较多的感光基团，其感光度比 KPR 大 2～6 倍，作为光刻胶其分辨力可达 $1\mu m$ 左右。

$$CH_2=CH + O=C-ONa \longrightarrow CH_2=CH \longrightarrow -CH_2-CH- \qquad (7\text{-}20)$$

如将感光化合物结构中的感光基团共轭体系增长，可改变其最大吸收波长。如将聚乙烯醇用亚肉桂基乙酰氯酯化就得到聚乙烯醇亚肉桂基乙酸酯，见式(7-21)。它的光吸收可伸展到紫外区的420nm。如果再向这类光刻胶中加入适当的光敏剂，其感光波长还会向长波长范围延伸，而成为高感度的光致抗蚀剂。

$$\begin{array}{c}\text{—}\!\!\!\!\underset{|}{\underset{\text{O}}{\text{CH}_2\text{—CH}}}\!\!\!\!\text{—}_n \\ | \\ \text{O—C—CH=CH—CH=CH—}\langle\bigcirc\rangle \end{array} \tag{7-21}$$

在这一类光致抗蚀剂中，也可以加入光敏剂以提高光引发效率，使之可以在波长更长的近紫外线区进行反应。常用的光敏剂见表7-7。

表 7-7 聚乙烯酸肉桂酸酯常用的光敏剂

增感剂	相对感度	吸收峰值/nm	感光波长边值/nm
无	2.2	320	350
5-硝基苊	184	400	450
蒽醌	99	320	420
4,4′-四甲基-二氨基苯甲酮	640	380	420
1,2-苯并蒽酮	510	420	470
对硝基苯胺	110	370	400

(2) 环化橡胶　环化橡胶是以顺聚异戊二烯为基本原料，通过环化反应生成树脂状的聚合物。它所采用的光敏剂多为双叠氮类化合物，如2,6-双-(4-二叠氮苯亚甲基)环己酮，2,6-双-(4-二叠氮苯亚甲基)-4-甲基环己酮等。环化橡胶-双叠氮化合物的感光交联机理是：双叠氮化合物被光照分解产生氮气，并生成非常活泼的中间体即双亚氮化合物，见式(7-22)。

$$N_3\text{—R—}N_3 \xrightarrow{h\nu} (N_3\text{—R—}N_3)^* \longrightarrow \cdot\dot{N}\text{—R—}\dot{N}\cdot + 2N_2 \tag{7-22}$$

双亚氮化合物能与环化橡胶的双键高速进行反应，生成立体网状交联结构，见式(7-23)。

$$\tag{7-23}$$

这一类光致抗蚀剂的分辨力高，并因溶解性好，通过精制有可能达到接近光照射时界限的分辨力(2～3μm)，它具有优异的耐腐蚀性，良好的黏附性，可广泛用于硅、二氧化硅、铝、钼、铜、铬、不锈钢及石英材料的刻蚀。

另一类比较特殊的负性感光胶由二元预聚物组成，特点是两种预聚体(一般由线形预聚物和交联剂组成)共同参与光聚合或光交联反应，形成网状不溶性保护膜，不同于前面介绍的、聚合或交联反应仅发生在同种预聚物之间。这种光刻胶也可以通过加入两种以上的多功能基单体与线形聚合物混合制备，当受到光照时胶体内发生光聚合反应，生成不溶性网状聚合物，将可溶性线形聚合物包裹起来，形成不溶性膜保护硅氧化层。如由顺丁烯二酸与乙二醇、二甘醇或者三甘醇等二元醇反应缩聚而成的不饱和聚酯，可以和单体苯乙烯-丙烯酸酯或其他双功能基单体，如二乙烯苯、N,N-亚甲基双丙烯酰胺、双丙烯酸乙二醇酯和安息香光敏剂等配制成负性光致抗蚀剂。这类光刻胶已用于集成电路和印刷制版工艺。

7.3.2.3 正性光致抗蚀剂

正性光致抗蚀剂的作用原理与上述过程正好相反，早期开发的正性光致抗蚀剂是酸催化酚醛树脂，其作用原理是当树脂中加入一定量光敏剂时，曝光后光敏剂发生光化学反应，使光致抗蚀剂从油溶性转变为水溶性，在碱水溶液中显影时，受到光照部分溶解，对氧化层失去保护作用。

这种正性光致抗蚀剂的主要优点是在显影时可以使用水溶液代替有机溶剂，这一特点从安全和经济角度考虑有一定的优势。但是这种光敏材料对显影工艺要求较高，材料本身价格较贵，同时光照前后溶解性变化不如负性光致抗蚀剂，因此使用受到一定限制。连接有邻重氮苯醌结构的线型酚醛树脂在紫外线照射时能够发生光分解反应生成的分解产物可以被碱水溶液所溶解，被认为是典型的正性光致抗蚀剂。

这类树脂的光化学反应一般认为：在曝光时曝光部分感光层上部的光分解物的烯酮与感光层下部的未反应的萘醌二叠氮反应而生成内酯，它在以碱水溶液显影时，打开内酯环而变成羧酸钠，并与共存的碱溶型线形酚醛树脂一起溶出，另一方面，未曝光部分的感光层中萘醌二叠氮与共存的线形酚醛在碱水溶液显影时发生偶合反应，生成碱难溶物而形成图像得以保留。曝光部分的反应和未曝光部分的反应过程如图 7-6(a)、（b）所示。

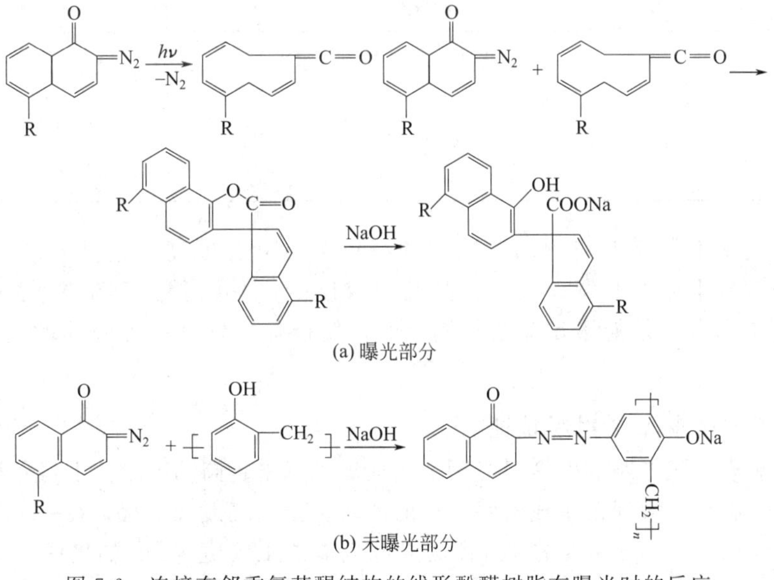

(a) 曝光部分

(b) 未曝光部分

图 7-6　连接有邻重氮苯醌结构的线形酚醛树脂在曝光时的反应

7.3.2.4 深紫外线抗蚀剂

深紫外线是指波长在 250nm 附近的射线，比一般作用的紫外线波长短，可以有更高的分辨力。它也可以作为一种正性的光致抗蚀剂使用，但其作用机理与前所述完全不同。深紫外线的能量较高，它可以使许多不溶性聚合物的某些键发生断裂而发生光降解反应，使其变成分子量较低的可溶性物质，从而在接下来的显影工艺中脱保护。属于这一类的可供实际应用的光致抗蚀剂种类比较多，其中聚甲基丙烯酸甲酯是一种常见的正性光致抗蚀剂。表 7-8 中列出了一些常见的深紫外光致抗蚀剂的种类及结构。除上述结构外，主链上带有砜基的聚烯烃在深紫外区也有吸收，但量子效率比聚甲基丙烯酸甲酯低。

表 7-8　深紫外光致抗蚀剂结构与性质

名　称	结　构	波长范围/nm	相对灵敏度
聚甲基丙烯酸甲酯	$-CH_2-\underset{COOCH_3}{\overset{CH_3}{C}}-$	200~240	1
聚甲基异丙烯酮	$-CH_2-\underset{O=C-CH_3}{\overset{CH_3}{C}}-$	230~320	5
甲基丙烯酸甲酯/α-甲基丙烯酸丁二酮单肟共聚体	$-CH_2-\underset{COOCH_3}{\overset{CH_3}{C}}-CH_2-\underset{COOR}{\overset{CH_3}{C}}-$　　$R=-N=\underset{COCH_3}{\overset{CH_3}{C}}$	240~270	30
甲基丙烯酸甲酯/α-甲基丙烯酸丁二酮单肟/甲基丙烯腈共聚体	$-CH_2-\underset{COOCH_3}{\overset{CH_3}{C}}-CH_2-\underset{COOR}{\overset{CH_3}{C}}-CH_2-\underset{CN}{\overset{CH_3}{C}}-$　　$R=-N=\underset{COCH_3}{\overset{CH_3}{C}}$	240~270	85
甲基丙烯酸甲酯/茚满酮共聚体	$-CH_2-C(CH_3)(H_3CO_2C)-$ 茚满酮结构（CH_2、O）	230~300	35
甲基丙烯酸甲酯/对甲氧苯基异丙基酮共聚体	$-CH_2-\underset{COOCH_3}{\overset{CH_3}{C}}-CH_2-\underset{C(O)-C_6H_4-OCH_3}{\overset{CH_3}{C}}-$	220~360	166

　　深紫外线技术不仅有上述适用范围广的特点，而且有更高的精度。采用深紫外光刻技术可以减小集成电路的线宽，大大提高其集成度。但是这种光刻工艺也存在着对使用的光学材料要求高（必须能透过深紫外线，而且要排除对紫外线有吸收的空气），设备复杂的缺点。

7.3.2.5　电子束和 X 射线抗蚀剂

　　由于超大规模集成电路的发展对光刻工艺提出了越来越高的要求，上述各种光刻胶和光刻工艺已经难以满足超大规模集成电路生产的需要。光的绕射和干扰，在一定程度上会使图像失真。比如使用 350~450nm 的紫外线为光源只能加工线宽为 lm 的集成电路，要加工线宽在微米以下的集成电路必须选择波长更短、能量更高的光源。目前电子束和 X 射线已经被作为激发源用于集成电路生产中的光刻工艺中，由于它们的能量更高，因此在光刻胶中不需要发色团，在电子束或者 X 射线的直接作用下，能直接发生键的断裂而引起聚合物的降解。由于其波长更短，因而光刻的准确度也更高，可以生产集成度更高的集成电路。作为高能量，单一相位的激光也可以作为光刻工艺中的光源。

　　可用于电子束和 X 射线抗蚀剂的聚合物有甲基丙烯酸酯类、聚烯砜、环氧树脂、聚苯乙烯改性物、有机硅聚合物等。

7.3.2.6　耐热性光致抗蚀剂

　　具有耐热与感光双重功能的高分子材料在微电子领域、膜状浮雕图像、图像化钝化层、

α-射线的屏蔽层以及光电器件等许多方面有重要的应用。光敏聚酰亚胺（PSPI）由于对紫外线、X射线、电子束或离子束敏感，故可在基材上直接形成膜状图像。

在耐热感光高分子的分子设计中，满足下面要求是至关重要的：第一，曝光前的预聚物在溶剂中有优良的溶解性，不发生暗反应，并能在基材上均匀涂布成微米级厚度的膜状涂层；第二，在上述膜状涂层上放置掩膜，经曝光后，曝光与非曝光部分在选定的显影液中其溶解度有很大的差别，即反差大；第三，所设计的耐热感光高分子应具有足够高的分辨力和灵敏度，有优良的力学性能并与基材的黏接性良好。

在负性PSPI分子设计方面，如果第一步首先制得带有感光基团的聚酰胺酸（PAA），因为它具有可溶性，可配成耐热的光致抗蚀剂，然后，再经光刻、显影、淋洗及热亚胺化等步骤，便可获得聚酰亚胺图形。聚酰亚胺大分子结构的特点是在主链中既含有刚性很大的芳环和以芳环为中心的均苯四甲酰亚胺环，又有柔性醚键，在芳环与均苯四甲酰亚胺环之间又以单键相连接，这样一种结构组分就赋予聚酰亚胺很高的热稳定性和坚韧性，以及在酰亚胺之前的可加工性。由于苯环的分解温度高达590℃，均苯四甲酰亚胺的分解温度为500℃，因此，聚酰亚胺的分解温度是很高的。聚酰亚胺不仅由于存在刚柔结合的分子结构使它具有极高的热稳定性和坚韧性，而且经过实践证明，还由于它在亚胺化过程中会发生二次化学转变而使分子间产生部分交联。

聚酰亚胺分子间交联的结果，使线形长链分子互相连接起来，大分子相互滑移的可能性受到约束，从而改进了它的耐热性和力学性能。为了进一步改进聚酰亚胺的性能，可以用有机硅化合物进行改性。由于有机硅与聚酰亚胺的极性相差甚大，前者是极性的刚性材料，后者是非极性的柔性材料，两者相容性很差，因此采用机械共混的方法是不可取的。为此，可以采用含硅氧结构单元的端基为氨基的二氨基化合物部分代替二氨基二苯醚，从而合成得到一类新的有机硅改性的聚酰亚胺。这类聚酰亚胺对于硅片等基材的黏附性增强，介电性能提高，韧性更大，吸湿率降低。

在正性PSPI分子设计方面，则期望在曝光区变为可溶性的，在显影时除去，而在非曝光区留下图像。此时，通常在PI中引入曝光后转变为可溶于稀碱水溶液的基团（如羧基），或在PI中加遇光可分解的PI溶解抑制剂［如邻重氮萘醌磺酸酯类化合物（NQD）］，或采用聚异酰亚胺（PII），利用它与溶解性的差别等获得正性图像。

总的来说，从分子结构角度分析和实际性能测试的结果均表明聚酰亚胺是一类性能优良的耐热高分子。为了在此基础上制得光敏的聚酰亚胺，关键是如何引进光敏基团及增感基团，以期制得兼具耐热与感光等多种功能的高分子材料。耐热感光聚酰亚胺被广泛应用于α射线的屏蔽、集成电路中多层布线的绝缘层、集成电路平坦化层、光刻胶掩膜、电光器件、液晶显示器件的定向层等方面。

7.3.3　高分子光稳定剂

高分子材料在加工、储存和使用过程中，可能会因为受到光的作用而发生降解反应，它一方面使材料的性能变差，给材料使用带来不利的一面；另一方面也可基于光降解原理，制造可控性的光降解高分子作为环境友好材料，以防止白色污染。阳光引起高分子材料老化的光化学反应主要包括光降解、光氧化和光交联反应。光降解反应产生高活性的自由基，进而发生分子链的断裂或交联，表现为材料的外观和力学性能下降。此外，光化学反应产生的自由基还可能引发高分子光氧化反应，在高分子链上引入羰基、羧基、过氧基团和不饱和键，从而改变材料的物理和化学性质，致使高分子链更容易发生光降解反应，引起键的断裂。如果条件合适，光降解过程中产生的自由基也会引起光交联反应，使高分子材料变脆而使性能变坏。

7.3.3.1　光稳定剂的作用机制

在聚合物中加入某种材料，如果这种材料能够提高高分子材料对光的耐受性，增强抗光老化能力，即被称为聚合物光稳定剂。光稳定剂的选择和制备应当根据光降解、光交联和光氧化反应的特点和过程。聚合物抗老化的基本措施和基本原理主要有两种：①对有害光线进行屏蔽、吸收，或者将光能转移成无害方式，防止自由基的产生；②切断光老化链式反应的进行路线，使其对聚合物主链不产生破坏力。

在光照过程中自由基的产生是光老化过程中最重要的一步，阻止自由基的生成和清除已经生成的自由基是保证聚合物稳定的两个重要方面。

（1）阻止聚合物中自由基的生成　阻止聚合物中自由基的生成可以从三方面入手。一是保证聚合物中不含有对光敏感的光敏剂或者发色团，从而杜绝产生自由基的基础。二是使用光屏蔽材料阻止光的射入，使聚合物中的光敏物质无法被激发，屏蔽的方式可以是表面处理措施，如表面涂漆或反光材料，或者是内部处理，如聚合物中加入光稳定性颜料。三是在聚合物中加入激发态猝灭剂，以猝灭光激发产生的激发态分子，防止自由基的生成，因此激发态猝灭剂是重要的光稳定剂之一。

（2）清除光激发产生的有害自由基　对已经生成的自由基，如果能够采用一种方法或物质将其猝灭，同样可以阻止光老化反应发生。要实现上述目的可以加入自由基捕获剂，清除生成的自由基，从而阻止光降解链式反应的发生。因此，各种自由基捕获剂也有可能作为光稳定剂。

（3）加入抗氧剂　由于氧的存在可以大大加快聚合物的老化速度，所以在高分子材料中加入一定的抗氧剂会清除聚合物内部的氧化物，阻止光氧化反应，也会起到减缓老化速度的作用。因此，抗氧剂经常是光稳定剂的重要组成之一。

7.3.3.2　高分子光稳定剂的种类与应用

根据前面的稳定化机理分析，聚合物光稳定剂按其反应模式可以分为以下四类：光屏蔽剂、激发态猝灭剂、过氧化物分解剂和抗氧剂。

（1）光屏蔽剂　光屏蔽剂包括光屏蔽添加剂与紫外吸收剂两类，前者是阻止聚合物对各种光的吸收，后者是仅阻止能量较高、破坏力大的紫外线对聚合物的破坏，将吸收的能量转化为无害的形式耗散。

光屏蔽添加剂是将颜料分散于受保护的聚合物中，通过反射或吸收有害的紫外线和可见光，阻止光激发过程。最常用的光屏蔽添加剂是炭黑，它不仅有吸收光的作用，还有捕获光老化过程产生的自由基的能力，缺点是影响聚合物材料的颜色和光泽。对光屏蔽添加剂的其他要求是添加剂应与聚合物材料有较好的相容性，不影响或很少影响聚合物的力学性能，特别应该指出有光敏化作用的颜料不能作为光屏蔽剂使用。

紫外线吸收剂与颜料添加剂的不同点在于它只对光老化过程影响最大的紫外线有吸收，对可见光没有影响，因此不影响聚合物的颜色和光泽，特别适用于无色或浅色体系。大多数紫外线吸收剂具有形成分子内氢键的酚羟基，或者具有发生光重排反应能力，例如 2-羟基二苯酮和 2-（2-羟基苯基）苯并三唑是利用分子内的互变异构（图 7-7）来储存和耗散光能的，耗散的能量以热的形式转移。

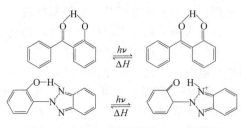

图 7-7　紫外线吸收剂的光致互变异构

（2）激发态猝灭剂　处在激发态的分子可以通过多个途径回到基态，其中也包括将能量转移给猝灭剂分子自身失去活性。如果能量转移给猝灭分子的过程在与自由基生成过程竞争中占优势，而猝灭剂在吸收光能后能以无害方式耗散得到的能量，那么猝灭剂的存在就能够阻止光老化反应，对聚合物产生稳定作用。猝灭剂和激发态分子间的能量转移过程可以通过辐射方式的长程能量传递途径，或者通过碰撞交换能量的短程能量传递途径。具有长程能量传递功能的猝灭剂要求有与激发态发射光谱相重叠的吸收光谱，在这种情况下，由于在猝灭过程中猝灭剂不需要与激发态分子相接触，这种猝灭剂的猝灭效率较高，当加入量达到0.01％时就可实施有效的稳定作用。

目前常用的猝灭剂多为过渡金属的络合物。

（3）抗氧剂　常用的能阻止热氧化反应的抗氧剂同样可以作为聚合物的抗氧化剂。酚类化合物是一种常见抗氧剂，但是它们在紫外线下的稳定性较差，作用不够持久。高立体阻碍的脂肪胺有较好的抗光氧化能力，如2,2,6,6-四甲基哌啶类衍生物（如图7-8）就是代表性抗光氧化剂之一，它可以有效地阻止聚丙烯树脂的老化。文献报道哌啶分子中的胺及氧化生成的氮氧自由基 NO· 与阻止高分子链上形成的具有光活性的 α,β-不饱和羰基的光降解过程。此类脂肪胺在自由基、氧、光和过氧化物的作用下被氧化成氮氧自由基（光敏自由基被消耗），生成的氮氧自由基能有效地捕捉烷基及大分子自由基，防止光老化反应进行。

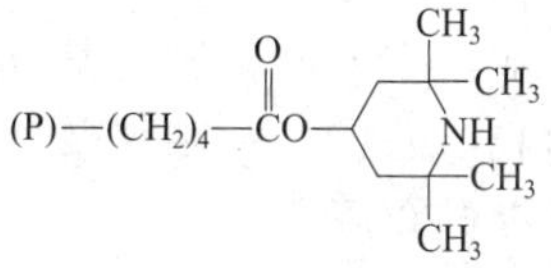

图 7-8　2,2,6,6-四甲基哌啶类衍生物

（4）聚合物型光稳定剂　光稳定剂的自身损耗可能是在加工和使用期间的热挥发，或者是在长期使用过程中稳定剂缓慢迁移至聚合物表面而渗出。可通过以下两种方法解决上述问题

① 将长脂肪链接在光稳定剂上，从而改进与聚合物的相容性，同时长脂肪链的"锚"作用可以降低光稳定剂在聚合物中的扩散过程。如2,2′-二羟基-4-十二烷氧基二苯甲酮即是具有这种功能的光稳定剂 ［如式(7-24)］。

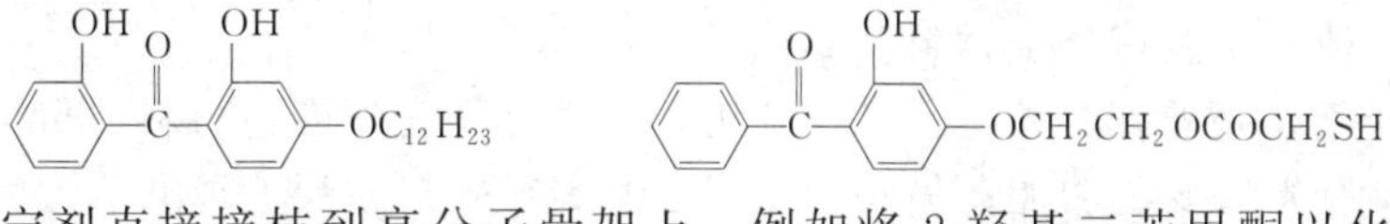

$$(7\text{-}24)$$

② 将光稳定剂直接接枝到高分子骨架上，例如将 2-羟基二苯甲酮以化学方法键合于ABS 类高分子骨架上可使 ABS 塑料拥有光稳定作用。

类似的带有可聚合基团的光稳定剂还有一些带乙烯基的单体，如丙烯酸酯型以及乙烯型的 2-(2-羟苯基)-2-苯并三唑衍生物 ［如式(7-25)］。实验证实由它们制备的均聚物和共聚物具有与其低分子量的紫外吸收剂相似的紫外吸收光谱和抗老化稳定效果。

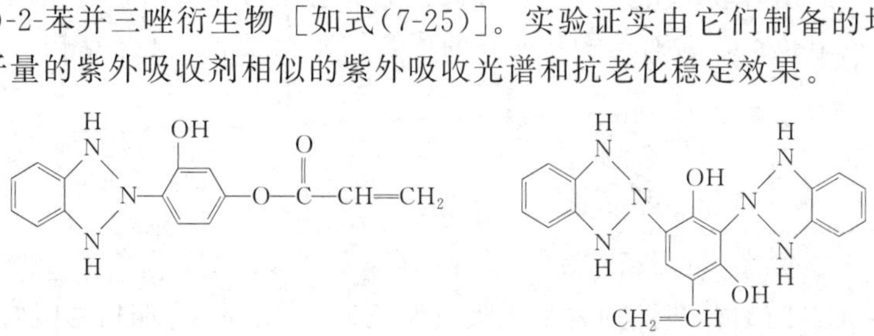

$$(7\text{-}25)$$

（Ⅰ）　　　　　　（Ⅱ）

7.3.4　光致变色高分子材料

光致变色现象是指一个化合物 A，在受到一定波长的光照射时，可进行特定的化学反

应，获得产物 B，由于结构的改变导致其吸收光谱发生明显的变化。而在另一波长的光照射下或热的作用下，又能恢复到原来的形式。在光的作用下能可逆地发生颜色变化的聚合物称为光致变色聚合物。这类高分子材料在光照射下，化学结构会发生某些可逆性变化。因而对可见光的吸收光谱也会发生某种改变，表现为外观上颜色发生了变化。光致变色现象被人为地分成两类，一类是在光照下，材料由无色或浅色转变成深色，被称为正光致变色；另一类是在光照下材料的颜色从深色转变成无色或浅色，称为逆光致变色。

许多研究者们把光致变色的功能性染料引入到高分子的侧链或主链中，或与高分子化合物共混，从而开发出一系列具有光致变色特性的新型高分子材料。功能性光致变色染料是小分子，不便于制造成器件，光致变色高分子恰恰在这方面有很大的优势，因而更加促进了光致变色高分子的研究与开发。迄今为止，光致变色高分子的应用开发工作尚处在起步阶段，例如，作为窗玻璃或窗帘的涂层，调节室内光线；作为护目镜从而防止阳光、激光以及电焊闪光等的伤害；在军事上，作为伪装隐蔽色或密写信息材料；还可作为高密度信息存储的可逆存储介质等。

光致变色的机理多有不同，宏观上可分为光化学过程变色和光物理过程变色两种。

光化学过程变色较为复杂，变色现象大多与聚合物吸收光后的结构变化有关系，如聚合物发生互变异构、顺反异构、开环反应、生成离子、解离成自由基或者氧化还原反应等。以侧链带偶氮苯的光致变色高分子为例，这是典型的顺反异构变色机理。在光作用下，偶氮苯从稳定的反式转变为不稳定的顺式，并伴随着颜色的转变。

光物理过程变色行为，通常是有机物质吸收而激发生成分子激发态，主要是形成激发三线态；而某些处于激发三线态的物质允许进行三线态-三线态的跃迁，此时伴随有特征的吸收光谱变化而导致光致变色。

7.3.4.1 光致变色高聚物

小分子光致变色现象早已为人们所发现，例如，偶氮苯类化合物在光的作用下，会从反式变为顺式结构，吸波长的变化改变了材料的外观颜色。将小分子光致变色材料实现高分子化，使其成为一种光功能高分子材料。

制造光致变色高分子有两种途径可以利用，一种是把光致变色材料与聚合物共混，使共混后的聚合物具有光致变色功能；另一种是通过共聚或者接枝反应以共价键将光致变色结构单元连接在聚合物的主链或者侧链上，成为真正意义上的光致变色功能聚合物。以下介绍几种光致变色高分子材料的作用机理和合成制备方法。

(1) 含硫卡巴腙络合物的光致变色聚合物　硫卡巴腙与汞的络合物（thiocarbazone）是分析化学中常用的显色剂，含有这种功能基的聚合物在光照下，化学结构会发生如式(7-26)的变化。

$$\text{(P)—Hg} \overset{R_2}{\underset{S\text{—}C\text{=}N}{\overset{N\text{=}N}{\bigtriangleup}}} \text{NHR}_1 \underset{}{\overset{h\nu}{\rightleftharpoons}} \text{(P)—Hg} \overset{R_2}{\underset{S\text{—}C\text{=}N}{\overset{N\text{—}N\text{—}H}{\bigtriangleup}}} \text{NR}_1 \tag{7-26}$$

当 $R_1=R_2=C_6H_5$ 时，光照前的最大吸收波长为 490nm，光照后的吸收波长为 580nm，其薄膜的颜色由橘红色变为暗棕色或紫色。硫卡巴腙与汞的络合物的高分子化方法有很多，其中的聚丙烯酰胺型聚合物可以按照图 7-9 的路线合成。

(2) 含偶氮苯的光致变色高分子　这类高分子的光致变色性能是偶氮苯结构受光激发之后发生顺反异构变化引起的，分子吸收光后由顺式变为反式，其吸收光的波长由 350nm 变

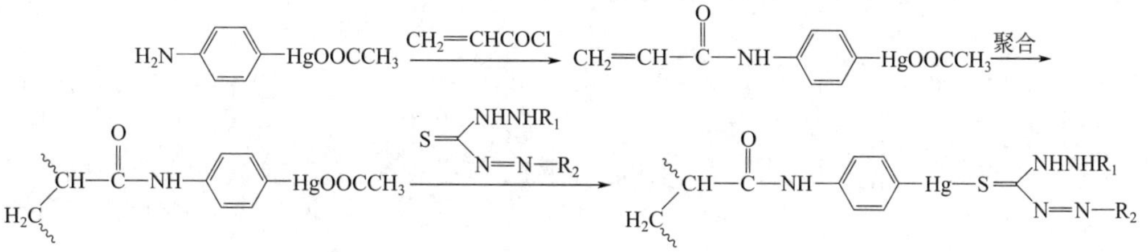

图 7-9　聚丙烯酰胺型聚合物的合成路线

为 310nm（如图 7-10），因此是一种逆光致变色现象。

含偶氮苯的光致变色高分子的光致变化过程中结构的变化见式(7-27)。

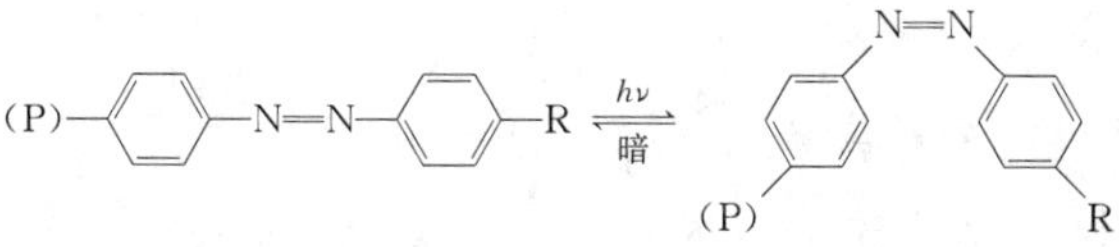

$$(P)\text{-}\underset{}{\bigcirc}\text{-}N=N\text{-}\underset{}{\bigcirc}\text{-}R \xrightarrow[\text{暗}]{h\nu} \quad (7\text{-}27)$$

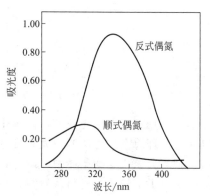

图 7-10　偶氮苯光致变色高分子在光照前后最大吸收波长的变化

含偶氮苯基元的高分子可用于光电子器件、记录储存介质和全息照相等领域。这种光致变色聚合物主要有以下三种合成途径：一是把含乙烯基的偶氮化合物与其他烯类单体共聚；二是偶氮二苯甲酸与其他的二元胺和二元羧酸共聚，从而把偶氮苯结构引入到高分子主链中；三是将含偶氮结构的分子通过接枝反应与聚合物结合，从而实现其高分子化。

（3）含螺苯并吡喃结构的光致变色高分子　含有螺苯并吡喃结构的化合物在紫外线的作用下吡喃环可以发生可逆开环异构化，其结构变化见式(7-28)。

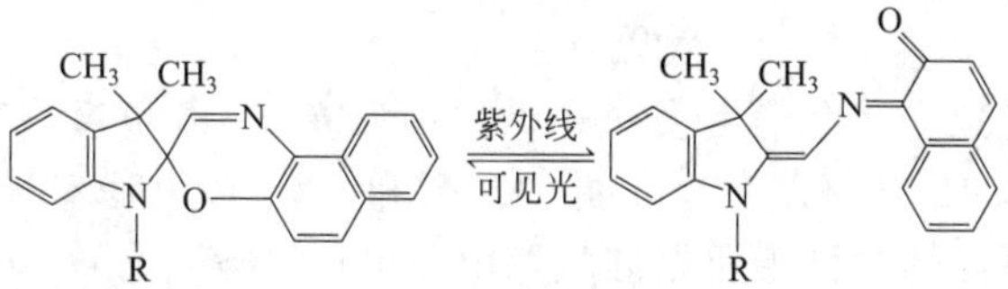

$$\xrightleftharpoons[\text{可见光}]{\text{紫外线}} \quad (7\text{-}28)$$

在紫外线的作用下，分子中吡喃环的 C—O 键断裂开环，吸收波长发生红移，吸收光谱在 550nm 左右出现一个新的极大值。开环后的螺苯并吡喃结构在可见光照射或者在热作用下重新环合，回复原来的吸收光谱。

常见的螺苯并吡喃结构光致变色高聚物主要有以下三种结构类型：①螺苯并吡喃的甲基丙烯酯，或者甲基丙烯酰胺与普通甲基丙烯酸甲酯共聚产物；②含螺苯并吡喃结构的聚肽，如聚赖氨酸的衍生物；③主链中含有螺苯并吡喃结构的缩聚高分子，这种结构的高聚物是通过带两个羟甲基的螺苯并吡喃衍生物与过量的苯二甲酰氯反应，再与 2,2-二对羟基苯基丙烷反应，即可得到主链含螺苯并吡喃结构的聚合物。

（4）氧化还原型光致变色高聚物　氧化还原型光致变色高聚物主要包括含有联吡啶盐结构、硫堇结构和噻嗪结构的高分子衍生物。这类高分子在光照下的变色是光氧化还原反应的结果。其中联吡啶盐衍生物在氧化态是无色或浅黄色，在第一还原态呈现深蓝色。而硫堇和噻嗪结构的高分子衍生物在氧化态时是有色的，而在还原态是无色的。硫堇高分子衍生物的水溶液呈现紫色，而当溶液中存在 Fe^{2+} 时，光照可以将其还原成无色溶液，在暗处放置后紫色又可以恢复。在类似的过程中，含噻嗪结构的高分子衍生物可以从蓝色变为无色，这两种光致变色高分子可以通过图 7-11 所示的反应制备。

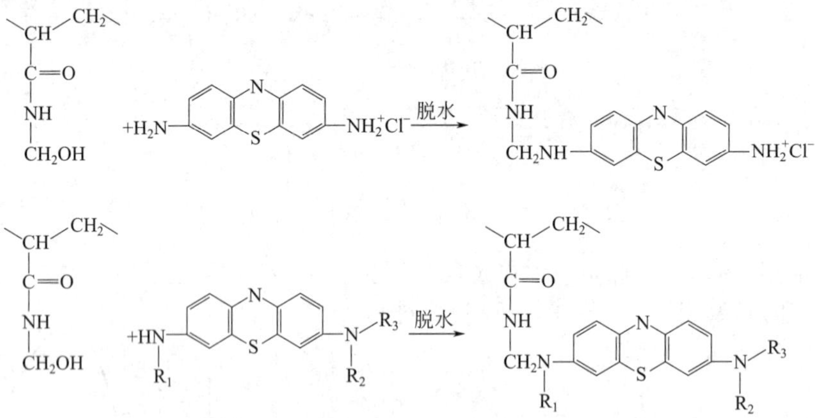

图 7-11　硫堇和噻嗪光致变色化合物的化学合成方法

（5）物理掺杂型光致变色高分子材料　除上述化学合成型光致变色高分子材料外，还可以通过物理掺杂的方法制备光致变色特性高分子材料，即将光致变色化合物通过共混的方法掺杂到高分子化合物基体中。用光致变色螺旋噁嗪和螺旋吡喃染料对聚合物掺杂，可以制造进行实时手书记录的材料。研究发现，短暂的手书反应强烈依赖于光学记录构象和记录光线的强度。例如，对于掺杂螺旋噁嗪的聚合物，得到最佳衍射效率的曝光敏感点在 $250J/cm^2$ 处，而对于掺杂螺旋吡喃的聚合物，其敏感点在 $650J/cm^2$ 处，两者差异非常大。研究中，对于手书光栅的调节可以按 200 行/mm 的速度进行，可由不连贯的紫外线辐射的分离激发来调节。调节后的光栅可以保持相当长的时间，也可用专门技术很快擦去。

另一种新型光致变色特性的高分子材料用于制造光学数据存储介质，掺杂用的光致变色材料是二芳基烯的衍生物。这种光致变色颜料与高分子构成的介质的读出稳定性高达 100 万次以上，其写-擦过程可以重复 3000 次以上。

将苯氧基苯醌类光致变色化合物如 6-(N-烯丙氨基-12-苯氧基)-5,11-并四苯醌、6-(N-乙烯基羰酰氧基丙氨基-12-苯氧基)-5,11-并四苯醌和 6-(4-羧甲基苯氧基)-5,12-并四苯醌等，加入聚苯乙烯、聚甲基丙烯酸甲酯及聚硅氧烷中，也可以得到光致变色高分子材料。在不影响聚合物光致变色性的前提下，可以达到每个聚合物单元含 1 个光致变色单元。

利用掺杂有光致变色化合物的聚合物，在光线射入时，折射率会发生变化，由此可以制造成像光学开关设备。所用的光致变色化合物包括 1,2-二（2-甲基苯硫基）全氟代环戊烯与 1,2-二氰基-1,2-二（2,4,5-三甲基-3-噻蒽基）乙烯。用氦-镉激光（波长 325nm）辐射，则会引起逆向反应。含有这两种化合物的聚合物薄膜，光致变色体的每一个成像异构变化，其折射率的改变可高达 0.0005，为制造成像光学开关设备提供基础。

7.3.4.2　光致变色高分子中的光力学现象

某些光致变色高分子材料，如含有螺苯并吡喃结构的聚丙烯酸乙酯，在光照时不仅会发生颜色变化，而且可以观察到光力学现象。由此聚合材料做成的薄膜在恒定外力的作用下，当光照时薄膜的长度增加；撤销光照，长度也会慢慢回复，其收缩伸长率达 3%～4%。这种由于光照引起分子结构改变，从而导致聚合物整体尺寸改变的可逆变化称为光致变色聚合物的光力学现象。对含有螺苯并吡喃结构的聚丙烯酸乙酯，该现象是由于光照使螺苯并吡喃结构开环，形成柔性较好的链状结构，使材料外观尺寸发生变化。利用这种光力学现象可以将光能转化成机械能。

4,4′-二氨基偶氮苯同均苯四甲酸缩合成的聚酯亚胺也有类似的功能，这种高分子是半晶态，顺反异构转变限制在无定形区。在光照时发生顺反异构变化，引起聚合物尺寸收缩。由偶氮苯直接交联的光致变色聚合物也显示出同样的性能，如以甲基丙烯酸羟乙酯与磺酸化的偶氮苯颜料共聚，生成的聚合物凝胶在光照时能发生尺寸变化达 1.2％的收缩现象，在黑暗中尺寸回复原状，其回复速率是时间的函数，图 7-12 为偶氮苯聚合物的光收缩反应。

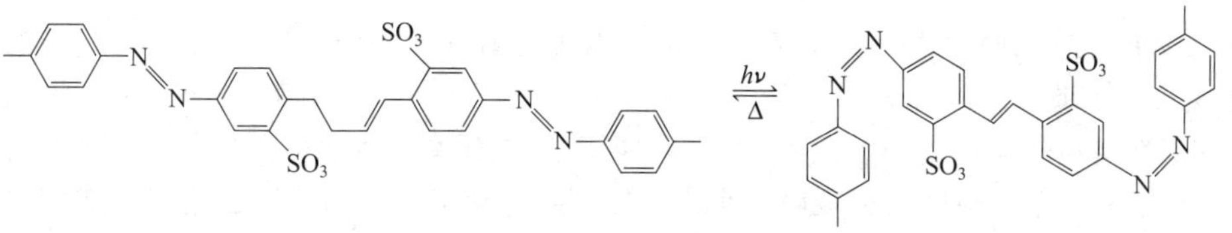

图 7-12　偶氮苯聚合物的光收缩反应

虽然这种光力学现象还没有获得实际应用，但是可以预见，随着对其作用机理和光力学现象认识的深入，其潜在的应用价值必将会引起人们的关注。

7.3.4.3　光致变色高分子材料的应用

光致变色高分子材料同光致变色无机物和小分子有机物相比，具有低退色速率常数、易成型等优点，故得到了广泛的应用。可以将光致变色材料的应用范围归纳为以下几个主要方面。

① 光的控制和调变。用这种材料制成的光致变色玻璃可以自动控制建筑物及汽车内的光线。做成的防护眼镜可以防止原子弹爆炸产生的射线和强激光对人眼的损害，还可以做滤光片、军用机械的伪装等。

② 信号显示系统。这类材料可以用作宇航指挥控制的动态显示屏、计算机末端输出的大屏幕显示等。

③ 信息存储元件。光致变色材料的显色和消色的循环变换可用来建立信息存储元件。预计未来的高信息容量，高对比度和可控信息存储时间的光记录介质就是一种光致变色膜材料。

④ 感光材料。这类材料可应用于印刷工业方面，如制版等。

⑤ 其他。光致变色材料还可用作强光的辐射计量计及模拟生物过程。

7.3.5　光导电高分子材料

光导电性能是指在光能作用下，其导电性能发生变化的性质，是材料导电性能和光学性能的一种组合性能。光导电材料是指在无光照时是绝缘体，而在有光照时其电导值可以增加几个数量级，从绝缘体变为导体性质的材料，属于光敏电活性材料。根据材料属性，光导电材料可以分为无机光导电材料、有机光导电材料两大类；有机光导电材料还可细分为高分子光导电材料和小分子有机光导电材料。前者通常是指光导电活性结构通过共价键连接到聚合物链上，或者聚合物主链本身具有光导电活性的有机高分子。后者由于小分子自身的缺陷（如力学性能差、不易成型加工），在多数情况下也要以聚合物作为基体材料，通过混合等方法制成高分子/小分子复合材料使用。

具有这种光敏电活性性质的有机聚合材料称为光导电聚合物，目前主要应用于静电复印、激光打印、电子成像、光伏特电池和光敏感测量装置等领域。

7.3.5.1　光导电机理与结构的关系

（1）光导电性测定与影响因素　如前所述材料的电导特性一般用电导率表示，导体中的载流子可以是电子、空穴或离子，在光导材料中载流子主要是前两者。当物质吸收特定波长的光能量，使材料中载流子数目增加，则其导电能力就会增加。光导电性是指材料在无光照射的情况下呈现电介质的绝缘性质，电阻率（暗电阻）非常高，而在受到一定波长的光（包括可见光、红外线或紫外线）照射后，电阻率（光电阻）明显下降，呈现导体或半导体性质的现象。因此，光导电性质的核心是物质具有吸收特定波长光能量，使材料中载流子数目增加的能力。

在实验中通过光照射面与光电流的关系可以确定载流子的种类。当在测定材料光照射面施加正电压，如果电流增加，可以认为空穴是主要载流子；反之，则电子是主要载流子。

光导电性与材料的结构、吸收光的波长和环境因素有关。表示材料光导电性能的物理量是感度 G，其定义为单位时间材料吸收一个光子所产生的载流子数目。其表达式见式(7-29)。

$$G = \frac{I_\mathrm{p}}{eI_0(1-T)A} \qquad (7\text{-}29)$$

式中，I_p 为产生的光电流；I_0 为单位面积入射光子数；T 为测定材料的透光率；A 为光照面积。很显然，材料的光导电性能与材料的暗电流和光电流相关，即暗电导越小，光照电导越高，则表现出的光导电性能越好。光导电效应是因为材料吸收光能后，材料内部产生大量载流子的缘故。在实际应用中，还可以用光电导比暗电导来表述光导电性质。也可以用电压暗衰减率［极化材料表面电压的下降速率（V/s 表示）］和感光度（用半光放电衰减能 $E_{1/2}$ 表示，指材料表面电场强度衰减到一半时需要的光能）来描述光导电材料作为静电复印的应用性能。

（2）光导电机理　光导电性质涉及两个重要的物理量：材料的电导和光吸收。电导是物质中载流子通过能力的一种表征，只有具备足够的载流子，材料才能表现出导电能力，因此是必要条件。在通常情况下，材料内部所具有的电子大多数都处在束缚状态，载流子的数目很少；获得能量是产生载流子的必要条件。光实际上是一定波长的电磁波，具有波粒二象性，同时也是一种能量的表现形式。光的波长越短，所具有的能量越高。材料要表现出光导电性质首先要吸收光能，同时获得了与吸收光相对应的能量。而材料对光的吸收是有选择性的，只有特定频率的光才能被材料有效吸收。材料对光的选择性吸收的规律是特定分子结构能态与光的能量相匹配的结果。因此，材料的光导电性质只是对能够被材料有效吸收的特定波长的光而言，也就是说光导电材料仅对特定范围的光敏感，称为光敏感范围。

材料发生光导电过程包括三个基本步骤，即吸收光能量引起电子激发、激发态分子生成载流子、载流子迁移构成光电流。光导电的理论基础是在光的激发下，材料内部的载流子密度增加，从而导致电导率增加。在理想状态下，光导聚合物吸收一个光子后跃迁到激发态，进而发生能量转移过程，产生一个载流子，在电场的作用下载流子移动产生光电流。在无机光导电材料中，光电流的产生被认为是在价带（最高占有轨道）中的电子吸收光能之后跃迁至导带。在电场力作用下，进入导带的电子或空穴发生迁移产生光电流。光电流的产生要满足光子能量大于价带与导带之间能量差的条件。对于光导电聚合物，形成载流子的过程分两步完成。

第一步是光活性高分子中的基态电子吸收光能后至激发态，即价带中的电子进入导带。产生的激发态分子有两种可能的变化，一种是通过辐射和非辐射耗散过程回到基态，导带中的电子重新回到价带中，这一过程不产生载流子，对光导电不做贡献。另一种是激发态分子发生离子化，在价带中形成空穴，形成所谓的电子-空穴对。后者有可能解离产生载流子，因此对光导电过程做贡献。

第二步在外加电场的作用下，电子-空穴对发生解离，产生自由电子或空穴成为载流子。

解离过程一般需要在分子内或分子间具有电子受体，接受激发到导带中的电子转移，使空穴和电子对分开，留下的空穴作为载流子；或者存在电子给体，将光导电材料中产生的空穴填满，留下自由电子成为载流子。外加电场的存在对电子-空穴对的解离具有促进作用。解离后的空穴或电子作为载流子可以沿电场力作用方向移动产生光电流。

在第一步中产生电子-空穴对过程与外加电场大小无关，产生电子-空穴对的数量只与吸收的光量子数目、光量子能量（光频率）和光的激发效率有关。第二步是一个复杂的可逆过程，产生的电子-空穴对可以在外电场作用下发生解离；材料吸收光子以后产生新的载流子，称为本征光生载流子的过程；当需要外在电子给体或者受体参与能量转移时，称为非本征光生载流子的过程。

产生的电子-空穴对可以在外电场作用下发生解离，也可以两者重新结合，造成电子-空穴对消失。电子-空穴对发生解离的比率也称为感度（G）。上述两步过程可以用式（7-30）表示。

$$D+A \xrightarrow{\text{光激发}} [D^+ A^-] \xrightarrow{\text{电场}} D^+ + A^- \qquad (7-30)$$

式中，D 表示电子给体，即光导电聚合物；A 表示电子受体，为材料内部含有的杂质。

电子给体和受体可以是分子内的两个部分结构，即电子转移在分子内完成，也可以存在于不同的分子之中，电子转移过程在分子间进行。无论哪一种情况，在光消失后，电子-空穴对都会由于逐渐重新结合而消失，导致载流子数下降，电导率降低，光电流消失。由以上分析可以得出，要提高光导电体性能，即在同等条件下提高光电流强度必须注意以下几个条件。

① 在光照条件一定时，光激发效率越高，产生的激发态分子就越多，产生电子-空穴对的数目就越多，从而有利于提高光电流。增加光敏结构密度和选择光敏化效率高的材料有利于提高光激发效率。

② 降低辐射和非辐射耗散速率，提高离子化效率，有利于电子-空穴对的解离，在产生相同数量的电子-空穴对的条件下，提供的载流子就越多，因此光电流就越大。选择价带和导带能量差小的材料，施加较大的电场，有利于电子-空穴对的解离。

③ 加大电场强度，使载流子迁移速度加快，可以降低电子-空穴对重新复合的概率，有利于提高光电流。

（3）光导电聚合物材料的敏化机理 对于大多数高分子材料来说，依靠本征光生载流子过程产生光生载流子需要的光子能量较高，例如聚乙烯咔唑（PVK）需要吸收紫外线才能激发出本征型载流子。在静电复印中总是希望能够利用可见光作为激发源，这样可以对所有色彩感光。这时，对于 PVK 型光导电材料必须要借助非本征光生载流子过程，才能将 PVK 的感光范围扩大到可见光区。如果加入一些能态匹配的物质，充分利用非本征光生载流子过程，则构成有机聚合物的光导电敏化机理。这种加入某些低激发能的化合物，起到改变光谱敏感范围和光电子效率的过程称为有机光导材料的敏化，具有该性质的添加材料称为光导电敏化剂。

与光导电高分子材料配合的光敏化剂主要有两类。一类是电子接受体分子，能够接受从光导电材料价带中激发产生的电子，生成所谓的电荷转移络合物。由于基态的光导电材料价带与光导电敏感剂的导带之间能量差较小，因而可以用能量较低的可见光激发产生载流子。比较常见的光导电敏化剂（具有电子接受体结构的化合物）有三硝基芴酮（TNF）、四氰代二甲基苯醌（TCNQ）、四氯苯醌（TCIQ）、四氰基乙烯（TCNE）等，其结构式如图 7-13。在 PVK 中加入等摩尔量的 TNF 之后，其光敏感波长可以扩展到 500nm 以上。

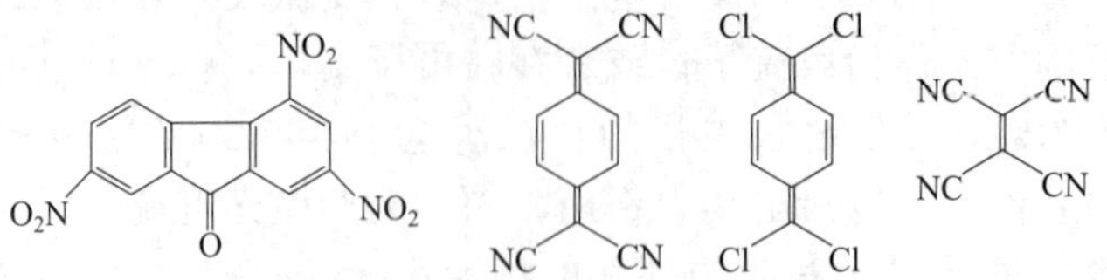

图 7-13　常见光导电敏化剂的结构

另外一类是有机颜料，如孔雀绿、结晶紫、三苯基锅、苯并吡咯锅盐等，其自身的光谱吸收带在可见光区，吸收可见光后可以将其价电子从价带激发到导带。

① 电荷转移络合物型敏化机理。由于常见的光导电聚合物都是弱电子给体，加入强的电子受体可以与其形成电荷转移络合物。在这种络合物中基态的光导电聚合物与激发态的电子受体之间形成新的分子轨道。吸收光子能量后，从光导电聚合物中激发的电子可以进入原属于电子受体的最低空轨道，在电荷转移络合物中形成电子-空穴对，进而在外加电场的作用下发生解离，产生载流子。该过程可以用式(7-31) 简要表述。

$$\text{给体} + \text{受体} \xrightarrow[\text{光激发}]{h\nu} (D^{\delta+}\text{—}A^{\delta-})^* \xrightarrow[\text{电子-空穴对}]{\text{形成}} (D^+ \cdots\cdots A^-) \xrightarrow[\text{载流子}]{\text{解离成}} D^+ + A^- \quad (7\text{-}31)$$

如果将电子给体和电子受体组合在一个分子内，则构成分子内电荷转移络合物，同样具有光导电敏化作用。例如，将 PVK 中的部分链段硝基化就可以得到分子内的电荷转移络合物。这种分子内电荷转移络合物由于分布更加均匀，通常具有更好的光导电性质。同样，对于侧链带有芳香共轭结构聚乙烯基萘、聚乙烯基芘等也可以通过同样方法获得分子内电荷转移络合物型光导电体。由于在上述反应过程中光生电子被光导电敏化剂俘获，因此在这种光导电聚合物中的空穴是实际载流子。

② 有机颜料敏化机理。在加入第二种有机颜料进行光导电敏化情况下，由于色素的最大吸收波长均在可见波段，添加的色素的特征吸收带成为光导电敏感范围。其敏化机理为：色素首先吸收光子能量后，处在最高占有轨道的电子被激发到色素最低空轨道上，然后相邻的光导电聚合物中价带电子转移到色素空出来的最高占有轨道，完成电荷转移，并在光导电聚合物中留下空穴作为载流子。因此，色素也相当于起到电子受体的作用，只不过是通过价带吸收，而不是导带，但是敏化机理也是通过两者之间的电荷转移完成的。

上述两种光导电敏化机理的结果都是将光敏感范围向长波段转移，因此属于光谱敏化过程。但是光激发效率在很多情况下会发生变化，这是由于光激发敏化过程的路径不同。光导电敏化剂在有机光导体制备中已经获得广泛应用，多种光敏剂的联合使用，已经可以覆盖整个可见光区，为需要全色感光的电子摄像和静电复印感光材料的制备提供了非常有利的一条途径。

改进光导能力还可以通过加入小分子电子给体或者电子受体，使之相对浓度提高。也可以对聚合物结构加以修饰，提高电子给体和受体相对密度。加入的电子给体在与聚合物基体之间电子转移过程中作为电荷转移载体。例如，四碘四氯荧光素（rose bengal）、甲基紫（methyl violet）、亚甲基蓝（methylene blue）和频哪氰醇（pinacyanol）等有光敏化功能的颜料分子都可以作为上述添加剂。其作用机制包括聚合物与颜料分子之间的能量转移和激发态颜料与聚合物之间的电子转移，最终导致载流子数目的增加。电子转移的方向取决于颜料分子与光导聚合物之间电子的能级大小，一般电子从光导聚合物转移到激发态颜料比较多见。对光导聚合物进行化学修饰可以拓宽聚合物的光谱响应范围和提高载流子产生效率。

（4）光导电聚合物的结构类型　严格来说，绝大多数物质或多或少都具有光导电性质，也就是说在光照下其电导率都有一定升高。但是，由于电导率在光照射下变化不大，具有使用价值的材料并不多。具有显著光导性能的有机材料，一般需要具备在入射光波长处有较高的摩尔吸收系数，并且具有较高的量子效率。具备上述条件的多为具有离域倾向 π 电子结构的化合物。目前研究使用的光导高分子材料主要是聚合物骨架上带有光导电结构的"纯聚合物"和小分子光导体与高分子材料共混产生的复合型光导高分子材料。从结构上划分，一般认为下列三种类型的聚合物具有光导性质。

① 高分子主链中有较高程度的共轭结构，这一类材料的载流子为自由电子，表现出电子导电性质；线性共轭导电高分子材料是重要的本征导电高分子材料，在可见光区有很高的光吸收系数，吸收光能后在分子内产生孤子、极化子和双极化子作为载流子，因此导电能力大大增加，表现出很强的光导电性质。由于多数线性共轭导电高分子材料的稳定性和加工性能不好，因此，在作为光导电材料方面没有获得广泛应用。其中研究较多的此类光导电材料是聚苯乙炔和聚噻吩。线性共轭聚合物作为电子给体，作为光导电材料需要在体系内提供电子受体。

② 高分子侧链上连接多环芳烃，如萘基、蒽基、芘基等，电子或空穴的跳转机理是导电的主要手段；带有大的芳香共轭结构的化合物一般都表现出较强的光导性质，将这类共轭分子连接到高分子骨架上则构成光导电高分子材料。由于绝大部分多环芳香烃和杂芳烃类都有较高的摩尔消光系数和量子效率，因此可供选择的原料非常多。

蒽是研究最多的光导体之一，在侧链中含有缩环类芳香环的高分子结构如图 7-14 所示。它在紫外线部分显示光导电性，但迁移率与 PVK（聚乙烯咔唑）相同或低于 PVK；合成较难，且膜较脆。

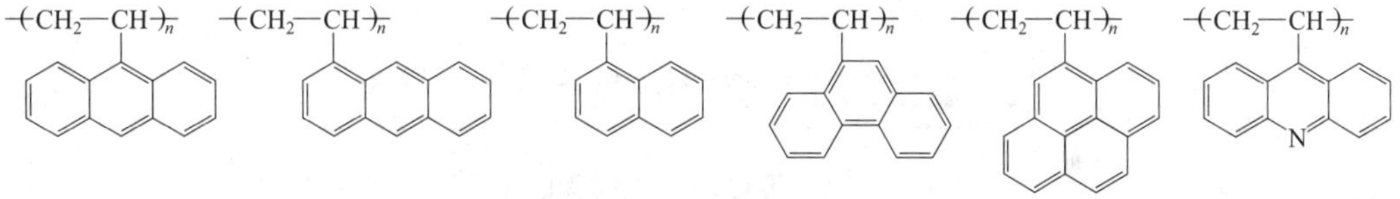

图 7-14　侧链上含有缩环类芳香环的高分子

③ 高分子侧链上连接各种芳香胺基或者含氮杂环，其中最重要的是咔唑基，空穴是主要载流子。

含有咔唑结构的聚合物可以是由带有咔唑基的单体均聚而成的，也可以是带有咔唑基的单体与其他单体共聚的产物，特别是与带有光敏化结构的共聚物更有其特殊的重要意义。具有这种结构的光导电聚合物，咔唑基与光敏化结构（电子受体）之间通过一段饱和碳—碳链相连。与其他光导材料相比，这种结构的优点是：可以通过控制反应条件设计电子给体和电子受体在聚合物侧链上的比例和次序；可以通过改变单体结构和组成，改进形成的光导电膜的力学性能；可以选择具有不同电子亲和能力的电子受体参与聚合反应，使生成的光导电聚合物能适应不同波长的光线。

图 7-15 中列出几种常见的光导聚合物。

7.3.5.2　光导电聚合物的应用

（1）静电复印　光导电体最主要的应用领域是静电复印（xerography），在静电复印过程中光导电体在光的控制下收集和释放电荷，通过静电作用吸附带相反电荷的油墨。静电复印的基本过程在图 7-16 中给出。

在静电复印设备中，复印的介质由在导电性基材上涂布一层光导性材料构成。复印的第一步是在无光条件下利用电晕放电对光导电材料进行充电，通过在高电场作用下空气放电，

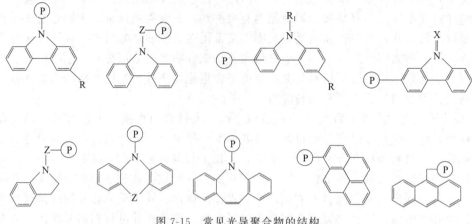

图 7-15　常见光导聚合物的结构

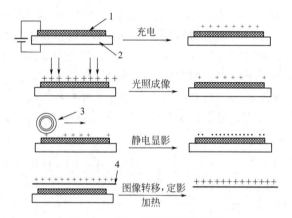

图 7-16　静电复印原理及过程

1—光导电材料；2—导电性基材；3—载体（内）和调色剂（外）；4—复印纸

使空气中分子离子化后均匀散布在光导电体表面，导电性基材相应带相反符号电荷。此时由于光导电材料处在非导电状态，使电荷的分离状态得以保持。第二步是透过或反射要复制的图像将光投射到光导电体表面，使受光部分因光导电材料电导率提高而正负电荷发生中和，而未受光部分的电荷仍得以保存。此时电荷分布与复印图像相同，因此称其为曝光过程。第三步是显影过程，采用的显影剂通常是由载体和调色剂两部分组成，调色剂是含有颜料或染料的高分子，在与载体混合时由于摩擦而带电，且所带电荷与光导体所带电荷相反。通过静电吸引，调色剂被吸附在光导电体表面带电荷部分，使第二步中得到的静电影像变成由调色剂构成的可见影像。第四步是将该影像再通过静电引力转移到带有相反电荷的复印纸上，经过加热定影将图像在纸面固化，至此复印任务完成。

在上述过程中光导体的作用和性能好坏，无疑起着非常重要的作用。目前常用的光导材料是无机的硒化合物和硫化锌-硫化镉，它们是采用真空升华法在复印鼓表面形成光导电层，不仅昂贵，而且容易脆裂。以聚乙烯咔唑为代表的光导聚合物目前是下一代光导电材料的主要研究对象之一。

在无光条件下，咔唑类聚合物是良好的绝缘体，当吸收紫外线（360nm）后，形成激发态，并在电场作用下离子化，构成大量的载流子，从而使其电导率大大提高。如果要其在可见光下也具有光导能力，可以加入一些电子受体作为光导电敏化剂，其中 2,4,7-三硝基芴酮（2,4,7-trinitrofinorenone）是常见的光敏化剂。

（2）激光打印　激光打印从基本原理来说与静电复印相同，都是采用光导电材料作为光敏感层，光线照射后使光敏感层的表面激发电荷通过导电率的提高而消失，从而得到预定的潜影；然后通过类似的显影和定影过程，完成文字和图形的打印。与静电复印技术相比，激光打印有两点不同：①信息源不同。静电复印的信息是通过被复印元件的文字和图像透射或者反射入射光源，调制入射光使其带有图像和文字信息，即模拟光信号；而激光打印的信息来自于计算机的输出，是数字信号，数字化的光信号传输是通过被信号调制的激光束对感光鼓进行逐点扫描完成的。②采用电源不同。静电复印采用可见光（通常是白光）作为入射光源，分辨率取决于其光学系统。激光打印技术为了提高分辨率和打印速度，必须采用会聚性好、光能量密度高的激光作为光源。目前使用最普遍的是半导体激光器，其光谱中心波长处在红外区，为 $780\sim830\mathrm{nm}$。

酞菁在波长 698nm 和 665nm 处有最大吸收峰，萘酞菁则在 765nm 处有最大吸收峰，都非常适合作为激光打印用光导电材料。小分子酞菁成膜困难，必须与成膜性好的高分子材料制成复合材料使用。将金属酞菁分散在聚乙烯醇缩丁醛中制成涂膜液可以用于载流子发生层涂膜，在近红外区均有较高光敏感性，可以与半导体激光器配合工作。

邻氯双偶氮型材料通常在近红外区也有很好的光导电性能，其光敏感范围可以达到800nm 左右。本征型的导电聚合物如果通过形成电荷转移络合物进行光导电敏化，也可以作为激光打印用光导电材料。如聚乙烯咔唑与四硝基芴酮形成的复合材料对 780nm 的光线具有良好的敏感度，能够满足激光打印的要求。激光打印机通过调整颜料配比，还可以实现彩色打印。

（3）图像传感器　图像传感器是利用光导电特性实现图像信息的接收与处理的关键功能器件，广泛作为摄像机、数码照相机和红外成像设备中的电荷耦合器件用于图像的接收。利用光导电原理制备图像传感器是光电子产业的重要突破。

图 7-17 是光导图像传感器结构和工作示意图。当入射光通过玻璃电极照射到光导电层时，在其中产生光生载流子；光生载流子在外加电场的作用下定向迁移形成光电流。由于光电流的大小是入射光强度和波长的函数，因此光电流信号反映了入射的光信息。如果将上述结构作为一个图像单元，将大量的图像单元组成一个 X-Y 二维平面图像接收矩阵，利用外电路建立寻址系统，就可以构成一个完整的图像传感器。根据传感器中每个单元接收到的光信息，就可以组成一个由数字化电信号构成的完整的电子图像。

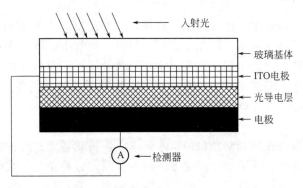

图 7-17　光导图像传感器工作原理示意图

要通过光导图像传感器获得高质量的图像信号，光导电材料必须具有大的动态响应范围（记录光强范围大），线性范围宽（灰度层次清晰、准确）。20 世纪 90 年代初发现线性共轭聚合物作为电子给体，C_{60}作为电子受体，在光激发下电荷转移和电荷分离效率接近100%，从而为制备高效率的光导图像传感器奠定了基础。随后，又发现把电子给体材料与电子受体材料制备成相分离的两相互穿网络复合结构时，光生电荷可以在两相界面上高效率分离，并在各自的相态中传输。

构成高性能图像传感器必须要选择好材料体系，需要考虑的因素包括光导电材料与电极的功函匹配。目前已经有多种有机高分子光导电材料用于图像传感器的制备。例如，以聚2-甲氧基-5-($2'$-乙基)己氧基-对亚苯基乙烯树脂（MEH-PPV）和聚3-辛氧基噻吩（P3OT）与C_{60}衍生物复合体系为基本材料体系，已经实现3%的光电能量转换效率，30%的载流子收集效率，$2mA/cm$的闭路电流，在性能上已经接近非晶硅材料制成的器件。

形成高质量的图像传感器需要图像单元的精细化，即在一个传感器中图像单元的数量越多，体积越小，获得的图像信息越丰富。但是，如何制作微型图像单元是一个重要的工艺技术问题。采用分子自组装技术可以构筑厚度、表面态、分子排列方式等结构参数易调控的多层薄膜，可以制备超精、高密像元矩阵，像区尺寸可以达到纳米级。图像传感器不仅在上述领域有重要应用，在医疗、军事、空间探测方面都有应用前景。

（4）光电池　众所周知，将太阳能直接转化为电能是未来太阳能利用最理想的途径之一。而光伏特电池是实现上述转换的主要装置。在本章最初我们曾经讨论过"如果在不施加电场的条件下，材料在一定波长和强度的光线照射下能够产生光电流，则具有这种性质的材料就可以用于制备光伏特电池"。目前实用化的光电池都是由单晶硅或多晶硅制成的半导体光电池，其光电转换效率已经可以达到20%左右。但是成本高、制作工艺复杂限制了它的使用范围。1986年人们发现小分子有机光导电材料酞菁酮和苝（perylene）的四羧酸衍生物构成的双层结构，具有光伏特效应。以此首次制备成功有机光电池，其能量转化效率可以达到1%。随后又发现线性共轭聚合物也具有光伏特效应。这些材料包括聚苯胺、聚噻吩、聚吡咯、聚乙炔和聚苯乙炔等。其中聚噻吩衍生物研究得更多一些。有机光伏特电池的工作原理是由于电极和聚合物的功函（Helmholtz自由能）不同，使聚合物内部存在内建电场，使能带倾斜。这样，当聚合物吸收光子后，产生的电子-空穴对将会被内建电场所分离，产生光生载流子，并形成光电流。典型的有机光电池主要包括：①以C_{60}等富勒烯作为电子受体与聚噻吩配合构成的光电池；②以聚1,2-亚乙基二氧噻吩为光敏材料构成的光电池；③加入小分子颜料进行光敏化的聚噻吩光电池；④经过聚噻吩敏化的氧化钛纳米薄膜光电池。

7.3.6　光学塑料与光纤

透明材料过去以玻璃为主；进入光电子时代，一些主要的光学或光电元件，如光盘、光纤、非球面透镜、透明导电薄膜、液晶显像膜、发光二极管等，均需用透明材料制作，而随着仪器和元件要求的轻量化、小型化、低成本化，高分子透明材料日益受到重视。与玻璃相比，高分子材料密度小，易热塑成型，并可加工成各种所需形状的零件，制成极薄的薄膜，具有优良的抗冲击性能，且成本低廉。目前它已和玻璃、光学晶体一起被称为三大光学基本材料。

（1）塑料透镜　透明性是光学塑料的基本要求。要得到透光性好的塑料，必须采取相应的措施以获得无定型结构，或采用微晶化方法减少结晶，或使结晶区域的尺寸小于可见光波长；避免使用发色团，或加入离子型助剂以消除发色团，降低损耗。

在透镜的设计中，通常材料的折射率越高，做成的透镜越薄，曲率也可降低，而校正色差则要求用两组具有不同色散系数的材料进行组合。能够满足这些条件的高分子材料并不很多，适用于精密成型的只有聚甲基丙烯酸甲酯（PMMA）和丙烯酸酯环酯树脂（OZ-1000）。

一般可以通过引入一些卤素原子（氟除外）、硫、磷、砜、芳香稠环和重金属离子等来提高材料的折射率。为减小色散，可以引入脂环、Br、I、S、P、SO_2 等元素或基团，也可以引入 La、Ta、Ba、Cd、Th、Ca、Ti、Zr、Nb 等金属元素，而苯环及稠环、Pb、Bi、Tl、Hg 等虽然折射率较高，但同时也使色散增加。目前，应用较为广泛的光学塑料主要有聚甲基丙烯酸甲酯（PMMA）、聚苯乙烯（PS）、聚碳酸酯（PC）、聚双烯丙基二甘醇碳酸酯（CR-39）、环氧光学塑料等。

PMMA 被称作"王冠光学塑料"，能透可见光及波长 270nm 以上的紫外线，也能透 X 射线和 γ 射线，其薄片可透 α 射线、β 射线，但吸收中子线。透光率优于玻璃，达 91%～92%，折射率为 1.491。该材料机械成型性能好，拉伸强度高，但表面硬度较低，容易被擦伤。主要应用于照相机的取景器、对焦屏，电视、计算机中的各种透镜组，投影仪与信号灯中的菲涅尔透镜，人工晶状体、接触眼镜以及光纤、光盘等。近年来新研制的具有特殊脂环式丙烯酸树脂（OZ-1000）耐热性好，吸湿性低，已用于高性能激光摄像机的变焦镜头。

PS 又称火石光学塑料，透光率为 88%～92%，折射率达 1.575～1.617，加工成型性能特别优良，吸湿性较低，能自由着色，无臭、无味、无毒、耐辐射。但它不耐候，在阳光下易变黄，且脆性大，耐热性也差。由于折射率高，可与 PMMA 组成消色差透镜，在轻工和一般工业装饰、照明指示、玩具等方面有普通的应用。

PC 的透光率及折射率与 PS 相近，但耐热性优于 PS，抗冲性好，延展性佳。由于它对热、辐射及空气中的臭氧有良好的稳定性，耐稀酸和盐，耐氧化还原剂等，因而在工程材料中有广泛的应用，如用于齿轮、离心分离管、帽盔、泵叶轮及化工容器等。但它内应力大，需在 100℃ 下退火，所有很少应用于光学零件。

（2）光盘基材　光盘是利用激光的单色性、相干性进行记录再现的。它以非接触方式读取或播放所储存的信息。光盘的两大要素是基板和记录膜。在透明的塑料基板上沉积有几十纳米厚的金属层。基板材料起支撑作用，要求具有优异的光学特性和优良的物理力学性能，例如，对可见光的透光率需大于 90%；材料内折射率应高度一致，双折射应尽量小，以减少图像歪影失真；要防止材料因激光辐射或高温使用环境而引起热变形，即具有较优的耐热性；减少极性基团以降低吸湿性，因为吸湿会使元件翘曲、变形导致资料的损坏；具有一定的耐磨性和一定的表面硬度、易加工成型性能。

PMMA 光学性能好，双折射小，加工成型性能好，耐候性佳，但不足之处是容易吸湿而变形，长期保存易产生蠕变，且耐热性较低，从而影响了它在高温环境中的应用。改进的方法是采用双面贴合层保护结构，或在材料表面涂上疏水保护层加以解决。现已有部分产品用于激光视盘（LVD）中。

（3）塑料光纤　塑料光纤有导光纤维和光导纤维两种。导光纤维仅利用其对光的传输功能，而光导纤维利用光为载体进行信息传输。导光纤维内部光耗大，只适合于短距离传输，所以对材料本身纯度要求不高，纤维制备工艺也较简单。利用导光纤维传输光能（传光束）和图像（传像束）在医学、照明、计量、加工等方面已得到了实际应用。利用光纤构成的光缆进行激光通讯可以大幅度提高信息传输容量，保密性好，不受干扰，无法窃听，电子对抗对它毫无用处，而且体积小，重量轻，还可节省有色金属和能源。但是由于目前塑料光纤的传输损耗较高，在通讯系统中，主要用于汽车、飞机、舰船内部的短距离系统及长距离通讯的端线和配线。

与石英光纤或玻璃光纤相比，塑料光纤具有以下特点：①塑料光纤加工方便，可制备粗芯光纤（0.5～1mm），树脂孔径大，传输容量高，耦合损耗低，并适于现场安装，截面用剃刀即可切割出光洁的端面；②力学性能好，冲击强度大，能承受反复弯曲和振动；③重量轻，价格低；④耐辐照，如杜邦公司的 PFX 受 10^6 Gy 辐照后，永久性只降低 5%，且瞬时吸收恢复时间比其他光纤快，停机时间短，可用于卫星探测。塑料光纤的缺点是：不耐热，易吸潮，传输损耗较大等。

塑料光纤的传输损耗较大，一般 PMMA 为 300dB/km，这一缺点限制了它的应用，因而减小传输损耗成为发展塑料光纤的关键。根据光纤产生损耗的原因，制备低损耗塑料光纤首先应选用低损耗的材料。研究表明，将 PMMA 氘化有助于降低光损耗。若用氟原子取代氢原子，也能降低散射及分子振动吸收，因而光损耗也降低。近年来，低损耗的塑料光纤芯材的研究重点已由重氢化转向重氢化与氟化相结合。

思考题

1. 光化学反应主要有哪几种类型？各举一例说明。
2. 用作光学材料的基本要求是什么？如何提高光学高分子材料的基本光学特性？
3. 画出光刻胶光刻原理示意图。举例说明正性胶和负性胶的光化学反应。
4. 光导电的基本过程是什么？如何提高 PVK 的光导电性？
5. 光致发光聚合物的结构有什么特点？其发光机理与电致发光有何不同？
6. 什么是光致变色材料？其光致变色有哪些类型？有何应用？

参 考 文 献

[1] 马如璋，蒋民华，徐祖雄. 功能材料学概论 [M]. 北京：冶金工业出版社，1999.
[2] 王国建. 功能高分子材料 [M]. 上海：同济大学出版社，2014.
[3] 赵文元，王亦军. 功能高分子材料 [M]. 第 2 版. 北京：化学工业出版社，2013.
[4] 陈立新，焦剑，蓝立文. 功能塑料 [M]. 北京：化学工业出版社，2005.
[5] 何天白，胡汉杰. 功能高分子与新技术 [M]. 北京：化学工业出版社，2001.
[6] 蓝立文. 功能高分子材料 [M]. 西安：西北工业大学出版社，1994.
[7] Qiu F，Ge C，Gu X，et al. Synthesis，photochromism，and optical property of a polymer containing a push-pull electronic structure chromophore and chirality skeleton [J]. International Journal of Polymer Analysis and Characterization，2011，16 (1)：36.
[8] Ishii N，Abe J. Fast photochromism in polymer matrix with plasticizer and real-time dynamic holographic properties [J]. Applied Physics Letters，2013，102 (16).
[9] Michinobu T，Eto R，Kumazawa H，et al. Photochromism of azopyridine side chain polymer controlled by supramolecular self-assembly [J]. Journal of Macromolecular Science，Part A：Pure and Applied Chemistry，2011，48 (8)：625.
[10] Dürr H，Bouas-Laurent H. Photochromism：Molecules and Systems [M]. Amsterdam：Elsevier，1990.
[11] McArdle C B. Applied Photochromism Polymer Systems [M]. London：Blakie & Son Limited，1991.
[12] Friedrich J，Haarer D. Photochemical hole burning：A spectroscopic study of relaxation processes in polymers and glasses [J]. Angrew Chem. 1984，23 (2)：113.
[13] Kaempf G. Special polymers for data memories [J]. Polym. J.，1987，19 (2)：257.
[14] LaBianca N C，Gelorme J D. Epoxies：Lithographic resists for thick film applications. Proceedings of the 10th international [C]. Confcrence on Photopolymers，1994：239.
[15] Nalamasu O，Cheng M，Timko A G，et al. An overview of resist processing for deep UV lithography [J]. J. Photopolym. Sci. Technol. 1991，4：299.
[16] Ho Mei-Sing，Almeria Natansohn，Paul Rochon. Azo polymers for reversible optical storage. 9. Copolymers contai-

ning two types of azobenzene side groups [J]. Macromolecules, 1996, 29 (1): 44.

[17] Ortyl E, Jaworowska J, Tajalli Seifi P, et al. Photochromic polymer and hybrid materials containing azo methylisox-azole dye [J]. Soft Materials, 2011, 9 (4): 335.

[18] Ding H, Wang Z. Solvothermal synthesis of a new photochromic azo polymer and its self-assembly behavior [J]. Journal of Macromolecular Science, Part A: Pure and Applied Chemistry, 2010, 47 (11): 1142.

[19] Sobolewska A, Zawada J, Bartkiewicz S. Biphotonic photochromic reaction results in an increase in the efficiency of the holographic recording process in an azo polymer [J]. Langmuir, 2014, 30 (1): 17.

[20] 李善君, 纪才圭. 高分子光化学原理及应用 [M]. 上海: 复旦大学出版社, 1993: 396.

[21] Kamogawa Yiroyoshi, Watanabe Hideo. Effect of chemical structure in photochromic polymers of the mercury thio-carbazonate series [J]. Journal of Polymer Science, Polymer Chemistry Edition, 1973, 11 (7): 1645.

[22] Kamogawa Hiroyoshi. Synthesis and properties of photoresponsive polymers [J]. Progress in Polymer Science, 1974, 7: 1.

[23] Talroze R V, Shibaev V P, Sinitzyn V V, et al. Some electro-optical phenomena in comb-like liquid crystalline poly-meric azomethynes [J]. Polym. Prepr., Am. Chem. Soc., Div. Polym. Chem., 1983, 24 (2): 309.

[24] Kawanishi Y, Tamaki T, Ichimura K. Reversible photoinduced phase transition and image recording in polymer-dis-persed liquid crystals [J]. J. Phys. D: App. Phys., 1991, 24 (5): 782.

[25] Sasaki T, Ikeda T. Photochemical control of properties of ferroelectric liquid crystals. I. Effect of structure of host fer-roelectric liquid crystals on the photochemical switching of polarization [J]. Journal of Physical Chemistry, 1995, 99 (34): 13002.

[26] Natansohn A, Rochon P, Pezolet M, et al. Azo polymers for reversible optical storage. 4. Cooperative motion of rigid groups in semicrystalline polymers [J]. Macromolecules, 1994, 27: 2580.

[27] 张其震, 张静智, 王艳. 含偶氮苯基侧基聚硅氧烷的合成及光致变色性 [J]. 高分子学报, 1996, 1: 121.

[28] 马光辉, 苏志国. 新型高分子材料 [M]. 北京: 化学工业出版社, 2003.

[29] 孙景志, 汪茫, 周成. 有机/聚合物光导机理与图像传感器件 [J]. 高等学校化学学报, 2001, 22 (3): 498.

[30] Yu G, Gao J, Hummelen J C, et al. Polymer photovoltaic cells: Enhanced efficiencies via a network of internal do-nor-acceptor heterojunctions [J]. Science, 1995, 270 (5243): 1789.

[31] Sicot Lionel, Fiorini Celine, Lorin Andre, et al. Improvement of the photovoltaic properties of polythiophene-based cells [J]. Solar Energy Materials and Solar Cells, 2000, 63 (1): 49.

第8章 液晶高分子材料

8.1 概　述

8.1.1 高分子液晶的发展概况

液晶在电子显示器件方面、非线性光学方面的应用早已被人们所熟知。液晶显示的手表、计算器、笔记本电脑和高清晰度彩色液晶电视都已经商品化，液晶在显示等技术领域发挥了巨大的作用。

液晶的科学史已逾百年，源于 1888 年奥地利植物学家 F. Reinitzer 在观察胆甾醇苯甲酸酯的熔融过程，他发现该化合物在熔融的过程中出现两个熔点，第一个熔点是 145.5℃，达到这一温度后，晶体发生熔融，成为一个混浊黏稠的液体。第二个熔点是 178.5℃，只有加热到这个温度混浊黏稠的液体才变为透明的液体。翌年，德国物理学家 O. Lehmann 用偏光显微镜观察并阐明了液晶现象，提出了"液晶"（liquid crystals）这一学术用语，这两位科学家是公认的液晶科学的创始人。1968 年美国 Fergason 根据胆甾型液晶的颜色变化设计测定表面温度的产品，发现了向列型液晶的电光效应，开创了液晶电子学，美国 Heilmeier 制成了数字及文字显示器、液晶钟表等，从而推动了液晶科学的理论及应用研究蓬勃开展。目前已发现了 75000 多种液晶物质。

对于分子量较小的液晶材料，有人称其为单体液晶（小分子液晶），主要是为了区别于近年来迅速发展的高分子液晶材料（聚合物型液晶）。高分子液晶虽然也有单体液晶的一些性质和应用，在结构上也存在着密切联系，但是两者在性质和应用方面具有较大的差别。从结构上说，高分子液晶和单体液晶都具有同样的刚性分子结构和晶相结构，不同点在于小分子单体液晶在外力作用下可以自由旋转，而高分子液晶要受到相连接的聚合物骨架的一定束缚。聚合物链的参与使高分子液晶材料具有许多单体液晶所不具备的性质，如主链型高分子液晶的超强力学性能，梳状高分子液晶在电子和光电子器件方面的应用等都使其成为令人瞩目的新型材料。目前，高分子液晶已经成为功能高分子材料中的重要一员。

自然界的纤维素、多肽、核酸、蛋白质、病毒、细胞及膜等都存在液晶态，它们是天然或生物性液晶高分子。液晶高分子的首次发现是 1937 年 Bawden 等在烟草花叶病毒的悬浮液中观察到液晶态。美国物理学家 Onsager（1949 年）和高分子科学家 Flory（1956 年）分别对刚棒状液晶高分子作出理论解释。20 世纪 60 年代以来，美国杜邦公司先后推出 PBA、Kevler 等芳香族酰胺类液晶聚合物，其中 Kevler 是高强高模材料，被称为"梦幻纤维"，以后又有自增强塑料 Xydar（美国 Dartco 公司，1984 年）、Vectra（美国 Celanese 公司，1985

年）、X7G（美国 Eastman 公司，1986 年）和 Ekonol（日本住友，1986 年）等聚酯类液晶高分子生产。随后，Finkelmannno 等将小分子液晶显示及存储等特性与聚合物的良好加工特性相结合，开发出具有各种功能特性的侧链液晶高分子材料。至今已有近 2000 种合成液晶聚合物。

与其他高分子材料相比，液晶高分子具有液晶相所特有的分子取向序和位置序；与其他液晶化合物相比，又具有高分子量和高分子化合物的特性。高分子量和液晶相序赋予液晶高分子高强度和高模量、热膨胀系数最小、微波吸收系数最小、铁电性或反铁电性等特色性能，可作为结构材料，用于防弹衣、航天飞机、宇宙飞船、人造卫星、飞机、船舶、火箭和导弹等；由于它具有对微波透明，极小的线膨胀系数，突出的耐热性，很高的尺寸精度和尺寸稳定性，优异的耐辐射、耐气候老化、阻燃、电、机械、成型加工和耐化学腐蚀性，它可用于微波炉具、纤维光缆的包覆、仪器、仪表、汽车及机械行业设备及化工装置等；作为功能材料它具有光、电、磁及分离等功能，可用于光电显示、记录、存储、调制和气、液分离材料等。

8.1.2　液晶的特性

液晶既具有像晶体一样的各向异性，又具有液体一样的流动性，是固相和液相的中间态。这类物质的结晶在受热熔融或被溶剂溶解之后，在一定的温度或浓度范围内转变为"各向异性的凝聚液体"。它既具有液态物质的流动性，又部分地保留了晶态物质分子排列的有序性，因而在物理性质上呈各向异性。这种出现在从各向异性晶体过渡到各向同性液体之间的、兼有晶体与液体部分性质的过渡状态称为液晶态。

8.1.3　液晶的分类

对液晶物质的不同种类，可分别根据液晶的形成条件、液晶分子的形态、液晶分子质量的大小、液晶基团的分布或液晶物质的来源等方式进行分类。

8.1.3.1　按液晶的形成条件分类

按液晶形成的条件，可将小分子液晶和液晶高分子（简称 LCP）分为溶致型和热致型两类。前者是液晶分子在溶解过程中在溶液中达到一定浓度时形成有序排列，产生各向异性特征构成液晶。后者是三维各向异性的晶体在加热熔融过程中不完全失去晶体特征，保持一定有序性构成的液晶。

热致液晶是通过加热而呈现液晶态的物质，多数液晶是热致液晶。在热致型液晶的形成过程中温度起到了重要的作用，随着温度的变化，会出现固体、各向异性的液晶态，各向同性的液体，其中重要的转变温度有熔点（T_m）、玻璃化温度（T_g）以及清亮点温度（T_c）。

溶致液晶是因加入溶剂（在某一浓度范围内）而呈现液晶态的物质。溶致液晶又分为两类，第一类是双亲分子（如脂肪酸盐、离子型和非离子型表面活性剂以及类脂等）与极性溶剂组成的二元或多元体系，其液晶相态可分为层状相、立方相和六方相等三种，它们主要是溶致型的侧链型液晶；第二类是非双亲刚棒状分子（如多肽、核酸及病毒等天然高分子和聚对苯二甲酰对苯二胺等合成高分子）的溶液，它们的液晶态可分为向列相、近晶相和胆甾相三种，它们主要是形成主链型溶致液晶。

此外，在外场（如压力、流场、电场、磁场和光场等）作用下进入液晶态的物质称为感应液晶。例如，聚乙烯在某一高压下出现液晶态称为压致液晶，聚对苯二甲酰对氨基苯甲酰肼在施加流动场后呈现液晶态是典型的溶致液晶。

8.1.3.2 按液晶分子的形态分类

大多数热致液晶及热致液晶高分子和刚棒状溶致液晶高分子按液晶分子的排列方式（即液晶相态有序性）可以分为向列型、近晶型和胆甾型三种，如图 8-1 所示。

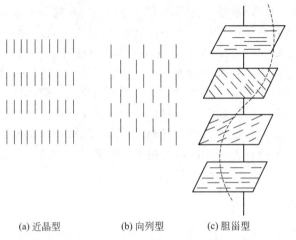

(a) 近晶型   (b) 向列型   (c) 胆甾型

图 8-1　近晶 A 型、向列型、胆甾型液晶的结构示意图

(1) 向列型液晶（nematic liquid crystal，N）　在向列型液晶中，液晶分子刚性部分之间相互平行排列，仅具有一维有序，沿指向矢方向的取向有序，但分子的重心排布无序。液晶分子在沿其长轴方向可以相互运动，而不影响晶相结构。向列型液晶没有平移有序，它的有序度最低，非常容易沿外力作用方向流动，黏度也小，是三种晶相中流动性最好的一种液晶。

(2) 近晶型液晶（smectic liquid crystal，S）　近晶型液晶在所有液晶中最接近固体结晶结构。在这类液晶中分子刚性部分互相平行排列，并构成垂直于分子长轴方向的层状结构。在层内分子可以沿着层面相对运动，保持其流动性，这类液晶具有二维有序性。由于层与层之间能够滑动，因此这种液晶在其黏度性质上仍存在着各向异性。

近晶型晶相还可以根据晶型的细微差别进行分类，根据发现年代前后而命名为 A、B…至今排列到 Q 相，共 17 种亚相，记为 S_A，S_B，…，S_Q，另外还有 9 种具有铁电性的手征近晶型和反铁电型，约 27 种亚相，以 S_A 和 S_C 相较常见，图 8-1(a) 所示即为近晶 A 型。

近晶型液晶的结构最接近晶体结构。这类液晶除了沿指向矢方向的取向有序以外，还有沿某一方向的平移有序。在近晶相，棒状分子平行排列成层状结构，分子的长轴垂直于层状结构的平面。在层内分子的排列具有二维有序性。分子可在本层运动，但不能来往于各层之间，因此层片之间可以相互滑移，但垂直于层片方向的流动却很困难，这导致近晶型液晶的黏度比向列型液晶大。

(3) 胆甾型液晶（cholesteric liquid crystal，Ch）　由于属于这类液晶的物质中，许多是胆甾醇的衍生物，因此胆甾醇型液晶成了这类液晶的总称。但有许多胆甾型液晶的分子结构中并不含胆甾醇结构。胆甾型液晶都具有不对称碳原子，分子本身不具有镜像对称性，它是一种手征性液晶。胆甾型液晶的分子基本是扁平形的，依靠端基的相互作用，彼此平行排列成层状结构；与近晶型液晶不同，它们的长轴与层面平行，而不是垂直，在两相邻层之间，由于伸出平面外的光学活性基团的作用，分子的长轴取向依次规则地旋转一定角度，层层旋转，构成一个螺旋面结构；分子的长轴取向旋转 360° 复原，两个取向度相同的最近层间距离称为胆甾型液晶的螺距。这类液晶可使被其反射的白光发生色散，透射光发生偏转，因而具有彩虹般的颜色和很高的旋光本领。胆甾型液晶与向列型液晶的区别是前者有层状结构。胆甾型液晶与近晶型液晶的区别是它有螺旋状结构。

构成上面三种液晶的分子其刚性部分均呈长棒形，除了长棒型结构的液晶分子外，还存在一类盘形分子形成刚性部分的液晶。热致液晶和热致液晶高分子中有少数分子的形状呈盘状，盘状分子和盘状高分子液晶属于盘状液晶。

在形成的液晶中多个盘型结构叠在一起，形成柱状结构。这些柱状结构再进行一定有序排列形成类似于近晶型液晶。这类液晶用 D 加下标表示。其中 D_{hd} 型液晶表示层平面内柱与柱之间呈六边型排列，分子的刚性部分在柱内排列无序。D_{ho} 型液晶与 D_{hd} 型类似，不同点在于分子的刚性部分在柱内的排列是有序的。D_{rd} 表示的液晶在其层平面内呈正交型排列。D_t 表示的液晶，其形成的柱结构不与层平面垂直，倾斜成一定角度。盘状分子形成的柱状结构如果仅构成一维有序排列，就形成向列型液晶。

8.1.3.3 按分子质量的大小分类

按照液晶物质分子量的大小，可将液晶分为小分子液晶和高分子液晶。当然，高分子与小分子并没有十分确切的数值界限，如果按分子量大小，更细致的次序应为：小分子、低聚物、低分子量聚合物和高分子。按照 Staudinger 的经典说法，原子数目大于 1000 的线型分子常可划入高分子的行列。

8.1.3.4 按液晶基团的分布分类

在高分子液晶中，如按照液晶高分子链的结构特征，尤其是液晶基团的分布及主链的柔性，又可以分为主链液晶高分子和侧链液晶高分子。液晶基团位于液晶高分子主链上的称为主链液晶高分子，位于液晶高分子侧链上则称为侧链液晶高分子，有的液晶高分子主链和侧链均具有液晶基团，如图 8-2 所示。

(a) 侧链液晶高分子　　　　(b) 主链液晶高分子　　　　(c) 兼有主、侧链液晶高分子

图 8-2　液晶高分子的分子模型

主链液晶高分子是指刚性链高分子和能出现稳定螺旋构象的高分子。通常，主链液晶高分子的化学结构见式(8-1)。

$$\sim\!\!\sim\!\!\text{C}-\overset{\overset{\text{B}}{|}}{\boxed{\text{A}}}-\text{C}\!\!\sim\!\!\sim\!\!\text{D}\!\!\sim\!\!\sim \tag{8-1}$$

式中，A 为液晶基团，在多数热致液晶聚合物中，其为细长棒状或板状，分子直线形得以维持的联苯衍生物或环己基烯等；B 为取代基，这些基团能降低转换温度；C 为介晶基与柔性间隔基之间的连接基团；D 为柔性间隔基，由亚甲基、硅氧烷基等组成。

主链液晶高分子与其他有机高分子合成材料相比，在熔融成型的条件下，黏度急剧下降，刚直大分子极易沿熔体流动方向高度取向，呈一个方向排列。冷却固化后，这种大分子排列被保持下来，形成高度取向的"棒状"高分子，其独特的分子结构形态使它具有如下的性能特点。

① 主链液晶高分子具有高强度、高模量和自增强性能。当熔融加工时，在剪切应力作用下分子沿流动方向进一步取向而达到高度有序状态，冷却后这种取向被固定下来，因而具

有自增强的特征，表现出高强度、高模量的特点。

②具有突出的耐热性、优异的耐冷热交变性能。由于主链液晶高分子是一种链间堆积结构紧密的直链聚合物，主链的分子间力大，加上分子高度取向，大分子的运动困难，致使热变形温度提高。

③具有优良的耐腐蚀性。主链液晶高分子结构致密，化学药品和气体难以渗透，从而显示出良好的耐化学药品性和气密性。

④阻燃性能好。主链液晶高分子分子链由大量芳环构成，火焰中由于表面形成一层泡沸炭而窒息火焰，因此不加阻燃剂就可达到 UL94-V-0 级。

⑤优异的电性能。主链液晶高分子有较高的电性能，厚度小时介电强度比一般工程塑料高得多，全芳族 TLCP 由于具有泡沸性，抗电弧性也较高。

⑥优良的成型加工性能。主链液晶高分子的大分子平行排列，大分子链之间无缠绕，因而在成型条件下，熔体黏度低，流动性好，特别适合于制造薄形、长形和精密制品。

⑦线膨胀系数极小。由于主链液晶高分子大分子链的刚直结构，伸缩余地小，熔体和固体之间的结构变化和比容变化十分小，因而其流动方向的线膨胀系数比普通塑料小一个数量级，成型收缩率比一般工程塑料低，制品尺寸精度高。

⑧具有优异的耐辐射性能和对微波的良好透明性。

当液晶基元位于高分子的侧链上时，为侧链型高分子液晶，根据它们形成的条件的不同，也可以分为溶致性侧链高分子液晶和热致性侧链高分子液晶，它们形成的机理是不同的。

侧链型液晶高分子材料通常由液晶相（B）、柔性主链（A）、柔性间隔（C）、末端基（D）组成，见式(8-2)。与主链型液晶高分子相比，一般情况下，它们都具备刚柔相嵌的分子结构，所不同的是，侧链型液晶高分子的刚性液晶基元是通过连接基团与大分子主链相连，大分子主链为柔性链。

$$\boxed{A} \quad \boxed{C} \quad \boxed{B} \quad \boxed{D} \tag{8-2}$$

侧链型液晶高分子材料具有可设计性，能很好地将小分子液晶性质和聚合物材料性质结为一体。侧链液晶高分子具有小分子液晶的光电效应特征，尽管其响应时间慢于后者，但它具有通用塑料所具有的良好加工性能。侧链型液晶高分子在信息显示材料，特别是彩色显示技术领域、光学记录、存储材料、非线性光学材料和分离功能材料方面应用广泛。

8.1.3.5　液晶物质的来源分类

在高分子液晶中，按照物质的来源可以分为天然高分子液晶和合成高分子液晶，天然高分子液晶主要有纤维素、多肽及蛋白质、核酸等生物大分子，合成高分子液晶有芳香族聚酰胺、芳香族聚酯、芳香族聚酰胺-酰肼、芳香族聚酰肼、聚甲基烯酸类衍生物、有机硅衍生物等。

8.2　高分子液晶的分子结构及理论

液晶分子的结构特征决定形成液晶态的难易和液晶态的晶相结构。高分子的链构象可以归纳为柔性链、刚性链和螺旋链三类。经验和理论均表明，只有刚性链和螺旋链才能形成液晶态。螺旋链从本质上说是柔性的，即主链中键内旋转的位垒并不太高，但由于分子内相互作用，在某些实例中可以形成较稳定的螺旋结构。一旦形成这种稳定性的螺旋，整个螺旋的行为也像一根刚性棒，正像刚性链大分子那样。对于普通的柔性链高分子，则只能形成分子序更强的构象无序晶体这种中间态，不能形成液晶态。

8.2.1　高分子液晶的典型化学结构

液晶态的形成是物质的外在表现形式，而这种物质的分子结构则是液晶形成的内在因素。液晶是某些物质在从固态向液态转换时形成的一种具有特殊性质的中间相态或者称过渡形态。

研究表明，能够形成液晶的物质通常在分子结构中具有刚性部分。从外型上看，刚性部分通常呈现近似棒状或片状，这是液晶分子在液态下维持某种有序排列所必须的结构因素。在高分子液晶中这些刚性部分被柔性链以各种方式连接在一起。总结起来，液晶分子结构的最大特点是存在几何形状明显的不对称性，形成液晶的分子应满足三个基本的条件：①分子具有不对称的几何形状，含有棒状、平板状或盘状的刚性结构。其中以棒状的最为常见，一般棒状分子的长度和直径的比值要大于 6.4。②分子应含有苯环、杂环、多重键等刚性结构，此外还应具有一定的柔性结构（如烷烃链）。③分子之间要有适当大小的作用力以维持分子的有序排列，因此液晶分子应含有极性或易于极化的基团。

大多数的小分子液晶是长棒状或长条状，其基本的结构可以表示为下列的模型。

$$R_1 —\text{◇}— X —\text{◇}— R_2$$

其中最主要的部分是它的刚性结构，由中心桥键—X—和两侧的刚性基团组成，—X—可为亚氨基（—CN＝N—）、偶氮基（—N＝N—）、氧化偶氮基〔—N＝N(O)—〕、酯基（—COO—）和反式乙烯基（—C＝C—）等；两侧的刚性基团可以为苯环、脂肪环或芳香杂环，从而形成共轭体系；分子的端基 R 为较柔性的极性或可极化的基团，如酯基、氰基、硝基、氨基、卤素等。表 8-1 列出了一些常见的小分子液晶。在表 8-2 中给出液晶分子中比较重要的常见结构部件。

表 8-1　主要小分子液晶的化学结构

化合物类型	化合物结构	化合物类型	化合物结构
非环类	$CH_3(CH_2)_7 ＝CH(CH_2)_7COOH$	杂环类	C_9H_{19}—◇—环—◇—C_9H_{19}
脂环类	C_5H_{11}—◯—COOH CH_3O—◇—CH＝N—◇—C_4H_9 $C_2H_5OCO(—◯—)_4COOC_2H_5$	胆甾类	胆甾结构 $C_{12}H_{25}COO$—
有机酸盐类	$(CH_3)_2CHCOOK$	有机金属类	$(CH_3O$—◇—CH＝N—◇—$)Hg$

表 8-2　液晶分子中刚性基团的中心桥键与分子端基

R_1	X	R_2
C_nH_{2n-1}— $C_nH_{2n-1}O$— $C_nH_{2n-1}OCO$—	—◇— —◯— —CN＝N— —N＝N— —CH＝CH— —C＝C—	—R，—F —C，—B —CN，—NO —N(CH_3)$_2$
	—OCO—◇—COO— —N＝N— 　　　O 　　　O —CO—	

另一种常见的液晶结构为盘状，其结构如图 8-3 所列的几种情况。

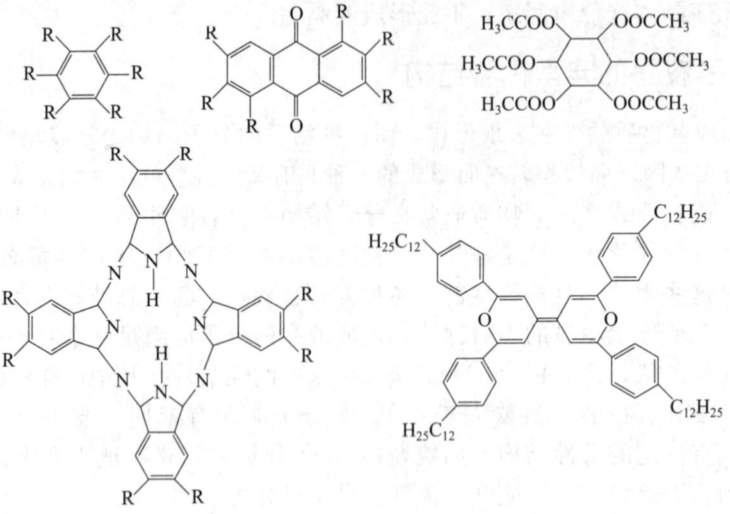

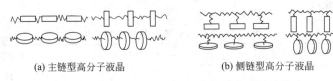

图 8-3　盘状液晶的分子结构

这些组成小分子液晶的刚性结构也称为液晶基元，高分子液晶是将上述的液晶基元以化学键联结在主链上或侧链上形成的。

按照液晶高分子的链结构，特别是液晶基元在高分子链上的分布，可以分为主链型高分子液晶以及侧链型高分子液晶（图 8-4）。液晶基元位于高分子主链上时称为主链型高分子液晶；若主链为柔性分子，侧链带有液晶基元的高分子称为侧链型高分子液晶，其液晶基元可以与主链直接相连，也可以通过柔性链段相连。

(a) 主链型高分子液晶　　　　　　　　(b) 侧链型高分子液晶

图 8-4　主链型高分子液晶和侧链型高分子液晶

合成高分子液晶又可根据组成分子的化学结构，分为芳香族聚酯类、芳香族聚酰胺类、芳香族聚酰肼类以及芳香族聚酰胺-酰肼类等，见表 8-3。

表 8-3　合成液晶高分子的分类

类别名称	结构举例
偶氮苯类	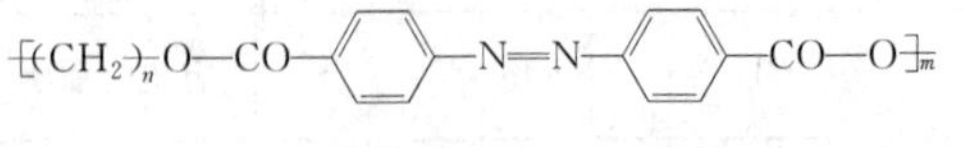 $\{(CH_2)_n-O-CO-\bigcirc-N=N-\bigcirc-CO-O\}_m$
氧化偶氮苯类	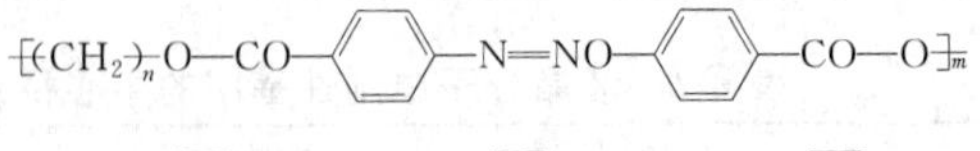 $\{(CH_2)_n-O-CO-\bigcirc-N=N\rightarrow O-\bigcirc-CO-O\}_m$
芳香聚酯类	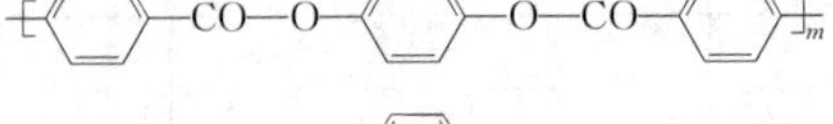 $\{-\bigcirc-CO-O-\bigcirc-O-CO-\bigcirc-\}_m$
芳香族聚酰胺类	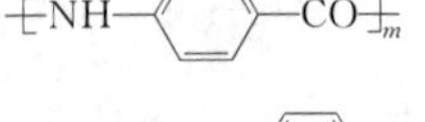 $\{NH-\bigcirc-CO\}_m$
芳香族聚酰肼类	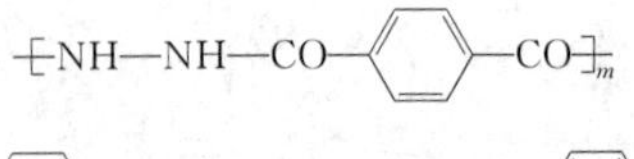 $\{NH-NH-CO-\bigcirc-CO\}_m$
芳香族聚酰胺-酰肼类	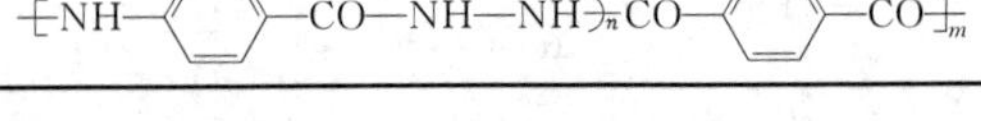 $\{NH-\bigcirc-CO-NH-NH\}_n CO-\bigcirc-CO\}_m$

如果将液晶单元用反应性官能团封端，可制得功能性液晶小分子，根据其封端官能团的结构，又可分为液晶环氧、液晶双马来酰亚胺、液晶氰酸酯。由于环氧基团与固化剂固化的反应机理明确，反应容易控制，而且还可以通过改变环氧化合物和固化剂的结构，较容易地合成一系列具有不同结构的聚合物网络。因此，环氧官能团封端液晶单元成为开发综合性能更加优异的液晶环氧树脂的有效途径。

8.2.2　高分子液晶的结构与性能

影响聚合物液晶结构与性能的因素包括外在因素和内在因素两部分。内在因素为分子结构、分子组成和分子间力。分子中具有刚性部分不仅有利于在固相中形成结晶，而且在转变为液相时也有利于保持晶体的有序度。分子中刚性部分的规整性越好，越容易使其排列整齐，分子间力增大，也更容易生成稳定的液晶相。刚性体呈棒状，易于生成向列型或近晶型液晶；刚性体呈片状，有利于胆甾醇型或盘型液晶的形成。同时聚合物骨架、刚性体与聚合物骨架之间柔性链的长度和体积对刚性体的旋转和平移会产生影响，因此也会对液晶的形成和晶相结构产生作用。在聚合物链上或者刚性体上带有不同极性、不同电负性、或者具有其他性质的基团，会对液晶的偶极矩、电、光、磁等性质产生影响。

液晶相的形成有赖于外部条件的作用，外在因素主要包括环境温度和环境组成（包括溶剂组成）。对热致液晶最主要的影响因素是温度，足够高的温度是使相转变过程发生的必要条件。施加一定电场或磁场力有时对液晶的形成是必要的。对于溶致液晶，除了上述因素外，溶剂与液晶分子之间的作用也起非常重要的作用，溶剂的结构和极性决定了与液晶分子间的亲和力，进而影响液晶分子在溶液中的构象，能直接影响液晶的形态和稳定性。

8.2.3　液晶高分子理论

为了对高分子液晶态提出理论解释并实现根据需要设计和合成液晶高分子，液晶高分子理论的研究一直受到人们的重视。迄今较有影响的理论成果包括以体积排斥效应为出发点的用于说明刚性棒状高分子液晶溶液的 Onsager 理论和 Flory 理论，以范德华力为出发点的用于说明棒状小分子液晶相的 Maier-Saupe（M-S）理论，基于 Maier-Saupe 平均场方法和高分子自由连接链模型或弹性连接链模型的种种理论，以及基于平均场方法、可用于说明侧链型液晶高分子的 Wang-Warner 理论等。

这些理论各有千秋，分别适用于不同体系。Onsager 理论比较适于长棒状高分子的稀溶液。该理论指出，棒状高分子溶液从各向同性液相（I）进入向列液晶相（N）的临界体积分数为 $\varphi = 3.3/x$（$x = l/d$），其中 d 和 l 分别为刚棒的直径和长度；它同时指出，该 N-I 转变是一级相变，相变时的临界有序参数为 $S_c = 0.84$。

Flory 理论的某些假定只在刚棒完全取向时才严格成立，因此更适用于高有序和高浓度的刚棒分子溶液。它指出能够生成稳定液晶相的刚棒粒子其长径比的最小值为 $x = 6.7$，略大于生成亚稳态液晶相所需要的最小长径比 6.4。

M-S 理论与 Onsager 和 Flory 理论不同，它不再是以分子的空间体积排斥效应为出发点，而是假定与分子取向有关的分子间范德华作用才是形成液晶相的基础。对于小分子液晶，M-S 理论指出当液晶发生 N-I 转变时，范德华相互作用越强则相变温度越高。M-S 理论还指出了有序参数 S_e 与温度有关。将 M-S 理论用于液晶高分子的自由连接链、连续弹性连接链或蠕虫状链模型，同样能够得到系统有序参数随温度升高而下降，以及温度达到某转化温度时将发生 N-I 相变，相变为一级，相变时有序参数 S_e 从定值突降至零等结论。

侧链型液晶高分子的 Wang-Warner 理论假定系统中存在包括侧链的 M-S 型相互作用、主链的 M-S 型相互作用、主链和侧基间的范氏相互作用以及主链和侧基连接处的弹性相互作用等在内的各种相互作用，其竞争结果可使侧链型液晶高分子呈现出多种向列相结构。上述理论结果得到了实验的验证，已经成为当前最有影响的侧链液晶高分子理论。

上述各种理论结果中，Flory 的刚棒分子理论在高分子学界影响最大。但是，由于 M-S 理论并不要求分子一定具有刚棒的形状而只要求范德华相互作用与取向相关，因而可以同时用于含有刚棒和不含刚棒的体系。

8.3 高分子液晶材料的表征方法

高分子液晶材料表征的重点是：是否存在液晶态，属何种相态类型和相变温度。液晶态的表征一般不需特殊的实验手段，许多研究普通聚合物的仪器都能用来研究液晶行为，不过每种方法都有其不足之处，往往需要几种方法配合才能准确了解液晶的形态与结构。

8.3.1 热台偏光显微镜法

热台偏光显微镜法（POM）是表征液晶物质最常用、简单和首选的方法，可进行液晶态的直接观察。根据液晶的定义，若观察到某物质有流动性（或剪切流动性）和光学各向异性（在 POM 下有双折射现象，可观察到各种彩色光学图案，又称"织构"、"纹理"或"组织"）则可确认存在液晶态和具有液晶性。通过观察"织构"和温度的变化可以记录该物质的软化温度或熔点、液晶态的清亮点和各液晶相区的转变温度。从"织构"可判断该液晶的相态类型，但由于高分子结构和复杂性，使这一方法对高分子液晶相态归属的研究带来困难。此外，该法还能研究热致液晶的分子取向、取向态的缺陷等形态学的信息，液晶的光性正负，光轴的个数和溶致液晶的产生与相分离过程等。

如利用液晶态的光学双折射现象，在液晶温度区间，可观察到液晶物质因织态结构的差别产生的特征的明暗条纹，向列型液晶表现出丝纹状纹理图像［图 8-5(a)］，近晶型液晶可能有圆锥形或扇形纹理［图 8-5(b)］，而胆甾型液晶可能形成平行走向的消光条纹。

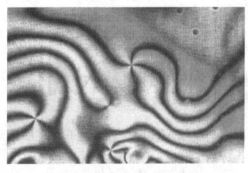

(a) 向列型液晶的纹影织构　　　　　　　　　(b) 某近晶型液晶的扇形焦锥织构

图 8-5　液晶的织构

高聚物熔体的黏度很大，因而其液晶的特征结构不像小分子那样能很快地形成，有时仅根据观察到的图形来判断高分子液晶的类型是不准确的，而要辅以其他手段。

8.3.2 差示扫描量热法

差示扫描量热法（DSC）可为液晶高分子材料提供相转变温度数据。DSC图通常由第一次加热曲线、第一次冷却曲线和第二次加热曲线组成，由于前者会受热历史的影响，一般以后两条曲线提供的数据作为各相变温度的依据。图8-6为一半结晶性液晶高分子的DSC曲线，样品在升温过程中，先是在42℃发生玻璃化转变，在161℃样品由半结晶态熔融进入液晶态，可求出其熔变为17kJ/mol，熵变为2.2J/（K·mol），再升温至194℃，液晶态向各向同性液体的转变。

由于晶态和液晶态的相变是热力学的一级相变，故其过程是可逆的，DSC法测的相变温度数据要比POM法精确，并且DSC曲线图的表示法更为直观。DSC曲线图上温度

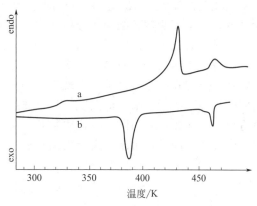

图8-6　液晶高分子聚酯的DSC曲线
a—升温；b—降温

最高的峰值并不一定是清亮点，某些液晶的清亮点高于分解温度在图上无法出现，图上温度最低的峰值也不一定是熔点，对于结晶性液晶高分子来说，可能存在因熔点不同、结晶度不同及结晶形态不同而出现的转变峰，对于非晶性液晶高分子来说，可能存在玻璃化转变在物理老化过程产生的吸热峰。

另外，还可根据DSC曲线图上各转变点的热熔值判断液晶的类型。近晶相的有序性最高，故热熔值最高，约为6.3～21kJ/mol。向列相液晶的热熔值较低，约为1.3～3.6kJ/mol。胆甾相液晶的层片内结构类似于向列相，故其热熔值也与向列相液晶的相似。

8.3.3 X射线衍射法

X射线衍射法是鉴别三维有序结构的最有力手段之一，用它来判断液晶相的类型也十分有效。X射线衍射不仅可用于研究高分子液晶的晶相类别和行为特征，还可测定液晶有序性参数，如层的厚度和分子空间形态、长度等数据，以及液晶的分布函数。

X射线衍射法对液晶的研究主要集中在几种有序性较高、比较容易处理的液晶类型，如向列型和近晶型液晶等类型。近晶相液晶的衍射图呈现一个窄的内环和一个或多个外环。内环反映了近晶相液晶的分子层距，外环反映了分子横向堆砌的有序程度。高度有序的高分子近晶相液晶的确认还须辅以其他手段，如穆斯堡效应实验等。向列相液晶的衍射图的内环是弥散的图像，外环是一个晕圈，如图8-7。这表示它没有薄层结构，且横向排列是长程无序的。

   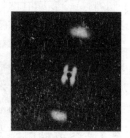

(a) 无规取向　　　　　　(b) 有选择取向　　　　　(c) 较强择优取向　　　　　(d) 强择优取向

图8-7　向列型液晶的X射线衍射图

DSC 法、POM 法和 X 射线衍射法相互参照才能较好地说明相变过程。

8.3.4 核磁共振光谱法

核磁共振技术（NMR）是通过测定分子中特定电子自旋磁矩受周围化学环境影响两发生的变化，从而测定其结构的分析技术。对于热致液晶，NMR 是非常有效的分析工具；但它不适用于研究溶致高分子液晶。NMR 测定技术包括[1]H-NMR 和[13]C-NMR 两种方法。

热致型主链高分子液晶是当聚合物熔融时分子仍保持一定的有序排列，因此呈现各向异性特征。反应在核磁共振图上表现为峰的分裂，图 8-8 中给出高分子液晶首先被加热至呈各向同性熔体，然后逐渐降低温度，经过热致液晶和固化阶段得到的核磁共振信号。从图中可以看出，当熔体呈各向同性时，质子峰为尖锐单峰。当液晶形成时，核磁峰出现三重分裂，表明溶液的各向异性出现。聚合物固化后出现宽单峰。

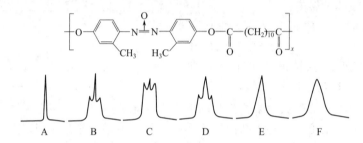

图 8-8　主链高分子液晶苯环上的甲基峰的[1]H NMR 谱线形状随温度的变化
A：$t = 147℃$，各向同性熔体；B：$t = 147℃$，各向同性熔体与向列型液晶二相态；C：$t = 110℃$，
向列型液晶态；D：$t = 85℃$，向固体过渡；E：$t = 78℃$；F：$t = 40℃$，完全成为固体

NMR 技术还可用于研究液晶聚合物局部动力学，可以研究相转变过程中分子移动的规律，而分子动力学信息可以通过测定磁驰豫时间得到。

此外，相容性判别法、透射电镜、电子衍射法、红外光谱法、小角中子衍射法、介电松弛谱法也是研究高分子液晶相态的重要方法。

8.4　液晶高分子的合成

高分子液晶的合成主要基于小分子液晶的高分子化，即先合成小分子液晶，再通过共聚、均聚或接枝反应实现小分子液晶的高分子化。由于液晶分子的有序排列，液晶物质具有许多非晶态物质所没有的特殊的化学和物理性质。小分子液晶经过高分子化后，由于聚合物链的影响，许多原有的物理化学性质也要发生相应变化，比如它的溶液性质临界胶束浓度 CMC，液晶态的温度和浓度稳定区域，晶相类型等都与同类的小分子液晶有所不同。

本节将分别介绍溶致型侧链高分子液晶、溶致型主链高分子液晶、热致型侧链高分子液晶和热致型主链高分子液晶的合成方法及其性能。主链型液晶高分子主链上含有液晶基元，合成主链型液晶高分子最常用的方法是缩聚反应；侧链液晶高分子由三部分组成：高分子骨架，液晶单元和柔性间隔基，合成途径有链式聚合反应、逐步聚合反应以及高分子反应。

8.4.1 溶致型侧链高分子液晶

溶致液晶（lyotropic liquid crystals）的定义是：当溶解在溶液中的液晶分子的浓度达

到一定值时，分子在溶液中能够按一定规律有序排列，呈现部分晶体性质。当溶解的是高分子液晶时称其为溶致型高分子液晶。与热致型聚合物液晶在单一分子熔融态中分子进行一定方式的有序排列相比，溶致液晶是液晶分子在另外一种分子体系中进行的有序排列。为了有利于液晶相在溶液中形成，在溶致液晶分子中一般都含有双亲活性结构，即结构的一端呈现亲水性，另一端呈现亲油性。在溶液中当液晶分子达到一定浓度时，这些两亲分子可以在溶液中聚集成胶囊，构成油包水或水包油结构；当液晶分子浓度进一步增大时，分子进一步聚集，形成排列有序的液晶结构。

作为溶致型高分子液晶，由于其结构仅仅是通过柔性主链将小分子液晶连接在一起，因此在溶液中表现出的性质与小分子液晶基本相同，也可以形成胶囊结构和液晶结构。与小分子液晶相比，高分子化的结果可能对液晶结构部分的行为造成一定影响，如改变形成的微囊的体积或形状，形成的液晶晶相也会发生某种改变。液晶分子的高分子化给液晶态的形成也提供了很多有利条件，使液晶态可以在更宽的温度和浓度范围形成。溶致型高分子液晶的结构通常是通过柔性主链将小分子液晶连接在一起，因此在溶液中表现出的性质与小分子液晶基本相同，也可以形成胶囊结构和液晶结构。但其高分子的结构可能会对液晶结构部分的行为造成一定的影响，如改变形成的胶囊的体积或形状，使液晶态可以在更宽的温度和浓度范围形成。

溶致型侧链高分子液晶中同样含有双亲结构，其结构的一端呈现亲水性，另一端呈现亲油性，从而表现出表面活性剂的性质，原因在于分子中具有两类性质不同的区域，即亲油区和亲水区。

8.4.1.1 溶致型侧链高分子液晶的合成

溶致型侧链高分子液晶的合成主要通过在亲水一端或亲油一端进行聚合反应。图 8-9 给出两类侧链聚合物。

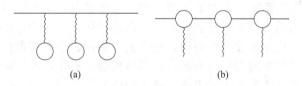

(a)　　　　　　　　　　　　(b)

图 8-9　溶致型侧链高分子液晶结构示意图
○亲水性基团；∿亲油性基团

在（a）型高分子液晶中聚合物主链一般为亲油性，亲水性端基从聚合物主链伸出。而合成（b）型聚合物的单体多具有亲水性可聚合基团，形成的聚合物亲水一端在主链上。它们的合成主要是通过在亲水基或亲油基一端进行聚合反应而实现的。其中以亲油一端聚合的较为常见，可在其亲油一端引入可聚合的双键，通过双键的聚合来实现高分子化，也可以通过接枝反应来形成。

（a）型高分子液晶的合成主要有两种方法。一是在液晶单体亲油一端连接乙烯基，通过乙烯基的聚合反应实现高分子化，高分子化后的主链为聚乙烯。二是通过接枝反应与高分子骨架连接，侧链聚合物液晶也可以用柔性线形聚合物与具有双键的单体通过加成接枝反应生成。

（b）型比较少见，主要是亲水性聚合基团不多。常见的有甲基丙烯酸季铵盐类。聚甲基丙烯酸季铵盐是由亲水性聚合物链构成的，它可以由丙烯酸盐的单体溶液通过上述局部化学聚合形成聚丙烯酸，再与长碳链季铵盐形成（b）型高分子液晶。

8.4.1.2 溶致型侧链高分子液晶晶相结构和性质

与没有高分子化的小分子液晶相比，高分子液晶形成液晶的浓度范围和温度范围更宽，稳定性更好。相图证明，随着温度、浓度的变化，溶液型侧链高分子液晶在溶液中可以形成近晶相的层状液晶、向列型六角形紧密排列液晶和立方晶相液晶。除了立方液晶相外，其余两种晶相区均比小分子液晶有所扩大，一般认为这是由于聚合物的限制作用生成的。同时液晶聚合物的胶束临界浓度也有大幅度下降，甚至接近零。当保持亲水基团不变，而增加烷基链的长度，相图中层状液晶区相应扩大，当烷基小于 8 个碳原子时，液晶相不能形成。

8.4.1.3 溶致型侧链高分子液晶的应用

溶致性侧链高分子液晶最重要的应用在于制备各种特殊性能的高分子膜材料和胶囊。

生物膜，如细胞膜具有选择透过性等特殊性质，一直是人们研究和模仿的对象。典型的生物膜含有 50% 左右的类脂和几乎同样数量的蛋白质。类脂可形成与层状液晶类似的层状结构。利用溶致型侧链高分子液晶的成型过程，如形成层状结构，再进行交联固化成膜，可以制备具有部分类似功能的膜材料。这种材料的单体必须含两亲结构，如丙烯酰基、甲基丙烯酰基、乙烯基、苯乙烯基或二乙酰基等。

脂质体（微胶囊）是侧链型高分子液晶在溶液中形成的另一类聚集态，其中包裹的物质被分散相分离。制备时常采用超声波或渗析法将类脂分散，用紫外线激发聚合形成稳定的微胶囊。这种微胶囊可用于靶向释放和缓释药物使用，微胶囊中包裹的药物随体液到达病变点时，微胶囊被酶作用破裂放出药物，达到定点释放药物的目的，同时使药物的作用能得到充分发挥，还可避免或减少药物对机体其他部分的毒副作用。

8.4.2 溶致型主链高分子液晶

溶致型主链高分子液晶的液晶基元通常由刚性的环状结构和桥键两部分所组成，其刚性结构位于聚合物骨架的主链上，在溶液中形成液晶态是聚合物主链作用的结果。溶致型主链高分子液晶又可分为天然的（如多肽、核酸、蛋白质、病毒和纤维素衍生物等）和人工合成的两类。前者的溶剂一般是水或极性溶剂，后者的主要代表是聚芳香胺和聚芳香杂环，其溶剂是强质子酸或对质子惰性的酰胺类溶剂，并且添加少量氯化锂或氮化钙。这类溶液出现液晶态的条件是：聚合物的浓度高于临界值；聚合物的分子量高于临界值；溶液的温度低于临界值。在表 8-4 中给出了几种典型的溶致型主链高分子液晶的结构。主链液晶主要应用于高强度高模量纤维和薄膜的制备中。

表 8-4　溶致型主链高分子液晶的结构

名称(缩写)	结　构	名称(缩写)	结　构
聚对氨基苯甲酰胺(PpBA)	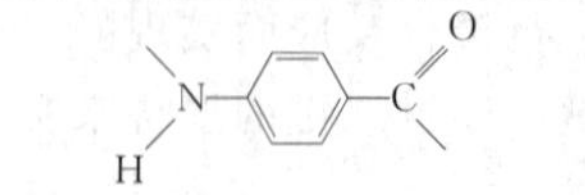	顺式聚对苯基苯并双噻唑(cis-PBT)	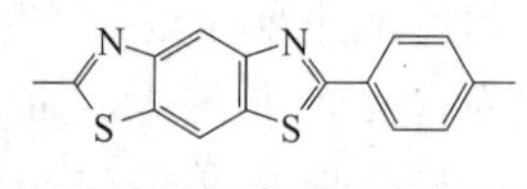
聚对二氨基苯与对苯二甲酸共聚物(PpPTA)	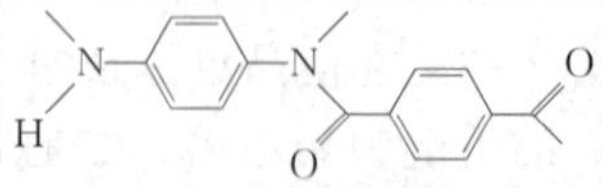	反式聚对苯基苯并二噻唑(trans-PBT)	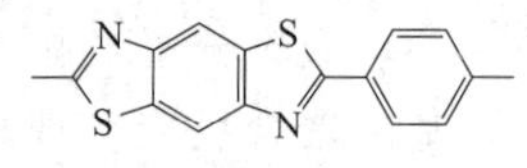
顺式聚对苯基苯并双噁唑(cis-PBO)	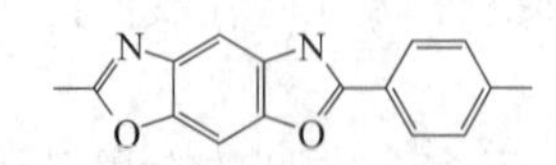	聚均苯四甲内酰胺	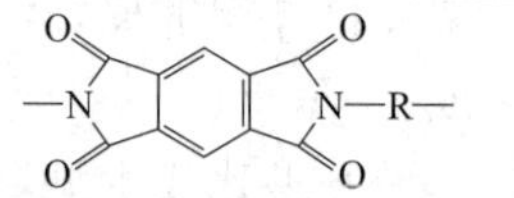
反式聚对苯基苯并双噁唑(trans-PBO)	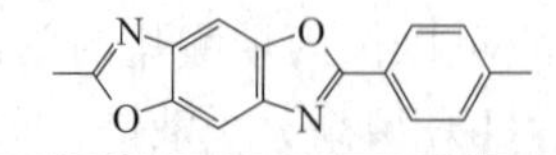		

8.4.2.1 溶致型主链高分子液晶的结构和制备方法

主链型高分子液晶中的刚性部分在聚合物的主链上，这类液晶主要包括聚芳香胺类和聚芳香杂环类聚合物，其共同特点是聚合物主链中存在有规律的刚性结构。以下简单介绍聚芳香胺类和聚芳香杂环类液晶高分子的合成方法。

（1）聚芳香酰胺　聚芳香胺类液晶是这一类中最常见的品种，它是通过酰胺键将单体连接成聚合物，因此所有能够形成酰胺的反应方法和试剂都有合成这类液晶高分子的可能，酰氯或酸酐与芳香胺进行缩合反应是常见的方法之一。

聚苯甲酰胺（PBA）是第一个非肽类溶致型液晶高分子，20 世纪 60 年代美国杜邦公司的 Kwolek 以 N-甲基吡咯烷酮为溶剂，氯化钙为助溶剂进行低温溶液缩聚而得，其具体的反应见式(8-3)。

$$\text{(8-3)}$$

PBA 溶液属于向列型液晶，用它纺成的纤维称为 B 纤维，在中国称为芳纶 14，具有很高的强度，用作轮胎帘子线。

聚对苯二甲酰对苯二胺（PPTA）的合成是采用 1,4-二氨基苯和对苯二酰氯进行缩合反应直接制备 PPTA，反应介质采用非质子性强极性溶剂，如 N-甲基吡咯烷酮，在溶液中有一定量的氯化钙以促进反应的进行。其反应见式(8-4)。

$$\text{(8-4)}$$

PPTA 是第一个大规模工业化的液晶高分子，1972 年由美国杜邦公司生产，它是典型的溶致型液晶高分子，用它纺成的纤维称为 Kevlar，在中国称为芳纶 1414。它是高强度高模量材料，其强度是钢丝的 6~7 倍，比模量是钢丝的 2~3 倍，密度只有钢丝的 1/5，广泛应用于航空及宇航材料。

（2）聚芳香杂环　聚芳香杂环主链高分子液晶也被称为梯型聚合物，由其结构特征得名。这一类高分子液晶主要用于开发高温稳定性材料，将这类聚合物在液晶相下处理可以得到高性能的纤维。

聚对苯基苯并双噁唑（PBO）和聚对苯基苯并双噻唑（PBT）是两类重要的杂环类液晶高分子，它们都是溶致型高分子液晶，比 Kevlar 纤维具有更高的力学性能（如比强度和比模量），还具有优良的环境稳定性，被视为优秀的新一代航天材料。它们的优良性能来源于由芳环和杂环组成的分子链结构及在液晶相成膜成纤的加工工艺。PBO 和 PBT 的典型的合成反应分别如式(8-5)、式(8-6) 所示。

$$\text{(8-5)}$$

$$(8\text{-}6)$$

8.4.2.2 溶致型主链高分子液晶的晶相结构和性能

溶致型主链高分子液晶最主要的用途在于研究与制备高强度、高模量纤维和膜材料，因此其流变性和晶相结构是人们关注的重点。因聚合物纤维和膜的力学性能在一定程度上取决于聚合物链的取向度，为了形成液晶相，除聚合物的结构应有一定的刚性外，同时需要达到液晶相形成的最低临界浓度，因此除采用强极性溶剂（如 N-甲基吡咯烷酮）或强酸（如浓硫酸、高氯酸）作溶剂外，还常向其中加入助溶剂（如氯化钙、氯化锂等）。溶致型主链高分子液晶一般形成向列型液晶，其临界浓度与温度、分子量、分子量分布、聚合物结构和所使用的溶剂有关。在临界浓度以下时溶液的黏度随着浓度的增加而增加，当达到临界浓度时，黏度达到极大值，然后迅速下降到一个极小值，如溶液的浓度继续升高，黏度也会再次上升，直到出现固相。

液晶相结构中的分子链处于高度取向的状态，因此由它制作的纤维和膜有很高的拉伸强度和热稳定性，如 PBO 和 PBT 的拉伸强度可达 2GPa，断裂伸长率低于 6%，拉伸模量为 50～400GPa。产生这种性质的原因是纤维中分子取向度的提高和分子间力的增大。

8.4.3 热致型侧链高分子液晶

同溶致型侧链高分子液晶一样，热致型侧链高分子液晶的刚性结构部分通过共价键与聚合物主链相连，不同点在于液晶态的形成不是在溶液中，而是当聚合物固体受热熔化成熔融态时分子的刚性部分仍按照一定规律排列，表现出空间有序性等液晶的性质。同样在形成液晶相过程中侧链起着主要作用，而聚合物主链只是部分地对液晶的晶相形成起着一定辅助作用。

8.4.3.1 热致型侧链高分子液晶的结构

对于热致型侧链高分子液晶来讲有三个主要的结构因素，分别是聚合物骨架、骨架与分子刚性结构之间的间隔体和刚性体，它们对热熔液晶态的形成、晶相结构、物理化学性能起着重要作用。大多数侧链液晶高分子是由高分子主链、液晶基元和间隔基三部分组成，有的侧链高分子液晶没有间隔基，但这种情况较少。这三部分的连接方式如图 8-10 所示。

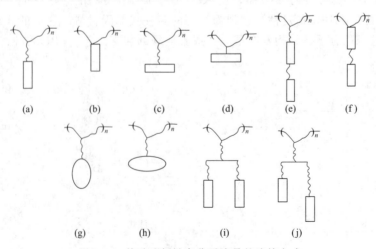

图 8-10 热致型侧链高分子液晶的连接方式

图 8-10 中的（a）为刚性棒状液晶基元尾接（又称竖挂、端接）于高分子主链，中间插入间隔基；（b）为刚性棒状液晶基元，尾接，无间隔基；（c）为刚性棒状液晶基元，腰接（又称横挂、侧接）于主链，中间插入间隔基；（d）为刚性棒状液晶基元，腰接，无间隔基；（e）为柔性棒状液晶基元，尾接，有间隔基；（f）为柔性棒状液晶基元，尾接，无间隔基；（g）为盘状液晶基元，尾接；（h）为盘状液晶基元，腰接；（i）为一根侧链（间隔基）并列接上两个液晶基元，称为孪生（成对），两个液晶基元相同；（j）为一根间隔基侧链连接上一对液晶基元，这两个液晶基元不同。

（1）高分子主链　在侧链高分子液晶中，常见的高分子主链如图 8-11 所示。

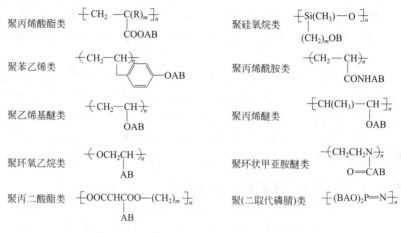

图 8-11　侧链液晶高分子主链的主要类型

图中的 A 代表间隔基，B 代表液晶基元。聚丙烯酸酯类结构式中的 R＝H，Cl，CH₃，CH₂COOH 分别为聚丙烯酸酯、聚氯代丙烯酸酯、聚甲基丙烯酸酯和聚衣康酸酯。

自由基聚合是制备侧链高分子液晶最简便的方法，可制备聚丙烯酸酯、聚甲基丙烯酸酯、聚氯代丙烯酸酯、聚丙烯酰胺、聚衣康酸酯和聚苯乙烯衍生物等。用阴离子聚合方法可制备聚丙烯酸酯、聚甲基丙烯酸酯和聚苯乙烯衍生物等。用基团转移聚合方法可制备聚丙烯酸酯、聚甲基丙烯酸酯和聚丙烯酰胺等。这三种方法制得的同名聚合物的立体异构、分子量及其分布不同，后两种方法所得产物分子量分布较窄。由乙烯基醚、丙烯基醚、取代环氧乙烷、环状亚胺醚等单体进行阳离子开环聚合可制备对应的侧链高分子液晶。用逐步聚合方法可制得丙二酸酯类侧链高分子液晶。用小分子与高分子链进行亲核取代反应的方法可制得聚甲基丙烯酸酯、聚丙烯酸酯、聚衣康酸酯、聚（2,6-二甲基-1,4-亚苯基醚）、聚甲基乙烯基醚-丙二酸酯共聚物、聚（二取代磷腈）等。用硅氧化反应制备聚硅氧烷类。由于大分子效应的存在，用高分子反应的方法制备侧链高分子液晶难以定量转化，并影响产品纯度。开环聚合和逐步聚合反应方法也存在难以纯化的困难。

（2）液晶基元　刚棒状液晶基元是由环状化合物和内连桥键组成的。环状化合物有苯环、萘环、其他芳环、反式环己烷、双环辛烷、反式-2,5-二取代-1,3-二噁烷、1,3-二噻烷、1,3-氧硫杂环己烷等。内连桥键有—COO—，—CH＝N—，—N＝N—，—C(O)＝N—，—(C≡C)—，—(CH＝CH)—，—CN＝N—N＝CH—等。

（3）间隔基　亚烷基因与液晶基元作用较小最为常用，低聚体聚氧乙烯和聚硅氧烷因柔性大有利于去偶，但有时与液晶基元作用强，影响后者的有序排列，须根据情况斟酌选用。

热致型侧链高分子液晶通常可以采用均聚反应、缩聚反应和接枝反应来制备。

8.4.3.2　柔性间隔基的部分"去偶"概念

侧链型高分子的液晶相生成能力、相态类型和液晶相的稳定性均由分子的三个主要成分，即主链、液晶基元和间隔基所决定。没有柔性间隔基时，柔性主链和刚性液晶基元侧链直接键合发生所谓"偶合"作用。主链倾向于采取无规构象，而液晶基元则要求取向有序排布，视这两种力量的相对强弱而定，如果液晶侧链运动屈服于主链运动则采取无序构象得到非液晶聚合物，如果主链运动屈服于液晶侧链的作用而牺牲部分构象熵则生成液晶相；采用柔性大的主链和刚性大的液晶基元有利于液晶相生成。1989 年 Percec 总结了无间隔尾接型侧链高分子液晶的为数不多的几个实例，它们的主链有聚丙烯酸酯、聚甲基丙烯酸酯、聚丙烯酰胺和聚苯乙烯四类，液晶基元含两个苯环，它们的特点是玻璃化温度很高，绝大多数是近晶相液晶。但 20 世纪 90 年代合成的无间隔基尾接型含三苯环液晶基元的聚甲基丙烯酸酯却显示向列相。

1978 年，Ringsdorf 和 Finkelman 等提出了缓和矛盾的"柔性间隔基去偶概念"，即认为主链和液晶侧链的两种运动发生偶合作用，主链与液晶基元之间插入足够柔顺的柔性间隔基，以减弱两者热运动的相互干扰，从而保证液晶基元的排列成序，这就是"去偶"效应。

目前已知的任何高分子体系都不是完全去偶的。如果达到完全去偶，不管是高分子主链，只要连接的液晶基元侧链相同，其液晶类型和液晶相稳定性都应当相同。

8.4.3.3　热致型侧链高分子液晶的合成方法

热致型侧链高分子液晶不能像溶致型侧链液晶那样，首先在单体溶液中形成预定液晶态，然后利用局部聚合反应实现高分子化，因此必须另寻其他合成途径。根据目前已有的资料，热致型侧链高分子液晶的合成有均聚反应、缩聚反应和接枝反应三种方法。

（1）均聚反应　先合成间隔体一端连接刚性结构、另一端带有可聚合基团的单体，再进行均聚反应构成侧链液晶。

（2）缩聚反应　在连有刚性体的间隔体自由一端制备双功能基，再与另一种双功能基单体进行缩聚反应构成侧链聚合物。

（3）接枝反应　以某种线性聚合物和间隔体上带有活性基团的单体为原料，利用接枝反应制备。

8.4.3.4　热致型侧链高分子液晶的晶相结构和特性

热致型侧链高分子液晶的晶相结构和性能受到高分子主链、柔性间隔基、刚性液晶基元的影响。

（1）高分子主链的影响　由于不能实现完全去偶，主链和侧链总有某种程度的相互偶合作用，结果主链与侧链运动相互影响，一方面聚合物主链的存在限制了侧链的平动和转动，改变了液晶基元所处的环境，对它的液晶行为也会造成一定影响，这也正是同种间隔基和液晶基元所组成的侧链键合到柔性不同的主链上其相行为不同的原因；另一方面刚性侧链与柔性主链的键合限制了主链的平动和转动，增加了主链的各向异性和刚性，柔性主链不再是无规线团构象，而是畸变为扁长的和扁圆的线团构象。主链的柔性增大，对液晶的形成有利，一般来说其清亮点与玻璃化温度之间的温度区间变宽，这意味着液晶的成相温度增宽，液晶相稳定性加大（表 8-5）。

高分子主链的分子量、分子量分布等也对液晶的形成产生影响。随着平均分子量的提高，相转变温度也相应提高，但分子量也有一个临界值，在此值以上，相转变温度将不随分子量的增大而提高，分子量对形成的液晶相结构也有一定的影响，分子量小时，近晶相不能形成，这一结果说明了高分子主链对某聚集态结构的影响。在平均分子量相同时，某些相态在分子量分布较窄时可以观察到，而在分子量分布宽时则不能形成。

表 8-5　高分子主链对相转变温度和液晶相稳定性的影响

聚合物骨架 刚性体＋间隔体	$\begin{matrix} & Cl \\ +CH_2-C \\ & COO- \end{matrix}$	$\begin{matrix} & CH_3 \\ +CH_2-C \\ & COO- \end{matrix}$	$\begin{matrix} & H \\ +CH_2-C \\ & COO- \end{matrix}$	$\begin{matrix} & CH_3 \\ +O-Si \\ \end{matrix}$
$-(CH_2)_2O-$⬡$-COO-$⬡$-OCH_3$		$T_g=369$ $T_{cl}=394$ $\Delta T=25$	$T_g=320$ $T_{cl}=350$ $\Delta T=30$	$T_g=288$ $T_{cl}=334$ $\Delta T=46$
$-(CH_2)_2O-$⬡—⬡$-CN$		$T_g=333$ $T_{cl}=393$ $\Delta T=60$	$T_g=308$ $T_{cl}=393$ $\Delta T=89$	$T_g=287$ $T_{cl}=443$ $\Delta T=156$
$BuO-$⬡$-COO-$⬡$-OOC-$⬡$-OBu$	$T_g=293$ $T_{cl}=339$ $\Delta T=46$	$T_g=292$ $T_{cl}=340$ $\Delta T=48$	$T_g=277$ $T_{cl}=340$ $\Delta T=63$	$T_g=290$ $T_{cl}=361$ $\Delta T=71$

高分子主链的立体异构对聚合物液晶相的类型没有影响，但无规立构聚合物比全同立构聚合物的液晶相稳定性加大。

（2）柔性间隔基的影响　大多数的侧链液晶高分子存在柔性间隔基，柔性间隔基在高分子主链和刚性的液晶基元之间起到一定的去偶作用，柔性间隔基对液晶的影响因素包括链长度、链组成和与高分子主链以及刚性液晶基元的连接方式等。间隔基与高分子主链的连接可以通过酯键、C—C 键、醚键、酰胺键完成，与刚性部分的连接常通过酯键、C—C 键、醚键、酰胺键和碳酸酯键等实现。连接方式的不同会对液晶的稳定性产生影响。如酯键会在酸碱性条件下发生水解反应，与聚合物主链分开。间隔基本身多为饱和碳链、醚链或硅醚链。间隔基组成不同，链的柔性也不同，链的柔性会对液晶的晶相、温度稳定性等产生影响。如当同样长度的碳氧链被饱和碳链取代时，玻璃化转变温度和液晶相临界温度都有不同程度的下降，对液晶影响最大的因素是间隔基的长度。当长度太小时聚合物主链对刚性体的束缚增强，不利于刚性体按照液晶相要求进行排列；过长时聚合物主链对液晶相的稳定作用会有所削弱，间隔基长度对聚合物液晶的相转变温度也有明显的影响（表 8-6）。

表 8-6　间隔基长度对液晶热性质的影响

$$Me_3Si-O+\underset{(CH_2)_nO-⬡-O-C-⬡-X}{\overset{Me}{\underset{}{Si}}-O}]_m SMe_3$$

取代基	n	相转变温度/K			$\Delta H_{cl}/(J/g)$
X＝CN	3	$T_g=309$	$T_s=373$	$T_i=449$	4.6
X＝CN	4	$T_g=313$	$T_s=351$	$T_i=447$	5.0
X＝CN	5	$T_g=297$	$T_s=377$	$T_i=457$	5.6
X＝CN	6	$T_g=300$	$T_s=355$	$T_i=463$	6.0
X＝CN	8	$T_g=298$	$T_i=463$		8.5
X＝CN	10	$T_g=291$	$T_s=381$	$T_i=468$	7.0
X＝CN	11	$T_g=290$	$T_s=355$	$T_{s'}=392$　　$T_i=474$		9.2

取代基	n	相转变温度/K				$\Delta H_{\text{cl}}/(\text{J/g})$
X＝OMe	3	$T_g=288$	$T_i=396$			2.0
X＝OMe	4	$T_g=280$	$T_s=347$	$T_i=377$		1.6
X＝OMe	5	$T_g=277$	$T_s=344$	$T_i=395$		3.0
X＝OMe	6	$T_g=269$	$T_i=383$			3.4
X＝OMe	8	$T_g=268$	$T_s=318$	$T_i=400$		4.5
X＝OMe	10	$T_g=268$	$T_s=315$	$T_i=406$		5.5
	11	$T_g=239$	$T_s=297$	$T_{s'}=333$	$T_i=407$	6.1

表中 T_g、T_s、T_i 分别表示高分子液晶的玻璃化温度、液晶形成温度和液晶的清亮点温度。从表中给出的数据表明间隔基的长度对聚合物液晶有如下的影响：当长度增加时，玻璃化温度下降；间隔基中碳原子数的奇偶性对相转变温度也有影响；但是对不同晶相变化温度的影响不一致。较短的间隔基有利于向列型液晶的生成，长链有利于近晶型液晶生成。随着间隔基的加长，有可能有新液晶相生成，转变成各向同性时所需热熔值随间隔基的加长而加大。对于腰接型的侧链型高分子液晶，其间隔基的影响与上述的尾接型侧链高分子液晶基本相同。

（3）刚性液晶基元的影响　刚性液晶基元的环状结构、形状、尺寸和性质将对晶相结构产生影响。液晶聚合物的双折射现象，主要取决于刚性体的共轭程度。介电系数的各向异性取决于环上取代基的位置和性质。形成的晶相结构则取决于刚性体的结构、形状、尺寸和性质。如线性刚性体可以形成近晶相，手性刚性体则趋向于生成手性晶相。增加刚性体的长度有两重意义：如果增加的是柔性结构，如在与间隔基相对的一端连接柔性的"尾巴"，其作用与增加间隔基长度相同，趋向于降低相转变温度；当增加刚性部分的长度时得到相反的结果，相转变温度提高。有结构如式(8-7)的聚合物，当 n 分别等于1、2、3时，清亮点温度分别为 334K、592K 和 633K。可以明显看出，刚性部分加长，相转变温度明显提高。

$$\begin{array}{c} \text{CH}_3 \\ | \\ (\!\!-\text{Si}\!-\!\text{O}\!\!-\!)\!\!-\!(\text{CH}_2)_3\text{O}\!\!-\!\!\bigcirc\!\!-\!\text{COO}\!\!-\!\!(\bigcirc)_n\!\!-\!\!\text{OCH}_3 \end{array} \qquad (8\text{-}7)$$

刚性体上取代基对液晶的影响比较复杂，根据取代位置不同可以分成两种情况：一是取代位置在刚性体与间隔基相对的一端，在这种情况下，取代基的性质对刚性体的偶极矩等参数影响较大，同时对液晶的热性质也产生影响（表 8-7）。对于非极性取代基（烷基和烷氧基），倾向于生成向列型液晶。氰基和硝基倾向于生成近晶型液晶。随着端基极性的增加，清亮点温度也相应提高。没有取代基时，液晶不易生成。二是取代基的取代位置在刚性结构的侧面，在这种情况下，对液晶聚合物的性质产生的影响将明显不同，因此也是液晶分子设计必须考虑的重要内容。比如侧面取代的甲基由于空间作用可以明显减小聚合物的有序程度，特别是当间隔基较短时，侧基立体影响的存在会抑制某些液晶相的形成。侧基除了会影响分子的有序排列外，侧基的电学性质，如电负性、形成氢键的能力等差异也会影响液晶材料的电磁场性质和形成液晶的晶相结构。在聚合物液晶结构中刚性体元素组成不同会改变其电学和化学性质，比如苯环的一个碳原子被氮原子取代构成吡啶环，相当于在环上增加了有供电作用的取代基，因此晶相结构会发生很大的变化（表 8-8）。

表 8-7　端基取代对液晶热性质的影响

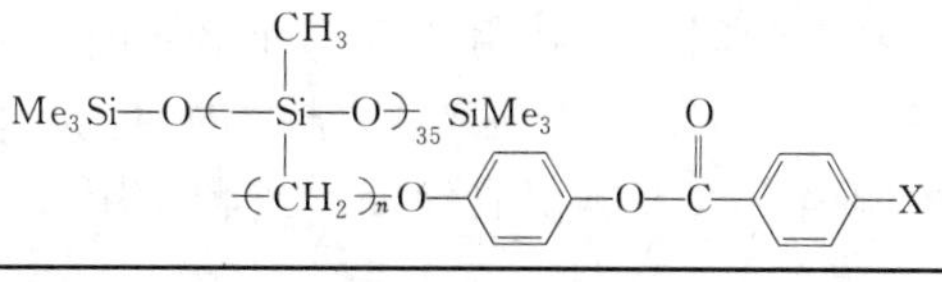

$$Me_3Si\text{---}O\!\left(\!\!\begin{array}{c}CH_3\\ |\\ \text{---}Si\text{---}O\\ |\\ (CH_2)_n\end{array}\!\!\right)_{\!\!35}\!\!SiMe_3 \qquad \text{---}O\text{---}\!\!\bigcirc\!\!\text{---}O\text{---}\overset{O}{\overset{\|}{C}}\text{---}\!\!\bigcirc\!\!\text{---}X$$

X	相转变温度/K	$\Delta H_{Cl}/(J/g)$
CN	$T_g=313$　　$T_s=351$　　$T_i=447$	5.0
NO$_2$	$T_g=293$　　$T_i=438$	2.7
OMe	$T_g=280$　　$T_s=347$　　$T_i=377$	1.6
Me	$T_g=277$　　$T_s=332$	2.0

表 8-8　元素组成对液晶晶相和热性质的影响

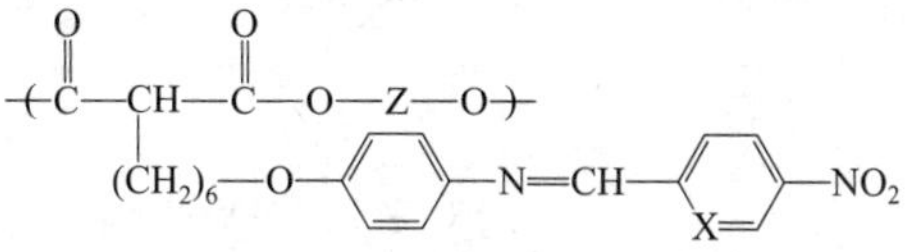

$$\text{---}\!\!\left(\!\overset{O}{\overset{\|}{C}}\text{---}CH\text{---}\overset{O}{\overset{\|}{C}}\text{---}O\text{---}Z\text{---}O\!\right)_{\!n}$$
$$(CH_2)_6\text{---}O\text{---}\!\!\bigcirc\!\!\text{---}N\!\!=\!\!CH\text{---}\!\!\bigcirc\!\!\overset{X}{}\text{---}NO_2$$

Z	X	相转变温度/K
—CH$_2$CH$_2$CH$_2$CH$_2$—	CH	$T_n=358.9$
—CH$_2$CH$_2$CH$_2$CH$_2$—	N	$T_s=315.2$
—CH$_2$CH$_2$CH(CH$_3$)—	CH	$T_n=326.8$
—CH$_2$CH$_2$CH(CH$_3$)—	N	$T_s=347.2$
—CH$_2$CH$_2$CH(CH$_3$)CH$_2$CH$_2$CH$_2$—	CH	$T_n=308.9$
—CH$_2$CH$_2$CH(CH$_3$)CH$_2$CH$_2$CH$_2$—	N	$T_s=346.2$

　　液晶中刚性部分的性质还受到苯环（如果刚性部分是由两个以上苯环构成）之间连接基团的影响，连接部分由刚性小的基团构成，如醚键、苯环间的旋转作用将加强，则转变温度下降，但是液晶相将不易生成，相反，如果连接处存在刚性基团，如酯键等，则相转变温度升高。

8.4.4　热致型主链高分子液晶

8.4.4.1　热致型主链高分子液晶的结构

　　热致型主链高分子液晶主要由芳香性单体通过缩聚反应得到，刚性部分处在聚合物主链上。当聚合物熔融时，分子仍能保持一定的有序性，因此形成了液晶态。聚合物的有序度与分子的刚性密切相关，刚性好的分子有利于达到分子的有序排列。但完全刚性的棒状分子，如图 8-12 所示的对羟基苯甲酸缩聚物或者对苯二酚和对苯二甲酸的缩聚物等，在固态时呈现很高的结晶度，

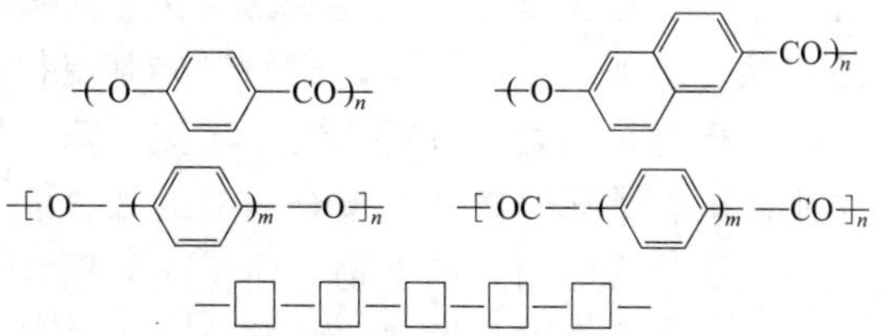

图 8-12　高熔点刚性聚合物（熔点＞450℃）

但分子间的作用力太大，以至于在分解温度以下不能出现熔融态（通常熔点＞450℃），因此这类高聚物实际不能形成液晶态。

　　为了使聚合物的熔点降到分解温度以下，通常采用共聚、在聚合物刚性链段中加入柔性链段、聚合单元之间进行非线性连接等途径减小分子结构的规整性，以降低分子间的作用力。

（1）共聚　采用共聚的方式，在聚合物链中引入体积不等的聚合单元。采用这一方法，在基本保持聚合物的线性和刚性的同时，利用分子空间结构的影响，使其不能紧密排列，从而达到既减小分子间力，降低熔点，又不破坏液晶结构的目的，使其相转变温度大大降低。具体的方法一般是在苯环的侧面引入大体积取代基，或者采用多环芳烃替代部分苯环以增大单体的横向面积。

如在对苯二酚与对苯二甲酸的缩聚物中，在 2 位引入苯基聚合物的熔点下降到 340℃ 以下（图 8-13）。实验表明，取代基的体积和取代位置是造成熔点下降的主要因素，而取代基的极性大小对结果的影响不大，如果用萘环代替聚合物中的部分苯环，聚合物的熔点可以下降到 260℃ 左右。

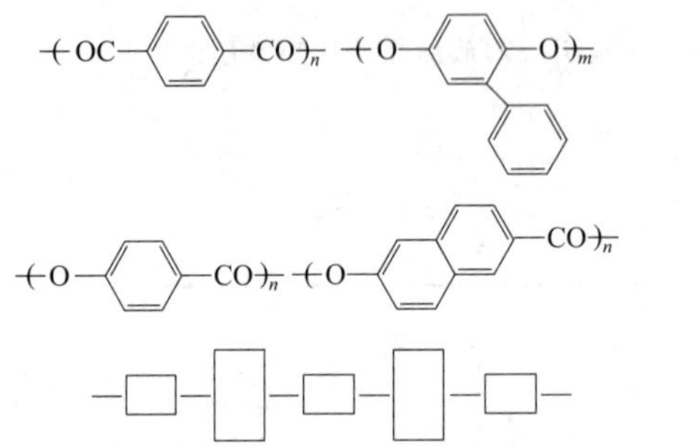

图 8-13　加入链宽不等的单体共聚（熔点下降）

（2）在聚合物刚性链段中加入柔性链段　通过共聚的方法在聚合物刚性链段中随机加入一些柔性链段，可以通过增加分子热运动能力降低聚合物的熔点（图 8-14）。

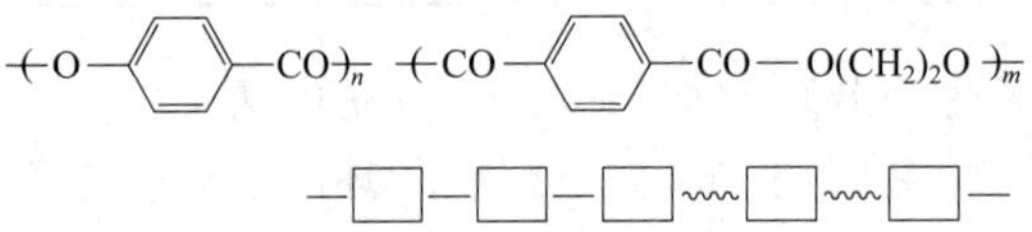

图 8-14　在刚性主链中引入柔性链段（熔点下降）

采用的柔性链可以是饱和链（—CH_2—），或者醚键（—CH_2CH_2—O—）。柔性链段和刚性结构部分的长度以及刚性结构部分的长径比对形成的液晶结构和相转变温度有较大的影响。刚性部分的长度和长径比增加，更容易形成向列型液晶，液晶的稳定性增加；减小柔性链段的长度有类似的影响。柔性链段中—CH_2—的奇偶性也对相变温度产生一定的影响。一般说来，与相近长度的柔性链相比，含有偶数个亚甲基碳链的聚合物熔点偏高，奇数个亚甲基的偏低。增加链段的柔性，比如以硅氧烷替代饱和碳链，相转变温度有所下降。

（3）聚合单元之间进行非线性连接　降低聚合物熔点的第三种方法是在聚合物主链中引入非线性聚合单元，以减小聚合物链的规整度，减小分子间力。非线性单元可以利用邻位或间位取代的二官能团苯衍生物，使形成的聚合物链呈现一定的非线性（图 8-15）。采用这种方法对于降低聚合物的熔点非常有效，比如只要加入百分之十几的间位取代苯二甲酸替代对位衍生物，聚合物的熔点即可降到 350℃ 以下，但是在聚合物主链中引入大量的非线性单元，也会在一定程度上破坏液晶的形成能力。

上述三种降低聚合物熔点的方法不仅可以单独使用，也可以结合起来使用，以便取得更好的效果。从应用的角度来讲，第一种方法有较大的优越性，因为生成的产物对液晶态的影响较小，化学和物理稳定性较好。而引入柔性链段后有可能会降低聚合物的高温性能，使应用性能下降。

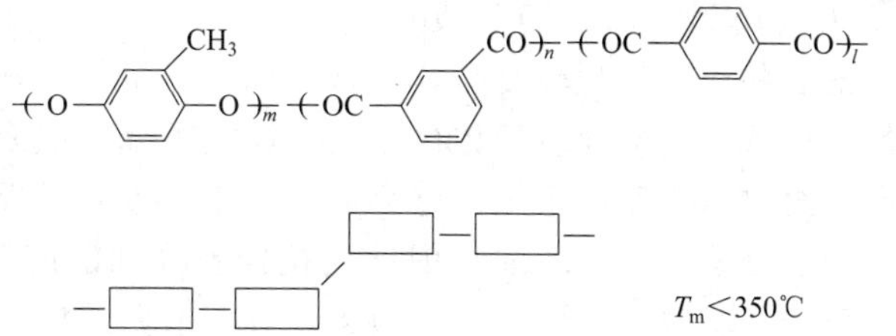

$$\text{+O}\overset{CH_3}{\underset{}{\bigcirc}}\text{O}\overline{)_m}\text{+OC}\overset{}{\bigcirc}\text{CO}\overline{)_n}\text{+OC}\overset{}{\bigcirc}\text{CO}\overline{)_l}$$

图 8-15 聚合单元的非线性连接（熔点下降）

$T_m < 350℃$

8.4.4.2 热致高分子液晶的典型品种及制备

热致型高分子液晶可以采用界面缩合、高温溶液聚合，如二苯酚与二碳酰氯的缩合反应，这种方法合成的产物其刚性部分和柔性部分相间排列，多用于采用插入柔性链降低聚合物熔点的场合。上述大多数热致型主链高分子液晶是通过酯交换反应制备的，如式(8-8)所示的乙酰氧基芳香衍生物与芳香羧酸衍生物反应脱去乙酸，反应在聚合物的熔点以上进行。

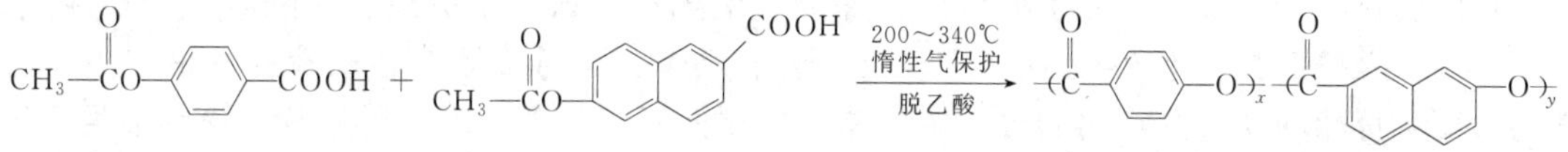

$$CH_3\overset{O}{\underset{}{C}}O\overset{}{\bigcirc}COOH + CH_3\overset{O}{\underset{}{C}}O\overset{}{\bigcirc\bigcirc}COOH \xrightarrow[\text{脱乙酸}]{\begin{array}{c}200\sim340℃\\ \text{惰性气保护}\end{array}} \overset{O}{\underset{}{C}}\overset{}{\bigcirc}O\overline{)_x}\overset{O}{\underset{}{C}}\overset{}{\bigcirc\bigcirc}O\overline{)_y}$$

(8-8)

在聚合反应的过程中，液晶相即形成。在聚合的过程中要注意避免因黏度过大引起传热不良，从而可能导致的降解反应。目前为克服这一问题，高熔点聚合物的合成需要在惰性热传导物质中进行。由于聚合物的黏度影响热传导，需要在搅拌下慢慢提高反应温度。在惰性热传导物质中还需加入聚合的或无机的稳定剂，防止在温度升高过程中发生絮凝现象。为克服在制备高熔点聚合物时碰到的高黏度，以至于难以得到高分子量聚合物的问题，可以采用固相聚合法，即反应温度在生成聚合物的熔点以下。反应分两步，先在正常反应条件下制备分子量较低的预聚物，然后用固相聚合法制备高分子量的聚合物。

以聚芳酯为代表的热致型液晶高分子不仅可以制造纤维和薄膜，而且作为新一代工程塑料弥补了溶致型液晶高分子材料的不足。已经商品化的聚芳酯有以下三种类型。

（1）Ⅰ型 由美国 Economy 发明，美国 Dart Kraft 公司于 1984 年生产，商品名称为 Xydar，化学结构见式(8-9)。

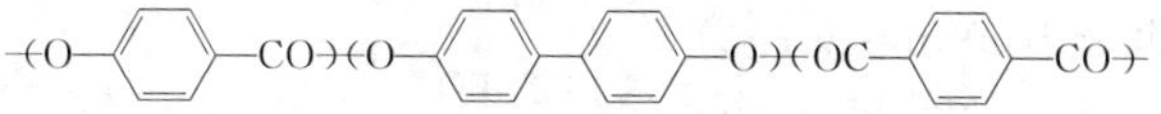

$$\text{+O}\overset{}{\bigcirc}CO\overline{)}\text{+O}\overset{}{\bigcirc}\overset{}{\bigcirc}O\overline{)}\text{+OC}\overset{}{\bigcirc}CO\overline{)}$$

(8-9)

另一类产品是由 Economy 发明并经日本 Sumitomo 化学公司改进于 1985 年生产的，商品名称为 Ekonol 纤维树脂，化学结构见式(8-10)。

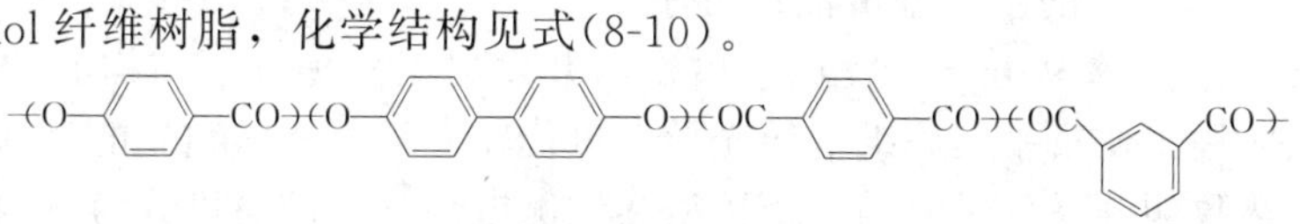

$$\text{+O}\overset{}{\bigcirc}CO\overline{)}\text{+O}\overset{}{\bigcirc}\overset{}{\bigcirc}O\overline{)}\text{+OC}\overset{}{\bigcirc}CO\overline{)}\text{+OC}\overset{}{\bigcirc}CO\overline{)}$$

(8-10)

（2）Ⅱ型 由 Hoechst-Celanese 公司发明并于 1985 年生产，商品名称为 Vectra，化学结构见式(8-11)。

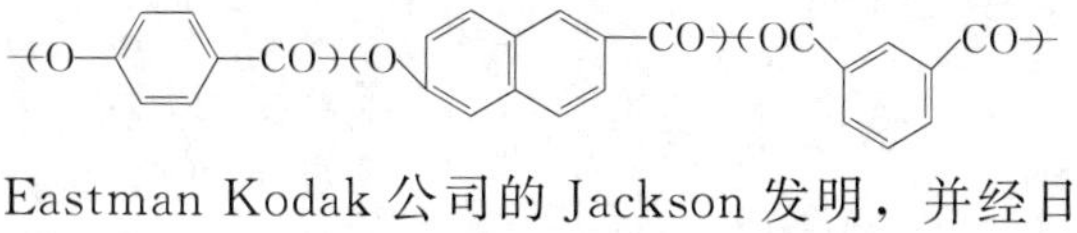

$$\text{+O}\overset{}{\bigcirc}CO\overline{)}\text{+O}\overset{}{\bigcirc\bigcirc}CO\overline{)}\text{+OC}\overset{}{\bigcirc}CO\overline{)}$$

(8-11)

（3）Ⅲ型 由美国 Eastman Kodak 公司的 Jackson 发明，并经日本 Unitika 公司改进于 1985 年生产，商品名称为 Rodrum LC-5000，化学结构见式(8-12)。

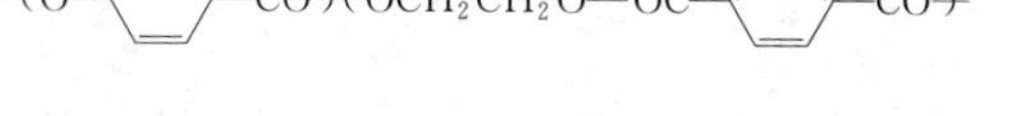

$$\text{+O}\overset{}{\bigcirc}CO\overline{)}\text{+OCH_2CH_2O}\text{—OC}\overset{}{\bigcirc}CO\overline{)}$$

(8-12)

8.4.4.3 热致型主链高分子液晶的性质

热致型主链高分子液晶的流变性比较复杂，与常规同分子量的聚合物相比，其剪切黏度要小很多，在从各向性态向液晶态转变时熔体黏度也有明显下降，如液晶属向列型时，其熔体黏度比类似的非液晶聚合物低3个数量级。这为制品的生产带来了极大的好处。

热致型高分子液晶由于分子的高度取向，因此其拉伸强度和硬度要高。当注射成型时，其拉伸强度甚至优于玻璃纤维增强的各向同性材料，但其未取向的模压制品的强度则与常规各向同性材料相当。

液晶聚合物的吸湿率很低，由于吸湿引起的体积变化很小，同时其线膨胀系数大大低于常规聚合物，因此有良好的热尺寸稳定性，这对于某些要求部件尺寸精确的工业应用是相当重要的。此外热致型高分子液晶的透气性非常低，对氦、氢、氧、氮和二氧化碳的渗透系数甚至小于已知透气率最小的材料之一——聚丙烯。同时它还表现出对有机溶剂良好的耐受性和很强的抗水解性，在酸或碱性环境下也有较好的稳定性。

8.4.4.4 其他热致型主链高分子液晶

其他热致型主链液晶高分子如聚酯、聚醚、聚酮、聚氨基甲酸酯、聚酰胺、聚酯酰胺、聚碳酸酯、聚酰亚胺、聚 β-硫酯以及聚烃、聚甲亚胺、聚对二甲苯、聚磷腈、聚二甲基硅氧烷、聚噻吩酯和沥青等，它们含有偶氮苯、氧化偶氮苯、苄连氮、甲亚胺、炔或烯类不饱和链等桥键。

8.4.5 其他液晶高分子

(1) 兼有溶致和热致性的主链型液晶高分子　兼有溶致和热致性的主链型液晶高分子包括聚芳酰胺、聚芳酯、纤维素衍生物、聚芳醚、聚烷烃、有机金属聚合物和嵌段共聚物等七类。

(2) 含盘状液晶基元主链型液晶高分子　除前述液晶相态分为向列相、近晶相和胆甾相三种之外，1977年印度Chandrasdkhar又发现了一类称为盘状液晶态的物质，构成它们的基元多为扁平盘子状，因而得名。现已发现，能形成盘状液晶态的物质均具有相同的分子形状。盘状液晶态的发现打破了一般认为液晶物质多为棒状结构的常规观念，在理论上具有十分重要的意义。1983年德国Ringsdorf首次实现了盘状液晶的高分子化，一种由苯并蒽为液晶基团和柔性亚甲基组成的主链型液晶高分子结构如图8-16所示。近来从分子工程概念出发，

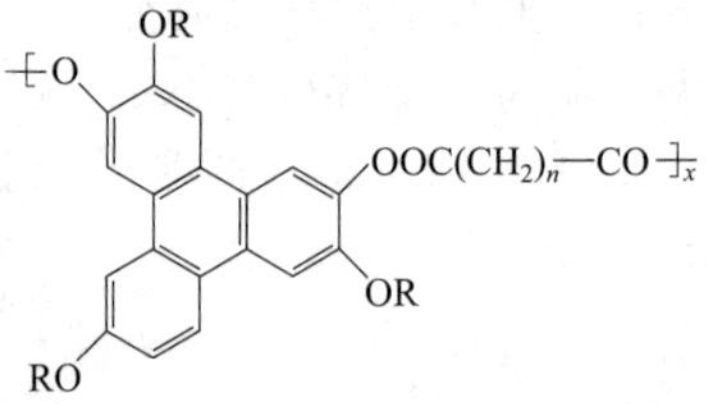

R=—(CH₂)₄CH₃

图 8-16　盘状液晶基元主链型液晶高分子

开发出了多种分子结构的功能性盘状液晶高分子，它们的应用主要集中在一维电导光导能量传输、纤维材料和光电显示器件方面。

(3) 腰接型热致侧链高分子液晶　腰接型热致侧链高分子液晶可分为有间隔基和无间隔基两种，其结构见式(8-13)。

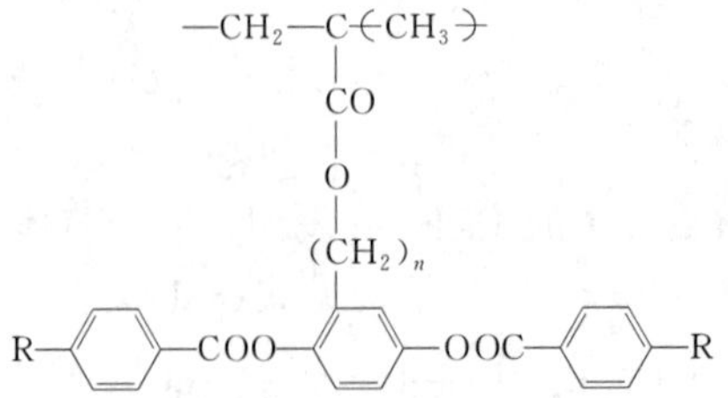

$$n=6,11;$$
$$R=OC_mH_{2m+1};$$
$$m=1\sim8$$

(8-13)

腰接型侧链高分子液晶与尾接型侧链高分子液晶的区别如下。

① 腰接型侧链高分子液晶的主链接于液晶基元腰部，这与近晶相的结构有所抵触，因此全部腰接型高分子液晶的液晶相都是向列相，而尾接型侧链高分子液晶的近晶相最常见，向列相和胆甾相也存在。

② 它通过腰部与主链相连，阻碍了液晶基元绕自己长轴的旋转，有利于双轴向列相的生成。

③ 随柔性间隔基长度的增加导致分子构象可能发生"甲壳"结构的崩溃，表现为清亮点下降，液晶相热稳定性下降，而尾接型侧链高分子液晶的清亮点随间隔基加长而变化的规律是先降后升。

腰接型侧链高分子液晶与小分子液晶、主链高分子液晶、尾接型侧链高分子液晶相同之处在于清亮点随液晶基元末端烷氧基碳原子数变化而有奇偶变化。

1987 年，中国学者周其凤首次合成了液晶基元直接腰接于高分子主链上的新型侧链液晶高分子，提出了"甲壳型液晶高分子"的新概念。1990 年，Hardouin 首次用小角中子衍射实验证明这类侧链液晶高分子"甲壳"模型的正确性。甲壳型液晶高分子中的刚性液晶基元是通过腰部或重心位置与主链相联结的，在主链与刚性液晶基元之间没有去偶成分，不要求（没有或只有很短的）柔性间隔基。其链结构见式(8-14)。

$$\text{(8-14)}$$

由于在分子主链周围空间内，体积庞大且不易变形的刚性棒状液晶基元密度很高，主链被由液晶基元所形成的刚性外壳所包裹，并被迫采取尽可能伸直的刚性链构象，本来柔顺的主链好像箍上一件硬的（液晶基的）夹克外壳或硬的甲壳，同时液晶基元也尽可能在有限的空间里采取有序排列，以降低相互之间的排斥，主链和液晶基元之间的共同作用使得这类液晶有别于传统的柔性侧链高分子液晶，尽管从化学结构上看它应属于侧链高分子液晶的范畴，但其性质更多地与主链高分子液晶相似，例如有较高的玻璃化转变温度、清亮点温度和热分解温度，有较大的构象保持长度，并能形成条带织构和溶致液晶，同时这也正是它能形成稳定的向列相液晶态的内在结构因素。

甲壳型液晶的出现在主侧链和液晶高分子之间架起一座桥梁，它兼有前者刚性链的实质和后者化学结构的形式；它既有前者高玻璃化温度、高清亮点温度，可作为高强度材料，又有后者可采用活性自由基聚合方法得到分子量可控、窄分布和高分子量产品的优点，从而可实现改善现有主链高分子液晶材料性能的要求。

（4）含柔性棒状液晶基元的侧链液晶高分子　1987 年 V. Perec 首次提出"柔性棒状液晶基元"或"构象异构棒状液晶基元"的概念，即由 4,4-双取代的 1,2-二苯乙烷或 4,4-双取代的苄基苯基醚这样的柔性结构也可以制备液晶高分子，原因是这种结构存在反式和旁式构象间的动态平衡，见式(8-15)。

$$\text{(8-15)}$$

$$(X = CH_2 \text{ 或 } O)$$

含这种结构的聚合物实际上是含直线形棒状侧基和含扭曲侧基两种基本结构的共聚物，这两种构象异构体处于平衡状态，保持一定的比例，低温时反式成分有较高比例，有利于液晶相的形成，并且有较高的液晶相稳定性。Percec 已经合成了分别含有这两种柔性棒状液晶基元，间隔基分别为 6 个和 11 个亚甲基，主链分别为聚硅氧烷、聚甲基丙烯酸酯的含有柔性棒状液晶基元及间隔基的侧链液晶高分子。此外 Percec 还合成了高分子主链为聚乙烯，液晶基元为苄基联苯基醚，不含柔性间隔基的名为含柔性棒状液晶基元的侧链液晶高分子，其链结构见式(8-16)。

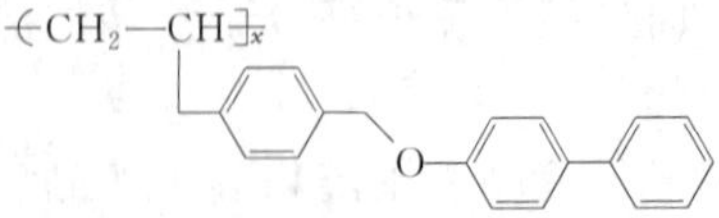

$$\left[CH_2-CH\right]_x \qquad (8\text{-}16)$$

此外，还有含如式(8-17) 所示的柔性棒状液晶基元的侧链液晶聚合物。

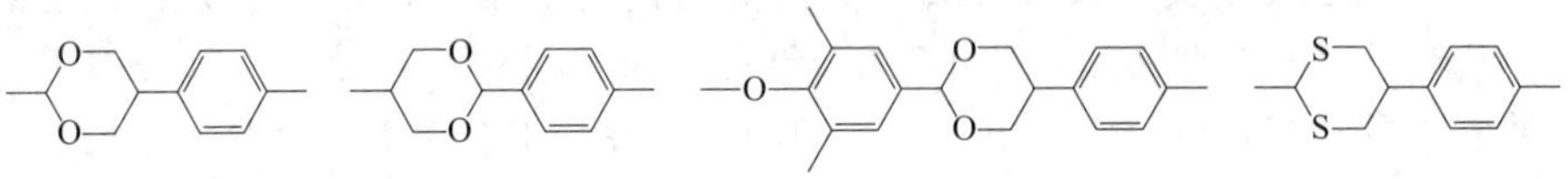

$$ (8\text{-}17) $$

8.5 特种液晶高分子材料

8.5.1 功能性液晶高分子

8.5.1.1 铁电液晶高分子

铁电液晶高分子兼有液晶性、铁电性和高分子的特性。现在的液晶材料的各种参数基本上都能满足显示器件的要求，唯独响应速度未能达标，仍然是毫秒级的水平，自从 1975 年 Meyer 等从理论和实践上证明手性近晶 C 相具有铁电性，发现铁电液晶以后，其响应速度一下子由毫秒级提高到微秒级，基本上解决了液晶图像显示（如液晶电视）速度跟不上的问题，液晶材料有了一个突破性进展。

所谓铁电液晶，实际上是普通液晶分子接上一个具有不对称碳原子的基团从而保证其具有扭曲近晶 C 相性质。常用的不对称碳的基团分子的原料是手性异戊醇。已经合成出席夫碱型、偶氮苯及氧化偶氮苯型、酯型、联苯型、杂环型及环己烷型等各类铁电液晶。形成铁电相的液晶物质要满足以下几个条件：①分子中必须有不对称碳原子，而且不是外消旋体；②要出现近晶相，分子倾斜排列成周期性螺旋体，分子的倾斜角不等于零，有 9 种近晶相的亚相，现在具有铁电性的近晶相液晶共有 9 种，但以手性近晶 C 相的响应速度最快，所以一般所谓铁电液晶是指手性近晶 C 相；③要求分子有偶极矩，特别是垂直于分子长轴的偶极矩不等于零；④自发极化率值要大。

铁电液晶高分子最初为 Shibaev 等于 1984 所报道，已知有侧链型、主链型及主侧链混合型，但一般主要是指侧链型。张其震等合成了 10 种铁电液晶（单体 M）和铁电液晶聚硅氧烷（P），其结构如图 8-17 所示。

8.5.1.2 光致变色液晶高分子

光致变色液晶高分子是指同时具有光致变色性能与液晶性能的高分子材料。其最早报道见于 1983 年，Talroze 及 Finkelmann 等将光致变色偶氮染料掺入液晶高分子内，得到了掺杂型光致变色液晶高分子。同年，Finkelmann 等与 Ringsdorf 等将介晶单体与偶氮染料单体

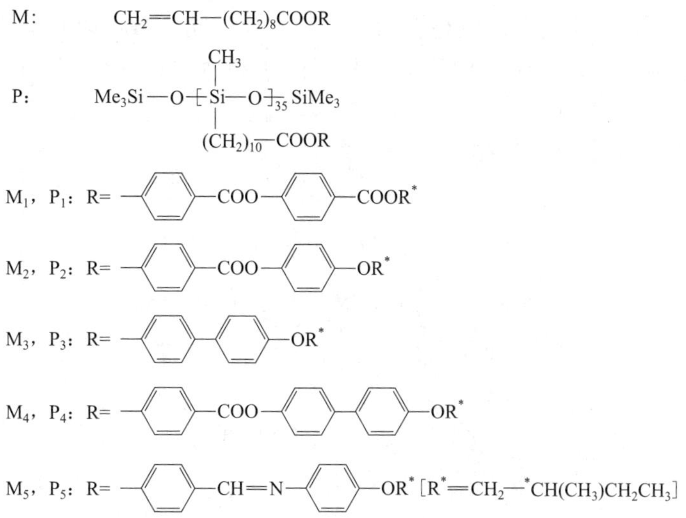

图 8-17 典型的铁电液晶的结构

共聚，得到了侧链上同时含有偶氮基团与液晶基团的光致变色液晶高分子。1985 年，Coles 等首先对光致变色液晶高分子的信息存储性能进行了研究，此后光致变色液晶高分子信息存储材料的研究便日益活跃起来，并很快成为信息存储领域研究的热点。

光致变色液晶高分子材料优于普通光致变色高分子材料，主要表现在：①它是通过光致变色基元的光异构化对其周围液晶相有序排列的扰动来实现信息存储的，因此体系折射率变化要比普通光致变色高分子中仅靠光致变色基元异构化引起的体系折射率变化大一个数量级，从而可以实现信息存储的高分辨率及高信噪比；②它可以通过用远离其吸收带波长的光读取体系的折射率的变化来实现信息的读出，因而可以完全消除破坏性读出的问题；③其信息存储的过程是在其玻璃化温度以上进行的，存储完毕后降温至玻璃化温度以下，光记录时光致变色基元通过光异构化引起的体系折射率变化被冻结，即使光致变色基元因热回复异构化回到其光照前状态，这种折射率变化也不会消失，因此使信息存储的热稳定性大大提高，甚至可以实现永久存储，而且记录的信息又可以通过将光致变色液晶高分子加热到其清亮点温度以上或利用激光照射处于液晶温度的光致变色液晶高分子而清除；④由于偶氮等光致变色基元有很好的抗疲劳性，因此可以实现重复写入与擦除信息。可见，光致变色液晶高分子是很有应用前景的可逆光信息存储材料。

可以形成具有光致变色液晶的类型按液晶高分子分类有主链型、侧链型和主侧链混合型；按光致变色基元分类有偶氮型、螺吡喃型、席夫碱型和联吡啶型等；按高分子分类有聚（甲基）丙烯酸酯型、聚硅氧烷型、聚苯乙烯型等；按功能基分类有两类，一类为同时含有光致变色和液晶两种基元，另一类仅含一种基元，但它兼有光致变色和液晶性。按制备方法不同可分为掺杂型及化学键联型两大类。

（1）掺杂型光致变色液晶高分子　掺杂型光致变色液晶高分子可以通过将光致变色有机分子与液晶小分子同时掺入普通高分子材料（如 PMMA，PS，PVA 等）内获得，也可以通过将光致变色有机分子掺入液晶高分子内获得。

Kawanish 等对 BMAz/R0571/PVA 掺杂型光致变色液晶高分子的信息存储性能进行了研究（图 8-18），得到了分辨率高（6μm）、存储时间长的记录结果。Ikeda 等研究了 BMAz 与液晶高分子 PAPBn 及 PACBn（图 8-18）形成的掺杂型光致变色液晶高分子的信息存储性能。结果发现，此体系所记录信息的热稳定性很好，而且可以实现信息的非破坏性读出。他们还进一步研究了不同光致变色偶氮化合物掺入同一种液晶高分子内对信息存储的影响。结果发现，偶氮分子体积愈大，光异构化对液晶相的扰动就愈大，而记录时响应时间也相应增长。

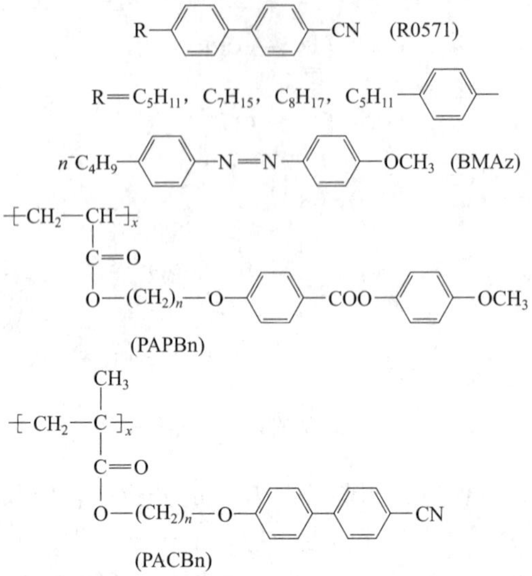

图 8-18　液晶化合物、偶氮化合物及液晶高分子的化学结构式

　　掺杂型光致变色液晶高分子虽然制备方法简单，可是体系中光致变色化合物的掺杂量不能高，否则会产生相分离。

　　(2) 化学键联型光致变色液晶高分子　按高分子主链结构不同，化学键联型光致变色液晶高分子主要分为聚（甲基）丙烯酸酯型、聚酯型及聚硅氧烷型三大类。

　　① 聚（甲基）丙烯酸酯型。聚（甲基）丙烯酸酯型光致变色侧链液晶高分子是目前研究最多的一类光致变色液晶高分子，它主要通过（甲基）丙烯酸酯型染料单体的自由基均聚及其与（甲基）丙烯酸酯型介晶单体的自由基共聚制得。Ikeda 等对聚（甲基）丙烯酸酯型光致变色侧链液晶高分子的信息存储性能进行了深入研究。结果发现，光致变色侧链液晶高分子中取代基小对信息存储的稳定性有影响。当取代基为甲氧基，信息存储 1 个月后基本未变，存储分辨率可达 $2\sim4\mu m$；取代基增大为乙氧基时，存储的信息经过 8 个月后仍稳定存在。

　　② 聚酯型。自从 1985 年 Ringsdorf 等利用酯缩合方法合成了第一个聚酯型光致变色液晶高分子以来，聚酯型光致变色液晶高分子的研究取得了很大进展。Eich 等对聚酯型光致变色液晶高分子的信息存储性能进行了研究，其结构见式(8-18)。他们利用偏振激光照射该光致变色液晶高分子样品使其吸热升温至液晶相温度，此时偶氮基团的光异构化会导致其周围液晶相有序排列的破坏，引起体系折射率的变化，光源移走后样品降温至 T_g 以下，所存信息便冻结起来。这种折射率的变化即使偶氮基团因热回复由顺式回到反式时也仍然保持，从而可以使所存信息稳定存在，据此他们提出了光致变色液晶高分子信息存储的光记录方法。Natansohn 等的研究结果进一步表明，在光致变色液晶高分子材料中，偶氮等光致变色基团与其附近基团的协同运动是普遍存在的。Hvilsted 等合成了具有优异信息存储性能的光致变色液晶高分子，结构见式(8-19)。该材料信息存储密度为 5000 条线/mm，衍射效率高达 40%，而信息存储 30 个月后仍很稳定，并且所存信息在将材料加热到 80℃时即可完全消

除。初步研究表明，该材料经过多次反复擦/写实验未发现疲劳现象。以上结果为光致变色液晶高分子信息存储材料的实用化展现了光明的前景。

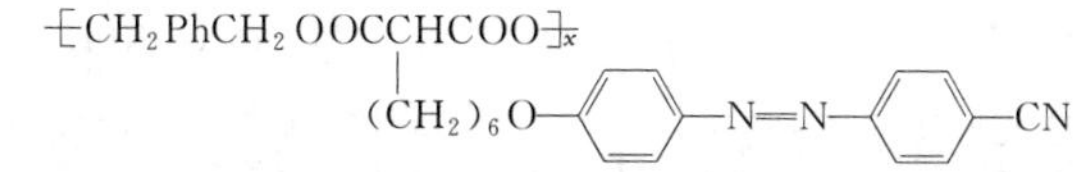

$$\begin{array}{c}\leftarrow CH_2PhCH_2OOCCHCOO\rightarrow_x \\ (CH_2)_6O-\!\bigcirc\!-N\!=\!N\!-\!\bigcirc\!-CN \end{array} \qquad (8\text{-}18)$$

$$\begin{array}{c}\leftarrow OC(CH_2)_{12}COOCH_2CHCH_2O\rightarrow_x \\ (CH_2)_nO-\!\bigcirc\!-N\!=\!N\!-\!\bigcirc\!-CN \end{array} \qquad (8\text{-}19)$$

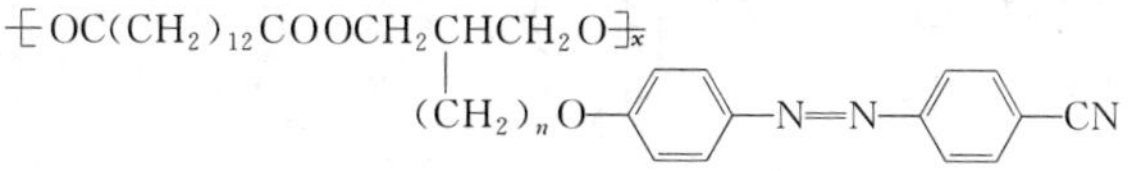

③ 聚硅氧烷型。近年来，有关聚硅氧烷型光致变色侧链液晶高分子的报道不少，它们主要是通过金属络合物催化聚硅氧烷的硅氢（—Si—H）与乙烯基取代的介晶单体及光致变色染料单体的加成反应制得的。不过，迄今为止，尚未见到有关聚硅氧烷型光致变色侧链液晶高分子信息存储性能方面的报道。这可能是由于聚硅氧烷型光致变色侧链液晶高分子较低的玻璃化温度会导致其信息存储稳定性差造成的。

两类含有光致变色基元和液晶基元的光致变色液晶聚硅氧烷的结构如图 8-19 所示。

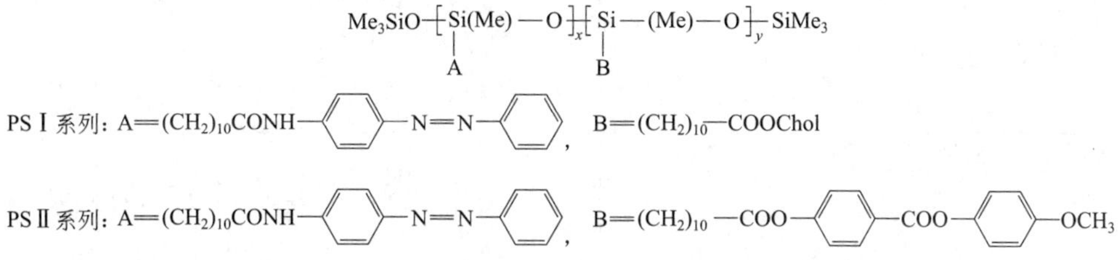

$$Me_3SiO\!\leftarrow\!\underset{A}{Si(Me)}\!-\!O\!\rightarrow_x\!\leftarrow\!\underset{B}{Si}\!-\!(Me)\!-\!O\!\rightarrow_y\!SiMe_3$$

PS Ⅰ 系列：A=(CH₂)₁₀CONH—◯—N=N—◯，B=(CH₂)₁₀—COOChol

PS Ⅱ 系列：A=(CH₂)₁₀CONH—◯—N=N—◯，B=(CH₂)₁₀—COO—◯—COO—◯—OCH₃

图 8-19　光致变色液晶聚硅氧烷的结构

$x+y=35$；A 为光致变色基元；B 为介晶基元；Chol 为胆甾基

含 4-硝基偶氮苯、4-丁氧基偶氮苯和 4-已氧基偶氮苯等三类硅碳烷树状大分子的结构如图 8-20 所示，这种结构的高分子兼有光致变色性和液晶性，其光致变色性优于对应的侧链高分子。

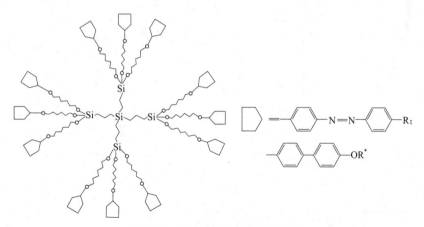

图 8-20　树枝状液晶高分子的结构

8.5.2　组合型液晶高分子

组合型液晶高分子又称为混合型、主侧链型或二维液晶基元的液晶高分子，主要包括接枝形、T 形、十字形、串形等几种类型。表 8-9 为几种主要的组合型液晶高分子结构及其代表聚合物。

表 8-9　组合型液晶高分子结构及举例

类型	组合型液晶高分子结构	举例
接枝型		
T 型		
十字型		
串型		
嵌段型		

　　中国学者周其凤在 1990 年提出了含二维液晶基元液晶高分子的新概念，合成了式(8-20)所示的 T 型液晶高分子。

$$(n=4,6,8) \qquad (8\text{-}20)$$

周其凤提出的 T 型液晶高分子与上述组合型高分子液晶第二类型的区别是其主侧链的液晶基元之间没有间隔基。将 T 型二维液晶基元的其中一维方向的结构部分固定于分子主链之中而构成主链的结构成分，而使另一维方向上的结构部分作为侧基存在，它既有刚性主链型高分子液晶伸直链构象和刚性，又有被作为侧基的液晶基元的第二维方向上的结构部分所增强了的分子间相互作用力，它在二维方向或多维方向上可望有卓越的力学性能，从而有望克服传统的主链型高分子液晶各向异性导致的缺点。

8.5.3 树枝状大分子液晶

树枝状大分子（简称树形物）的主要品种有酰胺、酯、醚、链烷、芳烃、核酸、有机金属、有机硅硫磷硼等各类，它已有数十种用途，1994 年美国已有生产装置建成并有产品销售。它有非常规整一致的结构，其分子体积，形状和功能基团可在分子水平精确控制，可能在新材料上有所突破。

经典液晶理论认为液晶是刚性棒状粒子，而树形物呈球形或圆筒形与此不符。目前已有很多关于液晶树形物的报道，张其震的硅碳烷树形物兼有光致变色性，是首例功能性液晶树形物。

树形物具有无链缠结、低黏度、高反应活性、高混合性、低摩擦、高溶解性、大量的末端基和较大的比表面的特点，据此可开发新产品。与其他多枝聚合物的区别是从分子到宏观材料，其化学组成、尺寸、拓扑形状、分子量及其分布、繁衍次数、柔顺性及表面化学等均可进行分子水平的控制，可得到单一的、确定的、单分散系数接近 1 的最终产品，有的树形物分子已达纳米尺寸，故可望进行功能性液晶高分子材料的"纳米级构筑"和"分子工程"。主链型液晶高分子用作高模量高强度材料，缺点是非取向方向上强度差，液晶树形物对称性强可望改善这一缺点。侧链液晶高分子因液晶基元的存在而用于显示、记录、存储及调制等光电器件，但由于大分子的无规行走，存在链缠结导致光电响应慢，又因其前驱体存在邻基、概率及扩散等大分子效应导致侧链上液晶基元数少，功能性差。而树形物既无缠结，又因活性点位于表面，呈发散状，无遮蔽，挂上的液晶基元数目多，功能性强，故可望解决困扰当今液晶高分子材料界的两大难题。

8.5.4 分子间氢键作用液晶高分子、液晶离聚物和液晶网络体

8.5.4.1 分子间氢键作用液晶高分子

传统的观点认为，液晶聚合物中都含有几何形状各向异性的液晶基团，后来发现糖类分子及某些不含液晶基团的柔性聚合物也可形成液晶态，它们的液晶性是由于体系在熔融态时存在着由分子间氢键作用而形成的有序分子聚集体所致。该体系在熔融时虽然靠范德华力维持的三维有序性被破坏，但是体系中仍然存在着由分子间氢键而形成的有序超分子聚集体，有人把这种靠分子间氢键形成液晶相的聚合物称为第三类聚合物，以区别于传统的主链和侧链液晶聚合物。第三类液晶聚合物的发现，加深了人们对液晶态结构本质的认识。

氢键是一种重要的分子间相互作用的形式，具有非对称性，日本的 T. Kato 也有意识地将分子间氢键作用引入侧链液晶聚合物体系，得到了具有较高热稳定性的液晶聚合物。

图 8-21(a) 是含有分子间氢键作用的侧链液晶聚合物复合体系的结构模型。通常作为质子给体的聚合物与作为质子受体的分子间氢键作用，形成了具有液晶自组织特性的聚合物复合体系。图 8-21(b) 是这一结构模型的实例。很明显，聚合物羧基上的氢原子与小分子上的氮原子形成了分子间氢键，因而这一复合体系的液晶基团是含有分子间氢键作用的扩展液

晶基团，形成了如图 8-21(a) 所示的分子排布。

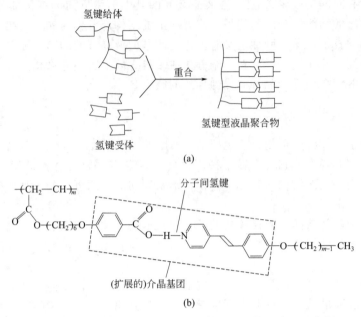

图 8-21　分子间氢键型液晶聚合物体系的结构示意图及实例

8.5.4.2　液晶离聚物

传统的液晶聚合物中，液晶基团通常由共价键连接到大分子链上。最近发现通过离子间相互作用也可将液晶基团连接到大分子链上，所得到的液晶离聚物具有许多特异性质。例如下述液晶聚合物的分子结构见式(8-21)。

$$\tag{8-21}$$

其液晶态的分子排布模型如图 8-22。

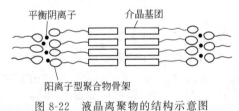

图 8-22　液晶离聚物的结构示意图

其近晶相的层状结构是由介晶基团和离子组成。液晶离聚物的一个有趣性质是其液晶态的分子具有自发形成垂面排列取向的性质，即液晶聚合物本身具有表面活性剂的性质。一般认为上述离聚物之所以能形成垂面排列是由于其分子中的铵离子与基片（玻璃）之间的相互作用，垂直地吸附在基片上，进而起到垂面处理剂的作用。

图 8-23 形象地给出了两亲性铵盐和液晶离聚物在玻璃表面的垂面分子排列模型。图中

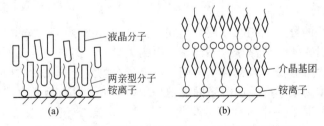

图 8-23　液晶离聚物在玻璃基片止的分子取向模型

聚合物离子无液晶性，二者组装为液晶离聚物。这种通过离子间相互作用而形成的有序聚集体也属于第三类液晶聚合物。

液晶离聚物的独特性质及良好的热稳定性，体系中电荷的可流动性为该材料在光学材料和导电材料中的应用提供了可能。

8.5.4.3　液晶网络体

液晶网络体包括热固型液晶网络和液晶弹性体二种，二者的区别是前者深度交联，后者轻度交联，二者都有液晶性和有序性。热固型液晶网络以环氧树脂为例，它与普通环氧树脂相比，其耐热性、耐水性和抗冲击性都大为改善，它在取向方向上线膨胀系数小，介电强度高，介电损耗小，因此，可用于高性能复合材料和电子封装件。液晶环氧树脂由小分子环氧化合物（A）与固化剂（B）交联反应而得，它有三种类型：A 与 B 都含液晶基元；A 与 B都不含液晶基元；A 或 B 之一含液晶基元。

液晶弹性体兼有弹性、有序性和流动性，是一种新型的超分子体系，它可通过官能团之间的反应或利用 γ 射线辐照和光辐照的方法来制备，例如，在非交联型液晶聚合物（A）中引入交联剂（B），通过（A）与（B）之间的化学反应，就得到交联型液晶弹性体。这种液晶弹性体具有取向记忆功能，其取向记忆功能是通过大分子链的空间分布来控制液晶基团的取向。它在机械力场下，只需要 20% 的应变就足以得到取向均一的液晶单畴。同时这种液晶弹性体的铁电性、压电性和取向稳定性可能在光学开关和波导等领域有诱人的应用前景。结晶或玻璃态的膜选择性高，但透过性差，准液膜则透过性高，选择性差。对混合物的分离，无孔膜越来越受到重视，这种分离膜要求具有高选择性和高透过性，液晶弹性体正是具备了液态膜和晶态膜的优点，可望得到兼有高选择性和高透过性的无孔分离膜。另外，将具有非线性光学特性的生色基元引入到液晶弹性体中，利用液晶弹性体在应力场、电场、磁场作用下的取向特性，可望制得具有非中心对称结构的取向的液晶弹性体，可望在非线性光学领域有应用。

8.6　液晶高分子材料的应用

8.6.1　高性能工程材料

主链型溶致液晶高分子和热致液晶高分子在外力场作用下，易发生分子链取向，可以制备高强度、高模量的高分子材料。溶致型液晶高分子材料可制造纤维和薄膜，热致型液晶高分子材料可用于制造模塑制品、纤维、薄膜、涂料、黏合剂。

由美国杜邦公司生产的 Kevlar 纤维是溶致型高分子液晶中的典型产品，是一种高强度和高模量纤维，美国洛克希德飞机公司的三星式喷气式客机每架使用了 lt 以上 Kevlar49 纤维。波音 767 型飞机每架使用了 3t Kevlar49 与石墨纤维混杂的复合材料，使机身减重 1t，从而减少了燃料的消耗。Kevlar 纤维防弹性能好，在质量小一半条件下其防弹能力是钢的 5倍，目前已成功地制作了芳纶软式防弹背心。另外 Kevlar 纤维不导电，无磁性，延伸率低，强度高，低蠕变，吸湿率低，耐热性高，耐化学腐蚀性好，从而在航空、航天以及一些需要高强轻质材料的场合中有广泛的应用。

热致型高分子液晶的典型品种是聚芳酯。这种材料有较高的电性能，介电强度比一般工程塑料高得多，由于具有泡沸性，它的抗电弧性高，电器应用的 UL 连续使用温度高达300℃，是其他热塑性塑料望尘莫及的。高分子液晶适于制造各种插件、开关、印刷电路板、线圈架和线圈封装、集成电路和晶体管的封装成型品、磁带录像机部件、继电器盒、传感器护套、微型马达的整流子、电刷支架和制动器材等。

全芳香族液晶高分子各项重要性能指标超过聚苯硫醚、聚酰亚胺、聚醚醚酮等高性能塑料，被称为"超高性能塑料"或"超级工程塑料"。它在熔融加工时由于沿流动方向高度定向排列，而具有"自增强"的特性，因而不需增强，即可超过普通工程塑料用玻璃纤维增强后的机械强度和弹性模量，并在高、低温下保持其优异性能，且有优良的耐辐射性、耐摩擦性、低的线胀系数和吸潮率，高的耐化学腐蚀性等。全芳香族液晶高分子材料在军用器械、航天领域、汽车工业、化工防腐等有广泛的应用。

8.6.2 高分子液晶合金

多种聚合物的混合物称为共混物又称高分子合金，含有高分子液晶的共混物称为高分子液晶合金。

为了解决液晶高分子成本高、各向异性和接缝强度低的缺点，各大公司开发了各种液晶高分子合金。如聚醚砜、聚醚醚酮、聚酰胺、聚醚酰亚胺、聚四氟乙烯、聚碳酸酯等，从而可改善原工程塑料的尺寸稳定性、耐热性、强度、模量、阻燃性、电性能、耐试剂性、耐磨性和加工性能等。

8.6.3 高分子液晶复合材料

在液晶高分子中添加玻璃纤维、碳纤维等增强材料或添加石墨、云母、滑石等无机填料，不仅可以降低成本，而且能够改善液晶高分子各向异性的缺点，这种改性方法已经获得实际工业生产和应用，各大公司的每一商品牌号系列都有好多个品种，其中大多数都是用玻璃纤维（碳纤维）增强或是用无机填料填充的。

液晶高分子分子复合材料的概念是由高柳素夫和 Helminiak 于 1980 年分别独立提出的。分子复合材料是将刚性棒状分子聚合物分散到柔性链分子基体中使它们尽可能达到分子级的分散水平。这类新型复合材料的产生将纤维增强复合材料的基本原理延伸到分子级。其中刚性链的液晶高分子是增强剂，柔性链高分子是基体。已开发出的分子复合材料分为两大类：一类是酰胺类为刚性分子；另一类是芳杂环聚合物为刚性分子。柔性链基体聚合物的品种很广泛。目前已成功开发出聚对苯二甲酰对苯二胺/聚酰胺、聚苯并噻唑/聚-2,5-苯并咪唑、聚对苯二甲酰对苯二胺/PVC 等高分子复合材料，都具有较好的力学性能。

1987 年 Kiss 和 Weiss 提出了原位复合材料的概念。原位复合材料是将热致型液晶高分子与热塑性树脂熔融共混用挤塑和注塑等常用技术制造的。热致型液晶高分子微纤起增强剂作用，它是在共混物熔体的剪切或拉伸流动时在基体树脂中原位形成的。它的增强形式（即液晶高分子微纤）在树脂加工前不存在，而是在加工过程中原位就地形成的。现在已经实现了用亚微米直径的热致型液晶高分子微纤对热塑性树脂的原位增强，已经报道了各种增强剂（液晶聚酯、液晶聚酰胺、液晶聚酯酰胺等）与各种基体材料（如聚丙烯、聚酮、聚醚、聚醚砜、聚砜、聚碳酸酯、聚酰胺、聚醚醚酮、聚三氟氯乙烯、聚甲醛等）组成的原位复合材料。

8.6.4 图形显示

与小分子液晶相似，高分子液晶在电场作用下会从无序透明态转变为有序不透明态，可以用于显示器的制作。用作显示的液晶高分子主要为侧链型，它既具有小分子液晶的回复特性和光电敏感性，又具有低于小分子液晶的取向松弛速率，具有良好的加工性能和机械强度。在图形显示方面具有良好的应用前景。胆甾型液晶高分子具有随温度变化而颜色改变的性质，可用于温度的测定。同时，它的螺距会因微量杂质的存在而改变，并导致颜色的变化。这一性质已用于测定某些化学物质的痕量蒸气的指示剂。

8.6.5 信息存储介质

光记录存储材料可分为热感记录型和光感记录型两大类。目前已有高密激光唱盘、微缩胶卷等产品问世。

以热熔型侧链高分子液晶为基材制作信息存储材料已经引起了科研工作者和企业的重视。这种存储材料的工作原理如图 8-24 所示。首先将存储材料制成透光的向列型液晶，这时如果测试光照射，光将完全透过，证实没有信息记录；当用一束激光照射存储材料时，局部温度升高，聚合物熔融成各向同性熔体，聚合物失去有序度，当激光消失后，聚合物凝结成不透光的固体，信号被记录。此时如果有测试光照射，将仅有部分光透过，记录的信息在室温下将被长期保存。将整个存储材料重新加热到熔融态，可以将分子重新排列有序，消除记录信息，等待新的信息录入。同目前常用的光盘相比，由于其存储信息记忆材料内部特性的变化，液晶存储材料的可靠性更高，而且它不怕灰尘和表面划伤，更适合于重要数据的长期保存。采用胆甾醇型或向列型液晶材料与硅氧烷的共聚物也可以制备类似的信息存储材料，其原理是记录信息后材料表面可以选择性反射可见光。

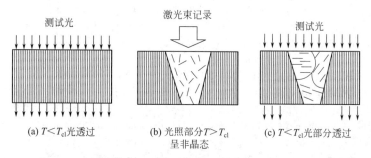

图 8-24　聚合物液晶数据储存原理

8.6.6 功能液晶膜材料

液晶态具有低黏性、高流动性，易膨胀性和有序性的特点，特别是在电、磁、光、热、力场和 pH 改变等作用下，液晶分子将发生取向和其他显著变化，使液晶膜比高分子膜具有更多的气体、水、有机物和离子透过通量和选择性。液晶膜具有原材料成本较低，使用方便，易大面积超薄化和机械强度大等特点。液晶膜作为富氧膜、烷烃分子筛膜、包装膜、外消旋体拆分膜、人工肾、控制药物释放膜和光控膜获得十分广泛的应用。

LB 技术是分子组装的一种重要方法，其原理是利用两亲分子的亲水性基团和疏水性基团在水亚相上的亲水能力不同，在一定表面压力下，两亲分子可以在水亚相上规整排列，利用不同的转移方式，将水亚相上的膜转移到固相基质上所制得的单层或多层 LB 膜在非线性光学、集成光学以及电子学等领域有重要的应用前景。将 LB 技术引入到液晶高分子体系中，得到的液晶聚合物 LB 膜具有不同于 LB 膜和液晶的特异性。如液晶聚合物 LB 膜对于分子间相互作用有记忆功能，预期这种膜的超薄性和功能性可望在波导领域有应用的可能。

思考题

1. 哪种形态的液晶分子（向列型、近晶型和胆甾型）的分子排列最规整？为什么？
2. 溶致型液晶高分子和热致型液晶高分子有哪些主要区别？
3. 液晶分子的主要组成单元是什么？各自的作用是什么？
4. 举例说明热致型液晶高分子的结构特点及其与性能之间的关系。
5. 试解释氢键作用高分子液晶的结构、性能及其应用。

参 考 文 献

[1] 潘才元. 功能高分子 [M]. 北京：科学出版社，2006.

[2] Wang Xin-Jiu，Zhou Qi-Feng. Liquid Crystalline Polymers [M]. Singapore：World Scientific Publishing Co. Pte. Ltd. ，2004.

[3] Talroze R V，Shibaev V P，Sinitzyn V V，et al. Some electro-optical phenomena in comb-like liquid crystalline polymeric azomethynes [J]. Polym. Prepr. （Am. Chem. Soc. ，Div. Polym. Chem. ），1983，24（2）：309.

[4] Ringsdorf H，Schmidt H-W，Baur G，et al. Phase behaviour of dye containing liquid crystalline copolymers and their mixtures with low molecular weight liquid crystals [J]. Polym. Prepr. （Am. Chem. Soc. ，Div. Polym. Chem. ），1983，24（2）：306.

[5] Yang S，Lee H，Lee J. Negative dispersion of birefringence of smectic liquid crystal-polymer composite：Dependence on the constituent molecules and temperature [J]. Optics Express，2015，23（3）：2466.

[6] Ha S，Lee H，Lee S，et al. Thermal conductivity of graphite filled liquid crystal polymer composites and theoretical predictions [J]. Composites Science and Technology，2013，88：113.

[7] Cho W，Lee J，Gal Y，et al. Improved power conversion efficiency of dye-sensitized solar cells using side chain liquid crystal polymer embedded in polymer electrolytes [J]. Materials Chemistry and Physics，2014，143（3）：904.

[8] Liu D，Broer D J. Liquid crystal polymer networks：Preparation，properties，and applications of films with patterned molecular alignment [J]. Langmuir，2014，30（45）：13499.

[9] Coles H J，Simon R. High-resolution laser-addressed liquid crystal polymer storage displays [J]. Polymer，1985，26（12）：1801.

[10] Chen Xiao，Zhu Baolin，Wang Wei，et al. In situ formation of semiconductor nanoparticles in the three-dimensional organic layered crystal [J]. Mol. Cryst. Liq. Cryst. ，2001，371：139.

[11] 陈晓，薛庆斌，杨孔章，等. 液晶聚合物的单层与 Langmuir-Blodgett 膜 [J]. 化学学报，2000，58，731.

[12] 张其震，殷晓颖，王大庆，等. 三代树状碳硅烷液晶研究——端基含丁氧基偶氮苯介晶基元 [J]. 化学学报，2003，61（4）：619.

[13] Singh Upindranath，Hunte Carlos. Light scattering studies on a siloxane polymer-chiral nematic liquid crystal blend [J]. Molecular Crystals and Liquid Crystals，2005，437：1277.

[14] Shandryuk G A，Kuptsov S A，Shatalova A M，et al. Liquid crystal H-bonded polymer networks under mechanical stress [J]. Macromolecules，2003，36（9）：3417.

[15] 朱鸣岗，张其震，侯昭升，等. 侧链聚硅氧烷液晶高分子的合成与表征及应用研究 [J]. 高分子学报，2003，（2）：298.

[16] 唐新德，张其震. 星形大分子液晶在气相色谱分析中的应用研究 [J]. 中国环境监测，2001，17（4）：17.

[17] 张静智，张其震. 侧基含偶氮基的硅氧烷梳状聚合物的光致变色性 [J]. 化学学报，1997，55（9）：930.

[18] 张其震. 有机金属钯硅碳烷树状分子液晶配合物研究 [J]. 高等学校化学学报，1998，19（5）：827.

[19] Tomasz G，Tadeusz P，Witold F，et al. Linear and hyperbranched liquid crystalline polysiloxanes [J]. Polymer，2005，46（2）：11380-11388.

[20] Raquel G，Marta M，Milagros P，et al. Synthesis，thermal and optical properties of liquid crystalline terpolymers containing azobenzene and dye moieties [J]. Polymer，2005，46（22）：9230.

[21] Bunning J C，Donovan K J，Bushby R J，et al. Electron photogeneration in a triblock co-polymer discotic liquid crystal [J]. Chemical Physics，2005，312（1-3）：145.

[22] Wang Xing-Zhu，Zhang Hai-Liang，Shi Da-Chuan，et al. Synthesis of a novel star liquid crystal polymer using trifunctional initiator via atom transfer radical polymerization [J]. European Polymer Journal，2005，41（5）：933.

第9章 环境降解高分子材料

9.1 概 述

塑料材料的发现与应用，推动了人类文明和高新技术的发展，目前世界塑料产量已达到 1.3 亿吨，若按体积来计算，已超过了钢铁、铝、铜等，成为产量和用量最大的材料。在塑料被广泛应用的同时，它所存在的问题也日益显现。一是绝大部分的塑料原料来源于石油化工，而石油是一种不可再生的资源；二是塑料在自然环境中很难分解，大量的废弃物成为了环境污染的重要原因，也就是人们目前所称的"白色污染"。寻找可再生的塑料资源，进而解决其造成的环境污染问题，成为塑料工业发展中的主要问题之一。

处理塑料垃圾最常用的方法有填埋、焚烧、废旧塑料的回收，但这些方法会造成土地的占用、二次污染的产生、增加回收成本等问题。因此，高分子材料的绿色化技术成为高分子材料的重要课题，除了塑料的循环利用外，急需发展可降解的高分子材料。

高分子材料在许多条件下均可发生降解反应，如在热的作用下发生热降解；在机械力作用下发生机械降解，在氧的作用下发生氧化降解，在化学试剂作用下发生化学降解，在光、生物作用下发生光降解、生物降解等。本章主要讨论在自然环境中的降解过程，即光降解高分子材料和生物降解高分子材料以及光-生物双降解高分子材料。现在大量使用的塑料材料如聚乙烯、聚丙烯等在自然环境中是难于降解的，因此需对之进行改性或发展新型的高分子材料。

国外对环境降解高分子材料的研究起源于 20 世纪 70 年代。最早开发的是光降解高分子材料，其生产工艺已成熟，并有一定产量，在饮料罐拉环、垃圾袋、农用地膜等领域得以实用化，但存在价格昂贵、降解过程难于控制和降解不完全等问题。从 20 世纪 90 年代，羟基丁基酯/戊酸酯共聚物、聚乳酸、一系列的脂肪族聚酯等可以全降解的高分子材料品种不断涌现并得到工业化生产，全淀粉的可降解高分子材料也开始生产，一些天然产物如纤维素、甲壳素、蛋白质等也开始在降解高分子材料中应用。

按照降解机理，降解高分子材料可以分为光降解和生物降解两类，而生物降解又可根据其降解形式分为完全生物降解高分子材料和生物破坏性高分子材料（或称之为崩坏性）。

（1）光降解高分子材料 光降解高分子材料主要有两类，一类是引入光增感基团（合成型），如乙烯/一氧化碳的共聚物、乙烯基酮和乙烯基单体的共聚物等；另一类是添加有光增感作用的化学助剂（添加型），所用的添加剂可以为一些光敏剂（如芳香胺、芳香酮等）、过渡金属化合物（如金属盐、有机金属化合物、硬脂酸铁盐、羧酸盐等）、多芳香族碳氢化合物。

（2）生物降解高分子材料　生物降解高分子材料根据其降解的形式又可分为不完全生物降解高分子材料和完全生物降解高分子材料。

不完全生物降解高分子材料主要是一些可完全生物降解的组分与普通高分子材料的共混物，如淀粉与聚乙烯、聚丙烯、聚氯乙烯、聚苯乙烯的共混物，合成脂肪族聚酯（PCL）与通用聚烯烃的共混物，天然矿物质与 PCL、聚烯烃的共混物等。

完全生物降解高分子材料主要有三大类。第一类是微生物合成的高分子聚合物，如脂肪族聚酯（聚 ε-己内酯、聚二元酸二元醇酯等）、聚乳酸以及一些其他的微生物合成聚合物；第二类是化学合成高分子聚合物，如聚乙二醇、脂肪族聚酯、聚乙烯醇及其衍生物、聚氨酯及其改性产物等；第三类是天然高分子聚合物及其衍生物，如纤维素及其衍生物、甲壳素、脱乙酰基壳聚糖、几丁质、甲壳质、热塑性淀粉、葡聚糖、聚糖等。

（3）光-生物双降解高分子材料　这一类主要有光敏剂、生物降解剂与聚苯乙烯、聚丙烯的共混物，以及光敏剂、改性淀粉与聚苯乙烯、聚丙烯的共混物。

（4）化学降解高分子材料　主要有氧化降解高分子材料和水降解高分子材料（可溶性降解高分子材料），如 PVA 与不同单体的共聚物、丙烯酸类共聚物等。

环境降解高分子材料在很多方面具有预期的应用潜力，如农用地膜、园艺用品、包装材料、垃圾袋、一次性餐具、卫生用品、渔具等，但目前其应用也存在着许多问题。一是在其降解性能的评价标准和方法上尚无统一和完整的定义；二是降解高分子材料的性能还不尽如人意，如力学性能一般，耐水性差，湿强度不高，耐热性差；另外其昂贵的价格也是其应用时难以突破的瓶颈。这些因素均限制了其大范围的推广应用，而使之仅在特殊的领域使用，如生物材料、高级化妆品的包装等。

9.2　光降解高分子材料

9.2.1　光降解机理

在自然条件下，太阳光中的紫外线（波长 $290 \sim 400\text{nm}$）是造成光降解的主要因素。许多高分子物质受到 300nm 以下的短波长光的照射时，可显示出光降解性，但在 300nm 以上的近紫外线到可见光范围内光降解却很少发生，因此高分子材料中的各种吸光性添加剂和杂质对光的吸收在光降解过程中占有重要地位，特别是加入的染料和颜料，也就是说在光降解高分子材料中应引入发色团。

光降解反应是指在光的作用下聚合物链发生断裂，分子量降低的光化学过程。光降解反应的存在使高分子材料老化、力学性能变坏，从而失去使用价值。光降解过程主要有三种形式，即无氧光降解过程、有氧参与的光降解过程以及有光敏剂参与的光降解过程。

无氧光降解过程，主要发生在聚合物分子中含有发色团时，或含有光敏性杂质时，但是详细反应机理还不清楚。一般认为与聚合物中羰基吸收光能后发生一系列能量转移和化学反应导致聚合物链断裂有关。如羰基吸收光后诱发 Norrish Ⅰ 型和 Norrish Ⅱ 型的断键过程，如下列反应式所示。

Norrish Ⅰ 反应在酮基处断开高分子链。

$$\sim\sim\text{CH}_2\text{—CH}_2\text{—}\underset{\overset{\|}{\text{O}}}{\text{C}}\text{—CH}_2\text{—CH}_2\sim\sim \xrightarrow{h\nu} \sim\sim\text{CH}_2\text{—CH}_2\text{—}\underset{\overset{\|}{\overset{\text{O}}{}}}{\text{C}}\cdot + \cdot\text{CH}_2\text{—CH}_2\sim\sim$$
$$\downarrow$$
$$\text{CO} + \text{CH}_2\text{—CH}_2\sim\sim$$

NorrishⅡ反应在 α-位断开高分子链。

$$\text{\textasciitilde\textasciitilde\textasciitilde}-CH_2-CH_2-\underset{\underset{O}{\|}}{C}-CH_2-CH_2-\text{\textasciitilde\textasciitilde\textasciitilde} \xrightarrow{h\nu} \text{\textasciitilde\textasciitilde\textasciitilde}-CH_2-CH_2-\underset{\underset{O}{\|}}{C}-CH_3 + CH_2{=}CH-\text{\textasciitilde\textasciitilde\textasciitilde}$$

至于不含有羰基发色团的聚合物，可能有两种光降解方式导致主链断裂：一种是首先发生侧基断裂，然后由所产生的自由基引起聚合物链断裂；另一种是主链键直接被光解成一对自由基。

第二种光降解反应是光参与的光氧化过程。其过程为高分子吸收光后激发成单线态（S_1），单线态转变成寿命较长的三线态（T_1），它与空气中的氧分子反应，生成高分子过氧化氢，后者很不稳定，在光的作用下很容易分解为自由基，产生的自由基能够引起聚合物的降解反应（ * 表示激发态）。

$$P-H(S_0) \xrightarrow{h\nu} P-H^*(S_1) \longrightarrow P-H^*(T_1)$$
$$P-H^*(T_1) + O_2 \longrightarrow POOH$$
$$POOH \longrightarrow PO\cdot + \cdot OH$$
$$\text{或} \longrightarrow P\cdot + \cdot OOH$$

如聚丙烯在自然环境中的光降解过程，由于其上有大量的叔碳原子，因此易于发生光氧化降解，其降解过程如下所示。

或

第三种情况是高聚物中含有光敏剂，此时光敏剂分子可以将其吸收的光能传递给聚合物，发生降解反应。它的反应可按两种机理进行。第一种机理是光敏剂的激发态与高分子间进行氢自由基的授受，使分解反应的链引发发生，如黄色类还原染料在光作用下使染过色的棉布脆化，就是人们所共知的光敏分解反应的例子，其机理可表示为：

$$D \xrightarrow{h\nu} D^*$$
$$D^* + Cell-H \longrightarrow Cell\cdot + DH\cdot$$
$$(DH\cdot + O_2 \longrightarrow DOOH)$$
$$Cell\cdot + O_2 \longrightarrow CellOO\cdot$$
$$CellOO\cdot + H_2 \longrightarrow 氧化纤维素 + \cdot OOH$$
$$Cell-H + \cdot OOH \longrightarrow 纤维素的氧化分解$$

式中，Cell—H 为纤维素分子；D 为发生光敏反应的染料分子。

第二种机理是在光作用下活化为三线态的光敏剂使氧分子活化为单线态，该氧分子导致高分子的分解，碱性亚甲蓝就是其中一种光敏剂，其链引发反应可表示如下：

$$D \xrightarrow{h\nu} D^*(T_1)$$
$$O_2 + D^*(T_1) \longrightarrow O_2^*(S_1)$$
$$RH + O_2^*(S_1) \longrightarrow ROOH$$
$$ROOH \longrightarrow R\cdot + \cdot OOH$$

式中，RH为高分子。

由此可见，高聚物能否发生光降解反应，与其化学结构和组成有着密切的关系。

光降解的发生，意味着高分子链中化学键的断裂。表9-1给出了各种化学键的键能及对应的光波波长。

表 9-1 有机化合物键能与对应的光波波长

化学键	键能/(kJ/mol)	对应光波/nm	化学键	键能/(kJ/mol)	对应光波/nm
O—H	1938.74	259	C—O	351.69	340
C—F	441.29	272	C—C	347.92	342
C—H	413.26	290	C—Cl	328.66	364
N—H	391.05	306	C—N	290.80	410

除波长外，材料的吸光度以及光量子效率也将影响到光降解的过程。光只有被材料吸收才能起作用，透射光和反射光在光化学反应中没有影响。光被吸收后，使部分分子或者发色团跃迁到激发态，激发态的分子可能发生一系列不同的能量耗散过程，其中包括辐射和非辐射过程，仅有极小部分能发生光降解反应。发生降解分子数与吸收光量子数之比可用量子效率 Φ 表示，大多数聚合物材料的 Φ 值在 $10^{-5} \sim 10^{-3}$ 之间，量子效率非常低，因此大多数聚合物在光照下不会迅速分解。表9-2给出了不同高聚物的光敏感区和其量子效率。从中可见，某些通用聚合物的组成结构单元在太阳紫外辐射区有最大吸收，如聚砜、聚对苯二甲酸乙二醇酯以及某些聚氨酯等，但大部分的高聚物光敏感区不在紫外区。即使在敏感波长范围内的高聚物，其量子效率也是比较低的，在光照下仍很难发生光降解。

表 9-2 常用聚合物的光降解参数

聚合物	光敏感区/nm	Φ(254nm)	聚合物	光敏感区/nm	Φ(254nm)
聚四氟乙烯	<200	$<1\times10^{-5}$	聚甲基丙烯酸甲酯	214	2×10^{-4}
聚乙烯	<200	$<4\times10^{-2}$	聚己内酰胺	—	6×10^{-4}
聚丙烯	<200	约1×10^{-1}	聚苯乙烯	260,210	约1×10^{-3}
聚氯乙烯	<200	约1×10^{-4}	聚碳酸酯	260	约2×10^{-4}
乙酸纤维素	<250	约1×10^{-3}	聚对苯二甲酸乙二醇酯	290,240	$>1\times10^{-4}$
纤维素	<250	约1×10^{-3}	聚芳砜	320	—

因此，制备光降解高分子材料的关键是在其结构中引入对光敏感的基团或加入光敏感的添加剂，以达到在紫外区产生光降解反应的目的并提高其光量子效率，从而加速其光降解过程。

9.2.2 光降解高分子材料及制备

能够有效地发生光降解反应的高分子结构中应含有发色团，如聚砜、聚酰胺等，一些烯类单体与一氧化碳共聚或采用其他的方法引入酮基后也是很好的光降解材料，含有双键的高分子如聚丁二烯、聚异戊二烯等在阳光和氧的作用下能迅速分解，因此用少量的丁二烯与乙烯或丙烯共聚也可得到光降解型的聚乙烯和聚丙烯。

从应用的角度出发，光降解高分子材料在使用时应有良好的稳定性，废弃时迅速分解，即需要做到能预知和控制其寿命。目前光降解高分子的制备方法主要有以下几种。

9.2.2.1 合成光降解型高分子材料

共聚是合成光降解高分子最常用的方法，通过共聚在大分子中引入感光性基团，如酮基、双键等，并通过控制感光基团的含量以控制聚合物的寿命。

在聚烯烃中通过共聚引入羰基是常用的制备光降解高分子材料的方法，可用的含羰基单体有一氧化碳、甲基乙烯基酮、甲基丙烯基酮等。如乙烯与一氧化碳的共聚物（E/CO）中，随羰基含量的增大，在老化计中测得的脆化时间缩短，当羰基含量为 0.1% 时，寿命为 655h，而在羰基含量提高到 12% 时，测得的脆化时间为 40h。

一些典型的 E/CO 膜产品的性能见表 9-3。从中可发现其许多性能与低密度聚乙烯相似，包括力学性能和加工流变性能。图 9-1 为不同含量的 E/CO 膜的断裂伸长率随时间的变化，因断裂伸长率对降解非常敏感，常用于表征高分子材料的降解。E/CO 的降解产物为低分子量聚乙烯，其成分接近石蜡，如能彻底降解则生成水和二氧化碳，但目前为止尚没有任何实验数据来证明这种结果。通过改变乙烯和一氧化碳的比例可以控制其光降解的速率，加拿大 E/CO Plastic 公司按照不同的降解时间要求，生产的 E/CO 膜在室外 60~600 天内降解成碎片。

表 9-3 一些典型 E/CO 膜产品的性能

性能		树脂类型			
		Alathon 16 A-1654	E/1.1CO 4954-3	E/5CO 4513-1	E/13CO 4954-1
CO 含量/%		0	1.15	4.6	12.8
熔融指数/(g/10min)		4.5	2	21	22
光泽(60°角)/%		53	57	49	55
变糊性/%		12	12	16.3	12.4
屈服强度/MPa	MD	10.7	12.4	10.3	11.7
	TD	11.7	12.8	11.0	12.4
拉伸强度/MPa	MD	15.8	19.0	17.2	22.0
	TD	15.1	17.9	15.1	17.9
断裂延伸率/%	MD	275	350	250	275
	TD	480	510	440	435
韧性/MPa	MD	17.2	23.4	21.1	21.3
	TD	23.4	26.0	28.2	22.0
标落/(g·mil)		48	40	60	43

注：1. MD 表示沿拉伸方向，TD 表示横向。

2. Alathon 16 为低密度聚乙烯的商品牌号。

3. mil 为英制单位，$1 \text{ mil} = 25.4 \times 10^{-6} \text{m}$。

E/CO 膜在光降解前后不发生生物降解，但当光降解到一定分子量后的降解产物可被生物降解。

这一类聚合物的另一种制备方法是甲基乙烯基酮与乙烯、苯乙烯、甲基丙烯酸酯、氯乙烯等其他单体共聚。一些缩聚产物如聚酯则可以用含有羰基的双官能团单体来制备。

羰基化聚合物的主要缺点是一旦在光的作用下就发生降解，没有诱导期，使用时必须加

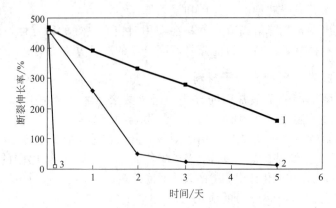

图 9-1　不同 CO 含量的 E/CO 膜的断裂延伸率随时间的变化

1—0.1%CO；2—1%CO；3—13%CO

入适当的稳定剂，以控制光降解的过程。

通过大分子的化学反应在分子链上引入感光基团是制备光降解型高分子的又一种方法。用辐射接枝法将含有酮基的单体直接接在高分子材料上，如用苯乙酮衍生物在乙烯-乙烯醇共聚物上接枝共聚的方法制得了可光降解的聚乙烯。

在热裂解催化剂的作用下聚烯烃若产生热分解可得到含双键的高分子。在热分解过程中，由于生成自由基的不对称变化形成了双键，其反应如下所示。

$$—CH_2—CH_2—CH_2—CH_2—CH_2— \xrightarrow{\triangle} —CH_2—CH_2— \cdot CH_2 + \cdot CH_2—CH_2—$$
$$\longrightarrow —CH_2—CH_2—CH_3 + CH_2 = CH—$$

如乙烯与乙酸乙烯酯共聚，得到的产物再与聚乙烯共混，用环烷酸钴或琥珀酸铁作热裂解催化剂得到的裂解产物。当其中乙烯-乙酸乙烯酯的共聚物为 10% 时，吹塑得到的薄膜在模拟实验机上光照 18h 后（相当于自然环境中的 3 个月），断裂伸长率下降 5%。

9.2.2.2　掺入光敏添加剂

许多无机和有机化合物能诱导和促进聚合物光降解反应，这些化合物就是光敏剂。将它们加入到普通高分子材料中即可得到光降解高分子材料，在光的作用下，光敏剂可离解成具有活性的自由基，进而引发聚合物分子链的连锁反应达到降解的作用。

常用的光敏剂有过渡金属络合物、羰基化合物、卤化物以及一些多环芳香化合物如蒽、菲、芘等。这些光敏剂都可直接添加到高聚物中而不改变原来的生产过程。通过改变光敏剂与聚合物的比例可使曝晒于太阳光下的塑料寿命从数年减至数月甚至几天。

（1）羰基化合物　在羰基化合物中，二苯甲酮及其衍生物常作为光敏剂使用，如美国普林斯顿聚合物研究所采用二苯甲酮和硬脂酸铁作为光敏剂的聚烯烃农膜，3～9 个月完全降解碎裂。

（2）金属络合物　大多数金属络合物都是高聚物光降解的促进剂，如最早使用的二丁基二硫代氨基甲酸铁是工业上最常用的光敏剂，它吸收太阳光后产生的二硫代氨基甲酰自由基可引发聚合物发生光降解反应。当它与二丁基二硫代氨基甲酸镍结合应用时，通过调整铁盐与镍盐的比例，可以使高聚物的光降解性得到控制。如以色列 PLASTOPIL 公司使用 Scott-Gilead 专利技术，采用铁镍络合物复合光敏剂体系制成了农用地膜 PLASTOR。研究表明，铁、铜的二硫代氨基甲酸络合物起光敏剂作用，而镍、锌、钴的同类络合物起稳定剂作用，调节上述两种络合物的比例，可以调节薄膜发生光降解的诱导时间，从而控制该地膜的降解时间。铁肟、氧化铁、钛或锆的络合物等均可作为高聚物常用的光敏剂。

（3）含有芳烃环结构的物质　含有芳烃环结构的物质如蒽醌，对波长 350nm 的光波很敏感，经光激发转变为激发态并产生光化学活性，将能量转移给聚合物链上的羰基或不饱和键，从而使聚合物降解。二茂铁也是一种性能优异的光敏剂，通过控制二茂铁在塑料制品中的含量，既可以促进高分子材料发生光降解，也可以使高分子材料稳定化，由此可以控制农膜的使用寿命。

（4）卤化物　在金属卤化物中，氯化铁是最有效的光敏剂。氯化铁在光的作用下，产生氯化亚铁和活性氯原子，后者能捕获聚烯烃中的氢原子，形成氯化氢，因此氯化铁可以促使聚烯烃分子形成烷基自由基，然后发生氧化反应，形成过氧化自由基，进一步发生降解。

加入少量的油酸或石蜡也可以使聚烯烃塑料制品发生光降解。在石蜡存在时，阳光的照射可使石蜡与聚乙烯之间形成链，这种链对聚乙烯的光降解有很强的促进作用。少量的炭黑对光降解也有促进的作用，但当其用量过大时则会对降解造成阻碍。

但是这些低分子物由于扩散会从聚合物表面析出并有向与聚合物接触的物质迁移的倾向，会降低分解效果。若添加剂对人体有害，则不适于包装食品或制造容器。因此有人研究了与聚烯烃有足够相容性的聚合物型光敏剂，如烯烃和含有酮基的单体的共聚物，它作为母料使用，以引发无羰基的纯聚烯烃的光降解。

光敏剂的浓度对高分子材料降解性能的影响很大，如二茂铁的浓度在 0.5%～1.5% 时起光稳定作用，而在 0.01%～0.5% 时则对光降解反应起加速作用。

若将两种光敏剂进行组合使用，有时则会发生协同作用，使光降解大大增强，如 4-氯代二苯甲酮和戊二酮铁敏化聚乙烯的光降解速率是单独使用前者的 10 倍左右。如农用聚氯乙烯膜浸于卤化羰基化合物的丙酮溶液中再用光照射，发生光氧化促进效应，如果再加入少量的三氯化铁则促进效果更明显。

9.2.3　光降解高分子材料的应用

光降解高分子材料主要用于包装材料和农膜。现有的包装材料中大约 80% 是聚烯烃，如聚乙烯、聚丙烯、聚苯乙烯等，此外还有聚酯等。聚烯烃薄膜还被广泛用作农膜以保墒、提高土壤温度及抑制杂草生长，但使用后很难从地中清除，所以采用光降解聚烯烃作包装材料和农用地膜，废弃后即可被日光降解成碎片。当聚烯烃相对分子质量降到 500 以下时，就易于受微生物的破坏进入自然界的生物循环。

光降解高分子材料的研究起步早，发展较快，目前在技术上也比较成熟，但由于其对应用条件的要求高，价格较贵，使其应用受到了限制。其制品一定要在光作用下才发生降解，如农膜在泥土中的遮盖部分不降解，这种残留及降解产生的碎片对土壤结构存在负面影响，对地力会造成一定的破坏，同时其完全降解性也受到质疑。其价格比普通的高分子材料要贵10%～20%，降解过程也不容易控制。因此其开发和研究的步伐在 20 世纪 90 年代放缓，转而开发生物降解高分子材料。表 9-4 列出了一些光降解高分子材料及其应用。

表 9-4　典型的光降解高分子材料及其应用

分　类	商品名	化学组成	应　用
共聚合型	E/CO	乙烯—一氧化碳共聚物	饮料瓶的拉环、农膜等
	E/COlytr（加拿大）	乙烯基酮与乙烯、丙烯、苯乙烯的共聚物	可用做杯子、盘、碟子、垃圾袋、杂物包装等
	PS2005（美国）	乙烯基酮与乙烯、丙烯、苯乙烯的共聚物	可用做杯子、盘、碟子、垃圾袋、杂物包装等

分　类	商品名	化学组成	应　用
添加型	Plastigone	硫醇铁盐与 PE 的混合物	
	Polygrade	铁盐	
	Litterless	铁化合物	
	E/COwhite	二氧化钛与低密度聚乙烯的共混物	
	Icarite	硬脂酸盐及二苯基酮	

9.3　生物降解高分子材料

9.3.1　生物降解高分子材料的概念及分类

生物降解高分子材料是指在生物或生物化学作用过程中或生物环境中可以发生降解的高分子。目前对于生物降解材料的降解性能尚未形成明确的测试标准，而只是在模拟自然环境的条件下进行测试，如平板测试、酶测试、无氧测试、土壤测试、堆肥测试等，许多测试方法的重复性差，使各种聚合物的生物降解性能的可比性差。

对于生物降解和生物降解速率及程度的标准尚未有准确和统一的定义，Albertsson 和 Karlsson 等提出了如下的定义：生物降解是指通过生物酶作用或与微生物（如细菌、真菌）所产生的化学降解作用而使化合物发生化学转化的过程，在这一过程中，还可能伴随着光降解、水解、氧化降解等反应。生物降解的速率，即酶或微生物进攻的速率，是通过测量相对于自然界中相似化学结构的化合物产生的、由环境中不累积的二氧化碳的量来确定的。聚合物的降解性能可用重量损失、力学性能下降、分子量下降、氧消耗量、二氧化碳释放量等进行表征，其中前三种最为常用。

相对于光降解高分子材料，生物降解高分子材料已成为降解高分子材料发展的热点。因为生物降解高分子材料对环境的要求不太苛刻，同时在合适条件下更容易完全降解成小分子。它具有重量轻、加工容易、强度高、价格便宜的优点，在日常生活中被广泛应用，废弃后可被土壤中的微生物降解，不会形成二次污染，尤其当它用于生物工程及医用降解性高分子材料时，其微生物降解的特点更是光降解高分子材料所不能比拟的，降解的低分子物质可以直接进入生物体代谢，在组织培养、控释药物、体内植入材料上都有广泛的应用前景。

9.3.1.1　生物降解的原理

生物降解的过程可以分为三个阶段。

① 高分子材料的表面被微生物黏附，微生物黏附表面的方式受高分子材料表面张力、表面结构、多孔性、温度和湿度等环境的影响。

② 高分子在微生物在高分子材料表面上所分泌的酶的作用下，通过水解和氧化等反应将高分子断裂成低相对分子质量的碎片（相对分子质量＜500）。

③ 微生物吸收或消耗低相对分子质量的碎片一般相对分子质量低于 500，经过代谢最终形成 CO_2、H_2O 及生物量。

G. Scoot 认为根据高分子所处的环境条件，高分子生物降解有两种不同原理。第一种是非生物水解而后发生生物同化吸收，称为水解-生物降解，这是杂链高分子如纤维素、淀粉、及脂肪族聚酯生物降解的主要过程。通常过氧化反应对这类高分子降解发生辅助作用，光氧化反应可加速水解-生物降解。水解-生物降解适用于医用材料、化妆品及个人卫生用品而不适用于农用薄膜或包装薄膜。第二种原理是过氧化反应后伴随水分子产物的生物同化吸收，称为氧化-生物降解，这种原理尤其适用于碳链高分子非生物过氧化反应及随后的生物降解反应，可通过所用的合适抗氧剂得到严格控制。

在上述的过程中，酶起到了相当重要的作用，酶的作用可以表现为下面两种形式（图9-2）。图（a）表示酶在聚合物链端攻击，除去链端单元，分子量减小缓慢；图（b）表示酶在聚合物链骨架的任何处攻击，分子量减小快。能提供酶的微生物有细菌、真菌、酵母、海藻类等，同时微生物也分泌出反应性试剂如酸等，能使降解反应发生。

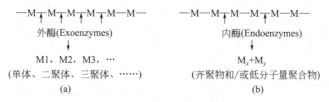

图 9-2　酶的作用形式

生物降解过程除以上生物化学作用外，还有生物物理作用。当微生物侵蚀聚合物后，由于细胞的增大，致使聚合物发生机械性破坏，降解成聚合物碎片。

9.3.1.2　生物降解性与高聚物结构的关系

聚合物生物降解性与其结构有很大关系，现归纳如下。

① 具有侧链的化合物难降解，直链高分子比支链高分子、交联高分子易于生物降解。

② 柔软的链结构容易被生物降解，有规晶态结构阻碍生物降解，所以聚合物的无定形区总是比结晶区先降解，脂肪族聚酯较容易生物降解，而聚对苯二甲酸乙二酯等刚性链的芳香族聚酯则是生物惰性的。主链的柔顺性越大，降解速率也越快。在高分子材料中加入增塑剂将对生物降解性产生影响，如加入增塑剂的软质 PVC 的生物降解性一般大于不加增塑剂的硬质 PVC。

③ 具有不饱和结构的化合物难降解，脂肪族高分子比芳香族高分子易于生物降解。

④ 分子量及其分布对高聚物的生物降解有很大影响，宽分子量分布的聚合物、低分子量低聚物易于降解。如聚烯烃、聚苯乙烯、聚氯乙烯等加聚高分子难于生物降解，但HDPE 相对分子质量在 3000 以下是可以生物降解的，LDPE 相对分子质量在 200 以下是可以生物降解的。高分子量的聚乙烯虽然有生物降解的迹象，但降解非常缓慢。这是由于由微生物参与的降解都是从端基开始的，高分子量的聚合物端基数目相对较少。

⑤ 非晶态聚合物比晶态聚合物易于降解，低熔点高分子比高熔点高分子易于降解。

⑥ 酯键、肽键易于生物降解，而酰胺键由于分子间的氢键难于生物降解。

⑦ 含有亲水基团的亲水性高分子比疏水性高分子易于生物降解。聚合物亲水性和疏水性对生物降解的影响也很大。研究发现，同时含有亲水性和疏水性链段的聚合物比只有一种链段结构的聚合物更容易被生物降解。

⑧ 环状化合物难于生物降解。

⑨ 表面粗糙的材料易降解。

聚合物的生物降解不仅与聚合物的结构有关，还与微生物的种类以及所处环境有关，一般而言对环境的要求为：存在微生物，不同的微生物对降解有不同的影响；富含氧、湿气及矿物营养成分；温度在 20～60℃，具体的温度与有机物（体）的类型有关；pH 大约在 5～8，即处于中性条件。

生物降解的过程一般要能在温度较低的环境下进行，同时为了能让酶与聚合物发生很好的作用，酶在聚合物中应能够很好地渗透，因此聚合物的结构应有利于酶在聚合物中的运动扩散，较低的玻璃化温度和较低的结晶度将有利于生物降解过程的发生。表 9-5 中列出了一些具有生物降解性的高聚物的玻璃化温度。

表 9-5　一些具有生物降解性的高聚物的玻璃化温度

高聚物	玻璃化温度/℃	熔点/℃
聚羟基丁酸酯(PHB)	0～5	179
聚己内酯(PCL)	−60	60
聚乳酸(PLA)	58	184
聚丁二酸丁二醇酯(PTS)	−34	114
聚环氧乙烷(PEO)	−60	66
聚乙烯醇(PVA)	85	250

根据以上讨论，设计合成的生物降解高分子材料应该是脂肪族极性物质，分子链柔性比较好，分子链间不交联。因此，共聚或共混的方法是改进生物降解聚合物材料性能的重要途径。

9.3.1.3　生物降解高分子材料的分类

生物降解高分子的种类很多，根据降解机理和破裂形式可分为完全生物降解高分子材料（biodeg radable plastics）和生物破坏性高分子材料（或崩坏性，biodestructible plastics）两种（图 9-3）。

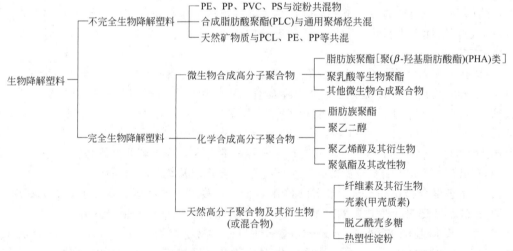

图 9-3　生物降解高分子材料的分类

根据其来源，完全生物降解高分子材料主要有天然高分子聚合物及其衍生物、微生物合成高分子聚合物、化学合成高分子聚合物三大类。目前研究和应用最多的为淀粉类高分子材料和聚酯类高分子材料。相对于不完全降解高分子材料最终只能以小的碎片存在于自然环境中，完全生物降解塑料最终可降解成二氧化碳和水，这是一种能完全纳入自然界物质循环体系，对生态不造成任何危害的塑料材料，因此它在生物降解塑料中的应用日益受到重视。

不能完全生物降解的高分子材料多为上述的生物降解高聚物与通用塑料的复合体系，如淀粉与聚烯烃相结合，它们以一定的形式结合在一起，在自然环境中它们的降解是不彻底的，有可能会造成二次污染。利用一些天然的可生物降解的纤维与生物降解高分子基体材料还可以制备生物降解的复合材料。

9.3.2　天然生物降解高分子材料

在天然生物降解高分子中，多糖占有重要的地位，其中淀粉和纤维素是最令人感兴趣的两种多糖化合物，是地球上绿色植物的碳氢储备中最大的两类生物物质。它们在自然环境中极易被生物降解，已被用来制造生物降解高分子材料。此外甲壳素、脱乙酰多糖、木质素、透明质酸、海藻酸等也可作为生物降解高分子材料，除这些多糖物质，蛋白质的研究也引起了人们的注意。

9.3.2.1　淀粉系列生物降解高分子材料

生物降解高分子材料品种繁多，就目前而言，淀粉类生物降解高分子材料产量居首位，占总量的 2/3 以上，它也是开发最早的生物降解高分子材料。

淀粉作为生物降解高分子材料的优势在于：淀粉在各种环境中都具备完全生物降解能力；淀粉分子降解或灰化后，形成二氧化碳和水，不对土壤或空气产生毒害；采取适当的工艺使淀粉热塑性化后制造的各种高分子材料制品具有一定的力学性能；淀粉是一种绿色的可再生资源，它可以从玉米、马铃薯、小麦、谷物中获取，开拓淀粉的利用有利于农村经济的发展，它可以说是一种最为经济的生物降解材料。

淀粉的化学结构中含有六元环状葡萄糖重复单元，可分为支链淀粉和直链淀粉，其结构如图 9-4。直链型淀粉可溶于水，其平均聚合物一般不超过 1000，支链淀粉的分子量要比直链淀粉大得多，其相对分子质量约为 20～600 万，其聚合度一般在 6000 以上。

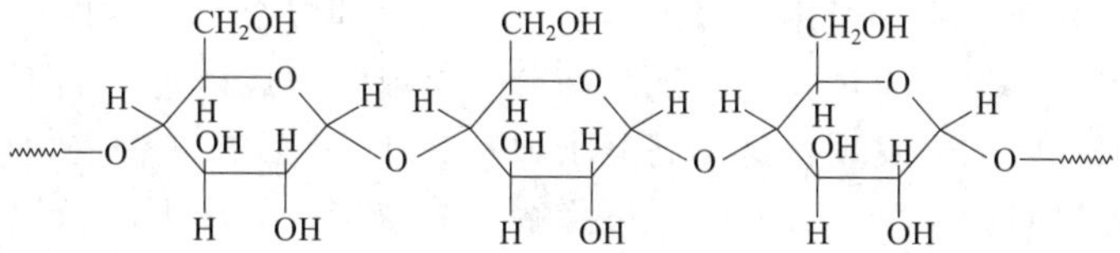

(a) 直链淀粉

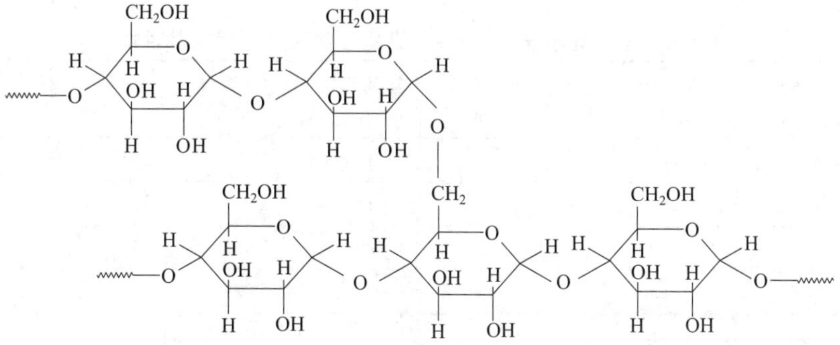

(b) 支链淀粉

图 9-4　直链淀粉和支链淀粉的化学结构

通常的淀粉在通用的聚烯烃中难以分散，与聚烯烃的结合不良，同时淀粉的亲水性很强，吸水后引起制品的尺寸稳定性和力学性能下降，其耐热性也不佳，加工温度通常不高于 $170\sim230℃$。因此，需对淀粉进行改性，以提高其与合成聚合物的相容性，以利于形成有效的多相共混聚合物体系，提高制品的力学性能，降低淀粉的亲水性，提高其尺寸稳定性，改进淀粉的流变性，以适应常用的合成聚合物的加工工艺条件。目前通常采用的方法为加入增容剂，将淀粉与合成聚合物进行接枝反应，改变其结构得到变性淀粉等。

淀粉最初的应用是将淀粉填充于通用塑料中制造填充型淀粉，也就是崩坏性生物降解高分子材料，但由于它的降解不彻底，因此目前的生产量已迅速减少，转而研究生产完全降解的热塑性淀粉塑料，或将淀粉与其他可生物降解的组分混合以制造完全生物降解高分子材料。

（1）填充型淀粉塑料　填充型淀粉塑料属于生物崩坏型。填充型淀粉塑料源于20世纪70年代英国L. Griffin的专利技术，其配方至今仍是填充体系的典型模式，组成为天然淀粉、油酸乙酯、油酸与低密度聚乙烯通过开炼出片、切粒等工艺制成母料。随后在此基础上开发出多种淀粉填充的生物降解高分子材料。

淀粉与非极性的高聚物的相容性很差，为改善淀粉与聚烯烃的相容性，需对淀粉进行表面处理，将其亲水的表面变为亲油的表面，其改性方法有物理改性和化学改性。

物理改性是指由物理方法处理淀粉，如用硅烷处理淀粉，使之与聚合物的相容性提高后可用于PE和PS等的填充。物理改性的另一作用是提高淀粉的水溶性和减小淀粉颗粒的尺寸。当淀粉用作高分子薄膜填充剂、化妆制品时，小尺寸的淀粉颗粒是十分重要的。

化学改性通常是将淀粉与近似结构的其他乙烯基单体接枝共聚后形成改性淀粉，然后再加入到淀粉与聚合物混合体系中，即可制得均匀的分散体。已生产的品种有淀粉-乙烯/丙烯酸共聚物、淀粉/聚烯烃共聚物、酯化淀粉/PE、醚化淀粉/PE、糊化淀粉/聚酯（或聚乙烯、聚丙烯酸酯）等。化学处理还可以改善淀粉的一些性能，如交联可以增强淀粉耐机械剪切、耐酸和耐高温的稳定性，磷酸和琥珀酸处理的淀粉增强了与阳离子分子的相互作用力等。

但这类淀粉或改性淀粉与通用非降解性高分子材料的混合物，在应用中存在着大量的问题。首先是其降解性受到了质疑，它仅能将高分子材料降解成碎片，而不能完全降解，产生了二次污染的问题，如试验发现，这类高分子材料在15年后，其中的树脂基部分基本没有变化；另外，其淀粉的含量少，势必造成可降解成分减少，但增大淀粉的含量，对性能又将产生不利的影响，一般淀粉的含量不超过10%，否则性能会大幅度下降。表9-6为淀粉含量对聚氯乙烯高分子材料膜的性能的影响。

表9-6　不同淀粉含量的淀粉/聚氯乙烯高分子材料膜性能

淀粉含量 /%	拉伸强度 /MPa	断裂伸长率 /%	直角撕裂强度 /(N/cm)	淀粉含量 /%	拉伸强度 /MPa	断裂伸长率 /%	直角撕裂强度 /(N/cm)
3	28.6	282	1021	13	12.6	78	628
5	26.9	241	976	15	9.7	52	544
7	23.1	202	901	20	5.2	33	403
9	20.2	174	832	25	2.8	11	276
11	15.8	103	724	30	0.7	2	107

我国目前生产的生物降解高分子材料大多属填充型淀粉塑料和双（光-生物）降解高分子材料。虽然填充型淀粉塑料风靡一时，但由于其组分大部分仍是通用塑料，降解产生的碎片可能要上百年才能完全降解，因而对解决污染意义不大。再者此类高分子材料的价格要比通用塑料高，回收又更不利，因而其应用受到极大的限制。

基于上述的产品的淀粉含量低，研究者已致力于增加淀粉的含量，发展了所谓的共混型淀粉塑料。提高淀粉的含量，一方面可以增大降解的成分，另外可以降低成本。这类淀粉塑料从其本质上仍然属于填充型淀粉塑料。由于其树脂组分可以选择可生物降解的聚合物，如聚乙烯醇、纤维素、聚己内酯（PCL）等，因此也可以利用这种方法生产全降解高分子材料。但这类产品的缺点是亲水性高，价格也较高，因而也不易大面积推广。

这类产品最早提出的专利是美国农业部北部中心的 F. H. Otey 等，其配方的主体为糊化淀粉与降解性能较好的乙烯/丙烯酸共聚物（EAA）。目前已出现了多种品种，其中的淀粉含量可达到 30%～60%，其他的组分为可以较快地生物降解的纤维素、聚乙烯醇、乙烯-乙烯醇共聚物等。通过这种方法，可以得到综合了较高的力学性能、加工性能、降解性能的降解高分子材料。表 9-7 列出了一些淀粉/聚合物填充降解高分子材料品种及其应用。

表 9-7　可生物降解的淀粉/聚合物复合物

商品名	厂家	主要成分	应　用
E/COstar	St. Lawrene Starch（加拿大）	PE＋处理淀粉(40%～60%)	农膜、垃圾袋等
Mater-Bi	Ferruzzi，Montedison（意大利）	PVA＋淀粉(70%)	卫生用品、食品包装、日用品包装等，Mater-Bi ZF：挤出吹塑膜；Mater-Bi SA：注射模压料
Novon	Werner-lambert（美国）	支链淀粉(70%)＋直链淀粉(30%)，或淀粉＋其他全降解添加剂如树胶、蛋白质	医疗器具等
Polygrade Ⅱ	AMPacet(美国)	淀粉＋聚合物	包装、卫生医疗用品、农膜等
Super Slurper	3 US CoMPanies	淀粉-co-聚丙烯腈	尿布、绑带、种子涂层、水保留剂等
E/COlan	Porvair Ltd(美国)	50% E/COstar＋聚酯类的聚氨酯	制多孔材料、用作卫生产品等（可快速降解）

（2）热塑性全淀粉高分子材料　鉴于填充型淀粉塑料在成本、工艺上及应用上存在的问题，人们又开始研究全淀粉或基本全淀粉塑料。这类高分子材料中淀粉的含量在 90% 以上，其他的添加组分也是可生物降解的。但是淀粉要形成高分子材料，必须要改变其结构使之具有热塑性，因此这类材料又称为"热塑性淀粉塑料"。

全淀粉塑料的制造原理是使淀粉分子变构而无序化，形成具有热塑性能的热塑性淀粉，其淀粉分子构型发生改变，但其化学结构并没有改变。它是在高于其玻璃化温度和熔点的温度下，经过热处理，使其组分吸热转变，以使其分子结构产生无序化。这类淀粉具有抗水性，在酸性水解或酶解过程中的降解性与天然淀粉没有差异，其熔体在 150～230℃ 表现出在通常加工方法的时间范围内的化学与流变性的稳定性。其成型加工可沿用传统的塑料加工设备，如挤出、注塑、压延和吹塑等。

意大利 Ferruzzi 公司研究的"热塑性淀粉"可用通用塑料设备加工，性能近似于 PE，其薄膜 3 周内即可降解，可用于生产农用薄膜、饲料袋和肥料袋，使用后其袋子可以造粒，当作饲料用。

全淀粉塑料的完全生物降解是毫无疑问的，但它的价格太高，比 PE 等通用塑料贵 4～8 倍。随着研究的深入和生产规模的扩大，全淀粉塑料成本会随之下降并有可能部分替代通用塑料。

9.3.2.2　纤维素类生物降解高分子材料

纤维素类降解高分子材料是以天然纤维素为原料，天然纤维素在自然界中非常丰富，如各种植物中都含有大量的纤维素，其化学结构如图 9-5 所示。纤维素大分子链上有许多的羟基，具有较强的反应性和相互作用。从理论上讲，这类材料的加工工艺相对简单，成本低，材料本身无毒，因而受到各国的重视。但纤维素是高度结晶的高分子量的聚合物，不熔化，不能像热塑性高分子材料那样进行加工，也不能溶于除氢键破坏溶剂如 N-甲基吗啉-N-氧化物以外的所有溶剂。纤维素的应用需对纤维素进行改性，破坏纤维素的氢键，使纤维素分子上的羟基发生反应，形成醚、酯、缩醛等。

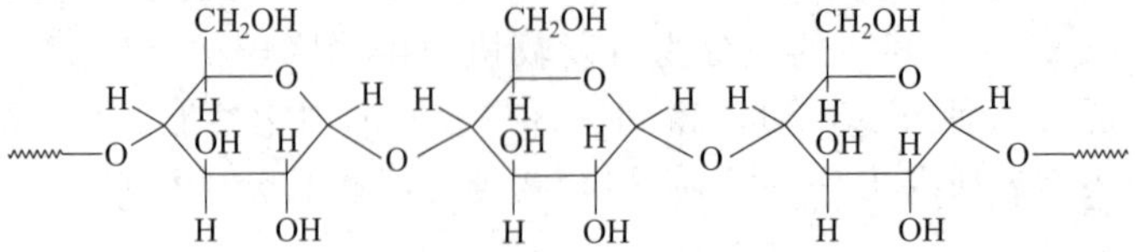

图 9-5 纤维素的化学结构

纤维素在自然环境中具有生物降解和酸催化降解以及光降解等多种方式。

（1）生物降解 纤维素是生物、微生物及细菌的滋生物和食品，但以人类的丢弃物为降解对象的主要是真菌、细菌、放射菌。纤维素的生物降解为其大分子受到生物酶的作用，高聚糖链断裂、产生木糖、葡糖、纤维二糖等，后者进一步受酶作用分解产生二氧化碳和水。

（2）化学降解 纤维素对多种化学试剂都有不同的化学作用，有机酸或无机酸大都对纤维素分子中的糖苷键具有催化水解作用，产生小分子的单糖、二糖等。虽然纤维素对碱比较稳定，但在较强的无机碱存在下，也能发生碱催化水解，使纤维素糖苷键部分断裂，产生新的还原性端基，随纤维素分子聚合度降低而降解。氧化剂如分子氧、次氯酸盐、铬酸盐、高锰酸盐等对纤维素都具有氧化破坏作用。

（3）光降解 纤维素的光降解机制是分子吸收光能量引起聚合糖苷的初始断裂和糖环与分子氧的氧化分解。断链过程产生木糖、葡糖、纤维二糖，氧化分解过程产生乙醇、乙酸、二氧化碳、水。但目前关于纤维素基质的光降解高分子材料的研究不多。

此外纤维素原料在机械作用下也可产生降解，如磨碎、压碎或强烈压缩等，在这些机械作用下，纤维素的大分子结构受到破坏，聚合度下降，强度下降。

目前利用天然纤维素制造生物降解高分子材料主要有两种途径。一是改变其化学结构制得纤维素的衍生物，改善其物理和化学性能并与其他聚合物组合来获得性能较好的新材料。组合方法之一是进行物理混合，制得必要的特性的共混物，如将纤维素与脱乙酰甲壳素混合，制成功能性的或生物降解高分子材料。根据其复合的聚合物的生物降解性，可以得到生物完全降解高分子材料和生物破坏性高分子材料。二是将纤维素与各种材料进行共混，以制备新型的降解性高分子材料。

① 纤维素与壳聚糖的共混。纤维素与壳聚糖的化学结构很相似，其共混溶液用流延法可得到透明的、具有一定柔韧性和强度的膜，并且二者都是可生物降解的，可得到完全生物降解的高分子材料。日本西川橡胶工业公司开发了纤维素/壳聚糖共混发泡材料，这种材料既有吸水性、保水性高的柔软海绵状产品，又有硬度、强度类似于通用发泡塑料的蜂窝状产品。其质量轻、绝缘性好、透气、吸水，广泛用于农业、渔业、工业、包装、医疗等各个领域。金井重工业公司以棉纤维等天然纤维素为主体原料，利用纤维素、壳聚糖的共混材料作为黏合剂，制得耐水性能很高的干式无纺布，用现有设备即可生产，而且黏合剂用量仅为5%～15%，成本较低，可用作农业材料、包装材料等。

② 纤维素与蛋白质的共混。纤维素与蛋白质分别单独作为降解材料时，在水中和湿润状态下强度低，甚至无法保持特定的形状。然而二者共混的水溶液经流涎干燥制成的膜材料却具有良好的干燥强度，湿润强度也令人满意。这可能是在干燥过程中，纤维素的羟基、羧

基与蛋白质的氨基、羧基相互以化学键结合形成了某种复合结构。

③ 纤维素与其衍生物的共混。欧洲专利也报道了 30%～85% 可降解纤维素衍生物（如乙酸纤维素、丙酸纤维素、乙基纤维素、丁酸纤维素、乙酸-丁酸纤维素）与 15%～70% 未改性纤维素或原淀粉等共混，根据不同要求选择流涎成型、注射成型、模压发泡等加工工艺，制得各种产品，产品的力学性能良好，生产成本低，降解速率快，可用于食品、化妆品、洗涤剂和日用品的包装。

④ 纤维素及其衍生物与某些高聚物的单体共聚。如 Mahgen 等将乙酸纤维素与二甲苯二异氰酸酯（MDI）、甲苯异氰酸酯、二甲苯二异氰酸酯/聚乙烯醇等共聚，得到了乙酸纤维素聚氨酯，该产物具有较高的力学性能，生物降解性也比较适当。丙烯纤维素醚或丙烯纤维素酯与丙烯酸酯或乙酸乙烯酯的共聚物，其物理化学性质与通用聚烯烃塑料很相似，既可流涎成型，也可注射成型。这类纤维素也可作为增容剂和其他共聚物共混，这种共混物也可具有生物降解性。但是这种接枝反应较为复杂，材料的成本也较高。

半纤维素、木质素也可用共混以及化学改性方法制备，如日本京都大学用月桂酸处理木粉可制备得到浅褐色的生物降解高分子材料。

另外将纤维素原形物与其他的高聚物共混物进行模压成型，也可制备生物降解高分子。如将纤维素原料，谷壳、秸秆和木粉等粉碎，再混以热熔胶，热压成型。张元琴等研究了木粉粗纤维与 PVA 共混，甲壳素、PE、PS 等作为材料改性剂，160℃ 模压成型的材料，具有一定的力学性能，70 天时间生物降解失重 15%。张田林等用秸秆粉直接与电玉粉共混，添加玉米淀粉后，模压成型制成了力学性能优良的一次性育苗环，试验表明将之在湿润土壤中掩埋 180 天后可粉化降解。

9.3.2.3 甲壳素类生物降解高分子材料

甲壳素又称甲壳质，是虾、蟹等甲壳类动物或昆虫外壳和菌类细胞壁的主要成分，在自然界的产量仅次于纤维素，如在虾、蟹外壳含有 20% 的甲壳素。甲壳素又名甲壳质、几丁质、壳多糖，由 N-乙酰基-D-葡胺糖通过 β-(1，4) 甙键连接而成的大分子直链状多糖，在多糖链之间由—O⋯H—O—型及—O⋯H—N—型的氢键相连，使甲壳素大分子间存在着有序结构，导致甲壳素不熔融，需加热到 200℃ 以上才开始分解，不溶于水及一般溶剂，但可溶于特殊的溶剂，如三氯乙酸/二氯乙烷、甲磺酸等。

甲壳素在碱性条件下分解、脱乙酰得到壳聚糖（如脱乙酰基甲壳素、可溶性甲壳素、聚氨基葡萄糖），其溶解性能得到很大改善，可溶于 1% 乙酸溶液中，组成壳聚糖的基本单位是 D-葡胺糖，其中有游离氨基的存在，其反应性比甲壳素强，是一种可生物降解的高分子。甲壳素、壳聚糖的结构图 9-6。

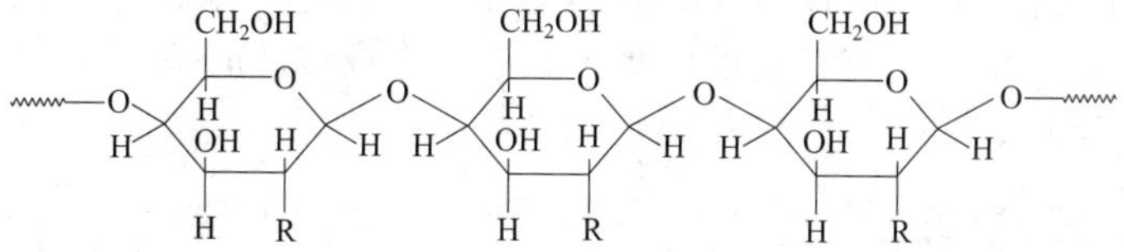

图 9-6　甲壳素、壳聚糖的化学结构
甲壳素：R＝NHCOCH$_3$；壳聚糖：R＝NH$_2$

Ratajska 等发现不同来源的甲壳素的降解速率不同，如来自虾外壳的甲壳素的降解速率小于来自螃蟹的甲壳素。在空气、水分和土壤的作用下，在 3 个月后其分子量即有很明显的下降，其织物在上述条件下处理后变得很脆，容易折断（如图 9-7）。

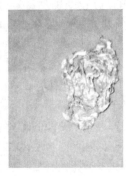

(a) 处理前   (b) 处理7周后   (c) 处理9周后

图 9-7 壳聚糖纤维织物在土壤中的降解

对于甲壳素的研究涉及工业、农业、医药及环保的各个方面。如日本四国工业技术试验所曾用甲壳素制造降解高分子材料,并进行了较多的研究和开发工作。但甲壳素和壳聚糖均非热塑性高分子材料,不能用通常的塑料加工工艺如挤出、吹塑、注射等方式成型,只能以流延法成型薄膜。

甲壳素主要应用于医学、化妆品、环境、农业、食品、生物技术、化学等方面,可作伤口包扎、缝线、人造皮肤、雪花膏、皮肤保护产品、发胶、扬声器膜、絮凝剂、堆肥加速剂、食物添加剂、细胞和酶的固定、生物反应器的多孔粒子、催化剂载体、合成中间体等。

9.3.2.4 蛋白质

作为材料使用的天然蛋白质往往是不溶不熔的,如纤维蛋白质(像毛、丝等),它们是多种 α-氨基酸的规则排列的特殊的多肽共聚物。要合成蛋白质并不容易,要在特定酶作用下进行。蛋白质的降解主要是肽键的水解反应。美国 Clemson 大学正在研究从玉米、麦子、大豆等中提取蛋白质膜,他们发现蛋白质膜具有优异的气体阻隔性,可用作食物的涂层,可保护水果、蔬菜等,延长其储存期。

除了上述的几种天然生物降解高分子外,其余已开发和正在研究的生物降解高分子还有天然可食用高分子普鲁士蓝(日本林源生物化学研究所)、天然海草和豆胚芽(三菱人造丝公司)、海藻等,目前已有产品,可用于食品的保鲜和包装、药品的包装、化妆品和医疗的填充料等。

9.3.3 生物合成降解型高分子材料

许多微生物能把某些化合物作为自己的食物源,通过生命活动(如代谢)合成高分子化合物,如脂肪族的聚酯、聚糖类高分子,它们均可作为生物降解型高分子使用。这种利用微生物发酵法合成的高分子分离有一定的困难,副产物也较多,但是作为一种可再生的绿色材料日益受到人们的重视。

9.3.3.1 微生物聚酯

这一类产品主要是一些微生物合成的脂肪族聚酯,它们是作为生命体的碳和能源的储备物质而积聚在细胞内的,可以作为降解型的热塑性高分子材料使用,其中最为著名的为聚羟基脂肪酸酯(polyhydroxy-alkanate,PHA),目前对于发酵法合成聚乳酸(PLA)的研究也较多。

许多微生物在合适的条件下都有合成聚酯的能力,目前用多种微生物已合成了 150 多种 PHA,其通式可表示为:

$$\left[\begin{array}{c} O \\ \| \\ OCHCH_2C \\ | \\ R \end{array}\right]_n \quad R=-(CH_2)_x-CH_3, \quad x=0\sim8 \text{ 或更大}$$

根据取代烷基的大小和聚合物组成的变化，微生物聚酯的热性能和力学性能都有很大的变化。

以发酵工艺为基础，用淀粉水解产物作为培养基生产的微生物聚酯已有多种在市场上应用，其中最具代表性的是聚 β-羟基丁酸酯 [poly（β-hydroxybutytate），PHB]，它是细菌和藻类的储能产物，可作为热塑性高分子材料，最终的降解产物为二氧化碳和水。

PHB 的合成是在一系列酶（以 E 表示）的催化用下完成的：

$$\text{有机基体} \xrightarrow{\text{正常的新陈代谢过程}} CH_3COOH \xrightarrow{\text{平衡成长}} \text{能量+细胞材料}$$
$$\downarrow \text{不均衡成长}$$
$$\text{PHB}$$

$$2CH_3COOH \xrightarrow{E1} 2CH_3COCoA \xrightarrow{E2} CH_3-\overset{O}{\underset{\|}{C}}-CH_2-\overset{O}{\underset{\|}{C}}-CoA \xrightarrow{E3} CH_3\overset{OH}{\underset{\|}{C}}HCH_2\overset{O}{\underset{\|}{C}}CoA \xrightarrow{E4} \left[\begin{array}{c} O \\ \| \\ OCH-CH_2-C \\ | \\ CH_3 \end{array}\right]_n$$

CoA——酶作用产物。

这种聚合物最早在 1925 年由巴黎 Pasteur 研究所的 Lemoig 发现，之后的研究表明，这种高分子聚合物用于生命体中储存能量。在 20 世纪 80 年代初，英国 ICI 公司发现 PHB 的提取和纯化方法，并用 PHB 制成薄膜，使 PHB 实现了商业化生产。

PHB 的平均结晶度 80%，其熔点 179℃，玻璃化温度 0~5℃，密度 1.25g/cm³，热变形温度 143℃，上限工作温度 93℃。PHB 的室温冲击强度低，性脆，当温度高于其熔点时，易产生热降解，发生 β-消除反应而生成巴豆酸和低聚物，因此其加工窗非常窄，此外 PHB 的耐化学性也不佳，但是很容易生物降解。

针对 PHB 的脆性和不良的加工性能，研究者做了许多改性工作，包括改变加工条件，如双轴取向、增塑等，但效果均不理想。目前采用较多的是引入细菌并生产 PHB 的共聚单体，继而得到羟基丁酸和戊酸酯的共聚物（polyhydroxy butyrate-co-valerate，PHBV）。在这些改性研究中，成功的例子是 ICI 的子公司 Marlborough 生物高分子有限公司（Biopolymer Ltd.）开发的产品 Biopol，它是 β-羟基丁酸（HB）和 β-羟基戊酸（HV）的共聚物，其中 HV 的摩尔分数占 0~30%。聚合物的组成受提供给微生物的养分的类型的影响，经细菌诱导把 3-羟基戊酸结合于 3-羟基丁酸结构中，结果形成一族无规共聚物：

$$\left[\begin{array}{c} O \quad C_2H_5 \\ \| \quad | \\ C-CH_2-CH-O \end{array}\right]_n \left[\begin{array}{c} O \quad CH_3 \\ \| \quad | \\ C-CH_2-CH-O \end{array}\right]_m$$

3-羟基戊酸 [HV]　　　3-羟基丁酸 [HB]　　　$n/m=0\sim0.43$

共聚物中戊酸酯的含量可通过提供不同的养分来控制，随 HV 含量的变化，共聚物的性能将产生变化。HV 的引入使聚合物的结晶度降低，熔点降低，柔顺性提高，从而使共聚物断裂延伸率、冲击强度提高，最大强度降低。如 HB/HV=75/25 的无规共聚物的熔点为 137℃，玻璃化温度为 -6℃。当 HV 含量高时，共聚物软而韧，类似于 PE；当 HV 含量中等时，具有良好的韧性平衡，类似于 PP；当 HV 含量低时，共聚物硬而脆，类似于不增塑的 PVC。表 9-8 为不同 HB/HV 比例的 Biopol 的性能。

Biopol 树脂在微生物作用下发生不同程度的降解，依赖于聚合物的分子量、结晶度、表面积和外界条件如温度、pH、湿度、搅动、微生物强度（量大小）等因素。表 9-9 显示 Biopol 树脂在各种条件下的降解速率。可见 Biopol 树脂在厌氧污水中降解最快，其次是污泥。

表 9-8　不同 HB/HV 比例的 Biopol 的性能

组成(mol)/%		熔融温度 /℃	玻璃化温度 /℃[①]	热变形温度 /℃	杨氏模量 /GPa	拉伸强度 /MPa	制品悬臂梁式冲击强度[②] /(J/m)
HB	HV						
100	0	179	10	157	3.5	40	50
97	3	170	8	140	2.9	38	60
91	9	162	6	125	1.9	37	95
86	14	150	4	112	1.5	35	120
80	20	145	−1	99	1.2	32	200
75	25	137	−6	92	0.7	30	400

① 5Hz 动态力学谱显示玻璃化转变温度的位置。
② 1mm 缺口宽度。

表 9-9　Biopol 树脂的生物降解速率

条　　件	达到 100% 失重的时间/周	表面腐蚀速率/(μm/周)
厌氧污水	6	100
港湾污泥(沉积物)	40	10
需氧污水	60	7
土壤(24℃)	75	3
海水(15.5℃)	350	1

Biopol 树脂较均聚的 PHB 树脂的热稳定性虽有所提高，但其加工时的热稳定性仍然较差，因此其加工温度尽可能低，时间尽可能短。均聚物 PHB 的加工温度在 185～190℃，在大于 250℃ 聚合物急剧分解。

发酵法制备的 PHB 产量小，成本高，因此研究者也探索了许多化学合成方法，但在技术上还很不成熟。

PHB 及其共聚物可用注射、模压成型，也能纺成纤维。用于矫形装置、个人卫生用品、特殊包装、药物控释等方面。HV 含量不同，其共聚物 Biopol 的应用也不同：不含 HV，用于医学移植、制药等；5%HV，用于硬性注射模压件；10%HV，用于注射模压、模压、注射吹塑模压等制品，如包装材料；20%HV，在兽医学和医学上作缓释应用。

目前 PHB 昂贵的价格是限制其大面积推广应用的瓶颈，因此它只能在一些特殊的场合使用，难于与通用的聚烯烃塑料竞争。

9.3.3.2　微生物多糖

很多微生物能合成各种多糖类高分子化合物，它们具有良好的物理性能和生物降解性能，如由某些葡萄糖发酵合成的以 β-(1,3)-葡聚糖为主要成分的一类多糖，不溶于水，在水中的悬浮液加热可形成透明而有一定强度的胶状体，其强度随加热温度的提高而增大，它可以作为热塑性高分子材料进行加工，可用于制造生物降解的食品容器。

9.3.4　化学合成的高分子

相对于天然高分子而言，采用化学方法合成的生物降解高分子，可根据实际的需要对其结构和性能进行设计和调整，因此其在医药、农业及环境保护方面有广泛的应用前景。目前开发研究的生物降解高分子中，主链上一般含有可水解的酯基、酰氨基或脲基。脂肪族聚酯是这一类产品中的重要品种，其主链上的酯基很容易受到酶的攻击产生生物降解，或者进行单纯的水解反应，因而具有很好的生物相容性，同时它还具有较好的物理化学性能。

9.3.4.1 乳酸

乳酸可通过碳水化合物（如淀粉）在乳酸杆菌的作用下发酵生产，在催化剂的作用下可聚合成高分子量的聚乳酸［poly（latic acid），PLA］。乳酸的生产和聚合如下式所示，如葡萄糖首先在乳酸杆菌的作用下生成乳酸，乳酸二聚形成环状化合物，然后再聚合成聚乳酸。其过程如图9-8所示。

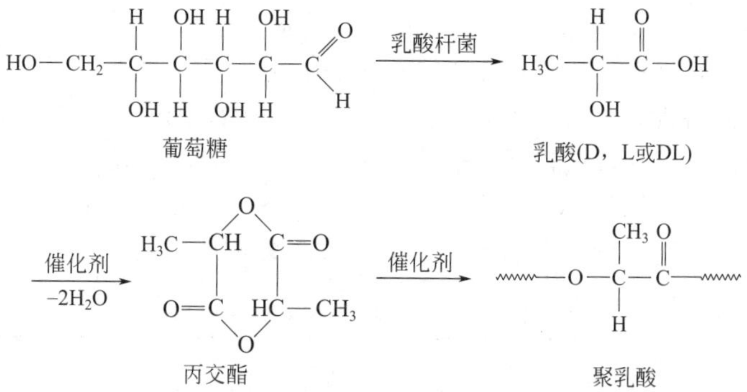

图 9-8　乳酸的生产及其聚合

由于 PLA 为疏水性物质，且降解周期难于控制，因而通过与其他单体的共聚来改变其性能和调节其降解的周期。如 L-乳酸与聚己内酯、乙二醇的共聚，乙交酯与丙交酯共聚形成聚乙丙交酯等。

乳酸有两种旋光异构体即左旋（LLA）和右旋（DLA）乳酸，常用的是其聚消旋乳酸（PDLLA）和聚左旋乳酸（PLLA），它们分别由乳酸或丙交酯的消旋体、左旋体聚合得到。PLLA 是结晶的刚性聚合物，结晶度在 60% 左右，强度高，性脆，抗冲击性差，T_g 为 $58℃$，T_m 为 $215℃$；PDLLA 是无定形的非晶态聚合物，其 T_g 为 $58℃$，机械强度比 PLLA 低。如用增强工艺制备的 PDLLA 和 PLLA 直径为 3.2mm 的棒材的弯曲强度分别为 140MPa 和 270MPa，但结晶使降解过程变慢，PDDLA 在生理盐水中降解，分子量半衰期一般为 3~10 周，而 PLLA 至少要 20 周。分子量的提高，可以提高 PLA 的力学性能，但目前合成高分子量的聚乳酸在工艺上还存在一定的困难。

PLA 在常温下性能稳定，但在温度高于 55℃ 或在富氧和高湿条件下会被微生物降解，其降解过程首先是水解成单体乳酸，最终可分解为水和二氧化碳。

PLA 可制成纤维、薄膜、棒、螺栓、板和夹子。如 PLLA 的强度几乎与尼龙纤维和聚酯纤维相同，柔韧性优异，正作为新材料试用于妇女内衣和长筒袜，乳酸与乙交酯（glycolide）或 ε-己内酰胺共聚可改善聚合物的力学性能，这种共聚物可用在医学上，如缝线、器官置换等具有良好的生物相容性，同时也可用作食品包装、纸涂层、快餐器具等。

目前 PLA 发展的问题在于其昂贵的价格，因此只能用于一些特殊的场合，如在医用方面。Stendel 等研究了它在体内植入材料中的应用，将它们制成带孔的薄片和螺栓，发现在植入体内 6 个月后，均发生了严重的降解（图 9-9）。

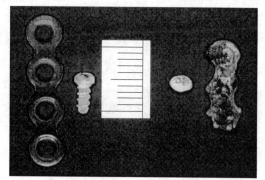

图 9-9　聚乳酸制备的带孔薄片和螺栓的降解
左：降解前，右：降解 6 个月后

9.3.4.2 聚（ε-己内酯）

聚（ε-己内酯）[poly（ε-caprolactone），PCL] 是一种结晶的线形高聚物，它是在 90℃ 时由 ε-己内酯在催化剂作用下聚合而成的。其合成方式如下所示。

$$\underset{\text{90℃}}{\overset{\text{O}}{\underbrace{\text{(CH}_2\text{)}_5\text{—CO}}}} \underset{\text{>250℃}}{\overset{\text{90℃}}{\rightleftharpoons}} \left[\text{(CH}_2\text{)}_5 \overset{\text{O}}{\overset{\|}{\text{—C}}}\text{—O} \right]$$

PCL 的熔点为 60℃，玻璃化温度为 −60℃，当温度＞250℃时，聚合物分解成单体。它在室温时是一种韧性的材料，其模量介于高密度聚乙烯和低密度聚乙烯之间。

PCL 具有生物降解性，但目前其应用的重点是作为柔性链段与其他单体共聚，如作为聚氨酯的柔性链段，由于其熔点较低一般不单独作为高分子材料使用。

美国 Union Carbide 公司（UC）、Solvay 公司、日本 Daice 公司等均有生产。UC 公司的商品名为 Tone，有两个级别 P-767 和 P-787（分子量不同），其性能见表 9-10。

表 9-10　UC 公司 PCL 聚合物的性能

性能	Tone P-767	Tone P-787
拉伸强度/MPa	21.3～26.0	39.7～41.4
断裂延伸率/%	600～1000	750～1000
缺口冲击强度/(J/m)	82	350
熔点/℃	60	60
玻璃化温度/℃	−60	—
密度(20℃)/(g/cm³)	1.145	1.145
吸水率/%	0.3508	0.3295

UC 公司的 Tone 在 160℃～200℃通过挤出、吹塑、注射等方法成型，可制作片材、薄膜、纤维，用作医用器具及仪器包装材料。它与 PHB 及 PHBV 一样，是完全生物降解的高分子材料，在泥土中会慢慢降解，12 个月可失去 95% 的质量（PHB 2 个月即可达到），但在空气中存放一年未观察到降解。PE 中添加 Tone（含量高达 20%），可大大提高 PE 的生物降解性。

为了改善力学性能、降解性或熔点，并降低其价格，通常采用 ε-己内酯与其他单体共聚形或将 PCL 与其他高聚物共混使用。如现在的研究发现，它与淀粉有良好的相容性，同时会提高这一类高分子材料的耐水性，美国 Bioplastics 公司用它生产了堆肥袋、覆盖膜等，在 20 天内可完全降解。PCL 还可以与纤维素、PE、PP、PS、PVC、ABS、苯乙烯-甲基丙烯酸甲酯共聚物、尼龙 6（达 10%）等高分子材料混合（含量 10%～50%），可提高这些材料的生物降解性，用作农膜和其他膜、树苗容器、药物提供系统以及农药、草药、肥料的控制释放等。

9.3.4.3 聚二元羧酸酯系列

由脂肪族的二元酸和二元醇聚合而成的一系列共聚物具有良好的生物降解性，所采用的二元酸可为乙二酸、丁二酸，二元醇可为乙二醇、丁二醇等，其化学结构如下所示：

$$\left\{ \text{O—(CH}_2\text{)}_x\text{—O—}\overset{\text{O}}{\overset{\|}{\text{C}}}\text{—(CH}_2\text{)}_y\overset{\text{O}}{\overset{\|}{\text{C}}}\text{—} \right\}_n$$

$x=2$，$y=2$ 时为 poly（ethylene succinate），PES

$x=4$，$y=2$ 时为 poly（butylene succinate），PBS

$x=4$，$y=2$ 或 4 时为 poly（butylene succinate-co-butylene adipate），PBSA

它的系列产品商品名为 Bionolle，是一种结晶的热塑性高分子材料，分子量在 20000～70000，密度为 1.25～1.32g/cm³，熔点为 90～114℃，玻璃化温度为－45℃～－10℃。拉伸强度 17.2～33.6MPa，断裂伸长率 170%～900%，缺口冲击强度（23℃）0.1～0.4kJ/m。这种产品具有优异的成型性能，成型温度在 160℃～200℃，可采用注射、挤出、吹塑成型，产品在微生物作用下可发生降解。目前已用来生产包装瓶、薄膜等，新产品仍在开发，以推广此类聚酯的应用。聚丁二酸丁二酯共聚物的力学性能如表 9-11 所示。

表 9-11　聚丁二酸丁二酯共聚物与一些聚合物的性能比较

性　能	聚酯共聚物	Bionolle 3000#	HDPE	LDPE
熔点/℃	101	95	～135	～120
拉伸强度/MPa	21.6	20.9	21.6～38.2	3.92～15.7
拉伸模量/MPa	375	441	392～1270	98～294
断裂延伸率/%	389	860	20～1300	90～800

9.3.4.4　聚酰胺酯共聚物

脂肪族聚酯与尼龙进行胺酯的交换反应，可以得到生物降解性聚酰胺酯共聚物（CPAE）。这一类聚合物可以由己二醇、癸二酸的产物与氨基酸（如氨基乙酸、苯基丙胺酸、丙胺酸等）反应得到，它可以通过熔融加工，是一类热塑性高分子材料，熔点为 125℃～175℃。其最终的降解产物为水和二氧化碳。

1990 年，Bayer 公司首先合成了 CPAE，其商品名为 BAK，其热性能和力学性能类似于聚乙烯。具有较高的韧性和断裂伸长率，可采用注射、挤出或吹塑成型，得到纤维、薄膜和各种注射制品，可作为农膜、育秧盒、垃圾袋、包装材料等。

9.3.4.5　水溶性高分子

一些水溶性的高分子也可作为生物降解高分子材料，如聚丙烯酰胺、聚丙烯酸、聚乙烯醇、聚乙二醇、聚环氧乙烷等，其中较常用的有聚乙烯醇和聚环氧乙烷。

聚乙烯醇（PVA）在水中有良好的溶解性，Emo Chiellin 等详细论述了它与其他高聚物的共混物及其衍生物在各种自然环境中的降解过程，认为其降解与酶作用下的氧化降解有关。聚乙烯醇熔点高于分解温度，因此给成型加工带来一定的困难。美国 Air Products 公司通过控制聚乙酸乙烯酯的水解程度，并使用添加剂降低其熔化温度和提高热稳定性，开发出一系列聚合物，以商品名 Vinex 投入市场，按水解程度不同，可溶于热水或冷水。Vinex 树脂粒料可加工成膜、纤维等，用于农药包装、医院洗衣袋等。PVA 在湿环境中有细菌存在下可在 6 个月内完全分解成水和二氧化碳，其主要缺点是耐水性不佳，包装时需要外层保护。

Planet 包装技术（Packaging Technologies）公司用聚环氧乙烷（PEO）的共混物制造生物降解高分子材料。某些丙烯酸聚合物及其共聚物是生物降解的高分子材料，用作标签、试样包装，也可制成模压件、泡沫、黏合剂、涂料、纤维、油墨等，且这些材料可再生。

其他的一些生物降解高分子材料还有聚原酸酯、聚酐等，可用作药物控释材料。随高分子水解成低分子，包覆的药物也就释放出来，药物的控释与聚合物的水解（也称生物刻蚀）速率有关。

这一类化学合成的生物降解高分子材料目前在成本上仍然较为昂贵，这极大地限制了它的推广应用，目前国内外开发了许多天然/合成高分子复合生物降解高分子材料，如 PHB/PCL、糊化淀粉/PCL、糊化淀粉/PHBV/PVA、天然橡胶/PCL 等。这类高分子材料既可生物降解，同时又有较好的耐热性、耐水性以及力学性能，同时降低了成本，有望成为通用性的生物降解高分子材料。

9.3.5 光-生物双降解高分子材料

在生物降解高分子中，添加光敏剂可以使高分子同时具有光降解性和生物降解性。光-生物降解高分子材料在一定条件下可使降解速率得到有效控制，如淀粉添加型光降解高分子材料 PE 经降解后，使 PE 多孔，比表面积大大提高，与氧、光、水等接触概率大大增加，PE 的降解速率大大提高，通过控制配方可得到可控降解。

在 20 世纪 70 年代末，L. Griffin 就提出了"双降解"的概念，1988 年，他又提出了结合几种可能的降解效应既可光氧化降解又可生物降解的新配方，即在 LDPE 与玉米淀粉的混合料中，引入由不饱和烃类聚合物、过渡金属盐和热稳定剂组成的促氧化剂母料，研制者设想淀粉首先被生物降解，与此同时 LDPE 母体被挖空，增大了比表面积，在光、热、氧等引发化学不稳定的促氧化剂的自氧化作用下产生侵袭 PE 分子结构的游离基及 LDPE 母体的分子量下降，LDPE 的后期生物降解即可能发生，主要产品形式有购物袋、垃圾袋、地膜、餐具和食品瓶等。

双降解高分子材料一般是由聚烯烃塑料为基料，向其中加入光敏剂、生物降解剂、促氧化剂、降解控制剂等复合而成，由于主要采用光敏剂母料和由淀粉母料混配的复合母料，其可控性、完全降解性等效果尚不够理想，其安全性也有待进一步验证，因而未能大规模生产。

9.4 生物降解复合材料

生物降解复合材料的研究起始于 20 世纪 80 年代的后期，前面所讨论过的生物降解材料如聚 β-羟基丁酸酯、聚己内酯、乙酸纤维素、淀粉衍生物等均可作为基体材料，但由于基体材料和纤维材料在性能、工艺性上的问题，现在尚未能获得令人满意的效果。

纤维素在聚合物工业中有广泛的应用，如可作为层压板、模压料中的增强材料和填料，也可以以其衍生物的形式应用，它在热固性和热塑性复合材料以及弹性体中均有应用，如聚酯、环氧树脂、氨基树脂、酚醛树脂、橡胶等，可以提高材料的力学性能。将它与生物降解的高分子材料复合时，则可以得到生物降解的复合材料。

Gatenholm 等采用木材纤维素增强聚羟基丁酸酯（PHB），它可以改进 PHB 的脆性和强度，随着纤维素含量的提高，拉伸模量提高，动态力学性能的研究表明，复合材料的力学损耗降低，动态模量上升。同时发现，相对于 PE、PP 等塑料而言，纤维素在 PHB 中的分散性较好，其分散性与制备工艺及纤维的长短有关。

亚麻、大麻、苎麻纤维是复合材料中常用的增强材料。Herrman 等研究了这些纤维增强的淀粉以及虫胶复合材料，其刚度和强度分别可达到 E-玻璃纤维增强环氧树脂的 50% 和 60%，甚至与其相当，因此它们在一定的程度上可以取代玻璃纤维增强材料。其性能与所用的树脂基体以及两相间的界面黏合有关。

黄麻纤维有高的拉伸模量和低的断裂伸长率，并且其密度相对于玻璃纤维低，价格低廉。用黄麻纤维增强的 Biopol，相对于纯的 Biopol 而言，其拉伸强度和弯曲强度可提高50%，而其断裂伸长率仅下降 1%。黄麻纤维也可以用于生物降解聚氨酯复合材料中，同时发现，不同的表面处理方法对其强度的提高影响很大，如用碱处理的黄麻纤维，相对于漂白的黄麻纤维，其复合材料的拉伸强度提高 30%。

9.5　可生物降解的聚合物纳米微粒

纳米技术可以通过直接操纵单个原子、分子束组装，创造具有特定功能的新物质，使其物理、化学、生物活性产生意想不到的效果。可生物降解的聚合物包括天然高分子和人工合成高分子，通过一定的技术手段也可以制备成纳米材料，它们在药物缓释技术、靶向药物方面均有良好的应用前景。在药物学的研究中，可生物降解的聚合物微粒尺寸大多在 10nm 到数百纳米。这种生物降解的聚合物纳米微粒可控释药物，避免药物降解或泄漏，改变可降解单体的比例和聚合反应条件可调节聚合物在体内降解的速率，提高疗效，降低不良反应，同时它已成功地用于 DNA 基因治疗，作为蛋白质、疫苗口服药物载体。

生物降解聚合物纳米微粒的制备可以通过将聚合物在溶剂中分散或将有机单体在一定的溶液中反应聚合两种途径。

采用溶剂法，在高速均化及超声处理的条件下，将药物溶解或分散于聚合物溶液中，加入乳化剂（如明胶、聚乙烯醇等），在水相中形成 O/W 型乳剂，然后挥发去溶剂从而得到稳定的纳米胶体分散体系。采用类似的方法也可以将水溶性药物制得 W/O/W 型的胶乳，然后得到纳米微粒。也可以利用溶剂扩散法制备乳酸/羟基乙酸共聚物的纳米粒，此外还可以用盐析/乳化扩散法，以避免上述两种方法中所使用的有机溶剂对环境和人体的损害。

超临界流体技术在纳米微粒的药物载体制备中有着不可忽视的作用，它最大的好处是可以完全除去载体中的有机溶剂，同时对环境没有污染。超临界流体快速膨胀法（RESS）是将聚合物溶于一种超临界流体中，该溶液经导管引入并由一喷嘴快速喷出，聚合物因超临界流体溶解本领急剧降低而沉降，沉降的聚合物中将不会残留溶剂。对于低相对分子质量的聚合物（相对分子质量<10000），利用这种方法制备的纳米微粒，药物可以均匀分散于聚合物基质中，如用这种方法制备了聚乳酸的纳米微粒，但对于相对分子质量很高的聚合物，由于其在溶剂中的溶解性不佳甚至不溶而限制了这项技术的应用。超临界反溶剂法（SAS）是将聚合物溶解在一种合适的溶剂中，这种溶液通过导管快速引入一种超临界流体中，此超临界流体可完全提取溶解聚合物的溶剂而使聚合物沉降，形成极细的微粒。

单体聚合反应法是通过单体的聚合反应来制备纳米微粒。Couveur 等将甲基氰基丙烯酸的水溶液在表面活性剂的作用下引发聚合生成了粒径约 200nm 的粒子。Mar 等用复合共凝聚法制成了 DNA-甲壳素纳米微粒，用于基因口服药物，它在免疫及抗肿瘤转移方面优于明胶纳米微粒。

药物在纳米微粒上的载入可以通过两种方法：一是在纳米粒制备时将药物加入其中；另一种是将制备的聚合物纳米微粒浸入到含药物的溶剂中吸附药物，不同的方法将影响药物的释放速率。药物的释放主要由扩散和聚合物生物降解来共同控制。

可生物降解聚合物纳米微粒作为新型的药物载体具有很大的发展潜力，目前在市场上已有此类药物的投放，许多药物如生长激素、胰岛素、疫苗、抗肿瘤药物等都可以制成可生物降解的纳米微粒。可生物降解聚合物新材料的开发、纳米技术、释药机理、体内药效的深入研究，将为可生物降解聚合物纳米微粒的开发及应用创造良好的条件和发展契机。

思考题

1. 为什么要发展环境降解高分子材料？
2. 环境降解高分子材料可以分为几类？
3. 光降解高分子材料的光降解机理是什么？如何提高光降解高分子材料的降解能力？
4. 如何制备光降解高分子材料？
5. 生物降解高分子材料的降解机理是什么？现在有哪些典型的生物降解材料？
6. 生物降解高分子材料的降解能力与其结构有什么关系？
7. 为什么淀粉需经过处理再加入生物降解高分子材料中？如何处理？

参 考 文 献

[1] 邱威扬，邱贤华，王飞镝. 淀粉塑料-降解塑料研究与应用 [M]. 北京：化学工业出版社，2002.
[2] 蓝立文. 功能高分子材料 [M]. 西安：西北工业大学出版社，1995.
[3] 黄发荣. 高分子材料的循环利用 [M]. 北京：化学工业出版社，2000.
[4] 陈立新，焦剑，蓝立文. 功能塑料 [M]. 北京：化学工业出版社，2005.
[5] 戈进杰. 生物降解高分子材料及其应用 [M]. 北京：化学工业出版社，2002.
[6] Katsuda N，Yabushita S，Otake K，et al. Photodegradation of a disperse dye on polyester fiber and in solution [J]. Dyes and Pigments，1996，31（4）：291.
[7] Wang X，Egelhaaf H，Mack H，et al. Morphology related photodegradation of low-band-gap polymer blends [J]. Advanced Energy Materials，2014，4（17）．
[8] Araujo M，Lins V，Pasa V，et al. Infrared spectroscopy study of photodegradation of polymer modified asphalt binder [J]. Journal of Applied Polymer Science，2012，125（4）：3275.
[9] Distler A，Kutka P，Sauermann T，et al. Effect of PCBM on the photodegradation kinetics of polymers for organic photovoltaics [J]. Chemistry of Materials，2012，24（22）：4397.
[10] Wang C，Liu C，Shen T. The photocatalytic oxidation of phenylmercaptotetrazole in TiO_2 dispersions [J]. Journal of Photochemistry and Photobiology A：Chemistry，1997，109（1）：65.
[11] Chiellini E，Corti A，Swift G. Biodegradation of thermally-oxidized，fragmented low-density polyethylenes [J]. Polymer Degradation and Stability，2003，81（2）：341.
[12] Ratajska M，Boryniec S. Physical and chemical aspects of biodegradation of natural polymers [J]. Reactive and Functional Polymers，1998，38（1）：35.
[13] Shimao M. Biodegradation of plastics [J]. Current Opinion in Biotechnology，2001，12（3）：242.
[14] Lorcks J. Properties and applications of compostable starch-based plastic material [J]. Polymer Degradation and Stability Biodegradable Polymers and Macromolecules，1998，59（1-3）：245.
[15] Herrmann Λ S，Nickel J，Riedel U. Construction materials based upon biologically renewable resources—From components to finished parts [J]. Polymer Degradation and Stability Biodegradable Polymers and Macromolecules，1998，59（1-3）：251.
[16] 易昌凤，刘书银. 生物可降解高分子材料 [J]. 功能材料，2000，31（B05）：23.

［17］ 钱欣，程蓉，等．改性淀粉-醋酸乙烯酯的接枝共聚反应研究［J］．现代化工，2002，22（6）：36.

［18］ 李荣群，安玉贤，等．聚 β-羟基丁酸酯/聚氧化乙烯共混体系力学性能研究［J］．高分子学报，2001，（2）：143.

［19］ 陈成，陈珊，等．聚 β-羟基丁酸酯顺丁烯二酸酐接枝共聚物的研究［J］．高分子学报，2001，（4）：450.

［20］ 刘俊．聚乳酸的合成及应用［J］．生物医学工程学杂志，2001，18（2）：285.

［21］ Li S. Hydrolytic degradation characteristics of aliphatic polyesters derived from lactic and glycolic acids ［J］. Journal of Biomedical Materials Research，1999，48（3）：342.

［22］ Halley P，Rutgers R，Coombs S，et al. Developing biodegradable mulch films from starch-based polymers ［J］. Starch-Stärke，2001，53（8）：362.

第10章 生物医用高分子材料

10.1 概述

生物医用材料是一类在应用中与组织、血液、细胞及其主要成分相接触的材料，能够替代、增强、修复或矫正生物体内受损器官、组织、细胞或其主要成分的功能。按材料来源可分为天然生物医用材料和人工合成生物医用材料两大类。目前应用最广的生物医用材料包括金属、陶瓷、高分子及其复合材料等人造材料和天然生物材料。

生物医用高分子材料是生物材料的一个重要组成部分，是用于生理系统疾病的诊断、治疗、修复或替换生物体组织或器官，增进或恢复其功能的高分子材料。医用高分子材料学是介于现代医学和高分子科学之间，并且涉及物理、化学、生物学、医学等的一门交叉学科。生物医用高分子材料的研究内容包括两个方面，一是设计、合成和加工等适合不同医用目的的高分子材料与制品；二是最大限度地克服这些材料对人体的伤害和副作用。

生物医用高分子材料的发展动力来自医学领域的客观需求。早在公元前 3500 年，古埃及人就用棉花纤维、马鬃缝合伤口，印第安人用木片修补受伤的颅骨。公元前 2500 年中国和埃及的墓葬中发现有假牙、假鼻、假耳。1851 年发明天然橡胶硫化方法之后开始采用硬胶木制作人工牙托和颚骨。进入 20 世纪，高分子科学迅速发展起来，新的合成高分子材料不断出现，为医学领域提供了更多的选择余地。1936 年发明了有机玻璃（聚甲基丙烯酸甲酯）后，很快就用于制作假牙和补牙，至今仍在使用。1943 年，赛璐珞（硝酸纤维素）开始用于血液透析。1950 年开始用有机玻璃做人工股骨。20 世纪 50 年代有机硅聚合物用于医学领域，使人工器官的应用范围大大扩大，包括器官替代和美容等许多方面。另外，聚合物在医学领域的应用还包括人工尿道（1950 年）、人工血管（1951 年）、人工食道（1951 年）、人工心脏瓣膜（1952 年）、人工心肺（1953 年）、人工关节（1954 年）、人工肝脏（1958 年）等人工器官等。随着高分子化学工业的发展，20 世纪 70 年代出现了大量的医用新材料和人工装置，如人工心脏瓣膜、人工血管、人工肾脏用透析膜、心脏起搏器以及骨生长诱导剂等。近年来，生物医学工程、材料科学和生物技术的发展推动了医用高分子材料及其制品在医学临床的应用。

10.1.1 医用高分子材料的分类

由于高分子生物材料由多学科参与研究工作，出现了不同的分类方式。生物高分子材料随不同来源、应用目的、活体组织对材料的影响等可以分为多种类型。

（1）按来源分类

① 天然医用高分子材料。如胶原、明胶、丝蛋白、角质蛋白、纤维素、黏多糖、甲壳素及其衍生物等。

② 人工合成医用高分子材料。如聚氨酯、硅橡胶、聚酯等，1960 年以前主要是商品工业材料的提纯、改性，之后主要根据特定目的进行专门的设计、合成。

③ 天然生物组织与器官。天然生物组织用于器官移植已有多年历史，至今仍是主要的危重疾病的治疗手段。天然生物组织与器官包括取自患者自体、他人或其他动物的同类组织与器官。

（2）按材料在生理环境中的生物化学反应水平分类

① 生物惰性高分子材料。指在体内不降解、不变性、不引起长期组织反应的高分子材料，适合长期植入体内。

② 生物活性高分子材料。指植入体、高分子药物、诊断试剂或高分子修饰的生物大分子治疗剂等材料，能够与周围组织或细胞发生有益的相互作用，如金属植入体表面喷涂羟基磷灰石，植入体内后其表层能够与周围骨组织很好地相互作用，以增加植入体与周围骨组织结合的牢固性。

③ 生物吸收高分子材料。又称生物降解高分子材料。这类材料在体内逐渐降解，其降解产物被机体吸收代谢，在医学领域具有广泛用途。

（3）按生物医学用途分类

① 硬组织相容性高分子材料。主要包括用于骨、牙、关节、肌腱等骨骼、肌肉系统修复和替代的高分子材料，要求具有与替代组织类似的力学性能，同时能够与周围组织结合在一起。

② 软组织相容性高分子材料。主要用于皮肤、食道、呼吸道、膀胱等软组织的替代与修复，往往要求材料具有适当的强度和弹性，不引起严重的组织病变。

③ 血液相容性高分子材料。用于制作人工心脏瓣膜、血管、心血管内插膜、血液净化膜、分离膜等与血液接触的人工器官或器械，不引起凝血、溶血等生理反血，与活性组织有良好的互相适应性。

④ 高分子药物和药物控释高分子材料。指本身具有药理活性或辅助其他药物发挥作用的高分子材料，随制剂不同而有不同的具体要求，但都必须无毒副作用，无热原反应，不引起免疫反应。根据经典的观点，高分子药物、甚至药物控释高分子材料不包含在医用高分子材料范畴之内。随着该领域的快速发展，这一观念正在改变。

⑤ 其他生物医用高分子材料。包括组织黏合剂、手术缝合线、临床诊断及生物传感器材料。

（4）按与机体组织接触的关系分类

本分类方法是按材料与机体接触的部位和时间长短进行分类的，便于对使用范围类似的不同材料与制品进行统一标准的安全性评价。

① 长期植入材料。泛指植入体内并在体内存在一定时间的材料，如人工血管、人工关节、人工晶状体等。

② 短期植入（短期接触）材料。指短时期内与内部组织或体液接触的材料，如血液体外循环的管路和器件（透析器，心肺机等）。

③ 体内体外连通使用的材料。指使用中部分在体内部分在体外的器件，如心脏起搏器的导线、各种插管等。

④ 体表接触材料与一次性使用医疗用品材料。

10.1.2　对医用高分子材料的基本要求

医用高分子材料直接用于人体，与人体的健康密切相关，因此对进入临床使用阶段的医用高分子材料具有严格的要求，否则将产生不良后果。对医用高分子材料的共同要求是：稳定性好，耐生物老化，无毒无害，与生物体相容性好，良好的耐热性和成型加工性能。对于不同的应用场合，对材料有特殊的要求。例如，作心脏及动脉血管用的高分子材料必须有很好的强度及很好的弹性，生物体内的液体含有一定的氯化钠，因此要求有较好的耐食盐腐蚀的性能。

10.1.3　医用高分子材料的应用

医用高分子材料在化学结构上千变万化，而且在聚集形态上可以表现为结晶态、玻璃态、黏弹态、凝胶态、溶液态，并可以加工为任意的几何形状，因此在医学领域能够满足多种多样的治疗目的，其用途十分广泛，见表10-1。其应用范围主要包括四个方面：人工器官（长期和短期治疗器件）、药物制剂与释放体系、诊断检测试剂、生物组织工程材料与制品。

表 10-1　医用高分子材料应用范围

应用范围	应用目的	实　　例
长期或短期治疗器械	受损组织的修复和替代 辅助或暂时替代受损器官的生理功能 一次性医疗用品	人工血管，人工晶体，人工皮肤，人工软骨，美容填充 人工心肺系统，人工心脏，人造血，人工肾脏，人工肝脏，人工胰腺 注射器，输液管、导管、缝合线，医用黏合剂
药物制剂	药物控制释放	部位控制：定向释放（靶向释放） 时间控制：恒速释放（缓释药物） 反馈控制：脉冲释放（智能释放）
诊断检测	临床检测新技术	快速响应、高灵敏度、高精确度的检测试剂与工具，包括试剂盒、生物传感器、免疫诊断微球等
生物组织工程	体外组织培养 血液成分分离	细胞培养基，细胞融合添加剂，生物杂化人工器官血浆分离，细胞分离，病毒和细菌的清除

生物医用高分子材料的发展趋势主要包括以下几个方面。

（1）改进和发展材料的生物相容性评价　过去对生物医用材料的生物相容性评价是单纯以材料对机体的急慢性炎症、免疫学反应、热源、遗传毒理和致畸、致癌及血液学反应为依据的。随着新型生物医用材料的产生，需对材料与机体所有信息进行有机的全面研究和评价。

目前，医用材料相容性研究的新内容包括：①植入体内的材料对全身各个组织、器官的全面生理影响；②降解材料产物在体内的吸收代谢过程；③组织工程支架材料对细胞组织或器官基因调控以及信息传递等方面的影响。

（2）研究新的降解性高分子材料　降解性高分子材料将是设计制作具有特殊功能、安全可靠的新一代医用植入材料。

（3）研究具有全面生理功能的人工器官和组织材料　在组织工程与人工器官、软硬组织修复与重建方面，对材料的功能提出了新的挑战。具有生物活性的高分子材料能引导和诱导组织、器官的修复和再生，在完成任务后能自动降解排出体外。由此，要求研究新型降解材料，使其降解速度和性能与新生组织或器官相匹配。

（4）研究新的药物缓释体系和药物载体材料　新的药物缓释体系包括靶向药物缓释、智能型药物释放、微胶囊等体系。新型药物载体材料、新剂型和新的给药释放体系是今后研究的方向。

（5）材料表面改性　除了设计、制备性能优异的新材料以外，将材料（包括金属、陶瓷和高分子材料）表面进行改性也是提高材料生物相容性的有效途径，其中获得基体与涂层之间较强的结合力是需要研究解决的重要课题。

10.2　生物医用高分子材料的生物相容性和生物学评价

生物医用高分子材料在各种人工器官、辅助装置、缓释降解载体、微胶囊的研究成果和应用，为临床上一些不可逆的脏器、组织的功能损失性疾病创造了有效的治疗方法和手段。特别是近年来发展起来的组织工程，为人自体细胞的人工组织和器官的临床应用开辟了广阔的前景。用于此项研究的生物医用高分子材料都必须具备优良的生物相容性才能被人体所接受。目前颁布的生物医用材料和医疗器械研究、生产的标准有医用装置生物学评价体系国际标准（ISO 10993—2009）和我国国家医疗器械生物学评价标准（GB/T 16886—2013）。

生物相容性和生物学评价的研究涉及学科广泛，一般是通过细胞学、组织学、免疫学、遗传毒理学和整体实验动物及物理、化学等体内外的试验方法和手段研究生物医用材料及装置与生物体的相互作用，以评价最终产品是否安全有效。

生物相容性是生物医用材料与人体之间相互作用产生各种复杂的生物、物理、化学反应的一种概念。植入人体的生物医用材料及各种人工器官、医用辅助装置等医疗器械，必须对人体无毒性、无致敏性、无刺激性、无遗传毒性和无致癌性，对人体组织、血液、免疫等系统不产生不良反应。因此，材料生物相容性的优劣是生物医用材料在研究设计中需首要考虑的问题。

各种材料的人工器官、医用制品在植入体内后都将与组织、细胞直接接触，一些人工血管、人工心脏瓣膜、人工心脏和各种血管内导管、血管内支架等材料还与血液直接接触。植入物材料表面与组织、细胞、血液等短期或长期接触时，它们之间的相互作用将产生各种不同的反应。主要反应如图 10-1 所示。

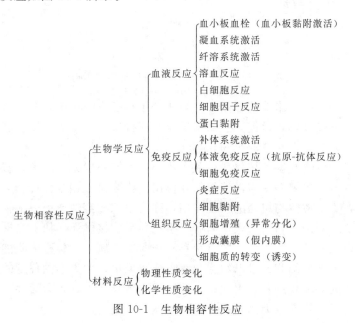

图 10-1　生物相容性反应

高分子材料与机体之间的相互作用会导致各自的功能和性质受到影响。这种影响不仅能使生物材料变形，更重要的是对机体将造成各种危害。图 10-2 和图 10-3 列出相互影响产生的后果。

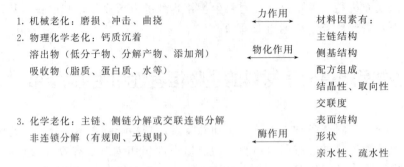

图 10-2　医用高分子材料在生物体作用下老化

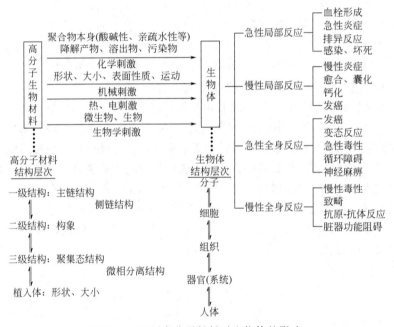

图 10-3　医用高分子材料对生物体的影响

导致材料与生物体相互影响的原因是生物体处于动态平衡之中，一旦材料进入体内，就会使这种动态平衡遭受破坏，机体就会做出反应。这种反应的严重程度或这种反应向正性还是向负性方向发展，决定着材料的生物相容性。

生物医用材料的生物相容性按材料接触人体部位不同一般分为两类。若材料用于心血管系统与血液直接接触，主要考察与血液的相互作用，称为血液相容性；若与心血管系统外的组织和器官接触，主要考察与组织的相互作用，称为组织相容性或一般生物相容性。

组织相容性要求医用材料植入人体内后与组织、细胞接触无任何不良反应。当医用材料与装置植入人体内某一部位时，局部的组织对异物的反应属于一种机体防御性应答反应，植入物体周围组织将出现白细胞、淋巴细胞和吞噬细胞聚集，发生不同程度的急性炎症。组织相容性对材料性能的要求是细胞黏附性、无抑制细胞生长性、细胞激活性、抗细胞原生质转化性、抗炎症性、无抗原性、无诱变性、无致癌性、无致畸性。

生物医用高分子材料与血液直接接触时，血液与材料之间将产生一系列生物反应。这些反应表现为，材料表面出现血浆蛋白被吸附，血小板黏附、聚集、变形，凝血系统、纤溶系统被激活，最终形成血栓。因此，要求制造人工心脏、人工血管、人工心血管的辅助装置及各种进入或留置血管内与血液直接接触的导管、功能性支架等医用装置的生物医用材料，必须具备优良的血液相容性。血液相容性对材料性能的要求是抗血小板血栓形成、抗凝血性、抗溶血性、抗白细胞减少性、抗补体系统亢进性、抗血浆蛋白吸附性、抗细胞因子吸附性。

随着组织工程研究的开展和深入，21世纪新的生物医用高分子材料的研究重点将由一般血液相容性和组织相容性材料性能的研究转向智能材料的研究。常规的生物学评价试验方法不能满足对智能型生物医用材料或组织工程所需细胞基质支架材料的生物相容性的评价。在研究新材料的同时应设计、研究建立智能型要求的新的生物相容性试验方法。例如：①材料对人体细胞培养、黏附、克隆化的试验方法；②细胞扩增过程中细胞生长与凋亡基因调控的试验方法；③人体各种促进细胞功能或抑制细胞功能的细胞因子与材料相互作用产生的正、负效应的试验方法；④材料在体内降解过程中降解产物对体内代谢影响的试验方法。

这些新的生物学评价试验方法的建立将促进智能型仿生生物医用高分子材料的研究、开发。

10.3　血液净化高分子材料

血液是人体中最重要的体液，能循环到人体各个部位。血液净化疗法就是通过体外循环技术，矫正血液成分质量和数量的异常。目前最普及的血液净化法，是利用通过半透膜的扩散、滤过而除去血中代谢物和过量水的血液透析。近年来以人工肾脏为中心的血液净化装置的发展是惊人的，相继出现了性能卓越的透析器，并且还建立了透析以外的血液净化法，诸如：用膜的血液滤过、血液透析滤过、血浆分离、用吸附剂的直接血液灌流、血浆灌流等。

血液净化疗法的基本原理是透析、滤过、吸附，使用的材料是分离膜和吸附剂。膜分离依赖于膜的通透性即膜孔的大小，而吸附净化则取决于吸附剂对目标物质的亲和性。

10.3.1　血液净化膜材料

在血液透析器中，有用平膜或管状膜的积层平板型，管状膜的蟠管型和最近迅速普及的空心纤维型（HFAK）三种。在透析膜中，迄今再生纤维素仍占主导地位，但是随着透析疗法的进步，只用过去的纤维素膜不能满足多种形式的人工肾脏的要求，因此广泛开展了对新型膜材料的研制。新型膜材料的主要性能要求是：①透水性高；②对相对分子质量为500～5000的中分子量尿毒性物质的清除率高，并且溶质透过性对分子量的依赖性小；③含水时的膜强度高；④有良好的安全性、人体适应性等。

用于血液透析、血液滤过和血浆交换的高分子膜必须具备良好的通透性、机械强度以及血液相容性。最早使用的透析膜为纤维素膜，后来发展了如图10-4所示的多种高分子膜。

膜材料的设计方法包括：①通过高分子的结构设计，调节亲水/疏水平衡，这样，当高分子膜与血液和透析液接触时，膜发生溶胀而不溶解，从而使溶质和水能够通过；②湿膜拉伸；③小分子物质从膜中溶出；④不对称膜。以下对几种使用较多的高分子膜的制备方法给予简要介绍。

（1）纤维素及其衍生物　纤维素是由葡萄糖经（1,4)-β-糖苷键连接的高分子，结构中存在大量的分子间氢键，因此纤维素在一般溶剂中是不溶的。由于纤维素在加热熔化之前就

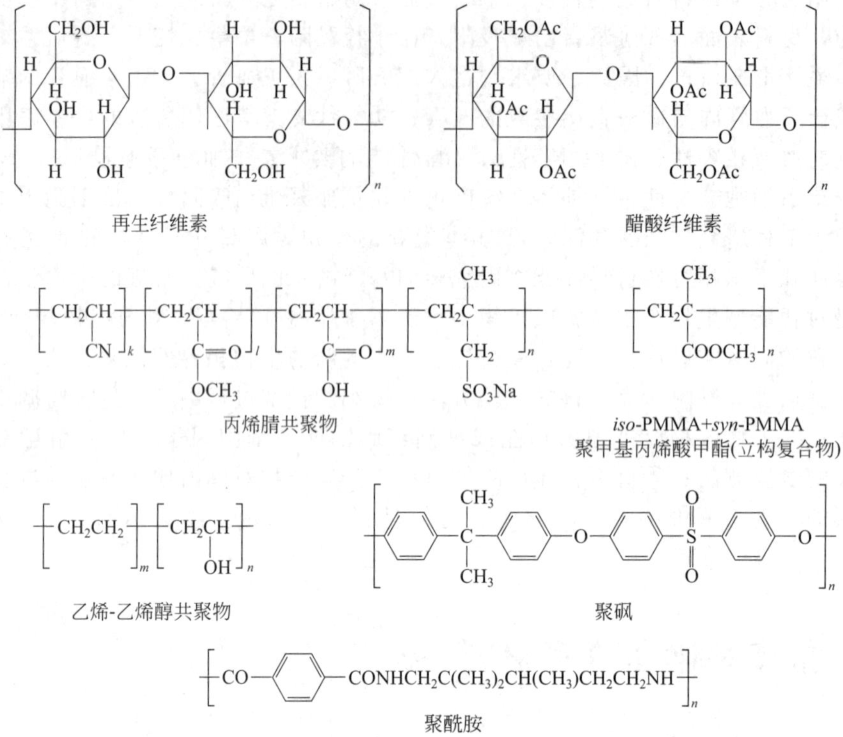

图 10-4　用于制造血液透析膜的高分子材料

发生分解，因此纤维素不能直接加工成膜，而需对其改性或利用其衍生物。

再生纤维素膜的制造工艺包括三个步骤：经化学修饰使纤维素变为可溶性的或热塑性的衍生物；通过溶剂法或熔融法成膜；经适当化学处理使成膜的纤维素衍生物再生为纤维素。从严格意义上讲，再生往往是不完全的。制备再生纤维素膜有三种工艺过程：①铜氨工艺，是将纤维素溶解于铜氨溶液中，最终用酸再生；②黏胶液工艺，是纤维素在碱性条件下与二硫化碳反应生成可溶性的黄原酸酯，用酸再生；③乙酸酯工艺，是通过乙酰化制备热塑性纤维素衍生物，最后经碱水解再生。干态再生纤维素膜是脆性的，在加工时往往加入增塑剂如甘油等，以便保存。在使用时，甘油会溶出，膜溶胀增厚，力学性能会发生某种程度的变化。

纤维素的羟基部分酰化，可以减少氢键作用，增加高分子链间的分离，使高分子的极性降低、结晶度下降。乙酸纤维素可以通过溶剂蒸发或熔融挤出的方法制膜。膜的性质取决于乙酰化程度、增塑剂的性质与比例、分子量的大小等因素。由乙酸纤维素可以制备纤维素中空纤维膜。如 Dow 公司用四亚甲基砜作为增塑剂，通过挤出工艺生产中空纤维，然后以氢氧化钠水解，得到再生纤维素中空纤维膜。Envirogenic 公司制备了乙酸纤维素不对称膜，由 0.2mm 的致密层和 50～100mm 的多孔支持层构成。

（2）聚丙烯腈（PAN）　聚丙烯腈通过溶液聚合法制备，并通过沉淀法纯化，具有良好的成膜性能和纺丝性能。同时，氰基为极性基团，具有亲水性，在共聚物中能够与其他基团形成氢键。因此，聚丙烯腈类高分子膜可用于血液净化。为了改善溶质和水的通透性，往往采用共聚、化学修饰、膜拉伸或非对称膜等方法制膜。例如，一种聚丙烯腈基高分子膜是丙烯腈与聚甲基烯丙基磺酸钠的共聚物，由此制作的透析器已用于临床。这种聚丙烯腈膜对相对分子质量在 1000～2000 的中分子量物质的通透性优于铜氨膜。丙烯腈与其他单体（如乙烯磺酸、甲基丙烯酸二甲胺乙基酯）的共聚物膜也在发展中。

（3）聚甲基丙烯酸甲酯（PMMA） 聚甲基丙烯酸甲酯具有较好的强度，能够制成内径240nm，壁厚50nm的中空纤维膜。由此制作的透析器已试用于血液透析或同时的血液透析滤过。由于聚甲基丙烯酸甲酯膜的疏水性强，其透析或滤过作用主要取决于膜中的孔度。为了改善膜的亲水性，便于水等极性分子的透膜传质，人们使甲基丙烯酸甲酯与丙烯酸、甲基丙烯酸羟乙酯、甲基丙烯酸缩水甘油酯共聚，或对膜进行亲水性的化学修饰（例如与环氧乙烷反应），得到了较好的结果。

（4）乙烯-乙烯醇共聚物（EVA） EVA共聚物是在一个分子中具有亲水性链段（VA部分）和疏水性链段（乙烯部分）的特殊聚合物，其物性受组成影响很大。将EVA共聚物进行湿法纺丝，制得了空心纤维膜。EVA膜具有亲水性但不溶于水，而且异于纤维素膜，不含增塑剂，所以溶出物极少。EVA空心纤维（内径$275\mu m$，膜厚$32\mu m$）透析器KF101对分子量依赖性小，对中分子量的溶质透过性比纤维素空心纤维高，在临床上可减少平衡不稳综合征，改善末梢神经障碍。

EVA共聚物透析膜具有良好的抗凝血性和抗溶血性，在临床应用中，几乎不产生凝血和透析后的残血。

（5）聚砜 非对称聚砜中空纤维膜由Amicon Corporation开发出来，内层厚度小于$1\mu m$，孔直径$2\sim4nm$。通过改变膜的结构调节膜对溶质和水的通透性。

10.3.2 血液净化吸附材料

血液净化用吸附剂要具有很高的吸附性和血液无毒性。吸附剂的比表面积比透过膜的大，而且吸附点的活性也高，所以和血液直接接触时，吸附蛋白质和血细胞之类的血液成分，同时使血液凝固系统进行活化。因而吸附剂在血液净化上的应用还停留在不与血液直接接触的范围中。为了更有效地进行血液净化，还需要发展直接接触血液的吸附剂。

早在1948年，Muirhead和Reid首次尝试用离子交换树脂通过血液灌流治疗尿毒症。1964年，Yatzidas用椰壳活性炭治疗药物中毒。至1970年，Chang和Malave开发包膜活性炭，避免了活性炭颗粒的流失，减少了吸附剂对血液细胞成分如血小板的损害，使血液灌流临床应用成为可能。进入20世纪80年代以来，血液吸附剂进入快速发展时期，出现了不同类型的吸附剂。血液吸附剂可按吸附机理分为以下几种类型，见表10-2。

表 10-2 不同类型的血液吸附剂

吸附原理	吸附类型	吸附材料或配基	吸附物质
物理化学相互作用	疏水作用	疏水材料	非正常抗体,免疫复合物,药物,有机代谢物
		活性炭	药物如安眠药,非正常代谢物如胆红素
	静电作用	离子性基团	带相反电荷的物质如胆红素
生物化学相互作用	抗原-抗体	抗体	相应非正常抗原如低密度脂蛋白抗原、乙肝表面抗原
		抗原	相应的非正常抗体如自免疫抗原-抗体复合物
	补体作用	Clq	免疫复合物如自免疫抗原-抗体复合物
	Fe作用	A蛋白	IgG,免疫复合物
	仿生作用	合成的活性点	能与活性点结合的抗体

（1）非专一性吸附剂 活性炭、碳化树脂、常规疏水性吸附树脂（交联聚苯乙烯、交联聚甲基丙烯酸甲酯）等是通过物理化学作用吸附目标物质的。它们为多孔微球，直径$50\sim$

$200\mu m$，主要通过疏水作用从血液中吸附具有一定疏水性的物质，包括药物及其代谢物、肾衰竭患者血液中积蓄的小分子有机物和中分子物质，但基本不能除去水和电解质。一般而言，吸附量或吸附率与材料的比表面积呈正比。这些材料的合成技术与吸附树脂相同，只是对工艺清洁要求更高，并需要将可溶性成分完全提取出来。由于其血液相容性欠佳，往往需用抗凝血高分子材料包膜后才可应用。

（2）高选择性吸附剂　利用生物体系作用原理，将小分子配基键合于多孔珠状高分子载体上，合成出的吸附剂对某种或某类物质具有较高的吸附选择性。这类吸附剂的载体多为血液相容性较好的亲水性高分子微球，如交联聚乙烯醇等，配基是根据仿生原理设计的。

在自免疫疾病类风湿关节炎患者血液中存在类风湿因子，能够与 IgG 专一性结合。研究发现，在 IgG 二聚集体表面有暴露的色氨酸残基。将色氨酸残基固定在高分子载体上，发现可以有效地吸附类风湿因子。低密度脂蛋白抗体的端基部分含有阴离子氨基酸残基，研究发现含有阴离子基团的肝素能够与低密度脂蛋白强烈结合。因此，以硫酸葡聚糖或聚丙烯酸为配基合成的吸附剂对低密度脂蛋白呈现出了较好的吸附性能，可用于高胆固醇脂血症的血液净化治疗。对交联聚乙烯醇微球进行磺化等处理，引入阴离子基团，也可吸附低密度脂蛋白。对于 β_2-小球蛋白（长期血液透析产生的高浓度血液成分），其表面存在疏水区和阳离子区，因此设计合成了苯乙烯-马来酸共聚物，作为 β_2-小球蛋白的吸附剂。在肌无力患者体内存在抗乙酰胆碱受体抗体。设计含有 8 个氨基酸残基的乙酰胆碱受体片断，作为吸附剂配基，合成出的吸附剂可吸附抗乙酰胆碱受体抗体。

（3）专一性吸附剂（特异性吸附剂）　在生物体系中，存在着许多类型的专一性相互作用，如抗原-抗体、酶（受体）-底物、互补 DNA 链等。将其一半（如抗原）固定在载体上，可专一性地吸附另一半（如抗体）。由固定抗原或固定抗体合成的吸附剂，称为免疫吸附剂。目前，有大量的血液净化材料研究集中在免疫吸附剂方面。但是，设计合成免疫吸附剂必须注意三个问题：一是高分子载体必须具有良好的血液相容性；二是固定化的抗原或抗体在固定化反应、消毒、储存过程中必须稳定，不能失活，否则将丧失功能；三是抗原或抗体本身有可能具有抗原性，尤其是动物来源的物质更是如此，这就要求用于固定化的键型必须稳定，否则微量脱落的抗原或抗体会引起免疫反应。免疫吸附剂一个比较成功的例子是治疗系统性红斑狼疮抗 DNA 抗体吸附剂。该吸附剂以小牛胸腺 DNA 为配基，固定在交联聚乙烯醇多孔微球载体上，能够吸附抗 DNA 抗体和免疫复合物。有时，通过固定抗原或抗体片断合成的吸附剂也叫作免疫吸附剂。

10.4　生物吸收性高分子材料

许多医学植入装置（如矫正装置和药物控释制剂等）只需短期或暂时起作用，因此，若作为异物继续留在体内，就有长期释放毒性的潜在危险，需要再次手术取出。可降解和吸收材料正是适应这种医学应用的需要而发展起来的。这类材料在体内生理环境下可逐步降解或溶解并被机体吸收代谢，因此不需二次手术取出；此外，大部分可吸收医用材料的组成单元或降解产物是生物体内自身存在的小分子，比非降解材料具有更好的生物相容性和生物安全性。

可吸收医用高分子材料首先是从可吸收手术缝合线开始的。1970 年美国 Davis & Geck 公司率先开发出 Dexon 聚羟基乙酸缝合线，用以替代降解速率太快、易引起严重炎症的羊肠线。聚羟基乙酸缝合线的降解时间可以人为地调节和控制。

可降解的内植骨科固定装置与可吸收缝合线几乎是同时发展起来的。20 世纪 60 年代初，不锈钢首先被用作植入体内的固定材料。不锈钢具有优良的力学性能，但其强度和韧性远大于人体骨，而且力学性能不能随骨愈合过程动态地变化，出现了医学上的"应力遮蔽"现象，导致骨折部位骨质疏松和骨退化。1971 年开始采用可降解吸收高分子材料做内植的骨固定夹板。随着自体骨的愈合，可降解夹板的强度不断减弱，克服了应力遮蔽，提高了自身骨修复效果。

近十多年来，随着药物控释和组织工程技术的发展，可降解吸收材料得到迅速发展，其应用范围涉及几乎所有非永久性的植入装置，包括药物控释载体、手术缝合线、骨折固定装置、器官修复材料、人工皮肤、手术防粘连膜基组织和细胞工程等。

10.4.1 生物吸收性高分子材料的基本性能

10.4.1.1 生物降解性和生物吸收性

生物吸收性高分子材料的生物吸收分为两个步骤：降解和吸收。前者往往涉及主链的断裂，使分子量降低，要求裂解生成的单体或低聚体无毒副作用。最常用的裂解反应为水解反应，包括酶催化水解和非酶催化水解。能够通过酶专一性反应裂解的高分子称为酶催化降解高分子；而通过与水或体液接触发生水解的高分子称为非酶催化降解高分子。从严格意义上讲，只有酶催化降解才称得上生物降解，但习惯上将两种降解统称为生物降解。吸收过程是生物体为了摄取营养或排泄废物（通过肾脏、汗腺、或消化道）的正常生理过程。高分子材料在体内降解以后，进入生物体的代谢循环。这就要求生物吸收性高分子应当是正常代谢物或其衍生物通过可水解键型连接起来的。而一般情况下，由 C—C 键形成的聚烯烃材料在体内难以降解，只有某些具有特殊结构的聚合物能够被酶所分解。

10.4.1.2 生物吸收速度

用于生物组织治疗的生物吸收性材料，其吸收速率必须与组织愈合速率同步。人体中不同组织不同器官的愈合速率是不同的，例如表皮愈合需要 3～10 天，膜组织 15～30 天，内脏器官 1～2 个月，硬组织 2～3 个月，较大器官的再生需要半年以上。在组织或器官完全愈合之前，生物降解材料必须保持适当的力学性能和功能。生物组织愈合之后，植入的材料应尽快降解并被吸收，以减少材料存在产生的副作用。然而，大多数高分子材料只是缓慢降解，在失去功能之后还会作为废品存在相当长时间。

影响生物吸收性高分子材料吸收速率的因素有主链和侧链的化学结构、疏水-亲水平衡、分子量、凝聚态、结晶度、表面积、形状和形态等。其中，主链结构和有序结构对降解吸收速率影响较大。酶催化降解和非酶催化降解的结构-速率关系是不同的。对非酶催化降解高分子，降解速度主要由主链结构（键型）决定，含有易水解键型（如酸酐、酯、碳酸酯）的高分子有较快的降解速度。

亲水性强的高分子能够吸收水、催化剂或酶，结果有较快的降解速率。特别是含有羟基、羧基的生物吸收性高分子，不仅因为其较强的亲水性，而且由于其本身的自催化作用，所以比较容易降解。相反，在主链或侧链含有疏水长链烷基或芳基的高分子，降解性能往往较差。在固态下高分子链的聚集态可分为结晶态、玻璃态、高弹态。如果高分子材料的化学结构相同，那么不同聚集态的降解速率有如下顺序：高弹态—玻璃态—结晶态。

10.4.1.3 生物吸收性高分子材料的其他要求

除了要求在生物体的温和条件下能够降解之外，生物吸收高分子材料还必须满足其他条件，才能达到理想的生物相容性、力学性能、化学性能以及功能性。例如，高分子及其降解产物无毒性、无免疫原性；高分子材料的降解和吸收速率必须与生物组织或器官的愈合速率同步；具有良好的加工性能以及与替代组织类似的力学性能。显然，要同时满足这些条件是非常困难的，因此目前生物吸收性高分子材料只在几个方面获得了有限的实际应用。

10.4.2 生物吸收性高分子材料

10.4.2.1 天然生物吸收性高分子材料

天然材料是指来源于动植物或者人体内天然存在的大分子。天然高分子材料是人类最早使用的医用材料，具有良好的生物相容性，几乎都可降解和吸收。但天然高分子材料用作医用材料时，需要具备以下条件：①原料来源丰富、便宜易得；②可用常规方法加工成型；③具有一定的物理力学性能；④不引起异体免疫反应。迄今为止很少有完全满足这些条件的天然材料，但一些天然材料经过适当的化学改性或与合成材料复合便可以广泛应用于临床医学中。

在临床医学获得广泛应用的天然生物吸收性高分子材料包括蛋白质和多糖两类生物高分子。这些生物高分子主要在酶的作用下降解，生成的降解产物（如氨基酸、糖等化合物）容易在体内代谢，并作为营养物质被机体再利用。从可吸收性的角度讲，这类材料应当是最理想的生物吸收性高分子材料。白蛋白、葡聚糖和羟乙基淀粉在水中是可溶的，临床用作血容量扩充剂或人工血浆的增稠剂。而胶原、壳聚糖等生理条件下是不溶的，可作为植入材料在临床应用。下面仅简述一些不溶的天然生物吸收性高分子材料。

（1）胶原 胶原是构成哺乳动物结缔组织的蛋白质类物质，被广泛应用于生物医用材料和生化试剂。牛和猪的肌腱、生皮、骨骼是生产胶原的主要原料。最基本的胶原单位由三条相对分子质量大约 100000 的肽链组成三股螺旋绳状结构，直径 1～1.5nm，长约 300nm；每条肽链都具有左手螺旋二级结构，其一级结构为各种氨基酸序列。

在天然组织中的胶原是与其他组分连在一起的，在分离纯化胶原的工艺中需要将这些杂质除去，同时应尽可能保持胶原的结构，避免胶原降解，以保持较高的力学性能。切细的结缔组织首先用含钠离子或钾离子或四甲铵离子的溶液处理，然后用稀乙酸溶液溶胀，提取出某些免疫原性物质。或者在酸溶胀步骤加入蛋白酶，以裂解除去端肽。工业纯化的胶原主要有三种形式：可溶解的胶原单位、溶胀的胶原原纤维以及胶态胶原。后者不溶于水，不含游离的胶原单位和可溶性降解产物，但其胶原胶态颗粒最大不超过 1000nm。如果使用与水混溶的有机溶剂，可使混悬液中胶原的浓度达到 35%，以便加工为胶原纤维和胶原膜。

胶原可以用于制造止血海绵、创伤辅料、人工皮肤、吸收型缝线、组织工程基质等。但在应用前，胶原必须交联，以控制其物理性质和生物可吸收性。戊二醛是常用的交联剂，但残留的戊二醛会引起毒性反应，因此必须注意使交联反应完全。环氧化合物也可用作交联剂。胶原交联以后，酶降解速度显著下降。

（2）明胶 明胶是经高温加热变性的胶原，通常由动物的骨或皮肤经过煮沸、过滤、蒸发干燥进行制备。明胶在冷水中溶胀而不溶解，但可溶于热水中形成黏稠溶液。纯化的医用级明胶比胶原成本低，在机械强度要求较低时可以替代胶原用于生物医学领域。

为了得到高纯度、高收率的明胶，工业上已采用三种工艺提取纯化明胶，即酸提取工艺、碱提取工艺以及高压蒸汽提取工艺。在这些工艺中，均包括从原材料中除去非胶原杂质、将纯化的胶原转变为明胶、明胶的回收干燥三个步骤。酸提取工艺适用于从猪皮和骨胶原制备食用和医用明胶，用 3%～5% 的无机酸（盐酸、硫酸、磷酸等）浸泡原料 10～30h，洗出过量酸。皮肤中的非胶原蛋白质可以分离除去。在碱提取工艺中，需要用饱和石灰水将原料浸泡数月，洗涤中和后再蒸煮提取，由此可得到高质量的明胶。高压蒸煮法是为了使处于骨组织内部（羟基磷灰石包裹之中）的胶原发生部分水解，变成可溶性形式，以便在较低温度提取时能够溶解出来。

由明胶可以制成多种医用制品，包括膜、管等。由于明胶溶于热水，在 $60 \sim 80℃$ 水浴中可以制备浓度为 $5\% \sim 20\%$ 的溶液，如果要得到 $25\% \sim 35\%$ 的浓溶液，需要加热至 $90 \sim 100℃$。为了使制品具有适当的力学性能，可加入甘油或山梨糖醇作为增塑剂。加入交联剂可以延长降解吸收时间。

（3）纤维蛋白　纤维蛋白原是一种血浆蛋白质，人和牛的纤维蛋白原相对分子质量在 33 万～34 万，二者之间的氨基酸组成差别很小。纤维蛋白原由三对肽链构成，除了含有氨基酸之外，纤维蛋白原还含有糖基。

纤维蛋白原的功能是参与凝血过程，具有止血、促进组织愈合等功能，在生物医学领域有着重要用途。通常，在血浆或富含纤维蛋白原的血浆组分中加入氯化钙，即可激活其中的凝血因子，使纤维蛋白原转化为不溶性的纤维蛋白。通过洗涤、干燥和粉碎，可得到纤维蛋白粉。先打成泡沫，再进行冷冻干燥，可制备纤维蛋白飞沫。不溶性纤维蛋白加压脱水，可以制备纤维蛋白膜。据报道，不溶性的纤维蛋白在 $170℃$ 以下是稳定的，能够耐受 $150℃$ 处理 2h 以降低免疫原性。纤维蛋白具有良好的生物相容性，采用纤维蛋白粉或压缩成型的植入体进行体内植入实验，无论动物实验还是临床试验均未出现发热和严重炎症反应等不良反应，周围组织反应与其他生物吸收性高分子材料相似。纤维蛋白的降解包括酶降解和细胞吞噬两种过程，降解产物可以完全吸收，降解速度随产品不同从几天到几个月不等。交联和加工形态是控制其降解速率的重要手段。

人的纤维蛋白或经热处理后的牛纤维蛋白已用于临床。纤维蛋白粉可用作止血粉、创伤辅料、骨填充剂（修补因疾病或手术造成的骨缺损）等。纤维蛋白飞沫由于比表面大，更适于用作止血材料和手术填充材料。纤维蛋白膜在外科手术中用作硬脑膜置换、神经套管等。

（4）甲壳素与壳聚糖　甲壳素是由 β-(1,4)-二乙酰氨基-7-脱氧-n-葡萄糖（即 N-乙酰-D-葡萄糖胺）组成的线性多糖。昆虫皮、虾蟹壳中均含有甲壳素。壳聚糖为甲壳素的脱乙酰衍生物，由甲壳素在 $40\% \sim 50\%$ 氢氧化钠水溶液中于 $110 \sim 120℃$ 加工水解 24h 得到。甲壳素在甲磺酸、甲酸、六氟丙醇、六氟丙酮以及含有 5% 氯化锂的二甲基乙酰胺中是可溶的，壳聚糖能在有机酸（如甲酸和乙酸）的稀溶液中溶解。从溶解的甲壳素或壳聚糖可以制备膜、纤维、凝胶。

甲壳素能为活性组织的溶液酶所分解，已用于制造吸收型手术缝合线。其抗拉强度优于其他类型的手术缝合线。在兔体内试验观察，甲壳素手术缝合线 4 个月可以完全吸收。甲壳素能促进伤口愈合，可用作伤口包扎材料。另外甲壳素还可用于人工皮肤，用于覆盖皮肤外伤或新鲜烧伤时，能促进表皮形成和减轻疼痛。

（5）透明质酸与硫酸软骨素　黏多糖是指一系列含氮的多糖，主要存在于软骨、腱等结缔组织中，构成组织间质。各种腺体分泌出来起润滑作用的黏液也多含黏多糖。其代表性物质有透明质酸、硫酸软骨素等（图 10-5）。透明质酸类多糖在滑膜液、眼的玻璃体和脐带胶样组织中相对较多，为 N-乙酰葡萄糖胺与葡萄糖醛酸的共聚物，相对分子质量为 $10^6 \sim 10^7$，呈双螺旋高级结构。

硫酸软骨素主要存在于软骨等组织中，同属透明质酸系列的多糖。这些多糖分子能够形成含水量很高的溶胶。透明质酸是一种剪切稀化材料，随剪切速率上升，黏性下降。在高剪切速率下黏性下降能使表面移动变快，连结处能耗减小。关节液最重要的作用就是对连结面的黏着力提供边界润滑，由此控制连结的表面性能。透明质酸可能对此发挥着一定作用。透明质酸系列的多糖在生物医用领域，可以用作防粘连材料和药物控制释放载体等。

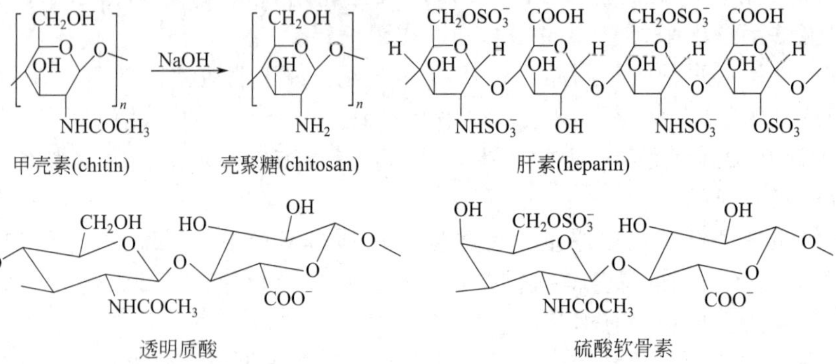

图 10-5　几种医用多糖的化学结构

10.4.2.2　人工合成生物吸收性高分子材料

人工合成生物吸收高分子材料多数属于能够在温和生理条件下发生水解的生物吸收性高分子，降解过程一般不需要酶的参与。这类材料比天然生物高分子具有更好的生物相容性和较低的免疫原性，能在生物环境中保持较好的力学性能，并且容易通过化学或物理修饰进行控制。因此，人工合成的生物吸收性高分子材料，尤其是由短链羟基酸合成的聚酯及其共聚物在临床上具有广泛用途。

与天然材料相比，合成材料具有原料来源丰富、结构和性能可人为地修饰和调控的优点，近 20 年来发展迅速。这类材料从化学结构上分类主要有三类：①侧链带有易水解化学基团，水解后生成羟基、羧基等亲水性侧基；②立体交联固化的水溶性高分子，植入体内后交联基团被水解降解，还原为水溶性聚合物；③主链中含有易水解链段的聚合物，这些链段被水解后，大分子链断开，降解为溶于水的低聚物或单体。

（1）聚乙醇酸和聚乳酸　乙醇酸和乳酸是典型的 α-羟基酸，其缩聚物即为聚 α-羟基酸酯，包括聚乙醇酸（PGA）和聚乳酸（PLA）。PGA 和 PLA 是最典型的合成类生物吸收性聚合物，也是结构最简单的线形聚羟基脂肪酸酯。其合成路线见式(10-1)。

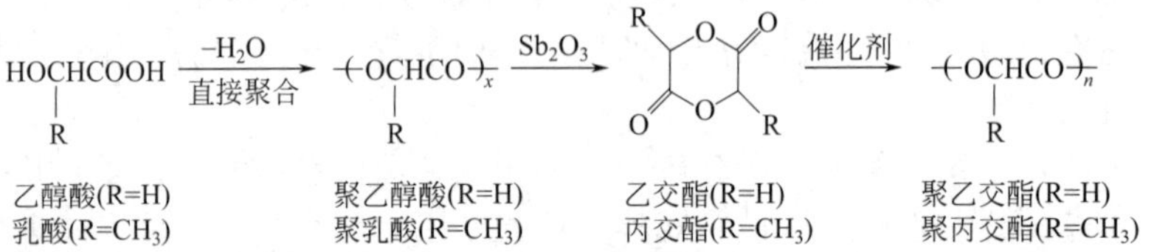

$$\text{(10-1)}$$

乙醇酸(R=H)　　　聚乙醇酸(R=H)　　　乙交酯(R=H)　　　聚乙交酯(R=H)
乳酸(R=CH₃)　　　聚乳酸(R=CH₃)　　　丙交酯(R=CH₃)　　聚丙交酯(R=CH₃)

由于乳酸和乙醇酸都是体内三羧酸循环的中间代谢物，且吸收和代谢机理已经明确并具有可靠的生物安全性，因而聚乳酸和聚乙醇酸作为第一批可降解吸收材料被美国 FDA 批准用于临床，是迄今研究最广泛、应用最多的可降解生物材料。

PGA 具有简单规整的分子结构，易形成结晶状聚合物，结晶度一般为 40%～50%，熔点约为 225℃，不溶于普通溶剂，仅溶于六氟异丙醇等强溶剂。PGA 经熔融纺丝可加工成高强度纤维，用作吸收性手术缝合线，在体内两周后仍能保留 50% 以上的原始强度，4 个月左右可被完全吸收。PGA 还可用作内植骨钉和组织工程支架材料。但由于其高结晶度和难溶解性，不适于做药物控释载体。

以 PGA 为主结构与其他聚合物共聚可大大改善物理性能。因为两种单体无规共聚后破坏了原均聚物的分子规整性，结晶度大幅度降低甚至形成无定形材料。最成功的共聚物是乙醇酸和乳酸（GA/LA＝90/10）形成的无规共聚物 PLGA，其熔点为 205℃，结晶度也降低，可在较低温度下加工成纤维，更易于制作手术缝合线。该类手术缝合线在体内维持有效强度的时间较长，而 3 个月左右可被完全吸收，性能更加优越。

PLA 分子中有一个不对称的碳原子，因此有两种光学异构体，可形成四种不同构型的聚合物：两种立体规整性构型，左旋聚乳酸（PLLA）和右旋聚乳酸（PDLA），一种外消旋构型聚乳酸（D，L-PLA），一种内消旋构型。

PLLA 分子链是不对称规整构型，易形成半结晶聚合物，熔点约为 180℃，具有优良的力学性能，降解吸收时间长达 3～3.5 年，适于用作承载装置，是制作内植骨固定装置的理想材料。而 D，L-PLA 分子链是不对称非规整构型，是无定形聚合物，T_g 约为 65℃，降解和吸收速度较快，一般为 3～6 个月，适用于药物控释系统的载体材料。

（2）聚己内酯　聚己内酯（PCL）也是线形的脂肪聚酯，结构式为 $\{O—CH_2CH_2CH_2CH_2CH_2—CO\}_n$。高分子量的 PCL 几乎都是由 ε-己内酯单体开环聚合而成的。阳离子、阴离子和络合离子型催化剂都可以引发聚合。PCL 是半结晶性聚合物，结晶度约为 45%。PCL 具有超低玻璃化温度（$T_g = -62℃$）、低熔点（$T_m = 57℃$）、很高的热分解温度（$T_d = 350℃$），在室温下呈橡胶态。

近 30 年的研究表明，PCL 及己内酯单体都无毒并具有良好的生物相容性，PCL 在生理环境中可水解降解，在某些情况下交联的 PCL 可被酶降解，低分子量碎片可被细胞吞噬和降解。由于 PCL 分子中含有较长的亚甲基链段，降解速率比 PGA 和 PLA 慢得多，在体内完全吸收和排除的时间为 2～4 年，且分子量越大，吸收时间越长。PCL 与 D，L-PLA 共聚或共混后降解速率明显加快。通过控制共聚物的组成比可得到降解时间从 3 个月到 3 年的一系列降解材料。

PCL 对小分子药物具有很好的通透性，主要用作药物控释载体。

（3）聚 β-羟基丁酸酯和聚 β-羟基戊酸酯　聚 β-羟基丁酸酯（PHB）和聚 β-羟基戊酸酯（PHV）同属于聚羟基烷基酸酯（PHA）家族，是一类由微生物合成的可降解聚酯，具有很好的生物相容性。PHB 结构最简单，在体内可降解为 3-羟基丁酸，它是人体血液中的天然物质。

所有 PHA 均聚物都是高结晶态和强疏水性材料，在体内降解很慢，完全吸收需要几年时间，性能非常脆。均聚物一般没有实用价值。PHB 与 PHV 的共聚物具有低结晶度、高柔软性，并易于加工，具有很高的应用价值，其中 PHB89/PHV11 共聚物的强度和韧性达到最佳匹配，应用于药物缓释、手术缝合、人工皮肤等方面。

（4）聚酸酐　酸酐是比较活泼的化学结构，小分子酸酐非常容易水解，经常作为酰基化试剂使用。高分子化之后酸酐水解速率大大下降，但是相对于其他类型的可生物降解高分子材料，其降解速率仍然是较快的。聚酸酐是由二羧酸与乙酸酐在一定温度下回流制备二酸酐预聚物，将其纯化后在真空下加热缩合，相对分子质量约 10 万～20 万。聚酸酐均聚物几乎全是高结晶度的。芳香族聚酸酐是高熔点和难溶解聚合物，而脂肪族聚酸酐的熔点较低，能溶于大多数有机溶剂。由脂肪羧酸和芳香羧酸组成的混合聚酸酐的结晶度介于两个均聚酸酐之间，当两组分的比例接近 1：1 时，共聚物呈完全无定形态。两种不同的芳香聚酸酐共聚时也可使熔点降低并且溶解性能得以改善。

聚酸酐属于非均相降解材料，降解机理为酸酐基团的水解、非酶性水解，因此，特别适合作药物均衡释放控制材料。药物控制释放的速度可以通过改变药物在高分子内部的浓度和高分子药物的外表面积进行调解，而高分子外表面积则是通过改变微球的直径来实现的。目前，在药物缓释方面应用的聚酸酐主要有 1,3-双（聚对羧基苯氧基）丙烷-癸二酸、聚芥酸二聚体-癸二酸、聚富马酸-癸二酸等，这些聚酸酐在氯仿、二氯甲烷等溶剂中溶解度较好，熔点也比较低，易于加工成型，并且具有良好的机械强度和韧性。其结构见式（10-2）。

1987 年美国 FDA 批准了聚酸酐的临床使用，在对 21 个脑癌实验中，聚酸酐安全有效，而且药物释放长达 4 星期，大大提高了疗效。

$$\left[O-\overset{\overset{\displaystyle O}{\|}}{C}-(CH_2)_8-\overset{\overset{\displaystyle O}{\|}}{C}\right]_n\left[O-\overset{\overset{\displaystyle O}{\|}}{C}-\overset{}{\bigcirc}-OCH_2CH_2CH_2O-\overset{}{\bigcirc}-\overset{\overset{\displaystyle O}{\|}}{C}\right]_m$$

聚 1,3-双(对羧酸基苯氧基)丙烷-癸二酸

$$\left[O-\overset{\overset{\displaystyle O}{\|}}{C}-(CH_2)_8-\overset{\overset{\displaystyle O}{\|}}{C}\right]_n\left[O-\overset{\overset{\displaystyle O}{\|}}{C}-(CH_2)_{12}-\overset{\overset{\displaystyle CH_2(CH_2)_3CH_3}{|}}{CH}-\overset{}{CH}-(CH_2)_{12}-\overset{\overset{\displaystyle O}{\|}}{C}\right]_m \tag{10-2}$$
$$CH_2(CH_2)_3CH_3$$

聚芥酸二聚体-癸二酸

$$\left[O-\overset{\overset{\displaystyle O}{\|}}{C}-(CH_2)_8-\overset{\overset{\displaystyle O}{\|}}{C}\right]_n\left[O-\overset{\overset{\displaystyle O}{\|}}{C}-O-\overset{\overset{\displaystyle O}{\|}}{C}-CH=CH-\overset{\overset{\displaystyle O}{\|}}{C}\right]_m$$

聚富马酸-癸二酸

（5）聚磷腈　聚磷腈是一类主链结构由磷和氮原子交替组成、侧链为两个有机化合物的高分子量聚合物，属有机金属聚合物。其通用分子结构见式（10-3）。

$$\left[\overset{\overset{\displaystyle R}{|}}{P}=N\right]_n \tag{10-3}$$
$$R$$

聚磷腈最常用的合成方法是用六氯环三磷嗪开环聚合生成一个活泼的中间体聚二氯偶磷氮化合物。这个线形非交联的预聚体溶解于常规的有机溶剂中，可以与氨基、烷氧基、羟基的化合物进行大分子置换反应，生成稳定的高分子量聚磷腈。

聚磷腈的降解机理主要是侧链水解。有容易水解的侧基存在时偶磷氮键就不稳定，聚合物主链水解生成磷酸和胺盐，同时释放出侧链基团。不同的侧基对主链水解速度的影响不同，因而可以通过选择不同的侧基制备出所需降解速率的聚合物。

目前，聚磷腈最主要的应用是做药物释放载体，降解速率的快慢可直接控制药物释放速度。降解越快，药物释放速度越快。

（6）氨基酸类聚合物　氨基酸类聚合物通常可分为三种：①聚氨基酸，是 α-氨基酸之间由肽键相连接组成的合成高分子；②假性聚氨基酸，是 α-氨基酸之间以非肽键相连接组成的合成高分子，一般的连接键有羧酸酯、碳酸酯、甲胺键等；③氨基酸-非氨基酸共聚物，聚合物主链由氨基酸和非氨基酸单元组成。

聚氨基酸在体内可降解生成简单的氨基酸，用它做医用材料具有明显的优越性。但大多数聚氨基酸的合成成本非常高，加之聚合物分子链含有重复酰胺键，易形成分子内或分子间氢键，难溶于水或常规有机溶剂（除聚谷氨酸外），加工成型性能很差。同时，聚氨基酸物理性能较差，在水中易溶胀变形，熔融加工时容易热分解。因此，早期的聚氨基酸研究没有开发出有应用价值的产品。

近年来合成了具有天然多肽序列的聚氨基酸。Cappello 用分子生物学和发酵生物学相结合的方法，合成了新的蛋白质基聚合物。该方法可通过发酵细菌的基因表达控制重复多肽单元的序列，做到对蛋白质聚合物的预先编码。利用基因工程在分子水平上调控生物活体，可合成出结构能裁剪的蛋白质聚合物。该法涉及合成人工基因按预定结构和性质将重复肽序列级联化、密码化，构建级联重复氨基酸序列段（序列单体），再将此单体自组装成均聚物或共聚物。

由氨基酸与妨碍氨基酸组成的共聚物与单纯氨基酸聚合物相比，溶解性能、力学性能、

亲水性能等特性发生了很大改变，同时，更具有了可修饰性。目前已经合成了聚乙二醇-聚天冬氨酸共聚物、聚乙二醇-赖氨酸共聚物、聚乳酸-赖氨酸共聚物、聚乳酸-丝氨酸共聚物等，在药物控释体系被广泛用作缓释载体。

10.4.3　生物吸收性高分子材料的应用

生物吸收高分子从应用和功能方面可分为三类。第一类用作本体材料，要求聚合物分子量高、可加工性好，以得到良好的力学性能。对于这类材料，应当控制在体内力学性能降低速度。第二类用于药物释放体系载体，力学性能并不重要。第三类是可溶性生物材料，主要用于调节不同的生物功能。对于这类材料，生物相容性是最重要的要求。

一般而言，结晶性高的生物吸收高分子材料用作高强度、高模量的硬组织植入性材料；橡胶态高分子与柔软的软组织相容；而玻璃态高分子适于要求均一性的药物释放体系。大多数生物吸收高分子材料都可以加工成纤维、薄膜、薄片、毛、板、棒、管等不同形式，以满足不同部位不同目的的需要。概括起来，生物吸收高分子材料的应用范围包括结合材料、骨固定材料、止血材料、抗粘连材料、组织工程支架、人工韧带或肌腱、人工血管、创伤覆盖材料、人工皮肤、药物缓释系统。其中，以生物吸收性高分子材料制备的吸收性手术缝合线、人工皮肤、医用黏合剂、骨折内固定物以及药物控制释放基体，已在临床获得应用。

10.5　生物惰性高分子材料

一些需要在体内长期存在的材料，希望使其具有生物惰性，不会产生有害反应。生物惰性高分子材料也称非生物可降解医用高分子材料，是指在生物环境下呈现化学和物理惰性的材料。材料的惰性包括两个方面的含义，第一是材料对生物机体呈现惰性，即对生物机体不产生不良刺激和反应，保证机体的安全。第二，材料自身在生物环境下表现出惰性，即具有足够的稳定性，不发生化学和物理变化，不老化、不降解、不干裂、不溶解，使材料能够长期保持使用功能。

生物惰性高分子材料在医学领域主要作为体内植入材料，如人工骨骼和人工关节材料、器官修复材料等。其次是用于制造人工组织和人工器官。由于医用生物惰性高分子材料与机体组织接触紧密，接触时间长，因此对其质量有相当严格的要求。

生物惰性高分子材料主要有：有机硅、聚氨酯、聚烯烃、聚氟烯烃、聚砜、聚乙烯醇、聚环氧乙烷等。

10.5.1　医用有机硅高分子

有机硅高分子包括聚硅氧烷和聚硅烷两大类，在生物医学领域获得广泛应用的是聚硅氧烷高分子。1964年，医用级的有机硅胶黏剂在美国陶康宁公司（Dow公司的子公司）问世，并用于装配医疗设备。从此，开始了有机硅产品在生物医学领域的广泛应用。

在医用有机硅高分子中常用的有硅油、硅橡胶和硅树脂。其中硅橡胶的应用最为普遍。硅橡胶有较好的氧和二氧化碳透过性，抗血栓性也较好，但直接聚合得到的有机硅高聚物称为有机硅生胶，其弹性低、机械强度差，不能直接应用，必须加入白炭黑、二氧化钛等作为补强剂，提高其力学性能，但这会使其血液相容性变差。因此在要求血液相容性的场合时，常将未补强的硅橡胶与补强的硅橡胶复合，使未加补强剂的一侧与血液相接触，以提高血液相容性，加入补强剂的一侧与空气接触，以增加材料的强度。此外，也可用聚酯、尼龙绸布或无纺布来增强硅橡胶。

医用硅橡胶制品的用途主要有四个重要方面。首先，硅橡胶可长期埋植在体内作为人工器官和组织代用品。这类医用制品有脑积水引流装置、人造球形二尖瓣、心脏起搏器、人工脑膜、人工喉头、人工皮肤、人工肌腱、人工指关节、人工角膜支架、托牙组织面软衬垫等。整容修复用的硅橡胶材料包括硅橡胶海绵、整复块、鼻尖鼻梁、耳朵等。其次，硅橡胶可用作短期植入材料，例如腹膜透析管、静脉插管、动静脉外瘘管、导尿管、胃插管、内窥镜玻璃纤维保护套管、渗出性中耳炎通气管、导液管等。第三，硅橡胶也可用作药物控制释放载体，例如硅橡胶长效避孕药环等。第四，硅橡胶还用作体外循环用品，如人工心肺机薄膜、人工心肺机输血泵管、人工肾脏用的导管、胎儿吸引器吸头等。

10.5.2　聚氨酯

聚氨酯是一类物理性质变化范围较广的高分子材料，由液体单体（二或多异氰酸酯与二或多元醇）在室温下进行合成，得到从较软的弹性体到刚性的泡沫塑料多种产品，在生物医学领域得到广泛应用。

聚氨酯弹性体既可以是热塑性材料，也可以是热固性材料。前者由片状固体或颗粒通过注射、吹塑、挤出等方式进行加工，而后者通过液体浇铸成型。所有热塑性聚氨酯弹性体都是线形链段化高分子，由二异氰酸酯、高分子量的二元伯醇和二醇扩链剂进行合成。至今为止，已有大量的链段化聚氨酯作为生物材料被研究和应用。如图 10-6 所示，其中软段多为聚氧化乙烯、聚氧化丙烯、聚氧化四亚甲基以及聚酯等；扩链剂主要为 1,4-丁二醇、1,6-己二醇、一缩二乙二醇等。这类链段化聚氨酯由于由不同性质的链段构成，因而呈微相分离结构。研究发现，软段的分子量（链长）和扩链剂类型对组织反应、细胞附着和增殖有明显影响。

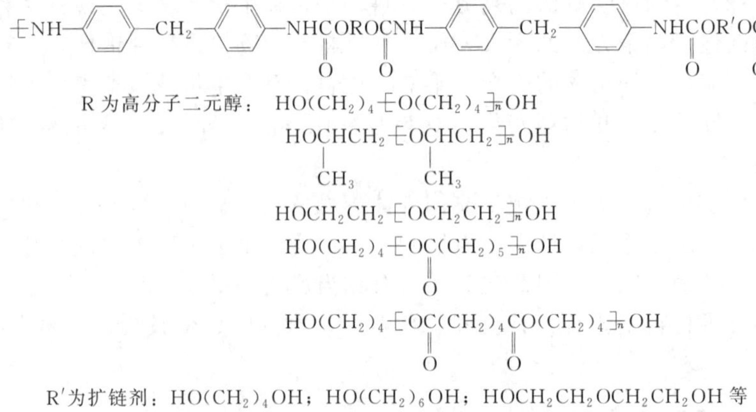

图 10-6　链段化聚氨酯的一般结构

在生物医学领域，聚氨酯由于其微相分离结构，具有良好的软组织相容性和血液相容性，其应用范围不断扩展。临床应用比较成功的有人工心脏的搏动膜、主动脉内气囊反搏的囊膜、体外血液循环管路、人工软骨、小口径人工血管、血袋或血液容器、医用黏合剂以及药物释放体系等。

柔软的聚氨酯海绵体主要是由甲苯二异氰酸酯和聚醚或聚酯多元醇制备的，发泡剂使用水和卤代烃（如三氟甲烷）的混合物。聚氨酯海绵能够用作外科敷料、包扎材料、吸收材料等。刚性的泡沫聚氨酯材料由高分子二异氰酸酯和低分子量的多元醇进行合成，卤代烷烃作发泡剂。由于其质量小、耐久性好，可以用于制作假肢。一种液体组分泡沫聚氨酯体系可用于骨折的固定，首先用该系统浸渍湿棉布，然后用这种浸渍的布包扎，大约 20min 可以固化。此外，聚氨酯泡沫塑料还有可能用作骨组织的修复。

10.5.3　聚丙烯酸酯及其衍生物

聚丙烯酸酯及其衍生物由于其上所带基团的不同，有着极强的结构设计性，可以形成从软到硬以至于凝胶状的各种材料，在人体的多个部位可以作为治疗和替代材料。

聚甲基丙烯酸甲酯（PMMA）具有优良的光学性能，在临床医学上大量用于制造接触镜（隐形眼镜）和眼内镜（人工晶状体），以矫正视力和治疗白内障等眼科疾病。PMMA可作为黏合性骨水泥的主要成分，用于关节置换的黏合剂和骨组织的修复。在牙科领域，PM-MA不仅可以用来填塞孔洞治疗龋齿，而且可制作树脂假牙和牙托。

聚甲基丙烯酸-β-羟乙酯是一种成膜性很好的聚合物，用它制成的透析膜有良好的透析性。其中由于同时含有亲水性基团和疏水性基团，因而有着较好的血液相容性。聚甲基丙烯-β-羟乙酯可制成全同立构和间同立构两种结构的产物，经六次甲基二异氰酸酯交联后，可制得透析膜。这两种结构的膜对物质有着不同的选择透过性。

在各种外科用黏合剂中，α-氰基丙烯酯烷基酯有着重要的地位。这是一类瞬时黏合剂，单组分，无溶剂，黏结时无需加压，可常温固化，黏结后无需特殊处理。由于其黏度低，铺展性好，固化后无色透明，有一定的耐热性和耐溶剂性，并且能与比较潮湿的人体组织牢固地结合，因而是迄今为止唯一用于临床手术的黏合剂。

10.5.4　聚四氟乙烯

聚四氟乙烯（PTFE）化学性质非常稳定，无臭、无味、无毒。由于聚四氟乙烯结构中碳-氟原子在空间上呈螺旋型排列，解离能高，因而耐强酸、强碱和强氧化剂，并且不溶于烷烃、油脂、酮、醚等大多数有机溶剂和水等无机溶剂，不吸水、不黏、不燃，耐老化性能极佳。最大的特点是其静摩擦系数在塑料中最低，具有自润滑的特性。

利用PTFE的化学和生物惰性，可以耐受各种严酷的消毒条件，作为医用材料，其使用寿命长。由于PTFE是非极性的高分子，表面能低，因而与生物的相容性好，不刺激机体组织，不易发生凝血现象，被广泛用作血管的修复材料以及人工心脏瓣膜的底环、阻塞球、缝合环包布、人造肺气体交换膜、人造肾脏和人造肝脏的解毒罐、心血管导管引钢丝外涂层、体外血液循环导管和静脉接头等部件的制作。此外，作为组织修复材料，PTFE还可以用于疝修复、食道、气管重建，牙槽脊增高，下颌骨重建，人工骨骼制造和耳内骨室成型等方面。

10.6　生物活性高分子材料

随着医用高分子材料研究的不断深入，人们发现材料表面生物活化可以改善材料的生物相容性。本节主要介绍抗凝血材料的表面肝素化、蛋白质（酶、抗体）的固定化和组织工程。

10.6.1　表面肝素化高分子材料

为了抑制凝血系统的激活，一些具有抗凝血生物活性的分子如肝素、抗凝血酶、尿激酶、肾上腺素、香豆素、阿司匹林、消炎痛等用于高分子材料的表面修饰，合成出抗凝血性能较好的高分子生物材料。合成这类材料的关键在于当生物活性分子在与高分子材料结合后，必须保持其原来的活性。

10.6.1.1　肝素恒速释放材料

肝素是带有负电荷的黏多糖，含有氨基磺酸基、磺酸酯基、羧基负离子基团，因此，它能够与带正电荷的高分子材料形成高分子复合物。在聚氨酯膜上通过离子键固定肝素，肝素固定量及其释放速率可以通过间隔臂的性质和结合方式进行控制。在体外试验中，随着肝素固定量的增加，抗凝血活性、抑制血小板黏附和激活性能均有所改善。

对于不含阳离子的高分子材料，可采用两种方法吸附肝素。一是 GBH（石墨-氯化苄铵盐肝素化）法。1961 年 Kott 等用石墨涂覆和肝素溶液处理来提高高分子材料的抗凝血性能时，为了对石墨表面进行消毒，用季铵盐溶液进行浸渍处理，结果意外发现，这样处理后的表面对肝素有很强的吸附力，而且可以在长时间内维持较好的抗凝血性能。其原因在于季铵盐吸附在表面上，其阳离子特性便于吸附肝素。该方法适用于聚碳酸酯、有机玻璃等塑料而不适用于弹性体。为了克服 GBH 法中由于使用石墨带来的缺点，后来又出现了 TDMAC（氯化-三-十二烷基铵盐）法，即利用长链季铵盐在高分子材料中的溶解和表面吸附，然后通过离子键将肝素固定在材料表面。由于该季铵盐能够溶解在高分子材料的表面层内，所以该方法既适用于塑料也适合于有机硅橡胶等弹性体的表面肝素化。

10.6.1.2　肝素固定化材料

经吸附法肝素化得到的材料，都是通过不断向血液中释放肝素分子来维持其血液相容性的，一旦肝素全部释放出来，材料的抗凝血性能将下降或完全消失。为了获得长期的、稳定的血液相容性表面，可通过共价结合方法实现肝素化。通过适当的间隔臂，可将肝素共价固定在材料表面。一般而言，如果高分子材料含有羧基，可以通过缩合反应直接结合肝素。如果材料含有羟基或氨基，可先用六亚甲基二异氰酸酯活化，再与肝素反应。若材料不含活性基团，则需要先对材料表面进行活化处理，如电子辐射、等离子体照射、表面臭氧处理等，在材料表面生成羟基、氨基或羧基等活性基团，然后再通过适当的反应结合肝素分子。但是，有两个问题阻碍着这类材料的实用化，一是肝素共价固定化后生物活性下降；二是由于材料表面组成与结构不均匀而引起的表面肝素化不完整。为此研究者做了大量的工作，对此进行了改进，使其抗凝血性能得以提高。

10.6.2　酶、抗体的固定化

酶、抗体、DNA 等生物大分子在临床治疗和临床检测中具有重要用途。例如，在血液净化疗法中，通过这些物质在多孔高分子载体上的固定化，可以专一吸附清除目标物质。再如，生物传感器的感受器是通过这些物质的固定化实现对目标物质的检测的。还有，这些物质在乳胶微球上的固定化，可以用于免疫检测，包括 DNA 的检测。因此，生物高分子的固定化技术得到了深入的研究。目前，已发展的固定化技术有包埋法、吸附法、共价固定化法。

10.6.2.1　包埋法

采用高分子凝胶，可以将生物大分子包埋其中。由于生物大分子与高分子作用较弱，其活性得到最大限度的保留，这是包埋法的优点。但是，包埋法制备的生物活性材料在使用中，生物大分子容易从中脱落，使材料的稳定性降低，结果检测的重复性欠佳。因此，包埋法只在较少的情况下使用。

10.6.2.2　吸附法

酶、抗体可以通过物理吸附固定在高分子微球载体表面（包括孔表面）上。如果采用疏水性载体如交联聚苯乙烯乳胶，则吸附是通过疏水作用进行的。一般说来，在含水体系中，疏水吸附固定酶或抗体是不可逆的，不必担心它们会在试验过程中脱落。吸附量能够通过生物大分子在介质中的浓度或抗体与微球的比例来控制。

生物高分子通过吸附固定在微球表面的方式对于保持其功能至关重要。如抗体由抗原结合片断和结晶片断组成，其中，抗原结合片断决定着免疫应答，而结晶片断因具有较强的吸附性往往在免疫凝集试验中带来问题。因此希望抗体以结晶片断吸附（最好埋植）在高分子微球上，而结合片断保持自由状态。

在疏水乳胶吸附抗体之后，需要增加一步处理，遮盖未被抗体占据的表面，以抑制对杂蛋白的非专一性吸附。亲水表面有利于减少非专一性吸附，但是抗体也不能通过吸附进行固定。在此情况下，需要采用共价结合的方法固定抗体。

10.6.2.3 化学键合法固定抗体

化学结合法固定化酶或抗体通常应用如图 10-7 所示的一些化学反应。在大多数情况下，采用不同功能基化的高分子微球与酶或抗体的氨基发生反应，这是因为蛋白质一般含有较多的氨基，而且氨基的反应活性较好，容易实现固定化。此外，利用酶或抗体的氨基而不是羧基进行固定化，往往能保留其更高的活性。以前，聚苯乙烯乳胶也通过共价结合的方式固定酶或抗体，但因其对疏水性物质的非选择性吸附而目前较少使用。由于亲水高分子在含水体系中的非选择性吸附较弱，故适于共价结合酶或抗体，高分子水凝胶含有的反应性—OH、—COOH、—CHO、—NH_2 等基团能够方便地与酶或抗体结合。值得指出的是，在多数情况下，生物高分子固定化之后，其活性均显著下降。有时，通过在载体与生物大分子之间插入间隔臂可以使情况得以改善。

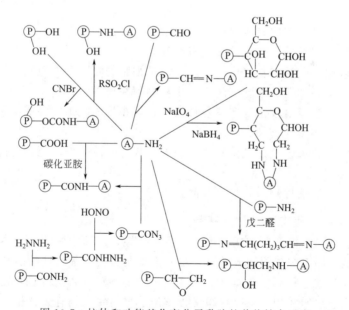

图 10-7　抗体和功能基化高分子乳胶的共价结合反应

10.6.3　组织工程支架材料

当人体的组织和器官由于外伤或病变受到损伤以后，人们即用生物材料制成人工器官取代受损器官。由于所用材料是人工合成或天然的，植入人体后会产生一系列的副作用。首先这些材料被人体视为异物，会受到机体免疫系统的攻击和排斥，通常称为生物不相容性；若与血液接触就会产生血液不相容性。另外，合成材料不是活体组织，不具备人体器官的复杂功能。除了人工器官能修复受损器官外，目前组织移植新技术可以将一个人的组织或器官移植到另一个人受损的组织或器官中去。这一技术可能会导致异体在界面发生炎症或位移和破裂，甚至异体排斥作用，同时面临着移植器官来源严重不足的制约。

组织工程是指应用生命科学与工程原理及方法构建一个生物装置来维护、增进人体细胞和组织的生长，以恢复受损组织或器官的功能。组织工程的基本原理和方法是，将体外培养的组织细胞吸附扩增于一种生物相容性良好并可被人体逐步降解吸收的生物材料上，形成细胞-生物材料复合物。该生物材料为细胞提供一个生存的三维空间，有利于细胞获得足够的营养物质，进行营养物交换，并且能排除废物，使细胞能在按照预先设计的三维形状支架上生长。然后将此细胞-生物材料复合体植入机体组织受损部位。种植的细胞在生物支架逐步降解吸收过程中，继续增殖并分泌基质，形成新的具有与自身功能和形态相应的组织和器官。这种具有生命力的活体组织能对病损组织进行形态、结构和功能的重建并达到永久性替代。

Langer 等首先提出了种植细胞的聚合物支架的设计及制造方法，支架作为细胞贴附的生物基体并促使其生长及繁殖，在引导组织再生时，种植自体同源细胞来诱导新的健康的组织生长。生物支架必须具有生物相容性，而且要有高的孔隙率和互相连通的孔洞，使这些孔洞内可容纳大量的细胞，同时连通的孔洞可以使细胞分布得比较均匀，各处生长环境比较相似，这样可以降低支架内细胞的死亡风险。

10.6.3.1 组织工程支架材料应具备的条件的要求

① 材料能够促进组织的生长，使细胞之间能够沟通，并最大限度地获取营养物、生物因子和活性药物分子。

② 在某些场合能防止细胞激活（如外科手术、防粘连的场合）。

③ 指导和控制组织的反应（促进某一组织反应，移植其他反应）。

④ 促进细胞吸附及激活细胞（皮肤修复中纤维细胞的吸附和增殖）。

⑤ 抑制细胞的吸附和激活细胞（防止血小板黏附在血管上）。

⑥ 防止某一生物反应的攻击（在器官移植中，阻止抗体攻击同种或异种细胞）。

⑦ 易于加工成三维多孔支架。

⑧ 支架要有一定机械强度以支持新生组织的生长，并待成熟后能自行降解。

⑨ 低毒或无毒。

⑩ 能够释放药物或活性物质，如生长激素等。

10.6.3.2 组织工程支架材料的制备

利用组织工程技术制得的器官或组织具有生物活性，能够很好地与人体相容，具有被取代受损器官的功能。用组织工程制成的器官常常需要制备一个临时性的多孔支架。支架的功能是指导种植的细胞或迁移到支架周围的细胞生长或增殖。因此支架首先应是能使细胞黏附、分化、增殖或迁移的底物。所以组织工程支架的材料要求具有生物相容性和降解性，并且具有良好的成型加工性能。天然的胶原和合成的聚 α-羟基酸、聚酸酐都是很好的降解材料。

支架的多孔性是非常重要的，因为它能使细胞迁移或增殖。孔径大小影响细胞的生长和支架的内表面积。具有较大内表面积的支架可以培养更多的细胞，为再生器官提供足够的细胞。支架的强度对修复硬组织（如软骨或骨）尤为重要。支架的拉伸强度、不规则的三维几何形状及支架对生物活性物质的释放，都是设计研究中应考虑的重要原因。

聚合物支架的制备和加工质量直接关系到器官功能的优劣。近年来发展了很多制备和加工支架的方法。每一方法均有其特点和优势，但没有一个是通用的，还需研究新的方法以满足不同器官的特殊需要。

（1）纤维连结法　生物降解性聚合物经熔融纺丝或溶液纺丝形成纤维，将纤维经编织成具有一定形状的三维网状结构后，经热处理或表面处理定型。这种支架有较高的强度和很大的比表面积，但无法调节和控制孔隙率。

（2）溶剂浇铸和孔隙制取法　将细粉状氯化钠分散到聚乳酸的氯仿溶液中，然后在玻璃板上浇铸成膜，用水将氯化钠提取出来，制成孔隙，溶剂挥发后得到多孔膜。膜的结晶度通过热处理调控。用此法制备膜时可以控制孔隙率（一般大于 90%）和孔径，但只能制得膜材，不能制得三维空间支架。

（3）层压膜法　用溶剂浇铸法制备的多孔膜进行层压，形成具有三维空间的支架，然后按设计的几何形状切割，从而制得按解剖学要求的三维空间支架。

（4）熔融膜压法　将聚合物加热熔融后加压制成膜材，所用致孔剂为明胶等水溶性物质，用水提取致孔剂后可得到多孔性支架。

（5）纤维增强法　设计骨再生支架，要求聚合物支架具有多孔性、形状可变性和高强度。聚 α-羟基酸制成的多孔性材料强度不够高。将羟基磷灰石的短纤维均匀混入聚合物中可显著提高其强度。为使聚合物和纤维混合均匀，通常采用的方法是用溶剂浇铸法将纤维与致孔剂和聚合物溶液混合均匀后，将溶剂挥发，制成增强的多孔膜，再经层压形成三维多孔结构支架。

（6）相分离法　支架中引入的活性物质植入人体后进行释放，对组织的生长和细胞的功能都有巨大作用。制造多孔性聚乳酸支架时为了使活性物质避免化学、高温的恶劣环境，可采用相分离法。将聚合物溶于溶剂，加入活性分子，冷却后形成液-液相，急冷，令其固化，再升华除去溶剂，可得到含有活性因子的多孔性支架。此法对小分子药物释放是有效的，但对大分子蛋白还需研究解决通透问题。

（7）原位聚合法　上述方法都是在体外预先制成支架，然后置入体内。有些情况下（如手术进行中），需要修补损伤部位，这时可用原位聚合法实现，即将单体置于损伤处进行聚合。例如，聚富马酸丙烯酯的线形黏稠液体经与 N-乙烯吡咯烷酮交联，可直接固定在骨损伤部位。为了制得多孔性固化材料，可在聚合体进行交联反应时加入氯化钠，形成的孔道能使组织长入。为了促进骨的生长，可加入 β-三磷酸钙或其他骨诱导剂。聚富马酸丙烯酯是生物降解材料，待新骨生长后材料逐渐降解并从体内排出。

10.6.3.3　组织工程的材料的应用

（1）组织引导材料　组织引导材料主要是引导组织的再生，例如皮肤创伤的修复和神经的再生。皮肤的修复有时伴随生成大量的疤痕细胞，有时还会产生组织收缩。人体皮肤的愈合是靠纤维蛋白支架。利用这种支架可以引导组织的生长，从而控制新生组织或皮肤的质量。Yannas 率先用胶原为主的生物高分子材料制作人工支架，成功地应用于皮肤和神经的修复。他主要研究了胶原和蛋白多糖的接枝共聚物，采用化学和物理的方法控制材料的多孔性，用戊二醛来调控支架的稳定性和吸收性能，在材料内部制造了线形孔道。这对神经切除的修复十分重要，使被切除 10mm 以上的神经可以再生。

（2）组织诱导材料　很多细胞和组织的应答反应在体外是很难重现的，但是具有生物活性的生物医用材料可以对这些反应起诱导作用。其方法是在材料表面连接活性配体，令材料释放生物活性信息分子以及将细胞贴附在材料表面，并释放生物信息来达到目的。当蛋白质吸附于材料表面或将三肽分子固定上去时，可诱导细胞黏附于材料表面。细胞在悬浮状态易于死亡，但利用材料的诱导作用将其吸附于材料表面则有助于其存活并表现出解毒和合成功能。

利用生物材料释放活性因子或与细胞结合，可以诱导细胞的聚集和应答反应。例如，成纤细胞生长因子的缓慢控释可诱导支架材料内部的血管化以促进细胞增殖。

（3）组织隔离材料 组织的正常应答反应是免疫排斥，很多疾病（如糖尿病）的治疗都与植入细胞免疫隔离有关。当同种或一种细胞植入宿主时，首先遇到的是异体排斥，利用生物材料将细胞与宿主隔离开，就可以顺利地解决这一难题。可将植入的细胞（如肝细胞）用一个很薄的聚合物半透膜包封起来制成微胶囊，如图 10-8 所示。半透膜一方面将囊内细胞与外界隔离开，避免了免疫排斥作用；另一方面由于膜的通透性可允许小分子营养物或产物自由穿透半透膜。肝衰患者所产生的氨、酚、硫醇等毒物，可通过半透膜进入囊内与正常肝细胞接触达到解毒的效果，生成的产物（细胞代谢物）由囊中排出。具有上述性能的微囊膜材料是由海藻酸钙与聚赖氨酸组成的。利用这一微囊技术，Sun 等将胰岛细胞进行包埋植入糖尿病动物体内，成功地使血糖恢复到正常值，从而为治疗糖尿病开辟了一个新途径。

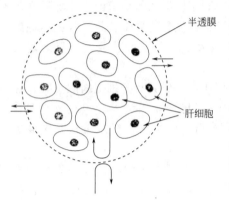

图 10-8　微胶囊化肝细胞示意图

隔离膜对解决免疫排斥反应是非常有效的，但尚存在一些不足之处，如膜强度需进一步提高和对截留物质选择性不够强，目前只能通过控制膜上孔径大小来隔离不同分子量的物质，还需对材料合成和加工进行深入的研究。

10.7　高分子材料在药学中的应用

一些可溶性高分子可直接用作药物，如水解明胶、葡聚糖、聚乙烯吡咯烷酮可用作血容量扩充剂，核酸类似物用作抗病毒剂和抗肿瘤剂，还有一些酶治疗剂、高分子免疫佐剂等。除此之外，高分子材料在药学中的应用主要是在制剂方面，包括常规制剂和控制释放制剂。

10.7.1　高分子药物

使用药物防治疾病时，除了药物的治疗作用以外，还必须注意药物在体内的浓度、在体内的吸收和排泄过程和对机体的毒副作用等。疾病的药物治疗需要药物在体内有比较理想的浓度和作用时间，药物浓度过高，会对身体健康产生不利影响，浓度过低药物不能发挥作用。而药物有效浓度往往需要在体内维持相当一个时期，以保证疗效。有些药物能否发挥作用取决于能否被人体吸收和在哪一个部位吸收。在医疗方面，实现对人体有毒副作用的药物的定向给药（使药物只在病变部位吸收）、降低毒性作用具有重要意义。高分子药物在发挥上述功能方面都能起到重要作用。

10.7.1.1　聚合物型药物

聚合物型药物是指某些在体内可以发挥药效的聚合物，主要包括葡聚糖、纤维素衍生物和离子交换树脂类。

(1) 葡聚糖类聚合物药物　葡聚糖类聚合物在医疗方面主要作为重要的血容量扩充剂，是人造血浆的主要成分。比较重要的是右旋糖酐，其结构见式(10-4)。小分子的葡聚糖（相对分子质量约 10000）具有增加血液循环、提高血压的作用，用于治疗失血性休克。右旋糖酐的硫酸酯用于抗动脉硬化和作为抗凝血剂，还可以作为抗癌药物的增效剂使用。

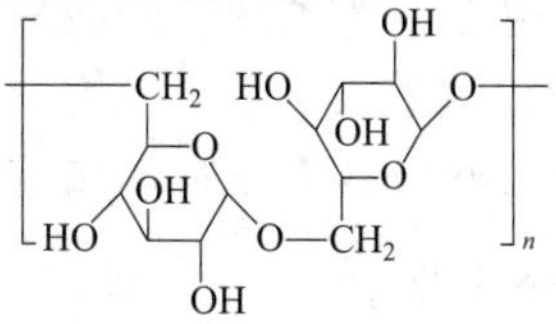

$$ (10\text{-}4) $$

右旋糖酐(Dextran)

(2) 离子交换树脂型药物　以离子交换树脂为主体制备的高分子药物已经获得临床应用。降胆敏（Cholestyramine）是这类药物中比较典型的，属于强碱性阴离子交换树脂，结构为图 10-9(a) 所示的聚苯乙烯三甲基苄铵。降胆敏能降低血胆固醇，临床上作为降血脂药。此外在主链上带有季铵阳离子结构的聚合物有很强的抗痉挛作用［图 10-9(b)］。类似的高分子药物还有降胆宁（Cholestipol），为二亚乙基三胺与 1-氯-2,3-环氧丙烷的共聚物，也是阴离子交换树脂。降胆葡胺（Polidexide），属于葡聚糖二乙胺乙基醚，分子中也含有季铵基。离子型聚合物还具有杀菌、抗病毒和抑制癌细胞生长作用。

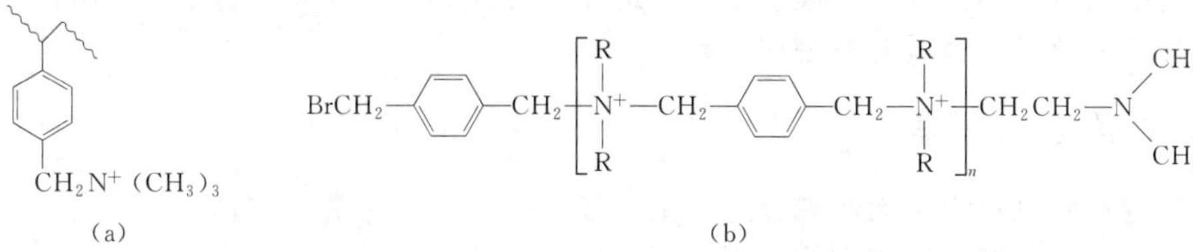

(a)　　　　(b)

图 10-9　阴离子交换树脂型高分子药物的结构

合成的阴离子聚合物能产生免疫活性，诱导产生干扰素，具有改进网状内皮系统功能。其中比较有代表性的是二乙烯基醚与顺丁烯二酸酐共聚得到的吡喃共聚物，见式(10-5)。作为干扰素诱导剂，能抑制许多病毒的繁殖，有持续的抗肿瘤活性，用于治疗白血病、泡状口腔炎症和脑炎。

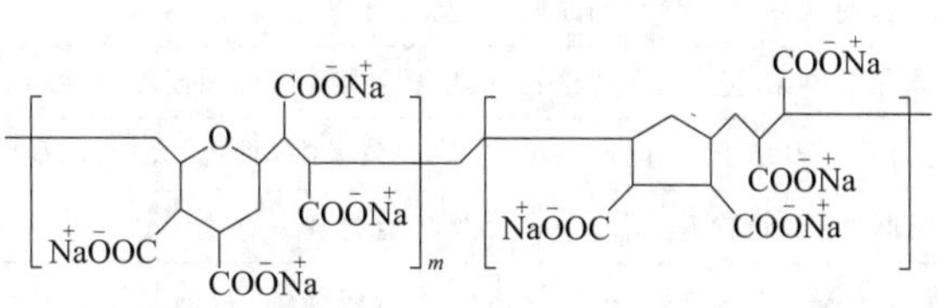

$$ (10\text{-}5) $$

10.7.1.2　聚合物型长效药物制剂

许多药物的药效只能以小分子的形式发挥作用，将这些低分子药物结合在无药理活性的聚合物骨架上，能够控制药物缓慢释放、药效持久，成为长效制剂。延长药物在体内的作用时间，可以减少药物的服用次数，保持药物在体内的浓度恒定，降低毒副作用，因此发展所谓的长效制剂是药学发展的目标之一。长效制剂的定义为通过适宜的方法延缓药物在体内的吸收、分布、代谢和排除等过程，从而达到延长药物作用时间目的的制剂称为长效制剂。

(1) 减小药物有效成分的溶出速度　采用以下的方法可延长药物作用时间：将药物制成溶解度小的盐或者酯类，如青霉素 G 和普鲁卡因等成盐后，作用时间延长；与高分子化合物生成难溶性复合物，比如用鞣酸（天然大分子）与碱性药物反应，可以生成难溶盐，如

N-甲基阿托品鞣酸盐、丙咪嗪鞣酸盐和 B_{12} 鞣酸复合物等。治疗糖尿病的胰岛素在体内的吸收速度快，每天需要注射 2～3 次，当与鱼精蛋白大分子结合后，药效可以维持 18～20h；将药物包藏在高分子胶体中，胶体可以用亲水性聚合物制备，聚合物胶体的存在，减小药物的溶出速度。可供使用的亲水性胶体有甲基纤维素、羧甲基纤维素、羟丙基甲基纤维素等。比如将硫酸奎尼丁与羟丙基甲基纤维素制成片剂，体内药效可以持续 7h 以上。

（2）减小药物的释放速度　使用半透性或难溶性高分子材料将小分子药物包裹起来，由半透性膜或难溶膜控制释放速度。将药物与可溶胀聚合物混合，制成所谓的高分子骨架片剂，其释放速度受到骨架片中微型孔道构型的控制，如前所述的控释药物。

10.7.1.3　小分子药物的高分子化

用化学方法直接将小分子药物通过高分子化过程制成高分子药物是延长药物作用时间和减小毒副作用的有效方法之一。由于大分子很难透过生物膜，因此高分子化的药物的吸收和排出都比较慢，其药物作用时间受聚合物降解速度的控制。利用高分子化药物不易透过组织膜的性质，可以实现局部、定向给药，而且利用其吸收和排泄较慢的特点可以延长药物作用时间。比如，通过高分子化将青霉素键合到乙烯醇和乙烯胺共聚物骨架上，得到的高分子抗菌素的药效保持时间比同类小分子青霉素延长 30～40 倍。

小分子药物经过高分子化后，有时药效也会发生变化，甚至可以大大提高药物活性。比如磺胺药经过与二羟甲基脲反应高分子化后，与其小分子同类药物相比，药效大大提高。高分子化药物的药效、活性成分释放速度、稳定和安全性等性质与聚合物结构、活性基团与聚合物骨架连接的化学键性质等有密切关系。

10.7.2　药用高分子辅料

在药物的通常制剂中，大约三分之一是口服制剂，包括片剂、胶囊、颗粒剂等。在这些制剂中用到的高分子辅料列于表 10-3 中。

表 10-3　口服制剂药用高分子辅料

功　能	高分子辅料
黏合剂	琼脂，海藻酸，葡聚糖，聚丙烯酸，羧甲基纤维素钠，微晶纤维素，乙基纤维素，羟甲基纤维素，甲基纤维素，明胶，聚乙烯吡咯烷酮，预凝胶化淀粉，梧桐胶，西黄薯胶
稀释剂	微晶纤维素，粉状纤维，淀粉，预凝胶化淀粉，葡聚糖
崩解剂	海藻酸，微晶纤维素，明胶，交联聚乙烯吡咯烷酮，淀粉，预凝胶化淀粉，羧甲基淀粉钠
润滑剂	聚乙烯醇，PEO-PPO-PEO 嵌段共聚物，聚山梨酯，聚乙二醇硬脂酸酯，聚乙二醇油酸酯
胶囊壳	硬胶囊：交联明胶；软胶囊：明胶+多元醇增塑剂
肠溶包衣	乙酸纤维素邻苯二甲酸酯，乙酸纤维素三苯六羧酸酯，羟丙基甲基纤维素邻苯二甲酸酯，甲基丙烯酸-甲基丙烯酸甲酯共聚物，乙酸乙烯酯-邻苯二甲酸乙烯酯共聚物，虫胶
非肠溶包衣	海藻酸钠，明胶，聚乙二醇，PEO-PPO-PEO 嵌段共聚物，淀粉衍生物，羧甲基纤维素钠，羟乙基纤维素钠，羟乙基纤维素，羟丙基纤维素，羟丙基甲基纤维素，甲基纤维素

10.7.3　高分子药物控制释放体系

用高分子材料制备药物控制释放制剂主要有两个目的，一是为了使药物以最小的剂量在特定部位产生治疗效应，二是优化药物释放速度以提高疗效，降低毒副作用。有三种控制释放体系可以实现上述目的，即时间控制体系（缓释药物）、部位控制体系（靶向药物）、反馈控制体系（智能药物）。目前，第一种体系已经大量应用，美国年销售额在 50 亿美元左右，第二、三种体系正在发展之中。

药物释放体系大致应具备以下功能：①药物控制释放功能，使需药部位的血药浓度维持在要求的范围内；②药物靶向释放功能，使药物只输送到治疗目标部位。

理想的药物释放体系还应满足的要求有：①将药物直接输送到病患部位；②在达到要求疗效的前提下，尽量减少药物的投放量；③药物的毒副作用最小且安全、可靠；④服用方便，易于被患者接受；⑤在通常情况下具有一定的物理和化学稳定性。

药物释放体系的发展大致如下：20世纪50年代以前长期使用传统型药物制剂；50年代起出现缓释型药物制剂（DSRP）；70年代起出现控释型药物制剂（CRP）；80年代起出现靶向型药物制剂（TDDS）以及智能型药物制剂（IDDSSDDS）。

药物控制释放的功能可通过膜透过控制体系、基体扩散控制体系达到。药物的靶向释放功能可通过生物学认识机制、透过机制以及体外控制等手段实施。

控释制剂的优点是：①使用便利；②能维持正常的血药浓度；③不引起药物积累中毒；④减少对正常细胞、组织的毒副作用；⑤提高疗效，并可产生新的疗效；⑥安全、迅速、可靠、经济并具有竞争力。

药物释放体系按照具体应用目的分为三类，见表10-4。

表10-4 药物释放体系分类

分 类	目 的	举 例
按释药时间	缓释 延长半衰期 特定时间释放	微胶囊法 与载体分子相结合,如与聚乙二醇链相结合 外部刺激,如温度、磁场、超声波、电场、激光等
按释药部位	在局部滞留释放 到制定目标释放 在特定部位释放	局部投入 免疫共轭、免疫活化 外部刺激
按综合性能	用药简便化	经皮吸收制剂

为使药物制剂具有均匀缓释药物的功能，作为药物载体的生物材料起着关键作用。与传统药物制剂中起保持药物制剂成形作用的赋形剂（如明胶和乳糖）不同，在药物缓释体系中的药物载体需起到对药物缓释、导向、延长寿命及用药简便的作用，因此对载体材料的要求更高。

药物载体是药物释放体系的主要组成部分，也是影响药效的主要因素。目前药物载体材料大多是高分子材料，除此之外还有有机材料、无机材料和非生物降解材料。药物释放体系载体的高分子材料性能应该满足以下要求。

① 具有生物相容性和生物降解性，及载体高分子能在体内降解为小分子化合物而被机体代谢、吸收和排泄。如果不能降解，则需要在药物释放后通过外科手术取出。

② 高分子的降解产物须无毒和不发生炎症反应。

③ 高分子的降解必须发生在一个合理的期间。

此外，高分子材料的可加工性、可消毒性、力学性能以及来源保证、价格高低也是影响材料最终能否实际应用的主要因素。

药物释放体系中作为载体的天然高分子材料主要有明胶、胶原、环糊精、纤维素和壳聚糖等。合成高分子主要有聚硅氧烷橡胶、聚醋酸乙烯酯、聚甲基丙烯酸甲酯、聚苯乙烯、聚酯、聚酸酐、聚氨酯等。生物降解高分子的药物释放速度可通过调节载体材料的降解速度来控制，合成生物降解高分子比天然的生物降解高分子降解速度更易调控，理学性能也更好、更全面，正逐渐取代天然的生物降解高分子。目前中国应用较多的药物载体材料及其用途见表 10-5。

表 10-5　药物载体材料

材料名称	性能　用途
聚乳酸(PLA)	用途广、体内相容、无毒
丙烯酸树脂(PAA)	用作医用辅料，肠溶、胃溶药物包衣
聚乙烯醇(PVA)	用途广泛
乙烯-乙酸乙烯酯共聚物(EVA)	透皮贴膏(膜)
聚腈基丙烯酸二丁酯	
明胶	
乙基纤维素(EC)	不溶于水，作骨架，经济价值最高
羟丙基甲基纤维素(HPMC)	经济价值次之
聚己内酯(PCL)及其共聚物	

思考题

1. 对于医用高分子材料与常规高分子材料相比，其要求有何不同？
2. 什么是高分子材料的生物相容性？如何考虑其生物相容性？
3. 生物吸收性高分子材料的设计原理是什么？
4. 举例说明高分子材料在生物医用领域的用途。
5. 控制释放型药物与普通药物相比有什么优点？如何实现药物的控制释放？

参 考 文 献

[1] 俞耀庭，张兴栋. 生物医用材料 [M]. 天津：天津大学出版社，2000.
[2] 马建标，李晨曦. 功能高分子材料 [M]. 北京：化学工业出版社，2000.
[3] 陈文杰. 血液分子细胞生物学 [M]. 北京：中国医学科技出版社，1993.
[4] ISO 10993—2009 International Standard：Biological evaluation of medical devices.
[5] GB/T 16886.1—2013 医疗器械生物学评价 [S]. 北京：中国标准出版社，2013.
[6] Okamoto M，John B. Synthetic biopolymer nanocomposites for tissue engineering scaffolds [J]. Progress in Polymer Science，2013，38 (10-11)：1487.
[7] Surguchenko V A，Ponomareva A S，Kirsanova L A，et al. The cell-engineered construct of cartilage on the basis of biopolymer hydrogel matrix and human adipose tissue-derived mesenchymal stromal cells (in vitro study) [J]. Journal of Biomedical Materials Research：Part A，2015，103 (2)：463.
[8] Sah M K，Pramanik K. Surface modification and characterisation of natural polymers for orthopaedic tissue engineering：A review [J]. International Journal of Biomedical Engineering and Technology，2012，9 (2)：101.
[9] Scott T G，Blackburn G，Ashley M，et al. Advances in bionanomaterials for bone tissue engineering [J]. Journal of Nanoscience and Nanotechnology，2013，13 (1)：1.
[10] Upadhyaya L，Singh J，Agarwal V，et al. The implications of recent advances in carboxymethyl chitosan based targeted drug delivery and tissue engineering applications [J]. Journal of Controlled Release，2014，186：54.
[11] Ghandehari H，Crissman J，Cappello J，et al. Self assembly of genetically engineered silk-elastinelike block copolymers：Potential in controlled drug delivery [J]. Annals of Biomedical Engineering，2000，28 (S1)：S-20.
[12] Nagarsekar A，Crissman J，Cappello J，et al. Genetic engineering of stimuli-sensitive silkelastin-like protein block

copolymers [J]. Biomacromolecules, 2003, 4 (3): 602.

[13] Sissell K. Dow corning increases breast implant settlement plan to $4.4 billion [J]. Chem. Week, 1998, 160 (45): 11.

[14] Cohen S, Bano M C, Langer R, et al. Design of synthetic polymeric structures for cell transplantation and tissue engineering [J]. Clinical Materials, 1993, 13 (1-4): 3.

[15] Hubbell J A, Langer R. Tissue engineering [J]. Chemical & Engineering News, 1995, 73 (11): 42.

[16] O'Brien F J, Harley B A, Yannas I V, et al. The effect of pore size on cell adhesion in collagen-GAG scaffolds [J]. Biomaterials, 2005, 26 (4): 433.

[17] Jeschke B, Meyer J, Jonczyk A, et al. RGD-peptides for tissue engineering of articular cartilage [J]. Biomaterials, 2002, 23 (16): 3455.

[18] Yasuhiro H, Gizou N, Yoshiaki I, et al. Function and fate of agarose microcapsules containing allogeneic islets in rat recipients [J]. Polymers for Advanced Technologies, 1998, 9 (10-11): 794.

[19] Vega A C, Lim L T. Effects of poly (ethylene oxide) and pH on the electrospinning of whey protein isolate [J]. Polymer Science, 2012, 50 (16): 1188.

[20] Zhao F, Liu Y, Yuan H, et al. Orthogonal design study on factors affecting the degradation of polylactic acid fibers of melt electrospinning [J]. Journal of Applied Polymer Science, 2012, 125 (4): 2652.

[21] Song X, Gao Z, Ling F, et al. Controlled release of drug via tuning electrospun polymer carrier [J]. Journal of Polymer Science Part B: Polymer Physics, 2012, 50 (3): 221.

[22] Valle L J, Camps R, Diaz A, et al. Electrospinning of polylactide and polycaprolactone mixtures for preparation of materials with tunable drug release properties [J]. Polymer Research, 2011, 18: 1903.

[23] Agarwal P, Mishra P K, Srivaatava P, et al. Statistical optimization of the electrospinning process for chitosan/polylactide nanofabrication using response surface methodology [J]. Material Science, 2012, 47: 4262.

[24] Kong Y, Yuan J, Wang Z, et al. Study on the preparation and properties of aligned carbon nanotubes/polylactide composite fibers [J]. Polymer Composites, 2012, 33: 1613.

[25] Nguyen L T, Chen S H, Elumalai N K, et al. Biological, chemical, and electronic applications of nanofibers macromolecular [J]. Materials and Engineering, 2013, 298 (8): 822.

第11章 智能高分子材料

11.1 智能材料与智能高分子

材料的发展经历着结构材料—功能材料—智能材料—模糊材料的过程。材料的智能化是指材料的作用和功能可随外界条件的变化而有意识地调节、修饰和修复。智能材料（intelligent material）的构想来源于仿生，它的目标就是想研制出一种材料，使它成为具有类似于生物各种功能的"活"材料。因此智能材料必须具备感知、驱动和控制这三个基本要素。

智能材料的概念是由日本高木俊宜教授在1989年提出的，所谓智能材料是将普通材料的各种功能与信息系统有机地结合起来，使它可以感知外部的刺激（传感功能），通过自我判断和自我结论（处理功能），实现自我指令和自我执行（执行功能）的功能。同期，美国在航空、宇宙领域中对传感功能和执行功能的适应性结构物、灵巧结构物的研究也很活跃，提出了灵巧材料（smart material）的概念，所谓灵巧材料（也称为机敏材料）是指可以判断环境，但不能顺应环境的材料。有时对于两者并不加以严格的区分。

总的说来，智能材料应当具有如下的特点：具有感知功能，能够检测并且可以识别外界（或者内部）的刺激强度，如电、光、热、应力、应变、化学、核辐射等；具有驱动功能，能够响应外界变化；能够按照设定的方式选择和控制响应；反应比较灵敏、及时和恰当；当外部刺激消除后，能够迅速恢复到原始状态。图11-1简单描述了智能材料和机敏材料的特征，可见灵巧材料为智能材料的一种系统。

目前的材料通常功能单一，难以满足智能材料的要求，所以智能材料一般由两种或两种以上的材料复合构成一个智能材料系统，并通过结构的设计发挥其功能，因此通常称之为智能材料结构，模糊了材料与结构的概念。智能材料结构的重要性体现在它的研究与材料学、物理学、化学、力学、电子学、人工智能、信息技术、计算机技术、生物技术、加工技术及控制论、仿生学和生命科学等许多前沿学科及高技

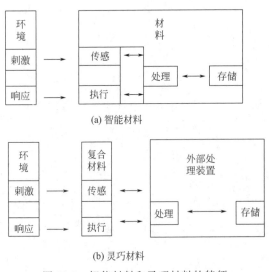

(a) 智能材料

(b) 灵巧材料

图11-1 智能材料和灵巧材料的特征

术密切相关，同时它拥有巨大的应用前景和社会效益。

按照材料的来源，可将智能材料分为金属系智能材料、无机非金属系智能材料和高分子系智能材料。目前研究开发的金属系智能材料主要有形状记忆合金和形状记忆复合材料两大类；无机非金属系智能材料在电流变体、压电陶瓷、光致变色和电致变色材料等方面发展较快。智能高分子材料可感知外界环境细微变化与刺激而发生膨胀、收缩等相应的自身调节，其应用相当广泛，可用于传感器、驱动器、显示器、光通信、药物载体、大小选择分离器、生物催化、生物技术、智能催化剂、智能调光材料、人工肌肉等领域。

早在20世纪70年代，田中丰一就发现了智能高分子现象，即当冷却聚丙烯酰胺凝胶时，此凝胶由透明逐渐变得浑浊，最终呈不透明状，加热时，它又转为透明。20世纪80年代，出现了用来制造高分子传感器、分离膜、人工器官的智能高分子材料。20世纪90年代，智能高分子材料进入了高速发展阶段。进入21世纪后，智能高分子材料正在向智能高分子模糊材料的方向发展。由于高分子材料与具有传感、处理和执行功能的生物体有着极其相似的化学结构，较适合制造智能材料并组成系统，向生物体功能逼近，因此其研究和开发尤其受到关注。目前，智能高分子一般有智能高分子凝胶、形状记忆高分子材料、智能高分子膜、智能高分子基复合材料和智能纤维织物等，见表11-1。

表 11-1　智能高分子材料的一般分类及应用

类　别	性　质	应　用
智能高分子凝胶	三维高分子网络与溶剂组成的体系,具有体积相转变	组织培养,环境工程,化学机械系统,调光材料,智能药物释放体系
形状记忆高分子材料	对应力、形状、体积等有记忆效应	医用材料,包装材料,织物材料,热收缩管等
智能高分子膜	选择性渗透、选择性吸附和分离等,膜的组成、结构和形态的变化—智能化	选择透过膜材料,传感膜材料,仿生膜材料,人工肺
智能高分子复合材料	集成传感器、信息处理器和功能驱动器,多学科交叉产物	自愈合,自应变,自动修补混凝土,建筑材料,形状记忆合金与复合功能器件,压电材料
智能纤维织物	聚乙二醇与各种纤维共混物等,具有热适应性、可逆收缩性等	服装,保温系统,传感/执行系统,生物医用压力绷带

11.2　智能型高分子凝胶

凝胶是由液体与高分子网络组成的，由于高分子网络与液体之间的亲和性，液体被高分子网络封闭在里面，失去了流动性，因此凝胶能像固体一样显示一定的形状。这是一种区别于通常的工程材料的一种软湿材料，不能像工程材料一样承受较高的机械作用力，但其具有一些特殊的功能。

自然界中存在着大量的凝胶体系。一些生物组织在受到外界刺激时，会迅速作出反应，如海参与外界接触时柔软的躯体瞬间变得僵硬或部分体壁变为黏性物质；生物体肌肉收缩和松弛时，肌浆球蛋白间的纤维（可交联为凝胶状）产生很大的收缩或溶胀。在许多类似的自然现象的启示下，人们日益重视对高分子凝胶特别是刺激响应性智能凝胶这种"软湿"材料的研究，它在柔性执行元件、微机械、药物释放体系、分离膜、生物材料等方面具有广泛的应用前景。

作为智能型凝胶的高分子主链或侧链上通常存在着离子化基团、极性和疏水性基团，从而使之具有类似生物体的特性，其结构、物理特性（如体积）会随外界环境（如溶剂的组成、离子的强度、温度、光强度、电场刺激等）以及某些特异性化学物质的变化而改变。

根据凝胶中封闭的液体的不同，可分为水凝胶和有机凝胶，根据高分子网络的交联方式也可以分为化学凝胶和物理凝胶。在高分子凝胶中，水凝胶占有重要的地位，绝大多数的天然凝胶及许多合成的高分子凝胶均为水凝胶。本章中主要对水凝胶作一介绍。

11.2.1 凝胶的溶胀及体积相转变

11.2.1.1 维持凝胶体系的基本作用力

高分子凝胶是一种三维的交联网络，在其良溶剂的作用下，将会发生溶胀。交联高聚物的溶胀过程，实际上是两种相反趋势的平衡过程：溶剂力图渗入到网络内使体积膨胀，导致三维分子网络的伸展；同时，交联点之间分子链的伸展降低了它的构象熵值，分子网络的弹性收缩力力图使分子网络收缩。当这两种相反的倾向相互抵消时，就达到溶胀平衡。因此高分子凝胶的性质与其高分子网络的结构及其中所包含的液体与高分子链的亲和力有关。

水凝胶在各种条件下最终达到溶胀平衡时的溶胀度是由小分子离子产生的膨胀压力、由高分子间的亲和作用产生的收缩压力以及高分子的弹性压力所决定的，而温度、电解质的浓度、pH、溶剂的性质等均对其平衡溶胀产生影响。

维持凝胶体系的基本作用力为离子间静电作用、氢键、范德华力、疏水相互作用等。高分子凝胶在达到溶胀平衡的过程中，这几种力所组成的合力作用即渗透压是其主要的推动力。

范德华力一般包括色散力、诱导力和取向力，它在非极性有机溶剂的凝胶体系的相变过程中起着重要作用。

含 N、O 等电负性大的原子的凝胶大分子易形成氢键，当氢键形成时，大分子将以特定的方式排列而收缩，温度升高时，氢键容易被破坏，凝胶溶胀。

静电相互作用源于大分子链上荷电基团间的相互作用，它在溶剂组成所致强聚电解质的体积相转变过程及 pH 所致的体积相转变过程中起着重要作用。如弱酸性的丙烯酸和强碱性的季铵盐合成两性凝胶时，当介质接近中性时凝胶收缩，在 pH 高的碱性、pH 低的酸性条件下，均为溶胀的状态。这是由于凝胶处于中性时，其弱酸性和强碱性离子基团解离，正、负离子间产生静电引力作用，凝胶收缩，而在碱性或酸性条件不，电离基团只能单方解离，凝胶网络上的正-正、负-负电荷相斥，凝胶收缩。

疏水作用发生在高分子疏水性基团之间，在高分子主链或侧链上的疏水基团相互作用也会在高分子链间产生吸引作用，引起高分子链的聚集。如将亲水性的聚电解质进行疏水修饰时，得到疏水修饰电解质，用于疏水修饰的基团一般是长链烷基，也可用硅氧烷、氟碳链等，由于这种聚电解质带有两亲性基团，在水溶液中静电排斥引起分子链分散，而疏水相互作用引起分子链聚集，形成疏水微区。疏水修饰聚电解质在水介质中的分散或聚集取决于静电斥力与疏水作用的平衡，以及疏水基团的特性与含量。

11.2.1.2 凝胶中的体积相转变

1978 年美国麻省理工学院的 Tanaka 发现，轻度离子化的聚丙烯酰胺在水-丙酮溶液中形成的凝胶在温度较低时呈现不透明状态，当升高温度时，由不透明变为混浊直至完全透明，这种变化同其网络的体积变化有关，温度的微小变化可使凝胶突然收缩或溶胀到原来尺寸的数倍，即具有体积相转变现象。凝胶的体积相转变表现为溶液中凝胶的平衡溶胀体积随外界环境（溶剂组成、离子强度、pH、温度、光和电场等）的变化产生不连续变化的现象，这种收缩和膨胀是由于网络中高分子链所发生的构象变化引起的。

如在智能化凝胶的结构中通常存在着可离子化基团，如羧基、季铵基、磺酸基等，为电解质凝胶。若将这种凝胶结构放于纯水中，由于其中的可离子化基团的解离，带离子的高分子网络由于静电斥力的作用而伸展，因此可以吸收大量的水分，当向其中加入小分子电解质溶液时，其解离出来的与高分子链上的离子电荷相反的盐离子在高分子链周围聚集，从而中和高分子链上的离子，使凝胶产生收缩。如图 11-2 所示为聚丙烯酸钠在稀水溶液、浓水溶液及小分子电解质溶液中的分子形态。

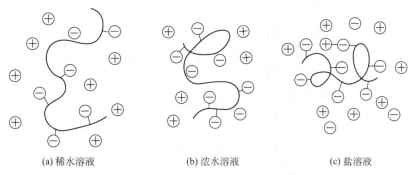

(a) 稀水溶液　　　　　　　(b) 浓水溶液　　　　　　　(c) 盐溶液

图 11-2　各种溶液中的高分子离子的链的形态

聚合物凝胶的溶胀平衡比 Q（溶胀凝胶体积与未溶胀干凝胶体积的比值）与交联密度 $\overline{M_c}$ 及高分子与溶剂之间的相互作用参数 χ_1 有关。在一定的交联密度下，随着溶剂同高分子相互作用的减弱（χ_1 增加），平衡溶胀比降低。在某些基团间存在较强的相互作用的凝胶体系中，即使溶剂同高分子相互作用减弱到 θ 条件以下，仍有相当高的溶胀比，至 χ_1 增加到某一临界值，溶胀比骤然下降，凝胶体积发生不连续收缩。反之亦然，溶胀比较低的凝胶，当 χ_1 减小到某一临界值时，体积发生不连续胀大。这种现象称为体积相转变。体积相转变是凝胶态物质的普遍现象，高分子凝胶正是因为可以发生体积相转变，才具有某种智能行为，因此体积相转变是我们讨论各种响应性凝胶的基础。

Tanaka 等利用 Flory-Huggins 理论描述了凝胶的体积相转变现象，当凝胶溶胀平衡时，其溶胀率可由式(11-1)表示。

$$\tau = 1 - \frac{\Delta F}{kT} = \frac{\upsilon\nu}{N_A\phi^2}\left[(2f+1)\left(\frac{\phi}{\phi_0}\right) - 2\left(\frac{\phi}{\phi_0}\right)^{1/3}\right] + 1 + \frac{2}{\phi} + \frac{2\ln(1-\phi)}{\phi^2} \tag{11-1}$$

式中，τ 为换算温度；N_A 为阿伏伽德罗常数；k 为波尔兹曼常数；T 为绝对温度；υ 为溶剂的摩尔体积；ϕ 为高分子网络的体积占有率，它是膨胀度 q 的倒数；ϕ_0 为参考状态的体积占有率；ΔF 为高分子间相互作用的自由能；ν 为在单位体积中高分子链的数量；f 为每根高分子链上带有的电荷数。由上式可得，在不同的电荷密度下，凝胶的溶胀率 ϕ/ϕ_0 与 τ 的关系可表示为图 11-3。

对于部分水解聚丙烯酰胺而言，在其水-丙酮混合溶剂中，水是其良溶剂而丙酮是其不良溶剂，增加混合溶剂中的丙酮的浓度相当于减小 τ。在 $\tau > 0$ 的区域，无论电荷密度 f 取何值，溶胶都溶胀（$\phi/\phi_0 < 1$），体积随 τ 连续变化（实线）；在 $\tau < 0$ 的区域，$f < 0.659$ 时凝胶体积连续变化，$f > 0.659$ 时则凝胶会在某个 τ 处（虚线）发生体积相转变。这一理论定性地预言了体积相转变的发生。

除上述的理论外，还有其他一些应用于凝胶体积相转变的理论研究，如 Marchetti 等则将 Sanchez 与 Flory-Rehner 理论的橡胶弹性结合起来描述凝胶的体积相转变，Prausnitz 等

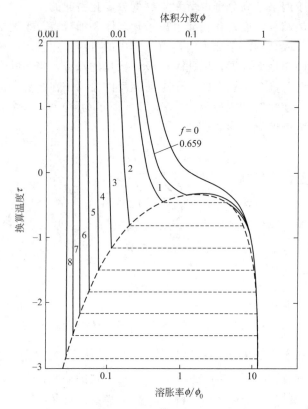

图 11-3　聚电解凝胶的 Flory 理论溶胀曲线

采用取向准化学模型来计算有序度转变的、涉及含氢键的相转变体系。但这些理论均不能完全说明存在于凝胶体积相转变中的问题和现象，有一定的局限性。

如上所述，维持凝胶体系的基本作用力为离子间静电作用、氢键、范德华力、疏水相互作用。Tanaka 认为引发凝胶的体积相转变的驱动力是这四种作用力共同作用所产生的溶胀力和收缩力间的相互竞争。这种相互竞争使分子间相互作用力的平衡发生变化，从而使凝胶网络发生构象变化，当斥力为主时凝胶溶胀，当引力为主时凝胶收缩。如对于聚异丙基丙烯酰胺（PNIPAM）凝胶，造成非连续体积相转变的主要驱动力是侧链的疏水相互作用以及高分子网络间氢键的突然改变。当其在水中溶胀时，疏水性异丙基周围的水分子间形成氢键，疏水性基团间产生相互作用，大分子链间相互吸引，在温度升高时，凝胶网络被疏水基团保护，水不容易进入网络，使凝胶不能溶胀，故此类凝胶在高温时收缩，大分子网络处于聚集状态；当温度较低时，水在疏水的高分子链段上易形成团簇结构，整个分子呈现亲水性，因而低温时凝胶溶胀；当温度升高至相转变温度时，链段运动能力提高，异丙基周围的水团簇崩溃，水的结构变得更加无序，弥补了暴露的疏水基团聚集所造成的熵的降低。根据理想渗透压下的 Flory-Huggins 理论，在相转变点，聚合物-溶剂间的相互作用参数增加，致使 PNIPAM 发生非连续的体积收缩。

11.2.2　高分子凝胶的响应

当高分子凝胶所处环境的物理或化学条件发生变化时，高分子凝胶的体积或形状也会产生相应的改变，根据高分子凝胶受刺激信号的不同，可分为不同类型的刺激响应性凝胶。例如，受化学信号刺激的有 pH 响应性凝胶、化学物质响应性凝胶；受到物理信号刺激的有温敏性凝胶、光敏性凝胶、电活性凝胶、磁响应性凝胶、压敏性凝胶等，它们是通过改变高分子链的溶剂化状态、电离度、分子链密度实现对凝胶溶胀状态的控制。如对溶剂变化敏感的高分子凝胶主要考虑疏水与亲水相互作用的平衡。电场驱动的凝胶有三种可能的方式：改变pH或反离子的分布，由氧化还原反应产生离子和电场改变大分子的取向，前二者引起凝胶体积变化，后者则引起凝胶形状的变化。光照驱动凝胶也有三种方式：光照引发离子化、吸光局部发热和光照引发构象改变。磁场控制凝胶是将直径约为10nm磁流体微粒固定到凝胶上，因此所引起的也是形状变化。化学反应驱动则是与特定的物质发生化学反应或生化反应，从而改变凝胶中的pH，离子浓度等因素。

（1）温敏性凝胶　温敏性凝胶是其体积能随温度变化的高分子凝胶，分为高温收缩性凝胶和低温收缩性凝胶。

聚异丙基丙烯酰胺（PNIPAM）水凝胶是典型的高温收缩性凝胶，它呈现低临界溶解温度（LCST），在低于32℃水溶液中溶胀时，大分子链因与水的亲和性而伸展，分子链呈伸展构象；而在32℃以上凝胶发生急剧的脱水合作用，由于疏水性基团的相互吸引作用，链构象收缩而呈现退溶胀现象。上述现象是由于水分子和PNIPAM亲水基团间氢键的形成和解离所致。在低于LCST时，水分子与其相邻的PNIPAM上的氨基形成氢键，导致大量的水分子进入到高分子链间，使之呈现溶胀的状态；而在高于LCST温度时，氢键破坏，由于疏水基团间相互作用水分子被排除在高分子链外，高分子链收缩而使凝胶收缩。

聚丙烯酸（PAAC）和聚N,N-二甲基丙烯酰胺（PDMAAM）所形成的互穿网络凝胶是典型的低温收缩性凝胶，在低温时（低于60℃）凝胶网络内形成氢键，体积收缩，在高温时（高于60℃）氢键解离，凝胶溶胀。

温敏性凝胶的温敏溶胀特性与高聚物的亲水性有关，在其上引入亲水性的基团可以调整其相转变温度。如将丙烯酸、羟乙基甲基丙烯酸与异丙基丙烯酰胺共聚可以提高其LCST。将5%（摩尔分数）的丙烯酸与异丙基丙烯酰胺共聚，其LCST提高了10℃。若在同一种高聚物上引入两种LCST不同的温敏性基团，还可以获得不同的体积相转变。如将异丙基丙烯酰胺与N-乙烯基己内酰胺进行接枝共聚，在32℃时的体积相转变归因于异丙基丙烯酰胺，而60℃时的体积相转变归因于N-乙烯基己内酰胺。

利用共聚得到不同结构的高分子凝胶还可以改变其溶胀动力学。如在异丙基丙烯酰胺上接枝聚乙烯醇可以提高其对温度的响应速度，这是由于亲水性物质聚乙烯醇对水的通透提供了一个良好的通道。

高分子凝胶的缺点是其机械强度较差，当其吸收大量的水处于溶胀状态时，较小的应力作用就可以使之损坏，因此可以将这种凝胶以化学键合的形式结合在高强度的基材上使用，如在不同基材上以化学接枝，等离子和紫外线使其结合在表面形成薄层而调控疏水-亲水性能。

PNIPAM及其共聚物凝胶的体积相转变可使它们的物理性能发生很大变化，因此可望将此类材料用作，驱动元件，温度调控的生物偶联物，以控制酶活性，使水由高分子溶液中萃取的分离组件，智能药物释放载体，分子构象记忆元件等。

（2）pH敏感性凝胶　pH刺激响应性凝胶是指其体积能随环境pH、离子强度变化而变化的高分子凝胶。这类凝胶大分子网络中具有可解离的基团，如羧基或氨基，其网络结构和电荷密度随介质的pH变化，并对凝胶网络的渗透压产生影响；同时向网络中增加了离子，离子强度的变化也引起体积的变化。离子化基团主要是通过以下作用对水凝胶的溶胀度产生影响：①当外界pH变化时，这些基团的解离程度相应发生改变，造成凝胶内外离子浓度改变，引起凝胶渗透压的变化；②这些基团的离子化会破坏凝胶内相关的氢键，使凝胶网络的交联点减少，造成凝胶网络结构发生变化，引起凝胶溶胀；③这些基团的离子化将产生荷电基团，这些荷电基团产生的静电斥力也会使凝胶的溶胀性发生突变。

如下式所示的利用戊二醛使壳聚糖（CS—NH$_2$）上的氨基交联，再和聚丙二醇聚醚（PE）形成的半互穿聚合物网络。在碱性条件时，网络间形成氢键，使大分子链缔合，凝胶溶胀度显著降低；在酸性条件时，壳聚糖结构单元上的氨基（—NH$_2$）质子化，氢键被破坏，导致凝胶溶胀度增大。由于网络中氢键的形成和解离，使网络中大分子链间形成配合物或者解离，从而使此凝胶网络的溶胀行为对 pH 敏感。

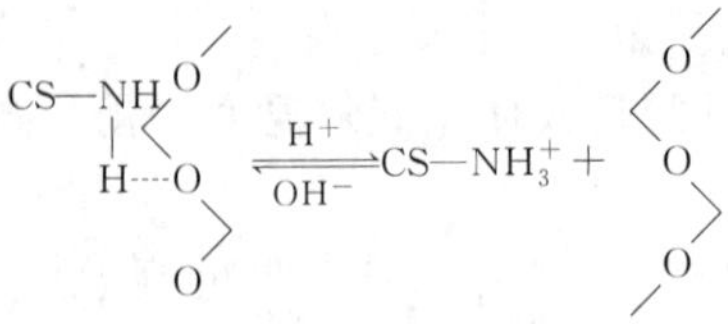

$$CS—NH_2 \begin{matrix} O \\ H \cdots O \\ O \end{matrix} \xrightarrow[OH^-]{H^+} CS—NH_3^+ + \begin{matrix} O \\ O \\ O \end{matrix}$$

将聚丙烯酸接枝于聚偏二氟乙烯（PVDF-g-PMAA）上，制备 pH 响应的膜材料，当溶液的 pH 值在 2～8 变化时，流体的通透量有很大的变化（图 11-4）。

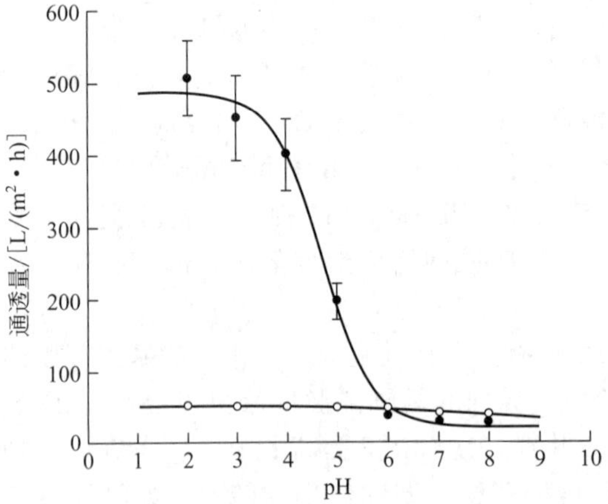

图 11-4　PVDF 以及 PVDF-g-PMAA 的 pH 敏感响应性
○ PVDF；● PVDF-g-PMAA

pH 响应性凝胶，亦可以是物理交联的刚性的非极性结构与柔韧的极性结构组成的嵌段聚合物，如聚（环氧乙烷/环氧丙烷）星形嵌段-丙烯酰胺/交联聚丙烯酸互穿网络凝胶。在高 pH 或低离子强度时，水凝胶的溶胀度和溶胀速度比低 pH 或高离子强度水凝胶的高。这是由于在其中有配合物形成和解离，即凝胶体系的 pH 较低时，聚合物网络内羧基质子化，羧基上的氢与醚键上的氧或与酰氨基上的氮形成氢键，氢键的存在使凝胶中形成配合物，网络中大分子链呈紧密状态，表现为凝胶收缩。当 pH 增大时，即在碱性介质中，许多羧基解离，网络内离子基因带有电荷，互相排斥，使凝胶溶胀度提高。

（3）电场响应性凝胶　电活性凝胶一般由交联聚电解质（分子链上带有可离子化基团的高分子）网络组成。在此类凝胶中，荷电基团的抗衡离子在电场中迁移，使凝胶网络内外离子浓度发生变化，导致凝胶体积或形状改变，并将电能转化为机械能。

当高聚物凝胶的结构上带有电荷时，在直流电场的作用下均可发生凝胶的电收缩现象，网络上带正电时，水分从阳极放出，网络上带负电时，水分从阴极放出，凝胶的电收缩现象也是可逆的。如将一块高度吸水膨胀的凝胶放在一对电极之间，然后加上直流电，将会观察到凝胶收缩放出水分的现象（图 11-5）。

凝胶对电场的响应与施加电场后引起渗透压的变化有关。当对凝胶试样施加直流电场时，与凝胶中荷负电基团抗衡的阳离子移向负极，聚离子未迁移，周围溶液中的自由离子向与其相反的电极迁移进入凝胶。结果，正极一侧的渗透压 π_+ 增大，大于负极一侧的渗透压 π_-，在凝胶中产生渗透压差 $\Delta\pi$，凝胶受 $\Delta\pi$ 的作用而弯曲。当 $\Delta\pi > 0$ 和 $\mathrm{d}\pi/\mathrm{d}t > 0$ 时，凝胶溶胀，弯向负极；当 $\Delta\pi < 0$ 和 $\mathrm{d}\pi/\mathrm{d}t < 0$ 时，凝胶溶胀，弯向正极。另一个原因是自由离子定向移动会造成凝胶内不同部位 pH 不同，从而影响凝胶中聚电解质电离状态，使凝胶结构发生变化，造成凝胶形变。

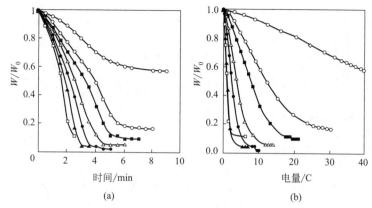

图 11-5　水凝胶的电收缩现象

（a）在 1V/cm 电场下，尺寸 1cm³ 具有不同膨胀度的 2-丙烯酰胺-2-异丁基磺酸（PAMPS）凝胶的
质量变化过程；（b）不同膨胀度的 PAMPS 凝胶的质量变化与通过凝胶的库仑电荷的关系

膨胀度：◇ 25；○ 70；■ 100；△ 200；● 256；▲ 512；□ 750

与凝胶的电收缩现象相反，凝胶还可以将机械能转换成电能。如果给一块由弱电解质构成的凝胶加上一定的压力使其变形，凝胶内的弱电解质电离基团就会因为它们相互之间的相对位置发生变化而产生新的电离平衡，因此凝胶内的 pH 就会发生变化（图 11-6），这一现象说明凝胶还可体现出压电性。

利用凝胶的这种性质可以制备人工肌肉，在机器人驱动元件及假肢方面得到应用。

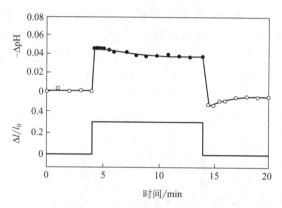

图 11-6　丙烯酸和丙烯酰胺共聚凝胶的压电效应

（4）化学物质　有些凝胶的溶胀行为会因特定物质（如糖类）的刺激而发生突变，如将葡萄糖氧化酶固定在 PAA-PNIPA 凝胶上，当遇到葡萄糖时氧化成葡萄糖酸，使 pH 降低，凝胶中的 PAA 的电离度也随之减小，体积收缩。利用这一现象可使药物释放体系依据病灶引起的化学物质（或物理信号）的变化进行自反馈，通过凝胶的溶胀与收缩调控药物释放的通、断。另外，可在相转变附近将生理活性酶、受体或细胞包埋入凝胶中，使其在目标分子等近旁诱发体积相转变而起作用。

如聚乙烯醇凝胶中含有大量的羟基，它可以与硼酸基产生可逆的键合，而胰岛素中对葡萄糖敏感的部分是含苯基硼酸的乙烯基吡咯烷酮共聚物，它可以与聚乙烯醇形成结构紧密的高分子配合物，当葡萄糖分子渗入后，苯基硼酸和聚乙烯醇间的配合被葡萄糖所取代，上述大分子间的键合解离，溶胀度增大。这种配合物可以作为胰岛素的载体，形成药物控制释放体系。其结构示意图如图 11-7 所示。

（5）表面活性剂　表面活性剂添加至聚合物溶液中会形成聚合物/表面活性剂配合物，从而使聚合物的物理性质发生变化，其作用可归结为以下几类：①聚合物构象变化，如线团-球转变和线团-杆转变；②聚合物/溶液相界面上相分离区扩展和位移；③形成复合微相；④溶胀凝胶转变的位移和流变性能变化。聚合物具有少量疏水性基团时会使上述效应增强。

高分子电解质可以通过静电作用，吸附带相反电荷的表面活性剂，形成一对一的缔合

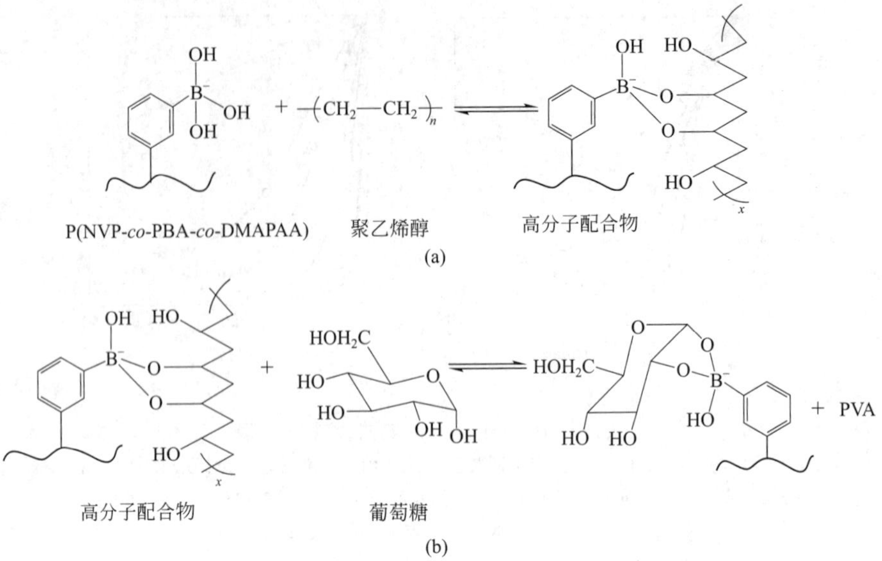

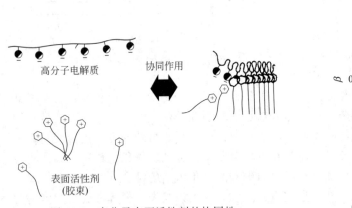

图 11-7　苯基硼酸的乙烯基吡咯烷酮共聚物/PVA 配合物对葡萄糖刺激的响应机制

P(NVP-*co*-PBA-*co*-DMAPAA)　聚乙烯醇　高分子配合物

(a)

高分子配合物　葡萄糖

(b)

物，这种协同的作用使之具有自组装的趋势（图 11-8）。高分子电解质与表面活性剂生成缔合物后，将使电解质凝胶失去其静电能，发生收缩。图 11-9 为表面活性剂十二烷基吡啶氯盐与 PAMPS 凝胶的等温吸收曲线，横坐标 C_s 是在平衡状态下自由的表面活性剂分子的浓度，纵坐标 β 是高分子电荷与表面活性剂分子的复合率。从图中可见，对于线形高分子存在着一个明显的临界表面活性剂浓度，在此浓度以下，几乎没有缔合物的生成，在此浓度以上，高分子上所有的官能团与表面活性剂产生相互作用形成缔合物。

高分子电解质　　协同作用

表面活性剂
（胶束）

图 11-8　高分子表面活性剂的协同性
相互作用过程

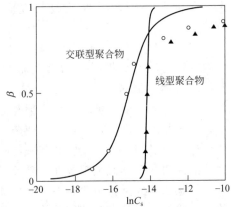

图 11-9　线性高分子以及高分子凝胶
PAMPS 对表面活性剂的等温吸收曲线

大多数水溶性缔合聚合物在加热时产生相分离，呈现低临界溶解点，此 LCST 行为是由于水分子在聚合链上水合而产生的。若脱水为与表面活性剂结合的必要条件，则它的添加会使聚合物与水的混溶性降低，从而扩大了相分离区，LCST 移向低端。

（6）磁场　包埋有磁性粒子的高吸水性凝胶称为磁场响应凝胶，这种凝胶可用于光开关和图像显示板等。

如国外的科学家采用不同的方法将磁性"种子"材料预埋在凝胶中，当凝胶置于磁场时铁磁材料被加热而使凝胶的局部温度上升，导致凝胶膨胀或收缩，撤掉磁场，恢复至原来大小。利用这种体系可得到控释药物，还能用于制造人工肌肉。

（7）光敏性凝胶　光敏性凝胶是由于光辐照（光刺激）而发生体积变化的凝胶。紫外线辐照时，凝胶网络中的光敏感基团发生光异构化或光解离，因基团构象和偶极距变化而使凝胶溶胀。

通过将光敏性基团引入到大分子凝胶中，可以制备光敏性凝胶，如将少量的无色三苯基甲烷氢氧化物与丙烯酰胺（或 N,N-亚甲基双丙烯酰胺）共聚所得到的凝胶体系，在紫外线照射时，在 1h 内凝胶溶胀增重达 3 倍，而膨胀了的凝胶则可在黑暗中 20h 退溶胀至原来的重量（图 11-10）。

将温度响应性的 PIPAM 与可吸收光的叶绿酸分子结合，当叶绿酸分子吸收光子升温时，则可引起 PIPAm 的不连续相转变，可将之应用于光能-机械能的执行元件和流量控制阀等。

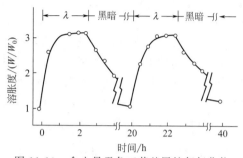

图 11-10　含少量无色三苯基甲烷氢氧化物
〔3.7％（摩尔）〕的聚丙烯酰胺凝
胶光刺激时的溶胀特性

W_0 为光照前的凝胶质量；W 为光照后的质量

（8）温度/pH 响应性凝胶　除了上述对单一信号响应的凝胶外，目前日本学者还设计了可同时对温度和 pH 响应的凝胶。他们将温敏性的异丙基丙烯酰胺与 pH 敏感性的丙烯酸形成共聚物，凝胶的体积随温度的变化呈现出显著的非连续性相转变行为，但当 pH 值>7.5 时，凝胶的体积随温度呈连续变化。这一现象拓宽了水凝胶在药物释放载体中的应用。

如化学交联的丙烯酸与丙烯腈的共聚凝胶，它在 12℃ 时在不同的 pH 下的溶胀比相差很大，62℃ 时在水中的溶胀比随时间延长而增大，而在弱碱性和酸性条件下溶胀比变化不明显，是"热胀型"水凝胶。

11.2.3　智能型高分子凝胶的应用

利用凝胶的变形、收缩、膨胀的性能，可以产生机械能，从而建立起将化学能转变为机械能的系统。表 11-2 中列出了智能聚合物的一些应用领域，其中有些凝胶产品已进入市场。由凝胶材料构成的仿生系统，在现阶段只能在某种程度上达到自感知和自我控制的能力，还远无法与人体的肌肉、神经系统等相提并论。

表 11-2　智能凝胶的应用

领　域	用　　　途
传感器	光、热、pH 和离子选择传感器，免疫检测，生物传感器，断裂传感器，超微传感器
驱动器	人工肌肉
显示器	可在任何角度观察的热、盐或红外敏感的显示器
光通讯	温度和电敏感光栅，用于光滤波器，光通讯
药物载体	控制释放、定位释放
选择分离	稀浆脱水，大分子溶液增浓，膜渗透控制
生物催化	活细胞固定，可逆溶解生物催化剂，反馈控制生物催化剂，强化传质
生物技术	亲和沉淀，两相体系分配，调制色谱，细胞脱附
智能织物	热适应性织物和可逆收缩织物
智能催化剂	温敏反应"开"和"关"催化系统

（1）化学-机械系统　Katchalsky 等在 20 世纪 50 年代就发现在不同浓度盐水溶液中浸

溃胶原纤维，根据胶原的结晶-熔融产生的伸缩机理可制备机械化学动力机，即环境变化的信息输入凝胶后，可使其产生非线性的形状和性能变化，进而将化学能或物理能等转变为机械能。利用凝胶在外界环境刺激下的变形，可以设计出多种这类的"化学-机械系统"，它们可以用于制造人工肌肉、微机械、化学阀、智能药物释放体系等。

如以γ射线和电子束辐照交联的聚乙烯基甲基醚（PVME）水凝胶（LCST 为 38℃）与赋形用高分子混合制成多孔泡沫状凝胶，并将其制成集束纤维人工肌肉模型，当交替供给冷、温水时，凝胶反复溶胀与收缩，单丝可产生 2.94mN 的收缩应力，相当于肌肉的 1/10～1/3，其伸缩动作时间＜1s。

日本北海道大学利用凝胶的这种特点，在世界上首次研制成功"人工爬虫"，在不断变化的电场的作用下，它能实现爬虫动物一样柔软的动作。它是由 PAMPS 凝胶制成的，通过两端的金属挂钩悬挂在装有不对称齿轮的杆上，将凝胶浸入含有表面活性剂及低分子盐的溶液中，在凝胶的上下装上电极后，通过后由于凝胶的弯曲、伸展动作即可向前运动，其原理如图 11-11 所示。

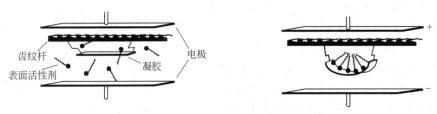

图 11-11　人工爬虫的动作原理

（2）智能药物释放体系　智能型凝胶可用于开发智能药物释放体系，这类药物在外部物理场的刺激下，由于凝胶的非连续性体积相转变，可以使其中的药物产生靶向释放。此原理如图 11-12 所示。含有药物的凝胶粒子在身体的正常状态下呈现收缩状态，形成致密的表面使药物保持在粒子内；而当身体产生病变时，凝胶体积膨胀，通过扩散作用释放出内含的药物；当身体正常时，又处于收缩的状态。

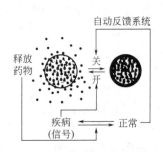

图 11-12　智能型药物释放体系的原理示意图

在智能型药物控释体系中具有人体亲和性和生物降解性的一些聚合物受到了重视。如具有生物粘连性和 pH 响应性的聚丙烯酸-聚氧化丙烯-聚氧化乙烯的三嵌段共聚物构成的凝胶体系能响应温度的变化，在体温时疏水嵌段聚集形成凝胶，它能增溶水溶液中的亲脂性药物，使其缓慢释放。用这种凝胶可制成眼药水，在室温时为流体，在体温下黏稠，可将其作为长效的眼药水，同时它对剪切力敏感，可利用眨眼使之在眼内完全铺展。

（3）刺激响应分离膜　在细胞中，生物膜可感知环境的变化并对之进行响应，利用智能型凝胶对环境的响应性，即可制备能感知环境并对其通透性进行调整的智能型膜材料。

如在经低温等离子体辐射处理的聚碳酸酯膜上接枝聚丙烯酸，则水透过该膜时的过滤速度在中性和碱性区与 pH 几乎无关，而在酸性区则在一定接枝密度下与 pH 相关，利用这种特性可制备具有分子阀特性的响应介质 pH 变化动态开关。

壳聚糖和丝心蛋白通过氢键形成的复合膜具有良好的 pH 和离子响应性，这种复合膜可用于渗透蒸发以分离乙醇和水及分离异丙醇/水混合物。

如同时含有亲水基团和带长烷基链的亲油基团的两亲性壳聚糖热敏性复合膜，将其作为超滤膜，当超过临界温度以后，复合膜由凝胶转变成液晶相，其渗透性发生不连续变化。

(4) 在水处理中的应用　污水处理过程中产生的大量污泥中含有大量的水，需进一步地脱除，日本学者利用泡沫聚乙烯基甲基醚凝胶可从污泥中吸收水分溶胀，使污泥脱水而浓缩，将吸水溶胀的凝胶分离后可以再生进行循环利用，污泥则连续脱水，这种方法可以解决机械脱水耗能大的问题。

根据分子识别的一般原理，在凝胶上引入各种不同金属离子形成配位的活性中心，可开发具有选择性识别、吸附和释放性的凝胶，它们可以有针对性地吸附一些有毒的重金属离子（如铅）。田中丰一等在丙烯酸和异丙基丙烯酰胺共聚物凝胶上引入螯合基团，在37℃时溶胀，使金属离子渗入到凝胶，在50℃时收缩，靠拢形成捕获金属离子的活性位点，使凝胶再次溶胀后可释放出其截留的金属离子。

(5) 凝胶光栅　水凝胶溶胀或收缩时表面会产生复杂的图案，可将这一特性用于表面图案的调控技术，如美国得克萨斯大学将金薄膜方格阵列溅射沉积在聚异丙基丙烯酰胺凝胶表面，该阵列的周期因凝胶的敏感性可随温度或电场连续变化。此类凝胶表面产生的周期性阵列可作为二维光栅，其狭缝宽度和单位面积狭缝数目能借助外界刺激（如温度和电场）而可逆变化，且衍射角亦随之改变，这样的凝胶光栅可望用于光纤和传感器及光通讯中。

将金属阵列置于水凝胶表面为微电极阵列装置的制备提供了新途径，有望在离子色谱、酶活性测定和细胞活性监测方面有所应用。

(6) 生物技术　智能型凝胶是模仿生命体的自开放系统来实现的，因此它在生物技术上也有明确的应用前景。

水凝胶聚合物中包含了大量的水，并且允许水溶性分子在其网络结构中自由扩散，从而可以达到物质传递的目的，这一功能类似于生物体中的组织结构，因此可将其作为组织重建和植入的一种人工细胞外基质。通常的细胞培养是在培养皿中进行的，当切断细胞与底物的连接时，通常会对细胞的某些功能产生影响。利用温敏性高分子水凝胶，如将聚异丙基丙烯酰胺接枝到聚苯乙烯培养板表面形成一层薄膜，在37℃时，凝胶的表面呈现疏水性，能与细胞很好地结合，当细胞成熟后，将温度降至20℃，凝胶的表面变得亲水，细胞可自动地与凝胶表面脱离。

水凝胶在组织工程中也有大量的应用，利用水凝胶的相分离或采用致孔剂可在其中构筑细胞尺度的孔隙，促进细胞-材料和细胞-细胞相互作用，利于细胞长入和整合。如以壳聚糖与明胶聚电解质配合物水凝胶制备支架，以其为载体进行牛关节软骨细胞体外三维培养5周，可观察到支架内部部分区域出现聚集成片的细胞。另一种被广泛关注的生物高分子凝胶是多肽凝胶，如天冬氨酸以γ射线辐射交联所形成的凝胶，或化学交联的聚（N-烷羟基谷酰胺），它们不仅具有高的吸水性，同时具有生物降解性，并且通过其结构的调整，可使之具有与生物体软组织同样的机械强度。

11.3　形状记忆功能高分子材料

形状记忆材料是指具有初始形状的制品，在一定的条件下改变其初始形状并固定后，通过改变外界的条件（如温度、电场力、pH 等），又可恢复其初始形状的材料。在智能材料结构中，形状记忆材料不仅可以作为传感元件，也可作为驱动元件。形状记忆材料主要包括形状记忆合金（SMC）、形状记忆陶瓷（SMC）、形状记忆高分子（SMP）。形状记忆合金以及形状记忆高分子是目前研究最多，应用也最为成功的两类形状记忆材料。与形状记忆合金相比，形状记忆高分子具有如下的特点。

① 形状记忆高分子的形变量高，如形状记忆聚异戊二烯和聚氨酯的形变量均高于 400%，而形状记忆合金则较低，一般在 10% 以下。

② 形状记忆高分子形状恢复温度可通过化学方法加以调整，对于确定组成的形状记忆合金的形状恢复温度一般是固定的。

③ 形状记忆高分子的形状恢复应力一般较低，在 9.81～29.4MPa，而形状记忆合金的则高于 1471MPa。

④ 形状记忆高分子耐疲劳性差，重复形变次数均为 5000 次，甚至更低，而形状记忆合金的重复形变次数可达 10^4 数量级。

⑤ 形状记忆高分子只有单程记忆功能，而在形状记忆合金中有双程记忆效应和全程记忆效应。

11.3.1 高分子的形状记忆原理

形状记忆高分子根据其恢复的原理，根据引起形状记忆效应条件的不同可以分为热致感应型 SMP、电致感应型 SMP、光致感应型 SMP、化学感应 SMP 等。其中热致感应型 SMP 由于其形变采用温度控制，使用简便，因此其应用最为广泛，对其研究也较为成熟。在本章中主要介绍由温度变化引起的热致感应型形状记忆高分子的原理。

（1）形状记忆的原理　热致形状记忆高分子是指在室温以上一定温度变形并能在室温固定形变且长期存放，当再升温至某一特定温度时，制件能迅速恢复其初始形状的高聚物。

通常热致感应型形状记忆高分子可看作两相结构，即由记忆起始形状的固定相和随温度变化能可逆地硬化和软化的可逆相组成。固定相和可逆相具有不同的软化温度，分别记为 T_h 和 T_s。可逆相为物理交联结构，如 T_m 较低相的结晶态或 T_g 较低相的玻璃态，而固定相可分为物理交联结构（即 T_g 较高的一相在低温时所形成的分子缠绕或 T_m 较高的一相在低温时的结晶结构）和化学交联结构，以物理交联结构为固定相的称为热塑性形状记忆高分子，以化学交联结构为固定相的称为热固性形状记忆高分子。

热致形状记忆高分子结合了塑料和橡胶的特性，温度是使其产生塑料-橡胶形态转变的主要因素。固定相具有较高的 T_g 或 T_m，在高温和低温时均体现塑料的特点，从而限制可逆相的滑移；可逆相具有较低的 T_g 或 T_m，温度升高时为橡胶态（高弹态），具有大的形变，其形变受到固定相的限制。

形状记忆高分子材料制品的记忆过程常包括一次成型、二次成型和形状恢复三个阶段。图 11-13 所示为热塑性高分子材料的形状记忆过程。该材料为由两种不同 T_g（或 T_m）的高分子材料组成的嵌段共聚物，由于大部分非极性低 $T_g(T_m)$ 的软段与极性的高 $T_g(T_m)$ 的硬段是不相容的，会倾向于分相，分别成为可逆相和固定相，软段与硬段以共价键相联结。为得到具有塑料-橡胶性质的热致感应型形状记忆高分子材料，软段必须在室温范围内处于结晶态或玻璃态，即具有塑料的特点。当温度达到软段的 T_m 或高于其 T_g 时，它由玻璃态或结晶态转为橡胶态或无定形态，而硬段仍处于玻璃态或结晶态，阻止分子链的滑移，抵抗形变，从而产生回弹性，即记忆性。其成型过程为：在 T_h 以上，两相均处于软化状态，此时对材料进行赋形，并将其冷却到 T_s 以下，使固定相和可逆相硬化，这一过程为一次成型；然后在 T_s～T_h，即记忆温度时，在外力作用下，可逆相发生取向，产生大的形变，由于固定相的存在，当材料发生形变时能够抑制大分子中心的相对运动，从而能有效地保存大分子链的熵弹性，将材料冷却至可逆相的玻璃化温度或熔点以下，链段的取向被冻结，材料的形变得以保存，这称为二次成型；当再次加热到记忆温度时，可逆相处于高弹态，分子链在熵弹性作用下发生自然卷曲从而发生形变，恢复记忆初始形状，称为形状恢复。

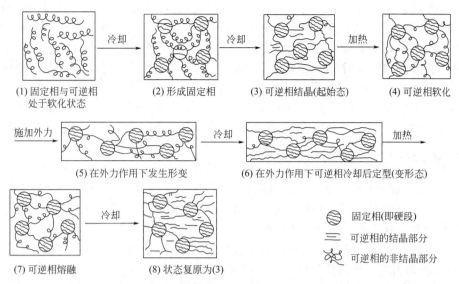

(1) 固定相与可逆相　　(2) 形成固定相　　(3) 可逆相结晶(起始态)　　(4) 可逆相软化
处于软化状态

(5) 在外力作用下发生形变　　(6) 在外力作用下可逆相冷却后定型(变形态)

(7) 可逆相熔融　　(8) 状态复原为(3)

    ⊘　固定相(即硬段)
    ☰　可逆相的结晶部分
    ๛　可逆相的非结晶部分

图 11-13　热塑性高分子材料的形状记忆过程

图 11-14 为热固性塑料的形状记忆过程，其形状记忆的原理与热塑性的形状记忆高分子类似，只是在高温时限制软段分子链滑移和使软段分子链重新恢复初始状态的固定相是由化学交联提供的。

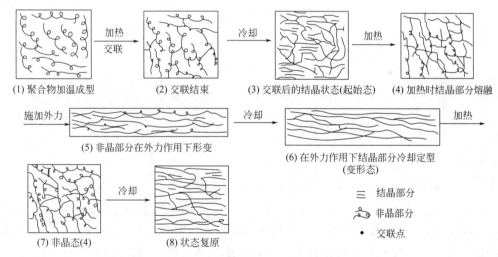

(1) 聚合物加温成型　　(2) 交联结束　　(3) 交联后的结晶状态(起始态)　　(4) 加热时结晶部分熔融

(5) 非晶部分在外力作用下形变　　(6) 在外力作用下结晶部分冷却定型
(变形态)

(7) 非晶态(4)　　(8) 状态复原

    ☰　结晶部分
    ๛　非晶部分
    •　交联点

图 11-14　热固性高分子材料的形状记忆过程

热塑性 SMP 与热固性 SMP 相比，当发生大的形变时，缠结中心可能松弛而滑移，但是，热塑性聚合物的制备显得尤为方便，更易控制反应温度和改进加工条件。

（2）形状记忆高分子的结构特点　　形状记忆高分子材料在常温范围内应具有塑料的性质，即稳定的形状和一定的机械强度，而在形状记忆温度下，具有橡胶的性质，表现为材料的可变形性和形状恢复性。因此针对不同的高分子，其结构上应具有不同的特点。

热塑性形状记忆高分子可分为结晶性高聚物和无定形高聚物两类。对于结晶性高聚物，晶区作为物理交联点限制高分子链在形状记忆温度时的滑移，因此结晶度要适当，否则将由于结晶度过高无法产生形状记忆功能。对于无定形高聚物，要求其分子量足够大，大分子之间的缠结足够紧密，在温度大于 T_g 接近流动温度（T_f）时，缠结点也不会因松弛而解除。

热固性形状记忆高分子，如交联聚乙烯、交联聚乙酸乙烯酯等，其交联度必须适当，否则将会因交联度过高而无法实现高聚物的形变，而当其交联度过低时，其形变容易，但对形状的恢复会产生一定的困难。

一些微相分离材料，对两相之间玻璃化温度的差异有一定的要求，两相的玻璃化温度相距较近时，其形状记忆功能则不能明显地体现出来。

作为形状记忆材料，需要有较好的实用性，二次成型要容易，且不能影响记忆的准确性，即可逆相的 T_g 不能太高或太低，可逆相的形变温度与固定相的软化温度不能太近。

11.3.2 形状记忆高分子材料的品种

自 1981 年发现热致性形状记忆交联聚乙烯以来，形状记忆高分子材料就一直得到不断的发展，并作为功能材料的一个分支受到广泛关注。到目前为止，已经开发应用的形状记忆高分子材料已有交联聚乙烯、聚降冰片烯、反式 1、4-聚异戊二烯、苯乙烯/丁二烯共聚物、聚氨酯等主要几种，此外含氟高聚物、聚己内酯、聚酰胺等高聚物也有形状记忆功能。

表 11-3 中列出了几种形状记忆高分子的组成和性能。

表 11-3 某些形状记忆高分子的组成和性能

SMP	聚降冰片烯	反式 1,4-聚异戊二烯	苯乙烯-丁二烯共聚物	聚氨酯
相对分子质量	>300 万	25 万	数十万	—
形状记忆机理	分子链相连	交联、加硫化学交联	分子链相连	交联、高分子内结晶部分
形状记忆温度/℃	<150		<120	~20
二次成型形状固定的内部结构	玻璃化转移	结晶变态	结晶变态	玻璃化转移
形状恢复温度/℃	35	67	60~90	−30~60
颜色	白色	白色	白色	透明
密度/(g/cm³)	0.96	0.96	0.97	1.04
硬度(常温)	<100	50(邵氏 D)	43(邵氏 D)	70(T_g 以上)
拉伸强度/MPa	34.3	28.42	9.8	34.3(T_g 以上)
拉伸率/%	<200	480	400(常温) 500(60~90℃)	400
拉伸应力/MPa	—	16.66	7.84	—
弯曲模量/MPa	—	—	225.4	—

（1）交联聚乙烯 交联聚乙烯（XLPE）是 1982 年开发的第一个热致形状记忆高分子材料。交联聚乙烯是通过辐射或化学方法使非晶区交联，控制适当交联度和结晶度，可获得形状记忆性能。交联后的聚乙烯在耐热性、力学性能和物理性能方面有明显改善，由于交联，分子间的键合力增大，阻碍了结晶，因而提高了聚乙烯的耐常温收缩性，应力龟裂性和透明性，因此交联聚乙烯极具实用价值。

聚乙烯与尼龙的接枝聚合物也具有形状记忆功能，如将 5%～20% 的尼龙与聚乙烯在 230℃时进行共混，聚乙烯在室温下具有高的结晶率，尼龙起着物理交联点的作用。

将聚乙烯与天然橡胶进行混炼得到的形状记忆材料，其形状记忆温度为 108℃，材料的形变温度曲线存在着明显的阶段性，在较低温度时，可逆相 LDPE 为晶态，固定相为交联橡胶态，材料的总的形变量较小，随着温度的升高，LDPE 开始熔融，其分子链段开始运动，形变量增大，直到材料进入高弹性，形变量达到最大值。

（2）聚乙酸乙烯酯 将乙烯与乙酸乙烯酯共聚得到的共聚物 EVA 可以降低聚乙烯的记

忆温度，并提高韧性。

如采用 0.5％DCP 对 EVA 进行交联，其恢复率可达到 95％以上，形变量可以达到 400％，并且在 70S 内形变基本可以完全恢复。该材料的形状回复温度基本对应于材料的熔融温度，回复过程是链段的松弛过程，具有明显的时间依赖性。

(3) 聚降冰片烯　聚降冰片烯由环戊二烯和乙烯通过双烯加成反应制成，其分子量高达 300 万，T_g 为 35℃，介于塑料与橡胶之间。聚降冰片烯属热塑性塑料，可用注射、挤出、吹塑等方法加工，但是由于分子量太大，加工较困难。该聚合物的形状记忆制品的制备方法是：先将粉末状高聚物在 150℃左右压制成板状或其他形状，冷却至室温得到一次成型制品。当加热到 T_g 以上时可在外力作用下任意变形，冷至室温以下可保持此形状，将此制品再加热到 T_g 以上时，制品就自动复位到一次成型制品状态。

作为形状记忆高分子材料，该树脂的固定相为超高分子量的缠绕交联结构，其可逆相可发生玻璃化转变。在一次成型时，制品中产生了超高分子量的大分子链间的缠绕交联。当将制品加热到 T_g 以上时，分子链段开始运动，在外力作用下会发生取向，使制品变形。同时在外力作用下冷至 T_g 以下，使取向的分子链冻结，制品二次成型形状即被固定下来。若再升温到 T_g 以上，链段的运动使取向解除，而分子链之间的缠绕交联作用限制了分子的运动，使制品回复为一次成型的形状。

除降冰片烯本身外，还有它与其烷基化、烷氧基化、羧酸衍生物等的无定形或半结晶共聚物也有形状记忆功能，其相对分子质量为 30 万～400 万，T_g 为 −90～200℃，可通过调节共聚物的比例来控制 T_g 大小。

(4) 反式 1,4-聚异戊二烯（杜仲胶）　高反式 1,4-聚异戊二烯树脂（TPI）是 1988 年由可乐丽公司开发的。TPI 是天然橡胶的同分异构体，室温下是结晶性材料，又因其主链中含有双键，故可像普通橡胶那样进行硫化。得到的网络结构为固定相，能进行熔融和结晶可逆变化的部分结晶相为可逆相。对其硫化后，TPI 可用作形状记忆材料。其热刺激温度为 46～36℃，最大形变量在 600％左右，是低温区使用的记忆材料，例如可用于温控开关。

低度交联 TPI 作为一种形状记忆材料，具有形变速度快，形变恢复力大及精度高等优点，但其耐热性和耐候性较差且热刺激温度偏低（30～50℃）。采用合适的工艺及配方将 TPI 和 HDPE 于 150℃共混可制备出静态硫化 TPI/HDPE 形状记忆材料。材料的热刺激温度在 HDPE 用量 20～30 份时为 50～60℃，较纯低度交联 TPI 热刺激温度提高了 10～20℃，是热刺激温度中适中且力学性能优良的较理想形状记忆材料。

在 TPI 中加入适量的 LDPE、SiO_2 并用硫磺硫化后，得到热伸长率大（44％），拉伸强度高（14.60MPa），恢复残率很低（2％）的热记忆功能材料，其热变形温度为 70℃。

相对于 TPI，反式聚丁二烯（TBP）为高硬度高熔点的材料，其拉伸强度较低，将两者在 150℃下进行混炼，可得到均匀的混合体系，从而提高 TBP 的韧性，并且改善 TPI 的硬度。

(5) 苯乙烯/丁二烯共聚物　苯乙烯/丁二烯共聚物（BS）于 1998 年由日本的旭化成公司开发，该共聚物是由聚苯乙烯与聚丁二烯通过嵌段聚合制成的一种热塑性形状记忆树脂。其固定相为高熔点（120℃）的聚苯乙烯结晶部分，可逆相为低熔点（60℃）的聚丁二烯结晶部分。制品形变量可高达 400％，形变恢复快，在常温保存时自然恢复极小，重复形变时，恢复率有所下降，但可用 200 次以上。

(6) 聚氨酯　日本三菱重工业公司于 1988 年开发的第一例形状记忆聚氨酯是以部分结晶的软段连续相作为可逆相，硬段形成物理交联点作为固定相，形状记忆恢复温度为 −30～70℃，可在宽广的范围内选择适宜的原料种类和配方从而调节 T_g 以得到不同响应温度的形状记忆聚氨酯。

聚氨酯形状记忆树脂是由异氰酸酯、多元醇扩链剂等单体原料聚合而成的。它具有软硬交替排列的嵌段结构，由于软硬段的热力学不兼容性，使体系发生微相分离。其中硬段聚集成微晶区，起物理交联点的作用，可作为固定相，若软段的 T_g 或 T_m 高于室温，则可作为可逆相。

热塑性聚氨酯具有形状记忆功能的一个条件是室温下软段区具有良好的结晶性。软段的临界相对分子量在 $2000\sim3000$，并随硬段含量的提高而略有增加。另一个条件是硬段聚集形成微区起物理交联作用，硬段含量临界值约为 10%。对系统试样的研究表明，只有在软段相对分子质量和硬段含量分别超过各自的临界试样才显示出形状记忆特性。这种类型的形状记忆聚氨酯主要有羟基封端的聚己内酯（PCL）/2,4-甲苯二异氰酸酯（2,4-TDI）/1,4-丁二醇（BDO）体系、苯乙胺（PEA）/二苯基甲烷二异氰酸酯（MDI）/1,4-丁二醇（BDO）体系、过氧化四甲基二醇（PTMO）/MDI/BDO 体系、PCL/MDI/BDO 体系、PCL/异佛尔西酮二异氰酸酯（IPDI）/2-羟二甲苯基丙烯酸盐体系等。

形状记忆聚氨酯的制法与普通聚氨酯的制法也相同，既可以采用浇注法直接制得制品，也可以采用双螺杆挤出机，先制得粒料，然后再注射成形。对于热塑性的形状记忆聚氨酯多采用先制成粒料再成型的方法。成型前粒料必须除去水分，否则会使物性下降，外观变差，成型温度为 $180\sim220℃$。

对于热固性的形状记忆聚氨酯，则多采用浇注法，具体工艺如下：将二异氰酸酯在 $40\sim120℃$ 下预热，二元醇在 $40\sim130℃$ 下预热，然后加入各种添加剂，充分混合，脱气后，倒入 $70\sim130℃$ 的模具中，在 $70\sim170℃$ 下，经 $5\sim10min$ 固化脱模，然后在 $70\sim170℃$（$10\sim24min$）后硫化，即得具有"原始形状"的制品。该制品在 $40\sim100℃$ 下二次成型，降温到 $35℃$ 以下，除去外力，得二次形状，再加热到 $45\sim100℃$ 时，很快便恢复原始形状。

总的来说，形状记忆聚氨酯的加工性好，能用注射、挤出和吹塑等方法加工，容易制得各种复杂的制品，并能批量成型；形变量可高达 400%，此外还具有质轻价廉、着色容易、耐重复形变好等优点。

（7）聚乙烯醇缩醛凝胶（PVA） 通过将 PVA 水溶液冻结解冻，可获得高弹性的水凝胶，再用戊二醛进行交联处理，开发了变形量高达 $200\%\sim300\%$ 的形状记忆 PVA 水凝胶。PVA 凝胶的固定相为化学交联结构，可逆相为由氢键等次价键形成的微结晶等。通过交联剂的用量可控制交联点，而氢键可在不同方向形成物理交联点。该凝胶具有高弹性、高含水率、耐热性优异的特点。

（8）聚环氧乙烷/对苯二甲酸乙烯酯共聚物（EOET） EOET 是由聚环氧乙烷（PEO）和聚对苯二甲酸乙烯酯（PET）得到的嵌段聚合物，其结构如下所示。

$$\{OC-C_6H_4-C-OCH_2CH_2O\}_x OC-C_6H_4-C-OCH_2\{OCH_2CH_2\}_y O\}$$

在 EOET 共聚物中，固定相为 PET 硬段（$T_g=70℃$，$T_m=265℃$），可逆相为 PEO 软段（$T_g=60℃$，$T_m=39\sim65℃$）。由于组分性质相异，产生微相相分离，而组分的多相性既影响软段的结晶又影响硬段所形成的物理交联的稳定性。而软段的结晶度决定恢复温度，最终形变恢复和恢复速度由 PEO 段的结晶度及硬段的物理交联的稳定性决定。软段的长度，硬段的含量及加工条件都影响形状记忆效应，实验通过热解重量分析法也证明了此点。

11.3.3　形状记忆高分子材料的应用

尽管形状记忆高分子的开发时间短，但由于其具有质轻价廉、形变量大、成型容易、赋形容易、形状恢复温度便于调整等优点，目前已在医疗、包装、建筑、玩具、汽车、报警器材等领域应用，并可望在更广泛的领域开辟其潜在的用途。

（1）医疗器材　在医疗方面，将形状记忆材料用作固定创伤部位的器材可代替传统的石膏绷带。如图 11-15 所示，首先将 SMP 材料加工成创伤部位形状，用热水或热吹风使其软化，施加外力变形为易于装配形状，冷却固化后装配到创伤部位，再加热便可恢复原状起固定作用。取下也十分方便，同样用加热软化变形的方法。此外，形状记忆材料还可用作血管封闭材料，止血钳、医用组织缝合器材等。

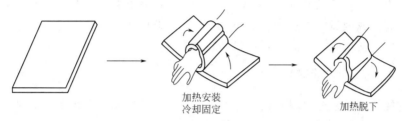

图 11-15　医疗固定器的应用示意图

（2）径管接合材料　先将其加热软化成管状，并趁热向内插入直径比该管子内径大的棒状物，以扩大口径，冷却后抽出棒状物，得到的制品为热收缩管。使用时，将直径不同的金属管插入热收缩管中，用热水或热吹风加热，套管即收缩紧固。此法广泛用于仪器内线路集合，线路终端的绝缘保护，通讯电缆的接头防水，以及钢管线路接合处的防护等工程。

（3）紧固销钉　紧固销钉的应用原理如图 11-16 所示，图（a）先将形状记忆材料成型为销钉的使用形状；图（b）销钉加热变为易于装配的形状然后冷却定型；图（c）将销钉插入欲铆合的两块板的孔洞中；图（d）将销钉加热即可恢复为一次成型时的形状，即将两块板铆合。

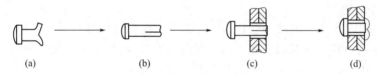

| (a) | (b) | (c) | (d) |

图 11-16　形状记忆紧固销钉的应用原理示意图

（4）包装材料　利用形状记忆高分子材料制备成热收缩膜可应用于包装领域，如对产品的紧缩包装等。用形状记忆高分子材料制成容器外包装层时，为便于印刷，可先将其成型为筒状，加热使其变形为容易印刷的扁平状，冷却后印刷，然后加热扩大管径套在容器上，最后再进行加热，使其在无外力作用下恢复初始形状从而紧贴于容器上。

（5）其他方面　形状记忆高分子材料可用于变形物的复原，如飞机部件、领带、汽车保险杠，还可用于玩具、火灾报警装置、自动开闭阀门、紧固铆钉等。此外，也可用于日常生活用品，如制作汤勺的把手等。

11.4　智能型高分子复合材料

树脂基复合材料由树脂与增强材料（如常用的碳纤维、玻璃纤维等）组成，它为制品提供高的性能，但材料中常由于应力的作用而存在许多肉眼不易察觉的缺陷，如微小的裂纹、分层等，它们对于材料性能的影响是不可忽视的，因此对它们的监控及修补对提高复合材料的性能和使用寿命是相当重要的，复合材料应具有自我监控和自我修复能力，也就是说复合材料应具有智能性。

将树脂（热固性树脂或热塑性树脂）与各种传感材料如碳纤维、光纤、记忆合金等复合制备成复合材料，可以开发应力传感器，它可以感知复合材料在受力过程中微小的应力变化，从而对其中的缺陷进行预知。同时利用高聚物、低聚物和共聚物的聚集体分子间氢键的破坏和建立，并将之转变为电信号，也可以用于应力传感器的研究。

若将含特定化学物质的纤维或其他的复合体置于树脂基复合材料中，在外力作用下纤维断裂，与基材剥离或因腐蚀而达到一定的 pH 时，纤维将释放出其中的化学物质，通过固化和交联等作用使材料增强，从而达到自修复的目的。

11.4.1　复合材料的自监控

具有自监控能力的复合材料是在其中埋入传感器，但它不可避免地将会对材料的性能产生一定的影响，而本质的智能结构复合材料（intrinsicalle smart structural compodsites）则无需向其中加入传感器，而是利用其中所用的增强纤维的自身性能即可具有应变敏感、裂纹敏感、温度敏感、热电敏感等功能，如向其中加入连续的可导电的碳纤维，即可使材料具有上述的功能，而碳纤维本身也是一种重要的增强材料。

（1）应变敏感　能够监测其应变变化的智能结构对其振动控制是相当有效的，对于碳纤维增强的复合材料，当沿与纤维平行的方向施加交变应力时，纤维在纵向和横向的排列方式上产生不同的变化，在这两个方向上引起的电阻可逆变化也不同。沿纤维方向的应力将会提高纤维排列的平行度，从而增加相邻层间纤维的接触概率，因此沿横向方向电阻增大而沿纵向方向电阻下降。

应变敏感性定义为可逆的电阻的变化值 $\Delta R/R_0$ 与纵向应变振幅的比值。在纵向 $\Delta R/R_0$ 为负值（从 $-17 \sim -12$），在横向 $\Delta R/R_0$ 为正值（从 $17 \sim 24$）。其数值与纵向和横向的应变敏感性对应。

若材料的电阻率不变，尺寸的变化将引起纵向方向的电阻在拉应力下增大而在压缩应力下减小。在受拉应力时，由电阻率变化而引起的 $\Delta R/R_0$ 值为尺寸变化时引起的 $\Delta R/R_0$ 值的 $7 \sim 11$ 倍，因此由尺寸引起的 $\Delta R/R_0$ 的变化是可以忽略的。

第一次应力循环后，将产生一些不可逆的变化，相对于可逆变化其值是相当小的，表现为在拉应力时 R 将不可逆地减小，这是由于交变应力使纤维产生了不可逆的分布，增大了相邻层间纤维接触的概率造成的。

（2）损伤敏感　连续碳纤维增强的树脂基复合材料中，损伤的自监控原理主要是由于损伤将引起材料的电阻的变化。

当材料产生破坏时，纤维微弱的破坏或纤维排列的混乱，使纤维之间的接触增多，因而将引起纵向或横向的电阻降低；较大的破坏如分层或层间界面的破坏，将引起材料中纤维或层间的接触减少，使横向电阻（更精确地说是层间界面的接触电阻）增加。纵向电阻不可逆地升高表明了纤维的断裂。在受疲劳应力时，分层通常在疲劳寿命的 30% 时出现，纤维的断裂在疲劳寿命的 50% 时出现。但是在热循环时，界面上的接触电阻率的提高表明层间界面的破坏。

（3）温度敏感　连续碳纤维增强的环氧基复合材料在受热时其行为类似于热敏电阻或热电偶。随着温度的变化，纤维或层间界面的电阻率将可逆地降低，使材料具有热敏电阻的功能，由 Arrenius 曲线的斜率可以计算其活化能，它是使电子从一层跃迁到另一层所需的能量，由于电子的激发从而在横向方向具有导电性。电子的跃迁主要发生在相邻层间的纤维直接接触的位置，这种直接的接触在复合材料的断裂过程中是可能的。

由于在不同层中可插入 n 型和 p 型的碳纤维，因此材料可显示出热电偶的功能，这种热电偶的敏感性和线性等同于或优于商业化的热电偶。当交叉铺层时，可以得到二维的热敏电阻或热电偶，它具有温度分布的敏感性。

当材料中的 n 型和 p 型交叉时，其热电偶的敏感性可高达 $82\mu V/℃$，在材料中引入碳纤维表现出比金属热电偶更高的塞贝克系数（热电系数），同时这一形式在纤维复合材料中更为实用。

碳纤维/环氧树脂复合材料的热电偶敏感性与其固化度和纤维是单向或交叉铺层无关，这与其热电偶性主要取决于两种组分的自身性质而与其界面无关是一致的。这说明在纤维复合材料中，界面是作为热电偶的连接，在各个方向上是一样的，这对于经常为多向铺层的复合材料作为热电偶来说提供了便利条件。

需要注意的是在纤维之间除环氧树脂外，并没有其他的偶联剂，而环氧树脂是不导电的。尽管在其联接点上存在着环氧树脂，但是在相邻层间仍存在着部分纤维的直接接触，从而形成了导电通道。

除碳纤维外，还可在树脂基体中埋入光纤，以探测其损伤，目前还有在其中加入微囊，当材料破坏时，它自身破裂，并发出光线，使人们易于对破坏点进行定位。

11.4.2 复合材料的自修复

纤维增强的树脂基复合材料，在受到冲击作用后，将在其结构中产生微小的裂纹或分层，若不进行及时的修复，将会导致材料的最终破坏，而且这些缺陷也会促使杂质进入到材料的内部。因此对材料内部破坏的监测是相当重要的，当材料发生破坏后对之进行修复使之恢复原有的强度也同样重要。复合材料的修复技术方法相当多，常用的传统的方法是将其破损部分除去，重新对之进行加固，以使应力可以有效地传递，但这种方法费时费力。

基于这一原因，提出了材料的自修复概念，也就是利用早已存在于材料内部的物质进行修复。Dry 首先提出将液体的物质置于脆性外壳的胶囊中，当材料受到冲击时胶囊破裂，将液体的树脂释放出来，填充到破坏的地方并固化，其胶囊也可采用中空的玻璃纤维。这一技术首先应用于混凝土的修复中，其修复物质为三组分的甲基丙烯酸甲酯，结果证明采用这种自修复技术使混凝土重新恢复了强度和挠性。

Dry 随后研究了氰基丙烯酸酯在聚合物基复合材料的自修复技术中的应用，将之置于中空纤维中，发现在材料破坏时它可以迅速地修复微裂纹，再次测试时其破坏在另外的地方产生。Motuku 等也报道了同样的方法对玻璃纤维增强复合材料进行了自修复，他们用直径较大（1.15mm）的中空玻璃纤维，在其中加入着色剂和未固化的修复树脂，发现在材料受到冲击后，着色剂和未固化树脂可以渗入到复合材料内部。

但上述在自修复技术中所采用的中空纤维与复合材料中的增强纤维相比均较粗，可能成为材料破坏时的裂纹源，因此有必要采用直径较细的中空纤维，它不仅可以作为修复剂的容器，同时也可以直接作为增强纤维使用，从而避免大直径纤维的有害影响。如在药物生产中所用的微胶囊，也可以利用微胶囊包裹修复树脂或固化剂，将其直接置于树脂体系中。上述的两种方法可以单独使用，也可以一起使用，其结构如图（图 11-17）所示。其中所用的树脂可以为单组分，也可以在 $0°$ 方向的纤维中填充修复树脂，在 $90°$ 方向的纤维中填充固化剂；同样也可以将其一部分填充在中空纤维中，另一部分填充在微胶囊中。

S. M. Bleay 等采用外径为 $15\mu m$，内径为 $5\mu m$ 的中空玻璃纤维和环氧基的修复剂对聚合

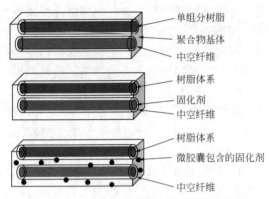

图 11-17　智能修复复合材料的结构示意图

单组分树脂
聚合物基体
中空纤维

树脂体系
固化剂
中空纤维

树脂体系
微胶囊包含的固化剂
中空纤维

物基复合材料进行自修复。电镜研究发现，材料受到冲击载荷后，大量的中空纤维断裂，通过加热和真空处理将使其中的修复树脂释放出来，从而可以提高其冲击后的压缩强度，但由于释放出的修复树脂量不够多，因此相对于未受冲击的试样其强度仍有下降，对此需进行更为深入的研究，以使其强度能与未破坏的材料相当。

研究发现，采用直径较大的中空纤维可以提高树脂的释放量，如采用直径为 $40\mu m$ 的中空玻璃纤维或直径为 $40\sim60\mu m$ 的硼硅酸盐纤维，但是这种纤维目前处于实验室的研究阶段，尚未进行商业生产。

另外若能采用中空的碳纤维，则可以同时达到自监测和自修复的目的，这种纤维在实验室中已开始进行研究，由于碳纤维的各向异性和脆性，在冲击时它也可以如玻璃纤维一样破坏，释放出其中的树脂，从而达到自修复的目的。

11.5　其他智能型高分子

11.5.1　智能型液晶高聚物

液晶高聚物（LCP）在高性能材料上的应用研究已得到了极大的发展，由于主链型的高分子液晶的链段运动困难，其响应速度慢，因此在液晶的智能性和功能性研究中主要着眼于侧链型的高分子液晶及高分子聚合物与小分子液晶的共混物。在电场或磁场中，液晶基元发生诱导取向，光学性质将出现变化，因此液晶同电、磁和光功能密切相关。此外盘状的液晶正逐渐受到重视，它适于制备自增殖材料和功能性分子聚集体。

研究发现，LCP 的分子间相互作用和其高次堆砌结构对智能性有着极大的贡献。如高组织性纤维质聚 L-谷氨酸-苄酯是很有效的控释材料和人工皮肤，在电场作用下，它可以从胆甾相转变为向列相，从而改变其通透性。含本征导电聚合物结构单元的侧链 LCP、液晶凝胶、超分子结构 LCP 等都在多层次结构上丰富了 LCP 的信息功能，具有诱人的发展前景。如将带有液晶侧链的高分子链连上特定的染料分子，利用染料吸收入射光线产生热量以达到分子的液晶态/液态的转变，而其中的数据存储也是通过液晶态/液态来表现的，以光线照射读取，可以将其作为显示材料或储存器材料，大幅度提高存储密度。

以硝基螺苯并吡喃为发色团的侧链液晶聚硅氧烷，在光照和温度的影响下可逆地显示红色、青色和黄色。含偶氮苯（侧基）的侧链液晶聚乙烯在光照作用下，偶氮苯发生异构化，聚合物由液晶态转变为各向同性液体。迅速冷却至玻璃化温度以下，其图形线条能维持1年，可用于全息摄影。

极化率较高的侧链 LCP 经涂布定向后，表现出二次非线性光学特性。此外，侧链 LCP 薄膜在一定温度下发生液晶向非晶转变时，物质透过率出现突变，可用于智能 DDS（药物控释体系）。含低分子液晶的高分子薄膜也已应用于智能 DDS 研究。

11.5.2　生物工程用智能型高分子

由于智能型高分子材料具有感知和修复的能力，因此也可将之运用于生物工程方面。如将具有导电性的聚噻吩接枝于聚合物凝胶上，在施加$-0.8\sim0.5V$的正弦波电场时，它将出现体积膨胀和收缩现象，当其变形被严格限制在一定空间时，它将产生$10kPa$的作用力，可将其应用于小型的制动装置或瓣膜。

具有导电性的聚吡咯，可用于神经细胞的修复，如在老鼠体内置入该聚合物，通过电流的刺激使之产生氧化态，将帮助神经修复细胞的生长。

一些在近红外区具有光敏性的高聚物可以作为诊断物质。如 N-乙烯基咔唑与 $2,4,7$-三硝基-9-芴酮的混合物，除作为数据存储材料、防伪标识等外，还可作为肿瘤的诊断材料，由于肿瘤与其他组织的结构不同，它在近红外区有不同的折射率，因此可以对肿瘤进行造影。

11.5.3　智能高聚物微球

智能型微球是从细胞仿生角度出发而提出的，它力图用人工方法模拟细胞和细胞膜的功能，使之具有对环境可感知和响应的能力，并具有功能发现能力。

智能微球的尺寸在纳米到毫米范围，它可以通过溶液或溶胶、微乳液聚合、种子聚合、喷雾干燥、悬浮聚合等方法制备。也可以利用微胶囊化技术，制备将核物质包于其中的复合微球。如由对苯二酰氯通过界面聚合制备的 5-磺基水杨酸微胶囊微球，由于其同时带有羧基和氨基，它能够感知外界溶液 pH 和离子强度的变化，从而使微球粒径及表面电荷密度改变，从而导致其渗透特性的改变。微胶囊微球具有尺寸小，表面积大、内体积适宜和有稳定的半透膜等特点，可应用制作可控释药物体系、急性中毒的解毒剂、载酶微胶囊、生物反应器等。

作为智能微球，它可以以乳液及粉体的形式存在。

乳液是微球智能化的良好基材之一，如含甲基丙烯酸组分的乳液，由于其表面所含的羧基，在不同的 pH 条件下，可对分散体系的黏度和流变特性进行调整。又如将有一定交联度的聚异丙基丙烯酰胺（PIPAM）制备成微球，在其分散液中，它的粒径随温度的变化而发生收缩或膨胀，在室温时吸收水，而在高温时吐出水，可用于浓缩各种物质，如蛋白质等。

粉体智能化的主要途径是复合，如在凝胶色谱（GPC）中常用的玻璃微球，若通过氨基硅烷偶联剂可将 PIPAM 导入到玻璃微球的微孔内，由于 PIPAM 的温度敏感性，可得到有温度响应性的 GPC 载体，极大地丰富了 GPC 测定的控制手段。

智能微球及其复合体系在电磁流变液、生物医用高分子、分子识别及分子印迹聚合物、化学反应催化剂、电磁波屏蔽和吸收材料方面均有广泛的应用前景。

11.5.4　智能高分子膜

高分子薄膜是以二维形式存在的材料，其智能化在于使之对外部环境具有感知、响应性，如智能化的控制渗透膜、具有传感器功能的膜、分子自组装膜、LB 膜等。它们可用于制备人工皮肤、分子电子器件、传感器、各种非电子光学器件等。

如 N. I. Sthtanko 等将热敏性的 PIPAM 通过 γ 射线照射接枝到聚对苯二甲酸乙二醇酯或聚丙烯上制成了温度响应性膜，当温度发生轻微变化时，即可使高分子链从一种形态转变到另一种形态，从而有效地控制膜的扩散分离。采用类似的方法可以制备 pH 敏感膜、光敏感膜、电场敏感膜等。

LB 膜是与生物膜的脂质双层结构非常相似的有序分子组合体，以前制备 LB 膜的通常为小分子，近年来为提高膜的稳定性和性能越来越多地采用两亲聚合物制备 LB 膜或将小分子的 LB 膜进行聚合形成高分子化。日本已成功地研制了人工视网膜，还可以利用其制作人工鼻、人工舌等，也可以作为分子筛对气体进行分离。

11.5.5　智能高分子纤维

将某些智能型的高聚物直接制成纤维或将其作为涂层涂覆于织物上，可以得到智能高分子纤维，它们能感知外部环境的变化与刺激，如光、热、电场、温度、磁场等，并对其作出反应，这就是智能高分子纤维。

从其物理形态及化学结构上可将智能纤维分为 pH 响应凝胶纤维、光敏纤维、温敏纤维。

pH 响应性凝胶纤维随 pH 的变化将产生体积或形态改变，如李文俊等将壳聚糖及丙烯酸共聚制得的互穿网络，它在强酸条件下强烈溶胀，随着 pH 的升高，溶胀度迅速下降。将聚丙烯腈（PAN）纤维热处理后进行加水分解，使之成为两性凝胶性纤维，交替地加入酸或碱，则可以发生交替的收缩和膨胀，将化学能变为机械能，其响应时间约为 2s，有望作为人工肌肉应用。

在高分子链上引入发色团或将高聚物与光敏物质相混合，则可以得到光敏性纤维，它们在不同的光波范围内呈现出不同的颜色，其导电性也可能产生可逆的变化。这种纤维主要有光致变色和光导纤维两种。

温敏性纤维是指在纤维中加入温敏性物质，使之在不同的温度下性能发生可逆的变化。如 1992 年日本尤尼卡公司和三菱重工等联合研制了一种聚氨酯纤维，其玻璃化温度在 0～60℃，将其制成的薄膜与织物复合后，得到透湿量可以随温度大小调节的防水透湿织物。在一定的温度范围内，随温度的升高，其透湿率大幅度上升，因此在体温上升时，可以有效地排汗。将相转变物质引入到纤维中，则可以得到储热调温纤维，如聚乙二醇填充的中空纤维，脂肪族聚酯熔融复合纺丝得到的纤维等。日本东洋公司将聚丙烯酸进行亲水化处理，向其中引入氨基和羧基，并进行交联，得到了具有调湿调温功能的纤维，它可以吸收人体排出的水汽并将之转化为热能。

美国佐治亚理工学院将塑料光纤传感器植入到衬衣中，可以对人体进行监护。将聚吡咯等导电高聚物制备成纤维或作为纤维涂层，可以在传感器中应用。

除上述的几种之外，研究中的智能型纤维还有磁敏纤维和溶剂组分敏感纤维等。在纤维中引入水状磁性流体时，可保持超常的磁性，出现沿磁场方向伸缩的行为，通过调节磁性流体的含量、交联密度等，可以得到对磁场刺激敏感的凝胶纤维。利用高分子链与溶剂的相互作用力的变化，非聚电解质凝胶纤维对溶剂组分的变化能产生响应。酒井等将聚丙烯酰胺（PAAM）纤维经环化处理后，所得产物在水中伸长，在丙酮中收缩，当溶剂体系中丙酮含量达到 40% 以上，凝胶体积的变化量随着溶剂浓度的增加而减小。

近年来智能纤维得到了迅速的发展，如作为光纤传感器纤维、导电纤维、形状记忆纤维、变色纤维、储热调温纤维、调温和调湿纤维等都已实现了工业化生产，它在纺织业、信息业、宇航工业、医疗方面都体现了重要的用途，如智能型纤维作为纺织物，可以具有防水透湿、随环境改变颜色、调温调湿等功能。

思 考 题

1. 什么是智能高分子？为什么称为智能高分子材料结构？

2. 请简述智能型凝胶的结构特征。什么是凝胶的体积相转变？

3. 维持凝胶的体积相转变的作用力有哪些？在聚异丙基聚丙烯酰胺凝胶中，是哪种作用力在起作用？

4. 高分子凝胶引起体积相转变的作用有哪几种，其各自的作用机理是什么？

5. 智能型高分子凝胶可用于哪些方面？

6. 形状记忆高分子材料的形状记忆原理是什么？

7. 提高高聚物的交联度，对其形状记忆功能将产生什么样的影响？

8. 举例说明形状记忆高分子材料的应用。

参 考 文 献

[1] 王国建. 功能高分子材料 [M]. 上海：同济大学出版社，2014.

[2] 罗祥林. 功能高分子材料 [M]. 北京：化学工业出版社，2010.

[3] 马建标. 功能高分子材料 [M]. 北京：化学工业出版社，2010.

[4] 姚康德，成国祥. 智能材料 [M]. 北京：化学工业出版社，2002.

[5] 陈立新，焦剑，蓝立文. 功能塑料 [M]. 北京：化学工业出版社，2004.

[6] 何天白，胡汉杰. 海外高分子科学的新进展 [M]. 北京：化学工业出版社，1997.

[7] 何天白，胡汉杰. 功能高分子与新技术 [M]. 北京：化学工业出版社，2001.

[8] 杨玉良，胡汉杰. 高分子物理 [M]. 北京：化学工业出版社，2001.

[9] 朱光明. 形状记忆聚合物及其应用 [M]. 北京：化学工业出版社，2000.

[10] 陈莉. 智能高分子材料 [M]. 北京：化学工业出版社，2004.

[11] 张福强，佟伟众. 智能材料与聚合物 [J]. 化工进展，1997，(1)：56.

[12] 姚康德，彭涛. 智能性水凝胶 [J]. 高分子通报，1994，(2)：103.

[13] 李超，赵梦溪，杨性坤. 智能水凝胶的制备以及在药物缓释方面的研究进展 [J]. 广州化工，2014，42 (10)：28.

[14] 张丁文，刘燕飞，亓鹏，等. 智能水凝胶在组织工程中的应用 [J]. 中国组织工程研究，2014，18 (12)：1944.

[15] 赵秀丽，丁小斌，彭宇行. 具有"开关"效应的纳米金/智能凝胶复合物导电机理 [J]. 功能高分子学报，2008，21 (4)：443.

[16] 孙以实，佟水心. 温度敏感性水凝胶的溶胀特性与其结构的关系 [J]. 功能高分子学报，1990，3 (3)：192.

[17] 卓仁禧，张先正. 温度及 pH 敏感聚（丙烯酸）-co（丙烯腈）水凝胶的合成及性能研究 [J]. 高分子学报，1997，(4)：500.

[18] 丁齐，邢晓东，李丽霞. 多孔半互穿温敏水凝胶点击反应固定化酶 [J]. 化工进展，2014，33 (4)：971.

[19] 朱寿进，刘法谦，王璟朝，等. 新型羧甲基壳聚糖水凝胶的合成与表征 [J]. 高等学校化学学报，2014，35 (4)：863.

[20] 刘婷婷，朱光明，魏堃，等. 形状记忆聚合物复合材料的研究进展 [J]. 高分子材料科学与工程，2013，29 (11)：183.

[21] 李郑发，王正道. 热致形状记忆聚合物的热力学性能 [J]. 高分子材料科学与工程，2012，28 (1)：71.

[22] 黄文梅. 现代材料动态 [J]. 新型形状记忆聚合物，2013，(4)：1.

[23] 王国锋，李文晓，房光强. 热致形状记忆聚合物的形状记忆机理与性能研究进展 [J]. 材料导报，2012，26 (9)：81.

[24] 杨哲. 热致感应型形状记忆高分子材料的研究 [J]. 高分子材料科学与工程，1997，13 (4)：19.

[25] 王诗任，徐修成. 微交联 Eva 的形状记忆特性研究 [J]. 功能高分子学报，1999，12 (2)：132.

[26] 王诗任，徐修成. 乙烯-醋酸乙烯共聚物的形状记忆功能的研究 [J]. 功能材料，1999，30 (4)：431.

[27] 姚薇，黄宝琛. 反式聚异戊二烯与反式聚丁二烯共混材料的性能 [J]. 弹性体，1999，9 (1)：7.

[28] 白子文，张旭琴. 形状记忆聚氨酯 [J]. 合成橡胶工业，1999，22 (3)：184.

[29] 高琳. 智能复合材料在航空、航天领域的研究应用 [J]. 纤维复合材料，2014，31 (1)：22.

[30] 许美萱，刘文广. 智能复合材料的研究进展 [J]. 中国科学基金，1996，10 (1)：19.

[31] 李文俊，王汉夫. 壳聚糖-聚丙烯酸配合物半互穿聚合物网络膜及其对 pH 和离子的刺激响应 [J]. 高分子学报，1997，(1)：106.

[32] 姚康德，冯汉保. 智能高分子膜材 [J]. 化工进展. 1994，(2)：38.

[33] 张胜兰，沈新元. 热敏高分子膜 [J]. 膜科学与技术，2000，20 (6)：42.

[34] Dai L. Intelligent Macromolecules for Smart Devices [M]. London：Springer，2004.

[35] Newnham R E R G R. Smart electroceramics [J]. J. Am. Cerm. Soc.，1991，74 (3)：463.

[36] Tanaka T，Fillmore D，Sun S T，et al. Phase transitions in gels [J]. Physical Review Letters，1980，45 (20)：1636.

[37] Shibayama M，Ikkai F，Inamoto S，et al. pH and salt concentration dependence of the microstructure of poly (N-isopropylacrylamide-co-acrylic acid) gels [J]. Journal of Chemical Physics，1996，105 (10)：4358.

[38] Shibayama M，Morimoto M，Nomura S. Phase separation induced mechanical transition of poly (N-Isopropylacrylamide)/water isochore gels [J]. Macromolecules，1994，27 (18)：5060.

[39] Park T G，Hoffman A S. Sodium chloride-induced phase transition in nonionic poly (N-isopropyl acrylamide) gel [J]. Macromolecules，1993，26 (19)：5045.

[40] Kawasaki H，Sasaki H M. Effect of introduced electric charge on the volume phase transition of N-isopropylacrylamide gels [J]. J. Phys. Chem. B，1997，101 (21)：4184.

[41] Hoffman A S，Stayton P S，Bulmus V，et al. Really smart bioconjugates of smart polymers and receptor proteins [J]. Journal of Biomedical Materials Research，2000，52 (4)：577.

[42] Inoue T，Chen G，Nakamae K，et al. Temperature sensitivity of a hydrogel network containing different lcst oligomers grafted to the hydrogel backbone [J]. Polymer Gels and Networks，1997，5：561.

[43] Hester J F，Olugebefola S C，Mayes A M. Preparation of pH-responsive polymer membranes by self-organization [J]. Journal of Membrane Science，2002，208 (1)：375.

[44] Liang Liang，Feng Xiangdong，Liu Jun. Preparation of composite-crosslinked poly (N-isopropylacrylamide) gel layer and characteristics of reverse hydrophilic-hydrophobic surface [J]. Journal of Applied Polymer Science，1999，72 (1)：1.

[45] Gong J P，Nitta T，Osada Y. Electrokinetic modeling of the contractile phenomena of polyelectrolyte gels：One-dimensional capillary model [J]. J. Phys. Chem.，1994，98 (38)：9583.

[46] Okuzaki H，Osada Y. Role and effect of cross-linkage on the polyelectrolyte-surfactant interactions [J]. Macromolecules，1995，28 (13)：4554.

[47] Monkman G J. Advances in shape memory polymer actuation [J]. Mechatronics，2000，10 (4-5)：489.

[48] Chung D D. Self-monitoring structural materials [J]. Materials Science and Engineering：Reports，1998，22 (2)：57.

[49] Chung D D L. Intrinsically smart structural composites [J]. Materials Today，2002，(2)：30.

[50] Dry C. Procedures developed for self-repair of polymer matrix composite materials [J]. Composite Structures，1996，35 (3)：263.

[51] Schmidt C E，Shastri V R，Vacanti J P，et al. Stimulation of neurite outgrowth using an electrically conducting polymer [J]. PNAS，1997，94 (17)：8948.

[52] Umemoto S，Okni N，Sakai T. Swell/collanse behavior and its mechanical for poly (acrylamide) gel fibers [J]. Zairgo Kagaku，1989，1 (26)：42.

[53] Kipplen B，Marder S R，Hendrickx E. Infrared photorefractive polymers and their applications for imaging [J]. Science，1998，279：54.

[54] Li F，Hou J，Zhu W，et al. Crystallinity and morphology of segmented polyurethanes with different soft-segment length [J]. Journal of Applied Polymer Science，1996，62 (4)：631.

[55] Irvin D J，Goods S H，Whinnery L L. Direct measurement of extension and force in conductive polymer gel actuators [J]. Chem. Mater.，2001，13 (4)：1143.

[56] Ye L，Weiss R，Mosbach K. Synthesis and characterization of molecularly imprinted microspheres [J]. Macromolecules，2000，33 (22)：8239.

[57] Gan L H，Gan Y Y，Deen G R. Poly (N-acryloyl-N'-propylpiperazine)：A new stimuli-responsive polymer [J]. Macromolecules，2000，33 (21)：7893.

[58] Erhard Hornbogen. Comparison of shapememory metals and polymers [J]. Adv. Engineer. Mater.，2006，8 (1-2)：101.

[59] Yoshihito Osada，Gong JianPing. Soft and wet materials：Polymer gels [J]. Adv. Mater.，1998，10 (11)：827.

[60] Shin B M，Kim J H，Chung D J. Synthesis of pH-responsive and adhesive super-absorbent hydrogel through bulk

polymerization [J]. Macromolecular Research, 2013, 21 (5): 582.

[61] Yasser Zare. Determination of polymer-nanoparticles interfacial adhesion and its role in shape memory behavior of shape memory polymer nanocomposites [J]. International Journal of Adhesion and Adhesives, 2014, 54: 67.

[62] Ngai E W T, Peng S, Alexander P, et al. Decision support and intelligent systems in the textile and apparel supply chain: An academic review of research articles [J]. Expert Systems with Applications, 2014, 41 (1): 81.

[63] Meng Harper, Li Guoqiang. A review of stimuli-responsive shape memory polymer composites [J]. Polymer, 2013, 54 (9): 2199.

[64] Karamchandani S, Mustafa H D, Merchant S N, et al. Thermally unstable intelligent polymer textile biosensors [J]. Sensors and Actuators B: Chemical, 2011, 156 (2): 765.

[65] Younsoo Bae, Kazunori Kataoka. Intelligent polymeric micelles from functional poly (ethylene glycol)-poly (amino acid) block copolymers [J]. Advanced Drug Delivery Reviews, 2009, 61 (10): 768.

[66] Paul Böer, Lisa Holliday, Kang H K. Interaction of environmental factors on fiber-reinforced polymer composites and their inspection and maintenance: A review [J]. Construction and Building Materials, 2014, 50: 209.

[67] Mikhail Motornov, Yuri Roiter, Ihor Tokarev, et al. Stimuli-responsive nanoparticles, nanogels and capsules for integrated multifunctional intelligent systems [J]. Progress in Polymer Science, 2010, 35: 174.

第12章 高吸液树脂

高吸液树脂（super absorbent resin，简称 SAR）包括高吸水性树脂和高吸油性树脂，这是一类 20 世纪 60 年代发展起来的新型材料，主要是合成高分子聚合物，同时也有改性后的天然产物，如改性淀粉、改性纤维素等。随着经济的高速发展和人们生活质量的提高以及环保意识的增强，高吸液树脂的应用范围不断扩大，市场需求量日益增加，研究开发工作也日趋活跃。这一类材料，目前广泛应用于工业、农业、食品、医疗卫生、生活用品和环境保护等领域。

12.1 高吸水性树脂

高吸水性树脂是一种含有强亲水性基团并有一定交联度的功能性高分子材料。与通常使用的吸水材料如棉、麻、纸张等相比，在吸水性上它具有独特的优势。如棉、麻、纸张等的吸水能力仅可达到自身重量的 10～20 倍，并且保水能力极差，稍一用力就可挤出大部分的水分，而高吸水性树脂的吸水能力可达自身重量的几十倍甚至几千倍，并且有优异的保水性能，在受压条件下也不易失去水分，同时由于高分子材料自身的可塑性，在性能上（如吸水性能、力学性能等）可方便地进行调节，也易于加工成型。因此它在农业、林业、石油化工、建筑材料、医疗卫生等方面均得到了广泛的应用和迅速的发展。

高吸水性树脂最早于 20 世纪 60 年代由美国农业部北部研究中心开发出来，以后又成功地研究出了许多种类的新型高吸水性树脂。国内高吸水性树脂的研究始于八十年代初，目前已在多家厂家生产，但与欧、美、日等国家相比，无论是在产品质量、品种、成本以及基本理论的研究上还存在着很大的差距。

12.1.1 高吸水性树脂的分类及制备

12.1.1.1 高吸水性树脂的分类

高吸水性树脂通常是带有电离基团的高分子电解质聚合物，具有一定的交联度。它目前种类繁多，其分类方式也有许多。从制备过程中所用的原料出发，可分为天然淀粉类、纤维素类衍生物和合成树脂三大类，其中合成树脂包括聚丙烯酸盐系、聚乙烯醇系、聚氧化乙烯系等，这种分类方式最为常用（表 12-1）。从制备过程的反应类型来分，可分为接枝共聚、羧甲基化以及水溶性高分子交联。按照产品的形状来分可分为粉末状、颗粒状、薄片状和纤维状。

表 12-1　高吸水性树脂的分类

品种		主要产品	优点	存在问题
天然高分子系列	淀粉系	淀粉接枝丙烯腈 淀粉接枝丙烯酸盐 淀粉接枝丙烯酰胺 淀粉羧甲基化反应 其他	原料来源广泛,成本低,吸水倍率高,有生物降解性	工艺复杂,吸水后凝胶强度低,长期保水性差,易受微生物分解而失去吸水、保水能力
	纤维素系	纤维素羧甲基化 纤维素接枝丙烯腈 纤维素接枝丙烯酸盐 纤维素黄原酸化接枝丙烯酸盐	原料来源丰富,价格低廉	耐盐性差,吸水倍率低,易受微生物的分解而失去保水性能
	多糖	透明质酸 琼脂糖		
	蛋白质	胶原蛋白 其他蛋白		
合成树脂系列	聚丙烯酸类	聚丙烯酸(盐) 聚丙烯酰胺 丙烯酸与丙烯酰胺共聚	聚合工艺简单,单体转化率高,吸水能力高,保水能力强	生物降解性差
	聚乙烯醇类	聚乙烯醇-酸酐交联共聚 聚乙烯醇-丙烯酸接枝共聚 乙酸乙烯-丙烯酸酯共聚水解		
	异丁烯-马来酸酐共聚物类			

12.1.1.2　高吸水性树脂的制备

（1）淀粉类　淀粉类高吸水性树脂主要有两种形式。一种是淀粉与丙烯腈进行接枝反应后，用碱性化合物水解引入亲水性基团的产物，由美国农业部北方研究中心开发成功；另一类是淀粉与亲水性单体（如丙烯酸、丙烯酰胺等）接枝聚合，然后用交联剂交联的产物，这是由日本三洋化成公司首先生产的。

淀粉的接枝法由美国农业部的研究所首先提出。淀粉是一种亲水性的多羟基高分子化合物，首先在90℃时将淀粉加水糊化，然后冷却至25℃时加入丙烯腈，使用硝酸铈盐等四价铈盐作为引发剂，在30～35℃时进行接枝共聚，聚合产物再经过加压在强碱下水解，使接枝上去的丙烯腈成为丙烯酸盐或丙烯酰胺，干燥后即得到高吸水性树脂，合成过程如图12-1所示。

但在此制备过程中，糊化的淀粉黏度很大，加水分解时的操作及控制过程十分困难，残留的丙烯腈有毒性，为此 GRAIN PROCESSING 公司采用水-甲醇混合溶剂改进加水分解工艺，解决了操作上的困难。但其吸水能力稍有降低，而且甲醇蒸气的过多吸入对人的视力有损害。

除丙烯腈外，丙烯酸也可直接作为单体接枝到淀粉上，如日本三洋化成公司将淀粉、丙烯酸和引发剂反应进行接枝聚合。这种方法的单体转化率较高，残留单体仅0.4%以下，而且无毒性。但丙烯酸较易自聚，故一般接枝率不高，影响吸水能力。适当加入交联剂，如环氧氯丙烷、乙二醇缩水甘油醚、氧化钙等进行适度交联，将大大提高吸水能力，最终产品吸水倍率可达千倍以上。

甲基丙烯酸甲酯、丙烯酰胺、乙酸乙烯也常用于淀粉的接枝反应，上述各种单体中，甲

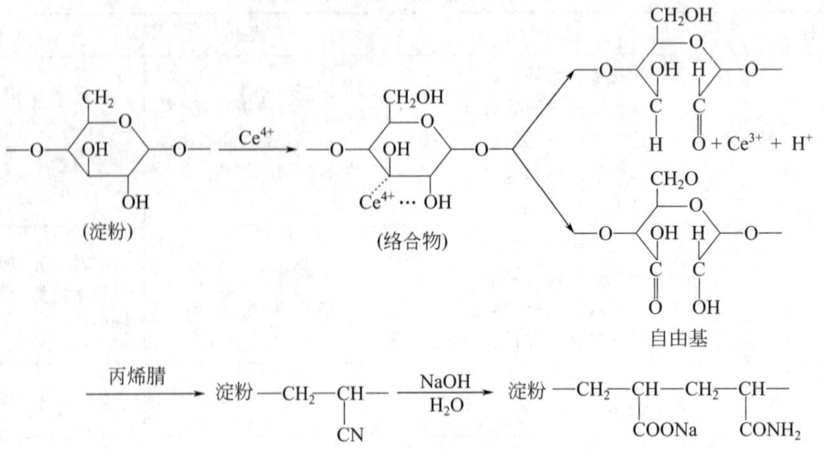

图 12-1　淀粉接枝法制备高吸水性树脂的示意图

基丙烯酸甲酯与丙烯腈的接枝率最高。

　　采用辐射法引发化学反应也可制备接枝淀粉的高吸水性树脂，如采用^{60}Co γ 射线引发丙烯腈接枝到淀粉上，然后进行水解，也制备了高吸水性树脂，并且淀粉-丙烯腈的接枝率同辐射剂量有很大的关系。该体系操作上较为简单，反应迅速，转化率高，但所得产物中均聚物含量高，势必影响到吸水能力。

　　如果直接采用丙烯酸钠与淀粉进行接枝聚合，以省去水解或中和过程，将使操作大为简便。如采用过硫酸铵和过硫酸钾为引发剂，在淀粉上接枝上丙烯酸钠，得到了吸水为 1000 倍和 600 倍的高吸水性树脂，同时采用反相乳液聚合法，部分解决了最终产物的分离问题。

　　此外还有人从淀粉的角度考虑，提出采用交联淀粉、羧甲基淀粉、氰乙基淀粉等化学处理淀粉进行接枝共聚的方案。

　　(2) 纤维素类　纤维素改性高吸水性树脂也有两种形式。一种是纤维素与一氯乙酸反应引入羧甲基后用交联剂交联而成的产物；另一种是由纤维素与亲水性单体接枝共聚产物。

　　纤维素也可采用与其他单体进行接枝共聚引入亲水性基团的方法来制取高吸水性树脂。制备方法与淀粉类基本相同。

　　由天然产物改性的高吸水性树脂除了上述淀粉类和纤维素外，还有由海藻酸钠、明胶等交联的产物，均已获得应用性的成果。

　　(3) 合成聚合物类　合成树脂类高吸水性树脂可以在交联剂存在下，由单体进行聚合，聚合方法可采用本体聚合法、溶液聚合法和反相悬浮聚合法。

　　① 聚丙烯酸盐类。这是目前生产最多的一类合成高吸水性树脂，由丙烯酸或其盐类与具有二官能度的单体共聚而成。制备方法有溶液聚合后干燥粉碎和悬浮聚合两种。这类产品吸水倍率较高，一般均在千倍以上。

　　聚丙烯酸盐系高吸水性树脂的制备方法主要采用丙烯酸直接聚合皂化法、聚丙烯腈水解法和聚丙烯酸酯水解法三种工艺路线，最终产品均为交联型结构。

　　② 聚丙烯腈水解物。将聚丙烯腈用碱水解，再用甲醛、氢氧化铝等交联剂交联成网状结构分子，也是制备高吸水性树脂的有效方法之一。这种方法较适用于腈纶废丝的回收利用。如武汉大学研制的将废腈纶丝水解后用氢氧化钠交联的产物，即为此类。由于氰基的水解不易彻底，产品中亲水基团含量较低，故这类产品的吸水倍率一般不太高，在 500～1000 倍左右。

③ 乙酸乙烯酯共聚物。将乙酸乙烯酯与丙烯酸甲酯进行共聚，产物用碱水解后得到乙烯醇与丙烯酸盐的共聚物，不加交联剂即可成为不溶于水的高吸水性树脂。这种树脂是由日本住友化学公司开发的。这类树脂在吸水后有较高的机械强度，对光和热的稳定性良好，且具有优良的保水性，适用范围较广。

通过聚丙烯酸酯的水解引入亲水性基团是目前制备聚丙烯酸盐系高吸水性树脂最常用的方法。这是因为丙烯酸酯品种多样，自聚、共聚性能都十分好，可根据不同聚合工艺制备不同外形的树脂。用碱水解后，根据水解程度的不同，就可得到粉末状、颗粒状甚至薄膜状的吸水能力各异的高吸水性树脂。其中最常用的是将丙烯酸酯与二烯类单体在分散剂存在下进行悬浮聚合，再用碱进行部分水解的方法。变更交联剂用量和水解程度，产物的吸水倍率可在 300～1000 倍范围内变化。

④ 改性聚乙烯醇类。这类高吸水性树脂由聚乙烯醇与环状酸酐反应而成，不需外加交联剂即可成为不溶于水的产物。这类树脂由日本可乐丽公司首先开发成功。吸水倍率为 150～400 倍，虽吸水能力较低，但初期吸水速度较快，耐热性和保水性都较好，故也是一类适用面较广的高吸水性树脂。

（4）非离子系 近年来相继开发了一系列的含醚键、羟基、酰胺基的非离子型高吸水性树脂，如聚环氧乙烷交联得到的含醚键的高吸水性树脂，由于是非电解质，耐盐性强，对盐水几乎不降低其吸水能力；将聚乙二醇辐射交联得到含醚键的吸水树脂；将丙烯酸钠同 N,N'-亚甲基双丙烯酰胺辐射交联，制得含酰胺基的吸水性树脂。

但这类树脂的吸水能力有限，一般不超过 50 倍，因而通常用作水凝胶，用于人造水晶和固定化酶方面。

12.1.2 高吸水性树脂的吸水机理

高吸水性树脂可吸收相当于自身重量几百倍到几千倍的水，是目前所有吸水剂中吸水功能最强的材料。

从上面的内容可知高吸水性树脂的结构骨架可以是淀粉、纤维素以及合成树脂，在其主链或侧链上含有亲水性基团，如羧基、酰胺基、羟基、磺酸基等，其骨架多是以轻度交联的形式存在，有部分结晶的直链亲水性聚合物不需交联，只通过控制结晶度也可成为高吸水性树脂，如丙烯酸与乙酸乙烯酸嵌段共聚后，再水解所得的高聚物，其中嵌段的聚乙烯醇链段具有结晶性，在水中不易溶解，通过控制其比例，即可调节其吸水性。

当水与高分子表面接触时，有三种相互作用，一是水分子与高分子中电负性强的氧原子形成氢键结合；二是水分子与疏水基团的相互作用；三是水分子与亲水基团的相互作用。

高吸水性树脂在结构上是轻度交联的空间网络结构，它是由化学交联和树脂分子链间的相互缠绕所形成的物理交联构成的，可以看成是高分子电解质组成的离子网络，其中存在着可移动的离子对，如图 12-2 所示。吸水前，高分子网络是固态网络，未电离成离子对，当遇到水时，由于亲水性基团与水分子的水合作用，使水渗入到网络内部，使高分子电解质解离，从而产生网络内外的离子浓度差，即产生渗透压，水分子由于渗透压的作用而向网络内部迁移，从而在高分子网络内部形成纯溶剂区，高分子上离解出的可迁移离子如 Na^+ 向纯溶剂区迁移，从而导致高分子链上带负电荷，由于静电斥力使高分子网络扩张，大量的水封存于

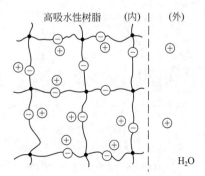

图 12-2 高吸水性树脂的离子网络

高分子网络中，因为受网络结构的束缚，水分子的运动受到了限制，因而阻挡了失水，产生了异常的吸水现象。当被吸附的水中含有盐时，则内外的渗透压小，吸水倍率下降，这便解释了高吸水性树脂对 0.9％的 NaCl 溶液的吸附能力远低于去离子水的现象。对于高吸水性树脂，这正是目前人们研究关注的焦点。

水分子进入高分子网格后，由于网格的弹性束缚，水分子的热运动受到限制，不易重新从网格中逸出，因此，具有良好的保水性。

从上述分析可看出：高吸水性树脂的三维空间网络的孔径越大，吸水倍率越高，反之，孔径越小，吸水倍率越低，树脂的网络结构是能够吸收大量水的结构因素。这就是为什么在合成高吸水性树脂时必须使它具有一定的交联度，但交联度又不能太高。

高吸水性树脂吸收水后发生溶胀，形成凝胶。在溶胀过程中，一方面，水分子力图渗入网格内使其体积膨胀，另一方面，由于交联高分子体积膨胀导致网格向三维空间扩展，使网络受到应力而产生弹性收缩，阻止水分子的进一步渗入。当这两种相反的作用相互抵消时，溶胀达到了平衡，吸水量达到最大。不难理解，如果不考虑亲水性基团电解质离子强度的影响，吸水能力 Q（吸水后的体积与吸水前的体积之比），与树脂的交联度和所吸水的性质有关。它们之间的关系可以用下式表示：

$$Q^{5/3} = \frac{(i/2V_\mu S^{1/2})^2 + (1/2 - X_1)/V_1}{V_e/V_0}$$

式中，Q 为吸水能力；V_e/V_0 为树脂的交联密度；$(1/2 - X_1)/V_1$ 为树脂的亲水性；i/V_μ 为网络中固定的电荷密度；S 为溶液中电解质的离子浓度。其中，第一项的物理意义为电解质离子强度的影响，第二项表示树脂与水的亲和力，分母的交联密度决定了网格的橡胶弹性。

这一式子能较好地解释纤维素类和合成树脂类具有网状结构的高吸水性树脂的吸水功能，但尚不能解释部分并不交联的淀粉类树脂的高吸水现象。

12.1.3 高吸水性树脂的性能

高吸水性树脂作为高分子材料，具有一般高分子材料的性能，同时由于它的特殊构造，又具有特殊性能。

12.1.3.1 高吸水性

高吸水性树脂最突出的性能是它的高吸水性，考察其吸水性可从吸水倍率和吸水速度两方面进行。

（1）吸水倍率　吸水倍率是指高吸水性树脂一定条件下所吸收的水分。一般树脂吸水可达自身质量的 500～1000 倍，最高时可达 5300 倍。树脂的最大吸水量同树脂自身的电荷密度、亲水性、交联度、水解度以及水的 pH、含盐量有关。

① 交联度的影响。在树脂的制备过程中，交联反应是相当重要的。未交联的聚合物是水溶性的，无吸水性，而交联度过大时，空间网络过小，吸水量也会降低，因而须将交联度控制在一定的范围内。图 12-3 是交联剂三乙二醇双丙烯酸酯（TEGDMA）的用量对部分水解的聚丙烯酸甲酯的吸水倍率的影响。可见随

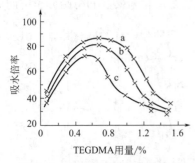

图 12-3　交联剂用量对部分水解
聚丙烯酸甲酯吸水倍率的影响
a—0.9％ NaCl 溶液；b—合成尿；c—合成血

着交联度的提高，吸水倍率先增加，后降低。这种树脂对盐溶液、合成尿、合成血的吸收能力与交联剂的关系也遵循上述的关系。

② 水解度的影响。高吸水性树脂的吸水倍率一般随水解度的增加而增加。但事实上，往往当水解度高于一定数值后，吸水倍率反而下降。这是因为随着水解度的增加，亲水性基团的数目固然增加，但往往交联部分也将发生水解而断裂，使树脂的网格受到破坏，从而影响吸水性。

③ 被吸液性质的影响。由前面的吸水机理分析可知，高吸水性树脂受被吸液组成的影响很大，与吸去离子水的能力相比，吸 0.9%NaCl 溶液的能力下降很大，如图 12-4 所示。它的吸水量还受溶液 pH 的影响。因此，高吸水性树脂对纯水的吸水倍率最大，对电解质溶液的吸水倍率比纯水明显下降。此外高吸水性树脂的吸水能力还同外界条件及产品形状有关。

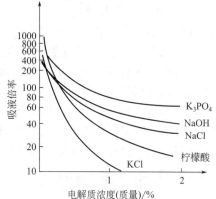

图 12-4 高吸水性树脂对电解质溶液的吸收能力

（2）吸水速度 吸水速度指的是树脂在吸收水分达到饱和点之前每克树脂单位时间吸收水的量，不同结构的树脂的吸水速度有很大的差异。对结构相同的树脂而言，粒径小、比表面积大的吸水速度快。但粒径过小时（>280 目），吸水性树脂吸水出现面团现象，不能均匀分散于被吸液中，因而吸水速度反而下降。因此，为了提高树脂的吸水速度，可将其制成薄膜状、多孔状或较粗大的颗粒。

与纸、棉花、海绵相比，高吸水性树脂的吸水速度较慢，一般在 1min 至数分钟内吸水量达到最大。

12.1.3.2 加压下的保水性

高吸水性树脂与普通的纸、棉等吸水材料不同的是，后者加压几乎可以完全将水挤出，

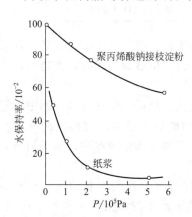

图 12-5 不同材料加压下的保水性

而前者加压失水不多，如图 12-5 所示。关于这一点，可以从热力学的角度来考虑。在一定的温度和压力下，水能自动地被吸收到高吸水性树脂中，体系的自由能降低，直到满足平衡，而失水时使自由能升高，不利于体系的稳定，因此在常温下高分子网络的束缚作用，使水封闭在水凝胶的网络中，加压时也不易逸出。只有在水分子的热运动超过网络的束缚力时，水才能挥发逸出。高吸水性树脂吸收的水分，在 150℃ 时，仍有 50% 的水封闭在水凝胶中，当温度达 200℃ 以上时，才可挥发出来。

如对吸收了 500 倍水的高吸水性树脂分别加上 45gf/cm²❶ 和 160gf/cm² 的压力，吸水量只降低到树脂自重的 430 倍和 380 倍，而对吸收了 18 倍水的纸浆，分别加上上述同样的压力，结果吸水量分别降低到纸浆自重的 2 倍和 1 倍，所吸的水几乎完全被挤出来。

---

❶ 1gf/cm² = 10² Pa。

12.1.3.3 吸水状态下的凝胶强度

高吸水性树脂的凝胶强度用受压后凝胶的破碎程度来衡量。因树脂具有一定的交联度，因而其凝胶有一定的强度。如饱和吸水 500 倍的聚丙烯酸钠的压坏强度是 $10\sim20kPa$，同样状态下的日本住友树脂的压坏强度是 $50kPa$。

12.1.3.4 其他性能

高吸水性树脂是含羧基阳离子的高分子电解质，其中大部分羧基转变成钠盐，一般中和度为 80% 左右，而残存的羧基使树脂呈弱酸性，因而对胺类弱碱性物质有吸收作用，达到除臭的目的，这种性质特别有利于生理卫生用品如卫生巾、纸尿布的去臭。

高吸水性树脂吸水后形成水凝胶，因而具有增黏作用，如逆相乳液聚合的丙烯酸钠树脂在剪切速率为 1 时，0.5% 的树脂可使水的黏度增加 $4000\sim10000$ 倍，而以往的增稠剂需 2% 以上才可达到同样的效果。高吸水性树脂的这种特殊的增稠作用，可用于油田钻井、水溶性涂料、纺织品印染、食品工业和化妆品中作为增稠剂。

12.1.4 高吸水性树脂的应用

由于高吸水性树脂的特殊性能，它逐渐在工业、农业、医疗卫生、日常生活等各个方面得到了广泛的应用，但目前在国内的普遍应用仍以卫生用品为主，而对于其他的应用前景尚未得到广泛深入地开发（表 12-2）。

表 12-2 高吸水性树脂的应用

特　性	用　途	特　性	用　途
吸水、脱水性	妇婴卫生用品,食品保鲜膜,混凝土保养膜,防结露剂	流动性	密封材料
		润湿性	人造雪,混凝土桩用减摩剂
凝胶化	污泥凝胶剂,保冷材料	吸附、吸收性	脱臭剂,微生物载体
吸湿、调湿性	保鲜剂,干燥剂,调湿剂	防振、吸音性	防振、吸音材料
保水、给水性	农艺保水剂,粉尘防止剂	缓释性	芳香材料
选择性吸水性	油水分离材料	相转移	人造肌肉显示记录材料,数字数据系统
膨胀、止水性	水膨润性防水橡胶,电缆用防水剂	电气特性	医疗用电极,传感器

（1）土壤改良，保水剂　将高吸水性树脂与土壤混合，不仅促进了团粒结构，还改善了土壤的保墒、保湿、保肥性能。在改造荒山、秃岭、沙漠，提高植被面积和种植作物及树木中，可利用它提高发芽率、成活率，抗旱保苗。

（2）卫生用品　卫生用品是最早使用高吸水性树脂的范例，最近几年在许多专利中所提出的使用方法，基本上都是薄纸中间夹纸浆和高吸水性树脂的层压结构。为提高初期吸水性，并使其能迅速吸收血液和尿液，可将非离子性表面活性剂加入树脂颗粒中，或把树脂分散在纸浆里，以保持好的分散性。

（3）医用材料　高吸水性树脂作为吸水剂，已用于能保持部分被测溶液的医用检验试片，含水量大、使用舒适的外用软膏，能吸收浸出液并可防止化脓的治伤绷带及人工皮肤、缓释性药剂等。吸水树脂的凝胶，可抑制血浆蛋白和血小板的粘连，因而可作为抗血栓材料，用于制造人工脏器，如使 PVA 水溶液冻结、成型、部分真空脱水，得到高含水率且高强度的水凝胶，可用于生物体的修复植入材料（软骨），用于人工关节的滑动部位以代替软骨。

（4）化工和油田开发助剂　高吸水性树脂对有机物的吸收能力差，使用高吸水性树脂作为油田脱水剂，可以有效地除去油中所含的少量水分。使用高强度高吸水性树脂进行油田注水井调堵水，取得了显著的增油效果。

（5）除臭、芳香剂　将三聚磷酸二氢铝等脱臭剂和高吸水性树脂以及纤维状物质等增强材料一起成型，然后在型材中保持二氧化氯溶液，通过蒸发该溶液进行消臭、杀菌，也可以加植物叶的提取成分使之成为芳香剂。日本现正在试验将其用于卫生用品和食品容器。

（6）其他应用　高吸水材料的应用十分广泛，它可以与橡胶、聚乙酸乙烯酯、聚氰基乙烯、聚氨酯等各种材料复合使用。它在强吸水橡胶、水泥固化处理剂、湿度呼吸性天花板及墙壁材料、热敷剂、食品包装材料及冷冻剂、化妆品中的增稠剂、保湿剂等方面的应用已得到了开发。

12.2　高吸油性树脂

高吸油性树脂与高吸水性树脂的组成单体及吸收机理有所不同。它是由亲油性单体（一般是长链烷烃及其脂肪酸酯类）以低交联度聚合，并在高分子间形成三维网状结构。当油类与高吸油性树脂接触时，其上的亲油基团与油分子发生溶剂化作用，使油保持在其网络中。若树脂中含有能与油品形成氢键的基团，则其吸收效率较高，一般的吸油树脂只能通过范德华力（弱结合力）进行吸收。控制交联度，选择适当的单体和交联剂，是合成高效能吸油树脂的技术关键。

目前，合成高吸油树脂的单体大致有五类，即聚丙烯酸酯类、聚氨酯泡沫类、降解冰片烯类、聚丙烯酸酯复合材料、其他烯烃类（聚乙酸乙烯、聚苯乙烯、聚丙烯、苯乙烯-丁二烯共聚物等）。

12.2.1　高吸油性树脂的吸油机理

高吸油性树脂的微观结构特征是低交联度聚合物。分子间具有三维交联网状结构，内部有一定的微孔。吸油时，树脂分子中的亲油基链段与油分子发生溶剂化作用，油分子进入到树脂的网络结构中足够多时，高分子链段开始伸展，树脂发生溶胀。由于交联点的存在，高分子链段伸展到一定程度后慢慢回缩，直到平衡。

高吸油性树脂的吸油机理与高吸水性树脂的吸水机理相似，但是吸收的量却有很大的差别。前者是利用范德华力来吸油，吸油量一般只能达到几十倍。后者除范德华力外还可利用氢键吸水，吸水量达数百倍甚至上千倍。

目前对高吸油树脂的吸油机理的研究认为，吸油机理可以分为包藏型、凝胶型和复合型。

（1）包藏型吸油机理　传统包藏型的吸油材料往往是具有疏松多孔结构的物质，主要是利用吸油材料表面、间隙以及孔洞的毛细管现象吸油，并将油品保存在空隙间。天然无机吸油材料多数属于包藏型，如沸石、活性炭、膨润土、粉煤灰等。有机吸油材料包括 PP 织物、聚氨酯泡沫等，但其吸油率低，保油性较差，油水选择性不高。

（2）凝胶型吸油机理　凝胶型吸油材料是利用分子间或物质间的物理凝聚力，在网络构造形成过程中产生的间隙空间而包裹吸收油，其特点是须加热熔融，冷却时呈固态化。一般是由亲油性单体作为基本单体的低交联亲油高聚物。在该类材料中，高分子之间形成三维网状结构，材料内部具有一定数量的微孔。当高分子交联程度适当时，高分子只溶胀不溶解，油分子包裹在大分子网络结构中，从而达到吸油和保油的目的。通常使用的凝胶型吸油材料有金属皂类、氨基酸衍生物等。

（3）包藏凝胶复合型　复合型吸油机理即为包藏型和凝胶型吸油机理的组合，吸油材料内部利用毛细管作用吸油而且自身发生溶胀，内部的空隙使其可以吸附更多的油品。这类材料往往吸油倍率较高，且由于油品与分子内部为范德华力结合，保油性较好，是目前研究较多的吸油材料。

12.2.2　高吸油性树脂的种类

根据单体的不同，高吸油性树脂基本可分为聚丙烯酸酯类和聚烯烃类两大类。而根据用途不同，高吸油性树脂可分为不同的形态，如粒状固体型、粒状水浆型、织物型、包覆型、片状型、乳液型等。

12.2.2.1　聚丙烯酸酯类树脂

丙烯酸酯和甲基丙烯酸酯是常见的聚合单体，其来源广泛，聚合工艺较为成熟，因此成为国内研究高吸油性树脂的主要方向。可选用的丙烯酸酯以 8 个碳以上的烷基酯为上。此外还有壬基酚酯以及 2-萘基酯等。为了改进材料的内部结构，也常用丙烯酸乙酯或丙烯酸丁酯作为共聚单体。

如将发泡聚苯乙烯、丙烯酸 2-乙基己酯作为单体，二甘醇二丙烯酸酯作为交联剂，过氧化苯甲酰作为引发剂，通过悬浮聚合法可制备高吸油性树脂，其对苯和煤油的吸油率分别为 22g/g 和 13.5g/g。

针对海洋油船泄漏、油罐漏油油量大的特点，采用甲基丙烯酸甲酯、丙烯酸丁酯和丙烯酸甲酯等为原料，采用乳液聚合法制备了低交联度的丙烯酸系高吸油树脂，得到比悬浮聚合粒径小的高吸油树脂颗粒，可大大提高吸油效率。

12.2.2.2　聚烯烃类树脂

聚烯烃分子内不含极性基团，因此该类树脂对油品的亲和性能更加优越。尤其是长碳链烯烃对各种油品均有很好的吸收能力，成为国外高吸油性树脂研究的新热点。如将叔丁基苯乙烯与二乙烯基苯在聚异丁烯基材中共聚，以及 1-十八碳烯与马来酸酐共聚，再用烯丙醇酯化、聚合、交联。

如以亲油疏水的三元乙丙橡胶（EPDM）为橡胶基体，4-叔丁基苯乙烯（tBS）为亲油单体，二乙烯基苯（DVB）为交联剂，过氧化苯甲酰（BPO）为引发剂，通过溶液聚合法及紫外交联聚合法制备的 PEED 凝胶材料具有良好的吸油性，但其在吸油溶胀后强度大幅度降低。通过加入纤维、海绵、无纺布作为补强材料，可以提高凝胶的力学性能，但是由于补强材料的吸油率低、密度大，会导致凝胶的吸油率明显减小。

12.2.2.3　其他新型吸油材料

（1）碳纳米管吸油材料　以二茂铁作为催化剂前驱体、二氯苯作为碳源，采用化学气相沉积法制备出了孔隙率高达 98% 的碳纳米管多孔材料，其密度介于 $5.8 \sim 25.5 \mathrm{mg/cm^3}$。研究表明，该碳纳米管（CNTs）材料具有独特的三维结构（如图 12-6 所示），大的比表面积，以及良好的亲油疏水性。将此碳纳米管作为吸油材料，对于不同的溶剂都有良好的吸附作用，通过对矿物油、植物油和柴油等的吸油性能研究，发现碳纳米管材料的吸附量均大于 100g/g。碳纳米管材料在吸附后，可以采用燃烧或加压的方式回收再利用。若直接在膨胀蛭石的表面上合成的碳纳米管，由于形成了一个疏水表面能显著提高碳纳米管材料的吸油能力。但是，碳纳米管材料的成本仍然高于广泛使用的商业吸附剂，所以其应用受到了一定的限制。

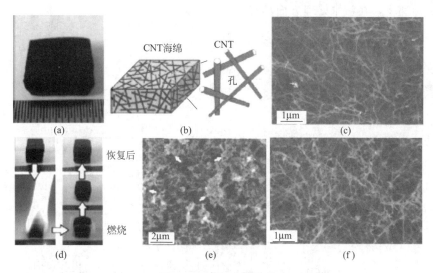

图 12-6 碳纳米管海绵

（a）样品的原始照片；（b）孔隙结构示意图；（c）碳纳米管海绵电镜图；（d）碳纳米管海绵的燃烧和重复使用；
（e）碳纳米管燃烧后表面的电镜图；（f）碳纳米管燃烧后中心的电镜图。

（2）静电纺丝纤维吸油材料　静电纺丝，不仅能简单地控制纤维直径，而且能调整单个的纤维结构。利用静电纺丝纤维作为吸附材料，与商业的聚丙烯（PP）无纺布材料相比具有许多优点。静电纺丝纤维是一种具有多孔结构的材料（图 12-7），它使油分子不仅进入材料之间的空隙，而且也进入到基体材料中，因此吸油能力增加。

图 12-7　静电纺丝制备的纤维的场发射扫描电镜图（a）和（c）及其相应的光学轮廓图像（b）和（d）

（3）基于 R 环糊精制备的吸油材料　环糊精是由淀粉降解得到的最常见的天然聚合物，由于它具有包含疏水分子来形成复杂的主客体复合物的能力，在有机化学和聚合物化学中有广泛的应用，环糊精也被广泛地用来制备水凝胶和纳米凝胶。由于环糊精吸油材料具有大的空腔（图 12-8），其吸油能力明显高于不含环糊精的吸油材料。根据对环糊精吸油材料重复使用次数的研究，发现其重复使用次数至少 6 次，并且在油水混合体系中具有高吸油能力和比较快的吸油速率，在污水处理方面具有一定的优势。

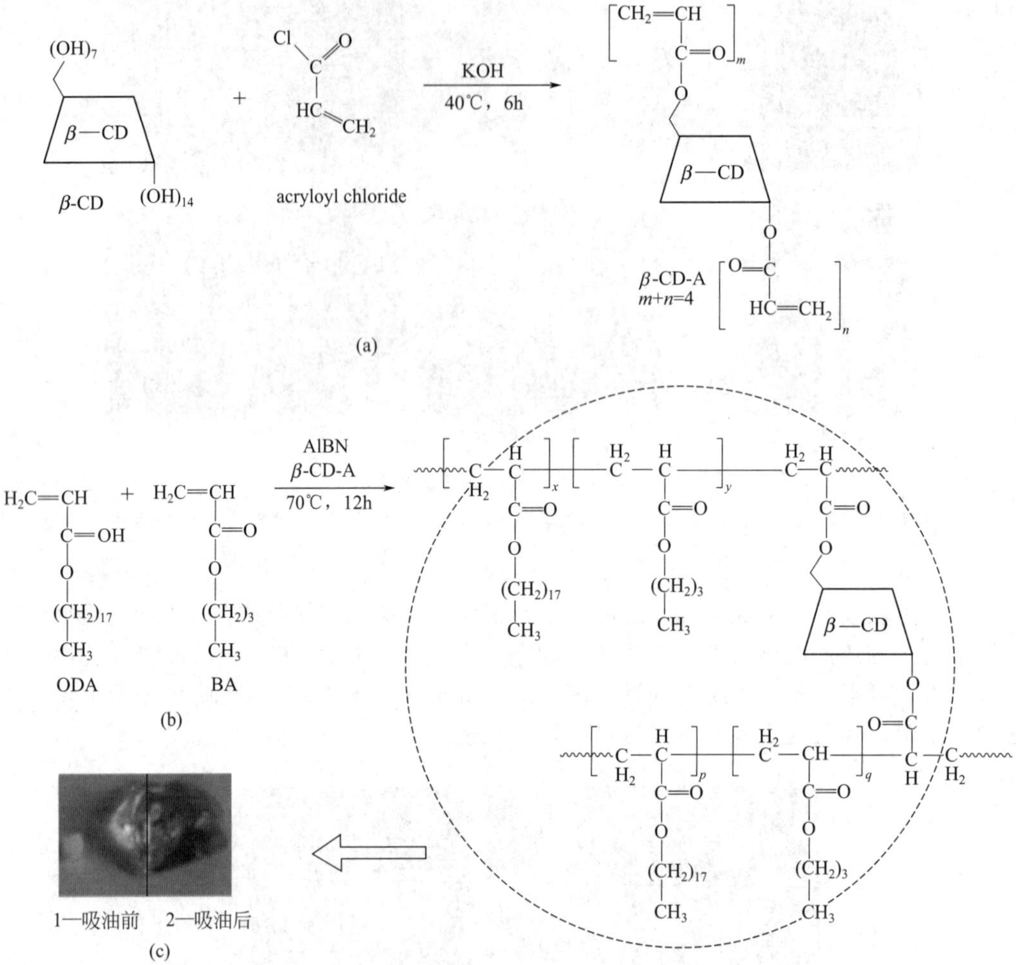

图 12-8　含环糊精结构的吸油树脂的合成路线（a）和（b）以及制备的吸油材料的照片（c）

12.2.3　高吸油性树脂的合成特点

从 1966 年起，美国 DOW 化学工业公司就对高吸油性树脂进行了研究。他们采用烷基苯乙烯与二乙烯基苯、二甘醇甲基丙烯酸多官能度单体等进行共聚，合成得到了高吸油性树脂。1973 年，日本三井石化则以甲基丙烯酸烷基酯或烷基苯乙烯为基本单体，经交联制得了吸油树脂。1990 年，日本触媒化学工业公司合成了侧链上有长链烷基的丙烯酸酯的交联聚合物作为吸油树脂。1991～1992 年，日本的三菱油化、三洋化成、东洋油墨公司、东京计画公司等相继申请了高吸油性树脂的专利，同时日本触媒化学工业公司开始了商品化生产。下面分别介绍高吸油性树脂合成的特点。

（1）单烯-双烯化学交联　这是最为常用的制备吸油树脂的方法，也是大多数生产厂家采用的方法。所用单体均为含有 4～20 个碳原子的烷基苯乙烯、甲基丙烯酸长链烷基酯，交联剂则采用二乙烯基苯、乙二醇二丙烯酸甲酯、甲基丙烯酸二甘醇酯、邻苯二甲酸烯丙基酯、二丙烯酯丙二醇酯等。

聚合方法采用悬浮法两步聚合，即先在较低的温度下聚合一段时间，然后升温，再继续聚合一段时间，最后得到聚合物。例如，日本触媒化学工业公司的制备实例：将壬基酚丙烯酸酯 99.79 份（质量）与交联剂 1,6-己二酚二丙烯酸酯 0.206 份混合，先在 $80\,^{\circ}\mathrm{C}$ 聚合 2h，然后在 $90\,^{\circ}\mathrm{C}$ 下聚合 2h；所得产物的粒径为 $100\sim1000\mu\mathrm{m}$，吸油量为：三氯乙烯 25g/g 树脂，己烷 8g/g 树脂，丁醇 7g/g 树脂，汽油 12g/g 树脂。

（2）溶剂致孔的单烯-双烯化学交联　1992 年日本东京计画公司开发了分别针对脂肪系油类和芳香族系油类的高吸油性树脂。具体方法为在水性介质中，反应单体和致孔剂混合在一起进行悬浮聚合，然后水洗除去分散剂，再除去致孔剂，干燥后得到产物。

合成用于吸收脂肪系油类的高吸油性树脂所用的单体为 $CH_2CXCO_2R_1$，交联剂为双烯单体 $CH_2CXCO_2R_2O_2XCCH_2$（其中 $R_1=C_{1\sim20}$ 烷基，$R_2=C_{4\sim20}$ 亚烃基，X 为 H 或甲基），而致孔剂用量为 $10\sim500$ 份（质量）（单体为 100 份）。

合成用于吸收芳香系油类的高吸油性树脂所用的单体为 $CH_2CXCO_2R_1R_2Y$，交联剂为双烯单体 $CH_2CHCO_2R_3O_2CXCH_2$（其中 R_1 为 CH_2 或 C_2H_4；R_2 为苯基、萘基、蒽基；R_3 为 $C_{1\sim4}$ 亚烃基或二甲苯基）和 $P(C_2H_4)nC_6H_4PCMe_2C_8H_4CO(C_2H_4)_n$（其中 $n=0$，1；$X=H$，CH_3 等）。

从对单体的选择可以看出，树脂的性能强烈依赖单体和致孔剂的选择。单体主要对吸油的类别有影响，而致孔剂则影响孔结构，进而影响吸油性能。

高吸油性树脂的制造技术和传统的吸附树脂有些类似。在单体中加入固体填料作为致孔剂，聚合开始后，油相中的单体逐渐加成到增长着的分子链上。由于致孔剂的作用，大分子按一定的空间结构增长。当达到凝胶点时，大分子和致孔剂发生相分离，除去致孔剂即得到高吸油性树脂。

（3）官能团化学交联　东洋油墨公司采用 α-烯烃和顺丁烯二酸共聚制备高吸油性树脂。因为顺丁烯二酸含有两个羧基，所以可以加入某些可与羧基反应的化合物，或是带有反应性基团的树脂，加热反应使其脱水而形成交联聚合物，即得高吸油性树脂。

（4）辐射化学交联　高能射线照射含有交联剂的高分子溶液也可制备高吸油性树脂。这类高分子有乙酸乙烯酯/氯乙烯共聚物、聚苯乙烯、聚甲基丙烯酸甲酯、聚丙烯、苯乙烯/二烯共聚物、苯乙烯/丙烯腈共聚物等；交联剂则为过氧化物、三氮杂苯、硫磺等。所制得的高吸油性树脂对卤代烷的吸收能力为 13g/g 树脂。

（5）聚氨酯泡沫　由于在油田的泄漏事故现场往往需要紧急处理，可将聚氨酯原料现场发泡，以此发泡体作为油吸收剂，以小规模的设备即可应付大量的泄漏油。采用聚醚类多元醇（PEG/PPG）与聚酯类多元醇（如聚己二酸酯）与异氰酸酯化合物如甲苯二异氰酸酯、二苯基甲烷二异氰酸酯共聚，以氟利昂为发泡剂，匀泡剂为有机硅系材料，可制备吸油性的聚氨酯泡沫。原料的选择对吸油性能有较大的影响。研究表明，多元醇的重均相对分子质量至少应在 1000 以上才有较好的吸油性。当其未发泡时，吸油率只有 3g/g 树脂；而当其发泡后吸油率可达到 50g/g 树脂。

（6）复合高吸油性树脂　1992 年，日本三洋化成公司开发了由丙烯酸系交联共聚物和聚氨酯泡沫复合形成的高吸油性树脂。这种高吸油性树脂由双组分组成，A 组分为含有 $\geqslant$ 20%（质量分数）的聚丙烯酸酯和 $0.01\%\sim2\%$ 的交联剂；B 组分则为聚氨酯发泡材料，这种高吸油性树脂可吸收自重 100 倍左右的甲苯。

12.2.4　影响高吸油性树脂性能的主要因素

（1）单体结构的影响　不同的单体得到的树脂性能（主要为吸油率）差别很大。这是因为单体不同，生成的树脂对油品的亲和力不同。

首先，单体的极性直接影响着树脂对油品亲和力的大小，对树脂的吸油率及吸油速率起着决定性的作用。当树脂与油品的溶度参数相近时，树脂达到最大吸油率。例如对丙烯酸酯类树脂而言，单体的酯基碳链越长则对非极性油品的吸收性越好。但也有文献指出，若酯基的链过长，吸油率也将下降，这与树脂的有效网格容积有关。

其次，单体的空间结构决定了树脂内部微孔的数量和大小，对油品选择性有很大影响。一般来说，选择多支链的单体可有效地提高树脂内微孔的数量，但它对聚合性能的影响也不可忽视，需综合考虑。

最后，选用适当的共聚单体可改进树脂的亲和性能及内部结构，因此是改善树脂性能的有效手段。

（2）交联剂种类与用量的影响　交联剂不同，所得的树脂性能也不同。高吸油性树脂的交联方式有物理交联、化学交联和离子结合三种，其中最常用的是化学交联法。选用的交联剂以含两个不饱和键以上的烷烃、芳烃或丙烯酸酯类为主，其用量和结构对树脂性能有很大影响。

交联剂的用量决定着树脂交联度的大小，也就决定了三维交联网状结构的伸展能力。当交联剂用量太大时，交联点间的链段较短，活动范围小，树脂的溶胀能力较低，则吸油性也较低。而当交联剂用量太低时，树脂可能会溶于油中或吸油后形成凝胶状，使吸油率较低，同时也不利于回收和使用。综合考虑，应在不影响使用的前提下尽可能降低交联剂的用量。

交联剂的结构则决定了树脂网状结构的大小及形状。树脂网格空间的大小及形状应与油品分子相适应，并非交联剂的链越长越好。也就是说应根据目标油品的分子结构及大小来选择适当结构的交联剂。

（3）引发剂的影响　引发剂一般选用常见的油溶性自由基引发剂，如过氧化苯甲酰或偶氮二异丁腈。引发剂的类型对树脂的性能影响不大，应对其用量进行更多考察。

引发剂的用量影响着树脂的相对分子质量和交联度。当引发剂用量过大时，反应速度太快，导致交联度增加和相对分子质量降低，故吸油率下降；引发剂用量过小，则反应速度较慢，交联度过小，吸油率也会减少，吸油后呈无强度的凝胶状。通常，随引发剂用量的增加，树脂吸油率将有峰值出现。

（4）分散剂的影响　分散剂的主要作用是使树脂在聚合过程中形成稳定、均匀的颗粒，决定着树脂的粒径大小，同时对转化率及相对分子质量也有间接的影响。

选用合适的分散剂及其用量，不仅能降低生产成本，还能减少树脂的分散剂残余量，对提高产品的吸油速率起着重要作用。

（5）聚合工艺的影响　随着乳液聚合工艺的不断发展，出现许多新兴的聚合技术，如运用致孔技术改善树脂结构，就可在基本保持原有工艺的基础上，大幅度地提高树脂的吸油率和吸油速率。

目前，这方面的研究还很少。但采用新的聚合技术是从本质上改善树脂性能的最佳方案，必将成为今后的发展方向。

12.2.5　高吸油性树脂的应用

（1）环境保护　高吸油性树脂在环境保护方面的用途十分广泛。粒状固体型、水浆型和包覆型都可用来吸收海面浮油和处理含油工业废水。因其有密度小、可浮在水面上、回收方便等优点，常用于处理水面浮油。

（2）用作各种载体基材　高吸油性树脂具有缓释性能。将吸收了芳香剂的吸油性树脂放在空气中，由于在树脂和周围环境之间存在着浓度梯度，树脂中的有机溶剂会缓慢地释放出来。用吸收了农药的高吸油性树脂来施药，树脂中含有的农药可以缓慢释放出来，从而达到延长药效、减少用药量的作用。高吸油性树脂吸油后可形成保油性能好的油凝胶，可用来代替目前作为缓释性基材的水凝胶，克服其作用时间短，药品释放速度易受温度、湿度等影响的缺点。

（3）用作纸张添加剂、橡胶改性剂、合成树脂改性剂　乳液型高吸油性树脂可用作纸张添加剂。日本触媒化学工业公司使用含有高吸油性树脂乳液的黏合剂，把聚乙烯膜与纸层压，干燥后得吸油性的包装材料。乳液型高吸油性树脂亦可用作橡胶改性剂加入到橡胶中制成各种形状的具有良好油封性能的密封材料，当油外泄时，树脂与之接触发生溶胀从而起到密封的作用。

（4）用作热敏记录材料　将高吸油性树脂作为基材沉积在热敏颜料层或载体上，可制得热敏记录材料。高吸油性树脂能吸收热敏颜料层中的熔融物质，防止熔融物质黏附或聚集在加热头上，从而可使记录字迹清晰，避免因加热头上有黏性附着物而产生漏点现象。

（5）其他用途　除上述用途外，高吸油性树脂还可用于油雾过滤材料、防锈剂、显影剂和衣物干洗等方面。

思考题

1. 高吸水性树脂的结构特点是什么？目前有哪几类的高吸水性树脂？
2. 对于淀粉类高吸水性树脂，其合成过程中有什么需注意的问题？
3. 高吸水性树脂为什么能大量吸水并保水？
4. 高吸水性树脂吸附水和生理盐水时，其吸水量有很大的差异，试解释其原因。
5. 试分析影响高吸水性树脂吸水能力的因素。
6. 除应用于农业上的保水保墒外，高吸水性树脂还可以应用于哪些方面？
7. 高吸油性树脂与高吸水性树脂在结构上有何不同？
8. 高吸油性树脂的吸油机理是什么？哪些因素将影响到它的吸油效果？

参 考 文 献

[1]　王国建. 功能高分子材料 [M]. 上海：同济大学出版社，2014.
[2]　赵文元，王亦军. 功能高分子材料 [M]. 第2版. 北京：化学工业出版社，2013.
[3]　罗祥林. 功能高分子材料 [M]. 北京：化学工业出版社，2010.
[4]　马建标. 功能高分子材料 [M]. 北京：化学工业出版社，2010.
[5]　邹新禧. 超强吸水剂 [M]. 北京：化学工业出版社，2002.
[6]　林松柏. 高吸水性聚合物 [M]. 北京：化学工业出版社，2013.
[7]　李建颖. 高吸水与高吸油性树脂 [M]. 北京：化学工业出版社，2005.
[8]　林松柏，萧聪明. 纤维素接枝丙烯腈制高吸水性树脂研究 [J]. 华侨大学学报：自然科学版，1998，19 (1)：27.
[9]　牛宇岚. 高吸水性树脂的研究与开发 [J]. 山西化工，2003，23 (2)：7.
[10]　杨磊，李坚. 木质基高吸水性树脂的合成 [J]. 东北林业大学学报，2003，31 (2)：11.
[11]　陈志军，方少明. 聚丙烯酸类高吸水性树脂的合成及性能研究 [J]. 郑州轻工业学院学报，1999，14 (2)：54.
[12]　褚建云，王罗新，刘晓东，等. 聚丙烯酸盐高吸水性树脂的应用及其改性 [J]. 皮革科学与工程，2003，13 (3)：42.
[13]　李坤，陈泉良，郑砚萍. AMPS/AA-淀粉-有机蒙脱土复合高吸水性树脂的性能表征 [J]. 胶体与聚合物，2014，

(2)：54.

[14] 徐磊，唐玉邦，虞利俊，等．高吸水性树脂的性能及农业应用展望［J］．江苏农业科学，2014，42（4）：16.

[15] 刘廷国，李斌，朱坤坤，等．均相条件下甲壳素基高吸水性树脂的制备及性能研究［J］．高分子学报，2013，（7）：915.

[16] 田震，周也，郑双双．高吸水性树脂的研究进展［J］．河北化工，2012，35（8）：68.

[17] 王勇，张玉英．高吸收树脂的研究进展［J］．中国塑料，2001，15（10）：24.

[18] 阮一平，历伟，候琳熙，等．高吸油材料研究进展［J］．高分子通报，2013，（5）：1.

[19] 文善雄，刘光利，赵保全，等．高吸油树脂的合成及回用研究［J］．化工新型材料，2011，39（8）：122.

[20] 陈键，封严．吸油材料的研究进展［J］．化工新型材料，2014，42（4）：4.

[21] 杨艳丽．高吸油性树脂［J］．化工技术与开发，2014，43（3）：30.

[22] Jiang J Q，Zhao S. Acrylic superabsorbents：A meticulous investigation on copolymer composition and modification ［J］. Iranian Polymer Journal，2014，23（5）：405.

[23] Engelhardt F，Ebert G，Funk R. Cross-linking in water-absorbent polymer ［J］. Advanced Materials. 1992，4（3）：227.

[24] Rathna G V N，Damodaran S. Swelling behavior of protein-based superabsorbent hydrogels treated with ethanol ［J］. Journal of Applied Polymer Science，2001，81（9）：2190.

[25] Tomar R S，Gupta I，Singhal R，et al. Synthesis of poly（acrylamide-co-acrylic acid）-based super-absorbent hydrogels by gamma radiation：Study of swelling behaviour and network parameters ［J］. Designed Mononers and Polymers，2007，10（1）：49.

[26] Zohuriaan-Mehr M H，Kabiri K. Superabsorbent polymer materials：A review ［J］. Iranian Polymer Journal，2008，17（6）：451.

[27] Jiang S Q，Sun X W，Xie Z X，et al. Study on synthesis and property of anti-salt super absorbent resin ［C］. Eighth China National Conference on Functional Materials and Applications，2014，873：683.

[28] Shin B M，Kim J H，Chung D J. Synthesis of pH-responsive and adhesive super-absorbent hydrogel through bulk polymerization ［J］. Macromolecular Research，2013，21（5）：582.